国家社会科学基金教育学重点课题"职业本科教育的推进路径及实施策略研究"
（课题编号：AJA220022）

职业本科教育发展之道

曾天山　等著

北京理工大学出版社
BEIJING INSTITUTE OF TECHNOLOGY PRESS

内容简介

职业本科教育是我国教育改革的新生事物，是培养大国工匠的重要基石。习近平总书记对职业教育工作做出重要指示，强调要稳步发展职业本科教育。近年来，随着我国经济发展增速换挡、产业转型升级，人民群众"上好学、就好业"的愿望日益强烈，对本科层次职业教育的需求也日趋迫切，职业本科教育发展条件逐步成熟。自2014年《关于加快发展现代职业教育的决定》首次明确提出发展职业本科教育，到2019年《国家职业教育改革实施方案》开展试点，职业本科教育经历了"探索发展—试点落地—稳步发展"三个发展阶段，探索出了长学制培养高层次技术技能人才的有效路径，补上了我国纵向贯通的现代职业教育体系关键一环。

本书共分10章，分别介绍了职业本科教育的重要意义、人才培养、院校发展、专业建设、课程开发、实践教学、师资队伍、质量评价、国际经验、发展路径和保障机制，是我国第一本系统论述职业本科教育的理论著作。

版权专有　侵权必究

图书在版编目(CIP)数据

职业本科教育发展之道／曾天山等著． －－北京：北京理工大学出版社，2022.9（2023.5重印）
ISBN 978－7－5763－1375－8

Ⅰ．①职… Ⅱ．①曾… Ⅲ．①本科－职业教育－教育研究－中国 Ⅳ．①G649.21

中国版本图书馆CIP数据核字(2022)第096463号

出版发行／北京理工大学出版社有限责任公司
社　　址／北京市海淀区中关村南大街5号
邮　　编／100081
电　　话／(010) 68914775（总编室）
　　　　　(010) 82562903（教材售后服务热线）
　　　　　(010) 68944723（其他图书服务热线）
网　　址／http://www.bitpress.com.cn
经　　销／全国各地新华书店
印　　刷／三河市华骏印务包装有限公司
开　　本／787毫米×1092毫米　1/16
印　　张／28　　　　　　　　　　　　　　　责任编辑／李慧智
字　　数／546千字　　　　　　　　　　　　文案编辑／李慧智
版　　次／2022年9月第1版　2023年5月第2次印刷　责任校对／周瑞红
定　　价／85.00元　　　　　　　　　　　　责任印制／施胜娟

图书出现印装质量问题，请拨打售后服务热线，本社负责调换

前言

职业教育不仅是扶贫济困的手段和授人一技之长的实用性教育，更是振兴国家经济社会发展的基础力量。职业教育和普通教育同属教育，不同类型，同等重要，既有所侧重，育人方式、办学模式、管理体制、保障机制不同，又有相互融通结合的趋势，教研结合。为满足国家和社会发展对高层次技术技能人才、高质量就业、高质量发展的迫切需要，稳步发展职业本科教育已成为国家的鲜明导向，是吸引广大青年走技能成才、技能报国之路的重要举措。

一、发展职业本科教育是推动经济高质量发展和健全职业教育体系的关键环节

首先，是满足国家经济高质量发展对高技能人才的迫切需要。我国拥有世界最完备的工业体系，推动制造业升级和新兴产业发展，促进产业发展从中低端走向中高端，迫切需要高技能人才支撑，而目前高技能人才总量只有5 000多万人，仅占技能人才总量的28%；据测算，到2025年，我国制造业十大重点领域人才需求缺口近3 000万人。"十四五"规划新增高级工800万人次，使高技能人才总量占技能人才的总量达到30%，这与发达国家（普遍在40%以上）相比仍有较大差距。

其次，是满足人民群众实现更高质量更充分就业愿望的客观需求。就业是民生之本，解决就业问题的根本要靠发展，通过技能提升使无业者有业、有业者乐业，使低收入者成为中等收入群体。当前，我国就业总量压力仍居高不下，每年需要在城镇就业的新生劳动力超过1 500万人，传统行业中低端就业岗位减少，1 000多万大学毕业生结构性就业矛盾突出，难在新建地方本科院校和民办高校，意味着高等教育结构改革势在必行，亟须转型发展。因此，举办职业本科教育、培养更多高层次技术技能人才是解决就业结构性矛盾的重要手段。

最后，是健全职业教育体系实现职业教育高质量发展的关键举措。把职业教育提升到本科层次，是20世纪后期以来世界职业教育的发展趋势，如德国的双元制大学、日本的专门职大学和技术科学大学、英国的科技大学、美国普渡大学技术学院等。发

展职业本科教育使我国职业教育体系建设及时跟上了世界步伐。2019年以来，教育部批准了32所学校开展职业本科教育试点，实施长学制培养高技能人才，着眼于培养与科学大师相媲美的"大国工匠"，打破了职教止步于专科层次的"天花板"，克服了优质职教专科升格为普通本科后的尴尬，畅通了高技能人才成长渠道，引领职业教育高质量发展。

二、职业教育本科的特点是多了创造性、高了技能性要求

第一，在培养层次上，职业本科教育比职业专科教育多了创造性要求。职业本科是现代职业教育体系建设的领头羊，它不仅面向的是产业，更要对接产业中的高端领域和高端产业，培养的是创造型高技能人才，这是区别于专科层次及其以下职业教育所在，也是体现职业本科教育"高等性"的必然。职业本科教育的突出特征是新技术，意味着要强化高新科技含量，是"用脑"的教育，而不仅仅停留在职教的"操作"层面，是在职教专科人才培养的基础上往上提升的方向所在。职业本科教育的位阶是本科层次，既是处于职业教育的高层，又是本科层次教育的一种，要与普通本科、应用型本科共存共竞，同时又要有自身差异化发展优势。在实践层面，职教专科主要是跟跑企业，而职业本科教育则从适应产业上升到适度超前引领产业发展；职教专科实施的是点对点双向合作，其合作对象是特定的，而职业本科教育则从校企合作上升到产教科融合，实施的是面与面的深度融合，强调服务对象的普适性；职教专科的工学结合更多停留在技术操作层面，而职业本科教育则从工学结合上升到德技并重、知行合一，强调手脑并用的创造性层面。

第二，在培养内容上，职业本科教育比普通本科教育多了技能性要求。职业教育有两个特征：一是其学习内容的特定性，学习的是面向职业或行业的职业内容，而不是普适性的知识；二是相比于普通教育，这种学习的目的是"获得"，而非"发展"，意味着职业教育带有强烈的就业导向。从职业本科教育与其他类型本科教育，特别是应用型本科的区别来看，一是职业本科教育是内生而非外生，即从普通本科教育中转型而来有相当的难度（如讲课教师转为能说会做善导的"双师型"教师、理论教学转为理实一体化教学、知识教学资源转为实训装备条件、科教融合转为产教融合、校社合作转为校企合作、毕业论文转为毕业作品等），而优质职教专科学校的自然升格则比较顺畅（在产教融合中增加了科研，在实训实习中增加了实验，在生产、服务中增加了设计，在技术学习、掌握中增加了工艺改进等）；二是职业本科教育居于类型高层而非体系底层，是职教类型的上升通道。在通行的学术教育（培养科学家）、工程教育（培养工程师）、技术教育（培养技师）、技能教育（培养技术员）四分法中，职业本科教育培养的是精操作、懂管理、能创新的"现场工程师"。职业本科教育主

要面向行业产业培养创造型高技能人才，而应用型本科主要面向区域或地方，为地方经济社会发展服务，这是职业本科教育与应用型本科的又一个区别。

第三，职业本科教育的文化要求不低于普通本科教育，技能要求高于职教专科，体现了"学历"和"能力"双提升的目标。培养有潜力成为能工巧匠和大国工匠的高层次技术技能人才。

三、职业本科教育发展走升级与转型并行的多元化道路

要落实好习近平总书记关于"稳步发展职业本科教育"的重要指示，认真实施新修订的《中华人民共和国职业教育法》，发展职业本科教育既不能盲目冒进，也不能止步不前，要坚持"三个高、两个衔接、三个不变"的总体发展思路，走升级与转型结合、高职院校专本兼设、应用型普通高校兼设专业、企业举办的多元化发展道路。

第一，优化类型教育特色。发展职业本科教育应遵循职业教育规律，又必须达到本科教育水平，培养的是能胜任具有技术复杂性的操作岗位，或为一线操作者提供技术方案的应用技术岗位，能在企业直接就业并能为企业带来经济效益的技能型人才，通俗地说就是"兵头将尾"。坚持"三个高、两个衔接、三个不变"的总体发展思路，"三个高"即本科层次职业教育是职业教育的高层次，高起点、高标准建设一批专业，通过长学制培养，为产业转型升级提供高层次、高水平技术技能人才支撑；"两个衔接"即注重与中职和高职专科专业设置管理办法的衔接，注重与本科层次职业学校设置标准和有关评估方案的衔接；"三个不变"即在办学方向上坚持职业教育类型不变，在培养定位上坚持技术技能人才不变，在培养模式上坚持产教融合、校企合作不变。做到学校升格不变"质"，专业升本不忘"本"，学生升学不变"道"。

第二，走升级与转型结合、高职院校专本兼设、应用型普通高校兼设专业、企业举办的多元化发展道路，坚持新标准高门槛。本科层次职业学校和专业设置文件的颁布，解决了职业本科教育实施的行政许可问题，新校新办法，要严格按照新标准审批，成熟一个发展一个，宁缺毋滥，老校在规定期限达标，逾期不达标者退出。优先支持"双高"校升级，推动优质专科层次高等职业学校特色专业举办职业本科教育；鼓励应用型本科学校开展职业本科专业教育；支持头部企业举办职业本科教育。目前全国已有32所独立设置的职业本科学校，职业本科备案专业累计达到1 452个（其中2019年备案155个专业，2020年备案266个专业，2021年备案423个专业，2022年备案608个专业），2019—2021年累计招收学生12.93万人。

第三，探索长学制培养高技能人才规律，按照职业本科教育247个专业制定专业标准，支持在培养周期长、技能要求高的专业领域实施长学制培养，设计人才培养方案，建设"双师型"教师队伍，构建理实一体化的"学科+专业"课程体系，增加

通识教育和创新创业教育，建立技能操作—技术应用—技能技术融合—技术创新的"四阶段"阶梯式实践课程体系，形成校企结合的评价体系。

四、职业本科教育要更加注重内涵发展

职业本科教育要遵循习近平总书记提出的"不求最大，但求最优，但求适应社会需要"的办学理念，按照教育部制定的《本科层次职业学校设置标准（试行）》和《本科层次职业教育专业设置管理办法（试行）》，以及本科层次职业学校评估基本要求，瞄准技术变革和产业优化升级的方向，推动职普融通，促进教育链、人才链与产业链、创新链有效衔接，提高质量，办出特色和水平。借鉴和汲取普通本科院校办学的经验教训，不再走规模扩张的老路，加快实现由追求规模扩张向提高质量转变，控制学校规模和多校区办学，校均规模最高不超过2万人，每所学校设置的专业数应低于普通本科院校的平均60个左右（控制在50个以内），每个专业班级学生人数最多不超过50人。注重内涵发展和特色发展，专业设置以先进制造业为主、急需短缺服务业为辅，推动"岗课赛证"综合育人，强化"学练赛考"育人模式，德技并修、硬技能和软技能并重、手脑并用，培养大批支撑产业转型升级的高素质"大国工匠"。

五、职业本科教育的明天会更好

第一届职业本科教育学生毕业了。我国职业教育发展历程中迎来一个重要里程碑。目前，全国本科层次职业学校32所，其毕业人数在1 076万大学毕业生中占比虽然微不足道，但首届毕业生以其强劲的就业竞争力让人刮目相看，职业本科教育"是什么""怎么办""办成什么样"成为全社会关注的热点。

发展职业本科教育是实现强国富民的关键一招。一是支撑产业转型升级，培养能工巧匠、大国工匠来制造大国重器，融入国家创新体系；二是促进就业创业，培养高层次技术技能人才，推动实现更充分和更高质量就业；三是增强国际竞争力，发展具有国际先进水平的现代职业教育，推动中国优势产能走向世界；四是优化高等教育结构，推动职普教育相互融通，培养多样化人才；五是健全职业教育体系，打破专科层次职业教育"天花板"，提高质量和提升形象并举，全面提升职业教育的吸引力和社会认可度。

从2014年首次提出"探索发展本科层次职业教育"，到职业教育法赋予职业本科教育合法权利与地位，为发展本科层次职业教育提供法律依据，不过短短几年时间。也要看到，职业本科教育既缺少现成的理论和经验可资借鉴，又面临着不少挑战，存

在诸多不确定性,有一个不断探索逐渐被社会承认的过程。

发展职业本科教育是大势所趋,需要大胆探索、试点先行。要找出规律、凝聚共识,为全面推开积累经验、创造条件。要强化顶层设计,明确办学定位、发展路径、培养目标、培养方式、办学体制、评价体系和保障机制,突出特色、确保质量,才能推动职业本科教育行稳致远。一是在办学定位上坚持职业教育办学方向不动摇,坚持"三个高、两个衔接、三个不变"的总体思路。二是在发展路径上支持优质专科职业教育资源举办职业本科教育。本科层次职业教育设置条件不低于普通本科专业,基本条件突出"双师型"教师、工学结合等类型教育要求,优先支持符合条件的国家"双高计划"建设单位独立升格为职业本科学校,支持符合产教深度融合、办学特色鲜明、培养质量较高的专科层次高等职业学校,升级部分专科专业,试办职业本科教育。典型引路,打造示范标杆,以部省合建方式"小切口""大支持",遴选建设10所左右高水平职业本科教育示范学校。三是在专业建设上着重布局先进制造业和急需紧缺行业。2022年开设四年制专业点608个。今后的专业布点应主动服务产业基础高级化、产业链现代化,培养解决复杂问题、进行复杂操作、确需长学制培养的高层次技术技能人才,主要从事科技成果、实验成果转化,生产加工中高端产品,提供中高端服务,服务经济高质量发展,坚持不求最大、但求最优、适应社会需要的办学理念。四是在培养目标上培养精技艺、善经营、会管理的现场工程师。职业本科教育在知识水平上要达到本科水平,在技术技能水平上要高于高职专科水平。主要面向高端产业与产业高端,培养有潜力成为能工巧匠和大国工匠的高层次技术技能人才。五是在发展目标上有序合理扩大职业本科教育规模。2021年职业本科招生4.14万人,要实现到2025年职业本科教育招生规模不低于高等职业教育招生规模的10%的目标任务,需要统筹兼顾、攻坚克难,通过挖掘老校潜力、新设学校、支持专科层次高等职业学校升级部分骨干特色专科专业,以及鼓励普通本科学校申请设置职业本科教育专业等方式努力达标。

曾天山
2022年9月

目录

第一章 发展职业本科教育的重要意义 /1
一、适应经济高质量发展对高技术技能人才的迫切需要 /3
二、满足人民群众实现更高质量更充分就业愿望的客观需求 /6
三、健全职业教育体系实现职业教育高质量发展的关键举措 /11
四、提升产业国际竞争力的战略之举 /19

第二章 职业本科教育人才培养 /25
一、明确高层次技术技能人才的培养定位 /27
二、把握创造型技术技能人才的知能特征 /38
三、遵循高层次技术技能人才的成长规律 /45

第三章 职业本科院校发展状况 /53
一、职业本科教育发展历程 /55
二、职业本科院校学生状况调查 /64
三、职业本科院校教师状况调查 /133

第四章 职业本科教育专业建设 /197
一、对接产业需求科学设置专业 /199
二、编制体现职教类型特色的专业人才培养方案 /204
三、践行以服务发展为导向的专业建设质量理念 /228

第五章 职业本科教育课程开发 /237
一、突出技术牵引的标准引领 /239
二、形成产品载体的开发模式 /246
三、推动理实融通的教学改革 /253
四、实施能力本位的课程评价 /259

第六章　职业本科教育实践性教学/265

　　一、强化实践性教学分量/268
　　二、注重实验教学组织/277
　　三、突出实训教学实施/284
　　四、加强实习教学活动/291

第七章　职业本科教育师资队伍建设/299

　　一、遵循师资队伍建设的实践逻辑/301
　　二、明确师资队伍建设的重点任务/308
　　三、优化师资队伍建设的路径选择/320

第八章　职业本科教育办学质量评价/327

　　一、突出类型定位/329
　　二、明确评价对象/334
　　三、实施多元评价/337
　　四、构建评价指标/339
　　五、增强评价效用/364

第九章　职业本科教育主要发达国家及地区经验/369

　　一、剖析主要发达国家及地区职业本科教育发展概况/371
　　二、提炼主要发达国家及地区职业本科教育典型办学模式/391
　　三、总结主要发达国家及地区职业本科教育经验/393

第十章　职业本科教育稳步发展的路径及保障/399

　　一、探索有序发展的多元路径/401
　　二、健全有序发展的保障体系/418

附　录　本科层次职业学校名单/429

后　记/433

第一章

发展职业本科教育的重要意义

职业本科教育是我国教育改革的新生事物。近年来，随着我国经济发展增速换挡、产业转型升级、人民群众接受更高层次教育的愿望提升，对职业本科教育的发展需求日趋迫切，职业本科教育发展环境不断优化，发展条件逐步成熟。自2014年国务院《关于加快发展现代职业教育的决定》首次明确提出发展职业本科教育以来，职业本科教育经历了"探索发展—试点落地—稳步发展"三个阶段，逐步显现出稳步发展职业本科教育的重要意义。

一、适应经济高质量发展对高技术技能人才的迫切需要

党的十八大以来，党中央、国务院高度重视职业教育工作。进入新发展阶段，职业教育在我国高质量发展全局中的支撑作用愈发凸显。作为高层次的职业教育，职业本科教育对于推动经济增长、促进就业创业、完善教育体系等领域的改革发展具有重要意义。

（一）经济高质量发展的时代背景

全面建成小康社会取得历史性成就，第一个百年奋斗目标已经实现，而站在接续历史的更高起点上，我国正进入全面建设社会主义现代化国家的新发展阶段。"源泉混混，不舍昼夜，盈科而后进，放乎四海。"立足新发展阶段，既要把握实践发展的连续性，又要把握时代发展的阶段性，既要抓住国内外环境深刻变化带来的新机遇，又要准备迎接一系列新挑战，确保全面建设社会主义现代化国家开好局、起好步。但国际上霸权主义、贸易保护主义等所导致的世界经济发展的不确定性和风险性正在日益增加，特别是全球新冠肺炎疫情肆虐，更加剧了这一趋势[1]。

为应对各种挑战，以习近平同志为核心的党中央审时度势、科学预判，做出了促

---

[1] 李陈，许琳梓. 在构建新发展格局中推进我国经济高质量发展[J]. 淮阴师范学院学报（哲学社会科学版），2022，44（1）：23-28.

进我国经济高质量发展和构建我国经济新发展格局的战略部署。习近平总书记在党的十九大报告中做出"我国经济已由高速增长阶段转向高质量发展阶段，正处在转变发展方式、优化经济结构、转换增长动力的攻关期"的定位研判[①]。党的十九届五中全会做出了"加快构建以国内大循环为主体、国内国际双循环相互促进的新发展格局"的战略部署[②]。

在构建新发展格局的进程中，经济社会发展出现了新形势下的新要求，可以将这些要求归纳为畅通性、自强性、秩序性。

第一，构建新发展格局的关键在于使我国经济循环实现畅通无阻。一个国家的经济活动可以分为横向上的依存关系与纵向上的过程环节。一方面，经济活动在横向上是由许多相互依存、相互制约的部门按一定比例有序运行组成的有机整体。各种生产要素和产品必须按照一定的比例分配在各部门生产活动中，促进各部门相互支撑、按照一定比例协调发展，实现一个国家经济平稳有序发展。另一方面，经济活动在纵向上存在着生产、分配、流通和消费四个环节。这四个环节有序有效衔接构成一个完整的周而复始的循环系统，各种生产要素在这个循环系统的各个环节中被有效分配和运用，实现经济循环流转，推动经济平稳运行和可持续发展，其中任何一个环节出现问题或者断裂，都会造成经济运行不稳，发展不可持续，甚至会出现经济危机。总体而言，无论是从横向上看，还是从纵向上看，生产要素的各种组合在经济运行中畅通循环对经济发展起着关键性作用。

第二，构建新发展格局的本质要求在于提高我国自立自强水平。经济的高质量、高水平发展离不开科技、技术的创新发展，这就要求我国在创新与创造上都要实现自立自强。在西方经济学中，众多经济学家一直在探求经济增长的根本动因。不论是以索罗和丹尼森为代表的新古典经济学的外生技术增长理论，还是以保罗·罗默和罗伯特·卢卡斯为代表的内生技术增长理论，均认为技术的进步在经济增长中起着不可或缺的重要作用。事实上，从当前发展角度来看，发达国家与发展中国家经济差距的根源即在于技术的发展水平和生产力的实现上。为此，我国实现经济高质量发展的当务之急在于实现技术升级换代的自立自强，即"实现高质量发展，必须实现依靠创新驱动的内涵型增长"[③]。

第三，构建新发展格局的物质条件在于强大且有秩序的劳动力市场。马克思在分析资本主义生产过程的环节时提出分配、交换和消费对生产具有反作用，特别是交换和消费对促进经济发展具有重要作用[④]。这样的准则不仅适用于商品交换，在劳动力

---

① 习近平. 决胜全面建成小康社会 夺取新时代中国特色社会主义伟大胜利——在中国共产党第十九次全国代表大会上的报告 [M]. 北京：人民出版社，2017：30.
② 中国共产党第十九届中央委员会第五次全体会议公报 [M]. 北京：人民出版社，2020：16.
③ 习近平. 在经济社会领域专家座谈会上的讲话 [N]. 人民日报，2020-08-25（2）.
④ 马克思恩格斯文集：第五卷 [M]. 北京：人民出版社，2009：127.

市场有着同样作用效果，当前我国劳动力的供需矛盾明显，许多时候供给方与需求方无法达成一致，便会使得人力资本被大量浪费，表现在教育上便是人才供过于求或人才供不应求，这两种情况都是不合理的，会严重影响劳动力市场的秩序和劳动力资源的有效利用。同时，随着市场范围不断扩大，社会分工也越来越细化，生产成本逐渐降低，这带动了生产规模的持续性扩大。当生产规模扩大到一定程度，作为国内市场的延长，世界市场和国际贸易的形成就成为一种必然，经济全球化势不可挡。国际货币基金组织（IMF）认为："经济全球化是指跨国商品与服务贸易及资本流动规模和形式的增加，以及技术的广泛迅速传播使世界各国经济的相互依赖性增强。"经济全球化有利于资源和生产要素在全球的合理配置，有利于资本和产品在全球性流动，有利于科技在全球性的扩张，有利于促进不发达地区经济的发展，是人类发展进步的表现，是世界经济发展的必然结果。但它对每个国家来说，都是一柄双刃剑，既是机遇，也是挑战。事实上，在当今发达国家中没有一个是单纯依靠外贸发展成为强国的，而是把内需作为磁铁，吸引别国与其进行投资与贸易往来，从而奠定强国基础。我国的强国之路也必然要选择开放条件下的内循环为主的双循环发展模式，用内循环来推动深化改革、支撑扩大开放。

（二）对发展职业本科教育的需要

稳步发展职业本科教育是实现教育高质量发展的关键一环，更是撬动我国经济高质量发展的重要支点[①]。大力发展职业本科教育已经成为我国一项重要的教育发展战略，目前全社会对其战略意义也做出了大量的理论探讨与实践探索。

发展职业本科教育是服务国家关键性战略的重要手段。职业本科教育服务国家高质量发展与自身高质量发展在逻辑起点上是不同的，对于国家高质量发展而言，其宏观层面应该落脚于新时代国家的时代背景，去探讨高质量发展应该指向什么。而对于职业本科教育而言，其宏观层面的逻辑起点应该指向国家的具体发展问题，以国家现实需要为前提，在服务国家发展的过程中实现自我发展，这些问题恰好与高质量发展的微观指向高度重合，而其自身的发展反而变成了国家高质量发展宏观与中观层面的题中之义。具体而言，基于技能型社会的视角，发展职业本科教育是经济社会发展到特定时期的战略转型的重要手段，即促进我国由学历型社会向技能型社会转型[②]。基于人才结构与高质量就业的视角，发展职业本科教育是深化人力资源供给侧结构性改革的重大举措，能够有效解决大学生就业难与高技能人才供不应求的结构性就业难

[①] 朱德全，杨磊.职业本科教育服务高质量发展的新格局与新使命 [J]. 中国电化教育，2022（1）：50-58，65.

[②] 石伟平.稳步发展职业本科教育助推技能社会建设 [J]. 国家教育行政学院学报，2021（5）：42-44.

题，实现高质量就业[1]。基于产业升级的视角，在"双循环"经济背景下稳步发展职业本科教育能够为我国产业转型升级提供高质量、高效率的技能供给[2]，加快高质量发展现代产业体系的建设[3]，实现我国经济的绿色发展。基于去依附的视角，大力发展职业本科教育是配合"中国制造2025"和"中国制造2.0"战略的技术密码，它能够缓解当前我国"技术－工业"依附发展的局面[4]，适应制造业向高端化、教学化、智能化、绿色化发展的趋势，通过技术突围克服"卡脖子"问题，使中国从制造大国向制造强国转型。发展职业本科教育是服务国家重大发展战略的重要手段，能够为国家高质量发展提供高质量的技术型人才与技术支撑。同时，发展职业本科教育能够通过技术的创新加速实现我国产业体系的快速升级，实现经济发展的"碳中和"，通过人才的跨界培养改变结构性就业困难，实现高质量就业。可以看出，发展职业本科教育可与国家高质量发展战略共享一套发展原则，但发展职业本科教育的背后还有一层隐喻，就是变革我国人才观，改革高等教育结构，真正实现"人人皆可成才，人人皆尽其才"的多样化人才发展愿景。

发展职业本科教育必须以国家高质量发展战略的底层逻辑为基础，建立起自身发展的底层逻辑，即在宏观层面，发展职业本科教育需要为加快重要国家战略的实现提供技术性支撑。在服务国家高质量发展的过程中，职业本科教育也将会不断探索自身发展的最优路径，引领职业教育的高质量发展。

二、满足人民群众实现更高质量更充分就业愿望的客观需求

在支撑经济高质量发展的同时，职业本科教育也成为社会和谐稳定的有力保障。实践证明，职业教育既肩负着培养高素质技术技能人才、支撑经济发展的重要职责，还承担了社会就业的"稳定器"、贫富差距的"调控器"、社会矛盾的"缓冲器"等重要角色，为社会的和谐稳定提供了有力保障。

---

[1] 曾天山. 加快构建服务高质量发展的现代职业教育体系 [J]. 国家教育行政学院学报, 2021 (5): 45-48.

[2] 王亚南. 本科层次职业教育发展的价值审视、学理逻辑及制度建构 [J]. 中国职业技术教育, 2020 (22): 59-66.

[3] 邢晖, 郭静. 职业本科教育的政策演变、实践探索与路径策略 [J]. 国家教育行政学院学报, 2021 (5): 33-41, 86.

[4] 伍红军. 职业本科是什么？——概念辨正与内涵阐释 [J]. 职教论坛, 2021, 37 (2): 17-24.

(一) 直接面向劳动力市场促进更充分就业

习近平总书记于 2019 年 2 月 1 日在北京看望慰问基层干部群众时指出："要坚持就业优先战略，把解决人民群众就业问题摆在更加突出的位置，努力创造更多就业岗位。"[①] 然而日益严重的失业问题已成为全球最大的挑战和世界性难题，就业成为世界发展的中心议题之一。职业教育是面向市场的就业教育，它根据岗位要求培养学生所需的技术技能，帮助学生直接为就业做准备，这是职业教育的天然属性。国际经验表明，职业教育有助于增加就业机会，降低失业风险，与低失业率高度相关，发展职业教育成为各国稳定民生首选的政策工具。

在我国，职业院校毕业生就业率持续保持在 90% 以上。即使是在新冠肺炎疫情背景下，2020 年应届高职毕业生离校时就业率仍为 84.23%，分别高于普通本科和研究生 6.5 个百分点和 1 个百分点。高职毕业生创业率大体在 6% 左右，高于普通本科。当前，我国劳动力市场结构性矛盾突出，"技工荒"和"就业难"并存，技工求人倍率近些年一直维持在 1.5 以上，高技能人才求人倍率维持在 2 以上的水平[②]。一方面急需人才的蓝领工作没人做，另一方面每年有近 1 000 多万高校毕业生争抢有限的白领岗位，就业市场存在着巨大的浪费和内耗。因此，要实现更充分就业，意味着高等教育结构调整势在必行，亟须重点发展职业本科教育，把培养更多高层次技术技能人才作为解决就业结构性矛盾的重要手段。此外，技能促进就业，高技能带动高水平就业。就业不仅是劳动者的谋生手段，也应是劳动者施展才华、谋求发展的有效途径。实现更高质量就业，意味着要将安置性就业转变为发展性就业，这就必须发展高层次高质量的职业教育，提高劳动者的就业、创业能力，提升全体劳动者的就业竞争力，推动我国技术技能人才队伍质量实现整体跃升。

当前我国以创新创业为新的就业增长极。党和政府将鼓励人才创新创业纳入就业方针，中国已进入"大众创新、万众创业"的"黄金期"。应充分发挥创业对就业增长的拉动作用，下大力气改善创业政策环境、金融环境和社会环境，激发社会创业活力，致力于构建"大众创业、万众创新"的生动局面，营造创业"黄金期"，打造创业型社会。职业本科教育与普通本科教育虽同属高等教育，但对青年发展所起的作用并不完全相同。从青年社会化的视角看，职业本科教育是一种对正处于社会化进程中的青年在理念、素质、知识、技能等众多方面进行深入塑造和提升的过程，在职业发展上能够促使当代青年找到更适合自身和更具人生价值的路径。而从本质上看，职业本科教育是高等教育与生产劳动的深入结合，比中职教育、高职教育更重视知识体系

---

① 新华社. 习近平春节前看望慰问基层干部群众 [EB/OL]. (2019-02-02) [2022-01-02]. https://baijiahao.baidu.com/s?id=1624358778865926641&wfr=spider&for=pc.
② 中国经济时报. 大力提升职业技能 缓解就业结构性矛盾 [EB/OL]. (2019-05-28) [2022-01-02]. https://baijiahao.baidu.com/s?id=1634701515184100447&wfr=spider&for=pc.

的学习和科学技术的掌握，又比普通高等教育更加重视生产劳动的实践、更注重知识技能与生产实践的结合。步入"十四五"，职业本科教育优化了我国大学生的就业格局并呈现新的特征，其积极作用日益引起全社会的关注。

(二) 满足人民美好教育需要实现共同富裕

发展职业本科教育不仅是满足人民美好教育需要的现实回应，同时还是不断缩小贫富差距实现共同富裕最重要的手段。职业教育因其就业导向、实用导向等特质，可有效帮助全体劳动者获得一专多能而拥有工作和收入，从而改善其生存质量和生活条件。

高质量发展宏观层面指向是满足人民日益增长的美好生活需要，其中美好生活需求就包含对美好教育的需求，即要办人民满意的教育；同样，高质量发展在中观层面也包含建立高质量教育体系这一重要民生任务。目前，我国教育最为突出的问题不是教育质量的问题，而是教育过度焦虑的问题，其中，最为典型的就是"教育内卷"的话题。按照马丁·特罗高等教育大众化理论的观点，我国已经步入了高等教育普及化阶段（2021年大学毛入学率为57.8%），教育焦虑应该随之减轻才对，但实际情况却恰恰相反。因为我国高等教育的普及是基于高校的大面积扩招，特别是以高等职业教育的快速发展为前提。然而，高等职业教育在设立之初是中职和本科之间的"夹层教育"，在公众心中专科生和本科生之间始终存在着不可逾越的学历鄙视链，即使高等职业教育规模占到高等教育的半壁江山，高等职业教育却始终处于弱势地位，制约高等教育的高质量普及。为此，在中观层面，发展职业本科教育能够打破职业教育止步专科"天花板"的魔咒，改变人们对职业教育作为次等教育的固有认知，同时创造更多更加适合经济社会发展的本科学位，满足人们日益增长的美好教育需要。大力发展职业本科教育是对人民日益增长的美好教育需求的现实回应，而其理由如下：

一是发展职业本科教育能够缓解民众的入学焦虑。当前，我国在推行"普职比大体相当"的政策时出现了巨大的现实阻力，究其原因主要是因为大部分家长认为职业教育是一种"断头桥"教育，孩子一旦进了职业教育序列，就与本科教育无缘。为此，大力发展职业本科教育将会创造更多更适合经济社会发展的本科学位，合理地增加本科教育的入学机会。学生选择不同的教育类型是根据自身兴趣爱好和个人特长，而非一味地追求学历，部分不适应学术型教育的学生也不用在自己不擅长的领域白白损耗自身的聪明才智。

二是发展职业本科教育能够促进教育公平再升级。当前，我国最大规模的教育分流是中考和高考，考试比拼的是学生的学业成绩，可以说这是世界上最具有效率和公平性的教育分流机制，但这里的公平更多是指程序上的正义。然而，社会的发展需要多元化的人才，稳步发展职业本科教育能够为不同类型的人才提供更加公平的升学途径，实现教育从程序正义向实质正义的转变。

三是发展职业本科教育能够改善我国当前劳动力市场结构性问题，克服新一轮的"读书无用论"。我国学术型人才过剩已经严重影响大学生就业，但许多学生及其家长却还在拼命跻身普通教育赛道，继续加重大学生就业难度，甚至出现新一轮的"读书无用论"。然而，同期我国却存在高级技工的巨大缺口，现存8.8亿劳动力人口中，技能人才占比仅为26%，未来5年内38个新职业人才缺口超过9 000万。为此，发展职业本科教育有利于我国教育体系的完善，破解结构性就业难题，实现人们对高质量教育的期许。

与此同时，长期以来我们通常将高技术技能人才队伍定位于推进经济转型升级、促进就业稳定的民生层面。但如若单纯从经济发展视角看待人才培养，理性地将每个劳动者都视作"职业人"，那长此以往随着"蛋糕"越做越大，两者间的冲突势必逐步增大。也正因为如此，当前在我国经济高质量发展已经逐步迈入常态化轨道的情况下，高技术技能人才队伍建设需要逐渐从定位于服务产业经济发展转型为服务发展共同富裕，让劳动者切实感受到勤劳创新致富的获得感是共同富裕目标下高技能人才培养的重要主题。一方面，需要将技术、技能、创新等多种要素纳入薪酬分配体系中，从物质层面保障公平与效率；另一方面，更要实现对"蛋糕"的"优质共享"，即从人力资源向人力资本转变的过程中，除了让劳动者切实感受到共同富裕带来的物质生活水平的提升，更应实现劳动者对社会建设成果的共享，达到体面就业、体面工作。其中主要包括两个层面的内涵：一是实现劳动者的职业全生命周期发展，就如马克思认为人类社会发展的方向是实现"人是以一种全面方式存在的"，也就是说，作为一个"全人"，占有自己的全面的本质，即人的各方面能力不再受到压力和限制，并且能最大限度得以发挥和拓展；二是对劳动文化的再次发展，一方面是提升个人对所从事工作的文化历史认同，另一方面是提升社会对技术技能工作嵌入社会运行系统中的功能价值认同。

（三）助力更高层次技术技能人才队伍建设

职业本科教育是我国职业教育体系中的重要一环，是服务经济社会发展和个人终身发展需要、面向经济社会发展和生产服务一线、培养高素质劳动者和高层次技术人才并促进劳动者职业可持续发展的教育类型。2020年，我国职业教育在新冠肺炎疫情中也凸显了对企业复工复产、劳动者就业创业等方面强有力的支撑作用。但是，就目前职业本科教育而言，适应产业转型能力不足依旧是阻碍技术技能人才队伍建设质量的重要症结。

首先，高层次人才培养目标依旧缺乏明确界定。在技能人才培育周期变长的情况下，依靠学校职业教育能够短时间内将未来工作岗位需要的技能高质量地教授给学生。基于此，近年来我国开始稳步发展职业本科教育，以进一步贯通技能人才的成长路径。那么这类人才的培养定位究竟是什么？有学者提出职业本科教育培养的是技术应用型人才[1]。也有学者提出职业本科教育培养的是专业型技能人才，是主要面向研发和生产的中间环节的岗位，具备较强的技术研发和工艺设计能力，能适应复合型岗位及复杂问题情境对一线从业人员的能力要求[2]。但是，评价标准究竟是什么？符合标准的观测点又是什么？如何区别于普通本科和高职进行考核？这些问题似乎仍有待清晰。此外，人才培养目标的模糊也使得职业本科教育人才培养质量参差不齐。从目前的情况来说，我国职业本科院校的办学实力整体偏弱，群组内部差异悬殊，人才培养质量、办学效益问题突出。目标与路径难以形成合力将是职业教育助推技术技能人才队伍建设的重要瓶颈[3]。

其次，人才规格和素养与高新技术岗位的对接有所脱节。在技能人才培育全面化的要求下，职业教育在关注培育学生技术技能的同时，更需要关注当前产业用人所需要的核心素养。与此同时，大部分院校在人才培养上还过于单一化，只强调"专"。放眼当今产业转型、经济升级的社会，单一化的人才结构似乎不能满足新技术、新岗位的需要，多元化的知识构架显得更为重要。现在企业招聘员工，并不局限于一技之长，而更注重综合素质、一专多能，对通用能力的需求越发凸显，若人才培养规格还只拘泥于本专业的知识技能，无疑会跟不上当前以及未来更为先进的技术技能发展。专业建设未必要遵循某一门类知识，大可尝试跨门类的知识结构，为学生提供更为广博而有用的跨界的知识与技能。

最后，学校职业教育与职业技能培训衔接路径仍待畅通。学校职业教育的目标有限性以及当前技术知识更新周期的加快，使得学生在学校中所习得的技术技能难以满足其职业生涯发展的需求。对此，需要以职业技能培训实现人才培育的动态化。2022年，我国普通本专科毕业生1 076万人，而我国对于技术技能人才需求依旧有上千万的缺口，可见，学校教育体系对技术技能人才队伍贡献的力量有限，必须重视职业技能培训体系对于人才队伍技能提升的重要作用。而当前学校职业教育与职业技能培训仍需打通在人才评价上的衔接与学习成果上的积累。一是人才评价方面，高层次人才多是以技能等级作为职业成长的重要标志，而学校职业教育体系仍旧处在学历教育体系，如何将学历水平与技能等级形成互通是加快产业工人成长的重要一环。二是学习成果积累，当前，学校职业教育与职业技能培训多是两个系统各自在运行，培训内容多是针对企业生产上的需要，使得在学习内容上容易出现同质化，难以满足人才自身成长的需求。

基于上述分析，与普通高等教育相比，职业本科教育与人才队伍建设有着千丝万

---

[1] 陆素菊. 试行本科层次职业教育是完善我国职业教育制度体系的重要举措[J]. 教育发展研究，2019，39（7）：35-41.

[2] 李政. 职业本科教育办学的困境与突破[J]. 中国高教研究，2021（7）：103-108.

[3] 石伟平. 稳步发展职业本科教育助推技能社会建设[J]. 国家教育行政学院学报，2021（5）：42-44.

缕的联系。职业本科教育凭借周期短、见效快的特征，对于帮助劳动者掌握技术技能、提高劳动者整体素质具有特别积极的意义。

三、健全职业教育体系实现职业教育高质量发展的关键举措

随着时代的进步，新技术涌现在全球新一轮产业变革的每个角落，技术技能人才作为一种稀缺的人力资源与经济社会发展水平的关系愈加密切[①]。而高素质技术技能人才作为人才队伍中的高层次梯队，在助推产业转型升级、拉动国民经济增长方面起到了至关重要的作用。无论是《国家职业教育改革实施方案》，还是《关于推动现代职业教育高质量发展的意见》，都重点提出了建设技能型社会的远景目标，试图通过健全支撑技术技能人才培养与发展的制度安排，营造技能成才的良好社会氛围，加强高层次技术技能人才队伍建设，以此提高职业教育的社会吸引力，实现职业教育高质量发展。而在其中，职业本科教育起着至关重要的作用。

（一）延续职业教育高质量发展的全新抓手

我国职业教育经历了一个漫长的发展历程。根据职业教育各阶段的不同特点，可大体上将其划分为三个阶段。第一阶段是中职教育建立及发展阶段（1922—1979年）。1922年，在黄炎培等教育界人士的努力下，国民政府颁布了新学制，确立了职业教育在学制中的地位。中华人民共和国成立，初期一大批中等专业学校、技工学校、农业中学等各类学院得以建立起来。1978年，国家采取了恢复中等专业学校和技工学校、大力发展职业高中的措施来应对改革开放发展的人才需求。第二阶段是大力发展高职专科教育阶段（1980—2018年）。1980年，国家教委批准成立了第一所高职学校——南京金陵职业大学，标志着开始兴办高职教育；1985年，开始举办从中等职业学校起步的五年制高职院校教育；1991年，国家教委发布了《关于加强普通高等职业教育工作的意见》，确定了"三改一补"（即对现有高等专科学校、职业大学和独立设置的成人高校进行改革、改组和改制，并选择部分符合条件的中专改办作为补充）的发展策略，从根本上确立了我国高等职业教育的发展体系；1999年，国务院提出大力发展高等职业教育，逐步调整现有的职业大学、独立成人高校和部分高校向职业技术学院转变；2005年，国家提出重点建设100所高职院校，职业教育进入了快速

---

① 世界贸易组织. 世界贸易报告2017：贸易、技术和就业 [M]. 北京：中国商务出版社，2018：8-10.

发展轨道；2010年，《国家中长期教育改革和发展规划纲要（2010—2020年）》提出大力发展职业教育，把提高质量作为重点，建立健全职业教育质量保障体系。2014年，《国务院关于加快发展现代职业教育的决定》提出要加快构建现代职业教育体系。第三阶段是职业本科教育迈向高质量发展阶段（2019年至今）。2019年1月，国务院印发《国家职业教育改革实施方案》（以下简称"职教20条"），提出"开展本科层次职业教育试点"。2019年5月，教育部批准全国首批15所职业本科试点高校，实现了我国职业教育在办学层次上的重大突破。可以预见，在党和政府的高度重视和政策支持下，我国职业教育正迎来高质量发展的新阶段，这也是我国从职教大国迈向职教强国的重大战略部署①。

2021年10月12日，中共中央办公厅和国务院办公厅印发《关于推动现代职业教育高质量发展的意见》，明确提出了"建设技能型社会，弘扬工匠精神"的总体要求②，提出稳步发展职业本科教育，高标准建设职业本科学校和专业，保持职业教育办学方向不变、培养模式不变、特色发展不变。2022年4月通过的《中华人民共和国职业教育法》明确了本科层次职业学校在职业教育体系中的法律地位。由此可见，我国重点提出了建设技能型社会的远景目标，试图通过提高职业教育办学质量来支撑技术技能人才培养，营造技能成才的良好社会氛围，加强高素质技术技能人才队伍建设，以此提高全社会劳动生产率，实现经济高质量发展的新突破。基于此，需要思考职业本科教育在培育高素质技术技能人才过程中主要存在的问题和可能的挑战。

一是质量结构失衡，劳动年龄人口受教育水平有待提高。劳动年龄人口平均受教育年限作为反映国民素质和人力资源开发水平的综合指标，能有效反映出技术技能人才的成长属性，是建设技能型社会的重要指标因素。从历史数据看，我国一直在关注各类教育的普及化问题，随着建设终身教育体系和学习型社会的推进，我国劳动年龄人口受教育水平得到持续提高。"十四五"期间，我国力争要把这一指标提高到11.3年，这意味着2025年我国劳动力人口受教育水平将达到高中二年级以上水平③。然而，我国劳动力人口基数庞大，劳动力市场结构性矛盾较为突出，对高素质技术技能人才的需求缺口一直居高不下，"招工荒""用工荒""留工慌"的问题长期存在，技工求人倍率近几年超过1.5∶1，高素质技术技能人才的求人倍率更是大于2∶1，远远低于德国、美国、日本等发达国家劳工占比超过80%的水平，非公企业、小微企业

---

① 唐淑艳，龚向和. 面向高质量发展的职业本科高校学位授予标准与立法路径［J］. 大学教育科学，2022（1）：113－119.

② 中共中央办公厅 国务院办公厅印发《关于推动现代职业教育高质量发展的意见》［EB/OL］.（2021－10－12）［2022－08－14］. http://www.gov.cn/zhengce/2021－10/12/content_5642120.htm.

③ 樊未晨. 教育部："十四五"末我国劳动力人均受教育11.3年目标可达到［EB/OL］.（2021－03－31）［2021－12－01］. https://baijiahao.baidu.com/s?id=1695717059504837056&wfr=spider&for=pc.

更是长期出现高技能人才严重匮乏的问题①。同时，国家统计局的数据表明，2020年全国农民工总量为28 560万人，这意味着我国二、三产业有接近一半的就业人员是农民工，技能人才队伍结构上出现了"低技能人才多，高技能人才少""传统型人才多，现代型人才少""单一技能型人才多，复合技能型人才少""短训速成的人才多，系统培养的人才少"的"四多四少"问题②。职业教育虽不断加大对技术技能人才的培养培训投入，但我国技术技能人才队伍建设仍明显滞后于产业升级的要求，其根本原因在于技术技能人才整体素质不高与队伍的结构性失衡。

二是教育资源滞后，职业院校教学供给与实践能力需求失调。无论是教学资源、课程资源还是职教师资，任何教育资源的配置在本质上都是一种以客观需求为导向的系统化行为，不可脱离外部供给需求孤立存在③。因此职业本科教育在培育技术技能人才时，首先要解决的问题便是明确经济社会需求侧对人力资本的需求情况。然而，当前职业院校的教学资源明显滞后于经济发展，最主要的三个表征体现在教学、课程和师资上。首先，职业院校所传授的技能内容与岗位的现实需求存在一定脱节，造成生产岗位的技能短缺现象。部分职业院校还在沿用传统教学模式，重理论而轻实践的情况依然盛行，这就造成教学内容未能及时与生产产生链式对接，学生所掌握的技能还停留在Ⅰ型和Ⅱ型技能上，整体素质不能满足产业发展要求④。其次，经济的高质量发展离不开新技术的加持，而职业院校信息化课程资源建设面临巨大挑战。信息化技术是新一轮科技革命带给教育的"助推器"，以它为基础进行课程资源建设会有效提高技术技能人才的培养效率和质量，但目前职业院校在建设信息化课程资源过程中却出现了"多主体、多层次、多种类、多序列、多模式"的教育乱象，这很容易导致职业院校信息化平台资源的分散，不利于形成针对性强、有强效力的课程资源服务机制⑤。最后，技能型社会建设目标对职业院校教师的定位有着更高要求。以往职业院校教师倾向于传授理论知识和专业技能，针对学生职业能力的加强也主要通过重复训练来实现，然而这种教学缺乏跨界和跨学科思维，不利于学生培育现实岗位所需的综合职业素养。为培育适应经济社会发展的职教人才，教师角色应具备教学适应性、学习任务扩展性的特征，即在"三教"改革背景下，职业院校教师要善于引导学生进行自适应学习，强化学生解决复杂问题的能力，这样才能培育出具备高技能迁移能力的

---

① 人社部回应《关于提高技术工人待遇的意见》[EB/OL]. (2018 – 01 – 26) [2021 – 12 – 01]. http://www.xinhuanet.com/2018 – 01/26/c_1122323132.htm.
② 于志晶，刘海，岳金凤，等. 中国制造2025与技术技能人才培养 [J]. 职业技术教育，2015，36 (21)：10 – 24.
③ 王伟清. 论基于需求的教育资源配置系统观 [J]. 教育与经济，2010 (1)：46 – 50.
④ 陆宇正，汤霓. 技能型社会视域下高素质技术技能人才培养的困境与路径 [J]. 教育与职业，2022 (9)：21 – 27.
⑤ 江玉梅，邢西深，佟元之. 2.0时代的职业教育信息化现状、问题与发展路径 [J]. 中国电化教育，2020 (7)：119 – 124.

高素质技术技能人才。实现上述的教育教学改革，职业院校教师首先要掌握更为全面、系统的综合职业能力，这对教师而言是一次严峻挑战。

三是共育机制失活，企业参与人才培养的主观能动性不足。技能形成是技能人才获得技术、技巧以及能力的过程，也是全社会提升生产力水平的一条重要路径①。因此，技术技能人才的培养要站在建设技能型社会的高度加以设计，基于技能形成体系的人才培养模式需要着重关注产教融合与校企合作，以此培养具有助推经济高质量发展的技术技能人才。然而，目前我国技术技能人才培养出现了严重的"排斥反应"，正面临着巨大考验。一方面，现行人才培育模式往往聚焦个人发展，主要追求个体对知识技能的习得，导致企业所提供的实习实训岗位作为一种协助性外部学习环境，未能得到充分重视。这便造成企业参与育人的行为虽需要，但并非必要（因部分学校可通过虚拟仿真技术填补实训场地和岗位不足的问题），从而使企业参与育人的内生动力与效果大打折扣。另一方面，产教融合、校企合作共育人才的流程开展不顺。其中，最显著的问题便是职业教育育人过程中应用场景缺失的问题，职业教育更加关注学生技能水平的熟练程度，忽视了学生在工作岗位中灵活应用技能的迁移能力，最终导致大部分职业院校学生虽完成学业，修满所需学分，获得了相应学历证书和职业技能等级证书，但毕业后的他们在短期内还无法亲自参与到岗位任务中，他们需要在正式上岗前经历更有针对性的企业培训，而这种"职前教育+职后培训"的模式无疑大大延长了技术技能人才的培养周期，降低了人才的培养效率。与此同时，由于大部分企业的"逐利性"特征，产教融合校企合作长期存在"校热企冷""渠道不通""合而不深"等问题，这些"斥力"使技能形成在人才培养中的作用逐渐式微②。美国著名经济学家赫尔曼认为，人力资本投资收益率的水平从高到低分别为：学前教育、学校教育、入职前培训③，因此企业育人不能仅仅放在职业教育之后，要将企业对技能的培训融入职业院校学生学习的全过程。

（二）教育端深度融合外部需求的重要接口

在5G、人工智能、新能源、新材料等新兴产业领域异军突起的新时代，现代职业教育要顺应时代发展的潮流。而经典理论表明，教育与经济社会有着密切联系：20世纪80年代，保罗·罗默在内生经济增长理论中提出，人力资本积累与技术升级是支撑国家或地区经济增长的内在动力④；而在政治经济学论域中，产业是介于宏观经

---

① 吴刚，邵程林，王书静，等. 产业工人技能形成体系研究范式的新思考［J］. 现代远距离教育，2020（2）：23-31.

② 张弛，赵良伟，张磊. 技能社会：技能形成体系的社会化建构路径［J］. 职业技术教育，2021，42（13）：6-11.

③ HECKMAN. J. Schools, skills and synapses［J］. Economic inquiry, 2008, 46（3）：289-324.

④ ROMER P M. Endogenous technological change［J］. Joirnal of political economy, 1990（9）：71-102.

济与微观经济之间的重要集合体,对经济社会发展产生重要影响[1];技能形成理论强调把技能摆在经济社会的大背景下,主张开发一体化的技能形成路径,强调政府、人才培养体系、劳动力市场等之间的有效协同,而职业教育作为其中的关键一环对经济社会发展具有保障功能[2]。上述理论基础无不揭示一个深刻道理,那就是职业教育要紧密地与产业链和人才链对接,因此高层次职业教育的发展需从对接产业、融入人才需求的逻辑视角出发。

首先,职业本科教育培育的人才结构要对接好产业、行业及企业。当前许多研究者对技术技能人才的定义仍停留在基于《中华人民共和国职业分类大典》的描述性演绎上,并未从根本上摆脱静态化定义的束缚[3],而高素质技术技能人才作为一个形成性概念,其界定需立足技术革新而不断演变,才能促进人才梯队结构与产业链深度融合。新结构经济学认为,凝聚在劳动者身上的知识、技能及其所表现出的能力是一种具有经济价值的人力资本,而促进经济增长的内生动力则是人力资本的禀赋结构[4]。高素质技术技能人才队伍表现出的整体人力资本水平与其禀赋结构在客观上决定了国家经济结构和发展水平。同时,高技能的形成过程并非单一技能的线性叠加,而是融合了多元通用技术、复杂情感意趣的乘叠积累。因此为了优化人力资源禀赋结构,需更加关注技术技能人才在技术性、知识性、创新性上的培育,以此促进我国产业转型升级从劳动力密集型和资本密集型向技术密集型和知识密集型方向转变。产业发展对不同层次、不同类型技术技能人才的需求程度亦不相同,高素质技术技能人才在劳动力市场中的优势将得到不断彰显,而实际上这种优势主要源自高素质技术技能人才与普通劳动力人口结构上的差异[5]。目前,我国高素质技术技能人才总量和占比仍较低,我国技能人才数量虽超过2亿,但这仅占到就业人口总量的26%,其中高素质技术技能人才超过5 000万,仅占到技能人才总数的28%,和德国等发达国家高级技工技师占工人50%左右的比例相比还有较大差距[6]。而从发展的角度看,配第－克拉克定理表明,随着国家经济发展和人均国民收入水平的提高,人力资本会呈现出"从第一产业向第二和第三产业转移"的演进趋势[7]。据预测,到2035年我国农产业增加值占

---

[1] [美] 伊曼纽尔·沃勒斯坦. 现代世界体系 (第3卷) [M]. 孙立田,等译. 北京:高等教育出版社,2000:10-15.
[2] 王星. 技能形成的社会建构 德国学徒制现代化转型的社会学分析 [J]. 社会,2015,35 (1):184-205.
[3] 许竞. 对我国"高技能人才"概念及养成问题的反思——基于国内文献的批判性分析 [J]. 河北师范大学学报 (教育科学版),2011 (13):63-67.
[4] CHENERY H B, SRINIVASAN T N. Handbook of development economics [M]. North-Holland, 1988 (1): 651-660.
[5] 王彦军. 劳动力技能形成及收益模式分析 [J]. 人口学刊,2008 (6):49-52.
[6] 国务院新闻办公室. 加强职业技能培训 加快培养大批高素质劳动者和技术技能人才 [EB/OL]. (2021-02-26) [2021-12-01]. http://www.scio.gov.cn/xwfbh/xwfbh/wqfbh/44687/44967/zy44971/Document/1699320/1699320.htm.
[7] YU R G. Petty-Clark theorem review [J]. Dynamic economics,1996 (8):63-65.

GDP的比重将从现在7.1%降至3%左右，农业领域技术技能人才数量占劳动力总量的比例将不超过6%，再加上我国人口老龄化的加剧，服务业尤其是医疗、养老、财富管理、社会保障等行业挑战严峻①。这说明在未来15年里，我国将有近四成的技能人才需从农业或低端制造业流向高端制造业与服务行业，技术技能人才队伍内部梯队和结构的优化问题迫在眉睫。

其次，职业本科教育在设置人才培养模式时要嵌合生产需求。产业链是把产业发展与区域经济有机串联而成的一种生产组织方式，通过产业链的集结既可以降低企业成本，还可以提高产业经济效益和区域经济效益，从而形成强有力的市场竞争力。产业链创收最基本的逻辑为内生性价值创收，即产业内部功能差异大的企业间或产业外部上下游企业间产生合作关系而形成的经济收益②。而产业链和教育链的融合体现在产业市场的供需关系上，产业链对职业教育的最主要需求在于人力资本的供给。职业教育所提供的技能人才是一种强依附性供给，这种资源是劳动力市场供需交换的最关键要素，而社会服务供给和文化传承供给作为一种弱依附性供给，在产教深度融合的实践中还需进一步挖掘。随着技术的革新，产业链得以拓展和延伸，升级换代后的人才数量需求、人才结构需求和人才质量需求会持续性地对职业院校办学和人才培养产生显性的制约与调节作用。也就是说，职业院校的发展虽离不开自身的品牌效应加持，但它的教育根基还需扎牢于经济社会的发展"土壤"中，即通过培育符合产业需求的技术技能人才，来提升实质性的育人质量和社会服务能力，从而提高职业教育办学社会声誉和吸引力等综合效益。如图1-1所示，产业链与教育链之间有着紧密的内部创收和外部供需逻辑与关系，这意味着职业教育既要关注为产业发展提供有效人力资本供给的外部需求，也要发挥人才培养、技术研发、职业技能培训等的职能作用，以此实现职业院校人才培养的"内外兼修"。

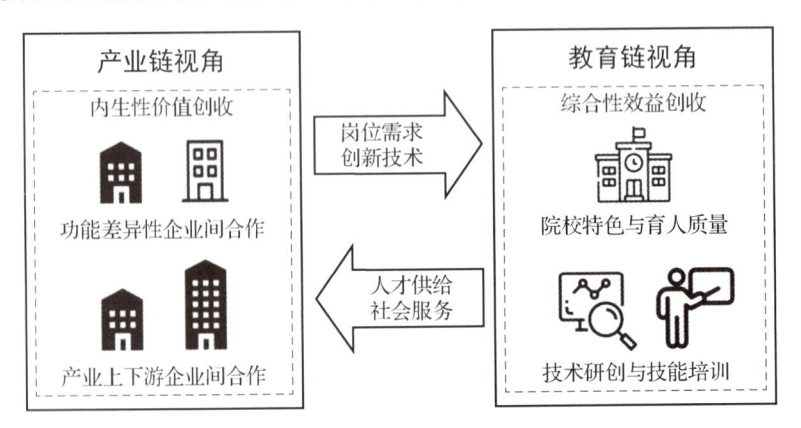

图1-1 产业链、教育链的外部供需关系与内部创收逻辑

---

① 刘俏，滕飞.以新发展理念引领我国现代化建设[N].光明日报，2021-01-29.
② [日]植草益.微观规制经济学[M].北京：中国发展出版社，1992：5-25.

最后，职业本科教育在培育人才时需关注技能类型的融入。高素质技术技能人才的成长规律并非孤立单一的，时代赋予了技术技能人才以新内涵和新挑战，而职业教育需根据经济社会发展规律和人才成长规律做好具有调适性的育人活动。马克思曾在批判费尔巴哈的抽象人性论时指出："人的本质并不是单个人所具有的抽象物，在其现实性上，是一切社会关系的总和。"因此，高素质技术技能人才的成长规律是人与社会发展变化之间相互博弈的规律性结果，其成长既要符合人的发展特点也要能够适应社会的发展变化需求[1]。基于情境学习理论和德国菲利克·斯劳耐尔的职业能力发展论[2]，可总结出技术技能人才技能提升与等级提高路线（见图1-2）。其中，技术技能人才的划分可以凭借其对技能的掌握程度和掌握的技能层级来判断，Ⅰ型技能对应技能新手，Ⅱ型技能对应技能熟手，Ⅲ型技能对应技能专家即高素质技术技能人才。Ⅰ型技能是技能密度最低的一种技能类型，它主要依赖技能人才的身体物理条件，也就是传统意义上的体力劳动，如果技能人才仅局限于Ⅰ型技能的掌握，其整体能力很难得到显著提升；Ⅱ型技能的技能密度处于中等水平，这个层级的技能可以通过职业院校的教育与培训在短期内形成；Ⅲ型技能的技能密度最高，它是一种复杂、综合的技能，随着时间的延长，这种技能会得到可持续性、长足的提升，该技能对解决岗位实际问题的帮助最大[3]。由于高素质技术技能人才的培育是一个非常漫长、投入成本较大的过程，学者开始不再仅仅从职业教育视角与技能人才成长视角讨论高素质技术技能人才培育，而是积极探索中国特色学徒制和职业教育多元主体办学模式，外部技能的形成路径正变得愈加清晰丰富。

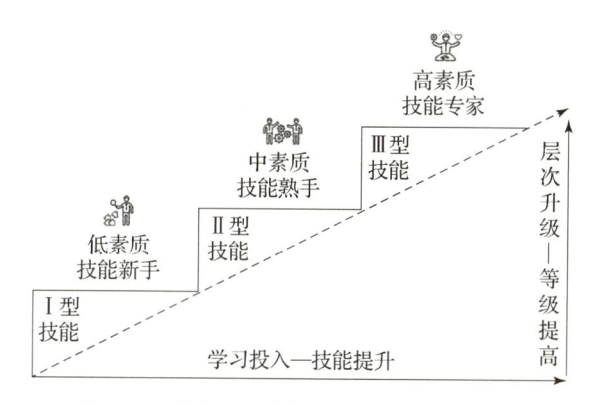

图1-2 技能人才技能提升与等级提高路线

---

[1] 肖龙，陈鹏. 基础教育与高职教育衔接：何以必要与可能？——基于高技能人才成长的视角[J]. 中国职业技术教育，2018（21）：5-10.
[2] ［德］劳耐尔，等. 国际职业教育科学研究手册（上册）[M]. 赵志群，等译. 北京：北京师范大学出版社，2014：235.
[3] 郝天聪. 我国高技能人才培养的误区及模式重构——基于高技能人才成长的视角[J]. 中国高教研究，2017（7）：100-105.

(三) 提升职业教育社会吸引力的行动路径

为完善职业本科教育的发展路径，需关注培养目标、培养手段和体制机制等层面的问题，理性谋划，系统分析，从经济发展规律、职业教育发展规律、技术技能人才成长规律角度出发，构建有利于提升职业教育社会吸引力的制度走向和行动方略。

一要打破"学历至上"导向，加强职业本科教育的经济功能。我国经济发展正面临着"技能短缺"和"技能失调"的双重压力，这已成为制约我国经济社会发展的根本问题[1]。为此，我国要从建立技能等值互换制度和消除"技能偏见"两方面着手。从宏观上讲，我国亟须把人才培养视野聚焦在经济的发展规律上，形成教育与经济之间合理、可信、可行的"学习成果"置换制度。这就需要通过立法的形式，真正打通技术技能人才的成长发展以及晋升通道，使职业教育与普通教育之间能够形成有效衔接和等值互换的体制机制，而这种体制机制的建立是一项庞大的改革工程，需要通过政府、行业企业、职业教育培训机构、教育行政人员、职业院校教师等利益相关者的通力合作才能实现，而只有构建好"面向全社会、面向全产业链、面向全生命周期"的技能型社会教育体系，才能实现持续、公正、透明的技能评价机制，并为高素质技术技能人才的培养营造良好环境。从微观上看，要打破"学历至上""唯知识"的认知偏差，破除技能人力资本价值在被评价时存在的"职校毕业生比不上普通高校毕业生"的"刻板印象"，这需要我国推进1+X证书制度的试点工作，从全产业链着手，以获取含金量高的证书为导向[2]，让人才培养过程对接经济发展环节，大到人才结构要对应产业生产的不同步骤，小到教学单元要对应岗位中具体的技能操作。

二要构筑"类型特色"体系，加强职业本科教育的引导功能。国际上往往根据承担任务和职责时所需要的"技能水平"和"技能专业化程度"，对技术技能人才的层次进行界定和分类，因此他们认为高素质技术技能人才一般特指从事高专业性、高技术性的一类职业人员[3]。而我国对高素质技术技能人才的理解相对狭窄，无论是教育教学人员、教育行政人员，还是职业教育研究者，更多还是关注技能人才对某一技能的熟练程度，因此为推进高素质技术技能人才的适应性，职业教育改革需首先回答好"培养什么人"的问题，通过构建类型化、特色化的现代职业教育体系来实现人才的多样化、高质量发展。一方面，职业教育要瞄准产业转型升级的需求，精准化地进行人才培养。宏观上，职业教育要通过物联网、区块链、AI等信息化技术构建人才需求预警系统，结合产业发展的现实需求，确定人才发展定位，有针对性地培育不同人群

---

[1] 王雁琳. 政府和市场的博弈——英国技能短缺问题研究[M]. 杭州：浙江大学出版社，2013：33 - 70.
[2] 陆宇正，汤霓. 英国学位学徒制利益相关者的角色定位与启示[J]. 当代职业教育，2022（1）：43 - 49.
[3] 汤霓，石伟平. 为高技能人才"正名"：国际视野下高技能人才内涵辨析[J]. 职教论坛，2011（22）：49 - 53.

的不同技能①。微观上，职业院校要办好"类型教育"和"特色教育"，认清自身优势所在，教学不能局限于基本技能和专业技能等"硬技能"，还要涉及"核心技能""专门技能""特殊技能"这样的"软素养"，满足技术技能人才多样化、全方位发展的诉求。另一方面，要着力培育"面向未来"的技术技能人才。经济社会的发展瞬息万变，技能型社会的发展使得工作岗位充满各式各样的潜在挑战，以"标准"为导向的育人方式不再适用于技能型社会，职业院校应给学生埋下"终身学习"与"技能迁移"的理想信念，让他们将自身的技能优势与技能型社会建设相融合，让学生从接受职业教育起就树立起"技能宝贵""技能成才""技能报国"的崇高理想信念。

三要弘扬"工匠精神"价值，加强职业本科教育的文化功能。"工匠"一词本身便是形容在某一领域生产中投入大量精力、熟悉产品研发或制造环节的技能人才，而追求和弘扬"工匠精神"不仅有助于提升人才的专业技能，而且能带动社会上形成学习技能、钻研技能、传播技能的良好风尚，从而对建设技能型社会、构建技能型社会教育体系产生积极作用。为使技能型社会的发展成果惠及全体人民，需重点关注退役军人、下岗职工、农民工等重点群体，这部分群体数量庞大、劳动经验丰富，完全可以成为潜在型高技能人才，所以需保障这部分群体接受高等职业教育的权利，激发他们参与职业教育的积极性。同时，"工匠精神"的宣扬还有助于激发社会各界参与人才培养的活力，职业院校不仅要激发企业的社会责任，努力搭建产教融合、校企合作的坚实桥梁，让先进技术融入技术技能人才培养的全过程，而且要摆正自身在技能型社会中的位置，最大限度满足不同岗位技术技能人才对技能提升的诉求，打造"高素质技术技能人才培养计划"，定点定批定量地为对应岗位输送优质的人力资本②。随着我国公共服务事业改革的持续性深入，全社会参与技术技能人才培养培训的辐射面正越来越广，只有推动社会各界形成"人人皆可成才、人人尽展其才"的良好氛围，才能真正提升职业教育的吸引力。

四、提升产业国际竞争力的战略之举

放眼全球，我们正面临百年未有之大变局。全球新冠肺炎战疫加剧国际格局"东升西降""中进美退"，大国博弈激烈复杂，全球治理备受考验。在这种情况下，构建新发展格局，实现高水平自立自强，越来越成为塑造国际竞争力的关键。而加快构建

---

① 许艳丽，余敏. 新智造时代技术技能人才发展定位与教育应对 [J]. 中国电化教育，2021 (8)：9-15.
② 陆宇正，刘晓. 职业教育助推产业工人队伍建设：命题解析与行动路径 [J]. 中国职业技术教育，2020 (18)：86-92，96.

以国内大循环为主体、国内国际双循环相互促进的新发展格局，迫切需要大批高素质产业生力军作为支撑。

（一）新发展格局下产业升级对劳动力的新需求

当前，我国拥有8.8亿劳动年龄人口，劳动力人口资源仍然充沛，但劳动者技术能力水平偏低，劳动生产率只有世界平均水平的40%[①]。显然，教育是提升劳动者素质的重要途径。在经济由高速增长转向高质量发展、产业由中低端转向中高端的新发展格局下，用工要求发生了很大的变化，急需提高现有技术技能人才的素质水平，而这些高素质技术技能人才的培养依赖高质量的职业教育。因此，职业教育必须密切联系新发展格局，全方位、多层次地增强适应性，优化同新发展格局相适应的教育层次结构、专业结构、人才培养结构，发展本科层次职业教育，突破高素质技术技能人才培育瓶颈，有效提升劳动力素质，提高生产要素质量和配置水平，进而增强我国在全球产业链、供应链、创新链当中的稳定性和竞争力。要发展职业本科教育，首先要廓清其人才培养定位，回答职业本科教育到底"培养什么样的人"和"怎么培养人"这一根本问题。事实上，与同类不同级、同级不同类型的教育相比，职业教育在人才培养层次、培养内容、培养模式上，都有其自身的特殊性。

第一，在培养层次上比职业专科教育增加了创造性要求。职业本科教育作为目前职业教育体系中学历层次最高的教育，是现代职业教育体系的领头羊，它不仅要面向产业，更要对接产业中的高端领域，培养的是创造型高技能人才，这是区别于专科层次及以下职业教育之所在，也是体现职业本科教育"高等性"的必然。职业本科教育的突出特征是面向新技术，意味着要强化高新科技含量，是"用脑"的教育，而不再停留在职教的"操作"层面，也是在职教专科人才培养的基础上往上提升的方向所在。职业本科教育的位阶是本科层次，既是处于职业教育体系中的高层次，又是本科教育的一种，要与普通本科教育、应用本科教育共存共竞，同时又要有自身差异化发展的优势。在实践层面，职业专科教育主要是跟跑企业，而职业本科教育则从适应产业上升到适度超前引领产业发展；职业专科教育实施的是点对点双向合作，其合作对象是特定的，而职业本科教育则从校企合作上升到产教融合，实施的是面与面的深度融合，强调服务对象的普适性；职业专科教育的工学结合更多停留在技术操作层面，而职业本科教育则从工学结合上升到"知行合一"，强调"手脑并用"的创造性层面。

第二，在培养内容上比普通本科教育注重了技能性要求。职业教育有两个特征，一是其学习内容的特定性，学习的是面向职业岗位或行业的知识和技能内容，而不是

---

① 国家统计局. 国际比较表明我国劳动生产率增长较快［EB/OL］.（2016-09-01）［2021-08-14］. http://www.stats.gov.cn/tjsj/sjjd/201609/t20160901_1395572.html.

普适性的知识；二是相较于普通教育，这种学习的目的更多是"获得"，而非"发展"，意味着职业教育带有强烈的就业导向。从职业本科教育与普通本科教育的区别来看，一是职业本科教育是"内生"而非"外生"的，即从普通本科教育转型而来有相当的难度（如讲课教师转为能说会做善导的"双师型"教师、理论教学转为理实一体化教学、知识教学资源转为实训装备条件、科教融合转为产教融合、校社合作转为校企合作、毕业论文转为毕业作品等），而从优质职业专科教育的自然升格而来则比较顺畅（在产教融合中增加科研，在实训实习中增加实验，在生产、服务中增加设计，在技术学习、掌握中增加改进等）。二是职业本科教育居于类型高层而非体系底层，能打通职教类型的上升通道。在学术教育（培养科学家）、工程教育（培养工程师）、技术教育（培养技师）、技能教育（培养技术员）的分类中，职业本科教育着重培养现场"技术工程师"，是服务地方经济社会发展面向行业企业的更高层次、更高水平的技术技能人才。

第三，在培养模式上比应用本科教育突出了职业性要求。职业本科教育与应用本科教育相比，两者有着实质性的区别。有研究指出，应用本科教育从办学内涵看，是工程教育分化为工程科学教育、工程规划教育和工程应用教育的结果。应用本科教育实为工程应用本科教育。应用本科教育本质上还是理论性的，其人才培养的逻辑起点是理论知识，只是在人才培养模式上更为突出应用性、实践性，强调理论在实践中的应用。而职业本科教育是从职业教育内部延伸出来的，是完全按照职业教育人才培养规律举办的本科教育。职业本科教育本质上是实践性的、职业性的，是深深扎根于职业实践进行人才培养的教育，其人才培养的逻辑起点是各行各业的职业能力要求[①]。因此，在人才培养模式上，职业本科教育应比应用本科教育突出职业性要求，注定要走产科教融合、政行校企社合作、"岗课赛证"综合育人之路。

（二）国际比较视野下职业本科教育的办学经验

从国际上看，我国语境下的职业本科教育在多个西方国家都有对应的办学主体，并且成为多数发达国家职业教育的重要办学形态。目前，德、日、美、法、英等国均发展了不同形式的职业本科教育，形成了一些基本的办学经验。

第一，形成了多样化的职业本科教育办学机构。从国际上看，职业本科教育的办学机构丰富多样，主要形成了专门化和非专门化两种类型。一种是专门化的办学机构。如在日本，高等专门学校内设专攻科（5年+2年），培养学生成为能够应对复合型岗位领域的创造性技术人员；专门职大学培养具有高度实践能力和丰富创造力的高层次人才。在法国，如大学附设的技术学院是实施职业本科教育的专门化机构，其在

---

① 徐国庆. 现代职教体系建设的重大突破［N］. 中国教育报，2021－02－09.

录取标准和教学安排上都具有独立性①。在德国，双元制大学和职业学院是实施职业本科教育的专门化机构。双元制大学的前身是职业学院，多年来在高等教育阶段实施"双元制"教育，巴登符腾堡州双元制大学是德国第一所以"双元制"命名的高校②。另一种是非专门化的办学机构。如在美国，2年制的社区学院和4年制大学均可开展本科层次职业教育。普渡大学的技术学院就是一个典型，主要面向企业一线岗位培养具有专深技术和问题解决能力的技术师，是"二战"以后实施职业本科教育较早的办学机构之一。在英国，职业本科教育主要由多科技术学院升格而成的科技大学承担，旨在为地方生产、建设、管理和服务一线培养应用型专门人才。1992年《继续和高等教育法案》颁布后，科技大学与传统大学在法律地位上的差别消失，同时传统大学也越来越多地开设了职业导向的学习项目（比如学位学徒制）③。

第二，设计了差别化的职业本科教育学位体系。针对职业本科毕业生该获得何种形式的职业本科教育学位问题，国际上不同国家采取了不同做法，主要区别在于是否设计了专属于职业本科教育的学位体系。一种是专属的学位体系。如在日本，高等专门学校专攻科毕业生在获得相当于4年制大学毕业证书的同时，可获得机构授予的"高度专门士"学位；日本的专门职大学院毕业生可获得文部科学大臣认定的学士（专门职）学位。在法国，大学附设的技术学院（如亚眠大学技术学院），可授予毕业生"大学技术学士学位"。在美国，本科层次职业教育的毕业生获得的是与通识性本科层次教育不同的技术学士学位（Bachelor of Technology），且本科层次的技术学位有对应的专业目录，每个专业都有十分完善的认证标准和办法④。另一种是非专属的学位体系。如德国的职业学院自2000年起，可以颁发学士学位，职业学院的学士学位和其他高校等值，可以申请进入普通大学硕士阶段的学习。在英国，多科技术学院起初并不享有学位授予权，《继续和高等教育法案》颁布后，职业本科教育的毕业生获得的学位与普通本科项目没有区别。

（三）提升竞争力导向下中国提供的职教特色样本

职业本科教育在我国仍然是新生事物，亟须得到重视，从而尽快整理成可推广的"中国样本"。职业本科教育是我国教育改革的新生事物，既没有现成的经验可循，也没有已有的模式可搬。截至目前，教育部批准了32所学校开展职业本科教育试点，为探索我国职业本科教育发展提供了参考和范本。

---

① 徐国庆，陆素菊，匡瑛，等．职业本科教育的内涵、国际状况与发展策略［J］．机械职业教育，2020（3）：1-6，24．

② 贺艳芳．基于双元学习课程的德国本科层次职业教育发展研究——兼论我国本科层次职业教育发展的未来路向［J］．职业技术教育，2020，41（22）：65-72．

③ 关晶．本科层次职业教育的国际经验与我国思考［J］．教育发展研究，2021，41（3）：52-59．

④ 李旦，姜华，李家宝．关于美国工程技术类学士学位专业目录的分析［J］．高等工程教育研究，2009（4）．

第一，目前我国形成了稳健慎行的推进路径。从 2014 年国务院《关于加快发展现代职业教育的决定》首次明确提出"探索发展本科层次职业教育"，到 2019 年《国家职业教育改革实施方案》（以下简称"职教 20 条"）提出"开展本科层次职业教育试点"，再到 2021 年全国职业教育大会提出的"稳步发展职业本科教育"，我国职业本科教育的发展从推进路径来看，目前已走过了"探索发展—试点落地—稳步发展"三个阶段。近年来，职业本科教育从无到有，逐渐成为教育领域改革和社会公众关注的热点。2021 年 1 月和 3 月，教育部《本科层次职业教育专业设置管理办法（试行）》（以下简称《专业设置管理办法》）、《本科层次职业学校设置标准（试行）》（以下简称《学校设置标准》）相继出台，标志着我国职业本科教育发展迈出实质性步伐。2021 年 7 月，教育部印发《关于"十四五"时期高等学校设置工作的意见》，明确指出"以优质高等职业学校为基础，稳步发展本科层次职业学校"，"拟设立的本科层次职业学校，须把控节奏、优中选优，原则上每省（区、市）不超过 2 所"，进一步明确了我国职业本科教育稳健慎行的推进路径。

第二，目前已构成了多元化的发展模式。自 2019 年"职教 20 条"提出"开展本科层次职业教育试点"后，江苏、山东、浙江、四川等 10 多个省份率先启动试点工作，形成了多元化的职业本科教育发展模式。目前 32 所开展职业本科教育的试点学校，是经多种路径发展而来。有符合条件的公办高等职业院校整体升格为本科层次职业技术大学的，如南京工业职业技术大学等；有民办高等职业院校升格为职业技术大学的，前两批 22 所职业本科教育试点院校中的 21 所都属于这种发展路径，如浙江广厦建设职业技术大学、海南科技职业大学等；有独立学院合并转设为职业技术大学的，如石家庄工程职业技术大学、广西农林职业技术大学等。多元化的发展模式拓宽了职业本科教育的发展空间，也为以后的职业本科院校发展路径提供了重要参考。

第三，目前试点学校的办学水平得到明显提升。自试点工作启动以来，特别是《专业设置管理办法》和《学校设置标准》印发以来，地方政府和试点学校加快推进建设。在建设过程中，一是一些试点学校（如南京工业职业技术大学）基本办学和专业办学指标远高于《专业设置管理办法》和《学校设置标准》要求，办学定位明确、资金投入大、师资队伍建设水平较高、专业建设契合国家战略和区域发展需求，成为现代职业教育体系建设名副其实的"领头羊"。二是一些试点学校办学条件有效改善。在基本办学条件改善方面，试点学校加大资金投入、加紧基础建设，如山东工程职业技术大学、成都艺术职业大学等加快推进选址征地、建设实训大楼等；在办学内涵提升方面，试点学校明确发展方向、重塑办学理念、提炼办学特色，如重庆机电职业技术大学形成了校企合作产教融合、军校融合服务国防和区域经济社会发展的办学特色；在师资队伍建设方面，试点学校通过"招聘引转借兼"结合，多措并举打造高水平师资，如西安汽车职业大学通过与区域高校共建联盟，共享高水平师资。通过试点建设，新设的职业本科院校办学水平得到明显提升，也为探索发展职业本科教育积累了丰富的经验。

发展职业本科教育是服务国家高质量发展的重要突破口。目前，我国本科层次的职业教育仍处于探索阶段，要使服务效果实现最优，必须建立起配套的保障措施。一是应以优质专科层次高等职业资源举办本科层次职业学校，或者部分符合条件的专业实施本科层次的职业教育；二是应建立公平合理的入学机制保障，创造更多优质教育的入学机会；三是应建立教学质量保障机制，提升技术技能人才与社会经济发展的匹配度；四是应建立人才聘用与考核机制，加速技能型社会的建成。相信经过不懈努力，我国将为技术技能人才提供更公平的政治待遇、经济待遇与社会待遇，使高素质技术技能人才能够"尽其才、守其心、安其乐"，努力把我国建设成为现代化的技能强国。

第二章

职业本科教育人才培养

自工业革命以来，技术技能人才对国民经济发展的战略意义日渐凸显，每一个成功实现工业化的现代国家，其背后都有大量高水平的技术技能人才为支撑。自中华人民共和国成立以来，职业教育为社会各行各业培养了数以亿计的劳动者和技术工人，为国家实现初步工业化做出了极大贡献。当前，以数字化、网络化、智能化为代表的新一轮技术革命方兴未艾，我国的产业发展亟待实现新旧动能的转换，而传统的技术技能人才培养模式难以适应新技术和新产业的发展要求，行业企业急需大量的创造型高技术技能人才，但目前的情况是，劳动者的技能水平与行业需求不相匹配。在此背景下，职业教育向高水平和高阶段——本科层次职业教育发展，进而培养产业升级需要的创造型高技术技能人才就成为必然。要办好职业本科教育，就需要分析技术技能人才的层次与成长规律，明确不同层次、不同阶段职业教育技能培养的目的与特征。只有遵循规律，并针对产业发展对技术技能人才的知识能力需求状况，职业本科教育才能精准施策，达到预期效果。

一、明确高层次技术技能人才的培养定位

（一）技能、技术技能、高层次技术技能人才

1. 技能的认识维度

　　技能培养是职业教育赖以开展的逻辑起点，也是其不言自明的主要教育教学活动内容和目的，但对于技能究竟是什么，却是一个众说纷纭的概念。在职业教育领域的各种讨论中，当我们不去关注技能的本质时，仿佛知道技能是什么，然而一旦对技能的概念进行深究，就有陷于困惑和混沌的风险。例如，职业教育里的技能仅仅是指操作吗？恐怕大多数人都会对这个问题说不，并认为技能也应当包括分析、判断、创造等智力活动。然而，如果技能也包括智力活动，职业教育的培养内容与普通学术型教育又存在多大程度的区别？要回答这些问题，就需要对技能的概念进行再认识，来发现在通常的论述中，可以从哪些维度来解释技能。

首先是心理学维度对技能的认识。目前，对技能的主流认识和分类主要是受心理科学的影响。例如，《教育大辞典》认为，技能是指"主体在已有认识经验的基础上，经练习形成的执行某种任务的活动方式"，"它由一系列连续性动作或内部语言构成"，它按照水平的不同可以分为初级水平技能和技巧两类，按照性质与特点可以分为智力技能与操作技能两类[1]。在《辞海》中，技能是指"个体通过反复练习形成的合乎法则的活动方式"，根据活动中的主要成分，分为动作技能和智力技能，根据其复杂程度，分为初级技能和高级技能[2]。可见，在对技能的一般认识和界定中，通常将其分为动作技能和智力技能两个部分，这是一种典型的心理学解释。

动作技能又被称为操作技能，它是指"个体对环境产生直接影响的熟练而精确的身体运动能力"[3]。动作技能首先表现为个体的身体运动，它是个体需要经过一定的练习才能掌握的各种动作，通常要求相当程度的速度、灵巧性、精确性和流畅性。在各类体育运动中，如游泳、武术、体操、舞蹈等均需要较长时间的重复训练才能达到娴熟的水平，它们指向的均是个体对自我身体的控制。其次，动作技能表现为个体对各种工具、装置及设备的使用和控制。这种动作技能依赖于作为使用对象的客体而存在，并且主体可以通过对客体的改变达到影响周围环境的目的，例如驾驶汽车、操作机床、操控游戏、弹奏乐器，等等。职业教育中的动作技能一般是指第二重含义，也即与肢体对各种工具的操作使用直接相关。在这里，需要特别强调的是，涉及工具使用型动作技能的人类活动十分广泛，如球类运动、电子竞技、摄影、书法、绘画、演奏等娱乐消遣及艺术活动都需要个体具备高超的动作技能。但是此类动作技能并不属于职业教育范畴，有且只有当某些动作技能具备生产和服务属性时，我们才认为它是具有职业教育意义的。举例来说，产品加工、设备维护、修剪园林、美容美发、酒店服务等需要一定动作技能的活动均发生在经济领域，具备生产和服务的性质，因此具有进行职业教育的价值。

智力技能又被称为心智技能。在心理学的观点中，智力技能特指大脑的认知活动，比如布鲁姆就将认知领域的教育目标从低到高分为知道、领会、应用、分析、综合、评价等六个层次。与动作技能不同，智力技能的作用对象是观念，例如对法则和规则的运用，因此，智力技能的高级阶段具有高度的理论化和抽象化的特征。在通常的分类中，智力技能可分为一般的智力技能和专门的智力技能，一般的智力技能如观察力、记忆力、分析和解决问题的能力，专门的智力技能如阅读、写作、计算等指向具体认知活动的技能。实际上，与动作技能一样，人类的各种实践活动均需要主体具备一定的智力技能，换言之，没有不涉及智力技能的人类活动，即使最为基础的人类操作也远非动物所能轻易掌握。但是大多数的人类实践活动只需要一般的智力技能，

---

[1] 顾明远. 教育大辞典（增订合编本）[Z]. 上海：上海教育出版社，1998：650.
[2] 夏征农，陈至立. 辞海（第六版彩图本）[Z]. 上海：上海辞书出版社，2009：1032.
[3] 教育大辞典编纂委员会. 教育大辞典（第5卷）：教育心理学[Z]. 上海：上海教育出版社，1990：316.

只有在进行诸如创作、研究、推理、思辨等高级认知活动时,才需要大脑广泛和深入的联想能力、分析能力、归纳能力、演绎能力及判断能力,对此类智力技能进行专门培养是普通学术型教育的典型特征。目前,学界公认职业院校技能人才的技能结构包括操作技能和智力技能两类,但有必要澄清的是,职业教育所培养的智力技能是与普通教育有所区别的,其目的并非是形成高度的理论抽象能力,而是主要包括两个方面:一是培养个体在从事职业活动过程中所需要的一般智力,如观察、分析、判断和决策能力;二是培养个体使用和操作某种设备装置的基础理论能力,如理解和运用机器所需要的基本理论知识。尤其是个性化的生产活动,为满足市场的多元需求,需要技术工人懂得机器运行背后的原理,以随时调整和改进生产设备。归结来说,职业教育人才所需要的智力技能不能脱离动作技能而存在,其智力活动指向具体的操作实践,这是职业教育技能培养区别于普通教育能力培养的重要特征。

其次是职业科学维度对技能的认识[1]。社会学、经济学、劳动学等学科围绕职业劳动领域形成了关于职业科学研究的交叉地带。不同于心理学对技能分类的个体视角,职业科学对技能的分类主要着眼于行业企业的视角。根据技能形成理论,职业技能可以分为三种类型:企业特殊技能、行业特殊技能、一般技能[2]。

企业特殊技能是指那些在企业间不可通用,只能在个别企业内使用的技能。此类企业一般包括三种类型,一是属于特定行业,具有较为特殊的生产环境条件,难以在其他行业复制其生产模式,因此需要工人具备适应行业特殊生产条件的专门技能;二是属于高技术企业,相关企业掌握了其他企业难以复制的技术或装备,工人的技能形成需要专门的培训环境和长时间的企业内锻炼,技能的可推广性差;三是属于有比较竞争优势的企业,在产业链中该型企业找到了符合自身定位的比较优势,比如生产个性化和专门化的零配件,在某个狭小的生产领域内,该型企业处于垄断性地位,就是所谓的"隐形冠军"。企业特殊技能均需要在企业内部形成,对个体来说,其风险是一旦脱离相关企业就面临技能无用武之地的困境。

行业特殊技能是指适应于个别行业的技能,行业内的不同企业可以通用,例如采矿业、建筑业、汽车制造行业、手机制造行业、轨道交通行业、软件开发行业,等等。行业内的生产技术和技能具有可复制性,如建筑业的木工、水暖工、钢筋工、混凝土工等岗位所需要的技能均较为成熟,工人可以在相应的建筑类职业学校学习技能,也可以在建筑工地的实际岗位"做中学",在成为熟练的技能劳动力后,工人可以凭借自身的技能资本转移到出价更高的企业。由此导致的一个后果是,企业对行业特殊技能进行人力投资的意愿较低,它们更愿意在市场上直接招聘已经具备熟练技能的劳动力。

---

[1] 姜大源. 技术与技能辨[J]. 高等工程教育研究,2016(4):71-82.
[2] 王星. 技能形成的社会建构[M]. 社会科学文献出版社,2014:330.

一般技能是指所有工人都应该具备的基本技能，也即通用性技能。无论从事任何行业，工人都应当具备基本的认知能力和操作能力。行业对工人的基本技能要求随着时代的变化而有所不同。例如，在农业时代，由于生产技术水平低下，农民大多凭借经验知识来从事农业生产，不需要具备较高的文化水平，因此传统社会的识字率极低。到了工业革命时期，为了便于对工人进行集中管理和提高生产操作水平，雇主开始自发地开办工人学校来普及基本的读、写、算能力和基础职业能力。这即是现代形态的职业教育的开端。到今天，面向未来的工业生产不仅是要求工人具备基本的读写算技能，还要求工人具备终身学习能力、沟通能力、合作能力、问题解决能力等，这是所有职业都需要具备的核心素养和基本能力。

2. 技术与技能的关系辨析

在职业教育的各种讨论中，技术与技能是最为频繁出现的两个概念。在不严格的区分中，技术经常等于技能，或技术包含技能，或技术与技能成对出现。似是而非的用法令这两个概念益发混淆，因此有必要对技术与技能的异同进行专门讨论，并厘清它们的内在关系。

从历史的角度看，技术与技能在不同时代具有不同的关系特征，社会对技术与技能的理解也与时俱进、步步深入。

其一，在原始社会时期，技术与技能相互包含，并无区分的必要。马克思在论述人类的起源时认为，劳动创造了人，人是能够制造和使用生产工具的动物。在这里，制造和使用生产工具就需要一定智慧和水平的认知与动作技能，正是在这个过程里，人开始与一般的动物区别开来，成为万物的灵长。例如，原始人类在制作石器的过程中，需要了解各种石材的质地，并对其进行比较，看看哪些石头适合打磨工具，哪些石材不适合打磨工具；为了提高捕猎的效率，原始人制作了能够远距离杀伤动物的弓箭，这也需要他们充分了解自然材料的特性，并且利用自然物来改造成人工产品。认识和改造自然形成了原始社会时期人类的初步技能，但这种技能仍然是经验性的，是日常生活的经验积累，没有对自然物和人造物背后的科学原理的认识，也就是知其然却不知其所以然。这种原始技能是日常生活的零碎经验的集合，还远远称不上是系统的技术知识。所以，在这个阶段，技能和技术是合二为一的，换言之，技能就是低水平和低层次的技术。

其二，在传统社会时期，技术得到了初步发展，开始与技能相区别。由上可知，技能是日常经验的积累和集合，而技术则代表了一定的理论化形态的经验。文字的发明是人类进入文明社会的重大标志，而文字则为技术的理论化提供了可能。人类进入更高的文明形态总是伴随着工具的变革，在奴隶社会和封建社会，青铜器和铁器得到大量使用，如商周文明、古埃及文明、古希腊文明都出土了大量精美的古代金属工艺品，这说明在古代社会出现了一个不依赖农业生产的工匠阶层，这个阶层承担了发明技术、拓展技能的社会责任。相较于原始社会，技术和技能的复杂性进一步提高，仅仅依靠言传身教不足以有效传承。因此，一些掌握了文化知识的工匠开始系统地总结这一时期的技术和技能成果，例如我国春秋战国时期的《考工记》，记述了先秦时期关于手工业各个工种的设计规范和制造工艺，包括木工、金工、皮革、染色、刮磨、陶瓷等6大类30个工种的内容，反映出当时中国所达到的科技及工艺水平。应当注意的是，传统社会虽然开始产生了系统的技术知识，但是它仍然是经验性的，是古代工匠技能积累的结果，仍然谈不上理论性的认识。

其三，在工业革命时期，技术发生了根本变革，开始以科学理论为指导。工业革命率先发生于18世纪的西欧社会，它是人类社会由古代迈入近代的分界线。在古代社会，技术主要还是体现为工匠的技能或手艺，无论是皮革匠、铁匠、木匠还是钟表匠，制造产品凭借的都是传统经验，技术上的革新十分缓慢。而工业革命后，随着蒸汽机的到来，人类社会第一次进入技术爆发的时代。工业革命的早期代表性成就均是工匠对传统技术的革新，例如珍妮纺纱机、瓦特蒸汽机等，其发明者本身就是传统的工匠，发明也并非是一蹴而就，而是在传统工具和机器基础上的多次改良和创新。工业革命宣告了人类生产组织模式的根本改变，开始由传统的手工业生产模式进入机器大生产模式。在机器大生产的条件下，人类的生产效率得到了极大提高，物质产品的供应极大丰富，在传统时代由成百上千名工匠手工制作才能完成的产品，现时代通过几名工人对机器进行操作便可完成。所以，机器成为人们眼中最为杰出的技术成就，而技能也就慢慢等同于操控机器的技能。传统时代，技术往往等同于人的手艺本身，是附着于主体肉身的一部分；在机器大工业时代，技术的概念变得更加复杂，它开始从一种劳动技巧物化为机器本身，进一步说，技术即等同于劳动工具，技能则是人使用劳动工具的能力。正是在这个时代，技术与技能的概念出现显著分离，技术不再简单地等同于经验意义上的技能，而是以科学原理为指导的物质成果。

其四，在现代社会，技术的科学属性进一步增强，高技能的需求增加。第一次工业革命的技术革新主要是数百年工匠经验积累的结果，从第二次工业革命开始，迄至今日的历次工业革命，新兴技术的发展主要受科学发现的推动，例如电磁感应的发现使发电机成为可能，X射线的发现使基于X光机的医学诊断成为可能。在"二战"后，计算机、纳米、人工智能等各种新技术层出不穷，人类社会相较于机器工业时代有了更进一步的飞跃。例如，计算机技术应用于工业机床的成果——数控机床，使自动化的工业生产成为可能。如今的制造业工厂所需要的劳动力与以往相比大大减少，工人的劳动过程得到有效简化，不再需要具体地介入生产操作过程，而只需要发挥对机器的装配、监督和调控作用。因此，新技术条件下的生产环境对技术工人的智力技能需求更加强化，只懂得生产操作而不了解技术原理的传统工人已不能适应当今的生产要求，新技术的发展推动了工业生产迈入高技能时代。所谓的高技能不仅意味着高超的技艺和操作水平，在新技术的背景下，技能的内涵更突出掌握科学知识在技术应用过程中的重要性。

总结技术与技能相互演变的历史发展过程，从概念的本质内涵来说，两者既有区别又有联系。就技术而言，它首先是指"人在利用自然和改造自然的过程中积累起来并在生产劳动中体现出来的经验和知识，也泛指其他操作方面的技巧"，其次是指"技术装备"[①]。之所以技术和技能容易发生混淆，就是因为在传统社会技术通常是取第一种含义，即一种经验知识和技巧，因此可以等同于技能。只有在进入近代社会以后，技术的第二重含义才得到广泛应用，即特指装备或机器。由此来说，技术的载体一是体现为附着于人身体的智力技能和操作技能，二是作为经验和知识的物化形态——技术装备。尽管技术在某一方面可以等同于技能，其区别也是十分明显的——技术的科学属性更为突出，而技能则更多的具有经验属性，这是在讨论职业教育是如何培养技术技能人才的问题时需要注意的。

3. 高层次技术技能人才

通常按照劳动者劳动过程的复杂程度和其本人技能的熟练程度，把技术工人从低到高依次分为初、中、高三个等级，高层次技术技能人才是相对于中等层次和初级层次而言，有时也可简称为高技能人才。对于何为高层次技术技能人才，就是基于前述劳动过程的复杂程度和技能的熟练程度两个标准的评价，目前学界对此也并没有达成普遍的共识，各路学者对此概念的表述和解释可谓智者见智、仁者见仁，归结起来看，大致可以分为以下两种：

第一种观点认为，高层次技术技能人才等于获得高级职业资格证书的人员，如高级工、高级技师及获得相应职级的从业人员。一些学者认为，在我国的职业等级证书（资格）体系中，符合高层次技术技能人才特征的主要是二级（技师）、一级（高级技师）人才，他们一般经过了一定时长的专门培训，有较长时间的工作经验，技能精湛，具有独立地、创造性解决加工工艺和生产技术难题的能力。然而，以职业等级证书（或资格）来判定技术技能人才的层次也存在一些弊端，目前的职业技能等级（资格）体系尚无法覆盖所有行业的技术技能岗位，一些在能力上达到高水平但是没有相关职业等级（资格）证书的劳动者是否就不是高层次技术技能人才呢？因此，对技术技能人才的划分并非一定要依据职业技能（资格）等级，从本质上来说，划分标准应当根据具体岗位的工作内容及其所需要的技术和技能等级水平。

第二种观点认为，高层次技术技能人才是掌握了高水平应用技术、理论知识及操作技能，具有较高创新能力的人才。在这里，高层次不仅体现在动手能力的高超，更体现在理论应用能力的娴熟，也可以说高层次人才之所以高的部分正是对技术理论的充分掌握，他们能够把在生产过程中积累的技能经验与现代科学技术原理有机结合，具有对生产工艺的改造、研发和创新能力（工艺装备技术改造，简称为"工装技

[①] 姜大源．技术与技能辨［J］．高等工程教育研究，2016（4）：71-82．

改")。在现代社会，这一类对生产力起到直接推动作用的人才就是高层次技术技能人才。

不管是依据职业技能等级（资格）来定义，还是依据工作内容和性质来定义，概括起来说，要准确理解高层次技术技能人才的内涵，就必须把握何为"高（级）层次"，那么比较有效的方式就是了解与其对应的"中级层次"和"初级层次"的技术技能人才特征。

对初级层次技术技能人才而言，他们一般能够熟练完成职业岗位中的常规任务，此类任务不涉及复杂的问题情境分析，只要依据一定的操作规程，经过简单培训即可掌握并达到生产工艺标准的要求。如果一名劳动者的工作内容和水平符合以上特征，那么就可以被认为是初级层次技术技能人才。该类人才只能在既定的操作流程和工艺标准下工作，一旦工作环境发生变化，如技术变革导致的生产设备更新，就会面临技能无用武之地的窘境。所以说，初级层次技术技能人才的职业稳定性最差，是亟须技能提升的职业群体。

对中级层次技术技能人才而言，劳动者首先应能够熟练完成常规任务，在不需要过多监督的情况下，就能够满足或超过生产规范的要求。另外，劳动者能够应对和解决具有一定复杂性的产品生产或加工中的问题，对偶然出现的非常规任务，他们可以通过自我学习予以完成。但是中级层次技术技能人才的工作内容仍不能脱离常规任务太远，一旦工作条件变化太大，他们同样会陷入"技能不足"的困境。

对高层次技术技能人才而言，他们具备比较扎实的相关领域科学技术理论知识，拥有解决一系列复杂技术任务的能力。对于高技能人才来说，专业理论与职业技能是相辅相成、相互促进的关系。对理论能力的高要求并不意味着高层次人才就不需要动手能力，实际上，精湛的技艺仍是高层次人才的基本要求，对日常的操作任务他们应能够游刃有余，所不同的是，高层次人才对工作环境和条件的变化具有极强的适应性，因为理论能力保证了他们在不断革新的技术背景下能够持续地学习，所以即使个别的生产条件发生改变，他们的灵活适应性保证其可以在不同职业领域里驾轻就熟。所以说，高层次技术技能人才是具有职业核心竞争力的人才。

（二）技术技能人才的层次及其与职业教育衔接

1. 从"职业带"理论看现代人才结构的划分

大工业和科学技术的发展使现代社会人才结构产生了深刻的变化，这种变化既推动了现代职业教育的产生，也不断促使现代职业教育向更高层次、更宽领域发展。所以，要区分技术技能人才的层次并构建相应的人才链和职教链衔接机制，就离不开对现代人才结构的分析。以下借鉴国际流行的"职业带"理论来分析现代人才结构的变化。

1981年，联合国教科文组织出版了 H. W. French 所著《工程技术员命名和分类的几个问题》一书，该书认为当今人才结构可分为三种类型：技术工人类、技术员类以及工程师类。

如图2-1所示，$A \sim F$ 为职业教育范围。其中，$A \sim B$ 为技工类人才区域，$E \sim F$ 为技术员类人才区域，$C \sim D$ 为工程师类人才区域。图中斜线 $A'D'$ 的左上方代表手工操作和机械操作的技能，斜线的右下方代表理论知识。由图可以看出，技工、技术员以及工程师所需要的知识和技能结构是各不相同的。技工主要需要操作技能，工程师主要是理论知识，而技术员则是操作技能与理论知识并重。在工场手工业时期，"职业带"的结构是单一的，到了大工业生产的早期，"职业带"上开始出现技术工人与工程师的分化。自20世纪上半叶以来，由于科学技术的不断发展和被应用于生产过程，工程师所需要的理论水平不断提高，在"职业带"上逐渐右移，工程师与技术工人之间开始出现空隙并不断拉开距离，由此出现的空白需要新型的人才来填补，技术员类人才这种中间人才（middle man）也就应运而生。三类人才对知识和技能要求是不同的，或者说三类人才对知识和技能要求是有所侧重的。对于技术工人来说，由于其主要需要的是操作技能，可将其称为技能型人才，对于既要求一定操作技能也需要一定理论知识的技术员，可称为技术型人才，对于主要侧重理论知识的工程师，可称为工程型人才。

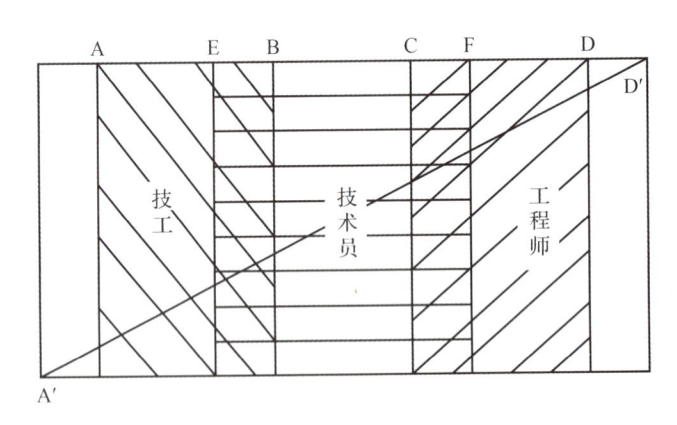

图2-1 "职业带"示意图[①]

有人可能会认为这里的"工程"和"技术"只限于工业领域，对非工业领域则不能适用。实际上这是一种误解，因为工程和技术的概念的外延已经延伸到非工业领域。例如，《辞海》对于工程概念的释义是，"指将科学知识应用于工农业生产过程而形成的各学科的总称"，如土木工程、水利工程、冶金工程、机电工程、化学工程等，其目的在于利用和改造自然为人类服务。随着现代科学技术的日益综合发展，工程的

[①] 严雪怡. 中专教育概论 [M]. 上海：华东师范大学出版社，1988：13.

概念、手段和方法已渗透到现代化科学技术和社会生活的各个方面，形成了诸如生物遗传工程、医学工程、教育工程等新兴工程学科①。对于技术概念的释义是，"现代技术可分为生产技术和非生产技术。生产技术是与生产活动直接相关的技术；非生产技术指除生产技术之外，适应其他社会活动的需要而产生的技术，如军事技术、公用技术、文化教育技术等。技术按其性质又可分为以各种物质形式表现出来的硬技术和以运用物质手段的方法、技能等形式表现出来的软技术"②。所以，工程型人才不限于工业领域中的工程师，只要以工程的原理、手段和方法来指导工作的人都可成为工程型人才。技术型人才也并非只限于在工业领域一线的技术员，实际上在信息化时代的今天，即使是一般文职类人员也要熟练地运用办公自动化技术，因此一般文职类人员也可称为技术型人才。

2. 技术技能型人才培养的职业教育衔接

我们借鉴"职业带"理论，从技术发展的角度将当今的技术技能和工程人才结构划分为技能型、技术型以及工程型。"职业带"理论只是把当今的人才结构做了粗浅的划分，主要针对的是技术应用类人才，并不可能囊括所有的人才类型。但是，这种将现代人才结构划分为三级层次的背后依据的知识和技能形成和积累规律，以及如何建立与三级人才层次相对应的职业教育层次，则对我国构建和完善现代职业教育体系具有重要启示意义。目前，现代职业教育从低到高依次有中等职业教育、专科职业教育和本科职业教育三个层次，以下我们将探讨不同层次的技术应用类人才与现代不同层次的职业教育之间的对应关系。

（1）中等职业教育——技能型人才

我国的中等职业教育相当于联合国教科文组织教育分类框架中的"职业教育"，其目的是培养熟练的技术工人或初级技能劳动者，也即技能型人才。

从职业教育产生的历史来看，制度化或学校形态的职业教育从诞生伊始就是面向产业工人或技术工人的。在现代职业教育产生以前，传统学徒制就是技能人才培养的主要途径，学徒跟在师傅身边亦步亦趋地观察、领会、体验师傅的生产加工过程，以此学会生产加工产品所需要的技能，简言之，就是"做中训、干中悟"。到了19世纪中后期，随着工业革命的深入开展，工业生产中的技术含量也越来越高、加工工艺也日渐复杂。在化学、机器和电器设备等先进生产领域中，对于工人的训练产生了普遍改组的需要。高度精细的劳动分工使得在工作过程中的附带培训已不再合适。同时，技术的发展也对工人提出了新的要求："一个技术工人必须具备的条件，不仅是能够理解特定的作业所需要的特定技能，而且是通过使用简单的工具能够处理各式各样材

---

① 张永谦. 哲学知识全书 [Z]. 兰州：甘肃人民出版社，1989：727.
② 王绍平，陈兆山，陈钟鸣，等. 图书情报词典 [Z] 上海：汉语大词典出版社，1990：397-398.

料的那种手、眼、心经过系统训练所学到的需要具有适应性的一般技能。"[1] 即把理论知识和操作技能相结合，而这是难以仅仅通过生产中的附带培训所能完成的。所以，种种需要使得将训练从工作过程中分离出来并纳入学校教育系统当中变得十分必要，学校形态的职业教育也就势在必行。于是在这个阶段，工业化先行国家（比如英国）开启了政府办职业学校培训技术工人的先河，并陆续通过立法将职业教育纳入正规学校教育系统当中。美国国会于1862年通过了美国第一个职业教育法——《莫雷尔法》（*The Morrill Act*），规定由联邦政府拨给土地辅助各州兴办农业和机械工艺学院，培训工农业专门人才。英国于1889年通过了《技术教育法》，该法案规定负责技术教育的地方当局有权征收职业教育税，专门用于职业教育。日本于1899年颁布了《实业学校令》，把中等教育结构改为普通教育和中等职业教育，建立农业、工业、商业等科的中等职业学校[2]。

所以，职业教育产生的工业革命背景决定了职业教育的目标就是为大工业生产规模化培养合格的、熟练的技术工人。可以从下面的一段话看出早期的职业学校与技术工人的密切关系："20世纪初，参加专业工人训练的部分时间制学校被德国技术教育委员会称作技工学校（technische arbeiterschule），然而这一贴切的名称却最终并未被人们所接受，这种为青年工人开办的部分时间制学校在工业化前的职业教育理论影响下，却获得了一个与其性质并不相称的'职业（Berufs）学校'的名称。"[3]

在当今的西方国家，职业教育仍然被公认为一种培养熟练技术工人的不可替代的教育形式，应将其理解为与我国职业教育体系中的中等职业教育是同义的。教育部出台的《关于制定中等职业学校教学计划的原则意见》中指出："中等职业学校培养与我国社会主义现代化建设要求相适应，德智体美等方面全面发展，具有综合职业能力，在生产、服务、技术和管理第一线工作的高素质的劳动者和中初级专门人才。"这种在生产、服务、技术和管理第一线工作的劳动者和中初级专门人才，其知识和技能结构实际上是以操作技能为主的，所以中等职业教育的人才培养目标应定位于技能型人才。

（2）高等职业教育——技术型人才

在我国，高等职业教育相当于联合国教科文组织教育分类框架中的"技术教育"，目的是培养技术员、技师或工程师等技术应用型人才。

从高等职业教育产生的历史背景来看，20世纪后半期，随着第三次科技革命的到来，社会生产力水平和技术进一步提高，社会阶层结构也发生了新的变化，出现了以技术员为主的"新中间阶层"。伴随着这种变化，职业教育开始由中等教育层次向高等教育层次位移。技术员属于介于技术工人和工程师之间的"中间人才"，其所需要

---

[1] ［日］细谷俊夫. 技术教育概论［M］. 肇永和, 王立精, 译. 北京：清华大学出版社, 1984：82.
[2] 吴雪萍. 国际职业技术教育研究［M］. 杭州：浙江大学出版社, 2004：3.
[3] 孙祖复, 金锵. 德国职业技术教育史［M］. 杭州：浙江教育出版社, 2000：36.

具备的理论知识已经涉入高等教育层次，以往仅是培养技术工人的中等职业教育已难以满足新形势的要求。由此，高等职业教育（国际上也称"技术教育"）便应运而生。正如美国学者 B. R. Shoemaker 在《论技术教育的发展和实施》一文中所述：在第二次世界大战以后，"技术革命的变化带来了工程和其他职业的变化。工程师在理论领域不断深入，迫使他们丢下一些原先要做的工作，于是在商业、工业和农业中，出现了一种新水平的职业去填补由于工程专家升级而造成的真空，而且在教育上出现一个新的水平去培养这种人才，这种新水平的教育称为技术教育"①。美国的高等教育在20 世纪 40 年代形成初级学院、本科、研究生院组成的"三级结构"，其中 2 年制初级学院负责实施高等职业教育；德国自 20 世纪 60 年代大量创办所谓培养第一线工程师的非学术性的高等专科学校；英国也自 20 世纪 60 年代设立多科技术学院及其他各类技术学院，从此形成英国高等教育的双轨制②。这些新设立的培养高级技术人才的学校便属于高等职业教育。

（3）本科职业教育——工程型人才

我国教育界对专科层次的高等职业教育并无异议，但对于是否应该把高等职业教育提升到本科层次曾历经长时间的讨论。随着国家政策的明确支持，目前本科职业教育的举办已成事实，且在稳步推进当中，但本科职业教育与专科职业教育的区别仍亟须澄清。高职教育与专科教育或本科教育属于不同维度的概念，前者指的是教育类型，而后者指的是教育层次。事实上，高职教育并不等于专科教育，在专科教育当中也包含有围绕学科开展教育教学活动的学校，比如高等专科学校。而在本科教育当中，学习工程技术专业（如网络工程、机电一体化技术专业、汽车制造与装配技术等专业）的学生也应属于技术应用类人才，也即工程型人才，并非所有的本科专业都是培养研究型人才的，如对本科教育的类型不加区分，盲目发展清一色学科本位的研究型本科院校，势必会违背社会对本科教育的实际需要。所以本科教育当中的技术应用类部分应当属于高等职业教育的范畴。

联合国教科文组织 1997 年修订的《国际教育标准分类》（ISCED）把整个教育体系划分为 7 个层次。普通教育为 A 系列，职业教育为 B 系列。该标准的第五层次为高等教育第一阶段，包括专科、本科以及所有博士学位以外的研究生课程。其中 5A 的课程计划具有较强的理论基础，传授如历史学、哲学、数学等基础科学知识以达到"能进入一个高精技术要求的专门职业"的要求。5B 的课程计划是"定向于某个特定职业的课程计划"，它"主要设计成获得某一特定职业或职业群所需的实际技术和专门技能——对学习完全合格者通常授予进入劳动力市场的有关资格证书"，它"比 5A 的课程更加定向于实际工作，并体现职业特殊性，而且不直接通向高等研究课程"。

---

① 严雪怡. 论职业技术教育［M］. 上海：上海科学技术文献出版社，1999：15.
② 冯进祥. 中外高等职业技术教育比较［M］. 北京：高等教育出版社，2002：15，30，73.

由此可以看出，5B 教育的课程计划与我国高等职业教育的培养目标是一致的，那么，我国高等职业教育就应当包括专科、本科和研究生阶段三个层次。一般来说，技术型人才由高等教育的专科层次来培养，而工程型人才则由高等教育的本科和研究生层次来培养（见图 2-2）。

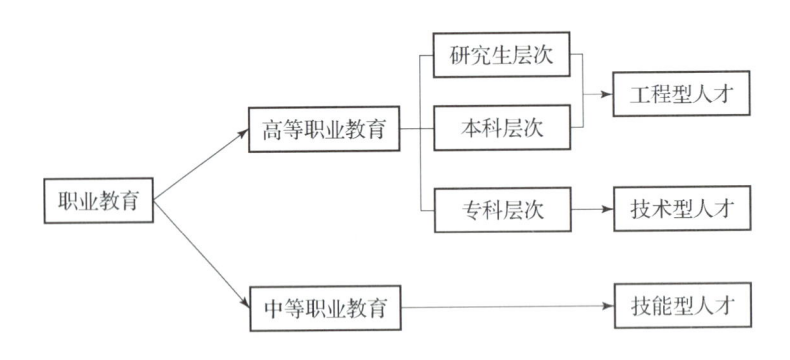

图 2-2　技术技能型人才的职业教育衔接

技术的发展不断推动着社会人才结构发生新的变化，职业教育也要在层次上不断提升，适时构建和完善适应现代技术技能型人才结构的现代职业教育体系。"职业带"理论为分析当今社会的技术技能和工程人才结构提供了一个有意义的视角，划分不同人才类型的主要因素是其背后的知识和技能结构及其权重变化，从技能型人才到技术技能型人才再到工程型人才，其操作技能的要求和权重不断降低，而专业理论知识的要求和权重则不断升高。三种人才类型尽管具有层次性，但各层之间并非界限分明，而是具有似断实连的过渡性。这就对于构建层次化而又相互衔接的现代职业教育体系具有重要的启示意义。长久以来，职业教育被工具主义的观点所束缚，人们过分注重它的经济功能，导致职业教育一直未能摆脱终结性教育的角色。现代职业教育应当着眼于人才本身的知识与技能发展逻辑，设置不同的学历层次，构建相互衔接的职业教育体系，为优秀人才的职业生涯可持续发展保留上升的空间。

二、把握创造型技术技能人才的知能特征

（一）创造型高技术技能人才的产业背景

随着我国产业升级步伐的加快，对技术技能人才的能力要求也越来越高，主要体现在要求技术技能人才在原来已经具备理论知识和熟练技能的基础上还要具有突出的

创造能力，即解决生产过程中没有现成答案的问题的能力。新一轮技术进步、产业革命推动的，以智能制造为代表的先进制造业的发展需要大量的创造型高技术技能人才。

先进制造业是相对于传统制造业而言，是以"先进技术+先进生产+先进管理"为内涵的高度系统化和集成化的现代制造业，包括传统制造业通过吸收和融合现代新技术形成的先进制造业，以及新兴技术发展形成的基础性和先导性产业。智能制造是先进制造业的战略高地，自21世纪第二个10年开始，国际上的新、老制造业发达国家纷纷制订面向新技术的制造业发展计划，例如，2012年美国推出了"美国先进制造业国家战略计划"；2013年德国颁布了"德国工业4.0"战略，指出"工业4.0"是以智能制造为主导的第四次工业革命。德国制造一直以其精湛的工艺和卓越的品质而闻名于世，因此，德国的工业战略一经推出便迅速引起世界各国的关注，被认为代表了全球未来制造业发展的趋势和方向。继德国之后，2014年日本发表了"日本制造业白皮书"，同一年韩国发布"制造业创新3.0战略"；2015年英国提出了"英国制造业2050"。

在国际制造业竞争加剧的背景下，我国政府亦明确指出，中国制造业产业升级的方向就是智能制造。实际上，早在国务院推出智能制造战略之前，我国东南沿海地区就已开始了以"机器换人""腾笼换鸟""新旧动能转换"为标志的产业升级行动。由于人口数量红利渐趋消失，从2012年开始我国劳动力数量逐年减少，企业劳动用工成本不断上升，以及国际贸易环境的日趋恶化，低水平的劳动密集型企业逐渐难以为继，在政府的鼓励下，有相当一部分企业开始在生产过程中引入工业机器人，在一些简单重复、繁重、有安全隐患的岗位替代人工。但是，在众多企业为了弥补一线工人不足的问题而大量应用工业自动化设备的同时，由于适应智能制造时代的人才培养体系并没有能够及时跟上，企业普遍缺乏合适的、具备人机交互能力的创造型高技术技能人才，比如工业机器人设计、安装、调试、编程、检测、保养和维修等方面的人才，结果企业引入的大批工业机器人陷入低端应用的境地，其强大的生产潜力没有得到充分释放，严重制约了我国产业升级的发展。例如，日本经济新闻社调查发现，中国的许多工厂即使引进机器人，也未必能马上提高生产效率，要实现生产线的自动化，最重要的工作仍是"育人"[①]。智能制造的应用和普及受到知识型、技能型和创新型人才匮乏的影响，这表明我们已有的中、高职为主的职业教育人才培养体系已经不能充分满足市场对高技术技能人才的需求。所以，我们需要具体分析现代制造业发展的新趋势——智能制造的产业特征，及其对技能人才的知识、技能、素质要求，并以此调整技术技能人才的培养方式。

---

① 在中国机器人热潮中被忘记的"育人". [EB/OL]. (2016-12-02) [2021-12-20]. http://cn.nikkei.com/china/ccompany/22391-2016-12-02-04-59-00.html.

(二) 制造业发展的新趋势——智能制造

工业的本质是将无用的物质转变为有用的物质，或将有害的物质转变为有益的物质。其中，制造业最集中体现了工业生产的这一本质属性，是人类适应自然、改造自然、利用自然能力的最突出展现。与其他产业不同，制造业具有高度"迂回"性特点，即将各种资源转变为最终产品需要经过许多中间环节，表现为很长的产业链。工业革命以来，制造业经过了机械化、自动化到信息化的阶段，发展到了现在的智能化阶段。智能制造并非简单的"机器换人"，它是一整套新的生产组织方式和管理理念，涵盖自动化、信息化、物联网3个领域。中国工程院院士周济认为，智能制造是一个整体性的系统工程，要从产品、生产、模式、基础4个维度系统推进，其中，智能产品是主体，智能生产是主线，以用户为中心的产业模式变革是主题，以信息-物理系统（cyber-physical system, CPS）和工业互联网为基础（见图2-3）[1]。智能制造融合物联网的新一代信息技术，以信息化改造整个生产过程，它将彻底转变传统制造业的生产组织方式，形成一种以信息技术为基础的、富于集成性和创新性的新型业态[2]。智能制造的技术内核是智能系统，它的物理载体是智能工厂，通过人与设备、设备与设备、企业与客户的全面无缝网络对接，以大数据分析为手段有效配置生产资源，为客户提供个性化的智能产品和服务，从而实现生产效率的大幅提高。就智能制造的生产特征而言，主要有如下几个方面：

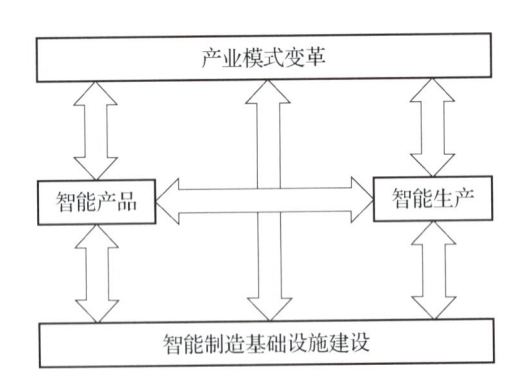

图2-3 智能制造推进的四个维度

1. 生产的整体化

智能制造能够有效实现企业的减员增效，采用"机器换人"的企业可以大幅减少一线操作工人的数量。原本几十个人在生产线上的工作量，现在仅由一人即可完

---

[1] 周济. 智能制造——"中国制造"2025的主攻方向 [J]. 中国机械工程, 2015 (9): 2273-2284.
[2] 左世全. 智能制造的中国特色之路 [J]. 中国工业评论, 2015 (4): 48-55.

成。这是对生产组织方式的深刻改变。近代以来，以标准化流水线作业为主要特征的福特制成为传统机器大生产的核心组织方式，因为工人被分解到一个个简单重复的工作任务中，工作过程极其枯燥，资本主义的这种旧式劳动分工对人的异化已饱受马克思等西方社会学者的批判和诟病。然而，囿于生产力的发展水平，马克思提出的人的全面发展理论在很长一段时期内只能是一种愿景。如今，"使儿童和少年了解生产各个过程的原理，同时使他们获得运用各种生产的最简单的工具的技能"[①]这一理想在智能制造的生产背景下有了可以实现的条件，工人终于可以从某一狭隘的工作部分中解放出来，关注和管理整体的生产流程，从而实现人的能力素质的全面发展。

2. 生产的高度智能化

智能制造包括产品的智能化和生产的智能化两方面，而生产的智能化又包括数字化、网络化，最终达到智能化这3个阶段。智能化是指事物在计算机网络、大数据、物联网、5G和人工智能等技术的支持下，所具有的能满足人们的各种生产生活需求的属性。智能化生产系统可以自我感知周围环境，通过实时采集、监控生产信息，来分析生产过程的进度，调整生产的节奏，比如大家熟知的"黑灯工厂""灯塔工厂"都是时下对智能制造企业的称呼。智能化生产系统具有自我学习、自我诊断和修缮的能力，在系统故障出现时，智能系统能够根据数据库的已有知识判断和评估当前的问题，并且可以自主更新数据库的知识，不断提升应对复杂环境变化的能力。与信息网络的融合，可以使企业突破本地的生产边界，与制造业产业链上的其他企业进行信息共享，生产资料和产品可以随时灵活地运输到需要的地方，从而实现资源的智能优化配置。

3. 生产的高度个性化

多品种、小批量、个性化定制逐渐成为智能制造企业的重要生产特征。个性化生产对企业的生产工艺提出了更高的要求。由于必须保证产品的一次成功，并且实现一件产品也能获取利润，智能化生产系统就要综合分析产品材料、加工时间、工艺流程等各个要素，以提高产品的合格率。同时，智能设计系统可以广泛采集消费者的定制需求，并允许用户在线参与生产制造的过程，从而满足不同用户的个性化要求。所以说，智能制造是生产个性化的大范围普及的基础和保障。要进入新的生产-信息回流系统，并在所谓柔性产品生产中发挥有力的作用，需要劳动者针对计算机程序的高密度信息操作能力，需要更高段位的智识活动。正如智能化改造走在前列的著名制造企业三一集团领导所说，核心在于这些复杂的工业软件要转化成云

[①] 森德勒. 工业4.0——即将来袭的第四次工业革命[M]. 北京：机械工业出版社，2015：47.

原生的工业软件,还需要投入大量的人力物力,还需要中国一大批高级人才来做出共同的努力,这个是我们面临的最大挑战[1]。这里提到的高级人才自然包括创造型高技术技能人才。

(三) 创造型高技术技能人才的知能特征

智能制造开启了新一轮的科技革命和产业变革,企业生产岗位专业化程度大幅提高,对从业人员的知识和能力要求明显提升,这必然对技术技能人才的知识、技能与素养结构提出新的要求。智能化时代的创造型高技术技能人才应当具备宽泛的专业知识基础,高水平的工作技能,以及较高的创新意识和素养。

1. 专业知识的复合性

智能制造是一种涉及多种学科、跨多个领域的复杂生产模式,智能制造所需要的专业知识与多个专业均有交叉,比如自动化控制技术知识属于电子技术专业,现代物流知识属于经济贸易专业,产品加工和制造知识属于机械制造专业等。调查发现,智能生产对复合型人才有着巨大需求。随着数字化研发设计管理工具的普及,员工需要具备应对工业4.0的基本素质,传统的工艺类岗位也面临着数字化改造,CAD(计算机辅助设计)、CAM(计算机辅助制造)、CAE(计算机辅助模拟仿真分析)、CAPP(计算机辅助工艺过程设计)、MES(生产过程执行管理系统)、ERP(企业资源计划)等工具的运用已经成为员工的基本能力要求[2]。随着科学技术的发展,专业与专业之间的交叉地带越来越宽,技术技能人才需要具备的复合型知识也越来越多。特别是随着机械制造岗位能力需求的进一步升级,企业更加看重多元、复合型人才。在智能装备企业,对机械、电气等基础知识的要求,如机械制图及计算机辅助制造、电工电子技术、精度检测与公差配合、液压与气动技术应用等十分强调,必须人人过关;工业自动化领域的核心技术PLC(可编程逻辑控制器)、伺服电机、步进电机、传感器、C语言等应用依然是所有岗位必备技能,工业网络控制、组态技术也成为普遍性要求;机械、电气制图依然是必备的基本功,并且需要掌握计算机辅助绘图的高效工具[3]。可以看出,智能制造要求从业人员拥有十分宽泛的专业知识,每一个想要成为创造型技术技能人才的学生必须具备复合型专业知识。

---

[1] 李紫宸. 北京昌平的一座黑灯工厂:中国企业正在用机器生产机器 [N]. 经济观察报, 2021 - 10 - 15 (3).

[2] 智能制造来袭 深入分析企业岗位及人才需求变化 [EB/OL]. (2015 - 12 - 10) [2021 - 12 - 22]. http://robot. ofweek. com/2015 - 12/ART - 8321202 - 8420 - 29038119_2. html.

[3] 智能制造来袭 深入分析企业岗位及人才需求变化 [EB/OL]. [2015 - 12 - 10] [2021 - 12 - 22]. http://robot. ofweek. com/2015 - 12/ART - 8321202 - 8420 - 29038119_2. html.

2. 操作技能的高端性

企业生产线的自动化和智能化淘汰了大批低水平、低技能的操作性岗位，与此同时，新的工作岗位对工人技能素质的要求则更高了。据调查发现，工业机器人产业的快速发展对人才需求主要体现在3个方面，一是机器人制造厂商需求，包括机器人组装、销售、售后支持的技术和营销人才；二是机器人系统集成商需求，包括机器人工作站的开发、安装调试、技术支持等专业人才；三是机器人的应用企业需求，包括机器人工作站调试维护、操作编程等综合素质较强的技术人才。特别是工业机器人现场编程调试人员更是缺口巨大[①]。由于智能化设备和智能化生产系统的复杂性，它们对相关操作和维护人员的技能水平要求也非常高。新科技革命正在加速学科交叉融合，引发"关键生产要素"变迁，高精尖科技在生产一线的快速应用和高效产出，也越来越倚重高素质技能劳动者，特别是大批善操作、懂调试、爱钻研、能创新的新型高技能人才。这些技术技能人才除了具备扎实宽厚的理论知识外，还要掌握一定相关专业（岗位）的职业能力，具备精湛的专业技能，善于解决复杂的生产技术、加工工艺问题。

3. 能力素养的创新性

智能制造并非只是简单地导入工业自动化设备来实现产品的批量化生产，它更强调产品的个性化和定制化，需要技能人才拥有推陈出新的能力，具备一定的创新素养。传统生产工艺的改造、生产技术创新、装备的技术升级是智能化生产的根本推动力，没有创新就不可能打造我国制造业的竞争力。目前，我国制造业大而不强，自主创新能力仍然比较弱，核心技术与高端装备主要依靠从国外引进。为改变创新滞后的局面，《中国制造2025》提出，要坚持把创新摆在制造业发展全局的核心位置，促进制造业数字化、网络化、智能化，走创新驱动的发展道路。智能制造或者生产的智能化要求技能人才能够创造性地开展工作，能够参与或主持技术技能革新、工艺流程改进、解决重大技术难题。要想创造性工作就要又破又立，破而后立，超越技能舒适区，突破常规，打破原有的规则。

当前，我国的技能人才一般分为五个等级，也即初级技工、中级技工、高级技工、技师、高级技师。虽然国家职业标准对不同级别技能人才的内涵做了规定（见表2-1），但显然不够全面，与智能制造对技能人才的要求并不完全匹配。获得国家资格证书的技工未必能胜任智能制造岗位的工作。也就是说，目前关于技能人才素质的界定并未充分反映制造业企业的需要，我国的技能人才培养体系需要做出有针对性的调整。人社部近日印发《关于开展特级技师评聘试点工作的通知》，在高级技师上

---

① 智能制造来袭 深入分析企业岗位及人才需求变化 [EB/OL]. (2015-12-10) [2021-12-22]. http://robot.ofweek.com/2015-12/ART-8321202-8420-29038119_2.html.

面设立特级技师，开展特级技师评聘试点工作①，还有的地方（企业）在特级技师上面，又增设首席技师并开始评聘工作，这不仅是从打通技术工人职业发展上升渠道考虑，也是技术技能人才自身素质大大提高的表现。

表 2-1 技工的能力等级区分②

能力要求	中级（四级）	高级（三级）	技师（二级）
技能	基本技能	基本技能＋专门技能	专门技能＋特殊技能
综合工作能力	无要求	有要求	高要求
工作能力	在特定情况下，能运用专门技能完成技术较为复杂的工作	完成部分非常规性的工作	完成复杂的、非常规性的工作
技术指导能力		能指导和培训初、中级人员	能指导和培训初、中、高级人员
工艺能力			能够独立处理和解决技术或工艺难题
技术管理能力			具有一定的技术管理能力
创新能力			在技术技能方面有创意

技能同时包括动作技能和心智技能，这决定了人是技能赖以存在的载体，而技术则是对象化的，表现为机器、装备和仪器等，技能就是主体在操作装置的过程中所表现出的各项能力。新一轮产业革命、技术进步对技术技能人才的智力技能，也即对其专业理论的掌握程度要求更加突出，只是掌握了简单操作技能的中初级技能人才已远远不能满足当今和未来产业的需求，无数能工巧匠、"大国工匠"的成长历程告诉我们，没有理论的滋养，技能养成的路也不能走远。可以说，正是技术的不断发展并被应用于生产推动了行业进入高技能时代。高技能时代需要的创造型高技术技能人才，不仅要有高超的操作技能，也要有扎实的专业知识，更要有利用已有的专业理论和工作经验解决生产中出现的没有现成答案的问题的能力，可谓知技兼具、一专多能、创新创造。

---

① 李丹青. 在高技能人才中试点设立特级技师 [N]. 工人日报，2021-09-17 (3).
② 陈献礼. 国家职业标准与高职高技能人才培养 [J]. 职业技术教育，2006 (9).

三、遵循高层次技术技能人才的成长规律

关于技能人才的表述有多种形式，如"技能人才""技术人才""技术技能人才""高技能人才""技术工人""能工巧匠"，等等，但无论称谓如何，其能力内核都是围绕某一任务所具备的行动能力。例如，操控数控车工作的技能人才，其能力内核是应用数控车床加工各类零件；酒店前台服务员作为技能人才的能力内核是基于酒店的经营条件为宾客提供合理周到的前台服务。所以"技术技能人才"成长的内核是技能，且这一技能一定涉及一线工作场景和技能实施的目的、对象、内容等要素。技能人才的成长遵循一定的客观规律，这个规律包含时间上的周期性与空间上的转换性两个维度。

（一）技能成长的时空规律

1. 时间维度

在时间维度上，就是技能形成的周期性。所谓周期，就是一个事物从无到有、从始到终、从出现到消失的自然现象。有的周期是人为划定的（如学校的学期、学年、政府机关、商店的作息时间安排等），而有的周期则是不以人的意志为转移的周而复始发生的（如一年365天，每年又分春、夏、秋、冬四季）。操作技能是一种人类通过后天学习而获得的一种特殊的行为能力，而这种技能也同样存在着一个不可违背的、发展的周期性规律，比如钳工里面流行的"五年入行十年懂行"的说法。据此，可以将一个年轻人从职业学校学生成长为技能型人才的数十年的发展历程作为一个时间周期，并将之划分为高级新手、合格技术工人、熟练技术工人和高级技术工人四个细分阶段[1]。其中，"高级新手"是一个时间区间，是指学生在学校里学习的时间段，其长度以在校时间为准。在职业学校学习期间，学生主要通过学校与企业两大教育场所，以教师授课与企业师傅"传帮带"的形式学习理论知识和实践经验，实现从"认知"到"联系"再到"自动化"的技能提升目标。学生技能熟练到一定程度，让其在真实生产情境里根据一定指令完成达到要求的生产任务，被认定合格后，则成为"高级新手"。"高级新手"仍然是学生的身份，但是其技能水平已经符合准工人标准，具备在一线岗位工作的条件。"合格技术工人"是指从毕业生到适应企业岗位要

---

[1] 庄西真. 试谈技术工人操作技能的形成与职业学校的教学 [J]. 职教论坛, 2008 (9下): 31-34.

求的时间段。这一段时间内,学生的身份由"学生"逐渐转变为"企业员工",并逐渐融入企业的环境中,接受、认同并践行企业的文化,完成基本生产任务,保持和发展企业内的人际关系,稳固企业内的相应地位。"熟练技术工人"是指从适应岗位要求到自如使用工具进行生产加工的时间段。这种自如使用工具进行生产加工的能力,更强调员工在产品质量和生产效率上产生质的进步,进而为企业创造更多的利润,为自身赢得更多的发展机会。"高级技术工人"是指从自如使用工具进行生产到创造性进行生产的时间段。这一阶段的技能人才具备了全新的特性——创造性工作。员工不仅可以高效率、高质量地完成工作任务,并且能够结合市场需求、技术发展成果和趋势、企业生产工艺特点等要素,通过创造性的生产加工、工艺改造与产品改进,实现更高层面的技术成长与应用。在这一阶段,员工的生涯发展动力由外驱转为内驱,更加注重职业兴趣和创造精神的驱动等元素。这种元素附加值更高,也更能够体现个体的职业价值与发展潜力,是技术工人个体职业生涯发展的高级阶段。

2. 空间维度

从空间维度来说,就是技能形成的情境依赖性,即技能总是在特定的情境中形成的。技能成长包含在正式教育机构中(在这里主要指职业院校)的技能成长和在企业中的技能成长两个空间方面的变化。职业院校中的技能成长主要指的是通过正规系统的职业知识、职业技能、职业规范教育了解技能、认识技能、掌握技能的过程,其媒介主要是学校的课程体系、教学资源、教学手段、行政管理、教学活动等;企业中的技能成长主要指的是通过企业真实工作情境的熏陶、企业一线员工的"师徒式"教学、"做中学"等促进技能水平的提升,其媒介主要是企业真实生产项目与情境、企业一线优秀员工、企业管理制度与文化等。

上述分析可以归结为三句话:技能成长存在时间维度和空间维度;从时间维度上可将技能成长划分为合格学生(高级新手)成长、合格技术工人成长、熟练技术工人成长和高级技术工人成长;从空间维度上可将技能成长划分为在职业学校内成长和在企业成长。技能型人才成长的时间维度与空间维度关系如图2-4所示。

(二) 时空维度下技能成长的四种组合模式

在将技能人才的成长由时间一维扩展至时空二维的前提下,根据不同的发展时间段和不同的空间分布及其功能,组合了四种技能成长模式(见图2-5),每种模式包含一种特定的人才发展目标及空间功能定位。对这四种模式的分析,能够帮助我们清楚地界定技能人才成长过程中职业院校(或正式教育机构)与企业(劳动力雇佣主体)所扮演的角色及其价值发挥的空间。

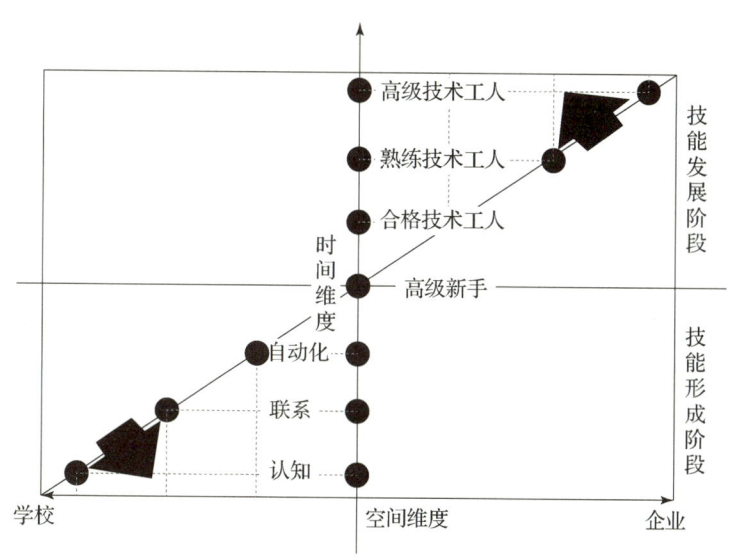

图2-4 技能型人才成长的时间维度与空间维度关系

图2-5 技能人才成长过程中企业与职业院校的育人模式

1. 以"高级新手"为目标的校企"交替式"人才培养模式

"高级新手"指的是职业院校学生在毕业时应达到的技能水平,也是用人单位在招聘时对未来员工所要求具备的最基本条件。准确地说,"高级新手"阶段应该是"成为高级新手阶段",这是学生为进入职业生涯做准备的关键阶段,这一时间段对应的空间是职业院校。在这一阶段里,学生通过系统性的专业知识学习、操作技能训练和真实工作情境的体验与内化,实现对某一技能、某一岗位、某一职业乃至某一行业的深度认知与认同。要达到这一效果,就必须立足学校,实行学校与企业的交替式培养。学校与企业交替培养的价值在于理论与实践的融合，这种融合并非简单的从理论到实践的"应用型"关系，而是理论知识与实践经验在真实工作情境中的互动与内化。在"高级新手"阶段，学生大体经历"认知—联系—自动化"的技能发展三环节，从一个对职业概念陌生的学生角色逐渐转变为具有基本职业能力的准员工角色。

在"高级新手"阶段，职业院校与企业有着明确的育人分工：学校主要通过正规化的师资队伍、系统化的课程体系、科学化的教学安排等为学生构筑职业能力的知识、技能与规范"大厦"。智能化时代的职业愈发需要从业人员具备某一领域的理论知识与专深的职业技能，而正规化的职业学校则提供了高效率的知识与技能学习环境。企业则主要通过真实的工作环境（包括真实订单、设备、人际关系、管理制度、组织文化等）帮助学生建构对工作的完整认识。企业中的技术技能专家也将以师傅的角色为学生提供工作过程中的各种经验知识，尤其是其中的"专家知识"成分。而学校与企业也将在互动中促成默会知识与显性知识的转化，这种转化就是从行动情境开始，经过反思情境，再到行动情境的过程[1]。所以校企"交替式"的培养模式能够提升技能人才培养的质量和效率。

2. 以"合格技术工人"为目标的校企"合作式"人才服务模式

"合格技术工人"更多地具有社会学的色彩，因为它强调的是学生角色完全转变为员工角色的结果，角色是一个空间依赖性很强的概念，同样一个人在职业学校这个空间里就扮演学生的角色，在企业这个空间里就扮演产业工人的角色。学生角色变为员工角色往往也伴随着空间的转变，这种转变主要包括两层含义：一是学生正式接受并将员工作为自己新的社会角色，二是学生正式具备一名合格员工所需要的基本条件，或者说这名员工正式被企业所认可。实际上，职业院校毕业生进入企业成为员工的过程并不是一个简单的签订雇佣协议的过程，其中包含着诸多利益相关主体的博弈、选择与接纳，而环境（空间）适应与工作完成程度则分别是主观上与客观上评价角色过渡顺利与否的两个重要标准。环境适应与否决定了学生是否能够融入新的生活与工作环境，工作完成程度高低决定了企业是否愿意接受学生成为企业的正式雇员。

进入这一阶段，学校的角色往往会被忽视，但从技术工人成长的角度来看，职业学校作为员工社会化与建构职业基础知识结构的重要场所（空间），应该在学生角色转换的过程中给予必要的支持。这一阶段的学校不仅包括学生的毕业学校，还包括企业为新员工提供的企业化学习场所，如企业大学、企业培训中心等。这些正规化的教育机构应提供入职咨询以及与技能形成相关的理论知识等服务。而企业则应充分利用真实的工作情境，让新员工在资深员工的指导下完成基本工作任务，并逐渐适应企业内的各类生产安排，形成符合生产规范且具有自身特点的生产模式。在这一阶段，学校与企业应围绕员工的角色转换与企业生产秩序的维持，构建校企"合作式"的人才

---

[1] 李政，徐国庆. 现代学徒制：应用型创新人才培养的有效范式［J］. 江苏高教，2016（4）：137–142.

服务模式，通过空间的衔接为新入职员工提供生产环境适应等服务。

3. 以"熟练技术工人"为目标的校企"平台式"人才提升模式

"熟练技术工人"的主要特点是熟练使用各种生产工具、适应多元化的生产场景。例如对不同规格产品的熟练设计与生产，对不同种类、型号的生产工具的熟练运用，能凭借丰富的生产经验和理论知识及时解决生产过程中出现的各类问题等。随着时间的持续、练习的不断强化，操作者的技能熟练程度不断增加，身体越来越自由，与空间的融合程度越来越高，而"非肌肉力量"的增加则意味着技巧的形成、自信心的增强以及心理负荷的降低等[1]。这不仅是操作技能水平的提升，更是员工专业知识积累的过程。

在这一阶段，虽然员工已经形成了个性化的技能发展模式，但由于生产环境（空间）与生产关系（如生产设备、生产技术、生产理念、生产组织方式）不断变革，仍需要员工在掌握现有生产技能的基础上继续深造，以把握行业发展的新理论、新技术与新方法。各级各类职业院校的功能在于为员工的职业生涯发展提供更多的可能性，其中包括员工的"回炉"再造项目、理论素养提升工程、校企技术开发与应用项目等。员工通过系统化的理论学习和参与乃至主导市场导向的合作项目，以实现对技术的灵活运用。而企业应通过赋权、激励、参与复杂的重大项目等方式为员工的技能熟练化提供内外部资源。这一阶段，企业与学校间应构建技能人才成长的"平台"，通过开放式的平台运作为技能人才的成长提供更多可能。

4. 以"高级技术工人"为目标的校企"项目式"人才互助模式

"高级技术工人"是在原有"熟练"水平的基础上，基于现有条件创造性地提出和实践新思想、新理念、新工艺、新方法的一线技工群体。他们不仅能够高效地完成各项工作任务，还能够根据潜在的生产需求和行业的发展趋势，在扎实的理论功底与丰富的生产经验的支撑下完成对现有生产技术、工艺和装备的改造、升级乃至变革。

这一阶段，职业院校与企业应以"项目"为载体，通过具体且具有理论与实践价值的技术项目为熟练技术工人的进阶提供载体。在具体项目的框架内，职业学校可成为技术工人学习、工作、试验的"第二办公场所"，技术工人既可以独立从事生产实践与研究工作，也可以与职业院校教师组建科研团队，同时也可以以兼职教师的身份"反哺"职业教育，以丰富的实践经验为职校生提供有价值的学习内容。而企业可以在制度框架内赋予技术工人一定的工作权限，允许其自主挖掘有意义、有价值的课题并给予各类资源的支持。日本知识管理专家野中郁次郎认为，只有个体能创造知识，组织的功能是对富有创造性的个体提供支持或为个体创造知识的活动提供有关情境……组织层面的知识创造应该被理解为在组织层面放大由个体所创造的知识。所以

---

[1] 唐林伟. 技能熟化：意涵、过程与影响因素[J]. 中国职业技术教育，2016（18）：18-23.

当员工具备了技能提升的时间、空间与资源优势时，技能成长将会摆脱原有工作环境带来的思维定式，为组织带来效益的提升。

(三) 技术技能人才成长时空模型的现实意义

首先，基于中国技能人才培养的现状，将时间维度与空间维度均纳入技能人才成长的过程之中，并将二者进行结合，有助于丰富扩展传统的技能人才成长理论的内涵。人们不仅会从过去经验中学习技能，而且也会从当前现状和未来可能的情境中学习技能；人们不仅要在职业学校中学习技能，而且更要从企业中学习技能。因此，技能形成涉及时间和空间两个维度，技能的形成是时间维度的某些方面与空间维度的某些方面组合的结果，单纯的时间的延长并不一定导致技能的形成和熟练，单纯空间的转换也并不一定导致技能的形成和熟练，只有在合适的空间里时间的延长才能导致技能的形成、发展和熟练。技能成长的时空理论不仅给出了技能人才成长的阶段性特征，同时也明确了技能人才成长中"学校本位学习"与"工作本位学习"全程参与的必要性。

其次，结合正式教育（formal education）机构与劳动力雇佣主体的功能与行为动机，基于技能人才成长的时间序列和空间位置，发展出了四种职业院校和企业双主体育人的基本模式。这四种基本模式阐述了正式教育机构与雇佣单位这两种空间在培养技能人才的过程（时间）中发挥的互相接力但不能互为替代的功能，并将技能成长与技能人才的职业生涯发展联系起来，赋予技能功能性与社会性内涵，将职业教育的时间与空间大大拓展到了职后教育之中，便于我们理解校企合作的本质和建立系统、稳定的校企合作育人机制。技能人才成长的时空模型为后续开展校企合作育人的研究提供了新的视角，那就是当我们将时空两个维度同时考虑时，技能人才的成长就不仅仅是一个需要时间"打磨"的问题，还涉及需要有什么样的空间资源"支撑"的问题。作为正式教育机构的"职业学校"与雇佣主体的"企业"是技能人才成长的两大最主要阵地，但是随着终身学习社会建设的不断深入以及企业作为学习型组织的不断凸显，学校与企业的分隔也开始变得模糊，如何从实证研究的角度考虑技能人才成长的时间影响、空间影响以及时空的交互影响，可以助推各行各业从"新手"到"专家"职业发展机制的研究。

最后，技术技能人才成长的时空模型有助于推进产业工人队伍知识技能的现代化，全面优化产业工人队伍的知识结构、技能水平，提高产业工人"供给侧"效能，加快培养一支数量充足、素质优良、结构合理、技艺精湛的技术工人队伍。使产业工人具备与中国特色新型工业化相一致、相匹配的知识结构、技能水平、创新能力，通过产业工人的转型升级，促进产业结构优化调整和转型升级，进而向制造强国目标不断迈进。要充分发挥企业在培养高技能人才中的主体作用，引导企业结合自身需求，加强高技能人才队伍建设，增强企业培养高技能人才的"造血"机能，为企业转变盈利方式、调整产品结构、转换发展动能提供技能人才保障。要打造产业工人网络学习平台，引领产业工人拓宽视野、拓展思路，形成与社会主义市场经济建设、加快转变经济发展方式等相适应的改革开放意识、市场竞争意识、创新创效意识等。要切实调动产业工人学知识、练技能的积极性、主动性，激发产业工人创新创效的巨大潜能，使其有为也有位，形成"人人愿学技能、技能赋能人人"的风潮。

总之，技术技能人才的成长有其客观规律，发展职业教育，促进技术技能人才成长，一定要遵循技术技能人才成长规律，统筹时间和空间两种教育资源，调动职业院校和企业两方面的积极性，发展职业院校教育和企业职工培训，构建产业工人技能形成的时空模型。鉴于职业学校学生在校学习时间短而技能形成又需要较长时间的实际情况，可以"空间换时间"引进企业参与职业学校办学或者加大学生到企业实习的力度，使学生早早就介入工作情境，缩短掌握工作知识和技能的时间。鉴于我国存在的"职业学校教育主导有余、企业参与职业教育办学不足"的情况，可以"时间换空间"延长学生技能学习的时间，使之走向工作岗位以前就掌握熟练的技能，不用企业再培训就能把工作干好。从这个意义上说，校企合作育人就是技能人才培养中统筹配置时间和空间两种育人资源的过程。我们应当健全现代职业教育体系，在中等职业教育、高等职业教育的基础上，发展本科职业教育，构建理论知识+操作技能+创新能力的课程体系，开展技能人才的接续培养，强化理论应用能力、娴熟操作技能和实践创新能力的培养，更好地满足经济社会高质量发展对创造型技术技能人才的需要。

第三章

职业本科院校发展状况

加快发展现代职业教育是党中央、国务院做出的重大战略部署，发展本科层次职业教育是完善现代职业教育体系的关键一环，是填补我国职业教育"空白"之举。在多项政策的强劲推动下，我国职业本科教育已进入具体实施阶段。本章从职业本科教育发展历程出发，以职业本科院校的学生和教师为对象进行实证调查，以准确把握我国职业本科院校发展状况。

一、职业本科教育发展历程

中国高等教育大扩招阶段，高等职业教育也得到大发展。从构建现代职业教育体系，到开展本科层次职业教育试点，再到 2022 年 4 月颁布的《中华人民共和国职业教育法》第二章"职业教育体系"中明确"高等职业学校教育由专科、本科及以上教育层次的高等职业学校和普通高等学校实施"，职业本科教育的发展有了法律保障。

与此同时，学者们对职业本科教育的理论研究也在逐渐深入。2003 年，潘懋元教授在《当前高等职业教育发展的几个主要问题》(《高等职业教育（天津职业大学学报)》，2003.12) 一文中提出，"中国的高职首先要定位在 5B（联合国教科文组织分类）；不能限制高职只是专科层次；要允许高职专升本，但专升本之后还是高职，而不是变成普通本科，不能一哄而上，大量升本；将来可以再升硕士、博士，但量很少"。他在研究高校分类定位过程中，强调要认真研究处于精英大学和高职院校之间的本科高校的定位问题。他将这类高校统称为"应用型本科高校"，认为这类高校应定位在以培养应用型人才为主，以培养本科生为主，以教学为主。在这类高校之中，新建本科院校则应"主要定位于职业本科或应用型本科"。2005 年，潘懋元教授再次在《建立高等职业技术教育独立体系的思考》(《顺德职业技术学院学报》，2005.6) 中提出，"多科性或单科性职业技术型高校走专科—职业本科—进入专业硕士的培养阶梯"。厦门大学别敦荣教授基于对境外职业院校成长周期的考察，提出"英国城市大学、多科技术学院等从专科到本科的发展历程在二三十年，中国台湾地区的技职教育体系的升格也大致经历了这么长的时间。而中国的高职院校群体若从世纪之交算起，如今正好经历了20年左右的时间，也到了提质升级的时间节点"。中山大学原校长黄达人认为，"高职院校也存在办长学制专业的需求，如焊接专业，随着重大技术装备制造业的升级，由人力改为机械手进行焊接操作，以往3年制的学制已经满足不了人才培养的要求"，并建议"在产业聚集、有强烈产业需求的部分地区，选择与当地产业紧密联系、有实际需求的相关专业，依托办学水平高、办学条件好的高职院校，进行长学制职业人才培养的试点"。教育部职成司司长陈子季在《以大改革促进大发展，推动职业教育全面振兴》（2020年）中指出，"建立纵向贯通的职业学校体系，其中强调高等职业教育至少包括专科和本科两个层次，职业本科教育是培养具有复杂实际问题解决能力、审辨式思维能力、创新能力的专家型技术技能人才"。

在政策支持和理论研究的指导下，职业本科教育历经多年发展，可分为专本贯通、试点先行、稳步发展3个阶段。

（一）专本贯通

《现代职业教育体系建设规划（2014—2020年）》指出："在办好现有专科层次高等职业（专科）学校的基础上，发展应用技术类型高校，培养本科层次职业人才。应用技术类型高等学校是高等教育体系的重要组成部分，与其他普通本科学校具有平等地位……在确有需要的职业领域，可以试行中职、专科、本科贯通培养。""鼓励本科高等学校与示范性高等职业学校通过合作办学、联合培养等方式培养高层次应用技术人才。应用技术类型高校同时招收在职优秀技术技能人才、职业院校优秀毕业生和普通高中、综合高中毕业生。"

因此2014年前后，部分省市开展"专本贯通"的试点项目。

专本贯通是让具有普通高中学历的考生，通过"高职分类考试招生"方式录取为"专本贯通分段培养项目"学生。学生完成3年高等职业教育学习任务并获得高职专科院校颁发的全日制高职（专科）毕业证书者，经转段考核录取后，再到指定的本科高校及专业就读2年，完成本科教育学习任务，符合相关要求，可获得本科高校颁发的全日制普通本科层次（专升本，专科起点2年制）毕业证书、学位证书。5年学习期间，由试点本科高校牵头，高职专科院校参与共同研究制定并组织实施互相衔接贯通的培养方案，联合培养高端技术技能型人才。

专本贯通和专升本的区别主要有如下几点：

①招生对象不同：专本贯通的招生对象是普通高中学生，提前让他们通过参加春季高考的专本贯通考试升学；专升本的招生对象是专科层次的毕业生。

②专业选择面不同：专本贯通的学生，在考试前就清楚，如果自己考入了某所专科院校的某个专业，其本科所对应的高校与专业，一般都不能转专业；而专升本学生的报考专业基本上没有太大的限制，与考生在专科学校所学专业大致相近的专业都可以填报。

③院校选择面不同：一般来说，专本贯通招生的院校数量远远少于专升本的院校数量。比如 2020 年重庆专本贯通招生专科高校为 22 所，而对应的本科高校则只有不到 10 所；而专升本则可以报考重庆本地大部分本科高校，甚至还有外省市的高校。

④考试形式不同：专本贯通是通过春季高考招生，采用的是分类考试进入专科后，专转本时通过专科学校的考核与本科高校的综合测试即可，过程相对简单一些；而专升本需要参加文理两科的专升本招生考试，通过最低控制分数线后填报志愿录取。

⑤报考资格不同：专本贯通一般是普通高中学生，而专升本除了包含全日制专科毕业生专升本外，还有成人高考专升本、自考专升本等非全日制大专生，还有大学生参军退役复学等均可。

⑥考试科目不同：专本贯通考试科目为语文、数学、英语、信息及通用技术四科；专升本考试科目为计算机基础、大学英语、大学语文（文科）、高等数学（理科）等文理科各三个科目。

2010 年后，关于构建现代职业教育体系的讨论不断增多，职业本科教育成为重点探讨内容，部分办学质量较高的高职院校与省内本科院校联合，开展"3+2"分段或者"2+2""4+0"四年一贯制高职本科教育，希望以此构建职教立交桥。比如，深圳职业技术学院根据深圳产业发展对人才的需求，充分利用本校师资和办学条件优势，借壳深圳大学等高校，在部分专业举办本科层次职业教育，培养本科层次技术技能人才。2015 年，浙江省教育厅正式发布《浙江省四年制高等职业教育人才培养试点工作方案》，首批遴选浙江机电职业技术学院等 5 所高职院校的 6 个专业，与普通本科院校联合培养 4 年制高职本科专业人才。

仅仅依靠中高职衔接，不足以构建现代职业教育体系。"对于构建职业教育体系的理解，不能简单地定位在中高职衔接，而应该包含中高职衔接、职业教育与普通教育的衔接、职业教育与各行各业，尤其是与行业、企业的技术应用和创新相衔接、职业教育和终身教育结合等四个方面的内容。"（黄达人等，2012）姜大源认为，"职业教育和普通教育在教学模式上的差异：职业教育是先有职业资格证书，然后有相应的学习包，再通过教学单位进行工学结合、校企合作的教学，最后才是职业资格证书与学历的对接和融通"。如果反过来，想通过学历提升来提高职业教育吸引力，反而失去了职业教育的特点。

专本贯通的教育类型定位不清晰，两个阶段的学校办学定位不同，对这一特殊类型的学生群体的培养目标定位也有所摇摆，出现比较明显的分立现象。课程一体化衔接没有标准，课程深浅、宽基础和应用性的选择问题，最终还是质量问题、衔接过程的管理和评价问题等。

探索与实践的早期，还有一种做法是从普通本科高校向应用型高校转型，一些省份和一些公办本科院校尝试开展本科层次职业教育，如云南省的昆明理工大学，甚至清华大学在 2000 年到 2006 年还成立了应用技术学院，尝试以第二学位方式培养职业本科人才。2014 年，国务院《关于加快发展现代职业教育的决定》中提出，"采取试点推动、示范引领等方式，引导一批普通本科高等学校向应用技术类型高等学校转型，重点举办本科职业教育"。为此，教育部还专门成立联盟，大扩招后的 600 多所新建本科学校里只有 150 多所报名响应，大多数的公办地方普通本科学校态度不明确，只是观望与等待，绝大多数新建本科院校更愿意接受应用型而非职业教育定位，转型基本无法推进。因此，地方本科院校向职业教育转型的职业本科教育实践效果并不理想。

实践证明，在职业教育自己的内生体系，推动坚持职业教育属性、具有鲜明职业教育特色的职业本科教育才是可行之路。

（二）试点先行

树立"职业教育既有学历教育也有非学历教育的职业培训"的大职业教育观，开展职业本科教育打破了职业教育止步于专科层次的"天花板"，成为加快构建现代职业教育体系的重要举措。2014 年，《国务院关于加快发展现代职业教育的决定》（国发〔2014〕19 号）提出"探索发展本科层次职业教育"。2019 年，《国家职业教育改革实施方案》（国发〔2019〕4 号）提出"开展本科层次职业教育试点"，全国首批 15 所本科层次职业教育试点院校应运而生。

1. 首批试点

2017 年，来自 10 个不同省份的 15 所民办高职院校按程序向教育部申报升格普通本科高校。2018 年 5 月，教育部在前期省评、国评基础上向社会公示，但公示结束后当年未启动招生。至 2018 年 12 月，经过多方协调、论证，同意 15 所民办高职院校升格本科，开展本科层次职业教育试点，暂定名为 ×× 学院（本科），待 2019 年 5 月开展职业本科测评后再正式更名。要求试点学校要围绕师资队伍、实训课程、教学体系、技能培训 4 个方面的测评要点进行对标建设，不断提升办学水平和人才培养质量，确保职业教育属性和特色。

2019 年 5 月，教育部委托各省教育厅对 15 所民办高职院校开展本科层次职业教育试点的准备情况围绕四个方面进行测评后，正式批复全国首批 15 所本科层次职业教育试点学校，统一命名为"×× 职业（技术）大学"。同年纳入全国统招，至此，本科层次职业教育试点的序幕正式拉开。

2. 目前规模

2020 年 6 月，教育部批准第二批 7 所高职院校升格本科层次职业学校；自 2020 年 12 月至 2021 年 9 月，全国以独立学院转设方式新增 10 所本科层次职业学校。

截至2021年12月，全国共有32所高校通过民办高职升格、公办高职升格、独立学院转设、独立学院与公办高职合并转设等方式转型为职业（技术）大学，成为职业本科教育的先行先试者。

开展本科层次职业教育试点对我国职业教育的发展影响深远，对进一步完善现代职业教育体系，激发职业院校办学活力，推动职业教育高质量发展，建设一批引领改革、支撑发展、中国特色、世界水平的高职院校具有重要意义。试点期间，各校深入学习贯彻习近平总书记关于教育工作的重要论述和对职业教育工作的重要指示，落深落细落实党中央重大教育决策部署，力争圆满完成本科层次职业教育试点任务。教育部对试点工作高度重视，多次组织专家团队进校现场调研指导，从学校办学定位、人才培养方案修订、师资队伍和实训实践条件建设等方面进行了全方位指导。2021年10月，受教育部职业教育与成人教育司委托，由教育部职业教育发展中心主办、南京工业职业技术大学承办的"职业本科教育办学质量提升研讨会"在南京召开，对职业本科教育高质量发展产生了重要影响。

3. 制度保障

为完善中国特色现代职业教育制度体系，稳步推进本科层次职业教育试点，教育部组织专家力量加快研究本科层次职业教育试点的相关制度建设。

2021年，教育部先后出台了《本科层次职业教育专业设置管理办法（试行）》（教职成厅〔2021〕1号）、《本科层次职业学校设置标准（试行）》（教发〔2021〕1号）、《职业教育专业目录（2021年）》（教职成〔2021〕2号）、《本科层次职业学校本科教学工作合格评估指标和基本要求》（教督厅函〔2021〕1号）等法规，并着手组织《职业教育专业教学标准》的编写；2021年11月，国务院学位办发布《关于做好本科层次职业学校学位授权与授予工作意见》（学位办〔2021〕30号）。

从教育主管部门已经发布的政策文本来看，国家对发展本科层次职业教育的政策越来越明朗、措施越来越有力，局部实践的职业本科教育即将走向科学规范的全面实践。几份法规对于本科层次职业人才的培养目标逐级细化，如《本科层次职业教育专业设置管理办法（试行）》中"培养高层次技术技能人才"，《本科层次职业学校设置标准》中"培养国家和区域经济社会发展需要的高层次技术技能人才"，《本科层次职业学校教育教学评估指标体系（试行）》中"培养具有较强创新精神和实践能力的高层次技术技能人才"。

（1）《本科层次职业学校设置标准》的核心要点

办学定位：坚持党的领导，贯彻党的教育方针；落实立德树人根本任务；落实《中华人民共和国高等教育法》《中华人民共和国职业教育法》的有关法规；坚持面向市场、服务发展、促进就业办学方向；坚持职业教育定位、属性和特点；培养国家和区域经济社会发展需要的高层次技术技能人才。

治理水平：建立以章程为核心的现代大学制度，内部组织机构健全、质量保证体系完善、行业企业深度参与办学；学校领导班子建设符合政治家、教育家要求，符合高等学校领导任职要求，熟悉职业教育原理和规律，了解学校主要专业领域相关的产业或行业。

办学规模：全日制8 000人以上。

专业设置：对接国家和区域主导产业、支柱产业和战略性新兴产业设置专业，有3个以上专业群，每个专业群含3~5个专业。

师资队伍：专任教师生师比不高于18∶1；行业企业兼职教师不低于25%、课时20%以上；专任教师总数不少于450人，硕士及以上学位不低于50%；具有高级职称人数一般应不低于30%（正高级不少于30人）；"双师型"教师不低于50%；近5年内在岗教师获得国家级奖励1项以上。

人才培养：校企制定人才培养方案，实践性教学课时不低于50%，顶岗实习不少于6个月；与行业企业开展深度合作，有2个以上实质性合作项目；有近两届教学成果奖评选中获得过国家级二等奖或省级最高奖。

科研与社会服务：近5年累计立项厅级及以上科研项目20项以上；近5年横向技术服务与培训年均到账经费1 000万元以上；近5年培训人次不低于全日制在校学生数的2倍。

基础设施：土地800亩，生均60平方米；总建筑面积不低于24万平方米；生均校舍面积不低于30平方米；生均教学科研用房理工科不低于20平方米，文科不低于15平方米，体艺科不低于30平方米；仪器设备理工科生均不低于10 000元，文科生均不低于7 000元，体艺科生均不低于8 000元；图书生均不低于100册（含电子图书）。

（2）《本科层次职业教育专业设置管理办法》的核心要点

师资队伍：专业生师比不高于20∶1；高级职称教师占比不低于30%；研究生学历教师占比不低于50%；博士学位研究生教师占比不低于15%；本专业"双师型"教师占比不低于50%；有省级以上教学团队或名师担任专业带头人。

人才培养方案：校企共同制定；实践性教学总课时不低于50%；实训实验（项目）开出率100%。

实训条件：稳定的合作企业；稳定的经费保障（生均仪器设备不低于1万元）；稳定且数量够用的实训基地。

技术研发和社会服务：有省级以上技术推广平台或研究中心；面向社会开展服务且有经济社会效益；职业和社会培训不少于在校生2倍。

人才培养质量：招生计划完成率90%以上；新生报到率不低于85%；就业率不低于本省平均水平。

浙江金融职业学院原党委书记周建松认为，本科层次职业学校设置办法既针对职业技术大学，也适合专科层次高职学校，也许还适用于其他高校。本科层次职业教育专业设置既凸显了职业教育类型特征，又兼顾了本科教育层次要求；既完善了现代职业教育体系，也优化了高等教育结构。

（三）稳步发展

2021年4月，习近平总书记对职业教育工作做出重要指示，强调"职业教育前途广阔、大有可为。稳步发展职业本科教育"。2021年10月，中共中央办公厅、国务院办公厅印发的《关于推动现代职业教育高质量发展的意见》指出，"稳步发展职业本科教育，高标准建设职业本科学校和专业，保持职业教育办学方向不变、培养模式不变、特色发展不变。鼓励应用型本科学校开展职业本科教育。按照专业大致对口原则，指导应用型本科学校、职业本科学校吸引更多中高职毕业生报考。到2025年，职业本科教育招生规模不低于高等职业教育招生规模的10%"。

在政策激励下，目前[①]已有32所职业本科教育试点院校，这些试点院校的建校基础、省域分布、办学性质、批复时间等情况详见表3-1。从院校设置整体情况来看，2019年首批设置15所本科层次职业院校，2020年增设8所，2021年增设9所。其中，山东、江西、河北各3所，广东、陕西、浙江、广西、山西、甘肃各2所，福建、海南、河南、四川、重庆、贵州、湖南、江苏、辽宁、上海、新疆各1所。民办高职升格21所、公办高职升格1所、独立学院转设1所、独立学院与公办高职合并转设9所；升格后的本科层次职业院校有公办10所、民办22所。从专业备案情况来看，2019年首批15所本科层次职业教育试点校各备案10~12个职业本科试点专业，共计备案155个专业；2020年所有试点校共计备案266个专业，2021年为423个专业，2022年备案专业数增至608个。2021年有3所普通本科学校申请设置职业本科教育专业，2022年扩大到41所。从职业本科教育招生情况来看，2019年，教育部给予首批15所本科层次职业教育试点校各1 700~2 000个不等的本科招生指标，总计招生人数为25 816人；2020年全国职业本科招生人数为38 435人；2021年招生56 476人。（实际招生4.14万人）。

表3-1 32所职业本科试点院校基本情况

序号	校名	建校基础	省份	办学性质	批复时间
1	泉州职业技术大学	泉州理工职业学院	福建省	民办高职升格	2019年
2	南昌职业大学	南昌职业学院	江西省	民办高职升格	2019年
3	江西软件职业技术大学	江西先锋软件职业技术学院	江西省	民办高职升格	2019年

---

① 数据截至2021年12月31日。

续表

序号	校名	建校基础	省份	办学性质	批复时间
4	山东外国语职业技术大学	山东外国语职业学院	山东省	民办高职升格	2019 年
5	山东工程职业技术大学	山东凯文科技职业学院	山东省	民办高职升格	2019 年
6	山东外事职业大学	山东外事翻译职业学院	山东省	民办高职升格	2019 年
7	河南科技职业大学	周口科技职业学院	河南省	民办高职升格	2019 年
8	广东工商职业技术大学	广东工商职业学院	广东省	民办高职升格	2019 年
9	广州科技职业技术大学	广州科技职业技术学院	广东省	民办高职升格	2019 年
10	广西城市职业大学	广西城市职业学院	广西壮族自治区	民办高职升格	2019 年
11	海南科技职业大学	海南科技职业学院	海南省	民办高职升格	2019 年
12	重庆机电职业技术大学	重庆机电职业技术学院	重庆市	民办高职升格	2019 年
13	成都艺术职业大学	成都艺术职业学院	四川省	民办高职升格	2019 年
14	西安信息职业大学	陕西电子科技职业学院	陕西省	民办高职升格	2019 年
15	西安汽车职业大学	西安汽车科技职业学院	陕西省	民办高职升格	2019 年
16	上海中侨职业技术大学	上海中侨职业技术学院	上海市	民办高职升格	2020 年
17	辽宁理工职业大学	辽宁理工职业学院	辽宁省	民办高职升格	2020 年
18	新疆天山职业技术大学	新疆天山职业技术学院	新疆维吾尔自治区	民办高职升格	2020 年
19	运城职业技术大学	运城职业技术学院	山西省	民办高职升格	2020 年
20	南京工业职业技术大学	南京工业职业技术学院	江苏省	公办高职升格	2020 年
21	浙江广厦建设职业技术大学	浙江广厦建设职业技术学院	浙江省	民办高职升格	2020 年
22	山西工程科技职业大学	山西大学商务学院 山西交通职业技术学院 山西建筑职业技术学院	山西省	独立学院与公办高职合并转设	2020 年
23	景德镇艺术职业大学	景德镇陶瓷大学科技艺术学院	江西省	独立学院转设	2020 年
24	湖南软件职业技术大学	湖南软件职业学院	湖南省	民办高职升格	2021 年
25	河北石油职业技术大学	河北工业大学城市学院 承德石油高等专科学校	河北省	独立学院与公办高职合并转设	2021 年
26	河北科技工程职业技术大学	华北电力大学科技学院 邢台职业技术学院	河北省	独立学院与公办高职合并转设	2021 年

续表

序号	校名	建校基础	省份	办学性质	批复时间
27	河北工业职业技术大学	河北科技大学理工学院 河北工业职业技术学院	河北省	独立学院与公办高职合并转设	2021 年
28	贵阳康养职业大学	贵州师范大学求是学院 进阳护理职业学院	贵州省	独立学院与公办高职合并转设	2021 年
29	广西农业职业技术大学	广西大学行健文理学院 广西农业职业技术学院	广西壮族自治区	独立学院与公办高职合并转设	2021 年
30	兰州资源环境职业技术大学	兰州财经大学长青学院 兰州资源环境职业技术学院	甘肃省	独立学院与公办高职合并转设	2021 年
31	兰州石化职业技术大学	西北师范大学知行学院 兰州石化职业技术学院	甘肃省	独立学院与公办高职合并转设	2021 年
32	浙江药科职业大学	浙江海洋大学东海科学技术学院 浙江医药高等专科学校	浙江省	独立学院与公办高职合并转设	2021 年

利好政策刺激着大批高职院校跃跃欲试升格或试办职业本科教育，国家将强化顶层设计，制定指导意见，明确职业本科教育的办学定位、发展路径、培养目标、培养方式、办学体制，引导学校在内涵上下功夫，提升办学质量。同时，完善职业本科学校设置标准和专业设置办法，支持符合条件的国家"双高计划"建设单位独立升格为职业本科学校，支持符合产教深度融合、办学特色鲜明、培养质量较高的专科层次高等职业学校，升级部分专科专业，试办职业本科教育。新修订的《中华人民共和国职业教育法》第三十条明确规定："专科层次高等职业学校设置的培养高端技术技能人才的部分专业，符合产教深度融合、办学特色鲜明、培养质量较高等条件的，经国务院教育行政部门审批，可以实施本科层次的职业教育。"但现阶段大规模发展职业教育本科院校不利于本科层次职业教育的良性发展和现代职业教育体系的构建。北京大学郭建如教授认为："大规模发展职业本科教育院校可能会使职业教育发展面临失控风险，学校可能会为追求办学规模而不得不设立职业教育特色并不明显的专业，导致职业本科教育院校最终失去职业教育特色和属性。"一是一批培养高素质技术技能型人才的优质高职院校升格到本科院校，专科层次的职业教育就会被掏空。二是大规模发展职业本科教育院校存在着与应用型本科院校发展空间相重叠的问题，我国应用型本科院校有许多就是应用技术类本科，也在大力推行产教融合、校企合作的人才培养方式，大规模发展职业本科教育院校将在事实上导致两者趋同，进而导致本科文凭大贬值、"学位注水"的教育灾难。因此，职业本科教育应当贯彻落实发展本科层次职业教育遵循的"三高三不变"原则，即坚持高标准、高起点、高质量，坚持属性定位

不变、培养模式不变、特色学校名称不变，稳步发展，创设品牌。"十四五"期间，教育部将打造示范标杆，以部省合建方式"小切口""大支持"，遴选建设10所左右高水平职业本科教育示范学校，发挥职业教育体系的龙头作用。

二、职业本科院校学生状况调查

从2019年首批15所本科层次职业学校试点以来，截至2021年年底，有独立设置的32所本科层次职业学校，3所应用型本科学校设置本科职业教育专业，全国职业本科在校生总数达到12.93万人，当年招生4.14万人。

（一）调查基本情况

1. 调查背景

在多项政策的强劲推动下，我国职业本科教育已进入具体实施阶段。然而，对于其具体实施情况，社会了解得仍不够充分。众所周知，教师和学生是学校教育的主体。为准确把握我国职业本科院校的发展情况，有必要以教师和学生为对象进行实证调查，通过收集客观的数据深入分析当前职业本科院校学生学习情况及教师工作现状。调查数据和结果不仅有助于反映我国当前职业本科教育的现状，还有助于发现可能存在的突出问题，进而形成推动本科层次职业教育发展有针对性的建议。

因此，为准确把握当前职业本科院校学生学习状况和教师工作现状，教育部职业教育发展中心于2021年11月组织开展了全国职业本科院校学情和教情调查。学情调查以职业本科院校在读学生为调查对象，调查的方式为问卷调查，调查通过线上调研平台实施，全程均采用匿名的方式进行。

本调查具备综合性、全国性和科学性等特点。其综合性主要体现在调查内容上。学情调查中关注的问题是综合全面的，包括学生学习投入情况、学校教育环境、学生学习感受和学习反馈等方面，有助于全面刻画职业本科院校学生的在校学习特征。调查的全国性体现在其取样范围上。本调查是一项大规模的调查，调查区域覆盖东中西部地区20多个省（直辖市）。调查的科学性主要体现在调查工具、数据分析等环节上。项目组在充分调查的基础上，在专家的指导下开发了调查问卷，并对其进行了反复修改和讨论；数据分析工作也在教育统计方向专家的指导下进行。下面具体介绍职业本科院校学情调查的工具和对象。

2. 调查问卷分析

（1）信度分析

信度是心理与教育测量学中最重要的测量指标之一，它是指问卷或量表测量结果的稳定性或可靠性，即某一量表在多次施测后所得到的一致性程度。它既包括时间上的一致性，也包括内容和不同评分者之间的一致性。常用的信度指标有克隆巴赫α系数、分半信度等。克隆巴赫α系数评价的是所有被试在所有题目上的得分之间的一致性，反映的是量表的内部一致性程度。通常，α系数在0.7以上表示调查工具的内部一致性信度较好。分半信度是将量表分为相等的两半，常采用奇偶分组的方式，将所有题目按奇偶顺序分成两组，计算两组题目得分之间的相关，反映的是量表测量相同内容的程度。一般认为，分半信度大于0.7为良好。

全国职业本科院校学情调查问卷中包含多个维度（或分量表），各维度测量的内容不尽相同，因此对问卷各个维度分别进行信度分析，结果见表3-2。绝大多数分量表的α系数及分半信度都在0.8乃至0.9以上，学习心理投入分量表的一致性系数超过0.7，其分半信度非常接近0.7，可以接受。其余分量表的信度系数也均在可接受范围内。

表3-2　测验信度结果[①]

分量表	内部一致性α系数	分半信度
学习心理投入	0.734	0.697
课程学习投入	0.828	0.846
课外学习投入	0.900	0.873
学习认知投入	0.954	0.917
公共基础课程合理性	0.933	0.928
专业课程合理性	0.953	0.954
学习焦虑	0.923	0.866
学校学习支持度	0.955	0.932
学习收获	0.962	0.956
学校人际关系	0.894	0.887
学校归属感	0.951	0.949

[①] 在后文呈现调查结果时，我们分析了课程实用性和课程挑战性两个维度上的作答情况，但未对二者进行信效度分析，这是因为这两个维度下的各小题都是相对独立的，各自考察不同的内容，因此不适合开展此类分析。

(2) 效度分析

信度只是回答了量表测量结果稳定性的问题，欲判断量表测量的准确性还需进行效度分析。效度指的是一个量表能测量出其所要测量的潜在构念的程度。与信度类似，测量学中对于效度的评价通常包含多种方法，常用的指标有内容效度、结构效度等。

在正式调查之前，课题组组织多名专家对问卷进行了充分的讨论，并在此基础上进行了多轮次修改和完善，所有问卷题目表述准确无误、通俗易懂，确保了问卷具备良好的内容效度。

对问卷结构效度的评价通常使用验证性因子分析方法（confirmatory factor analysis，CFA）。若 CFA 模型对数据的拟合良好，并且每个题目在所测量因子上有足够大的载荷（≥0.4），则说明问卷的结构效度较好。评估模型拟合的常用指标有：卡方/自由度（$\chi^2/df<3$ 为优，<5 为良），相对拟合指数 CFI、TLI（>0.9 表示模型拟合较好），近似误差均方根 RMSEA（≤0.08 表明模型拟合良好）。但是，由于卡方值会受到样本量的影响，样本量大的情况下卡方值往往都会很大，因此，卡方/自由度这一指标的结果仅作为参考，主要还是依据 CFI、TLI、RMSEA 指标的结果进行判断[1]。因子载荷反映了题目与其所测潜在构念之间的关系密切程度，其绝对值介于 0~1，越接近 1 越好。若某道题目的载荷小于 0.4，则认为该题质量一般，需要修改。下面详细呈现了各分量表的结构效度分析结果。

➢ 学习投入

学习投入由 21 个小题测量，所有小题均为 5 点计分。学习投入包括心理投入、行为投入和认知投入，其中行为投入又分为课程学习投入及课外学习投入。学习心理投入水平反映了学生面对学习时展现出积极主观反应的水平，学生行为投入反映了学生参与各种课内和课外学业活动的投入情况。学习认知投入水平反映了学生在学习时使用各种认知策略以提高学习效果和效率的情况。对学习投入分量表进行验证性因子分析，即将学习投入分为心理投入、课程学习投入、课外学习投入和认知投入。验证性因素分析模型（CFA 模型）拟合结果见表 3-3。

表 3-3 学习投入分量表模型拟合结果

分量表	χ^2	df	CFI	TLI	RMSEA
学习投入	124 163.32	183	0.932	0.922	0.075

由表 3-3 可知，学习投入分量表对应的 CFA 模型的拟合结果较好，CFI、TLI 大于 0.9，RMSEA 小于 0.08，说明学习投入分量表的结构效度较高。

---

[1] 本章第二、三节学情和教情调查中采用的验证性因素分析的具体判断指标为：如果 CFI、TLI 都大于 0.85，即评判模型拟合程度较好；另外若 RMSEA 低于 0.2，则认为模型拟合较稳定（引自 TIMSS2007 年度技术报告）。

由表 3-4 可知，学习投入各小题中，仅学习心理投入子维度下有一小题的载荷小于 0.4，其余小题的载荷都高于 0.7，由此可见，学习投入分量表整体小题质量较高，结构效度高。

表 3-4　学习投入分量表因子载荷结果

题　目	载荷
1. 学习心理投入（你是否同意以下关于你入学以来学习状况的描述）	
1）每当遇到不懂的学习内容我就避开它	0.322
2）我想学习更多东西使我更好成长	0.702
3）我总是努力克服学习困难	0.845
4）学习使我感到快乐	0.785
2. 学习行为投入——课程学习投入（入学以来，你进行以下活动的频率如何）	
1）课前预习课后复习	0.702
2）课上仔细观察老师的技术技能操作	0.731
3）积极参与小组合作学习	0.738
4）按时完成规定的作业和技能练习	0.557
5）课上积极提问或回答问题	0.769
3. 学习行为投入——课外学习投入（入学以来，你在课外进行以下活动的频率如何）	
1）参与专业拓展实训实习（课程要求以外的）	0.798
2）去听感兴趣的公开课、报告、讲座等	0.833
3）参与社团或学习团体活动（非创新创业类）	0.763
4）参加创新创业活动	0.828
5）参加各类技能竞赛	0.793
4. 学习认知投入（入学以来，你进行以下学习活动的频率如何）	
1）在课程讨论或完成项目学习时能整合不同课程的视角综合考虑问题	0.846
2）在课程讨论或完成项目学习时能包容不同的观点	0.844
3）在课程讨论或完成项目学习时能整合不同来源的信息	0.874
4）将专业学习与实际问题解决联系起来	0.877
5）将新知识和旧知识联系起来以促进新知识的理解	0.878
6）将先前的技能学习经验有效地应用于当前技能学习	0.873
7）在技能学习时反思和调整自己的学习方式和方法	0.869

> **公共基础课程合理性**

公共基础课程合理性分量表共计一个维度4个题目，对公共基础课程合理性分量表进行验证性因素分析，模型拟合结果见表3-5，因子载荷结果见表3-6。

表3-5 公共基础课程合理性分量表模型拟合结果

分量表	χ^2	df	CFI	TLI	RMSEA
公共基础课程合理性	1 617.4	2	0.996	0.988	0.082

结果显示，CFI和TLI值均大于0.9，RMSEA接近0.08，说明模型拟合较好。

表3-6 公共基础课程合理性分量表因子载荷结果

题 目	载荷
公共基础课程合理性（入学以来，你所学的语文、外语等公共基础课程是否注重以下方面）	
1）融入思想政治教育元素	0.845
2）为专业学习打好基础	0.879
3）文化素养的培养	0.921
4）通用能力（如人际沟通能力、团队合作能力）的培养	0.884

由表3-6可知，公共基础课程合理性分量表各小题的载荷均超过0.8，所有小题质量均较好。综合因子载荷和模型拟合的结果来看，可认为公共基础课程合理性分量表的结构效度高。

> **专业课程合理性**

专业课程合理性分测验共包含5个题目，对专业课程合理性分测验进行验证性因素分析，模型拟合结果见表3-7，因子载荷结果见表3-8。

表3-7 专业课程合理性测验模型拟合结果

分量表	χ^2	df	CFI	TLI	RMSEA
专业课程合理性	5 602.2	5	0.991	0.982	0.097

表3-8 专业课程合理性分量表因子载荷结果

题 目	载荷
专业课程合理性（入学以来，你所学的专业课程是否注重以下方面）	
1）融入思想政治教育元素	0.828
2）对专业理论的知识点或方法要领的掌握	0.917

续表

题 目	载荷
专业课程合理性（入学以来，你所学的专业课程是否注重以下方面）	
3）对专业技术操作能力的培养	0.930
4）运用专业技术操作能力解决实际问题	0.933
5）"岗课赛证"综合育人（将岗位、课程、技能竞赛、考证的内容和要求融会贯通）	0.869

结果显示，CFI 和 TLI 值均大于 0.9，RMSEA 虽超过 0.08，但也不大，未超过 0.1，整体上模型拟合可以接受。

从因子载荷结果来看，专业课程合理性分量表所有小题的载荷均高于 0.8，都很高。综合模型拟合和因子载荷的结果可知，专业课程合理性分量表的结构效度尚可。

> 学习焦虑

学习焦虑分量表共包含 5 个小题，学生需要用 1~5 分评价对自己各方面学习状况的担忧程度。对学习焦虑分量表进行验证性因素分析，CFA 模型拟合结果如表 3-9 所示，因子载荷结果见表 3-10。

由表 3-9 可知，CFI 超过 0.9，TLI 超过 0.85，而 RMSEA 大于 0.2。综合来说，学习焦虑分量表的 CFA 模型整体拟合结果有改进空间。

表 3-9 学习焦虑分量表模型拟合结果

分量表	χ^2	df	CFI	TLI	RMSEA
学习焦虑	34 235.5	5	0.928	0.855	0.239

表 3-10 学习焦虑分量表因子载荷结果

题 目	载荷
学习焦虑（你是否同意以下关于你入学以来学习状况的描述）	
1）我担心自己公共基础课会挂科	0.839
2）我担心自己专业课会挂科	0.894
3）我担心自己毕不了业	0.880
4）我担心自己不能考取职业技能等级证书（或职业资格证书）	0.837
5）我担心自己学不会就业的硬本领	0.747

由表 3-10 可知，学习焦虑分量表中所有小题的载荷均超过 0.7，说明该分量表的小题质量较高。

> 学校学习支持度

学校学习支持度分量表共包含 7 个题目，对学校学习支持度分量表进行验证性因素分析，CFA 模型拟合结果见表 3-11，因子载荷结果见表 3-12。

在表 3-11 中，CFI 和 TLI 均超过 0.95，但 RMSEA 超过 0.08，学校学习支持度分量表对应的 CFA 模型整体拟合结果尚可。

表 3-11　学校学习支持度分量表模型拟合结果

分量表	χ^2	df	CFI	TLI	RMSEA
学校学习支持度	20 403.3	14	0.976	0.964	0.110

表 3-12　学校学习支持度分量表因子载荷结果

题　目	载荷
学校学习支持度（入学以来，你就读的学校对以下方面的注重程度如何）	
1）为知识学习提供充足的资源	0.899
2）为课外技能训练提供设备和场地	0.906
3）为学生提供技能参赛机会	0.894
4）为学生提供对口的实训实习机会	0.893
5）为学生提供考证机会	0.843
6）帮助学生应对学习困难	0.879
7）为学生提供国际交流机会	0.776

由表 3-12 可知，学校学习支持度分量表中所有小题的载荷均超过 0.7，说明该分量表的小题质量较高。综合模型拟合和载荷结果来看，该分量表的结构效度尚可。

> 学习收获

学习收获分量表调查的是学生在各方面能力上的提高情况，包含 6 个 5 点计分题目。对学习收获分量表进行验证性因子分析，CFA 模型拟合结果见表 3-13，因子载荷结果见表 3-14。

表 3-13　学习收获分量表模型拟合结果

分量表	χ^2	df	CFI	TLI	RMSEA
学习收获	6 518.3	9	0.992	0.986	0.078

由表 3-13 可知，学习收获分量表对应的 CFA 模型拟合结果良好，CFI 和 TLI 均超过 0.95，RMSEA 小于 0.08。

表 3-14 学习收获分量表因子载荷结果

题 目	载荷
学习收获（入学以来，在学校的学习经历是否使你在以下方面得到提高）	
1）操作技能	0.882
2）学习迁移能力	0.909
3）创新能力	0.910
4）信息技术运用能力	0.910
5）与他人有效合作能力	0.887
6）自我发展规划能力	0.891

由表 3-14 可知，学习收获分量表中所有小题的载荷均超过 0.8，说明该分量表的小题质量较高。结合模型拟合和因子载荷的结果，学习收获分量表的结构效度高。

> **学校人际关系**

学校人际关系分量表调查的是学生在学校中与各类人员的关系，由 4 个 5 点计分的 Likert 题目测量。对学校人际关系量表进行验证性因子分析，CFA 模型拟合结果见表 3-15，因子载荷结果见表 3-16。

表 3-15 学校人际关系分量表模型拟合结果

分量表	χ^2	df	CFI	TLI	RMSEA
学校人际关系	2 310.9	2	0.992	0.977	0.098

由表 3-15 可知，学校人际关系分量表对应的 CFA 模型整体拟合可接受，CFI 和 TLI 均超过 0.95，仅 RMSEA 稍大于 0.08。

表 3-16 学校人际关系分量表因子载荷结果

题 目	载荷
学校人际关系（入学以来，你与以下人员的关系如何）	
1）同学	0.692
2）任课老师	0.902

续表

题 目	载荷
学校人际关系（入学以来，你与以下人员的关系如何）	
3）班主任/辅导员	0.876
4）行政老师（如教务处老师）	0.836

由表 3-16 可知，在学校人际关系分量表中，4 个小题的载荷均超过 0.6，其中 3 个小题的载荷更是在 0.8 以上，说明该分量表的小题质量较高。结合模型拟合和因子载荷结果，学校人际关系分量表的结构效度较好。

> **学校归属感**

学校归属感指在学校环境中，学生感受到被认可和接纳并愿意融入其中的一种情感，在本次调查中包含 5 个 5 点计分的 Likert 题目。对学校归属感量表进行验证性因子分析，CFA 模型拟合结果见表 3-17，因子载荷结果见表 3-18。

表 3-17　学校归属感分量表模型拟合结果

分量表	χ^2	df	CFI	TLI	RMSEA
学校归属感	5 759.8	5	0.991	0.981	0.098

由表 3-17 可知，学校归属感分量表对应的 CFA 模型整体拟合可接受，CFI 和 TLI 均超过 0.95，仅 RMSEA 稍大于 0.08，但也未超过 0.10。

表 3-18　学校归属感分量表因子载荷结果

题 目	载荷
学校归属感（你是否同意以下关于你现在就读学校情况的描述）	
1）我感觉自己是学校的一分子	0.832
2）我喜欢待在学校	0.895
3）我感觉学校像个大家庭	0.917
4）在学校里我感到快乐	0.930
5）我感觉在学校的生活很充实	0.890

由表 3-18 可知，在学校归属感分量表中，各小题的载荷均超过 0.8，说明该分量表所有小题质量较高。结合模型拟合和因子载荷结果，该分量表的结构效度较好。

3. 调查对象

本次调查共涉及 31 所职业本科院校（未招生和只有一年级新生的院校未参与本

次调查),来自全国20个省份。调查的具体对象为这些院校内所有二年级及以上在校生。经过数据清理后,最终有效学生人数为119 456人。各学校有效人数及占比见表3-19。

表3-19 各学校有效人数及占比

院校	人数	占比/%
学校1	7 127	6.0
学校2	2 397	2.0
学校3	273	0.2
学校4	2 908	2.4
学校5	2 560	2.1
学校6	4 047	3.4
学校7	7 901	6.6
学校8	3 487	2.9
学校9	3 189	2.7
学校10	7 570	6.3
学校11	1 678	1.4
学校12	3 411	2.9
学校13	2 903	2.4
学校14	3 566	3.0
学校15	4 142	3.5
学校16	4 220	3.5
学校17	5 102	4.3
学校18	1 235	1.0
学校19	6 124	5.1
学校20	4 020	3.4
学校21	485	0.4
学校22	6 215	5.2
学校23	7 489	6.3
学校24	2 111	1.8
学校25	10 440	8.7
学校26	3 400	2.8

续表

院校	人数	占比/%
学校 27	2 493	2.1
学校 28	185	0.2
学校 29	5 011	4.2
学校 30	172	0.1
学校 31	3 586	3.0
合计	119 456	100.0

调查对象中，从不同性别角度来看，男生 59 813 人，占比 50.1%；女生 59 643 人，占比 49.9%，分布较为均衡。

从学生所在学段角度来看，本科学生 40 432 人，占比 33.8%；专科学生 79 024 人，占比 66.2%。

从学校办学性质来看，来自公办院校的学生共计 23 400 人，占比 19.6%；来自民办院校的学生共计 96 056 人，占比 80.4%。

根据学校所在地区划分，来自东部地区学校的学生共计 53 768 人，占比 45.0%；来自中部地区学校的学生共计 24 871 人，占比 20.8%；来自西部地区学校的学生共计 40 808 人，占比 34.2%；另有 9 名学生的学校数据缺失。

根据学校的建校基础来看，18 804 名学生来自"双高"校，在总人数中占比 15.7%；100 370 名学生来自非"双高"校，占比 84.0%；282 名学生所在学校的建校基础数据缺失。

另外，来自"职教高地"学校的学生共 49 410 人，占比 41.4%；来自非"职教高地"学校的学生共 70 037 人，占比 58.6%；另有 9 名学生的学校数据缺失。

(二) 学生学情分析

本次调查主要涉及学生学习投入、学校教育环境、学生学习感受、学生学习反馈等内容。为了便于理解和呈现结果，对调查涉及的各维度，均计算一个指数，用来反映其水平的高低。指数的计算方式为 $\frac{(维度得分均值 - 1)}{4} \times 100$。通过这种转换方式可以将所调查学生的原始分数转换为范围在 0~100 的指数。指数的值越高，表示该维度的水平越高。

在后文呈现调查结果时，我们对不同群体学生各维度的指数进行了差异检验，例如，检验男生和女生的学习投入水平有无显著差异。由于此次调查的样本量过大，假设检验的显著性结果无法直接反映组间差异是否存在实际意义（即在样本量过大情况下，极易得到 $p<0.05$ 的显著结果），因此对于假设检验结果显著的组间差异，我们计算了效应量指标，即科恩 d 值（适用于两个组别的情况，如男、女）或 η^2（适用于多于两个组别的情况，如东、中、西部地区）。效应量值直接衡量了实际的组间差异的大小。当科恩 d 值大于等于 0.1 或 η^2 大于等于 0.005 时，我们认为组间存在显著差异。

此外，我们还通过计算 ICC 值（组内相关系数）来分析不同学校之间是否发展均衡或存在较大差异。该值反映了学校间变异占总变异的比例，值越大，表示学校间发展越不均衡，当其值大于 0.05 时，则认为学校间存在较大差异。

调查显示，近年来，在党和国家的高度重视下，职业院校学生学习投入状况和学校教育环境明显改善，学生学习感受良好，学习反馈积极正向，但仍存在学习积极主动性不足等问题；此外，院校之间发展总体比较均衡，但在学校学习支持、课程实用性、学生学校归属感、教师教学满意度、学习收获、学校人际关系、学习获得感等方面，院校间差异较大。

1. 学生基本情况

所调查学生的家庭背景、户籍、学习基础等基本情况如下：

①户籍。家庭为非农业户口的学生比例为 23.5%，为农业户口的学生比例为 76.5%。

②是否独生子女。独生子女占 23.5%，非独生子女占 76.5%。

③高中阶段教育情况。大部分学生的高中阶段教育都在普通高中完成，占比为 76.6%。毕业于职业高中和普通中专的学生比例分别为 13.3% 和 7.8%。毕业于技工学校和成人中专的学生比例很低，分别为 1.3% 和 0.4%。另外还有 0.7% 的学生选择了"未就读在就业""未就读未就业"或"其他"选项。

④父母职业。所调查学生的父母职业情况见表 3-20，从中可知，父亲职业中占比排名前三位的为"农（林、牧、渔）民""进城务工人员"和"工人（生产、运输设备操作人员）"，母亲职业中占比排名前三位的为"农（林、牧、渔）民""无业、失业、下岗人员"和"进城务工人员"。

表 3-20 学生的父母职业情况

职业	父亲/%	母亲/%
政府行政人员	2.5	1.3
企业中高层管理人员	1.7	1.0
专业技术人员（教师、医生等）	2.3	2.3
技术辅助人员（技术员、护士等）	1.5	1.1

续表

职业	父亲/%	母亲/%
一般管理及办事人员	4.0	3.3
商业、服务业人员	2.8	4.8
私营业主（开店/经商等）	10.1	9.6
个体户（流动摊贩等）	8.2	7.8
农（林、牧、渔）民	24.1	24.8
工人（生产、运输设备操作人员）	14.7	10.0
进城务工人员	14.8	13.2
退休人员	1.0	1.6
无业、失业、下岗人员	7.0	13.6
其他（请注明）	5.4	5.5

⑤父母受教育程度。学生父母的受教育程度如图3-1和图3-2所示。由图中可知，学生父亲的学历多为高中及以下，占比达到87.6%，具备本科及以上学历的仅约占6%；母亲学历也多为高中及以下，占比达89.7%，具备本科及以上学历的仅约占4.6%。

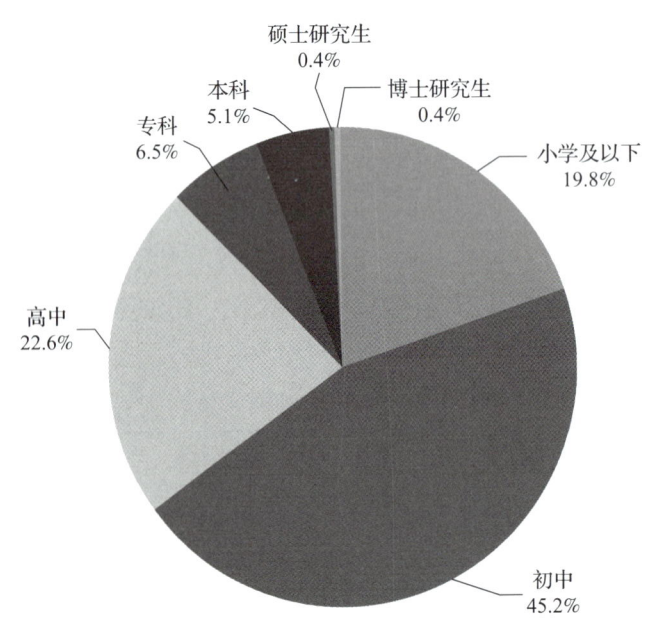

图3-1 学生父亲的受教育程度

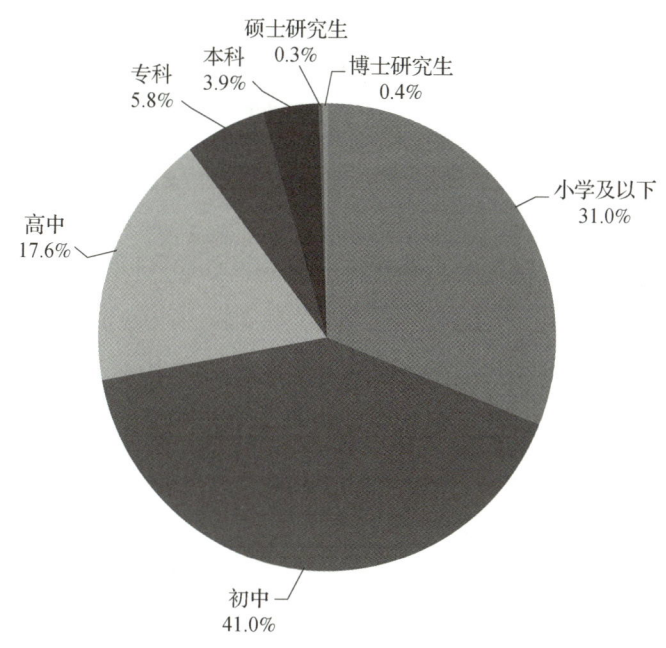

图 3-2 学生母亲的受教育程度

2. 学生学习投入

本调查从心理投入、行为投入（分为课内和课外行为）和认知投入三个方面评估学生的学习投入情况。调查发现，职业本科院校学生总体学习投入水平一般（61.6），其中学习心理投入水平（68.9）和课程学习投入水平（66.5）尚可，但认知投入（61.4）和课外学习投入水平（51.0）仍有待提高；学习成绩越好的学生，总体学习投入水平也越高，η^2 为 0.04；公办学校学生学习投入水平（64.1）高于民办学校（60.9），科恩 d 值为 0.20；"双高"校学生的学习投入水平（64.4）高于非"双高"校（61.0），科恩 d 值为 0.22；属于"职教高地"的学校的学生学习投入水平（61.4）与非"职教高地"学生（61.7）没有显著差异，科恩 d 值为 0.01。

各院校间发展均衡，不同院校学生各方面投入水平不存在显著差异，衡量院校间总学习投入水平差异的 ICC 值为 0.039。参与调查的各学校的学生学习投入总体指数如图 3-3 所示。

由图 3-3 可知，各校学生学习投入指数介于 57.0 和 69.3 之间。

（1）学习心理投入

第一，学生学习心理投入水平尚可（68.9），但仍有不少同学面对学习不够积极乐观。在心理投入各个小题上，表示同意或非常同意各项关于自身学习状态描述的学生比例如图 3-4 所示。由图 3-4 可知，有高达 81% 的学生想学习更多东西使自己更好成长，但认为学习使自己快乐的学生大约只有一半（52.2%）。

学校	指数
学校31	61.9
学校30	60.5
学校29	63.7
学校28	67.2
学校27	62.7
学校26	63.1
学校25	63.4
学校24	61.2
学校23	59.5
学校22	58.4
学校21	69.3
学校20	66.7
学校19	58.8
学校18	61.1
学校17	64.9
学校16	61.0
学校15	60.1
学校14	60.8
学校13	65.9
学校12	59.9
学校11	57.0
学校10	59.2
学校9	63.5
学校8	64.7
学校7	59.0
学校6	59.0
学校5	57.9
学校4	68.1
学校3	63.3
学校2	58.2
学校1	63.3

图 3-3 不同学校学生的总学习投入指数

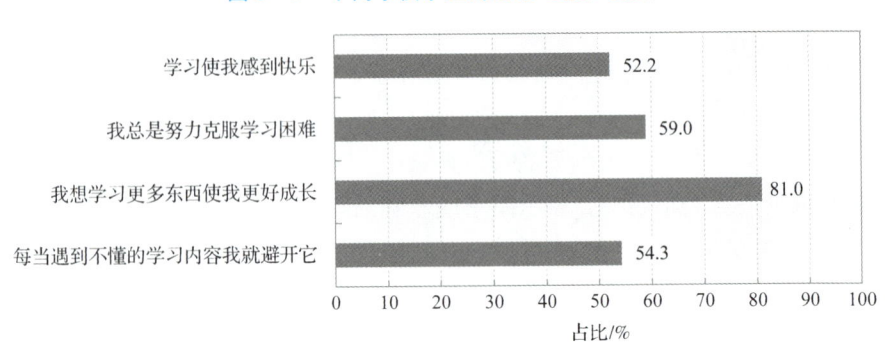

描述	占比/%
学习使我感到快乐	52.2
我总是努力克服学习困难	59.0
我想学习更多东西使我更好成长	81.0
每当遇到不懂的学习内容我就避开它	54.3

图 3-4 同意或非常同意学习心理投入维度各小题描述的学生比例

第二，不同院校学生的学习心理投入水平比较均衡，ICC 值为 0.025。图 3-5 为不同院校学生的心理投入指数。由图 3-5 可知，不同院校学生的学习心理投入水平介于 65.5 和 75.0 之间。

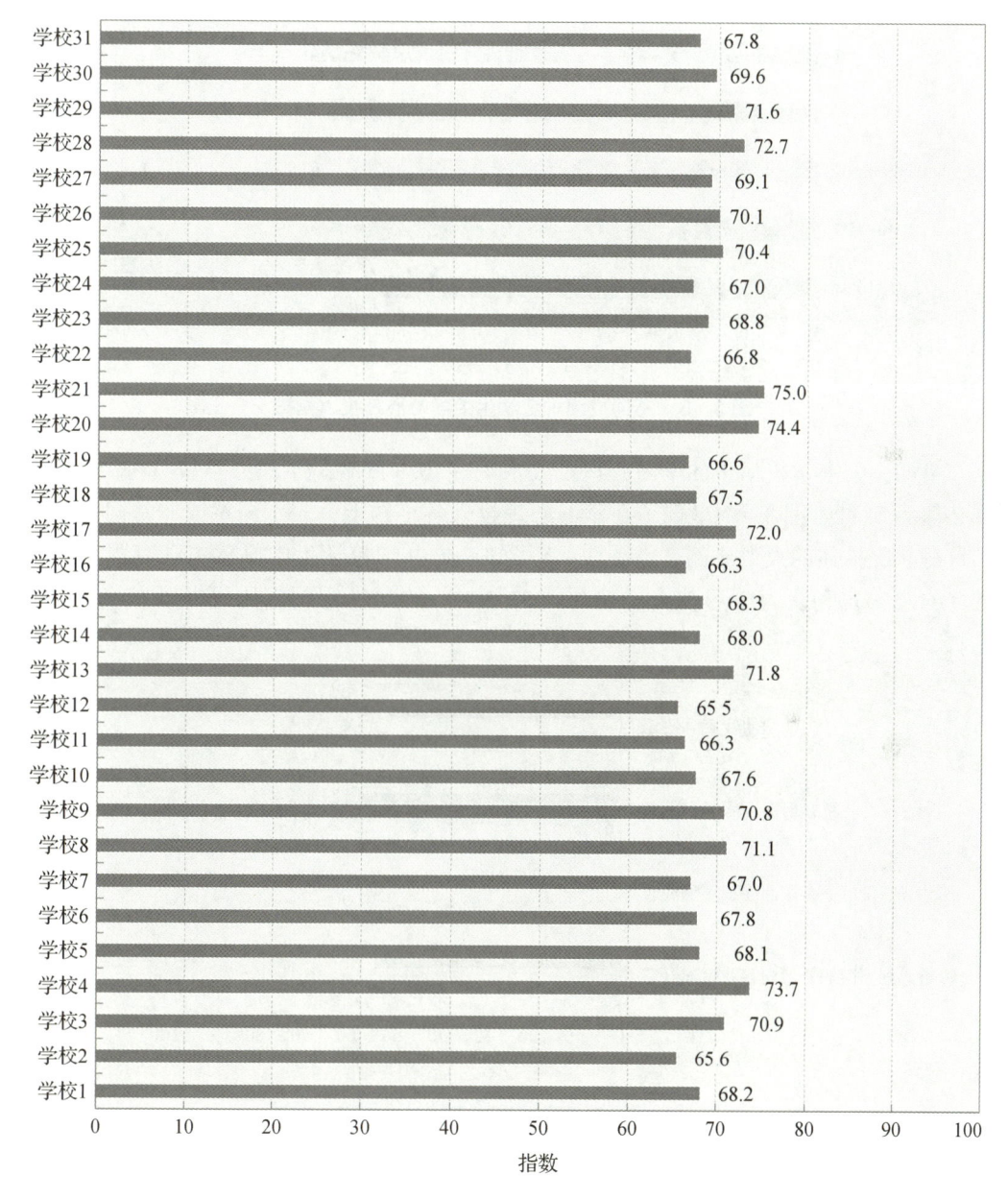

学校	指数
学校31	67.8
学校30	69.6
学校29	71.6
学校28	72.7
学校27	69.1
学校26	70.1
学校25	70.4
学校24	67.0
学校23	68.8
学校22	66.8
学校21	75.0
学校20	74.4
学校19	66.6
学校18	67.5
学校17	72.0
学校16	66.3
学校15	68.3
学校14	68.0
学校13	71.8
学校12	65.5
学校11	66.3
学校10	67.6
学校9	70.8
学校8	71.1
学校7	67.0
学校6	67.8
学校5	68.1
学校4	73.7
学校3	70.9
学校2	65.6
学校1	68.2

图 3-5 不同学校学生的学习心理投入指数

第三，分群体来看，不同成绩及来自不同性质学校学生的心理投入水平有显著差异。

首先，不同性别、不同学历层次学生学习心理投入水平差异较小，各自的学习心理投入指数均为 68.0~69.0；其次，成绩越好的学生，其学习心理投入水平越高，η^2 为 0.033，各成绩段学生的学习心理投入指数如图 3-6 所示。

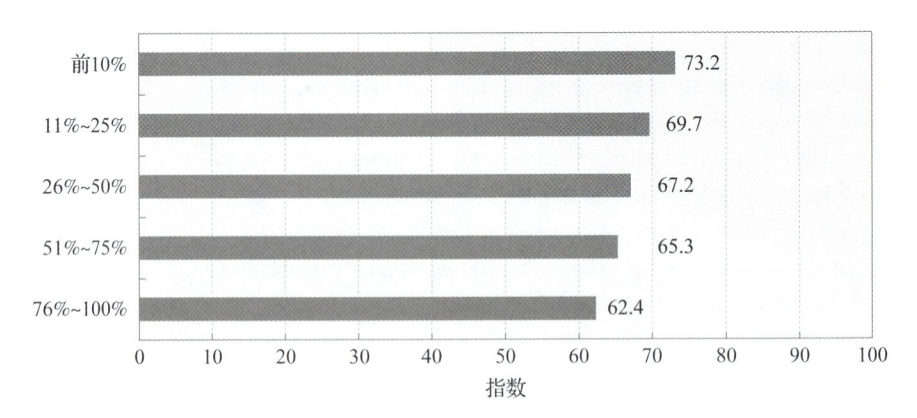

成绩排名	指数
前10%	73.2
11%~25%	69.7
26%~50%	67.2
51%~75%	65.3
76%~100%	62.4

图 3-6　不同成绩排名学生的学习心理投入指数

第四，公办学校学生的学习心理投入水平（70.3）略高于民办学校（68.5），科恩 d 值为 0.11。图 3-7 呈现了在学习心理投入各小题上，表示同意或非常同意关于其自身状况描述的人数比例。由图 3-7 可知，公办学校学生中愿意主动克服学习困难（64.2%）和认为学习使自己快乐（57.3%）的学生比例都比民办学校高 6.5% 左右。

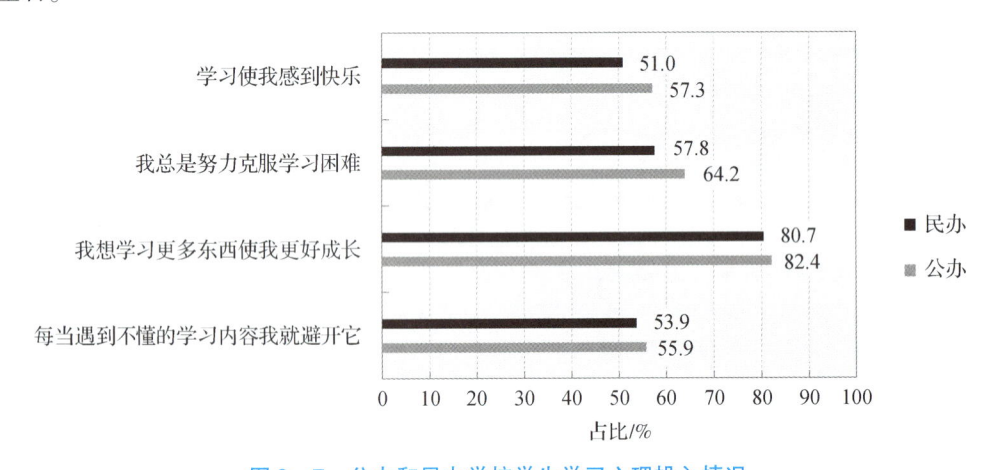

项目	民办	公办
学习使我感到快乐	51.0	57.3
我总是努力克服学习困难	57.8	64.2
我想学习更多东西使我更好成长	80.7	82.4
每当遇到不懂的学习内容我就避开它	53.9	55.9

图 3-7　公办和民办学校学生学习心理投入情况

（2）学习行为投入

第一，学生课程学习投入水平尚可（66.5），课外学习投入水平较低（51.0），学习主动性有待提高。图 3-8、图 3-9 呈现了表示经常或总是开展各项课程学习和课外活动的学生比例。从图中可知，多数学生可以较好地完成规定的学习任务，但缺乏主动参与未规定的学习活动的积极性和主动性。例如，83.5% 的学生会按时完成规定的作业和技能练习，但分别只有25.6%和34.9%的学生会经常进行课前预习和课后复习或参与课程要求外的专业拓展实训实习。

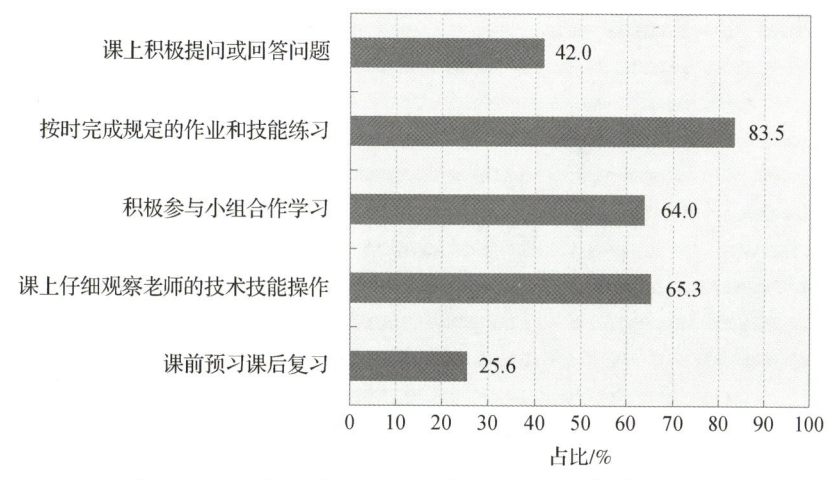

学习行为	占比/%
课上积极提问或回答问题	42.0
按时完成规定的作业和技能练习	83.5
积极参与小组合作学习	64.0
课上仔细观察老师的技术技能操作	65.3
课前预习课后复习	25.6

图3-8 经常或总是开展各种课程学习行为的学生比例

课外学习行为	占比/%
参加各类技能竞赛	23.6
参加创新创业活动	27.5
参与社团或学习团体活动（非创新创业类）	38.1
去听感兴趣的公开课、报告、讲座等	31.7
参与专业拓展实训实习（课程要求以外的）	34.9

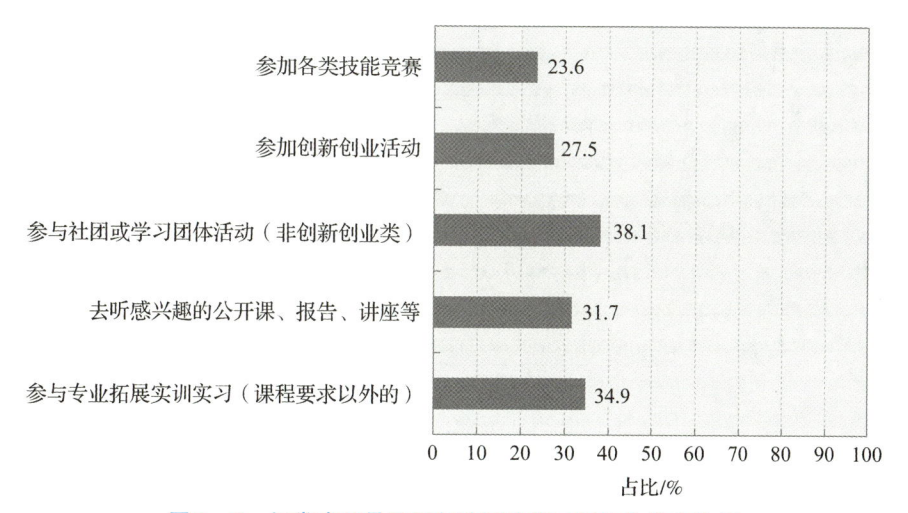

图3-9 经常或总是开展各种课外学习行为的学生比例

第二，不同院校学生的总学习行为投入水平、课程学习投入水平和课外学习投入水平都比较均衡，ICC值分别为0.043、0.034和0.042。图3-9为不同院校学生的总学习行为投入指数。由图3-10可知，不同院校学生的学习行为投入水平介于53.2和67.3之间。

第三，不同成绩、学历层次、性别及来自不同性质学校的学生的学习行为投入水平存在显著差异。首先，成绩越好的学生，总学习行为投入水平越高，η^2为0.040，各成绩段学生的学习行为投入指数见图3-11。由图3-11可见，总学习行为水平与学习成绩之间关系紧密，成绩排名越靠前的学生，其学习行为投入水平越高。

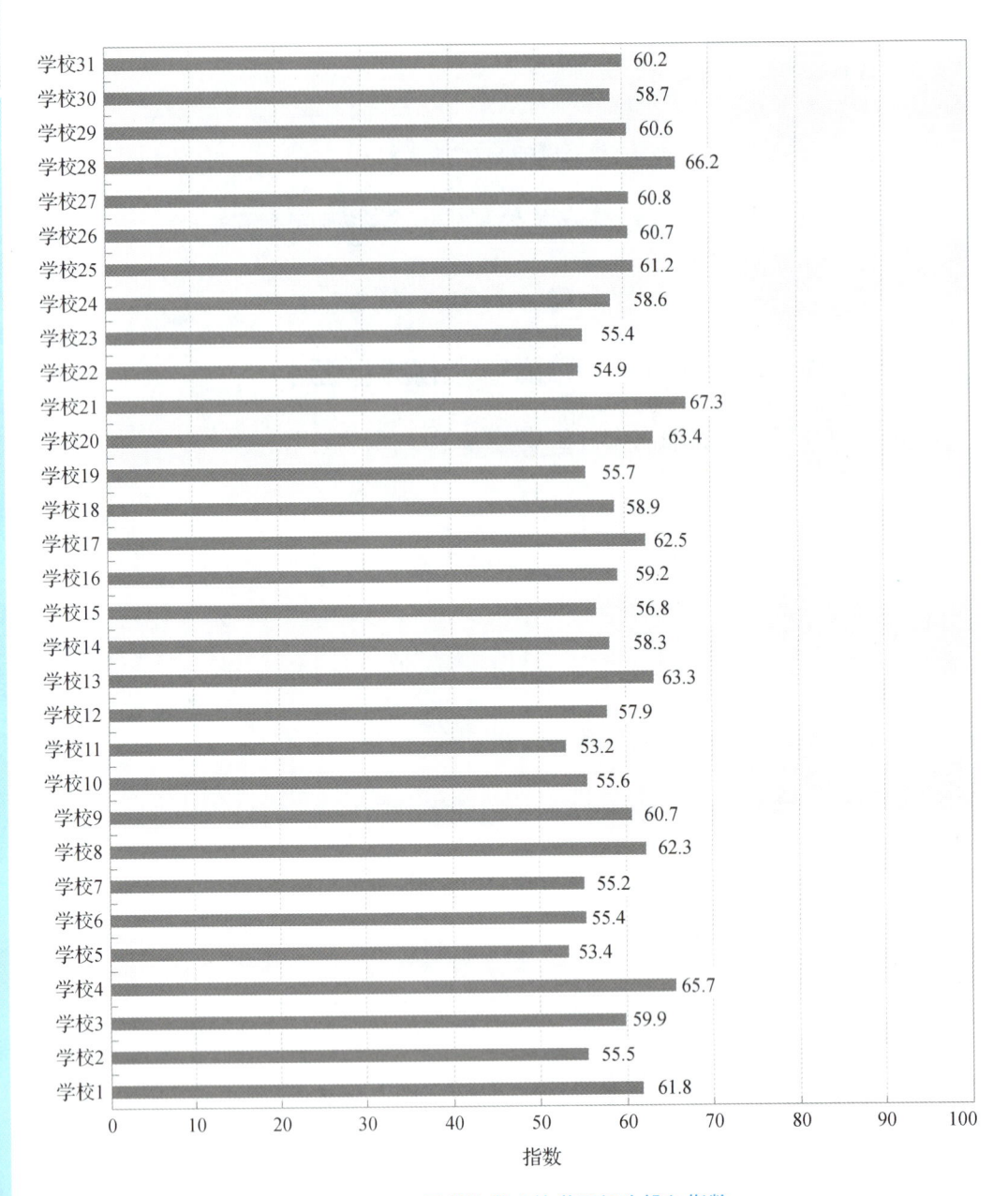

图 3-10 不同学校学生的学习行为投入指数

学校	指数
学校31	60.2
学校30	58.7
学校29	60.6
学校28	66.2
学校27	60.8
学校26	60.7
学校25	61.2
学校24	58.6
学校23	55.4
学校22	54.9
学校21	67.3
学校20	63.4
学校19	55.7
学校18	58.9
学校17	62.5
学校16	59.2
学校15	56.8
学校14	58.3
学校13	63.3
学校12	57.9
学校11	53.2
学校10	55.6
学校9	60.7
学校8	62.3
学校7	55.2
学校6	55.4
学校5	53.4
学校4	65.7
学校3	59.9
学校2	55.5
学校1	61.8

其次，公办学校学生总学习行为投入水平（61.9）显著高于民办学校（57.9），科恩 d 值为 0.23。图 3-12 呈现了在学习行为投入各小题上，表示经常或总是开展各项学习活动的学生比例。由图 3-12 可知，公办学校中经常在课上积极提问或回答问题、参与社团学习的学生比例均比民办学校高 10% 以上。

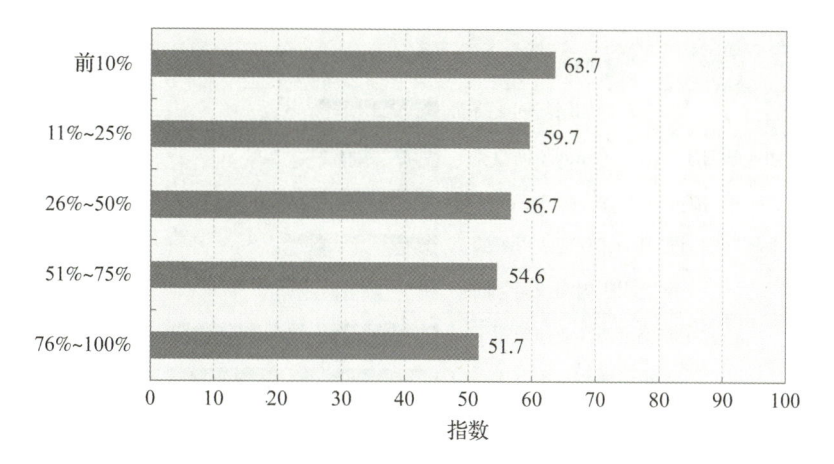

图 3-11　不同成绩排名学生的学习行为投入指数

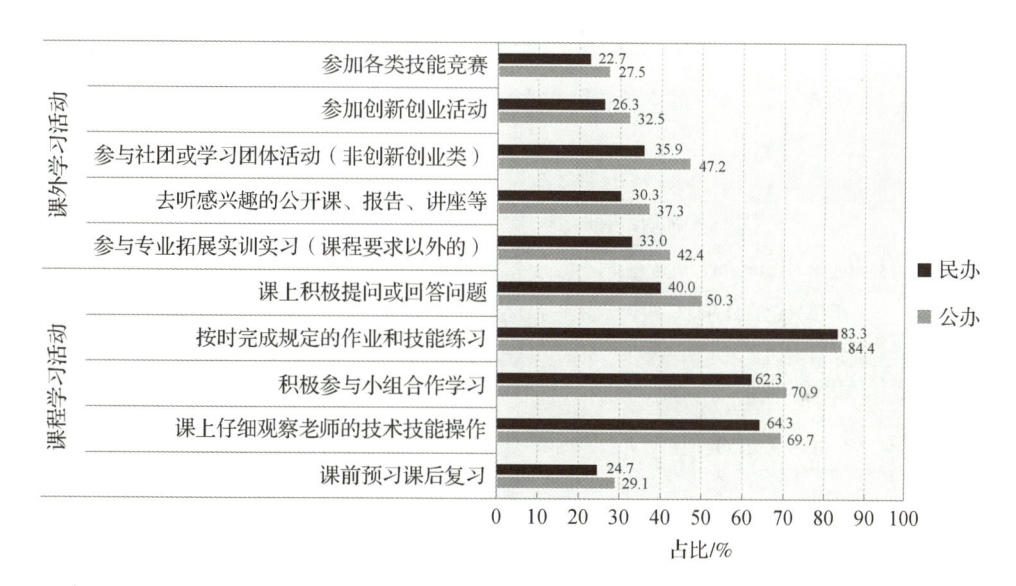

图 3-12　公办和民办学校学生中经常或总是开展各项学习活动的比例

再次，专科学生总学习行为投入水平（59.4）略高于本科学生（57.3），科恩 d 值为 0.12。图 3-13 呈现了不同学历层次学生中表示经常或总是开展各项学习活动的比例。由图 3-13 可知，相比于本科学生，专科学生明显地更经常在课上提问和回答问题或参与拓展实训实习。

最后，男生和女生总学习行为投入水平虽没有显著差异，但男生课外学习投入水平（53.0）显著高于女生（49.0），科恩 d 值为 0.13。图 3-14 呈现了不同性别学生中经常或总是开展各项课程和课外学习和活动的比例。由图 3-14 可知，男生中常参与各项课外学习活动的比例均高于女生，且男生中经常参与拓展实训实习、创新创业活动和各类技能竞赛的比例均比女生高 8% 及以上。

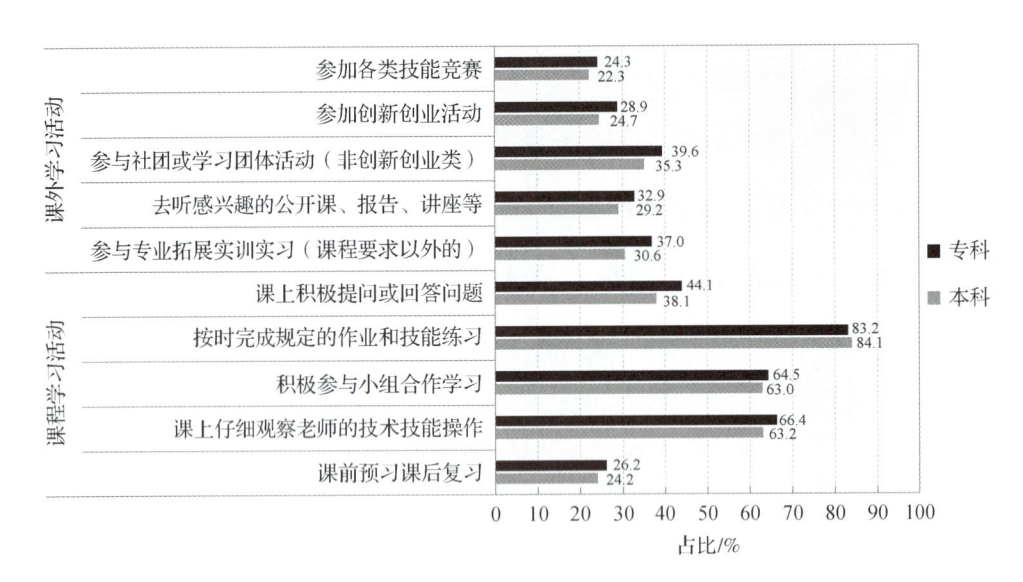

图 3-13 专科和本科学生中经常或总是开展各项学习活动的比例

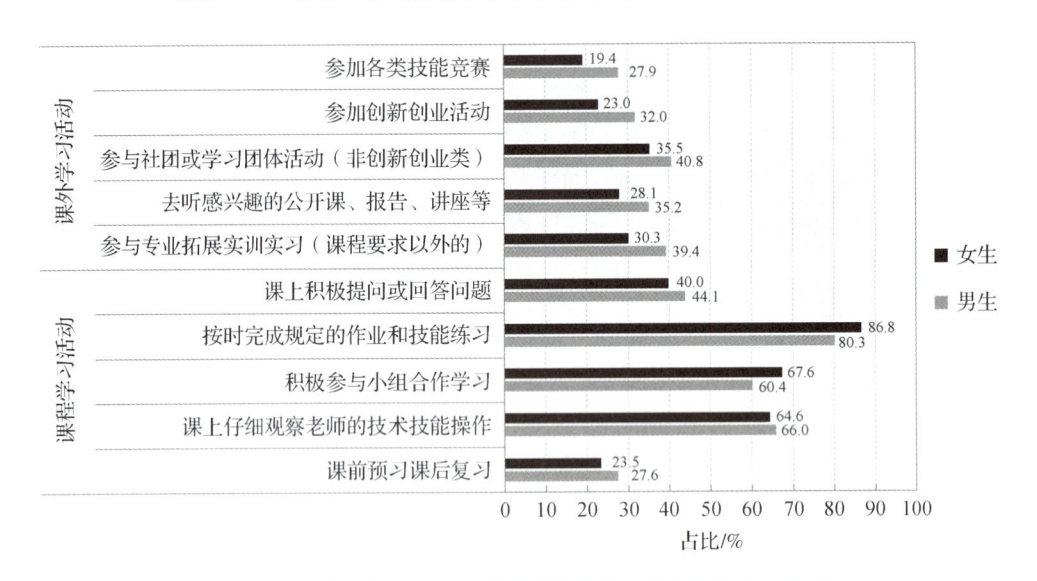

图 3-14 男生和女生中经常或总是开展各项学习活动的比例

（3）学习认知投入

第一，学生学习认知投入水平一般（61.4），在学习时对各类认知策略的使用频率还有待提高。在学习认知投入各个小题上，表示经常或总是使用各种学习认知策略的学生比例见图 3-15。由图 3-15 可知，只有不到一半的学生经常使用各种深层次知策略。例如，在技能学习时，能经常将先前技能学习经验有效应用于当前技能学习以及能反思和调整自己的学习方式和方法的学生均约占 48.5%。

学习认知策略	占比/%
在技能学习时反思和调整自己的学习方式和方法	48.8
将先前的技能学习经验有效地应用于当前技能学习	48.5
将新知识和旧知识联系起来以促进新知识的理解	48.4
将专业学习与实际问题解决联系起来	45.6
在课程讨论或完成项目学习时能整合不同来源的信息	42.5
在课程讨论或完成项目学习时能包容不同的观点	44.9
在课程讨论或完成项目学习时能整合不同课程的视角综合考虑问题	36.8

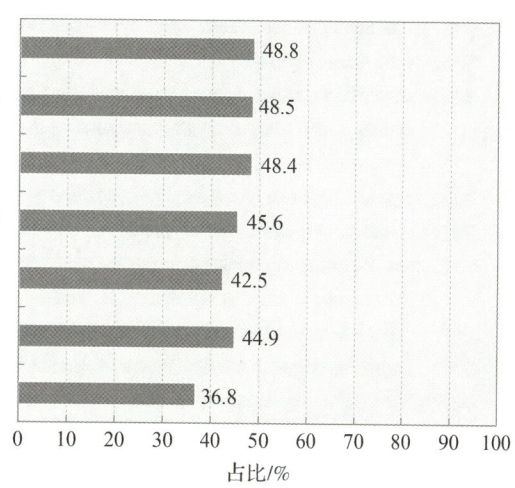

图 3-15 经常或总是使用各类学习认知策略的学生比例

第二，不同院校学生的学习认知投入水平比较均衡，ICC 值为 0.026。图 3-16 为不同院校学生的学习认知投入指数。由图 3-16 可知，不同院校学生的学习认知投入水平介于 57.0 和 69.0 之间。

第三，分群体来看，不同成绩及来自不同性质学校学生的认知投入水平有显著差异。

首先，不同性别、不同学历层次学生学习认知投入水平差异较小，学习认知投入指数均为 61~62；其次，成绩越好的学生，越经常使用各种认知策略，认知投入水平越高，η^2 为 0.030，各成绩段学生的学习认知投入指数如图 3-17 所示。

公办学校学生的学习认知投入水平（63.8）略高于民办学校（61.0），科恩 d 值为 0.14。图 3-18 呈现了来自不同性质学校的学生中经常或总是使用各种学习认知策略的比例。由图 3-18 可知，公办学校中能经常应用先前技能学习经验以及反思调整自身学习方式以促进当前技能学习的学生比例均约比民办学校多 6%。

（4）学习投入的影响因素分析

学生的学习投入水平可能受多种因素的影响。在此，采用分层回归的方法，在控制多个背景变量的前提下（学生性别、学历层次、成绩及其所在学校的办学性质和建校基础），分别探讨调查涉及的学习感受变量和学习环境变量对学生学习投入的影响。学习感受变量包括学习动力、学习压力和学习焦虑。学习环境变量包括课程合理性、实用性和挑战性，学校学习支持度及人际关系。表 3-21 和表 3-22 分别为在控制变量的基础上，学习感受变量和学习环境变量预测总学习投入水平的结果。表格中 b 为非标准化回归系数，SE 为回归系数估计标准误，β 为标准化回归系数，标准化回归系数越大，表示该预测变量与结果变量之间的关系越强。

学校	指数
学校31	61.0
学校30	58.0
学校29	63.6
学校28	65.6
学校27	61.9
学校26	62.5
学校25	62.5
学校24	61.6
学校23	60.1
学校22	58.5
学校21	69.0
学校20	67.1
学校19	58.7
学校18	60.4
学校17	64.4
学校16	60.4
学校15	60.2
学校14	60.4
学校13	66.3
学校12	59.6
学校11	57.0
学校10	59.6
学校9	63.4
学校8	64.6
学校7	59.7
学校6	59.2
学校5	58.5
学校4	68.4
学校3	63.7
学校2	57.8
学校1	62.5

图 3-16　不同学校学生的学习认知投入指数

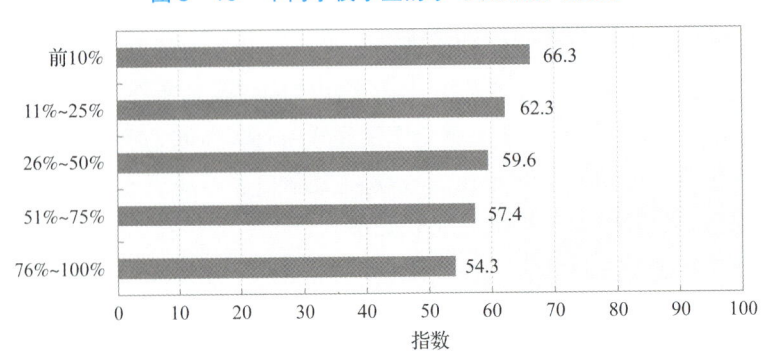

成绩排名	指数
前10%	66.3
11%~25%	62.3
26%~50%	59.6
51%~75%	57.4
76%~100%	54.3

图 3-17　不同成绩排名学生的学习认知投入指数

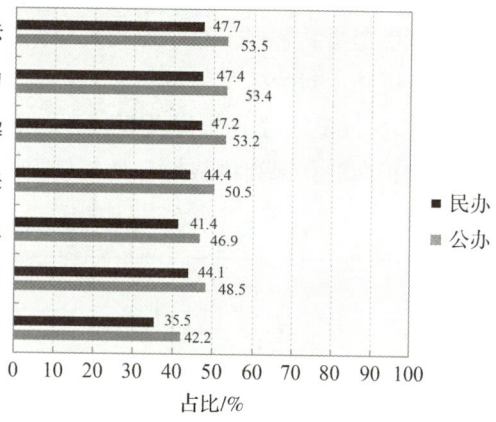

图 3-18 公办和民办学校中经常或总是使用各类学习认知策略的学生比例

由表 3-21 可知，在第一步仅在模型中加入控制变量的情况下，所有控制变量共解释了总学习投入水平变异的 5%（$R^2=0.050$）。第二步在控制变量基础上加入学习感受变量后，R^2 增至 0.421，说明这四个变量共解释了总学习投入变异的 37.1%（0.421-0.05=0.371）。由标准化回归系数可知，对学生学习投入水平影响最大的两个学习感受变量分别为学习动力（$\beta=0.378$）和学校归属感（$\beta=0.337$），二者的影响都是正向的；学习压力和焦虑的影响则相对较小。

表 3-21 学习感受变量对总学习投入水平的影响

变量		第一步			第二步		
		b	SE	β	b	SE	β
控制变量	成绩	2.985***	0.041	0.207	1.426***	0.033	0.099
	性别	-1.655***	0.091	-0.052	-1.187***	0.071	-0.037
	学历层次	-0.446***	0.100	-0.013	0.729***	0.078	0.022
	学校办学性质	1.011***	0.237	0.025	-1.065***	0.185	-0.027
	是否"双高"校	1.889***	0.255	0.043	1.188***	0.199	0.027
自变量	学习动力				0.298***	0.002	0.378
	学习压力				0.032***	0.002	0.038
	学习焦虑				-0.043***	0.002	-0.062
	学校归属感				0.260***	0.002	0.337
R^2		0.050			0.421		

*** $p<0.001$。

由表 3-22 可知，在控制变量基础上加入学习环境变量后，R^2 达 0.433，说明 5 个学习环境变量共解释了总学习投入变异的 38.3%（0.433 − 0.05 = 0.383）。由标准化回归系数可知，对学生学习投入水平影响最大的前 3 个学习环境变量依次为：课程合理性（$\beta = 0.268$）、学校人际关系（$\beta = 0.237$）和课程实用性（$\beta = 0.208$）。三者的影响都是正向的；课程挑战性和学校学习支持度的影响则相对较小。

表 3-22 学习环境变量对总学习投入水平的影响

	变量	第一步			第二步		
		b	SE	β	b	SE	β
控制变量	成绩	2.973***	0.041	0.206	1.995***	0.032	0.138
	性别	−1.674***	0.091	−0.053	−1.736***	0.071	−0.055
	学历层次	−0.439***	0.099	−0.013	0.556***	0.077	0.017
	学校办学性质	0.969***	0.236	0.024	−1.063***	0.183	−0.027
	是否"双高"校	1.899***	0.255	0.044	0.901***	0.197	0.021
自变量	课程合理性				0.249***	0.003	0.268
	课程实用性				0.169***	0.003	0.208
	课程挑战性				−0.012***	0.002	−0.014
	学校学习支持度				0.041***	0.003	0.050
	学校人际关系				0.226***	0.003	0.237
	R^2	0.050			0.433		

*** $p < 0.001$。

3. 学生学习感受

学生学习感受包括学习动力、学习焦虑、学习压力、学校归属感等方面。调查发现，学生的学校归属感尚可，学习动力中等偏上，学习压力和学习焦虑水平中等略偏高，动力、压力及焦虑的首要来源都是就业问题；各学校间学生学校归属感差异较大；"双高"校学生、公办学校学生及专科学生的学习动力、学校归属感更高；成绩越好的学生动力越大，学习焦虑水平越低，学校归属感越高。

（1）学习动力

第一，总体来说，学生学习动力中等偏上（65.2），学习动力的首要来源为就业需要。图 3-19 呈现了入学以来的学习动力处于不同水平的人数比例，可以发现，绝大多数人的学习动力在中等及以上程度，42.7% 的学生学习动力中等，53.0% 的学生学习动力大。

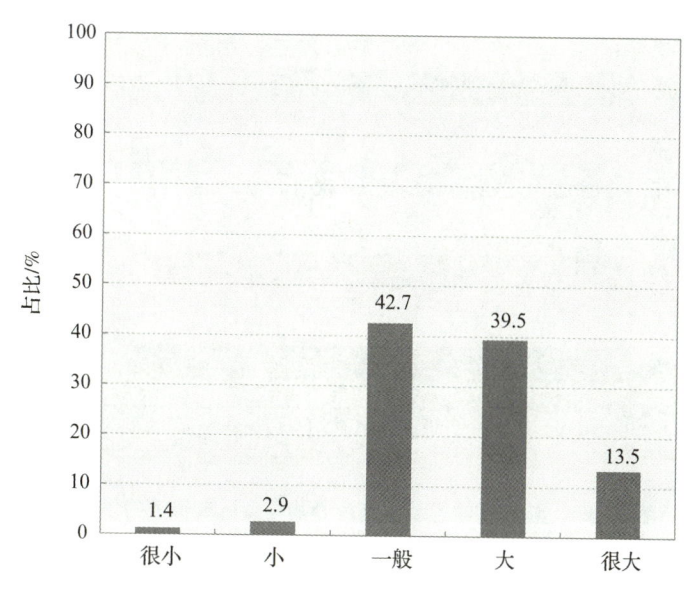

图 3-19 学生入学以来的学习动力程度

图 3-20 和图 3-21 分别呈现了学生的学习动力来源情况以及认为各来源影响程度强或很强的学生比例。可以发现学习动力的两个最主要来源依次为就业需要和专业兴趣，分别有 79.8% 和 63.7% 的学生认为就业需要和专业兴趣是其学习动力来源。认为升学需要的影响程度强或很强的学生比例最高，达到 76.7%。

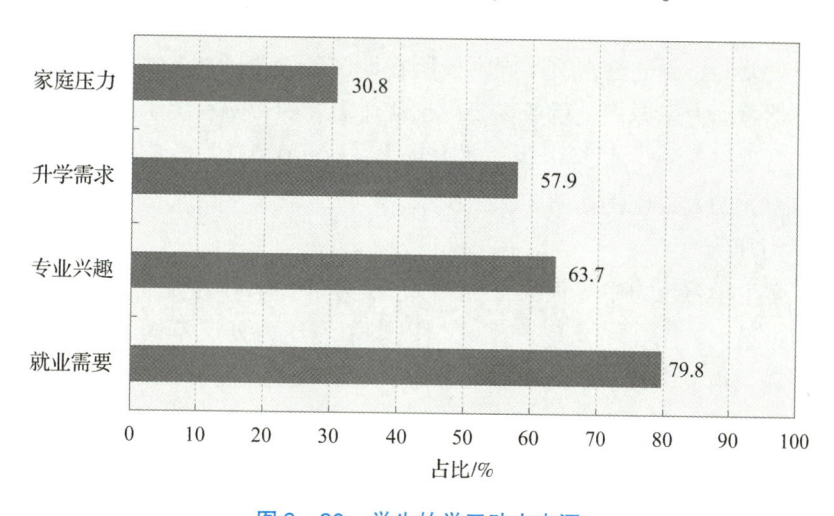

图 3-20 学生的学习动力来源

第二，不同院校学生的学习动力水平比较均衡，ICC 值为 0.032。图 3-22 为不同院校学生的学习动力指数。由图 3-22 可知，各院校学生的学习动力指数介于 60.2 到 74.4 之间。

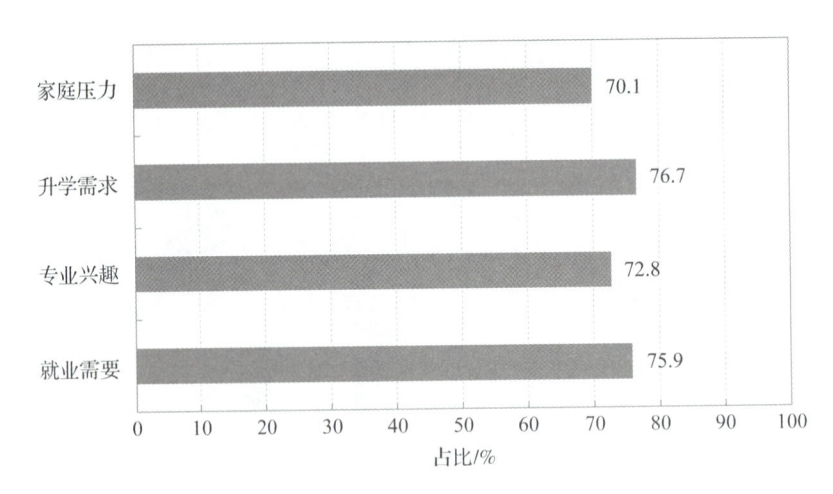

图 3-21 认为各学习动力来源影响程度强或很强的学生比例

第三，分群体看，来自不同办学性质、建校基础的学校，以及不同年级的学生的学习动力程度均有显著差异，并且成绩排名与学习动力水平之间存在关联。具体来说，公办学校学生的学习动力（68.7）显著大于民办学校（64.3），科恩 d 值为 0.22。"双高"校学生的学习动力（69.1）显著大于非"双高"校的学生（64.5），科恩 d 值为 0.23。专科学生的学习动力（66.1）略大于本科学生（63.4），科恩 d 值为 0.14。并且，专科学生中，2019 级学生（67.4）的学习动力略大于 2020 级学生（65.1），独立样本 t 检验结果显著，科恩 d 值为 0.12；而本科两个年级学生的学习动力不存在明显差异。不同性别、不同学校所在地区的学生学习动力几乎没有差异。各群体的首要学习动力来源都是就业需要，且就业需要的影响程度也是最强的。

成绩排名越靠前的学生，其学习动力越大，$\eta^2 = 0.033$。各成绩排名分段的学生中，学习动力大的人数比例如图 3-23 所示。

（2）学习压力

第一，学生学习压力中等偏大（63.5），压力首要来源为就业压力，学生感受到的就业压力也最大。图 3-24 呈现了入学以来学习压力处于不同水平的学生人数比例，可以发现，绝大多数学生的学习压力为中等及以上程度，48.7% 的学生学习压力中等，47.8% 的学生学习压力大。

图 3-25 呈现了学生的学习压力来源情况，而图 3-26 呈现了认为各个方面的压力大或很大的学生比例。由图 3-25 可知，学生学习压力的两个主要来源依次为就业压力和毕业压力，将二者视为压力来源的学生比例分别为 78.1% 和 64.5%。并且，学生感受到的就业压力和毕业压力也最大，分别有 73.7% 和 68.9% 的学生表示就业压力和毕业压力大或很大。

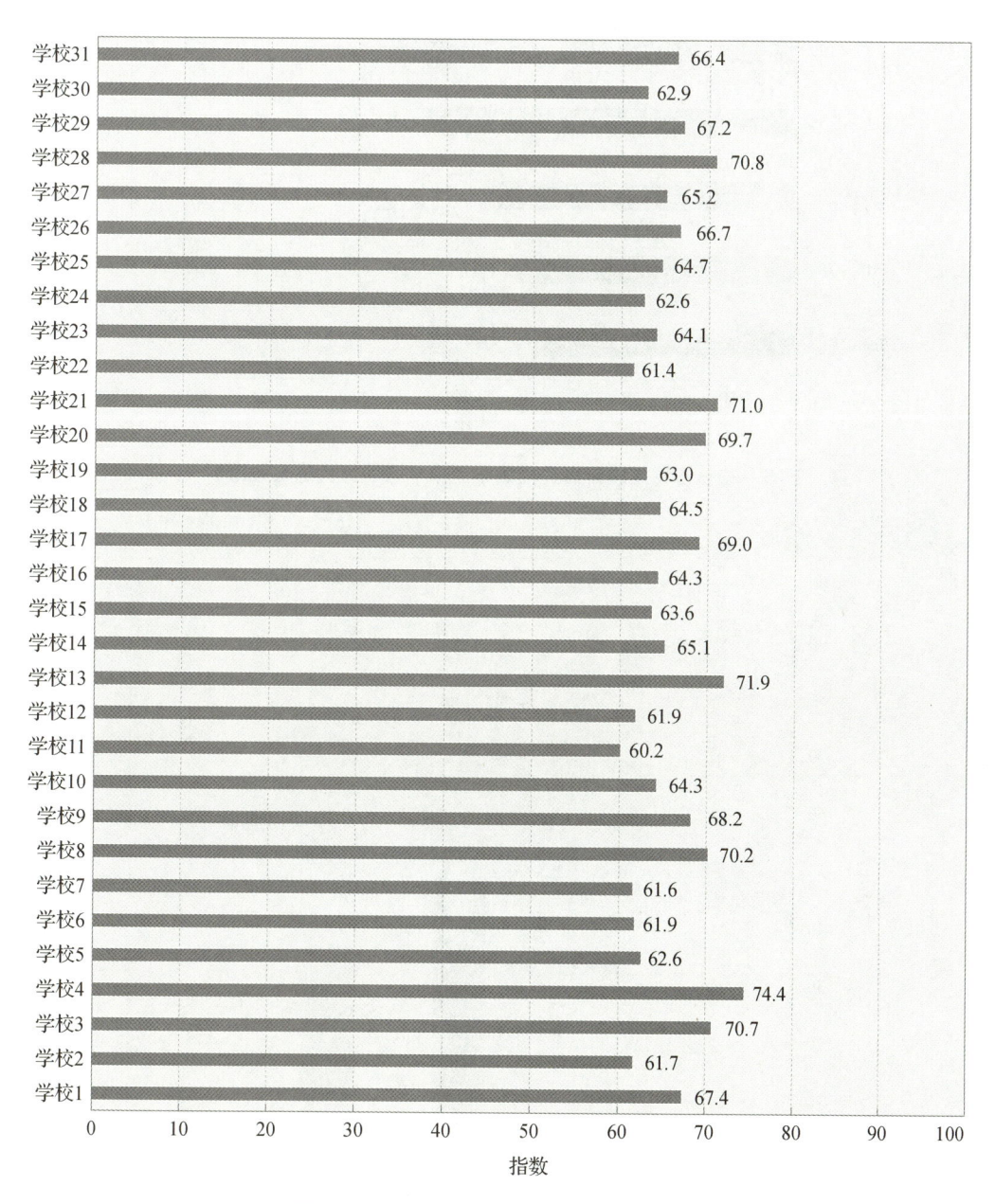

学校	指数
学校31	66.4
学校30	62.9
学校29	67.2
学校28	70.8
学校27	65.2
学校26	66.7
学校25	64.7
学校24	62.6
学校23	64.1
学校22	61.4
学校21	71.0
学校20	69.7
学校19	63.0
学校18	64.5
学校17	69.0
学校16	64.3
学校15	63.6
学校14	65.1
学校13	71.9
学校12	61.9
学校11	60.2
学校10	64.3
学校9	68.2
学校8	70.2
学校7	61.6
学校6	61.9
学校5	62.6
学校4	74.4
学校3	70.7
学校2	61.7
学校1	67.4

图 3-22 不同学校学生的学习动力指数

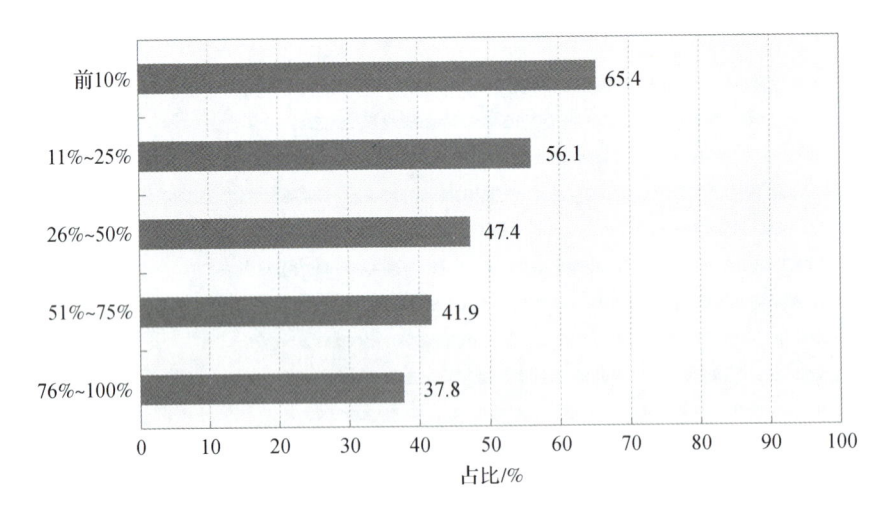

图 3-23　不同成绩排名分段的学生中学习动力大的人数比例

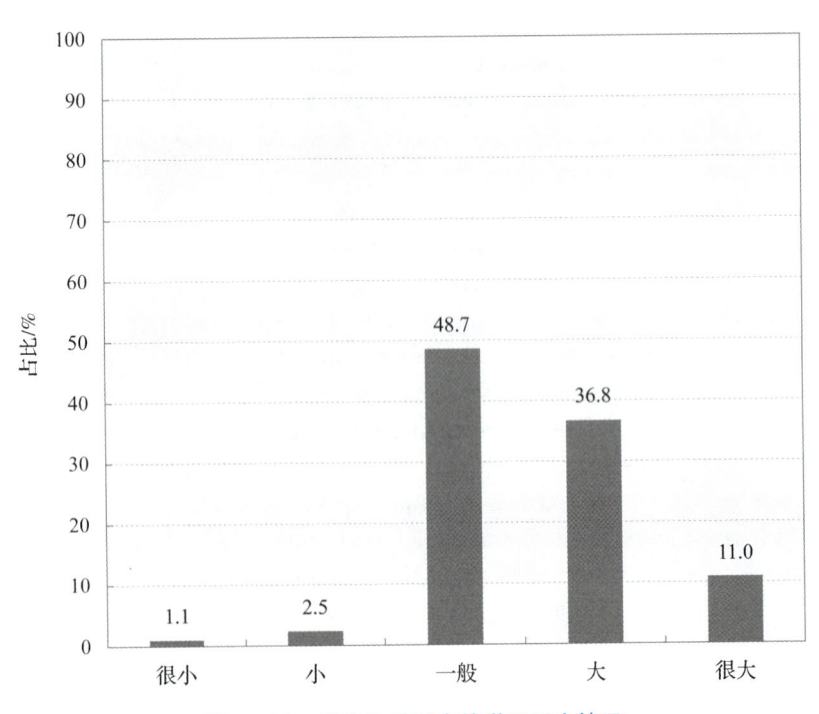

图 3-24　学生入学以来的学习压力情况

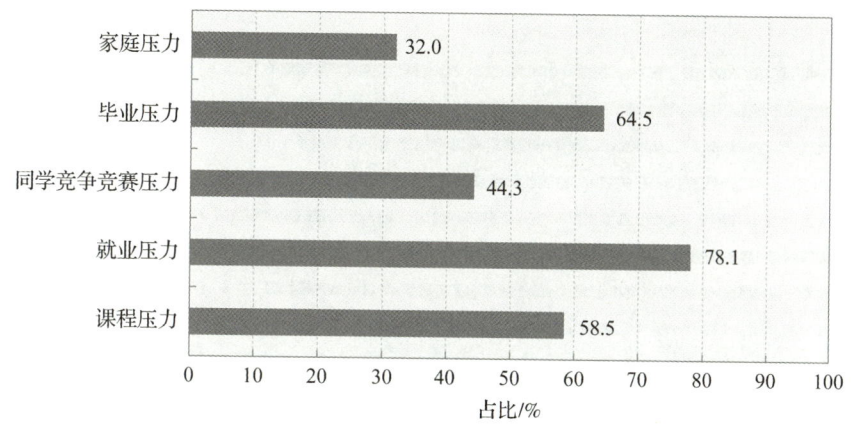

图 3-25 学生的学习压力来源情况

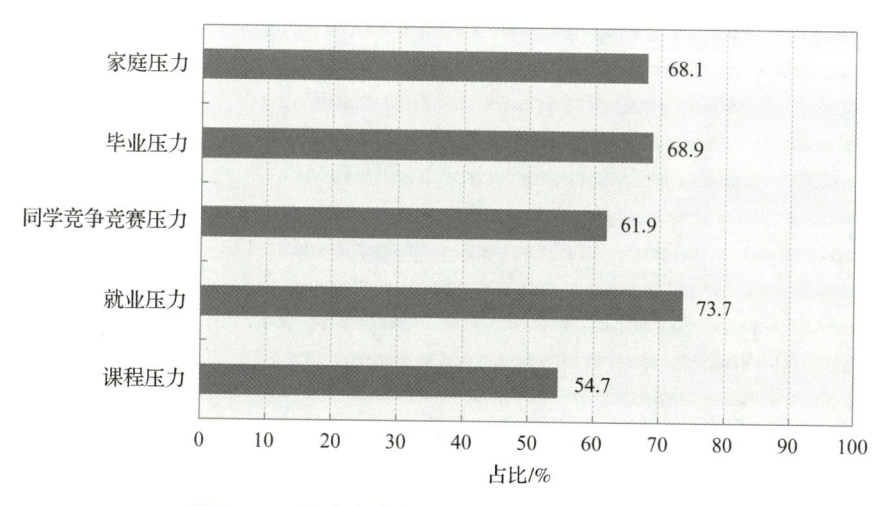

图 3-26 认为各个方面压力大或很大的学生比例

第二，不同院校学生的学习压力水平比较均衡，ICC 值为 0.011。图 3-27 为各院校学生的学习压力指数。由图 3-27 可知，各院校学生的学习压力指数介于 59.5 到 68.4 之间。

第三，分群体来看，不同性别、不同学历层次，来自不同办学性质、不同地区或建校基础的学校，以及处于不同成绩分段的学生学习压力指数均不存在显著差异。

(3) 学习焦虑

第一，学生学习焦虑水平中等略偏高（58.0），普遍最担心学不会就业的硬本领，高年级以及成绩好的学生焦虑水平更低。在学习焦虑分量表上，表示同意或非常同意各项关于自身学习状态描述的学生比例如图 3-28 所示。可以发现，学生普遍担心自己学不会就业的硬本领和不能考取职业技能等级或资格证书，对这两项表示担心的人数比例分别为 56.2% 和 49.2%。

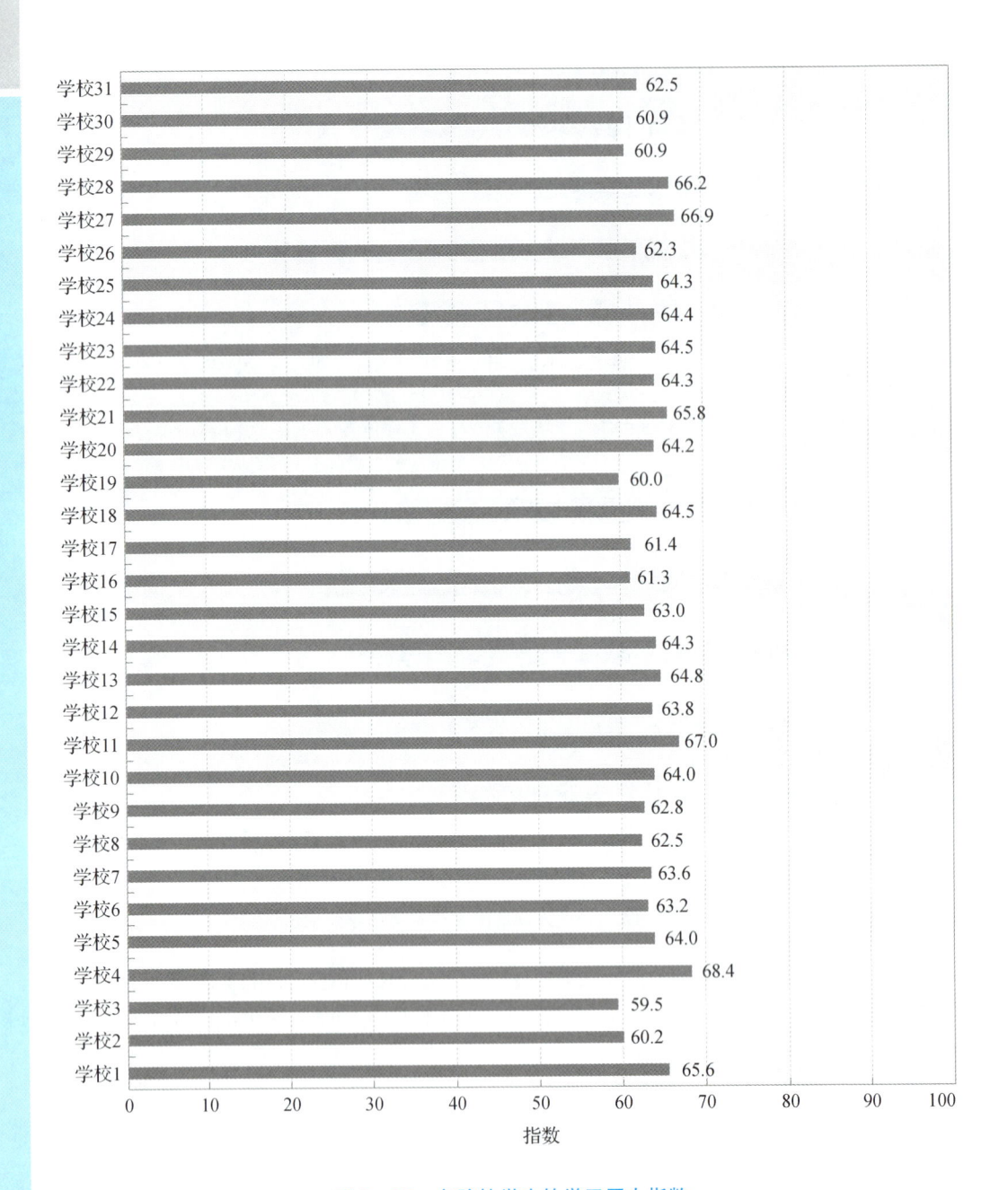

学校	指数
学校31	62.5
学校30	60.9
学校29	60.9
学校28	66.2
学校27	66.9
学校26	62.3
学校25	64.3
学校24	64.4
学校23	64.5
学校22	64.3
学校21	65.8
学校20	64.2
学校19	60.0
学校18	64.5
学校17	61.4
学校16	61.3
学校15	63.0
学校14	64.3
学校13	64.8
学校12	63.8
学校11	67.0
学校10	64.0
学校9	62.8
学校8	62.5
学校7	63.6
学校6	63.2
学校5	64.0
学校4	68.4
学校3	59.5
学校2	60.2
学校1	65.6

图 3-27 各院校学生的学习压力指数

第二，不同院校学生的学习焦虑水平比较均衡，ICC 值为 0.018。图 3-29 为不同院校学生的学习焦虑指数。由图 3-29 可知，各院校学生的学习焦虑指数介于 49.9 到 64.2 之间。

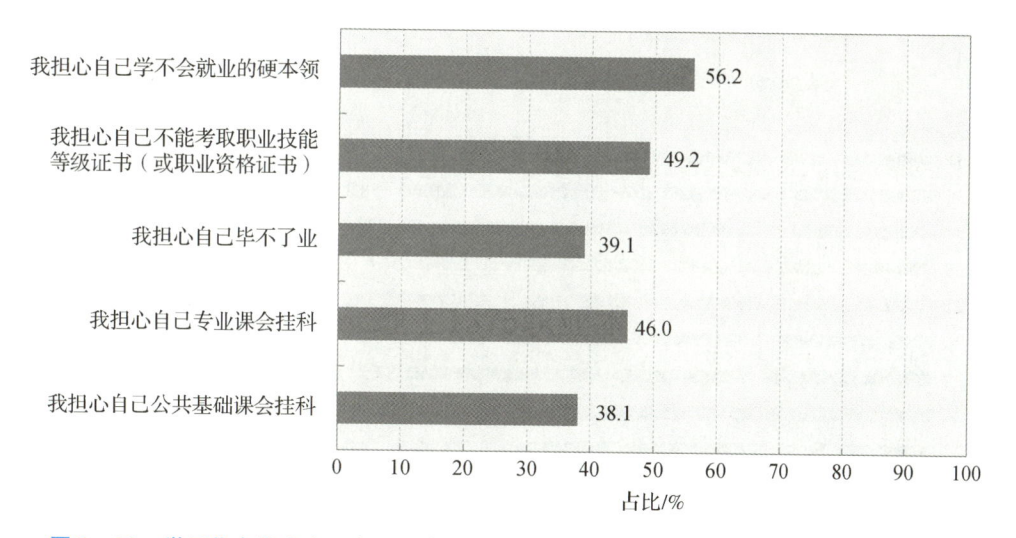

学习焦虑项目	占比/%
我担心自己学不会就业的硬本领	56.2
我担心自己不能考取职业技能等级证书（或职业资格证书）	49.2
我担心自己毕不了业	39.1
我担心自己专业课会挂科	46.0
我担心自己公共基础课会挂科	38.1

图 3-28 学习焦虑维度上，表示同意或非常同意各项关于自身学习状态描述的学生比例

第三，分群体来看，不同年级、不同成绩排名的学生其学习焦虑水平存在显著差异。而不同性别、不同学历层次和来自不同类型或建校基础学校的学生学习焦虑水平均不存在显著差异。

首先，低年级学生的学习焦虑水平更高。专科学生中，2019 级学生的学习焦虑水平（56.2）明显低于 2020 级学生（60.0），科恩 d 值为 0.17；本科 2019 级学生的学习焦虑水平（56.3）也略微低于 2020 级学生（59.0），科恩 d 值为 0.12。图 3-30 和图 3-31 分别呈现了专科不同年级和本科不同年级学生中，在学习焦虑各小题上表示同意或非常同意关于其自身状况描述的人数比例。从中可以发现，专科学生中，低年级比高年级主要更为担心专业课挂科，其次是担心不能考取职业技能等级或资格证书、公共基础课挂科以及学不会就业的硬本领，两个年级对这 4 项表示担心的人数比例分别相差 8.1%、6.2%、6.0% 和 4.9%。而本科学生中，低年级比高年级主要更加担心课程挂科，担心公共基础课挂科和担心专业课挂课的人数比例分别相差 9.1% 和 7.2%，而在其他 3 项与就业和毕业相关的描述上，表示担心的人数比例相差不超过 3%。

其次，成绩排名越靠前的学生，其学习焦虑水平越低，$\eta^2 = 0.033$。各成绩段学生的学习焦虑指数如图 3-32 所示。

（4）学校归属感

学生学校归属感尚可（65.5），但不高。在学校归属感量表上，表示同意或非常同意各项关于就读学校情况描述的学生比例如图 3-33 所示。可以发现，63.0% 的学生表示感觉自己是学校的一分子。而对于其余四项描述，都是略超过一半的学生表示同意，例如 54.5% 的学生表示喜欢待在学校。

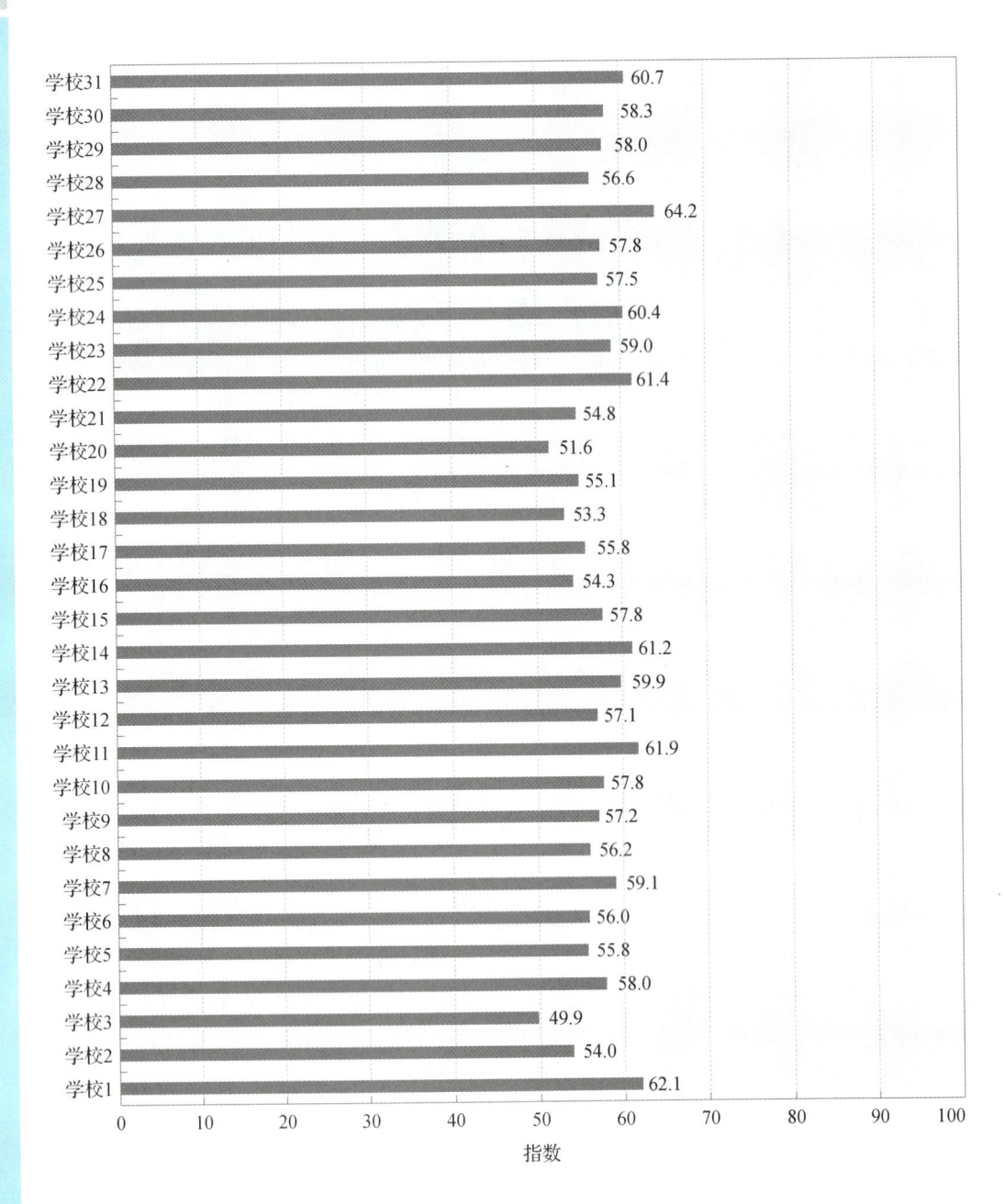

学校	指数
学校31	60.7
学校30	58.3
学校29	58.0
学校28	56.6
学校27	64.2
学校26	57.8
学校25	57.5
学校24	60.4
学校23	59.0
学校22	61.4
学校21	54.8
学校20	51.6
学校19	55.1
学校18	53.3
学校17	55.8
学校16	54.3
学校15	57.8
学校14	61.2
学校13	59.9
学校12	57.1
学校11	61.9
学校10	57.8
学校9	57.2
学校8	56.2
学校7	59.1
学校6	56.0
学校5	55.8
学校4	58.0
学校3	49.9
学校2	54.0
学校1	62.1

图3-29　各院校学生的学习焦虑指数

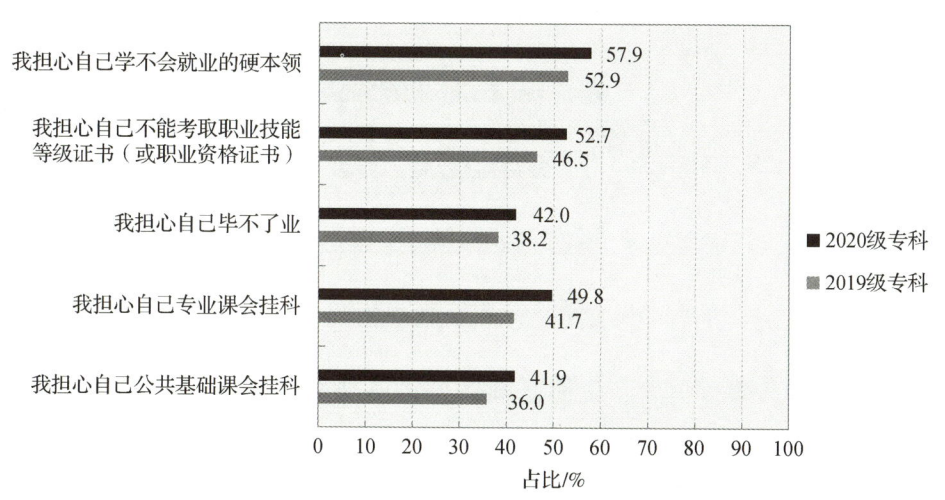

图 3-30　学习焦虑分量表上，专科不同年级学生表示同意或非常同意各项描述的比例

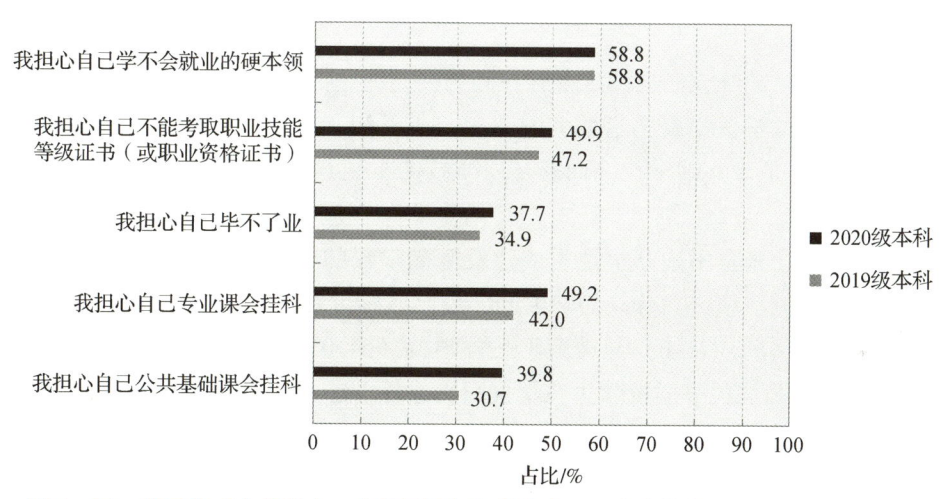

图 3-31　学习焦虑分量表上，本科不同年级学生表示同意或非常同意各项描述的比例

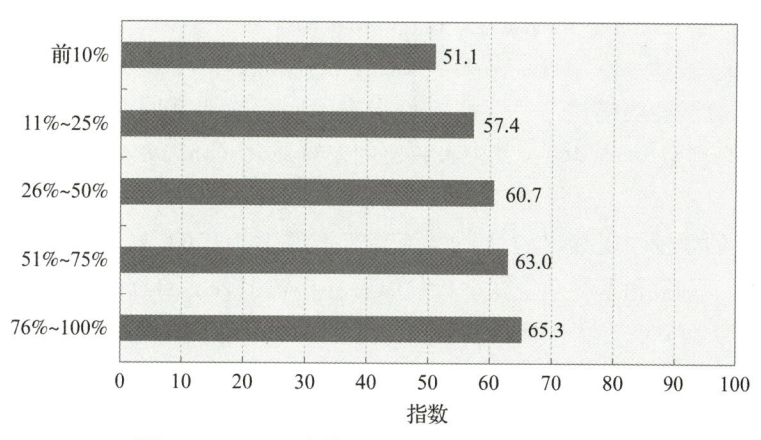

图 3-32　不同成绩排名的学生的学习焦虑指数

97

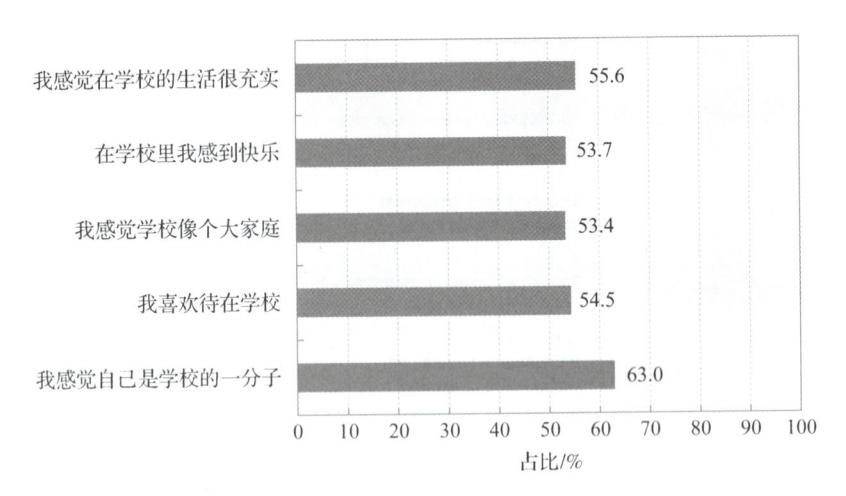

描述	占比/%
我感觉在学校的生活很充实	55.6
在学校里我感到快乐	53.7
我感觉学校像个大家庭	53.4
我喜欢待在学校	54.5
我感觉自己是学校的一分子	63.0

图 3-33　学校归属感分量表中，表示同意或非常同意各项关于就读学校情况描述的学生比例

不同院校学生的学校归属感水平存在较为明显的差异，ICC 值为 0.083。图 3-34 为不同院校学生的学校归属感指数。由图 3-34 可知，学校 11 学生的学校归属感指数仅为 49.1 明显低于其他学校，而有 9 所学校的学生其学校归属感指数超过 70，最高达 78.6。

分群体来看，来自不同办学性质或建校基础学校的学生其学校归属感差异最大，不同年级以及不同成绩排名分段的学生的学校归属感也存在显著差异。首先，公办学校学生的学校归属感（71.6）显著高于民办学校（64.0），科恩 d 值为 0.37。图 3-35 呈现了公办学校和民办学校学生在学校归属感各小题上表示同意或非常同意的人数比例。可以发现，对于该分量表所包含的 5 个描述，公办学校中表示同意或非常同意的学生比例都比民办学校要高出 15.6% 到 18.6%，其中人数比例差异最大（18.6%）的描述是"我感觉学校像个大家庭"。

"双高"校学生的学校归属感（71.7）显著高于非"双高"校学生（64.3），科恩 d 值为 0.36。图 3-36 呈现了两类学校在学校归属感各小题上表示同意或非常同意的学生比例。对于各项描述，"双高"校中表示同意或非常同意的学生比例都比非"双高"校要高出至少 15.4%，其中人数比例差异最大（18.2%）的描述同样是"我感觉学校像个大家庭"。

专科学生的学校归属感（67.2）显著高于本科学生（62.3），科恩 d 值为 0.24。图 3-37 呈现了专科和本科学生在学校归属感各小题上表示同意或非常同意的人数比例。由图 3-37 可知，专科生同样在各项描述上表示同意的比例都超过本科生，比例差异最小（7.2%）的描述是"我感觉自己是学校的一分子"；对其余 4 个描述，两类学生表示同意的人数比例均相差 10% 到 11%。

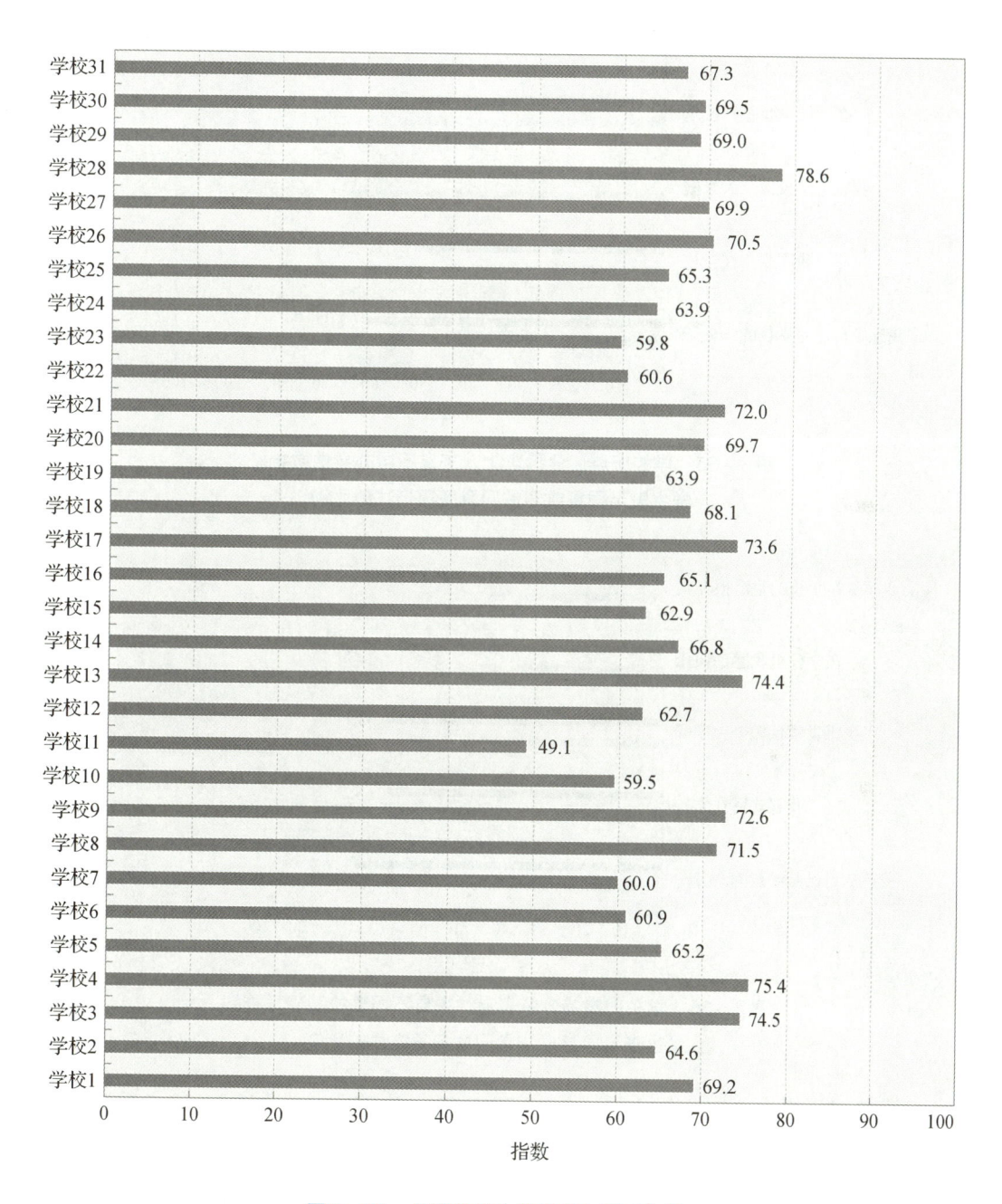

院校	指数
学校31	67.3
学校30	69.5
学校29	69.0
学校28	78.6
学校27	69.9
学校26	70.5
学校25	65.3
学校24	63.9
学校23	59.8
学校22	60.6
学校21	72.0
学校20	69.7
学校19	63.9
学校18	68.1
学校17	73.6
学校16	65.1
学校15	62.9
学校14	66.8
学校13	74.4
学校12	62.7
学校11	49.1
学校10	59.5
学校9	72.6
学校8	71.5
学校7	60.0
学校6	60.9
学校5	65.2
学校4	75.4
学校3	74.5
学校2	64.6
学校1	69.2

图 3-34 各院校学生的学校归属感指数

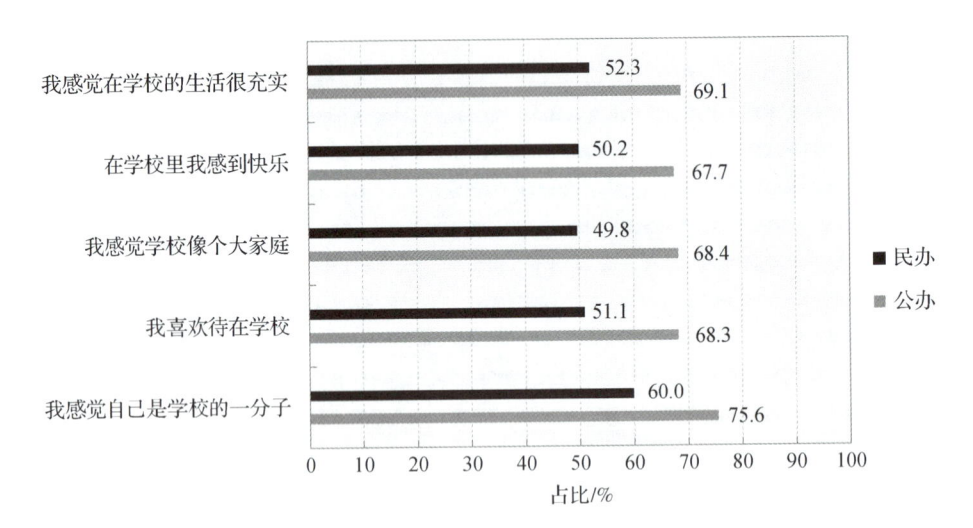

图 3-35 学校归属感分量表上，来自不同办学性质学校的学生表示同意或非常同意各项描述的比例

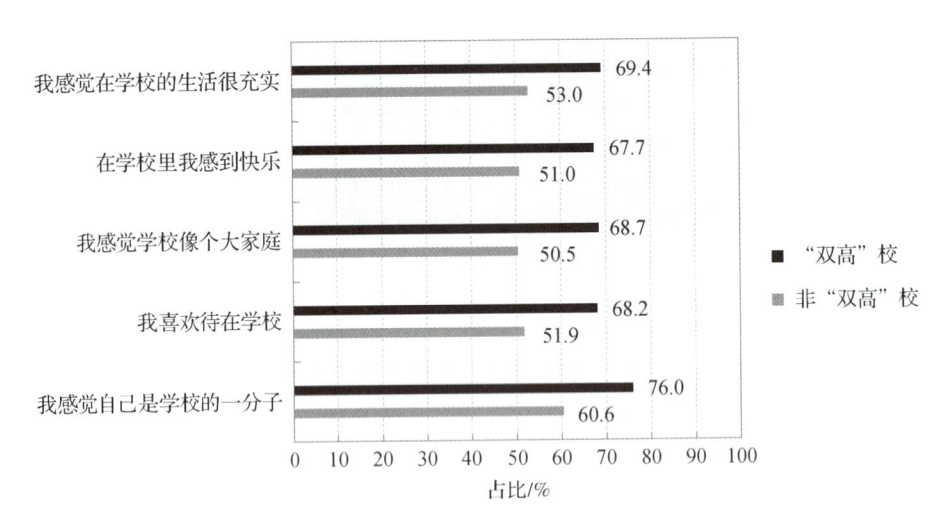

图 3-36 学校归属感分量表上，来自不同建校基础学校的学生表示同意或非常同意各项描述的比例

就各学历层次不同年级来看，专科 2019 级学生的学校归属感（68.7）略高于专科 2020 级学生（66.0），科恩 d 值为 0.13；而本科两个年级学生的学校归属感不存在明显差异。图 3-38 呈现了两个年级的专科生在学校归属感各小题上表示同意或非常同意的人数比例。由图 3-38 可知，两个年级专科生表示同意的人数比例相差最大的描述是"在学校里我感到快乐"（7.5%），其次是"我喜欢待在学校"（7.0%）。

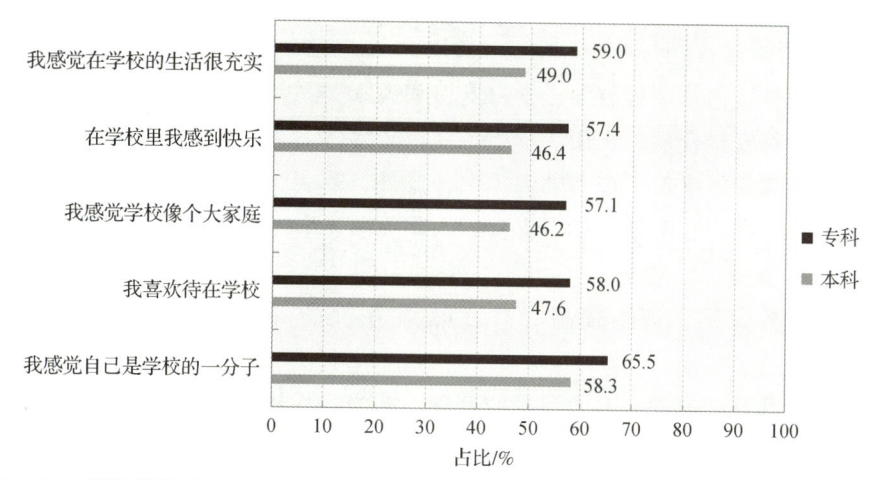

图 3-37　学校归属感分量表上，不同学历层次的学生表示同意或非常同意各项描述的比例

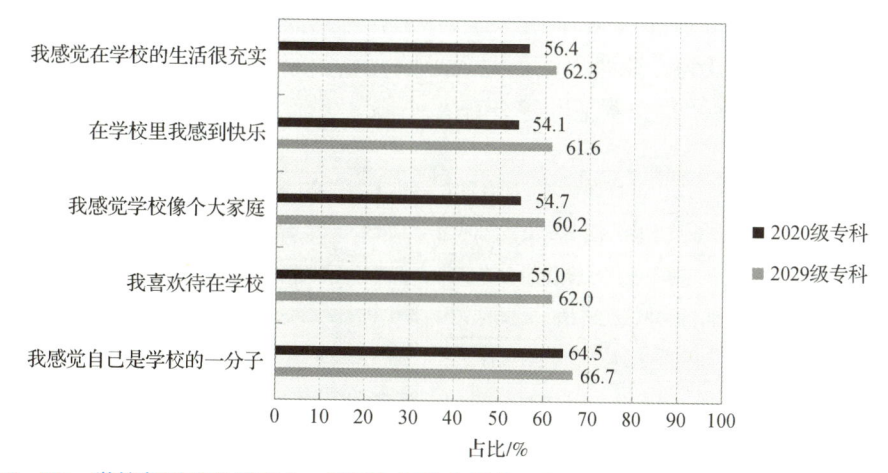

图 3-38　学校归属感分量表上，不同年级的专科学生表示同意或非常同意各项描述的比例

此外，成绩越好的学生，其学校归属感越强，$\eta^2 = 0.008$。图 3-39 呈现了不同成绩排名的学生的学校归属感指数，趋势较为明显。

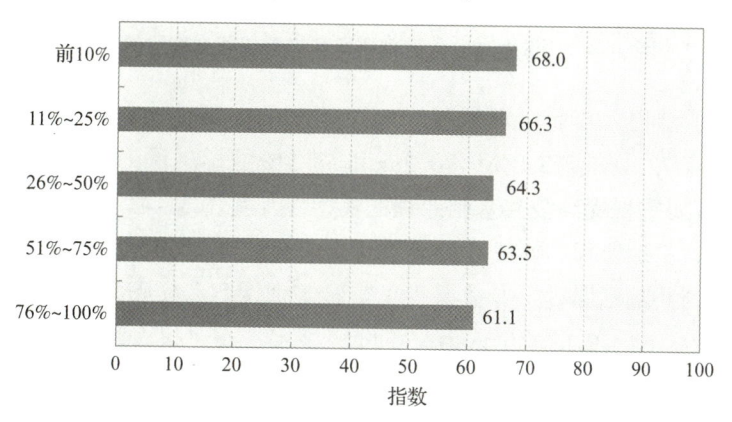

图 3-39　不同成绩分段学生的学校归属感指数

4. 学生学习环境

学校教育环境包括课程教学、学习支持和人际关系等方面。调查发现，学校教育环境较好，课程安排合理且实用，学生可获得较多学习支持，学生人际关系良好，但还需进一步改善学习支持系统和师生关系；此外，需要注意的是，各学校的教育环境存在较大差异，在课程教学、学习支持、人际关系3个方面都有显著校间差异。

（1）课程教学

第一，学校课程合理性较高（71.3），实用性尚可（69.6），挑战性中等偏上（68.0）。

首先，公共基础课程和专业课程的合理性相当，均较高。图3-40呈现了表示学校所开设的公共基础课程和专业课程对各方面内容注重或非常注重的学生比例。由图3-40可知，多数学生（65.5%~70.9%）认为公共基础课程注重融入思政元素、注重发挥其对专业学习的基础作用、注重对学生的综合培养；同样，多数学生（66.0%~71.8%）认为专业课程注重融入思政元素，兼顾对理论知识学习和实践应用能力的培养，重视"岗课赛证"综合育人。

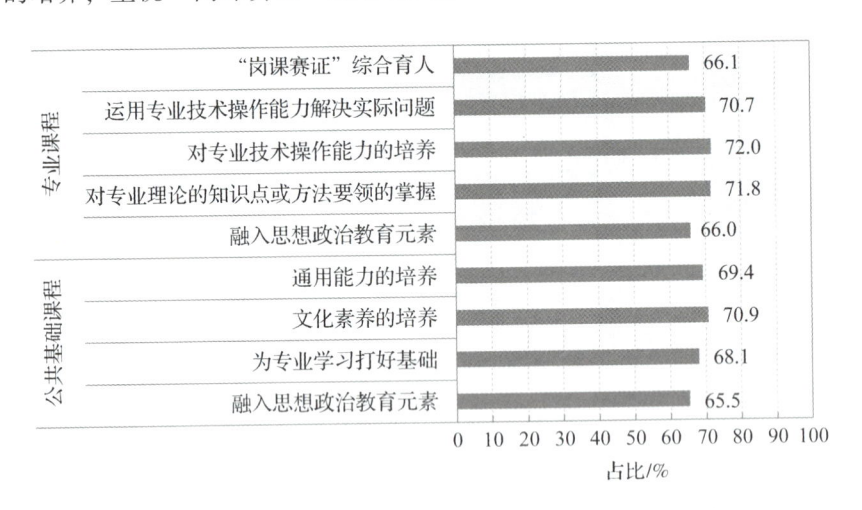

类别	项目	占比/%
专业课程	"岗课赛证"综合育人	66.1
专业课程	运用专业技术操作能力解决实际问题	70.7
专业课程	对专业技术操作能力的培养	72.0
专业课程	对专业理论的知识点或方法要领的掌握	71.8
专业课程	融入思想政治教育元素	66.0
公共基础课程	通用能力的培养	69.4
公共基础课程	文化素养的培养	70.9
公共基础课程	为专业学习打好基础	68.1
公共基础课程	融入思想政治教育元素	65.5

图3-40 学生对公共基础课程和专业课程合理性的评价

其次，专业课程、实验实训课程和实习环节的实用性均较高，高于公共基础课程，各自分别有72.1%、73.0%、70.2%和57.5%的学生认为其"实用"或"很实用"，说明学校要重视提高公共基础课程的实用性（见图3-41）。

最后，公共基础课程的挑战性最低，专业课程、实验实训课程和实习环节的挑战性较高。对于公共基础课程、专业课程、实验实训课程和实习环节，分别有47.7%、66.8%、64.0%、64.4%的学生认为需要付出"大"或"很大"的努力才能达到其要求（见图3-42）。

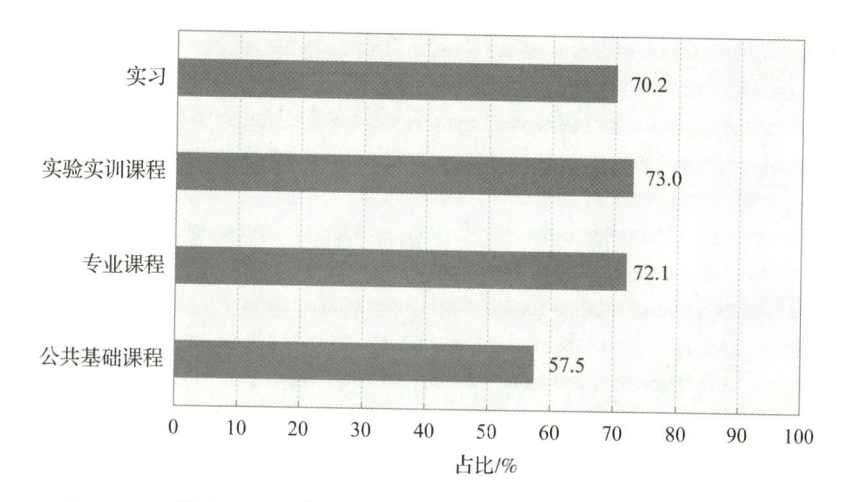

图 3-41 学生对各类课程或环节实用性的评价

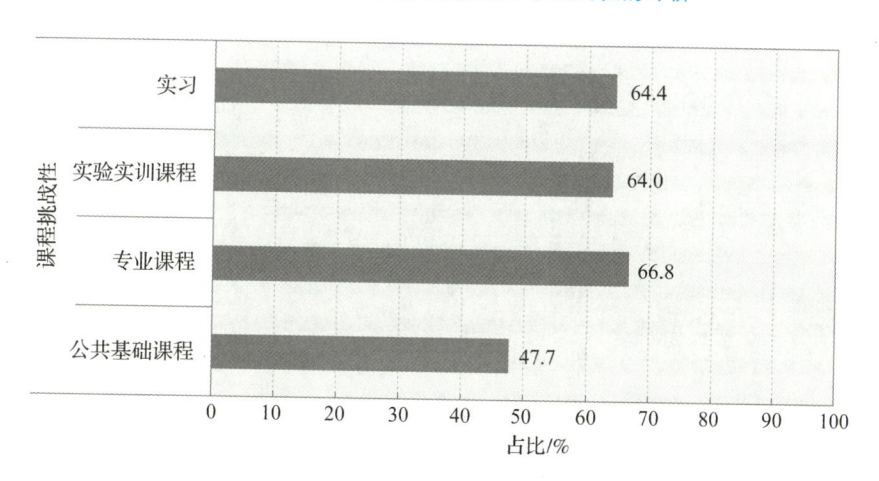

图 3-42 学生对各类课程或环节挑战性的评价

第二，不同学校之间课程合理性和挑战性差距较小，ICC 值分别为 0.042 和 0.023；不同学校之间的课程实用性存在明显差异，ICC 值为 0.059。图 3-43 呈现了不同学校的课程实用性指数，由图 3-43 可知，所调查学校的课程实用性指数介于 61.1 和 80.0 之间。

第三，分群体来看，不同学历层次学生对课程合理性和实用性的评价存在显著差异；来自不同办学性质、建校基础学校的学生对课程合理性、实用性和挑战性的评价均有显著差异；不同成绩段的学生对课程合理性的评价存在显著差异。

首先，专科学生对课程合理性和实用性的评价均高于本科学生，对课程挑战性的评价相近。在公共基础课程合理性、专业课程合理性、课程实用性和课程挑战性维度上的科恩 d 值分别为 0.10、0.13、0.20 和 0.07。图 3-44 呈现了专科和本科学生在课程合理性维度的作答情况，图 3-44 中显示了专科和本科生中在表示其所在学校开

学校	指数
学校31	72.1
学校30	69.6
学校29	73.8
学校28	80.0
学校27	78.5
学校26	72.0
学校25	66.6
学校24	67.8
学校23	68.4
学校22	68.2
学校21	71.6
学校20	73.0
学校19	66.5
学校18	69.7
学校17	75.1
学校16	67.8
学校15	66.8
学校14	72.2
学校13	77.1
学校12	67.3
学校11	61.1
学校10	65.6
学校9	75.9
学校8	75.5
学校7	63.4
学校6	62.9
学校5	67.9
学校4	77.4
学校3	75.0
学校2	67.4
学校1	73.6

图 3-43 不同学校课程实用性指数

设的各类课程对各方面注重或非常注重的比例。由图 3-44 可知，在合理性维度下的任意一个小题上，专科学生中选择注重或非常注重的比例均高于本科学生。图 3-45 则呈现了专科和本科学生在课程实用性维度上的作答情况。由图 3-45 可知，对于每类课程或培养环节，专科生中认为其实用或很实用的比例均高于本科生。

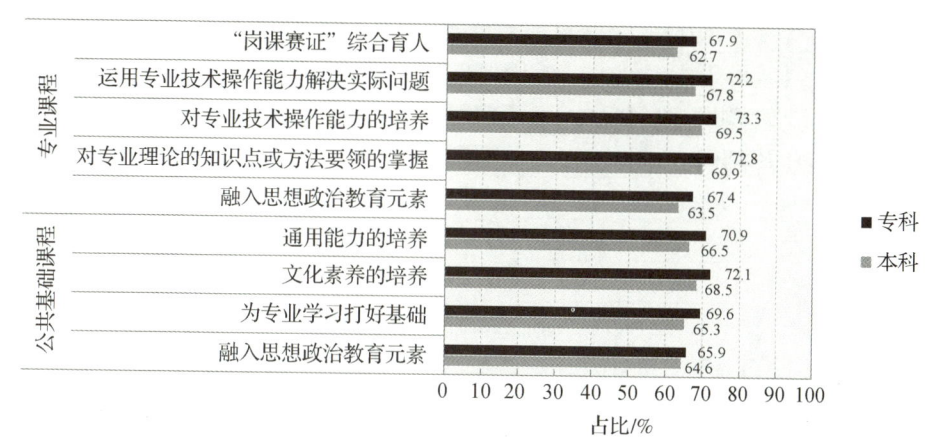

图 3-44 专科和本科学生对公共基础课程和专业课程合理性的评价

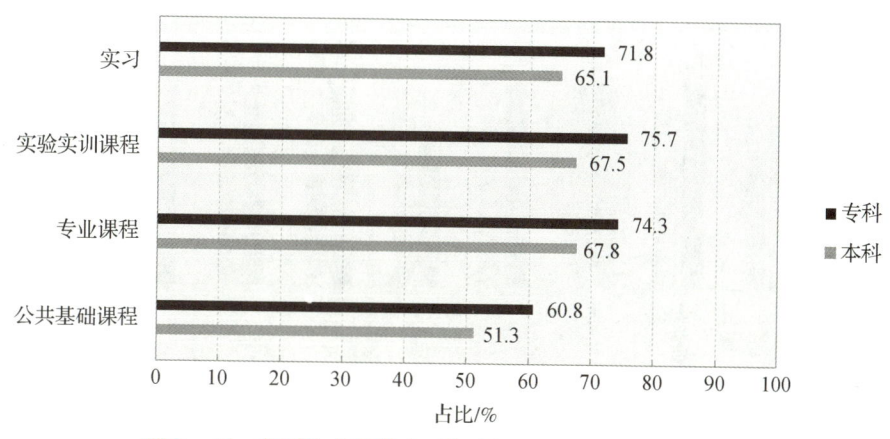

图 3-45 专科和本科学生对各类课程或环节实用性的评价

其次，公办学校学生对课程合理性、实用性、挑战性的评价均显著高于民办学校，在公共基础课程合理性、专业课程合理性、课程实用性和课程挑战性维度上的科恩 d 值分别为 0.22、0.24、0.33 和 0.18。图 3-46 呈现了不同办学性质学校学生在课程合理性维度上的作答情况；图 3-47 则为不同办学性质学校学生在课程实用性和挑战性维度上的作答情况。不难看出，在这些维度的所有小题上，公办学校学生中给出积极评价的比例都比民办学校学生更高。

再次，"双高"校学生对课程合理性、实用性、挑战性的评价亦均显著高于非"双高"校；在公共基础课程合理性、专业课程合理性、课程实用性和课程挑战性维度上的科恩 d 值分别为 0.24、0.25、0.33 和 0.19。图 3-48 呈现了"双高"和非"双高"校学生在课程合理性维度上的作答情况；图 3-49 则为"双高"和非"双高"校学生在课程实用性和挑战性维度上的作答情况。不难看出，在这些维度的所有小题上，"双高"校学生中给出积极评价的比例都比非"双高"校更高。

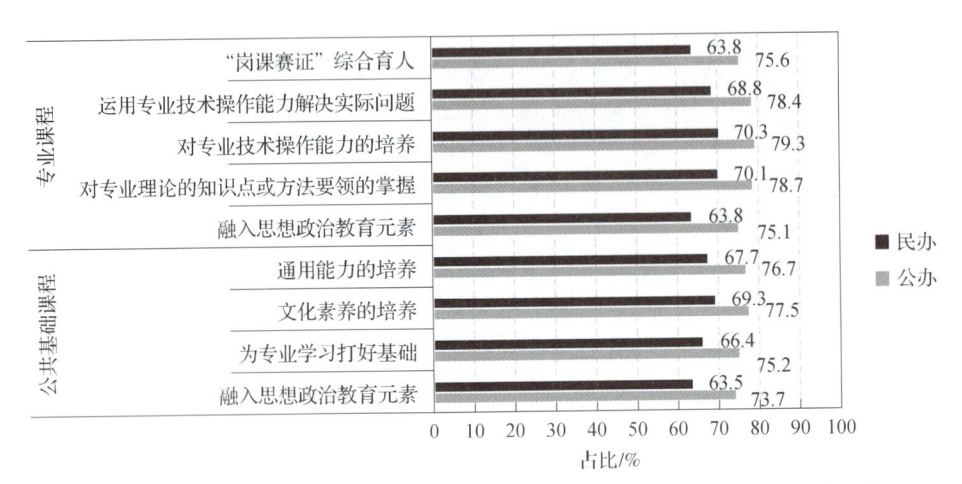

图 3-46　公办学校和民办学校学生对公共基础课程和专业课程合理性的评价

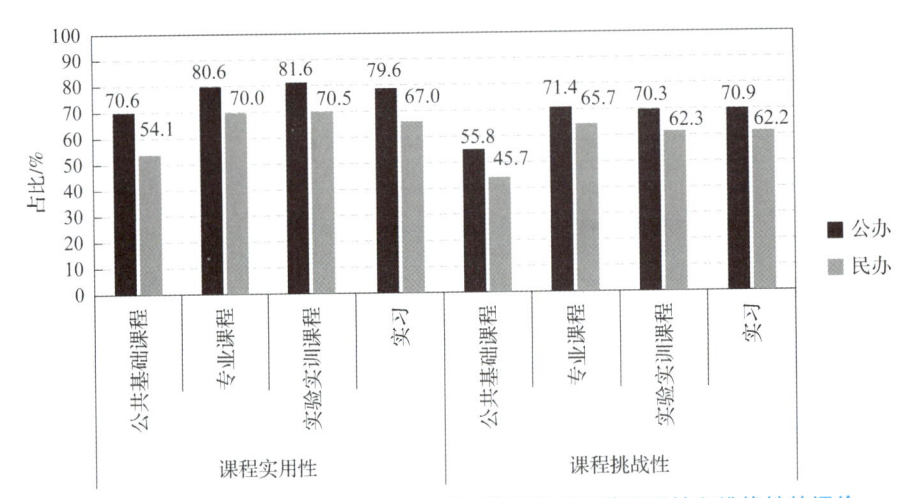

图 3-47　公办学校和民办学校学生对各类课程或环节实用性和挑战性的评价

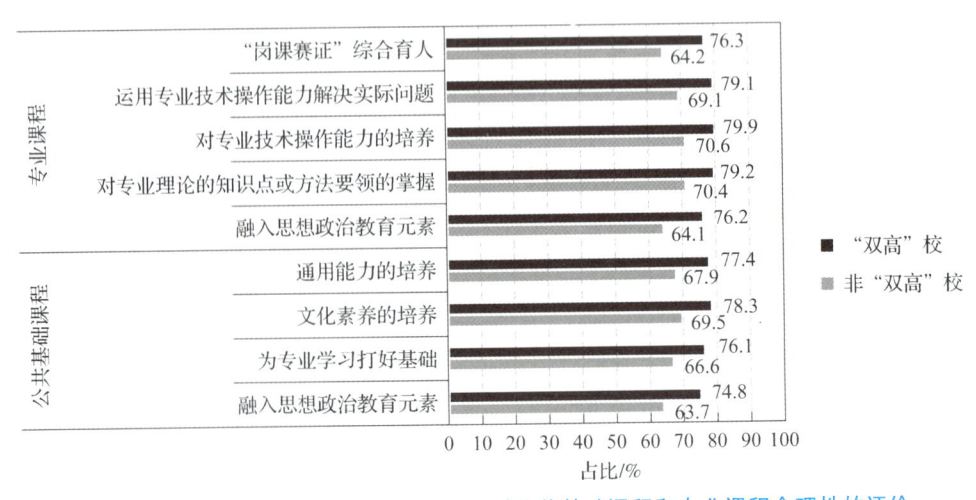

图 3-48　"双高"和非"双高"校学生对公共基础课程和专业课程合理性的评价

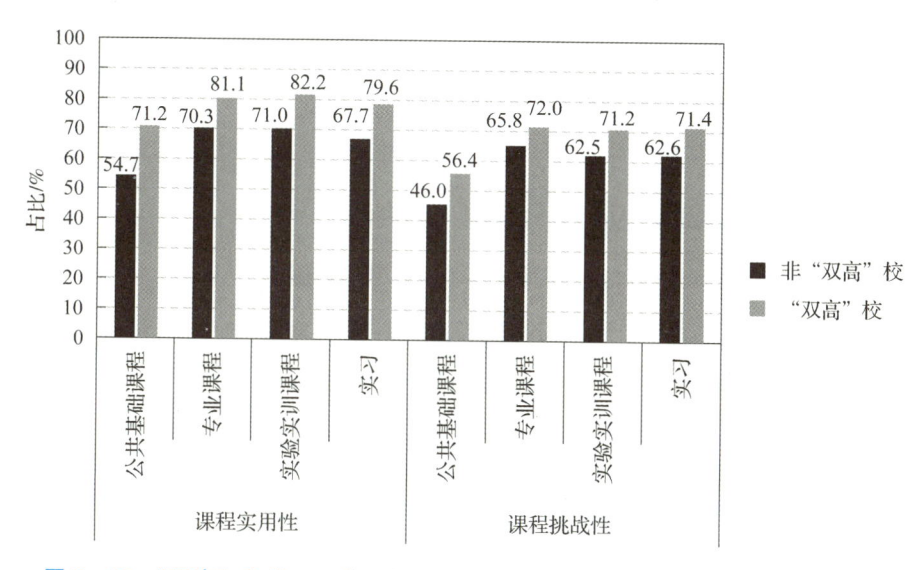

图 3-49　"双高"和非"双高"校学生对各类课程或环节实用性和挑战性的评价

最后，成绩越好的学生对于学校课程合理性的评价越高。在公共基础课程合理性、专业课程合理性维度上的 η^2 分别为 0.008 和 0.009。图 3-50 呈现了不同成绩段的学生所评价的公共基础课程合理性和专业课程合理性指数。

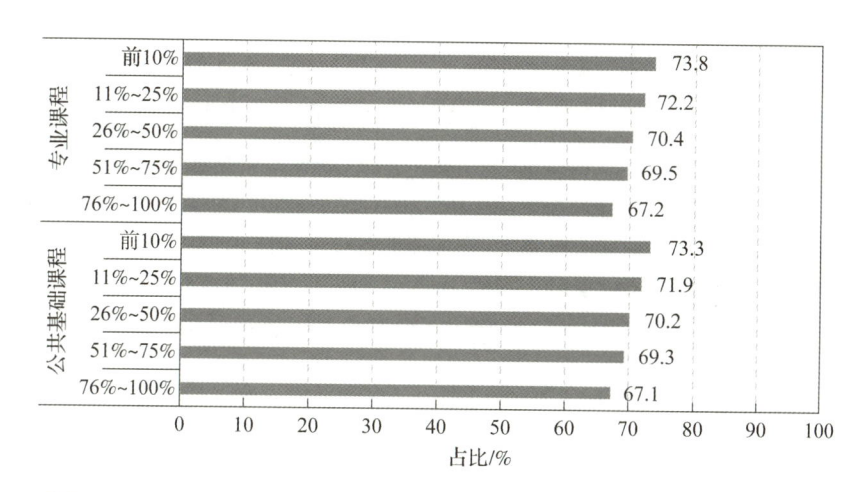

图 3-50　不同成绩排名学生的公共基础课程合理性和专业课程合理性指数

（2）学习支持

第一，学校比较注重为学生学习提供多元化的支持，学习支持度尚可（66.3），但在为学生提供国际交流机会方面的支持力度不够。图 3-51 呈现了认为学校注重或非常注重为学生提供各种支持的学生比例。由图 3-51 可知，学校较注重为学生提供支持，在提供知识学习资源、技能训练场地和设备、技能参赛机会、实习实训机会和帮助学生解决学习困难等方面，均有60%左右的学生认为学校"注重"或"非常注重"；认为学校注重为学生提供考证机会的学生比例最高，占64.1%；值得注意的是，认为学校注重为学生提供国际交流机会的学生比例最低，仅46.7%。

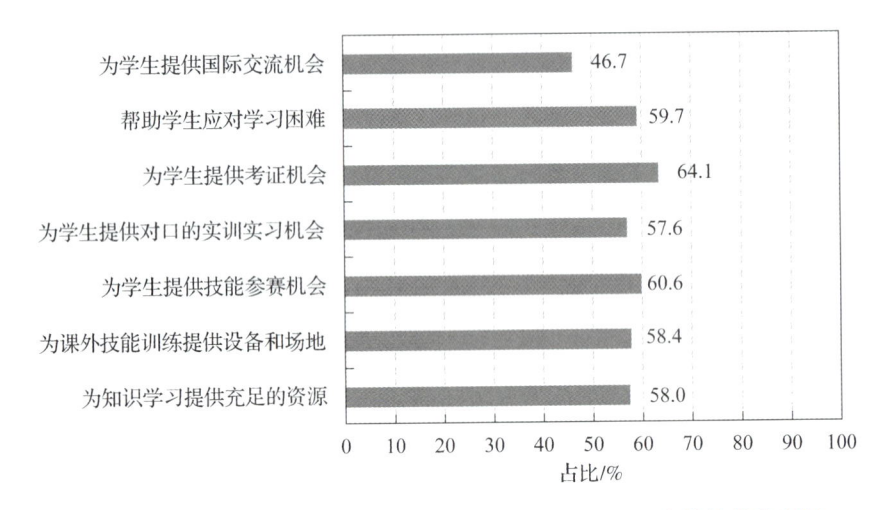

支持类型	占比/%
为学生提供国际交流机会	46.7
帮助学生应对学习困难	59.7
为学生提供考证机会	64.1
为学生提供对口的实训实习机会	57.6
为学生提供技能参赛机会	60.6
为课外技能训练提供设备和场地	58.4
为知识学习提供充足的资源	58.0

图3-51 认为学校注重或非常注重为学生提供各类学习支持的学生比例

第二，不同院校对学生的学习支持度存在较大差异，ICC值为0.088。图3-52为不同院校的学习支持度指数。由图3-52可知，不同院校学习支持度介于50.1和78.1之间。

第三，分群体来看，不同学历层次以及来自不同性质、建校基础学校的学生对学校学习支持度的评价有显著差异。首先，专科学生（68.0）对学校学习支持度的评价显著高于本科学生（63.1），科恩 d 值为0.26。图3-53呈现了不同学历层次学生中认为学校注重或非常注重为学生提供各项支持的比例。由图3-53可知，在多数支持方面，专科学生中认为学校注重的比例都比本科学生高10%及以上。

其次，公办学校学生（72.7）对学校学习支持度的评价更是远高于民办学校（64.8），科恩 d 值高达0.42。图3-54呈现了公办和民办学校学生中认为学校注重或非常注重为学生提供各项支持的比例。在各方面支持上，两类学校差异都很大，在提供知识学习资源、技能训练场地设备和实训实习机会3个方面，两类学校中认为学校"注重"或"非常注重"的学生比例相差达20%。

最后，"双高"校学习支持度（73.1）也远高于非"双高"校（65.1），科恩 d 值高达0.42。图3-55呈现了"双高"和非"双高"校的学生中认为学校注重或非常注重为学生提供各项支持的比例。两类学校中认为学校"注重"或"非常注重"为学生提供各方面支持的学生比例相差均接近或超过15%。

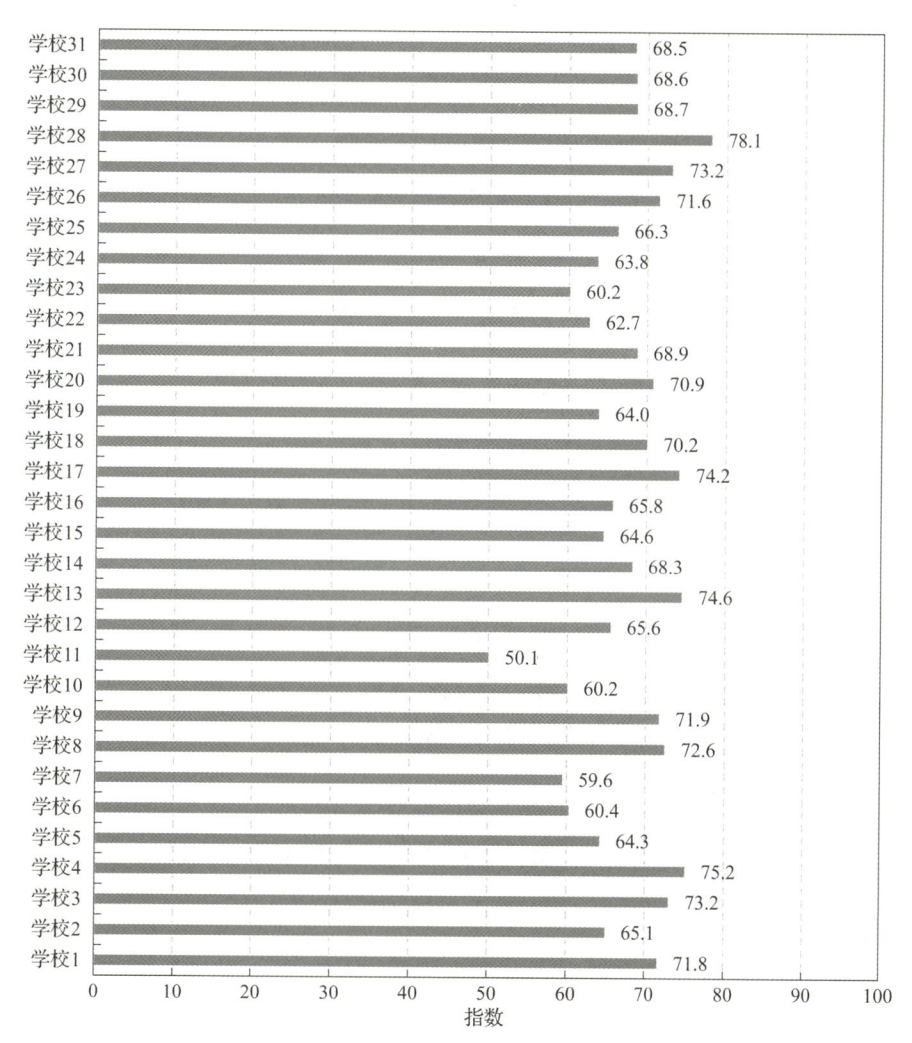

图 3-52 不同学校的学习支持度指数

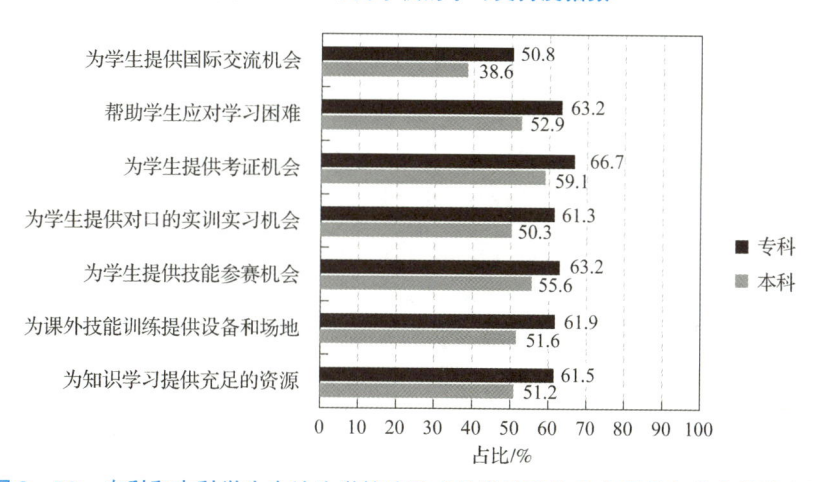

图 3-53 专科和本科学生中认为学校注重或非常注重为学生提供各类支持的比例

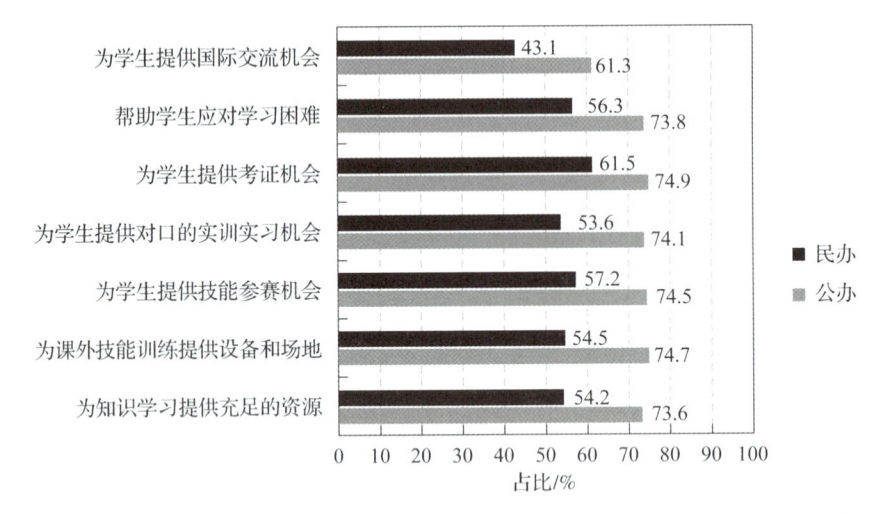

图 3-54　公办和民办学校中认为学校注重或非常注重为学生提供各类支持的比例

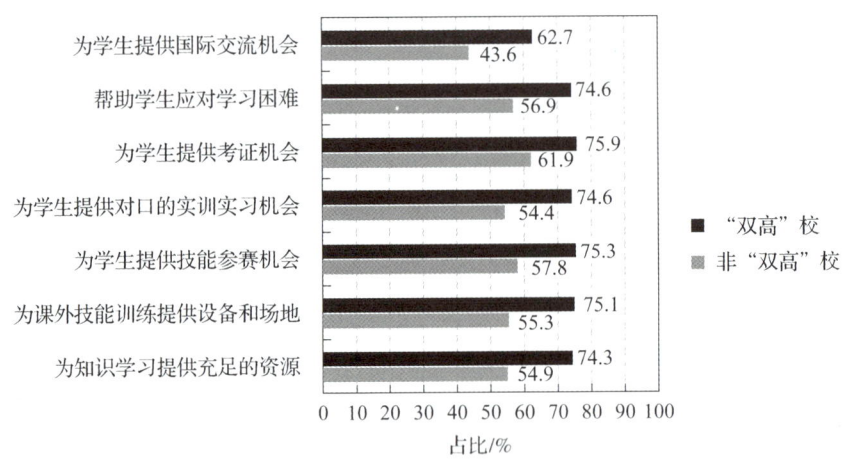

图 3-55　"双高"和非"双高"校学生中认为学校注重
或非常注重为学生提供各类支持的比例

(3) 人际关系

第一，学生在校内的人际关系尚可（68.7），与同学的关系显著优于与教师的关系。图 3-56 呈现了表示与校内各类人员的关系好或非常好的学生比例。调查显示，分别有 74.8%、58.4%、57.6% 和 45.7% 的学生表示与同学、任课教师、班主任/辅导员、行政老师的关系"好"或"非常好"，比例逐渐下降，这可能是由学生与之平时的交流互动频率所决定的。

第二，不同院校学生的人际关系存在显著差异，ICC 值为 0.052。图 3-57 呈现了不同学校学生人际关系指数。由图 3-57 可知，不同学校学生人际关系指数介于 64.4 和 79.2 之间。

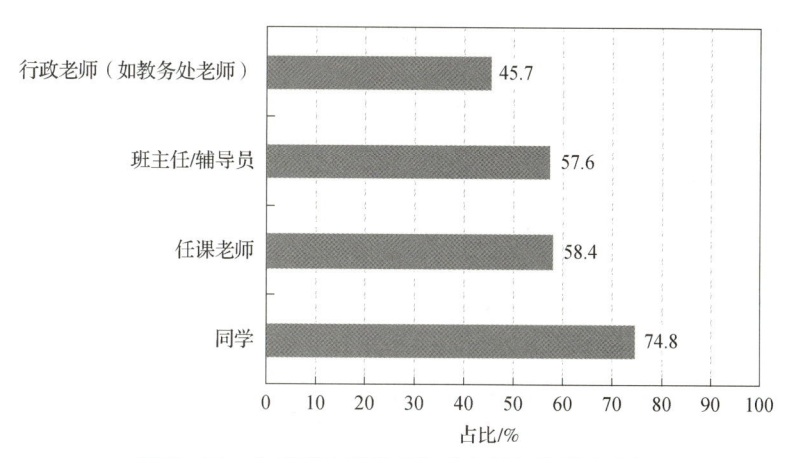

图 3-56 与各类人员关系好或非常好的学生比例

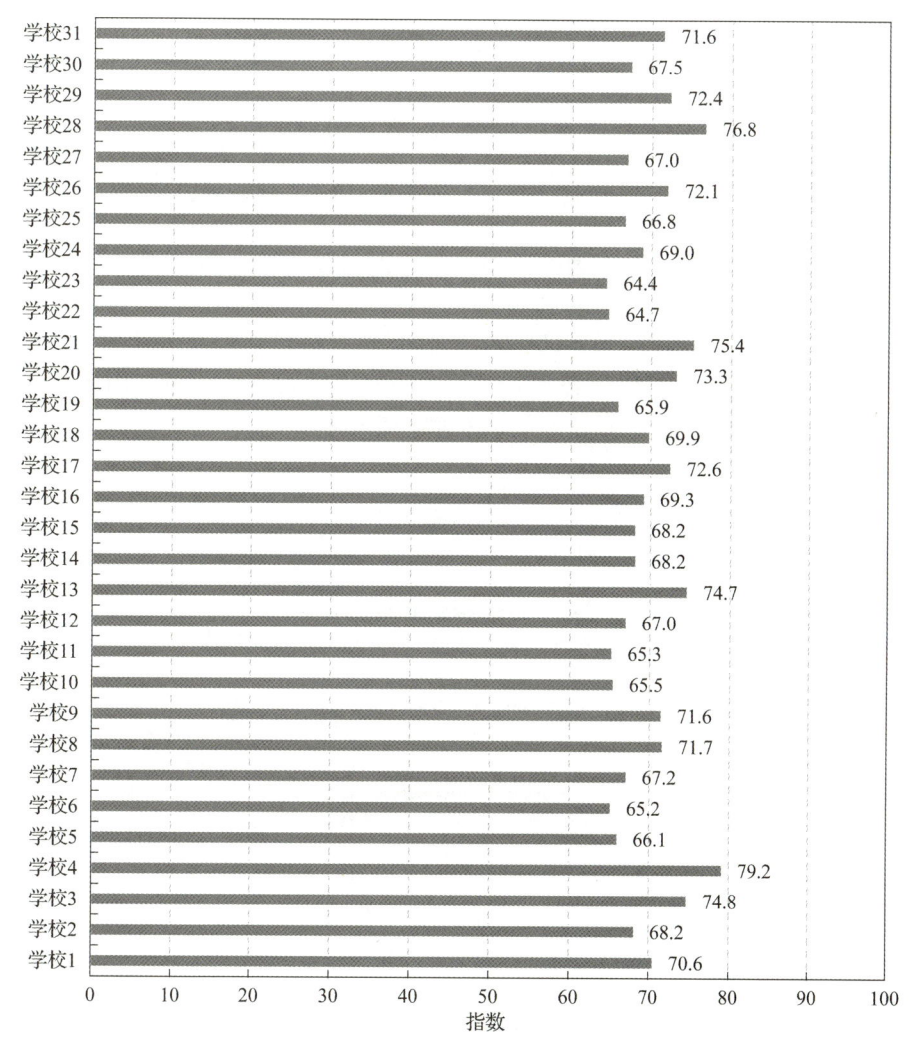

- 行政老师（如教务处老师）：45.7
- 班主任/辅导员：57.6
- 任课老师：58.4
- 同学：74.8

图 3-57 不同学校学生的人际关系指数

学校	指数
学校31	71.6
学校30	67.5
学校29	72.4
学校28	76.8
学校27	67.0
学校26	72.1
学校25	66.8
学校24	69.0
学校23	64.4
学校22	64.7
学校21	75.4
学校20	73.3
学校19	65.9
学校18	69.9
学校17	72.6
学校16	69.3
学校15	68.2
学校14	68.2
学校13	74.7
学校12	67.0
学校11	65.3
学校10	65.5
学校9	71.6
学校8	71.7
学校7	67.2
学校6	65.2
学校5	66.1
学校4	79.2
学校3	74.8
学校2	68.2
学校1	70.6

第三，分群体来看，不同学历层次、成绩、性别以及来自不同性质学校和不同建校基础学校学生的人际关系水平存在显著差异。

专科学生的人际关系（69.4）略优于本科学生（67.3），科恩 d 值为 0.12。图 3-58 呈现了不同学历层次的学生中表示与校内各类人员的关系好或非常好的比例。结果发现，专科和本科学生间差异主要体现在师生关系上。专科学生中，2019 级学生的人际关系平均水平略优于 2020 级，科恩 d 值为 0.13。本科学生中，2019 级和 2020 级学生的人际关系指数则基本没有差异。

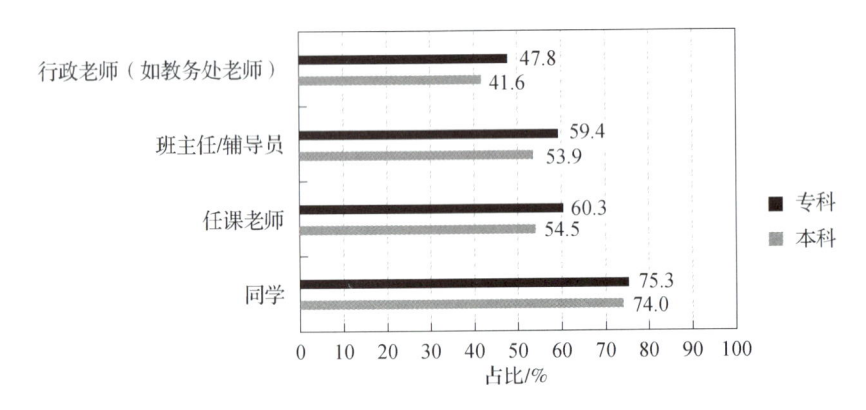

图 3-58　专科和本科学生中与各类人员关系好或非常好的比例

男生的人际关系（70.0）显著优于女生（67.4），科恩 d 值为 0.16。图 3-59 呈现了不同性别学生中表示与校内各类人员的关系好或非常好的比例。由图 3-59 可知，男生和女生学校人际关系差异也主要体现在师生关系上。

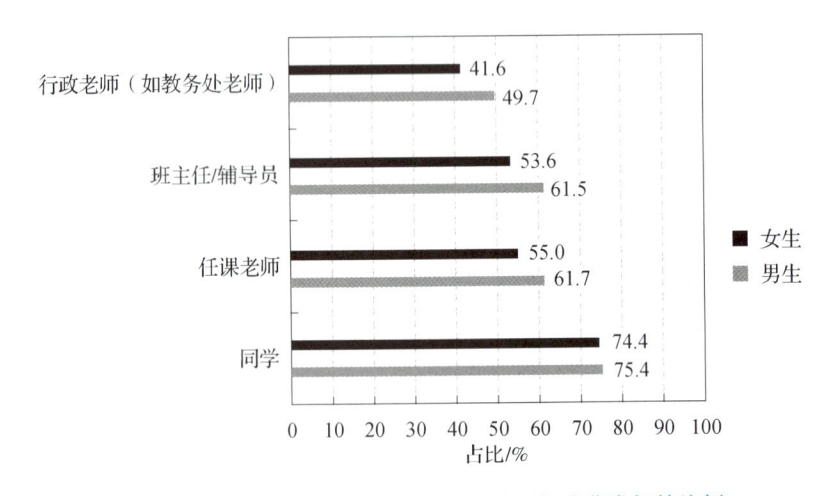

图 3-59　男生和女生中与各类人员关系好或非常好的比例

公办学校学生的人际关系（71.8）显著优于民办学校（67.9），科恩 d 值为 0.23。图 3-60 呈现了来自不同办学性质学校的学生中表示与校内各类人员的关系好

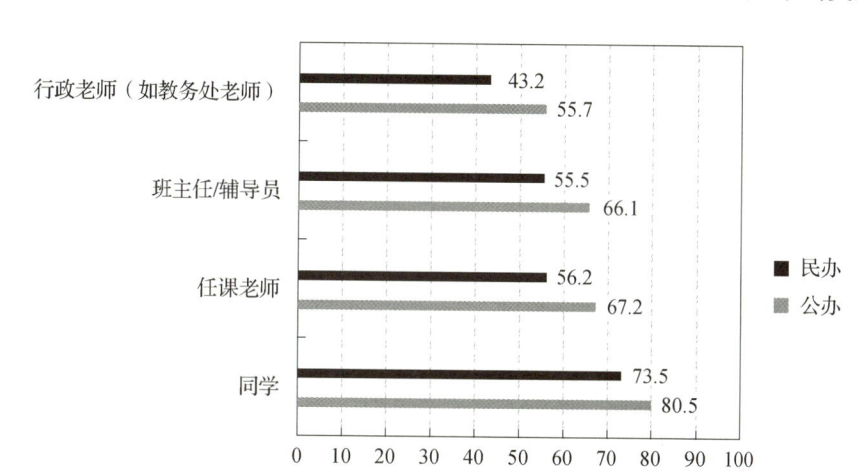

或非常好的比例。由图 3-60 可知，公办学校学生的同伴关系和师生关系均更好。

图 3-60　公办和民办学生中与各类人员关系好或非常好的比例

"双高"校学生的人际关系（72.0）显著优于非"双高"学校（68.0），科恩 d 值为 0.24。图 3-61 呈现了来自"双高"和非"双高"校的学生中表示与校内各类人员的关系好或非常好的比例。由图 3-61 可知，相比于非"双高"校学生，"双高"校学生的同学关系和师生关系都更好，最大的差异主要体现在师生关系上。

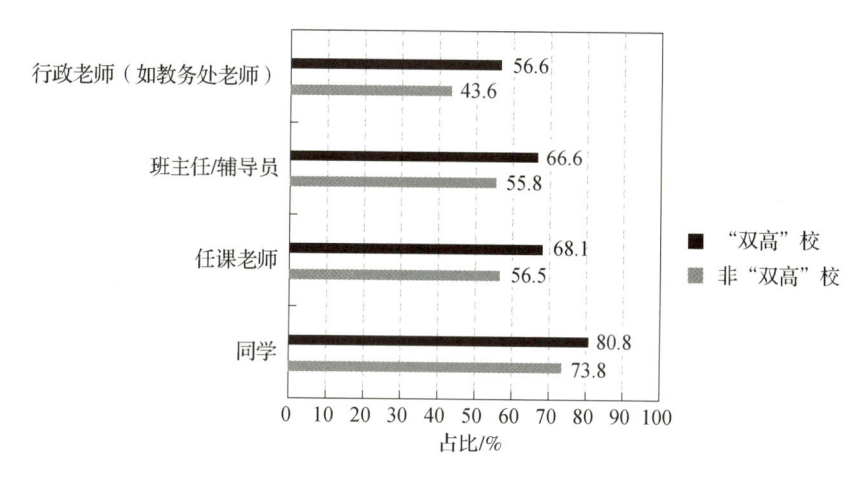

图 3-61　"双高"和非"双高"校中与各类人员关系好或非常好的比例

有意思的是，学习成绩越好的学生，其人际关系指数也越高，η^2 为 0.017。图 3-62 呈现了不同成绩段学生的人际关系指数。调查显示，学习成绩好的学生与同学、任课教师和行政老师的关系都更好。然而，在与班主任/辅导员的关系方面，成绩中等的学生反而关系更好，二者呈现倒"U 型"关系。

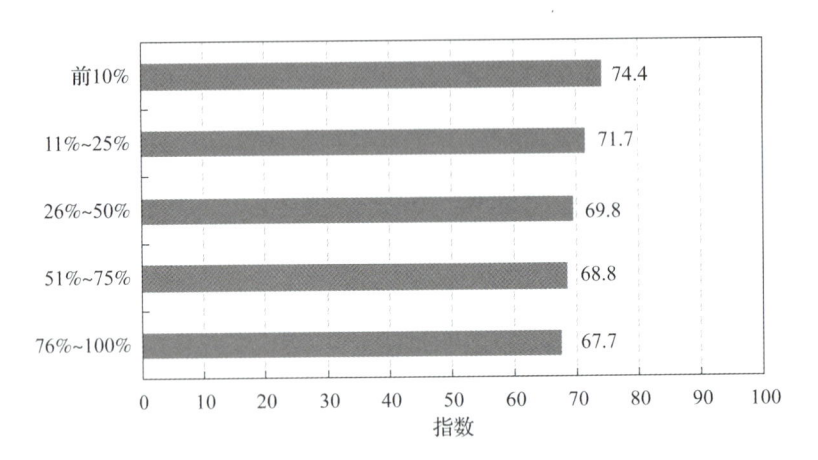

图 3-62 不同成绩排名学生的学校人际关系指数

5. 学习反馈

学生的学习反馈包括学生对教师教学的满意度和学习收获等方面。调查发现，学生对教师教学的满意度较高，学生总体学习收获尚可，对于学费是否值得的态度较为平均；各校间学生学习收获、教学满意度和学习获得感均有较大差异。公办学校学生、"双高"校学生、专科学生对教师教学的满意度和学习收获评价均更高，也认为学费更值得。

（1）教师教学满意度

第一，学生对教师教学的满意度较高（73.4）。图3-63呈现了学生对于本校教师教学的满意程度。由图3-63可知，多数学生（71.5%）都对本校教师教学感到满意，但也有25.4%的学生对教师教学的满意程度一般。

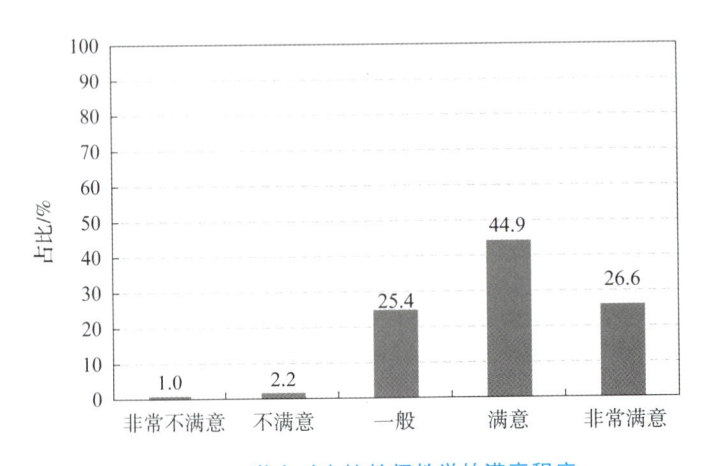

图 3-63 学生对本校教师教学的满意程度

第二，不同院校学生的教师教学满意度情况不太均衡，存在一定差异，ICC 值为 0.074。图 3-64 为不同院校学生的教师教学满意度指数。由图 3-64 可知，各院校学生的教师教学满意度指数介于 64.4 到 83.6 之间。

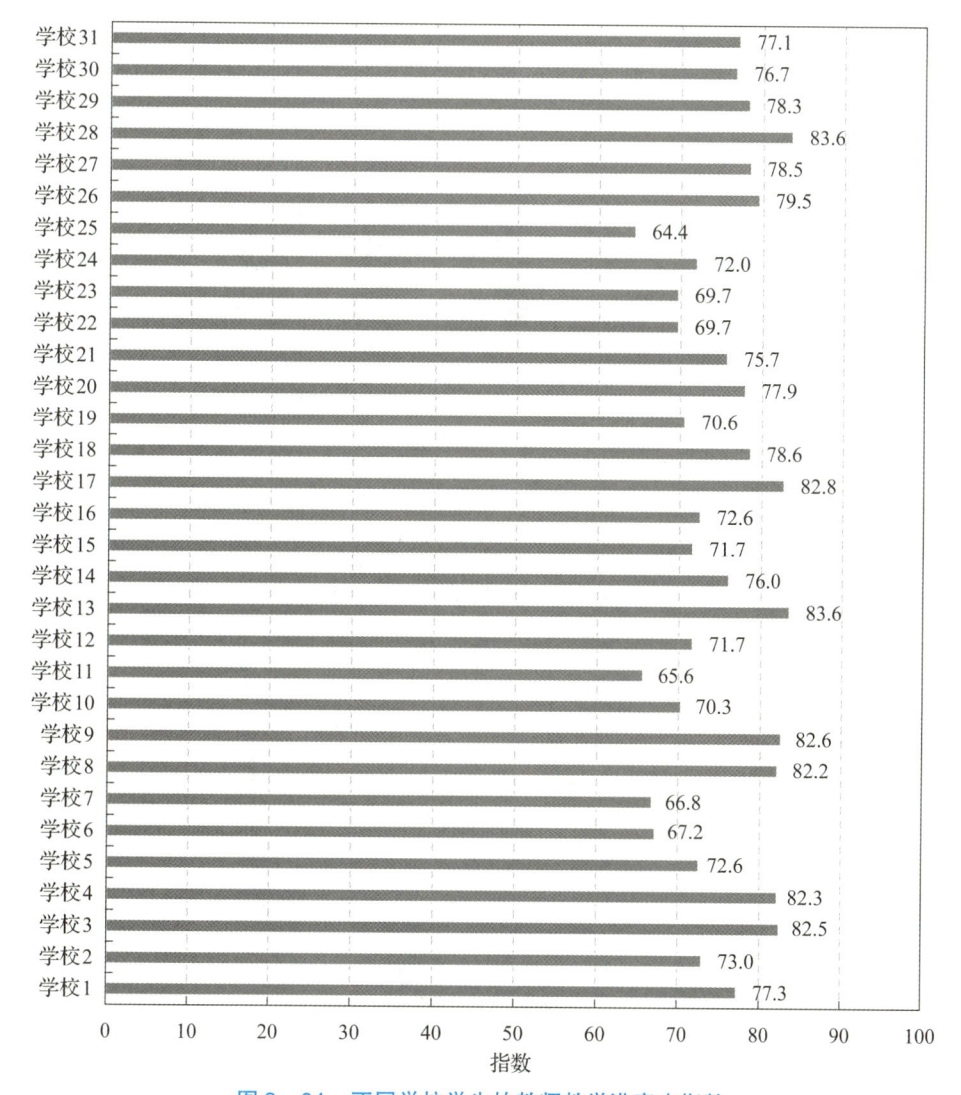

学校	指数
学校1	77.3
学校2	73.0
学校3	82.5
学校4	82.3
学校5	72.6
学校6	67.2
学校7	66.8
学校8	82.2
学校9	82.6
学校10	70.3
学校11	65.6
学校12	71.7
学校13	83.6
学校14	76.0
学校15	71.7
学校16	72.6
学校17	82.8
学校18	78.6
学校19	70.6
学校20	77.9
学校21	75.7
学校22	69.7
学校23	69.7
学校24	72.0
学校25	64.4
学校26	79.5
学校27	78.5
学校28	83.6
学校29	78.3
学校30	76.7
学校31	77.1

图 3-64 不同学校学生的教师教学满意度指数

第三，分群体看，不同年级、来自不同办学性质、地区或建校基础学校的学生对于本校教师教学的满意程度存在明显差异，不同性别或成绩排名的学生对教师教学的满意度几乎没有差异。首先，专科学生的教师教学满意度（75.1）显著高于本科学生（70.1），科恩 d 值为 0.24。图 3-65 呈现了专科和本科学生对本校教师教学的满意程度，74.3% 的专科学生对本校教师教学满意或非常满意，而本科生中这一比例为 65.8%，相差 10 个百分点。

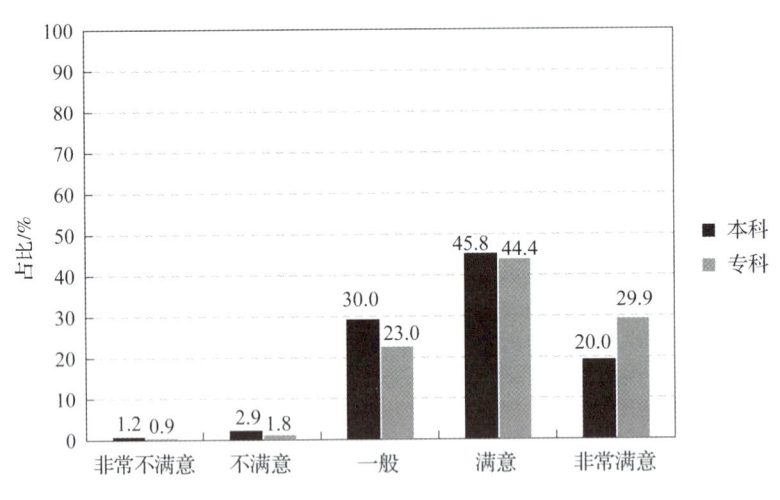

图 3-65　专科和本科学生对本校教师教学的满意程度

进一步来看，本科 2019 级学生（68.4）对教师教学的满意度略低于 2020 级学生（71.0），科恩 d 值为 0.12；而专科两个年级学生的满意度无明显差异。图 3-66 呈现了本科两个年级学生的教师教学满意度情况，可以看出，2020 级本科生对本校教师教学满意或非常满意的人数比例（67.2%）比 2019 级本科生（62.4%）高出近 5 个百分点。

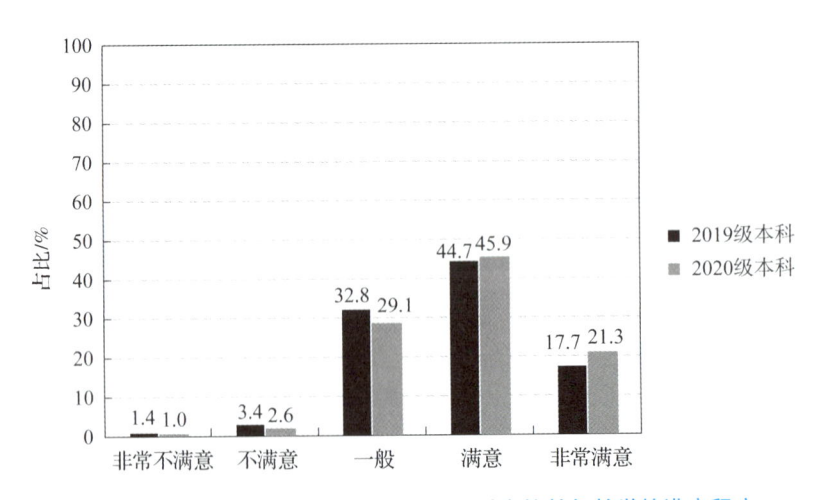

图 3-66　本科 2019 级和 2020 级学生对本校教师教学的满意程度

从学校分类的角度来看，公办学校学生对教师教学的满意度（80.8）明显高于民办学校（71.6），科恩 d 值为 0.45。图 3-67 呈现了两类学校学生的教学满意度具体情况，可以发现，公办学校中表示对本校教师教学非常满意的学生比例比民办学校高出 17.2%，而民办学校中表示满意度一般的学生比例比公办学校高 14.4%。

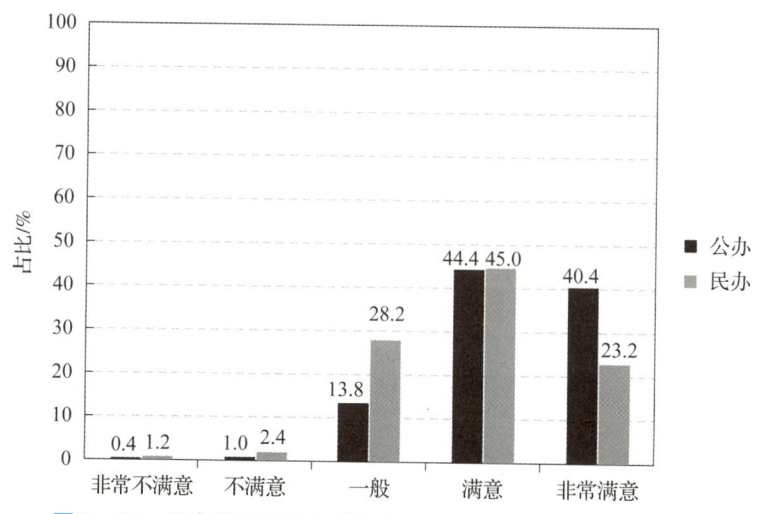

图3-67 公办学校和民办学校学生对本校教师教学的满意程度

"双高"校学生对教师教学的满意度（80.7）明显高于非"双高"校的学生（72.1），科恩 d 值为0.42。图3-68呈现了两类学校学生的教学满意度具体情况，可以发现，"双高"校中表示对本校教师教学非常满意的学生比例比非"双高"校高出16%，而非"双高"校中表示满意度一般的学生比例比"双高"校高14%。

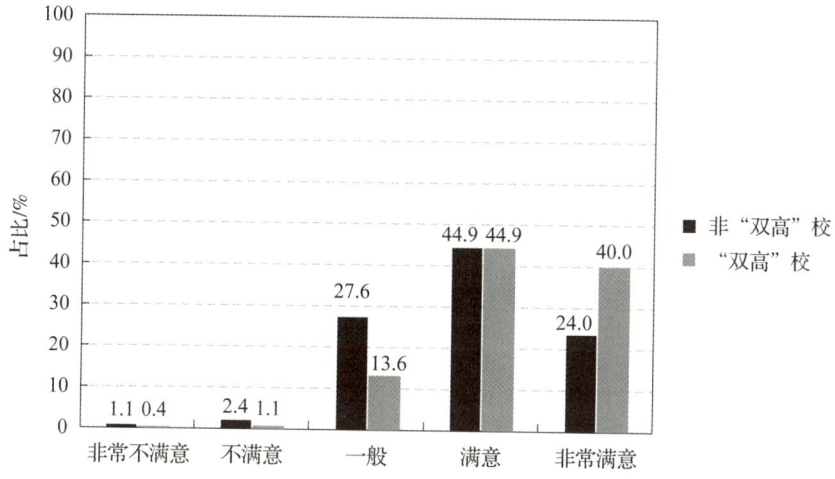

图3-68 "双高"校和非"双高"校学生对本校教师教学的满意程度

东、中、西部学校学生对教师教学的满意度存在明显差异，东部学校最高（75.0），西部学校最低（71.4），中部学校居中（73.5），$\eta^2 = 0.006$。图3-69呈现了东中西部地区学校学生的教学满意度具体情况。由图3-69可知，来自东部、中部、西部地区学校的学生表示对本校教师教学满意的人数比例依次下降，分别为73.9%、70.7%、68.6%。

图 3-69　不同地区学校学生对本校教师教学的满意程度

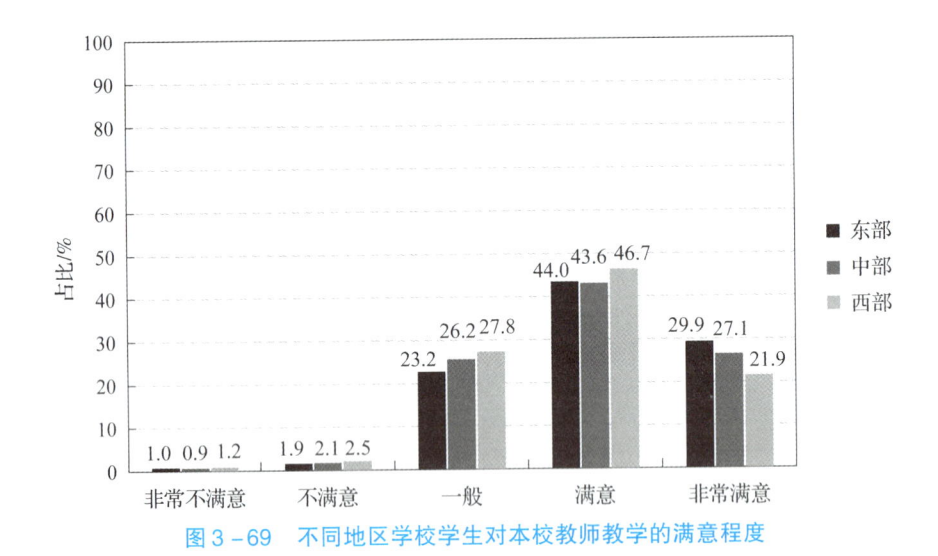

(2) 学习收获

第一，学生总体学习收获尚可（63.9），在各种能力上的成长和收获差别不大。图 3-70 呈现了在 6 项能力方面，表示在校学习经历促使其有较大或极大提高的学生比例。由图 3-70 可知，分别有 53.8%、48.9%、47.4%、49.8%、54.4% 和 52.0% 的学生认为其操作技能、学习迁移能力、创新能力、信息技术运用能力、与他人有效合作能力及自我发展规划能力在入学后得到了较大或极大提高。但数据显示，对于这 6 项能力，也均有 39% 到 46% 的学生认为获得提高的程度一般。

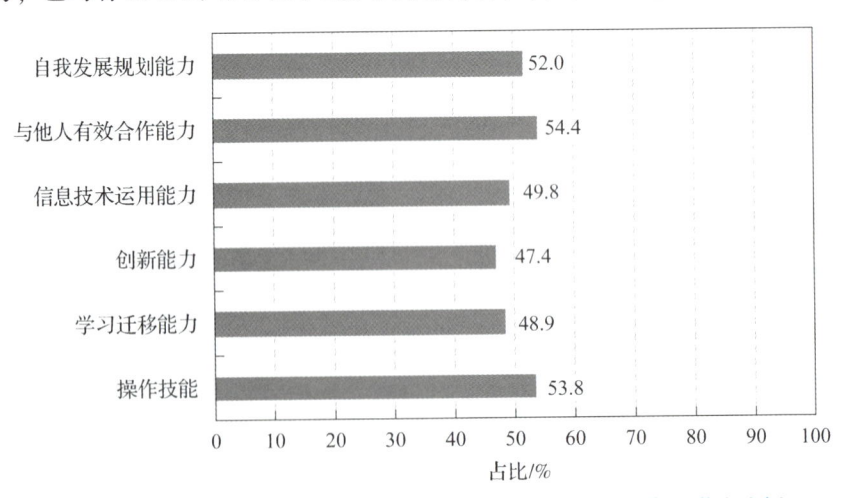

图 3-70　表示在校学习经历对各项能力有较大或极大提高的学生比例

第二，不同院校学生的学习收获情况不太均衡，存在一定差异，ICC 值为 0.054。图 3-71 为不同院校学生的学习收获指数。由图 3-71 可知，各院校学生的学习收获指数最低为 54.4，最高可达 73.2。

图 3-71 不同学校学生的学习收获指数

第三，分群体来看，不同学历层次、不同成绩排名、来自不同办学性质或建校基础学校的学生，其学习收获水平存在显著差异，而不同性别、不同年级、不同地区学校的学生学习收获水平几乎没有差异。

首先，专科学生的学习收获水平（65.2）显著高于本科学生（61.4），科恩 d 值为 0.20。图 3-72 呈现了专科和本科学生在各项能力上认为有较大或极大提高的人数比例。由图 3-72 可知，在操作技能和创新能力方面，专科学生有较大或极大提高的人数比例与本科学生差异最大，分别高出 9.5% 和 8.8%。

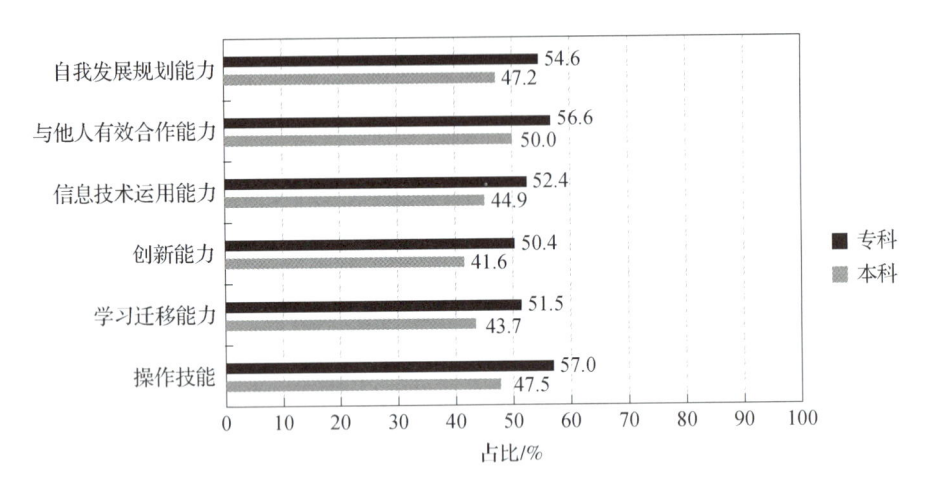

图 3-72 专科和本科学生在各项能力上有较大或极大提高的人数比例

公办学校学生的学习收获水平（69.3）显著高于民办学校学生（62.6），科恩 d 值为 0.35。图 3-73 呈现了两类学校在各项能力上认为有较大或极大提高的学生比例，可以发现，公办学校在 6 项能力上认为有较大或极大提高的学生比例都明显高于民办学生，人数比例均相差 16% 左右。

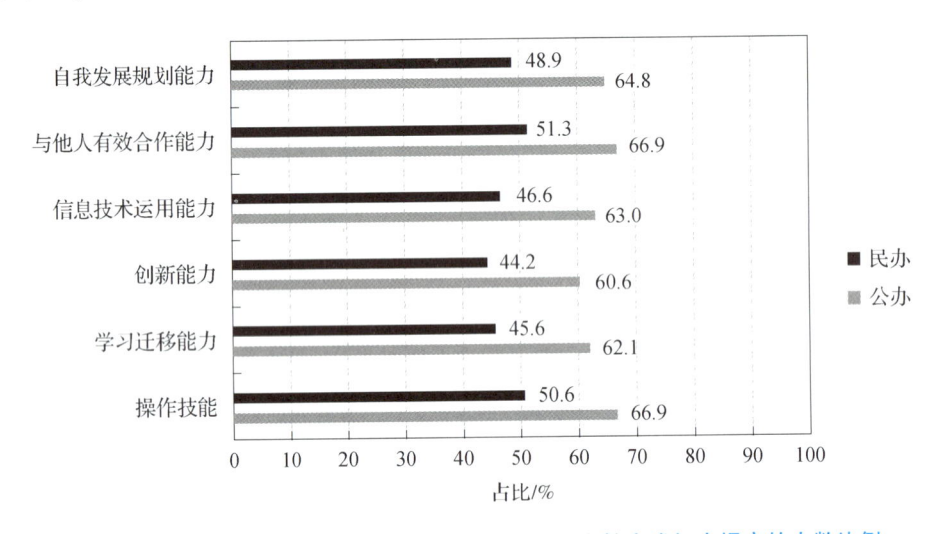

图 3-73 公办学校和民办学校学生在各项能力上有较大或极大提高的人数比例

"双高"校学生的学习收获水平（69.7）显著高于非"双高"校学生（62.8），科恩 d 值为 0.36。图 3-74 呈现了两类学校在各项能力上认为有较大或极大提高的学生比例，可以发现，"双高"校中在 6 项能力上认为有较大或极大提高的学生比例均比非"双高"校高 16~17 个百分点。

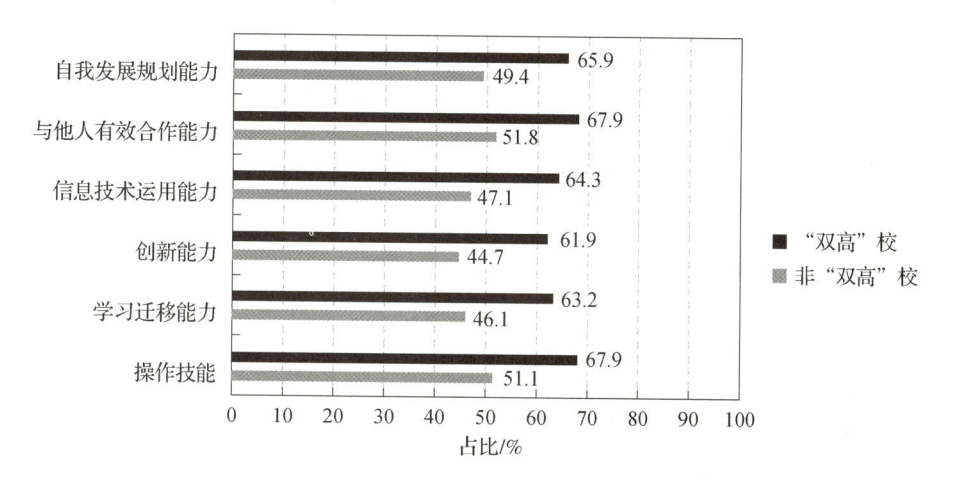

图 3-74 "双高"校和非"双高"校学生在各项能力上有较大或极大提高的人数比例

另外，成绩越好的学生，其学习收获越大，$\eta^2 = 0.009$，并且在 6 项能力上的收获水平基本都越高。图 3-75 呈现了不同成绩分段学生的学习收获指数。

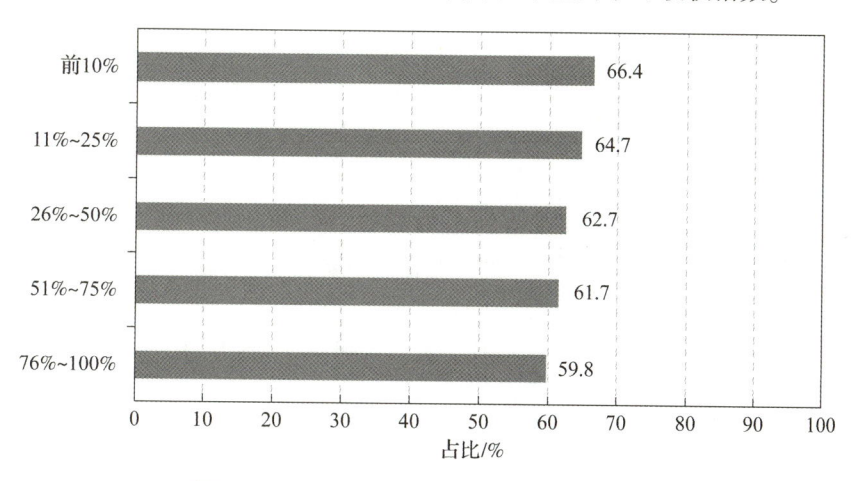

图 3-75 不同成绩排名学生的学习收获指数

（3）学习获得感

本次调查中，学习获得感指的是学生对于其所支付的学费的态度，认为其是否"物有所值"。

第一，总体上，学生的学习获得感中等，指数为 48.5。图 3-76 呈现了学生对其所支付学费的态度，分别有 28.0%、42.5%、29.5% 的学生认为其所支付的学费值得或非常值得、一般、不值得或非常不值得。

第二，不同院校学生的学习获得感之间存在非常明显的差异，ICC 值为 0.178。图 3-77 呈现了各院校学生的学习获得感指数。由图 3-77 可知，各院校学生的学习获得感指数最低至 28.3，最高可达 70.5，差异较大。

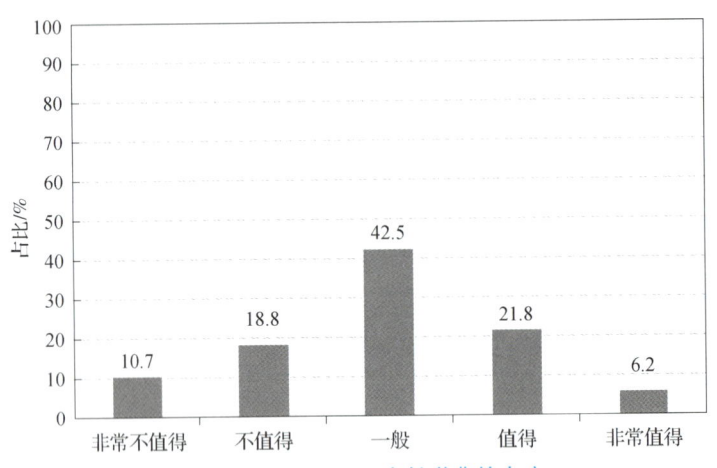

图 3-76 学生对所支付学费的态度

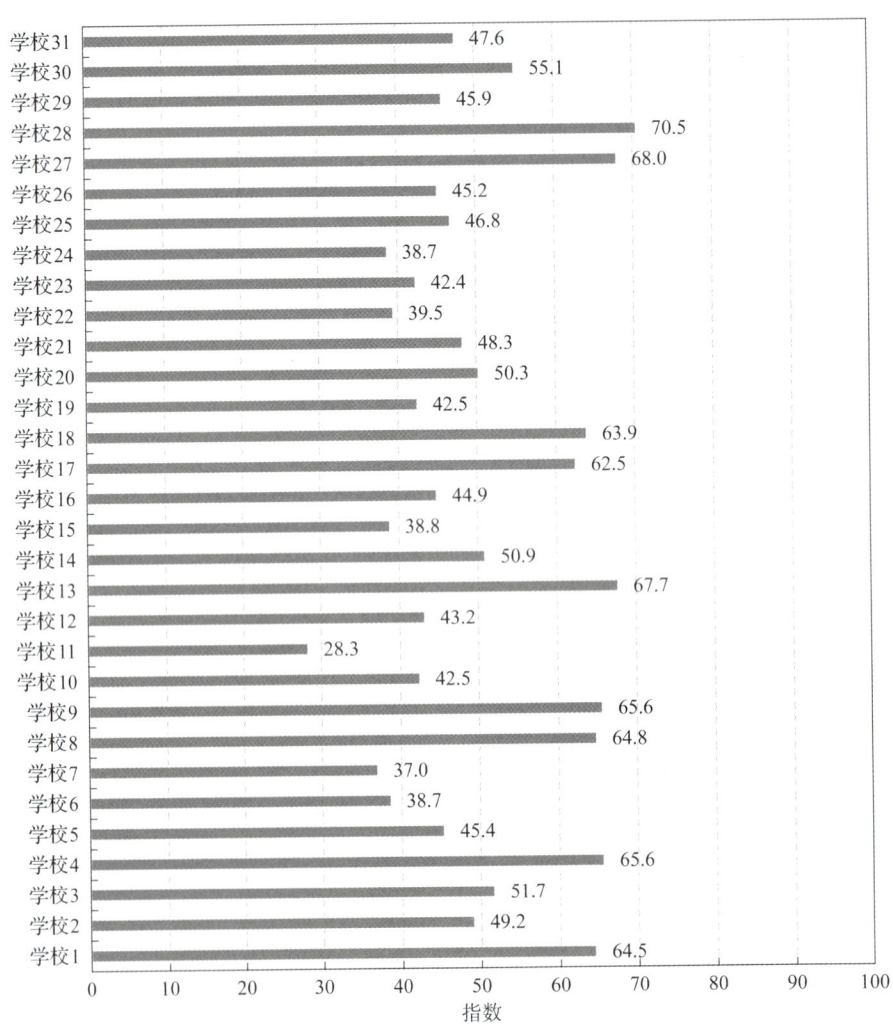

图 3-77 不同学校学生的学习获得感指数

第三,分群体来看,不同学历层次、来自不同办学性质或建校基础学校以及是否属于"职教高地"学校的学生,其学习获得感存在明显差异。

首先,专科学生(52.5)比本科学生(40.6)具有显著更高的学习获得感,科恩 d 值为0.47。图3-78呈现了专科和本科学生对其所支付学费的态度。由图3-78可知,专科学生比本科学生明显认为学费更值得。专科学生认为学费值得或非常值得的学生比例比本科生高出16.9%,而认为学费不值得或非常不值得的比例比本科生低18.3%。

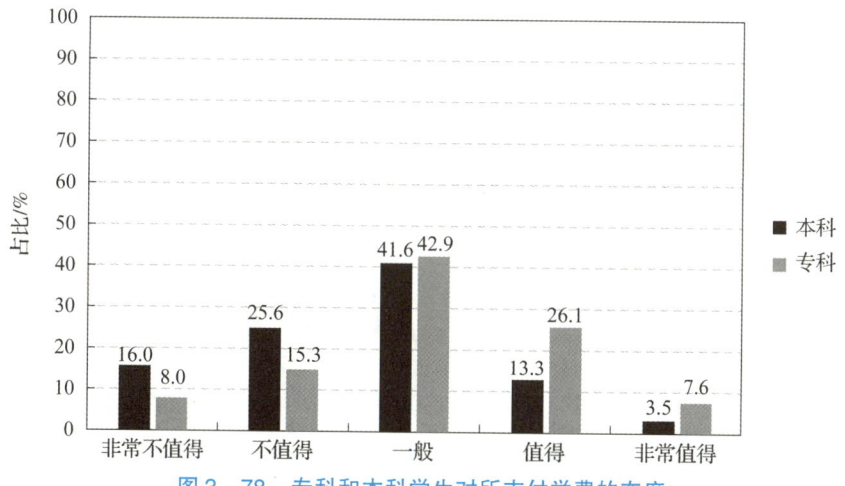

图3-78 专科和本科学生对所支付学费的态度

公办学校学生(64.6)明显比民办学校学生(44.6)具有更高的学习获得感,科恩 d 值为0.81。图3-79呈现了两类学校学生对其所支付学费的态度。由图3-79可知,公办学校学生认为学费值得或非常值得的学生比例比民办学校学生高出35.0%,而认为学费不值得或非常不值得的学生比例比民办学校低27.3%。

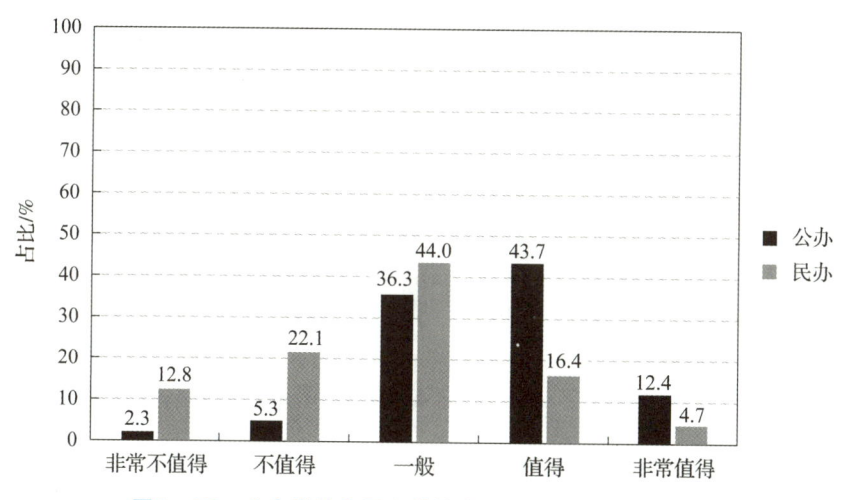

图3-79 公办学校和民办学校学生对所支付学费的态度

"双高"校学生（64.6）的学习获得感明显比非"双高"校学生（45.5）更强，科恩 d 值为 0.76。图 3-80 呈现了两类学校学生对其所支付学费的态度。56.3% 的"双高"校学生认为学费值得或非常值得，明显高于非"双高"校（22.7%）；而仅 7.8% 的"双高"校学生认为学费不值得或非常不值得，与非"双高"校的这一比例（33.6%）形成明显差距。

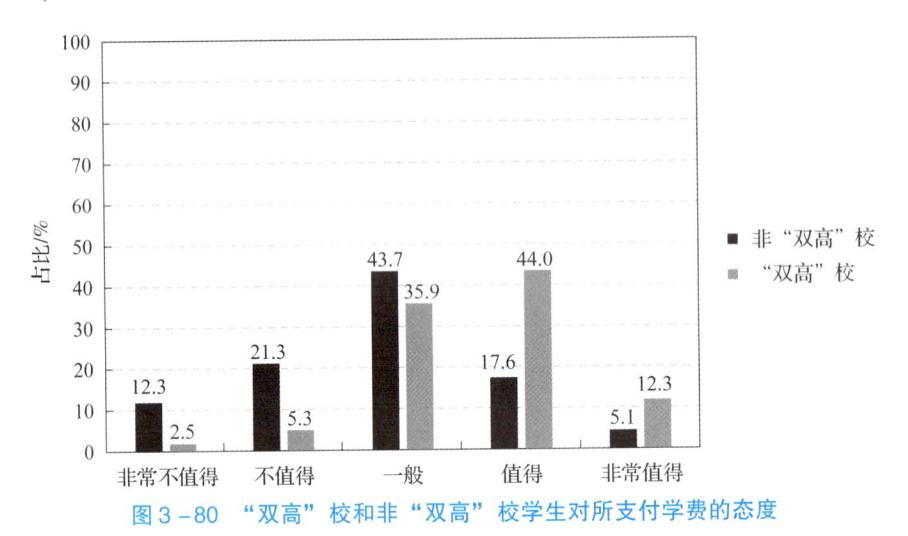

图 3-80　"双高"校和非"双高"校学生对所支付学费的态度

值得关注的是，属于"职教高地"学校的学生（46.9）的学习获得感反而略低于非"职教高地"学校的学生（49.6），科恩 d 值为 0.11。图 3-81 呈现了两类学校学生对其所支付学费的态度。属于"职教高地"学校的学生认为学费值得或非常值得的学生比例为 25.2%，稍低于不属于"职教高地"学校的这一比例（30.0%）。

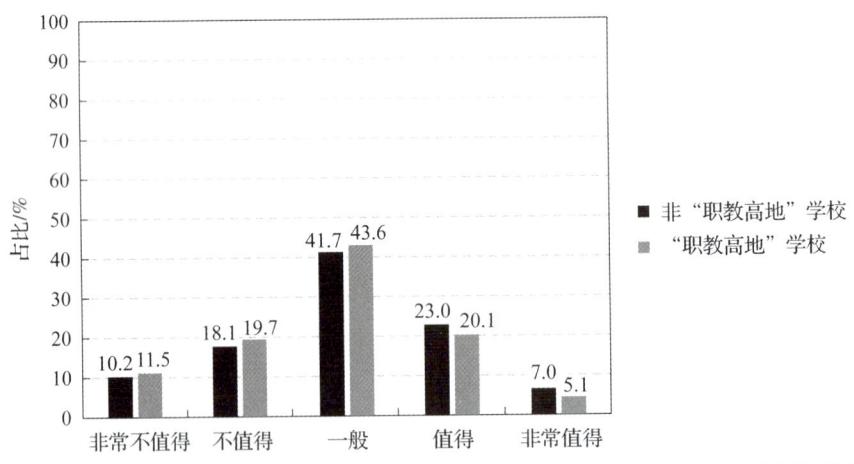

图 3-81　属于"职教高地"学校和不属于"职教高地"学校的学生对所支付学费的态度

（4）学习反馈的影响因素分析

这一部分是对学习反馈所含三个方面的影响因素分析，使用层次回归的方法，探究学习感受变量（学习动力、学习压力、学习焦虑、学校归属感）和学习环境变量（课程教学合理性、实用性、挑战性，学校学习支持度，学校人际关系）对各学习反馈变量的影响。在进行回归时，控制了学生性别、学历层次、成绩及其所在学校的办学性质和建校基础这5个变量对因变量的影响。

第一，教师教学满意度的影响因素分析。

表3-23呈现了学习感受变量对教师教学满意度的预测结果。由表3-23可知，所有控制变量共解释了教师教学满意度变异的3.6%（$R^2=0.036$）。而加入学习感受变量之后，模型的R^2增加了0.282，对于教师教学满意度的解释率提高了近30%，说明学习感受变量对教师教学满意度的影响较为明显。在学习感受各个变量中，结合显著性以及标准化回归系数（β）的结果可以发现，学校归属感（$\beta=0.458$）和学习动力（$\beta=0.148$）对教师教学满意度具有正向预测作用，且学校归属感的影响最明显。学习压力和学习焦虑对教师教学满意度基本没有影响。

表3-23 学习感受变量对教师教学满意度的影响

变量		第一步			第二步		
		b	SE	β	b	SE	β
控制变量	成绩	0.560***	0.054	0.030	-0.635***	0.047	-0.034
	性别	0.534***	0.120	0.013	0.863***	0.101	0.021
	学历层次	-2.951***	0.131	-0.067	-1.265***	0.111	-0.029
	学校办学性质	8.769***	0.312	0.167	5.772***	0.263	0.110
	是否"双高"校	-0.689*	0.337	-0.012	-1.238***	0.283	-0.022
自变量	学习动力				0.153***	0.003	0.148
	学习压力				-0.006*	0.003	-0.006
	学习焦虑				0.003	0.002	0.004
	学校归属感				0.462***	0.003	0.458
R^2		0.036			0.318		

*** $p<0.001$；* $p<0.05$.

表3-24呈现了学习环境变量对教师教学满意度的预测结果。由表3-24可知，加入学习环境变量之后，模型的R^2从0.036增加至0.370，提高了33.4%。根据标准化回归系数（β）的结果，影响最大的3个变量为学校学习支持度（$\beta=0.236$）、课程实用性（$\beta=0.206$）和学校人际关系（$\beta=0.185$）。学校学习支持度越高、课程实用性越高、学校人际关系越好，学生对本校教师教学越满意。

表3-24 学习环境变量对教师教学满意度的影响

变量		第一步			第二步		
		b	SE	β	b	SE	β
控制变量	成绩	0.553***	0.054	0.029	-0.442***	0.044	-0.023
	性别	0.465***	0.120	0.011	0.417***	0.098	0.010
	学历层次	-2.940***	0.131	-0.067	-1.295***	0.106	-0.030
	学校办学性质	8.697***	0.311	0.167	5.602***	0.252	0.107
	是否"双高"校	-0.680*	0.335	-0.012	-1.792***	0.271	-0.032
自变量	课程实用性				0.219***	0.003	0.206
	课程挑战性				-0.031***	0.003	-0.027
	课程合理性				0.112***	0.004	0.093
	学校学习支持度				0.252***	0.004	0.236
	学校人际关系				0.231***	0.004	0.185
R^2		0.036			0.370		

*** $p<0.001$；* $p<0.05$.

第二，学习收获的影响因素分析。

表3-25呈现了学习感受变量对学生学习收获的预测结果。由表3-25可知，所有控制变量共解释了学生学习收获变异的3.1%（$R^2=0.031$）。加入学习感受变量之后，模型的R^2提高了0.483，将近50%，说明学习感受变量对学生学习收获的影响非常大。在学习感受各个变量中，虽然四个变量的系数都是显著的，但学校归属感的标准化回归系数（$β=0.582$）明显高于其他变量，学习动力的标准化系数（$β=0.217$）次之。也就是说，学生对学校归属感越高则学习动力越大，学习收获越大。

表3-25 学习感受变量对学习收获的影响

变量		第一步			第二步		
		b	SE	β	b	SE	β
控制变量	成绩	1.617***	0.050	0.092	0.183***	0.037	0.010
	性别	-0.983***	0.111	-0.025	-0.636***	0.079	-0.016
	学历层次	-2.082***	0.122	-0.051	-0.047	0.087	-0.001
	学校办学性质	3.954***	0.290	0.081	0.406*	0.206	0.008
	是否"双高"校	2.248***	0.312	0.042	1.485***	0.221	0.028

续表

变量		第一步			第二步		
		b	SE	β	b	SE	β
自变量	学习动力				0.207***	0.002	0.217
	学习压力				0.018***	0.002	0.018
	学习焦虑				0.022***	0.002	0.026
	学校归属感				0.544***	0.002	0.582
R^2		0.031			0.514		

*** $p<0.001$；* $p<0.05$.

表 3-26 呈现了学习环境变量对学习收获的预测结果。整体而言，学习环境变量对学生学习收获的影响非常明显，加入各学习环境变量后，R^2 提高了 61.8%。根据标准化回归系数（β）的结果，在学习环境各方面，学校学习支持度的影响相对最大（$\beta=0.476$），其次是学校人际关系（$\beta=0.237$），课程实用性（$\beta=0.111$）和课程合理性（$\beta=0.116$），课程挑战性影响最小（$\beta=-0.015$）。这说明，学校学习支持度越高、学校人际关系越好、课程实用性和合理性越高，学生的学习收获越大。

表 3-26 学习环境变量对学习收获的影响

变量		第一步			第二步		
		b	SE	β	b	SE	β
控制变量	成绩	1.614***	0.050	0.093	0.475***	0.031	0.027
	性别	-1.052***	0.111	-0.027	-0.984***	0.068	-0.026
	学历层次	-2.053***	0.121	-0.051	0.080	0.073	0.002
	学校办学性质	3.877***	0.288	0.080	-0.020	0.174	0.000
	是否"双高"校	2.252***	0.311	0.043	0.753***	0.187	0.014
自变量	课程实用性				0.109***	0.002	0.111
	课程挑战性				-0.016***	0.002	-0.015
	课程合理性				0.130***	0.003	0.116
	学校学习支持度				0.470***	0.003	0.476
	学校人际关系				0.273***	0.003	0.237
R^2		0.031			0.649		

*** $p<0.001$.

第三，学习获得感的影响因素分析

表 3–27 呈现了学习感受变量对学生学习收获的预测结果。由表 3–27 可知，所有控制变量共解释了学生学习获得感变异的 1.12%（$R^2 = 0.112$）。整体上，学习感受变量对学习获得感具有一定的影响，加入这些变量后，模型的 R^2 提高了约 20%。在学习感受各变量中，学校归属感（$\beta = 0.371$）和学习动力（$\beta = 0.144$）的影响相对较大。学生的学校归属感越强、学习动力越大，其学习获得感越强，即认为所支付的学费越值得。

表 3–27 学习感受变量对学习获得感的影响

变量		第一步 b	第一步 SE	第一步 β	第二步 b	第二步 SE	第二步 β
控制变量	成绩	0.418***	0.065	0.018	-0.980***	0.059	-0.042
	性别	-0.965***	0.144	-0.019	-0.511***	0.127	-0.010
	学历层次	-7.489***	0.157	-0.136	-5.756***	0.139	-0.105
	学校办学性质	17.648***	0.374	0.270	14.529***	0.330	0.222
	是否"双高"校	-0.453	0.403	-0.006	-0.995**	0.355	-0.014
自变量	学习动力				0.185***	0.004	0.144
	学习压力				-0.042***	0.003	-0.031
	学习焦虑				-0.023***	0.003	-0.020
	学校归属感				0.468***	0.003	0.371
R^2		0.112			0.311		

*** $p < 0.001$；** $p < 0.01$.

表 3–28 呈现了学习环境变量对学习获得感的预测结果。整体而言，学习环境变量对学生学习收获具有一定程度的影响，加入这些变量后，回归模型的 R^2 提高了 20%。根据标准化回归系数的结果，在学习环境各方面，学校学习支持度（$\beta = 0.247$）和课程实用性（$\beta = 0.202$）对学生学习获得感的影响相对最大，其他方面的影响较弱。也就是说，学校学习支持度越高、课程实用性越高，学生认为其学费越"物有所值"。

（三）结论与建议

1. 主要调查发现

（1）学生普遍愿意学习，且愿意积极投入课程学习中

职业本科院校学生的心理投入和课程学习投入水平相对学习投入其他维度的水平

表 3-28　学习环境变量对学习获得感的影响

变量		第一步 b	第一步 SE	第一步 β	第二步 b	第二步 SE	第二步 β
控制变量	成绩	0.405***	0.065	0.017	-0.360***	0.058	-0.015
	性别	-1.039***	0.144	-0.020	-1.406***	0.128	-0.027
	学历层次	-7.493***	0.157	-0.137	-5.664***	0.139	-0.103
	学校办学性质	17.572***	0.373	0.269	14.243***	0.329	0.218
	是否"双高"校	-0.438***	0.403	-0.006	-1.409***	0.354	-0.020
自变量	课程实用性				0.269***	0.005	0.202
	课程挑战性				-0.047***	0.004	-0.033
	课程合理性				0.032***	0.005	0.021
	学校学习支持度				0.330***	0.005	0.247
	学校人际关系				0.118***	0.005	0.076
R^2		0.112			0.312		

*** $p < 0.001$.

更高。首先，学生普遍想要学习且能努力克服学习困难。数据显示，超过八成的学生想要学习更多东西使自己更好成长，近六成学生总是努力克服学习困难。其次，学生在课程学习过程中积极认真。调查显示，超八成学生能按时完成规定的作业和技能练习，超六成学生常常积极参与小组合作学习并在课上仔细观察老师的操作。

（2）学生学习动力较足，压力和焦虑中等略高，能化压力和焦虑为动力

职业本科院校学生的学习压力、学习焦虑和学习动力并存。一方面，他们的学习动力较足，绝大多数职业本科院校学生的学习动力水平在中等及以上程度。另一方面，他们的学习压力和学习焦虑也处于中等略偏高的程度。

职业本科院校学生的学习压力、学习焦虑和学习动力的首要来源都与就业息息相关。数据显示，近八成学生表示就业压力大，分别有近六成和五成的学生焦虑和担心自己学不会就业的硬本领或考不上职业技能相关证书。然而，也有近八成学生认为就业需求是其学习动力的首要来源。就业问题既给学生带来了压力，也带来了动力，学生对就业的担心也反过来可以促进其更努力地学习。

（3）学校学习环境较好，开设的课程合理实用，且学校乐于为学生提供多元学习支持

整体而言，职业本科院校为学生提供了较好的学习环境。首先，学校所开设的公共基础课程和专业课程的合理性均较高。各类课程和培养环节的实用性整体也较高，

其中公共基础课程的实用性稍弱。其次，学校比较注重为学生提供多元化的学习支持，除在为学生提供国际交流机会方面稍弱之外，在提供各类其他机会、设备场地及学习资源等方面得到约六成学生的认可。这些学习支持将可以很好地促进学生学习和发展。

（4）学生在校人际关系整体较好，且大部分学校学生的学校归属感较高

在学校体验到较好的人际关系和较强的归属感对于学生的身心健康、学习状态等都非常重要。调查显示，学生的同伴关系较好，超七成学生表示与同学的关系好或很好。学生的师生关系也还可以，近六成学生表示其与班主任/辅导员以及任课教师关系好。

此外，学生的学校归属感也还可以。超六成学生感觉自己是学校的一分子；超半数学生感觉学校像个大家庭、在学校感到快乐、感觉在学校生活很充实。

（5）学生普遍对本校教师工作比较满意

调查显示，近八成的学生认为其所在学校的教师是敬业的，并且七成以上的学生对本校教师教学情况表示满意或非常满意。

（6）学习动力、学校归属感、学校人际关系、课程合理性和实用性可正向预测学习投入

在学习感受的不同方面中，学习动力和学校归属感对于学生的学习投入具有相对较大的正向预测作用。学习动力越高、学校归属感越强的学生，其总体的学习投入程度也越高。而在学习环境的各个维度中，学校人际关系、课程合理性和实用性与学习投入程度之间存在显著的关联。学生在学校的人际关系越好，学校开设的课程越合理、越实用，学生在学习上的投入程度也相应越高。

（7）学习动力、学习支持度和学校归属感对学习反馈各方面均有稳定的正向预测作用

首先，在学习感受的不同方面中，学习动力和学校归属感对学生的教师教学满意度、学习收获以及学习获得感均有稳定的正向影响。学生的学习动力越强、学校归属感越强，其对教师教学的满意度越高、学习收获越大、越倾向于认为所支付的学费值得。其次，在学习环境的各个方面中，学校学习支持对于学生学习反馈各方面都有稳定的正向预测作用，且该变量的影响程度相对最强。学校学习支持度越高，则学生对本校教师教学越满意、学习收获越大、越倾向于认为学费"物有所值"。

2. 问题与分析

（1）学生课外学习投入水平和认知投入水平有待提高

调查显示，职业本科院校学生课外学习投入水平较低，其参与各种课外学习活动的频率总体都不高，例如常参加各类技能竞赛的比例仅23.6%。对职业本科院校而言，除课堂授课外，课外学习和活动也是非常重要的一种教与学的手段。丰富多彩的课外学习活动既可拓展教学渠道，又能丰富学生的业余生活，还能提升学生综合素质

和职业能力，是契合职业教育特点的有效学习方式。现阶段，学生参与课外学习活动较少，这是需要注意的一个问题。

职业本科院校学生的学习认知投入水平一般，其在学习时对各类认知策略的使用频率还有待提高。数据显示，在学习时常常使用各种调研涉及的认知策略的学生比例均未过半。有效的认知策略的使用有助于提高学习质量和学习效率。因此，这一问题是值得关注并需要改进的。

（2）各校为学生提供的学习环境及学生学习反馈存在较大差异

从调查结果来看，在多个维度上，学校之间的差异比较明显。绝大多数存在较明显校间差异的维度都集中在学校提供的学习环境和学生学习反馈两个方面。例如，数据显示，在学习环境方面，学校所开设课程的实用性、给学生提供的学习支持、学生在校人际关系都有较大校际差异。在学习反馈方面，各校学生的教师教学满意度和学习收获程度也存在明显的校际差异。这说明，各学校在这些方面的发展并不均衡，存在一些薄弱校。未来，应着重关注这些相对薄弱的学校，以促进我国职业本科教育的均衡发展。

（3）民办学校和非"双高"校办学质量有待提高

调查显示，民办学校和非"双高"校在调查涉及的多数方面均不如公办学校和"双高"校。相比于公办学校，民办学校的学生在心理、认知和行为三方面的学习投入程度都更低；学习动力和学校归属感明显更低；教师教学满意度和学习收获水平更低；对于课程合理性和实用性、学校学习支持度、学校人际关系的评价也均更低。此外，相比于"双高"校，非"双高"校学生的学习投入水平、学习动力、学校归属感和学习收获水平均相对更低。在学校层面，非"双高"校所开设课程的合理性和实用性、学校对学生学习的支持度以及学生对教师教学的满意度也都不如"双高"校。今后，需进一步发挥公办学校和"双高"校的示范引领作用，提升"民办"和非"双高"学校的职业本科教育办学水平。

（4）本科学生的学习状况不及专科生

调查显示，职业本科院校中，本科学生和专科学生在学习投入、学习感受、对学习环境的评价和学习反馈等多方面存在差异。具体而言，本科学生的学习行为投入相对更少，主要体现为在课上提问和回答问题，以及参与拓展实训实习的频率更低。并且本科生的学习动力不如专科生，对学校的归属感更低。此外，他们对于学校所开设课程合理性和实用性的评价，以及对学校提供的学习支持的评价都明显低于专科学生。在学习反馈各方面，他们对本校教师教学的满意度也更低，认为在各方面能力上获得的提高程度不如专科学生。

（5）仅小部分学生认为学费是值得的

职业本科院校的学费问题需高度关注。调查显示，认为所支付的学费值得或非常值得的学生比例仅为28%。并且，不同学校学生在对待学费是否值得这一问题上的态度差别很大，学习获得感指数在不同学校间的变动范围很大，介于28.3和70.5之间。

学生认为学费不值得的问题在民办学校和非"双高"校中表现得尤为突出。调查显示，在民办学校中和非"双高"校中，均只有约五分之一的学生认为学费值得，而公办学校和"双高"校中却均有近六成学生认为学费值得。

3. 对策与建议

办好职业本科教育事关技能强国战略和制造强国战略的顺利实施，更是推动现代职业教育高质量发展的核心要义。针对职业本科院校学情调查发现的问题，既要从外部给予职业本科教育发展有力的政策支撑，也要从内部深化职业教育教学改革，激发学生学习潜能，提高职业本科院校的办学水平和育人质量，显著提升职业教育的吸引力和社会认可度。

（1）提升技能人才地位，扩大招生宣传，激发学习动力

发展职业本科教育是服务产业经济转型升级的必然要求，是系统化培养高层次技术技能人才的重要途径。在技能强国战略背景下，应进一步弘扬技能宝贵、人人皆可成才的良好社会氛围，提高技术技能人才地位，完善待遇分配制度，提升从业幸福感，才能进一步增强职业教育对学生的吸引力，招收更多愿意成为能工巧匠的有志青年，学校做好职业生涯规划和指导，激发学生成才的渴望和内在学习动力。

（2）服务高质量就业，优化专业设置，增强学习动力

稳步发展职业本科教育，应主动对接产业需求，更好地适应新一轮科技革命和产业变革，服务产业基础高级化、产业链现代化，立足"产业高端和高端产业"，实现教育链、人才链与产业链、创新链的有效衔接，保持职业教育办学方向不变、培养模式不变、特色发展不变，重点培养区域产业转型升级急需的高层次创造性技术技能人才，合理设置本、专科专业，调整优化专业层次结构，使学校专业设置与职业岗位需求真正对接，让学生学有所用，能就业、好就业、就好业，增强学习信心。

（3）突出课程实践性，体现职教特点，提升学习效果

职业本科教育本质上是实践性、职业性的技术教育。应加大职业本科教育教学改革力度，深化产教融合、校企合作，全面构建"立足职业，突出能力，强化实践、提升素质"特色的职业本科层次人才培养体系，突出实践导向的高层次、复杂性、综合性职业能力培养的课程设置，遵循技能人才成长规律，进一步增强实践性教学环节，发挥学生动手能力强的优势，扬长补短，深化教师、教材、教法改革，培养更多可以解决复杂问题、完成综合任务的高层次技术技能人才，提升育人质量。

（4）改善育人环境，关注心理健康，加强学习支持

职业本科院校学生来源多元，既有中职毕业生也有普高毕业生，还有扩招背景下的社会生源。为更好地适应各类人员的发展需求、学习需求，学校除了在硬件上进一步改善实习实训等条件外，还应该关注学生的心理健康和学习困难，打造良好的师生关系，主动为学生提供各种学习支持，比如灵活的教学方式、丰富的学习资源、多样

的实习实训机会、多种技能参赛机会和考证途径，使学生乐学、会学、学会，培养终身学习能力和创新能力，真正学有所成。

（5）开展教学评估，保障办学质量，提高学生满意度

把职业教育本科学校纳入高等职业院校适应社会需求能力评估体系，开展职业本科院校教学评估，既要发挥优质示范校、骨干校的办学优势和增长极效应，引领职业教育高水平专业建设和高质量教学改革，也要促进不同水平院校间的交流与合作，缩小公办与民办、升格学校和转型学校、"双高"校与非"双高"校在办学条件、教学水平和育人质量上的差距，使不同院校的学生在职业能力、方法能力、社会能力、创新能力及可持续发展能力等方面都有所进步，提升学生对职业教育的满意度，增强学业获得感。

三、职业本科院校教师状况调查

从 2019 年首批 15 所本科层次职业学校试点以来，截至 2021 年年底，有独立设置的 32 所本科层次职业学校、3 所应用型本科学校设置本科职业教育专业，全国本科层次职业学校教师总数达到 2.56 万人。

（一）调查基本情况

1. 调查背景

为准确把握当前职业本科院校教师工作现状，教育部职业教育发展中心于 2021 年 11 月组织开展了全国职业本科院校教情调查。聚焦于教情调查，调查对象为职业本科院校专业课教师，调查的方式为问卷调查，调查通过线上调研平台实施，全程均采用匿名的方式进行。

本调查具备综合性、全国性和科学性等特点。其综合性主要体现在调查内容上。教情调查中关注的问题是综合全面的，主要包括教师的胜任力等方面，有助于全面刻画职业本科院校教师教学特征。调查的全国性体现在其取样范围上。本调查是一项大规模的调查，调查区域覆盖东中西部地区 20 多个省（直辖市）。调查的科学性主要体现在调查工具、数据分析等环节上。项目组在充分调查的基础上，在专家的指导下开发了调查问卷，并对其进行了反复修改和讨论；数据分析工作也在教育统计方向专家的指导下进行。下面具体介绍职业本科院校教情调查的工具和对象。

2. 调查问卷分析

(1) 信度分析

全国职业本科院校教情调查问卷中包含多个维度（或分量表），各维度测量的内容不尽相同，因此对问卷各个维度分别进行信度分析。与学情调查相同，我们计算每个维度的克隆巴赫 α 系数（或称"内部一致性 α 系数"）和分半信度来评估调查工具的信度，结果如表 3 – 29 所示。由该表可知，测验各分量表的内部一致性 α 系数和分半信度基本都大于 0.7，信度较高，仅研究能力分量表和专业操作技能分量表的分半信度略低（低于 0.7），分别为 0.638 和 0.577。

表 3 – 29 测验信度检验结果

分量表	内部一致性 α 系数	分半信度
了解学生	0.862	0.755
关爱学生	0.950	0.931
知识水平	0.889	0.861
通用能力	0.885	0.879
教学设计能力	0.917	0.903
教学实施能力	0.933	0.912
自我发展能力	0.888	0.879
学生管理能力	0.831	0.814
研究能力	0.717	0.638
社会服务能力	0.805	0.799
专业操作能力	0.766	0.577
教师效能感	0.931	0.912
工作获得感	0.882	0.829
职业认同感	0.922	0.910
学校归属感	0.955	0.952
工作满意度	0.935	0.896
改革适应度	0.940	0.923

(2) 效度分析

在正式调查之前，课题组组织多名专家对教情调查问卷进行了充分的讨论，并在此基础上进行了多轮次修改和完善，所有问卷题目表述准确无误、通俗易懂，确保了问卷具备良好的内容效度。还使用验证性因子分析方法（confirmatory factor analysis，CFA）对问卷结构效度进行评价。与学情调查相同，借助 CFA 的模型的拟合结果（CFI、TLI、RMSEA 指标）来评估各分量表的结构效度，同时估计每个题目的因子载荷以评估各小题的质量。下面详细呈现各分量表的结构效度分析结果。

> **教师胜任力**

教师胜任力分量表共计 59 个题目，包括教师师德和教师能力两大维度，其中教师师德又分为了解学生和关爱学生 2 个子维度；教师能力维度分为知识水平、通用能力、教学设计能力、教学实施能力、自我发展能力、学生管理能力、研究能力、社会服务能力以及专业操作能力 9 个子维度。除了研究能力的 8 个题目外，其余题目均为 5 点计分。

对教师胜任力分量表进行验证性因子分析，使用 11 维度模型，即将教师胜任力拆分为了解学生、关爱学生、知识水平、通用能力等 11 个维度。验证性因子分析模型（CFA 模型）拟合结果见表 3-30。

表 3-30 教师胜任力分量表模型拟合结果

分量表	χ^2	df	CFI	TLI	RMSEA
教师胜任力	22 360.220	1 597	0.867	0.858	0.040

由表 3-30 可知，教师胜任力分量表对应的 CFA 模型拟合结果较好，CFI、TLI 均接近 0.9，RMSEA 小于 0.08，说明教师胜任力分量表的结构效度较好。

由表 3-31 可知，教师胜任力分量表下所有题目的载荷都在 0.5 以上，因此整体来看教师胜任力分量表的题目质量较高，结构效度较好。

表 3-31 教师胜任力分量表因子载荷结果

题 目	载荷
1. 教师师德——了解学生（您认为自己对所教学生的以下方面了解吗）	
知识技能基础	0.792
学习兴趣	0.780
学习能力	0.770
个性特点	0.751
职业理想	0.711
家庭情况	0.514

续表

题　目	载荷
2. 教师师德——关爱学生（以下关于您所在学校教师的描述与您观察到的实际情况相符吗）	
我身边的教师都对所有学生一视同仁	0.840
我身边的教师都会认真对待学生的反馈和建议	0.865
我身边的教师都能换位思考理解学生的感受	0.878
我身边的教师都善于发现学生的闪光点	0.890
我身边的教师都经常帮学生解决学习和生活上的困难	0.862
我身边的教师都尽力满足学生的拓展性学习需求	0.896
3. 教师能力——知识水平（请判断以下描述与您实际情况的符合程度）	
我了解技能人才成长规律	0.790
我了解学生项目小组学习的特点	0.784
我了解所教专业相关职业的发展情况	0.773
我熟悉所教专业的知识体系	0.768
我熟悉所教专业的新技术、新工艺、新规范	0.801
4. 教师能力——通用能力（请判断以下描述与您实际情况的符合程度）	
我能运用既有的知识技能解决新问题	0.803
我能及时、妥当地处理工作中的突发情况	0.790
我善于带各种各样的班级	0.737
我能与学生教学相长	0.802
我能对社会和企业的教学资源进行有效整合	0.781
5. 教师能力——教学设计能力（请判断以下描述与您的教学设计的符合程度）	
我能正确理解专业教学标准并将其转化为专业人才培养方案	0.845
我能根据教学目标合理制订教学计划	0.826
我能基于工作过程设计教学过程和项目任务	0.844
我能根据课程需要对教材内容进行重新加工和挖掘	0.824
我能将相关领域产业升级的新技术、新工艺、新规范融入教学设计	0.822

续表

题　目	载荷
6. 教师能力——教学实施能力（请判断以下描述与您的教学工作的符合程度）	
我能深入挖掘课程思政元素并运用多种手段将其融入教学	0.777
我能根据学生的学情因材施教	0.807
我能充分调动学生的学习积极性，注意师生互动，课堂气氛活跃	0.785
我能将讲解、演示和指导学生动手操作结合起来	0.802
我能将学生的专业学习和生产实践结合起来	0.808
我能运用各种信息技术手段开展教学	0.776
我善于运用多元评价方法全面评价学生发展	0.807
我能进行有效的教学反思和改进	0.823
7. 教师能力——自我发展能力（请判断以下描述与您实际情况的符合程度）	
我能不断研究和改进教育教学工作	0.842
我工作之余能钻研业务	0.797
我经常与同行开展业务交流	0.796
我有明确的职业发展规划	0.818
8. 教师能力——学生管理能力（请根据您实际情况，回答最近一个学期您做出以下行为的次数）	
为学生提供多方面的心理疏导	0.632
为学生提供职业生涯规划、就业创业指导	0.849
为学生推荐就业	0.856
采取措施及时处理学生的矛盾冲突	0.625
9. 教师能力——研究能力（请估计并填写您最近一年开展以下各项活动的频率）	
阅读专业文献	0.629
参加教科研活动	0.567
参与教科研课题研究	0.714
承担政府委托课题	0.767
承担横向委托课题	0.724
发表研究论文	0.572
出版专著	0.617
参编教材	0.548

续表

题 目	载荷
10. 教师能力——社会服务能力（请回答最近一年您从事以下社会服务活动的次数）	
社会培训	0.641
技术研发	0.680
咨询指导	0.768
公益服务	0.752
11. 教师能力——专业操作能力	
根据教学要求，您的专业操作技能掌握情况是？	0.687
您掌握了所教专业领域的新技术、新工艺、新规范吗？	0.746
如果请您担任如下职务，您认为自己可以胜任吗：国家级学生技能竞赛的现场裁判	0.557
如果请您担任如下职务，您认为自己可以胜任吗：国家级学生技能竞赛的专业操作指导老师	0.558

> **教师效能感**

教师效能感分量表共计一个维度6个题目，对教师效能感分量表进行验证性因子分析，模型拟合结果见表3-32，因子载荷结果见表3-33。

结果显示，CFI 和 TLI 均大于0.9，RMSEA 接近0.08，说明模型拟合较好。

由表3-33可知，教师效能感分量表中各个题目的载荷都接近0.8或0.8以上，可以得出该量表题目质量较好，结合因子载荷以及模型拟合结果，可以认为教师效能感分量表具有较高的结构效度。

表3-32　教师效能感分量表模型拟合结果

分量表	χ^2	df	CFI	TLI	RMSEA
教师效能感	635	9	0.983	0.972	0.093

表3-33　教师效能感分量表因子载荷结果

题 目	载荷
教师效能感（您有信心做到以下方面吗）	
解答学生在专业学习上的问题	0.797
调整自己的教学以引起学生的兴趣	0.843
帮助学生领会学习本专业的价值	0.874

续表

题 目	载荷
帮助学生成为有技术专长的人	0.864
给有能力的学生提供具有挑战性的任务	0.832
给学习困难的学生提供针对性强的学习支持	0.792

> **工作获得感**

工作获得感分量表共计一个维度7个题目，对工作获得感分量表进行验证性因子分析，模型拟合结果见表3-34，因子载荷结果见表3-35。

表3-34 工作获得感分量表模型拟合结果

分量表	χ^2	df	CFI	TLI	RMSEA
工作获得感	4 187.57	14	0.866	0.798	0.192

结果显示，CFI值接近0.9，TLI小于0.9，RMSEA大于0.08。综合各指标情况，认为该分量表在可接受范围内，但有提高空间。

表3-35 工作获得感分量表因子载荷结果

题 目	载荷
工作获得感（请判断以下描述与您实际情况的符合程度）	
我的发展机会很多	0.738
领导肯定我的工作	0.835
同事认可我的工作	0.773
学生尊重我	0.629
我在工作中受到公正对待	0.803
我的受教育水平与目前的工作职位是相称的	0.720
我的薪酬与我的付出、取得的成就是相称的	0.626

由表3-35可知工作获得感分量表中2个题目载荷为0.6左右，3个题目的载荷在0.7到0.8范围内，两个题目载荷超过0.8。结合因子载荷以及模型拟合结果，工作获得感分量表的题目在可接受范围内。

> **职业认同感**

职业认同感分量表共计一个维度4个题目，对职业认同感分量表进行验证性因子分析，模型拟合结果见表3-36，因子载荷结果见表3-37。

表 3-36　职业认同感分量表模型拟合结果

分量表	χ^2	df	CFI	TLI	RMSEA
职业认同感	266.7	2	0.989	0.968	0.128

结果显示 CFI 和 TLI 值均大于 0.9，虽然 RMSEA 值为 0.128，大于 0.08，但综合来看模型拟合结果可以接受。

表 3-37　职业认同感分量表因子载荷结果

题　目	载荷
职业认同感（您同意以下关于您从事职业的描述吗）	
当职教教师能让我实现人生价值	0.876
我听到或看到对职教教师的正面评价时感到自豪	0.784
如果可以重新选择我仍然会当职教教师	0.903
我对职教教师这个职业的未来充满信心	0.896

从表 3-37 可知大多数题目的载荷都大于 0.8。结合因子载荷和模型拟合结果可以认为职业认同感分量表具有较好的结构效度。

> **学校归属感**

学校归属感分量表共计一个维度 5 个题目，对学校归属感分量表进行验证性因子分析，模型拟合结果见表 3-38，因子载荷结果见表 3-39。

表 3-38　学校归属感分量表模型拟合结果

分量表	χ^2	df	CFI	TLI	RMSEA
学校归属感	360.13	5	0.992	0.984	0.094

结果显示 CFI 和 TLI 值均大于 0.9，RMSEA 值接近 0.08，说明模型拟合结果较好。

表 3-39　学校归属感分量表因子载荷结果

题　目	载荷
学校归属感（您同意以下关于您所在学校的描述吗）	
我得到了学校的悉心培养	0.843
我有种离不开这所学校的感觉	0.893
我喜欢在这所学校工作	0.922

续表

题 目	载荷
我会推荐亲友到这所学校工作	0.919
我以是这所学校的教师而自豪	0.927

由表3-39可知，学校归属感分量表中各个题目的载荷都在0.8以上，可以得出该量表题目质量较好，结合因子载荷以及模型拟合结果，可以认为学校归属感分量表具有较高的结构效度。

> **工作满意度**

工作满意度分量表共计一个维度8个题目，对工作满意度分量表进行验证性因子分析，模型拟合结果见表3-40，因子载荷结果见表3-41。

表3-40 工作满意度分量表模型拟合结果

分量表	χ^2	df	CFI	TLI	RMSEA
工作满意度	3 314.56	20	0.935	0.908	0.143

结果显示CFI和TLI值均大于0.9，虽然RMSEA值为0.143，大于0.08，但综合来看模型拟合结果可以接受。

表3-41 工作满意度分量表因子载荷结果

题 目	载荷
工作满意度（请评价您对您工作各方面的满意程度）	
薪酬	0.762
工作内容	0.832
工作强度	0.801
工作环境	0.816
同事关系	0.650
学校的领导管理	0.848
学校提供的教师专业发展机会	0.887
学校的教师职称评定、职务晋升机制	0.832

由表3-41可知工作满意度分量表中大多数题目的载荷都在0.8以上，有一个题目的载荷低于0.7，题目质量较高，结合因子载荷和模型拟合结果，可以认为工作满意度分量表具有较好的结构效度。

> **职教改革适应度**

职教改革适应度分量表共计一个维度6个题目,对职教改革适应度分量表进行验证性因子分析,模型拟合结果见表3-42,因子载荷结果见表3-43。

表3-42 职教改革适应度分量表模型拟合结果

分量表	χ^2	df	CFI	TLI	RMSEA
职教改革适应度	633.73	9	0.985	0.975	0.093

结果显示CFI和TLI值均大于0.9,RMSEA值为0.093,接近0.08,说明模型拟合结果良好。

表3-43 职教改革适应度分量表因子载荷结果

题 目	载荷
职教改革适应度(请标明您对以下职业教育改革趋势的适应度)	
培养高素质创新型技术技能人才	0.845
实行中本/专本贯通、衔接培养	0.849
严把教学标准和毕业学生质量标准两个关口	0.898
将新技术、新工艺、新规范及时纳入教学标准和教学内容	0.893
专业目录和教材不断调整	0.863
开展1+X证书制度试点工作	0.764

由表3-43可知职教改革适应度分量表中大多数题目的载荷都在0.8以上,题目质量较高,结合因子载荷和模型拟合结果,可以认为职教改革适应度分量表具有较好的结构效度。

3. 调查对象

本次调查共涉及31所职业本科院校(未招生和只有一年级新生的院校未参与本次调查),来自全国20个省份(直辖市)。调查对象为这些院校的专业课教师。经过数据清理后,最终有效问卷数量为8 051份。各个学校有效教师人数如表3-44所示。

表3-44 各院校有效教师数量及百分比

院校	人数	占比/%
学校1	535	6.6
学校2	170	2.1
学校3	27	0.3

续表

院校	人数	占比/%
学校 4	133	1.7
学校 5	236	2.9
学校 6	283	3.5
学校 7	328	4.1
学校 8	261	3.2
学校 9	324	4.0
学校 10	506	6.3
学校 11	56	0.7
学校 12	226	2.8
学校 13	250	3.1
学校 14	302	3.8
学校 15	174	2.2
学校 16	328	4.1
学校 17	261	3.2
学校 18	177	2.2
学校 19	411	5.1
学校 20	228	2.8
学校 21	138	1.7
学校 22	283	3.5
学校 23	372	4.6
学校 24	181	2.2
学校 25	505	6.3
学校 26	196	2.4
学校 27	254	3.2
学校 28	353	4.4
学校 29	347	4.3
学校 30	46	0.6
学校 31	160	2.0
合计	8 051	100.0

调查对象中，男性教师 3 255 人，占比 40.4%；女性教师 4 796 人，占比 59.6%。女性教师数量明显多于男性。

从受教育程度来看，有 5 297 人取得硕士研究生及以上学历，占比 65.8%。本科学历人数为 2 559 人，占比 31.8%。专科及以下学历以及其他学历人数共计 195 人，占比 2.3%。

从学校办学性质来看，有 2 461 名教师来自公办学校，占比 30.6%；有 5 590 名教师来自民办学校，占比 69.4%。

根据学校所在地区划分，隶属于东部院校的教师有 3 326 名，占比 41.3%；隶属于中部院校的教师 1 745 人，占比 21.7%；隶属于西部院校的教师 2 980 人，占比 37.0%。

根据学校的建校基础来看，有 1 660 名教师来自"双高"院校，占比 20.6%；有 6 364 名教师来自非"双高"院校，占比 79.0%，另外有 27 名教师的数据缺失。

来自"职教高地"学校的教师共 3 417 人，占比 42.4%，非"职教高地"学校的教师有 4 634 人，占比 57.6%。

（二）教师教情分析

本次调查主要涉及教师胜任力、教师工作感受以及教师改革适应度三大方面。为了方便理解和呈现结果，对调查涉及的各维度，均计算一个指数，用来反映其水平的高低。指数的计算方式为 $\frac{(维度得分均值-1)}{4} \times 100$。通过这种转换方式可以将被试原始分数转换为范围在 0~100 的指数。指数的值越高，表示该维度的水平越高。

后文呈现调查结果时，我们对不同院校的教师各个维度指数进行了差异检验。由于此次调查样本量较大，假设检验的显著性无法直接反映出组间差异是否存在实际意义（即在样本量过大情况下，极易得到 $p<0.05$ 的显著结果），因此对于假设检验结果显著的组间差异，计算了效应量指标，即科恩 d 值（适用于两个组别的情况，如公办院校、民办院校）或 η^2（适用于多于两个组别的情况，如东、中、西部地区）。效应量值直接衡量了实际的组间差异的大小。当科恩 d 值大于等于 0.1 或 η^2 大于等于 0.005 时，认为组间存在显著差异。

另外，还通过计算 ICC 值（组内相关系数）来检验不同学校之间是否存在较大差异。该值反应了学校间变异占总变异的比值，该值越大，说明学校之间存在的差异越大，其值大于 0.05 时，认为学校之间存在较大差异。

1. 教师基本情况

调查的教师教龄、受教育程度等基本情况如下：

（1）教师教龄情况

教师平均教龄为 9.63 年，其中教龄在 5 年及以下的教师有 3 608 人，占比

44.8%;教龄在 5~10 年的教师有 1 590 人,占比 19.7%;教龄在 10~20 年的教师有 1 988 人,占比 24.7%;教龄在 20~30 年的教师有 509 人,占比 6.3%;教龄在 30 年以上的教师有 335 人,占比 4.2%。

(2)教师最高受教育程度

受教育程度为专科及以下的教师有 171 人,占比 2.0%;受教育程度为本科的教师有 2 559 人,占比 31.8%;硕士研究生有 4 961 人,占比 61.6%;博士研究生只有 336 人,占比 4.2%;另外还有 24 人选择其他。

(3)教师专业背景

接受调查的教师中,有 1 573 人出身于普通师范教育,占比为 19.5%;有 624 人出身于职教师范教育,占比 7.8%;有 2 827 人出身于非师范教育的人文学科背景,占比有 35.1%;有 3 655 人出身于非师范教育的自然学科背景,如理学、工学等;还有 144 人出身于非师范教育的其他学科背景,占比为 1.8%。

(4)前一份工作

接受调查的教师中,有 3 713 人为应届毕业生,占比 46.1%;有 707 人之前是其他职业院校教师,占比 8.8%;有 853 人之前是其他普通院校教师,占比 10.6%;有 305 人之前是培训机构教师,占比 3.8%;有 2 133 人之前是企业技术人员,占比 26.5%;有 340 人之前从事其他工作,占比为 4.2%。

(5)教师技术职称

接受调查的教师中,正高级职称的教师有 375 人,占比 4.7%;副高级职称的教师有 1 770 人,占比 22.0%;中级职称教师 3 067 人,占比 38.1%;初级职称教师 1 378 人,占比 17.1%;还有 1 461 人没有职称,占比 18.1%。

2. 教师胜任力

从教师师德和教师能力两大维度来对教师的胜任力进行考察,其中教师师德分为了解学生和关爱学生两部分,教师能力分为知识水平、通用能力、教学设计能力、教学实施能力、自我发展能力、学生管理能力、研究能力、社会服务能力以及专业操作能力 9 个部分。

教师胜任力指数为 75.1,总体胜任力较高。男性教师胜任力指数(77.0)显著高于女性教师(73.9),科恩 d 值为 0.27;教学对象以本科学生为主(76.2)的教师总体胜任力显著高于以专科学生为主(73.9)的教师,科恩 d 值为 0.21;"双高"学校(74.8)和非"双高"学校(75.2)教师的总体胜任力没有明显差异;"职教高地"学校教师(75.3)和非"职教高地"(75.1)学校之间没有明显差异;东部(75.0)、中部(74.3)、西部(75.8)地区学校教师的总体胜任力之间差别很小。

不同院校之间教师胜任力指数存在一定差异,ICC 值为 0.062,参与调查各个学校教师胜任力指数如图 3-82 所示。

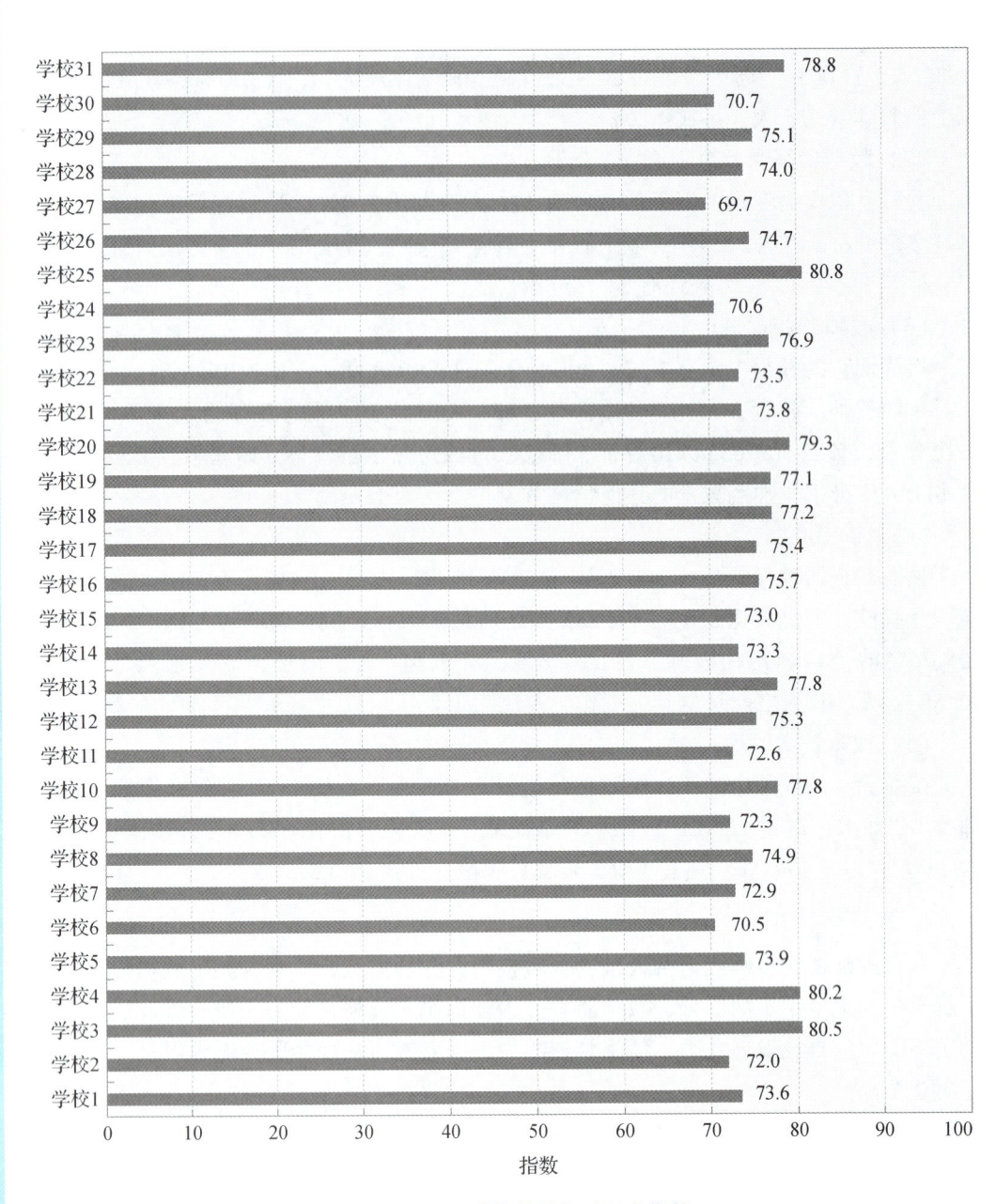

图 3-82　不同学校的教师胜任力指数

由图 3-82 可知，学校 27 教师胜任力指数最低，为 69.7；学校 25 的教师胜任力指数最高，为 80.8。

(1) 了解学生

第一，教师对学生的整体了解情况尚可 (70.9)。在了解学生维度的各小题上，表示了解或者非常了解的教师比例如图 3-83 所示。由图可知，教师对学生与学习相关的方面最了解，包括学生知识技能基础（89.5%）、学习能力（87.9%）以及学习兴趣（83.5%），对学生的职业理想（58.8%）和个体特点（66.9%）的了解程度中等，对学生家庭情况的了解程度不够（29.7%）。

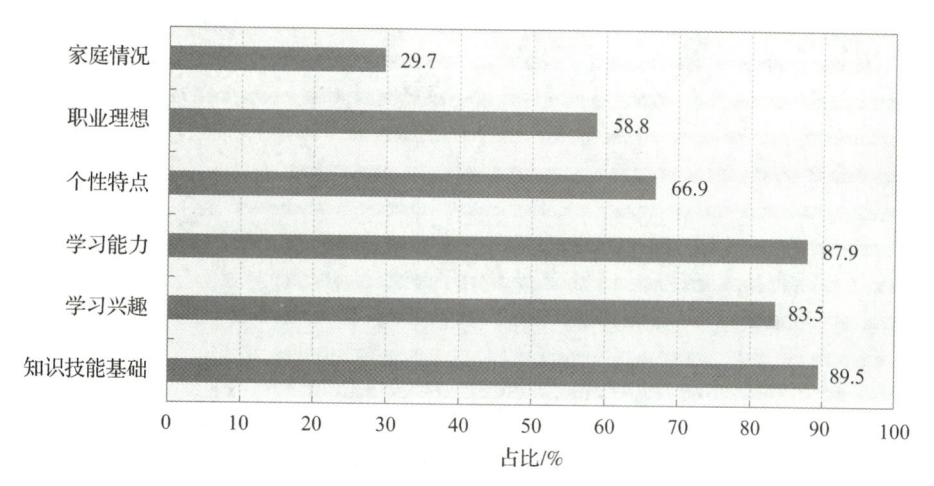

图3-83 了解学生维度各小题选择了解或非常了解的教师比例

第二，不同院校教师对学生的了解程度存在一定差异，ICC值为0.074。图3-84为不同院校教师了解学生的指数情况，学校4的了解学生指数最高，为82.1，学校27的指数最低，为65.7。

第三，分群体来看，男性教师的了解学生指数（72.0）略高于女性教师（70.1），科恩d值为0.13，不同教龄、不同学历、不同职称教师对学生的了解程度都不存在明显差异。从学校性质角度来看，非"双高"院校教师的了解学生指数（71.3）略高于"双高"院校（69.3），科恩d值为0.13；"职教高地"院校和非"职教高地"院校教师，以及不同地域院校教师对学生的了解程度不存在明显差异。

图3-85、图3-86和图3-87呈现了不同性别、不同办学性质学校以及"双高"和非"双高"校教师中表示对学生各个方面了解或非常了解的比例。由图可知，男性教师对学生的家庭状况以及职业理想的了解程度要高于女性教师，在其余方面，男性教师和女性教师的了解程度差异不大。

非"双高"院校的教师对于学生的家庭状况、职业理想以及个性特点的了解程度比"双高"院校教师稍高，人数比例相差3%~7%；对于学生的其他方面，两类院校教师的了解程度没有明显差异。

（2）关爱学生

第一，整体来看，教师比较关爱学生（79.6）。图3-88呈现了关心学生维度各个题目上选择符合或者非常符合的教师比例，由图可知，八成以上教师都认为身边的教师能够对学生的困难、需求、反馈予以正面回应，能做到对学生一视同仁。

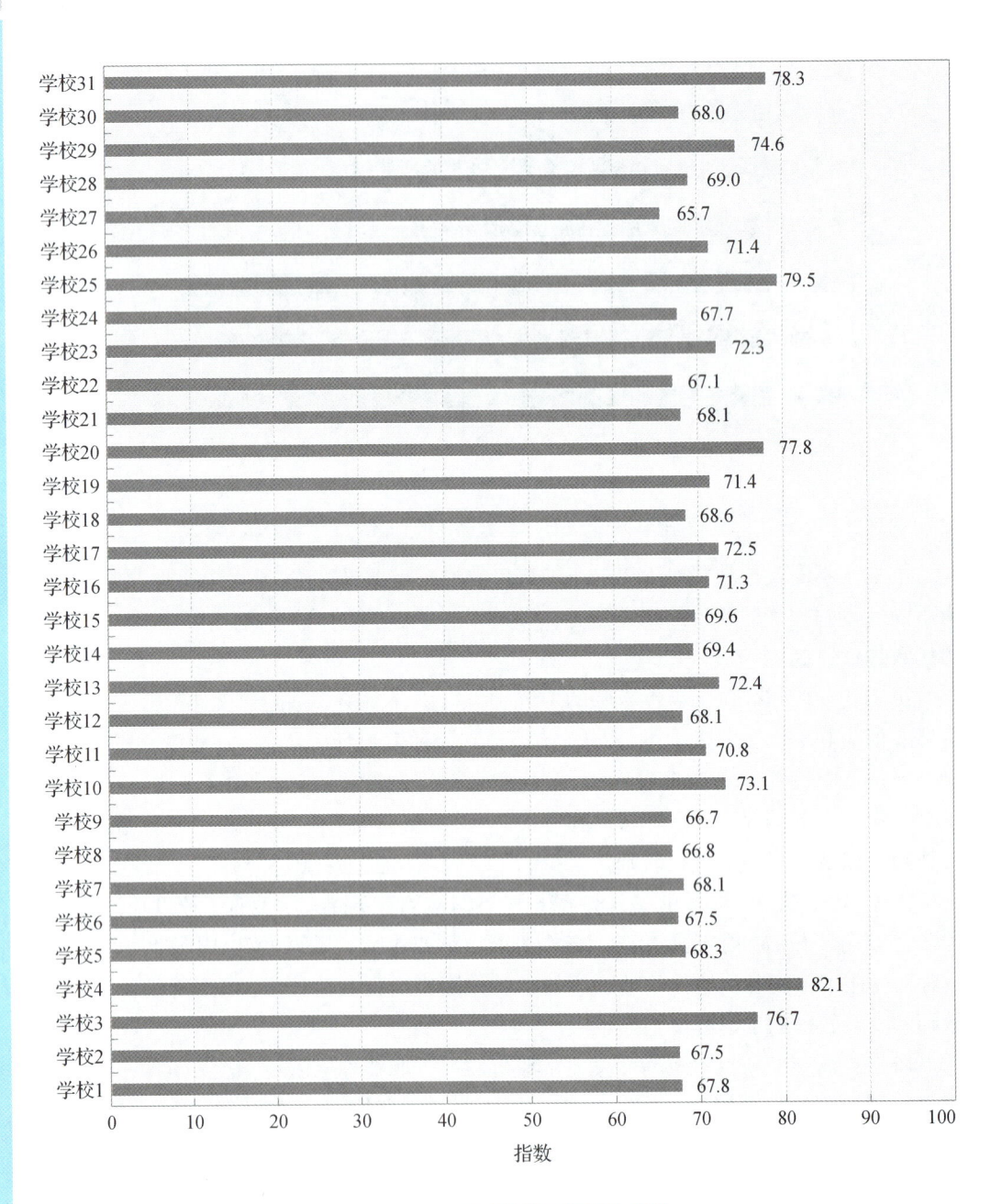

学校	指数
学校31	78.3
学校30	68.0
学校29	74.6
学校28	69.0
学校27	65.7
学校26	71.4
学校25	79.5
学校24	67.7
学校23	72.3
学校22	67.1
学校21	68.1
学校20	77.8
学校19	71.4
学校18	68.6
学校17	72.5
学校16	71.3
学校15	69.6
学校14	69.4
学校13	72.4
学校12	68.1
学校11	70.8
学校10	73.1
学校9	66.7
学校8	66.8
学校7	68.1
学校6	67.5
学校5	68.3
学校4	82.1
学校3	76.7
学校2	67.5
学校1	67.8

图 3-84　不同院校的了解学生指数

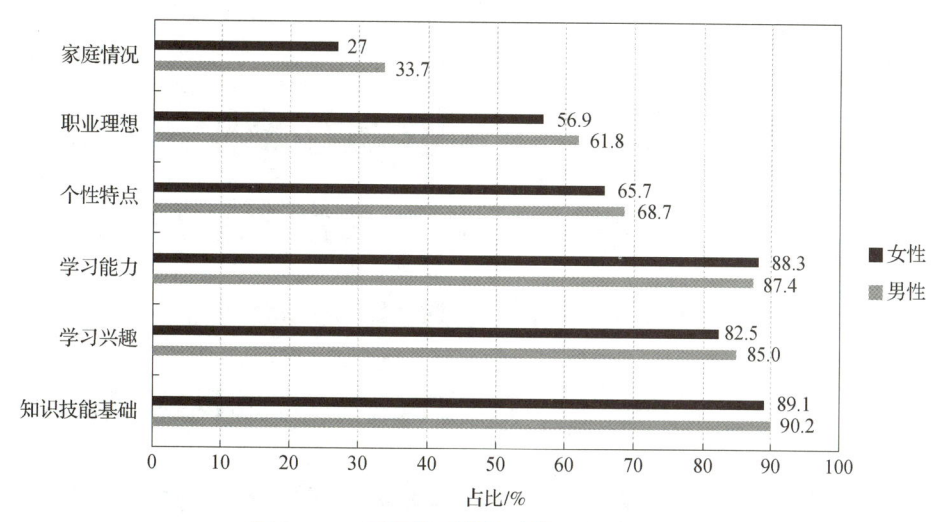

图 3-85 不同性别教师对学生的了解情况

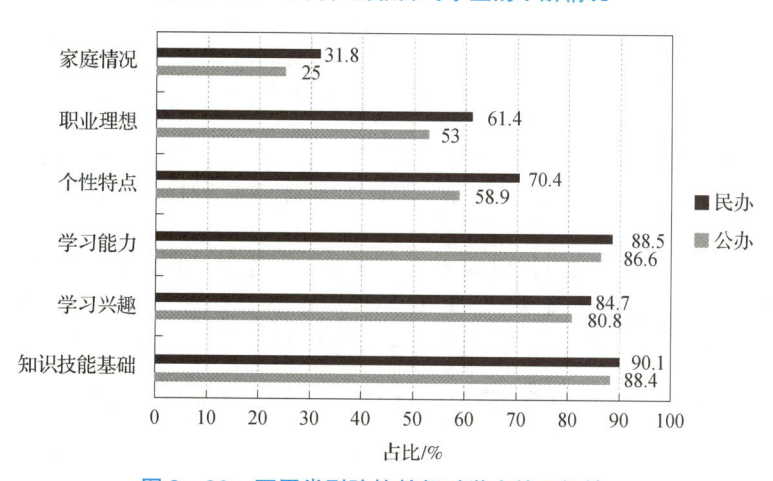

图 3-86 不同类型院校教师对学生的了解情况

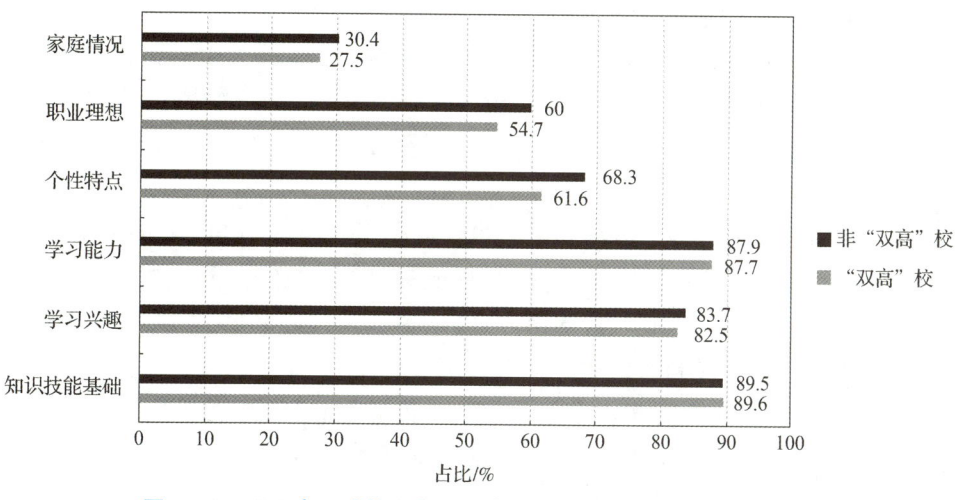

图 3-87 "双高"院校和非"双高"院校教师对学生的了解情况

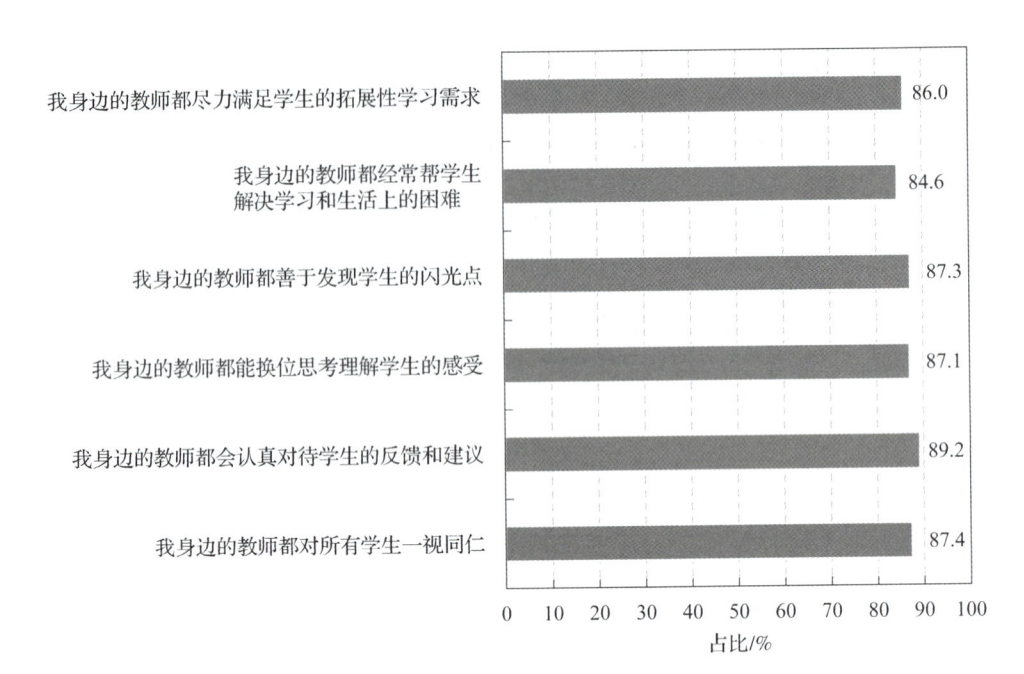

题项	占比/%
我身边的教师都尽力满足学生的拓展性学习需求	86.0
我身边的教师都经常帮学生解决学习和生活上的困难	84.6
我身边的教师都善于发现学生的闪光点	87.3
我身边的教师都能换位思考理解学生的感受	87.1
我身边的教师都会认真对待学生的反馈和建议	89.2
我身边的教师都对所有学生一视同仁	87.4

图 3-88 关心学生维度各小题选择符合或非常符合的比例

第二，不同院校教师对学生的关爱程度存在一定差异，ICC 值为 0.060。图 3-89 为不同院校教师在关心学生维度上的指数得分，学校 3 教师的关心学生指数最高，为 90.3，学校 30 教师的指数最低，仅为 70.2。

第三，分群体看，不同教龄教师对身边教师关爱学生情况的评价有显著差异，η^2 为 0.006；不同性别、不同学历、不同职称的教师在关爱学生维度上都不存在明显差异。"双高"院校与非"双高"院校、"职教高地"院校与非"职教高地"院校，不同地区院校教师之间则均不存在显著差异。

图 3-90 为不同教龄教师认为身边的教师能从各方面关爱学生的比例。综合各教龄段教师在各小题上的作答情况来看，教龄不超过 5 年的新手教师对身边教师关爱学生情况的评价最高，教龄为 20~30 年的教师的评价最低。

(3) 知识水平

第一，教师较好地掌握了各项知识（79.1）。由图 3-91 可知，在专业知识方面，分别有 92.6%、89.5% 和 82.1% 的教师熟悉知识体系，了解相关职业发展情况，熟悉新技术、新工艺、新规范。在教育知识方面，分别有 83.3% 和 79.7% 的教师了解技能人才成长规律以及学生项目小组学习的特点。

第二，不同院校教师的知识水平没有明显的差异，ICC 值 0.037，图 3-92 为各个院校教师知识水平指数结果，各院校教师的知识水平指数介于 74.0 和 87.6 之间。

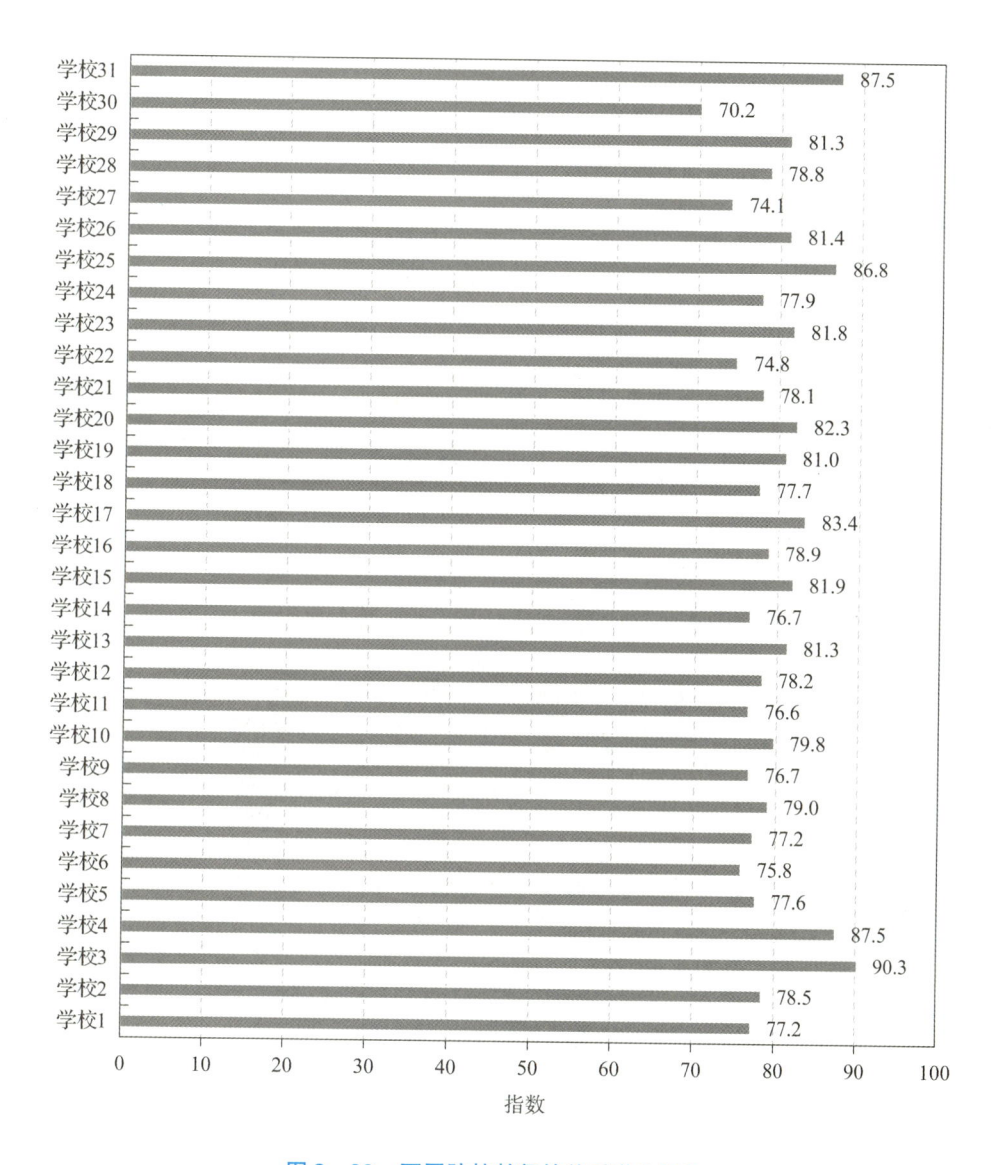

图3-89 不同院校教师的关爱学生指数

第三，分群体来看，男性教师的知识水平指数（81.1）要显著高于女性教师（77.8），科恩 d 值为0.23；不同职称教师的知识水平指数也存在一定的差异，η^2 为0.006。

图3-93展示不同性别教师在知识水平维度各个题目上选择符合或非常符合的比例，可以看到，男性教师中了解专业新技术、新工艺、新规范的比例以及了解技能人才成长规律的比例都明显高于女性教师。

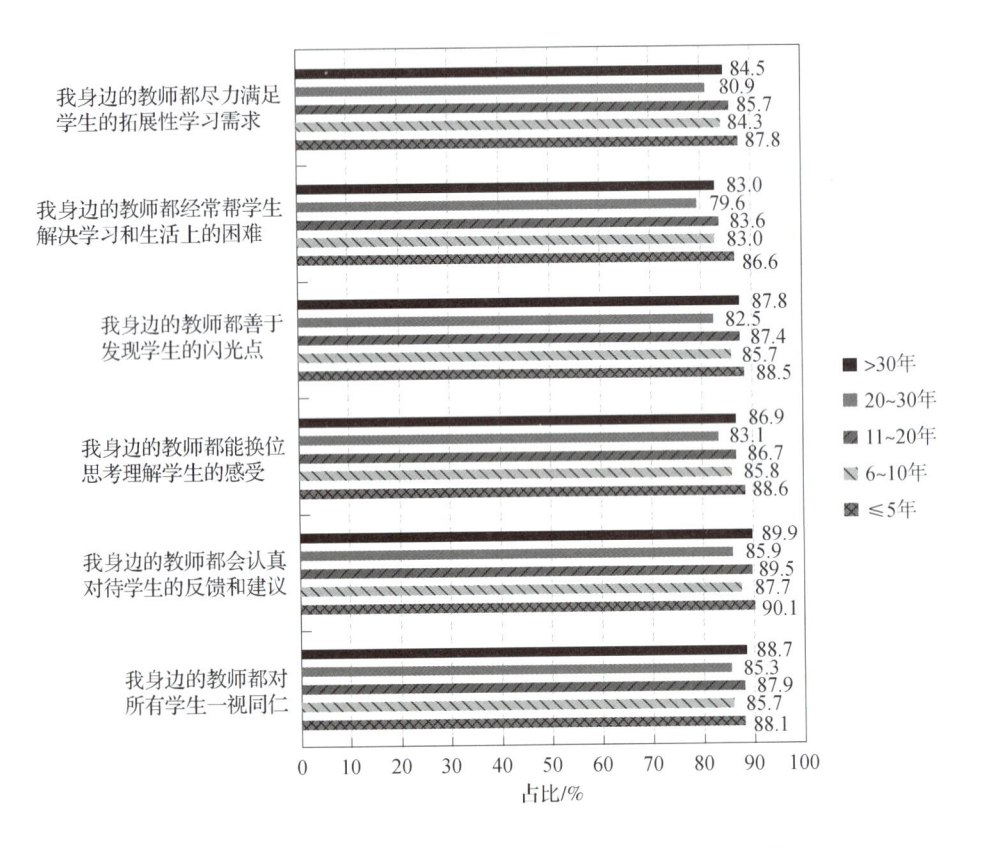

图 3-90 不同教龄教师在关爱学生维度各小题上的作答情况

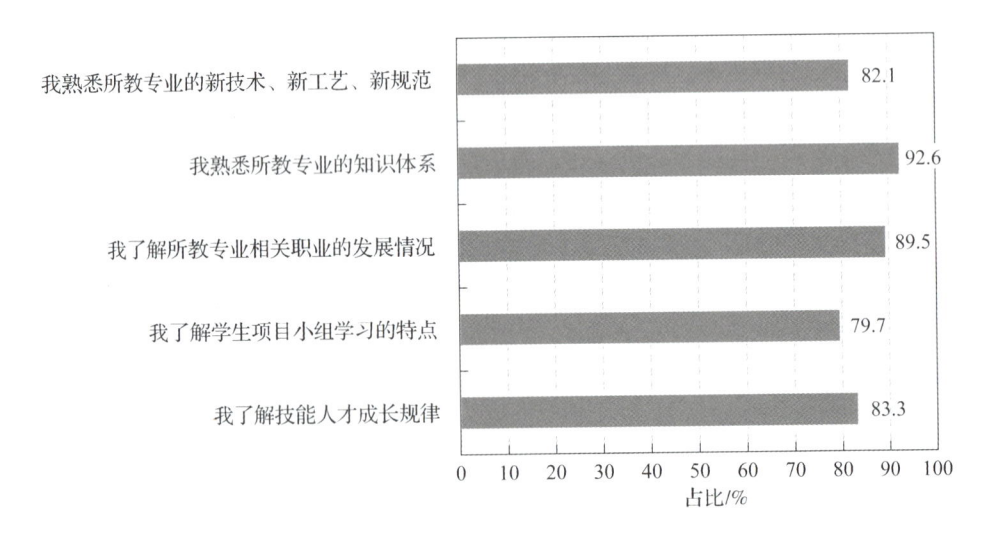

图 3-91 在知识水平维度各个题目上选择符合或非常符合的教师比例

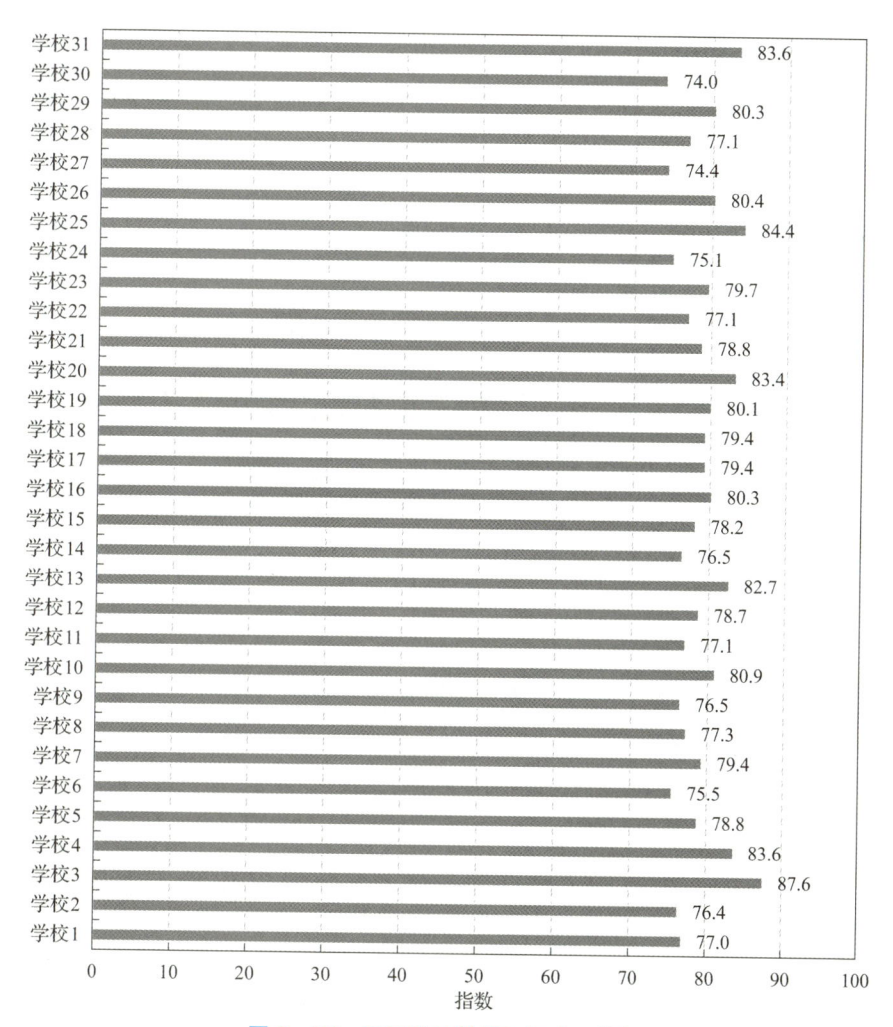

图 3-92 不同院校教师知识水平指数

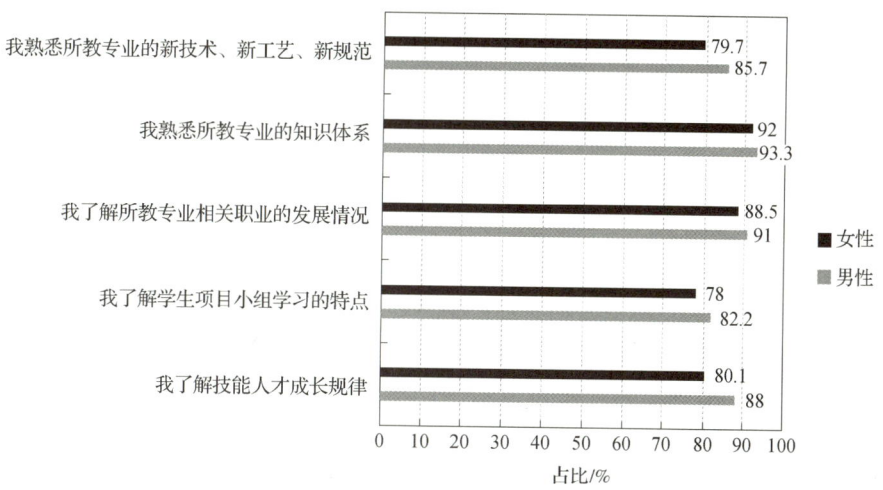

图 3-93 不同性别教师在知识水平维度各题目上选择符合或非常符合的比例

153

图3-94展示了不同职称教师在知识水平维度各个题目上选择符合或非常符合（即题干描述符合自身实际情况）的比例，可以看到，职称越高的教师，其知识水平也相对越高。

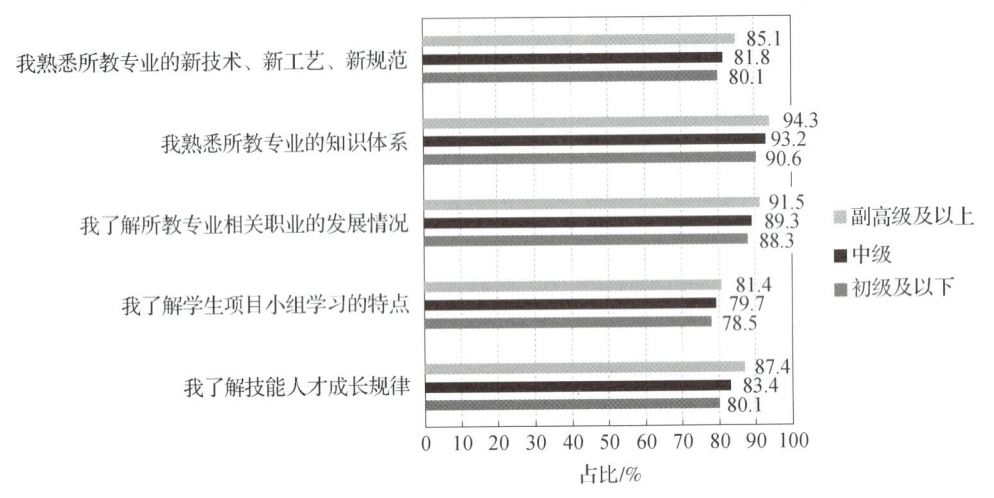

题目	副高级及以上	中级	初级及以下
我熟悉所教专业的新技术、新工艺、新规范	85.1	81.8	80.1
我熟悉所教专业的知识体系	94.3	93.2	90.6
我了解所教专业相关职业的发展情况	91.5	89.3	88.3
我了解学生项目小组学习的特点	81.4	79.7	78.5
我了解技能人才成长规律	87.4	83.4	80.1

图3-94　不同职称教师在知识水平维度各题目上选择符合或非常符合的比例

从院校性质来看，"双高"院校与非"双高"院校，"职教高地"院校与非"职教高地"院校，以及不同地区院校的教师在知识水平上均不存在显著差异。

（4）通用能力

第一，整体来看，教师的通用能力指数较高（79.6）。图3-95展示了在通用能力维度各小题上教师认为题干描述与其自身情况符合或者非常符合的比例。90%以上的教师都能运用既有知识技能解决新问题、及时妥当地处理工作中的突发情况以及与学生教学相长。相对而言，善于带各类班级及能有效整合社会与企业教学资源的教师比例略低，均约78%。

题目	占比/%
我能对社会和企业的教学资源进行有效整合	78.1
我能与学生教学相长	90.8
我善于带各种各样的班级	78.6
我能及时、妥当地处理工作中的突发情况	92.5
我能运用既有的知识技能解决新问题	91.4

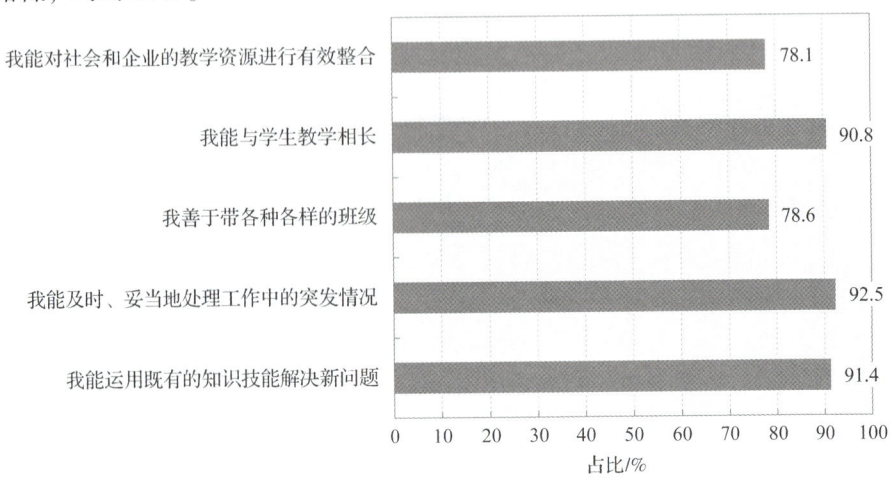

图3-95　在通用能力维度各个题目上选择符合或者非常符合的教师比例

第二，不同院校教师的通用能力没有明显差异，ICC 值为 0.035，图 3-96 为各个院校教师通用能力指数结果，各院校教师的通用能力指数介于 72.8 和 86.1 之间。

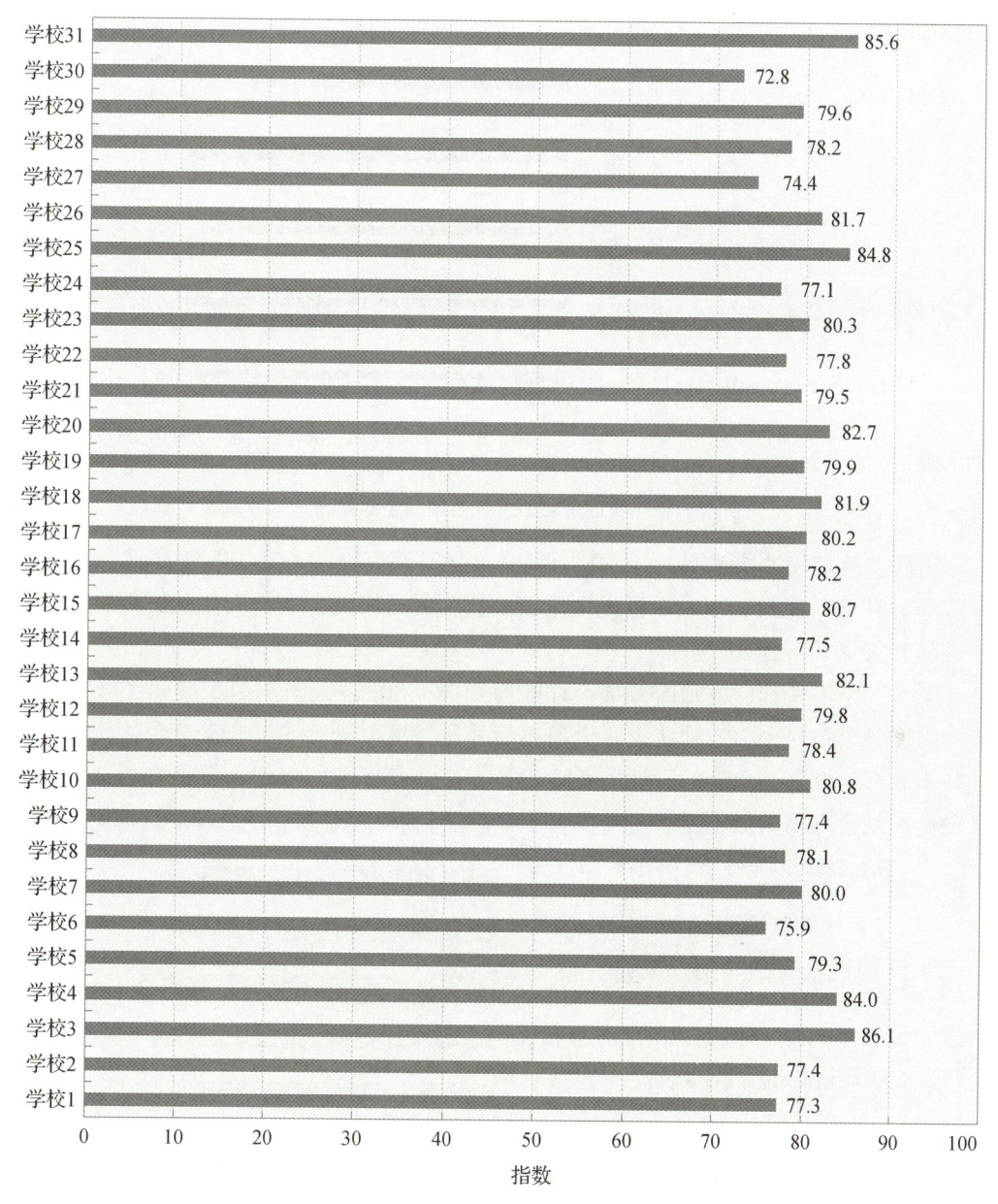

学校	指数
学校31	85.6
学校30	72.8
学校29	79.6
学校28	78.2
学校27	74.4
学校26	81.7
学校25	84.8
学校24	77.1
学校23	80.3
学校22	77.8
学校21	79.5
学校20	82.7
学校19	79.9
学校18	81.9
学校17	80.2
学校16	78.2
学校15	80.7
学校14	77.5
学校13	82.1
学校12	79.8
学校11	78.4
学校10	80.8
学校9	77.4
学校8	78.1
学校7	80.0
学校6	75.9
学校5	79.3
学校4	84.0
学校3	86.1
学校2	77.4
学校1	77.3

图 3-96 不同学校教师的通用能力指数

第三，分群体来看，男性教师的通用能力指数（80.9）明显高于女性教师（78.7），科恩 d 值为 0.16；不同教龄、不同学历或者不同职称教师的通用能力均没有明显差异。

图 3-97 呈现了不同性别教师在通用能力维度各个题目上选择符合或非常符合（即题干描述与其实际情况相符）的比例。相比于女性，男性教师略微更擅长整合社会和企业的教学资源以及善于带不同的班级，在其余方面，男性教师和女性教师之间差异不大。

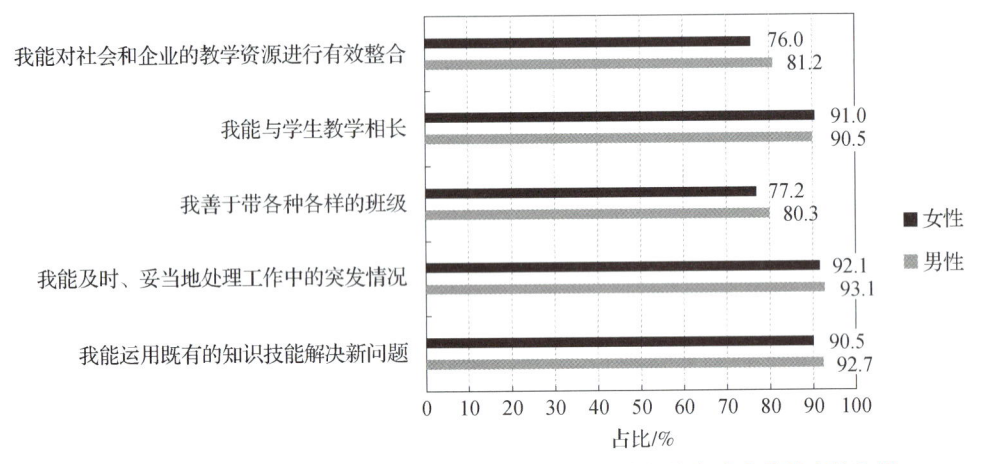

我能对社会和企业的教学资源进行有效整合　76.0　81.2
我能与学生教学相长　91.0　90.5
我善于带各种各样的班级　77.2　80.3
我能及时、妥当地处理工作中的突发情况　92.1　93.1
我能运用既有的知识技能解决新问题　90.5　92.7

（女性／男性）

图 3-97　不同性别的教师在通用能力维度各题目上选择符合或非常符合的比例

第四，从院校性质来看，"双高"院校与非"双高"院校、"职教高地"院校与非"职教高地"院校，以及不同地区院校的教师在通用能力上均不存在显著差异。

（5）教学设计能力

第一，整体来看，教师的教学设计能力很强（80.6），图 3-98 展示了教学设计能力维度各个题目上，教师认为题干描述与其自身情况符合或者非常符合的比例。教师对于教材的挖掘、教学的设计以及计划等方面都有不错的表现，但在将新技术和教学设计相融合方面略显不足。

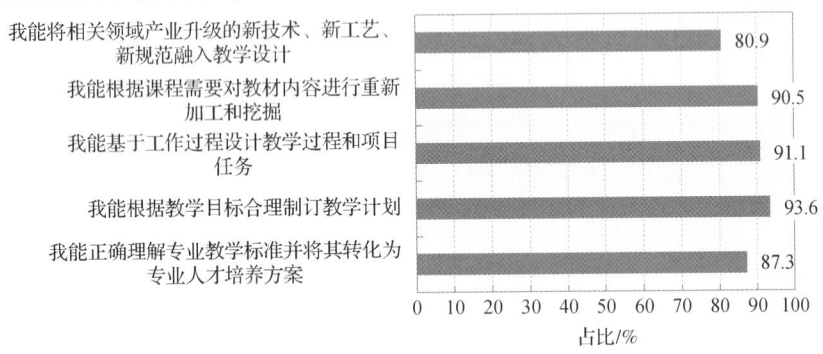

我能将相关领域产业升级的新技术、新工艺、新规范融入教学设计　80.9
我能根据课程需要对教材内容进行重新加工和挖掘　90.5
我能基于工作过程设计教学过程和项目任务　91.1
我能根据教学目标合理制订教学计划　93.6
我能正确理解专业教学标准并将其转化为专业人才培养方案　87.3

图 3-98　在教学设计能力各个题目上选择符合或者非常符合的教师比例

第二，不同院校教师的教学设计能力没有明显差异，ICC 值为 0.033，图 3-99 为各个院校教师教学设计能力指数结果，可以看到，各院校教师的教学设计能力指数介于 75.8 和 90.2 之间。

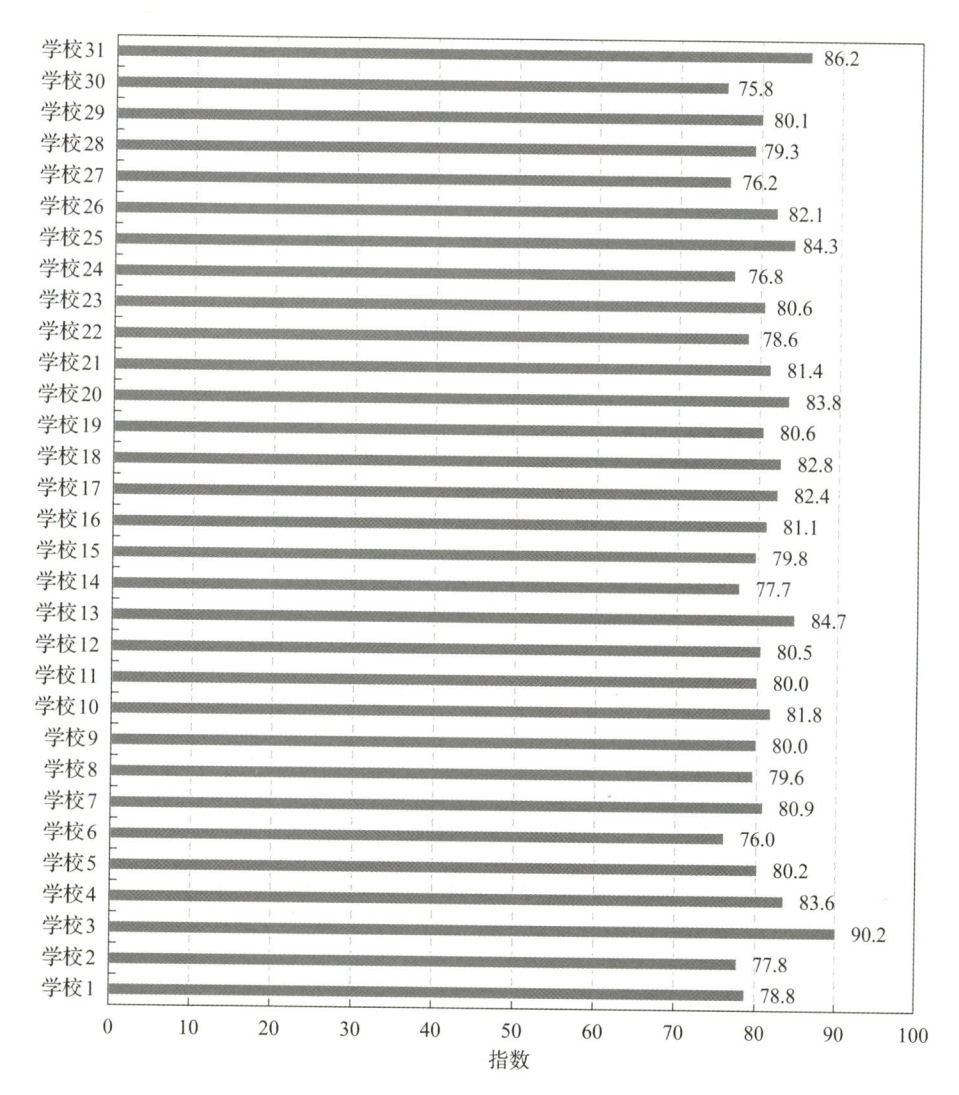

图 3-99　不同学校教师教学设计能力指数

第三，分群体来看，男性教师的教学设计能力（81.7）略高于女性（79.8），科恩 d 值为 0.14；不同教龄教师的教学设计能力存在一定差异，η^2 值为 0.008；不同职称教师的教学设计能力也存在差异，η^2 值为 0.013；不同学历教师的教学设计能力没有明显差异。

图 3-100 呈现了不同性别教师在教学设计维度各个题目上选择符合或非常符合（即认为题干描述与自身相符）的比例。由图可知，男教师中能将新技术等融入教学设计以及能正确理解和转化专业教学标准的比例均比女教师高约 5%，而在其他方面，男性和女性教师之间基本没有差异。

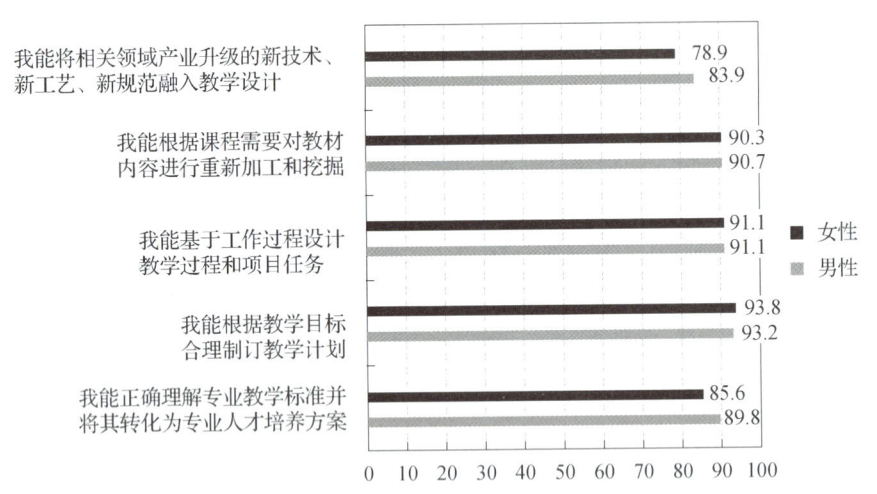

图 3-100 不同性别教师在教学设计能力维度各题目上选择符合或非常符合的比例

图 3-101 展示不同教龄教师在教学设计维度各个题目上选择符合或非常符合（即认为题干描述与自身相符）的比例。可以看到，除了"将新技术、新工艺融入教学设计"这一小题外，在其余题目上，选择符合和非常符合的教师比例均呈现出随教龄升高而升高的趋势，说明教龄越长的教师，教学设计能力也越强。

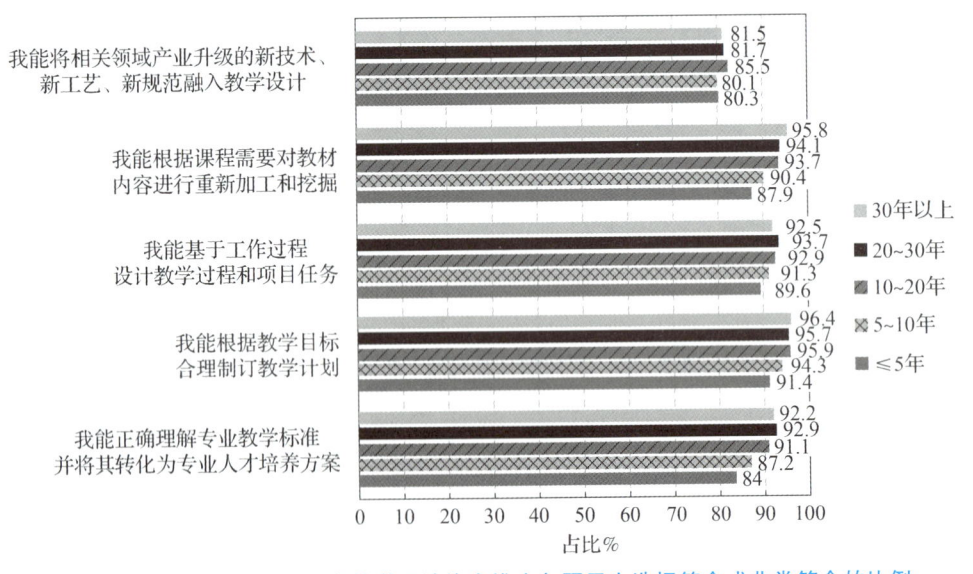

图 3-101 不同教龄教师在教学设计能力维度各题目上选择符合或非常符合的比例

图 3-102 展示了不同职称教师在教学设计能力维度各个题目上选择符合或非常符合（即题干描述与自身实际情况相符）的人数比例，可以看到，除了"能根据课程需要重新加工和挖掘教材内容"这一小题外，在其余题目上，选择符合或非常符合的教师比例都呈现出随着职称提高而增加的趋势。

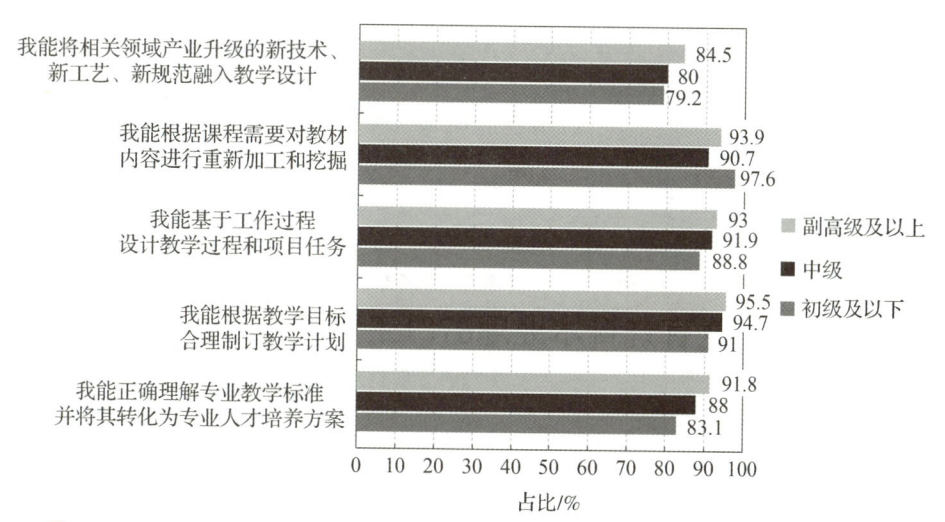

图3-102 不同职称教师在教学设计能力维度各题目上选择符合或非常符合的比例

分院校性质来看,"双高"院校与非"双高"院校、"职教高地"院校与非"职教高地"院校、公办院校和民办院校及不同地区院校的教师在教学设计能力上均不存在显著差异。

（6）教学实施能力

第一,整体来看,教师的教学实施能力很强（80.6）,图3-103展示了教学实施能力维度各个题目上,教师认为题干描述与其自身情况符合或者非常符合的比例。由图可知,在各个题目上,均有较高比例教师选择符合或者非常符合。

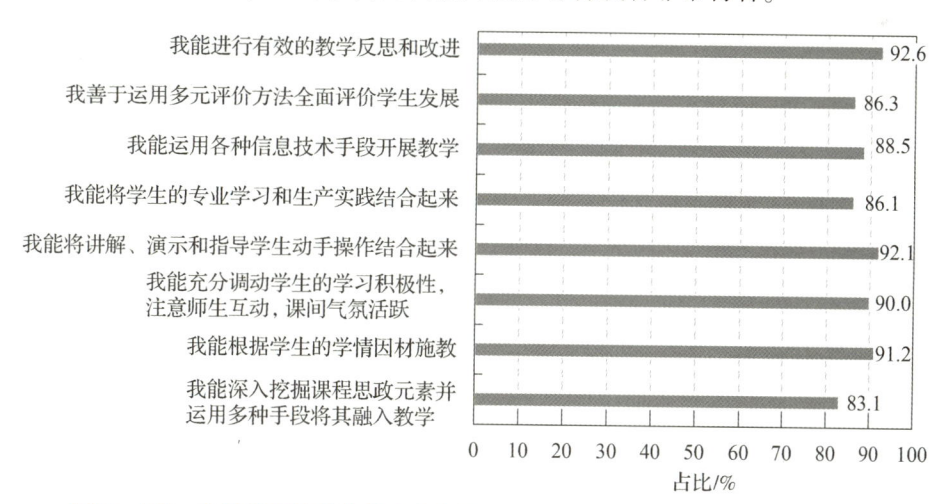

图3-103 在教学实施能力维度各个题目上选择符合或者非常符合的教师比例

第二,不同院校教师的教学实施能力没有明显差异,ICC值为0.039,图3-104为各个院校教师的教学实施能力指数结果,可以看到各校教师的教学实施能力指数介于74.9和89.7之间。

图 3-104　不同学校教师的教学实施能力指数

第三，分群体看，男性教师的教学实施能力指数（81.4）略高于女性教师（80.0），科恩 d 值为 0.11，而不同教龄、不同学历以及不同职称教师的教学实施能力之间没有明显差异。

图 3-105 展示了不同性别教师中在教学实施能力维度各个题目上选择符合或非常符合（即认为题干描述与自身情况相符）的比例。结果发现，男性和女性教师在"将专业实习和生产实践相结合"和"深入挖掘课程思政元素并将其融入教学"两方面差异相对较为明显，人数比例相差 3%~4%。

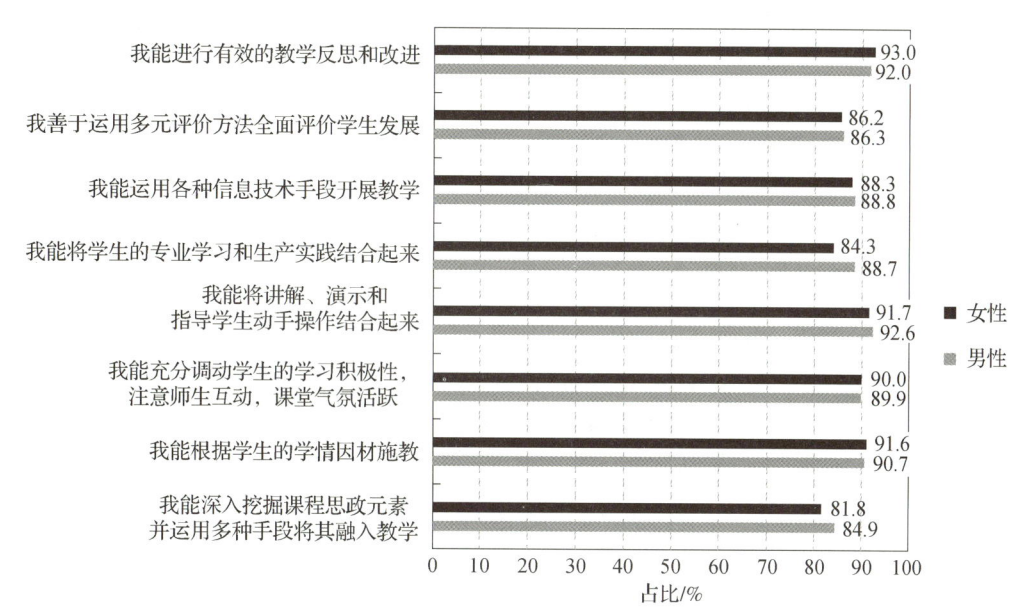

图3-105 不同性别教师在教学实施能力维度各题目上选择符合或非常符合的比例

分学校性质来看,"双高"院校与非"双高"院校、"职教高地"院校与非"职教高地"院校、公办院校和民办院校、不同地区院校教师在教学实施能力上均不存在显著差异。

(7) 自我发展能力

第一,整体来看,教师的自我发展能力很强(80.9),图3-106展示了自我发展能力维度各个题目上,教师认为题干描述与其自身情况符合或者非常符合的比例,结果显示,八成以上教师都有明确的职业生涯规划,并能时常与同行开展交流、钻研业务、改进教学工作。

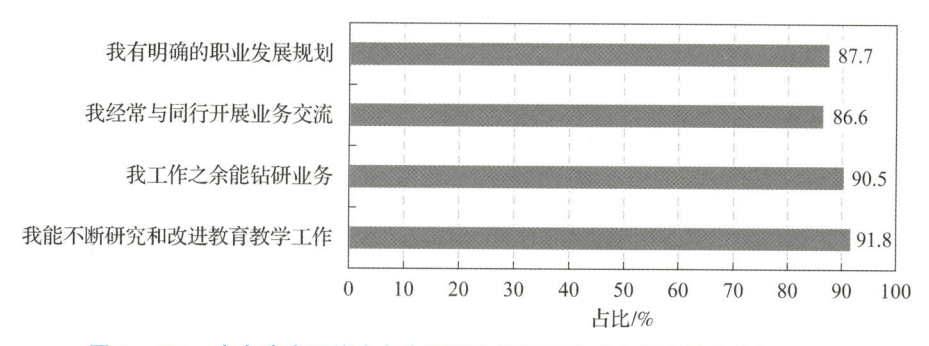

图3-106 在自我发展能力各个题目上选择符合或者非常符合的教师比例

第二,不同院校教师的自我发展能力没有明显差异,ICC值为0.034,图3-107为各个院校教师自我发展能力指数结果,可以看到,各校教师的自我发展能力指数介于75.1和88.7之间。

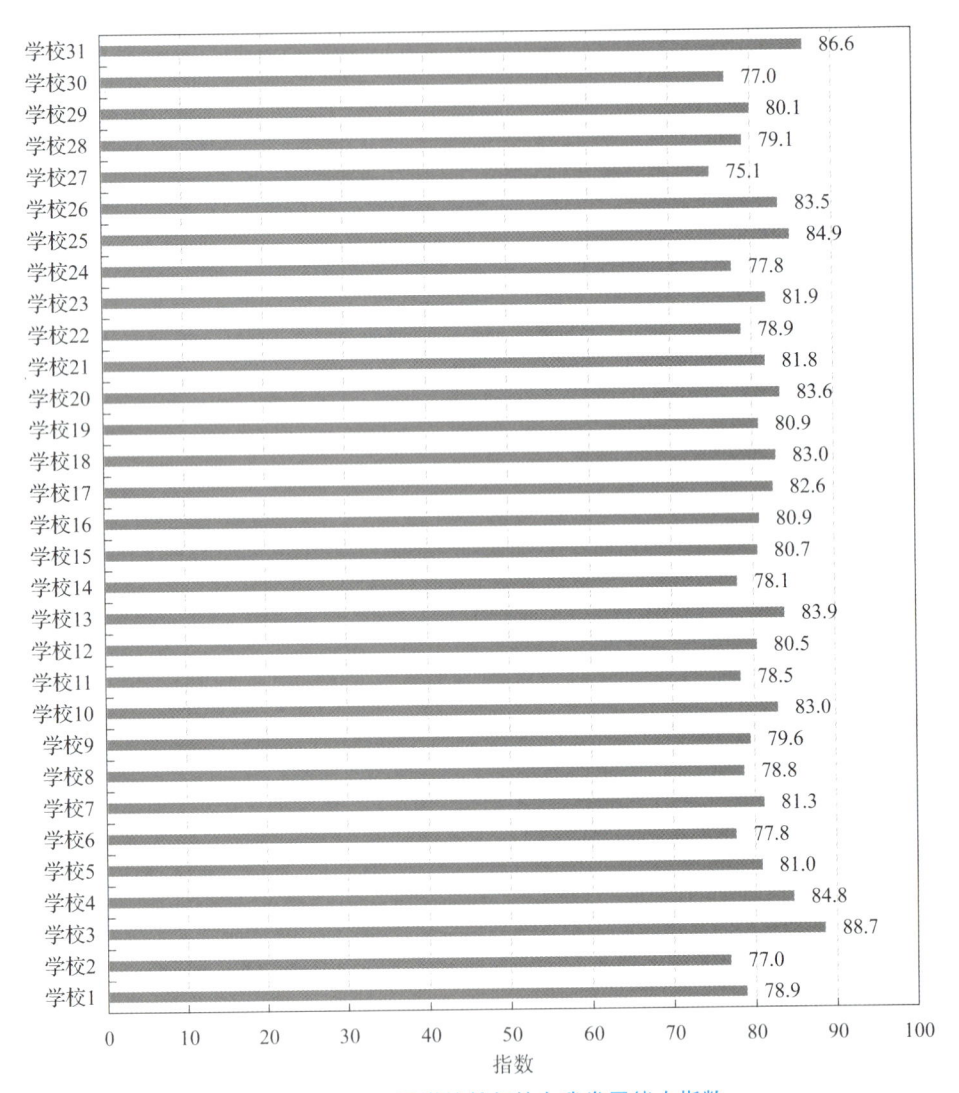

图 3-107 不同学校教师的自我发展能力指数

第三，分群体看，男性教师的自我发展能力指数（81.9）略微高于女性教师（80.2），科恩 d 值为 0.12；不同学历教师的自我发展能力存在显著差异，η^2 为 0.007；而不同教龄以及不同职称教师的自我发展能力没有明显差异。

图 3-108 展示了不同性别教师中在自我发展能力维度各个题目上选择符合或非常符合的比例，实际上男性教师和女性教师在各个题目上的差异并不大，因此也可以认为男性教师和女性教师在自我发展能力上并没有实质上的差异。

图 3-109 展示了不同学历教师中在自我发展能力维度各个题目上选择符合或非常符合的比例。由图可知，学历越高的教师，自我发展能力越强。博士学历教师中，在能研究和改进工作、钻研业务、与同行交流业务及树立明确职业规划方面的比例均比本科及以下学历教师高 8% 左右。

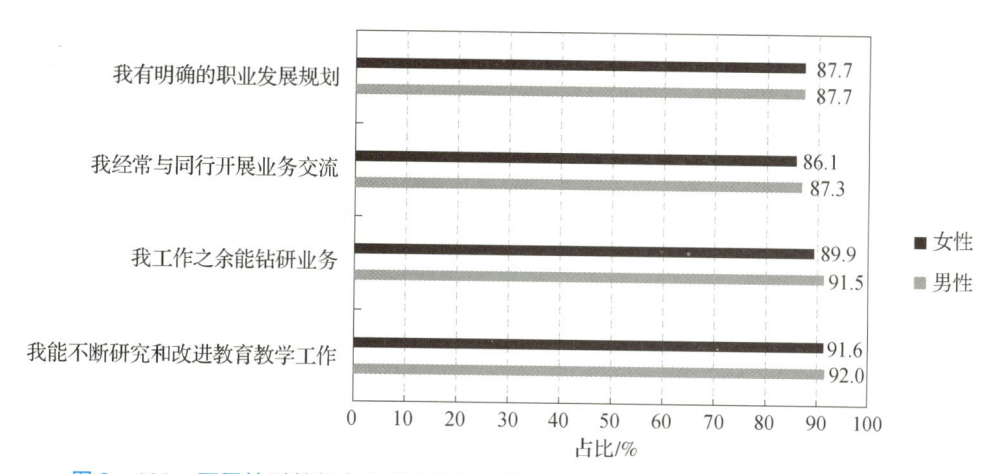

图 3-108　不同性别教师在自我发展能力维度各题目上选择符合或非常符合的比例

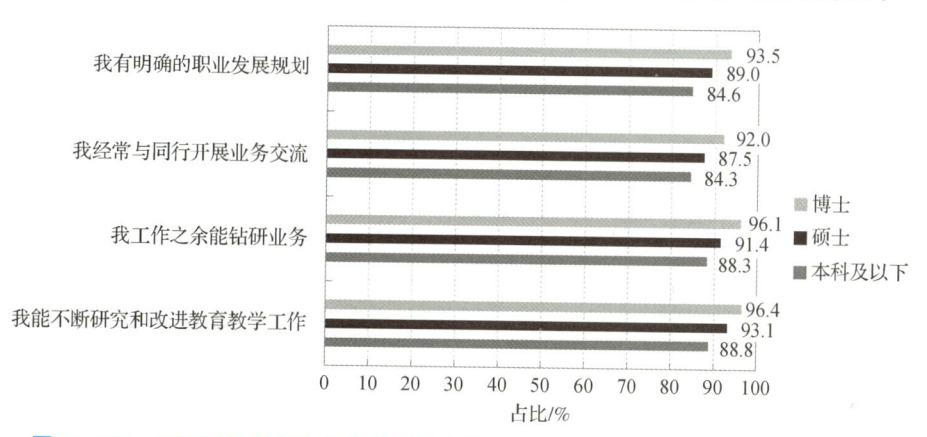

图 3-109　不同学历教师在自我发展能力维度各题目上选择符合或非常符合的比例

分学校性质来看,"双高"院校与非"双高"院校、"职教高地"院校与非"职教高地"院校以及不同地区院校的教师在自我发展能力上不存在明显差异。

(8) 学生管理能力

第一,整体来看,教师普遍具有很高的学生管理能力(83.4)。图 3-110 展示了在最近一个学期教师做出各项行为的频率分布情况。由图 3-110 可知,在心理疏导方面,88.5% 的教师曾在最近一学期内为学生提供心理疏导,频率多为 1~3 次(58.6%)或 4~6 次(17.4%)。在就业相关的指导和推荐方面,提供过就业创业或职业生涯规划指导的教师比例超九成(其中频率为 1~3 次和 4~6 次的比例分别为 51.2% 和 24.4%);但推荐过就业的教师比例相对更低(79.8%),频率也以 1~3 次居多(45.6%)。

第二,不同院校教师的学生管理能力指数没有明显差异,ICC 值为 0.043,图 3-111 为各个院校教师的学生管理能力指数结果,各校教师的学生管理能力指数介于 76.2 和 93.8 之间。

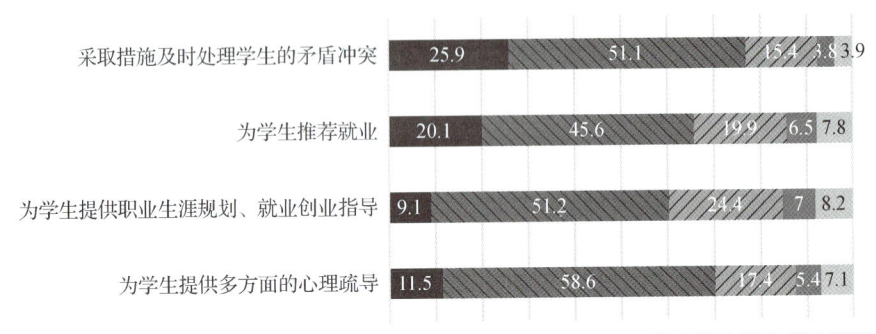

图 3-110 教师在学生管理能力维度各小题上的作答情况

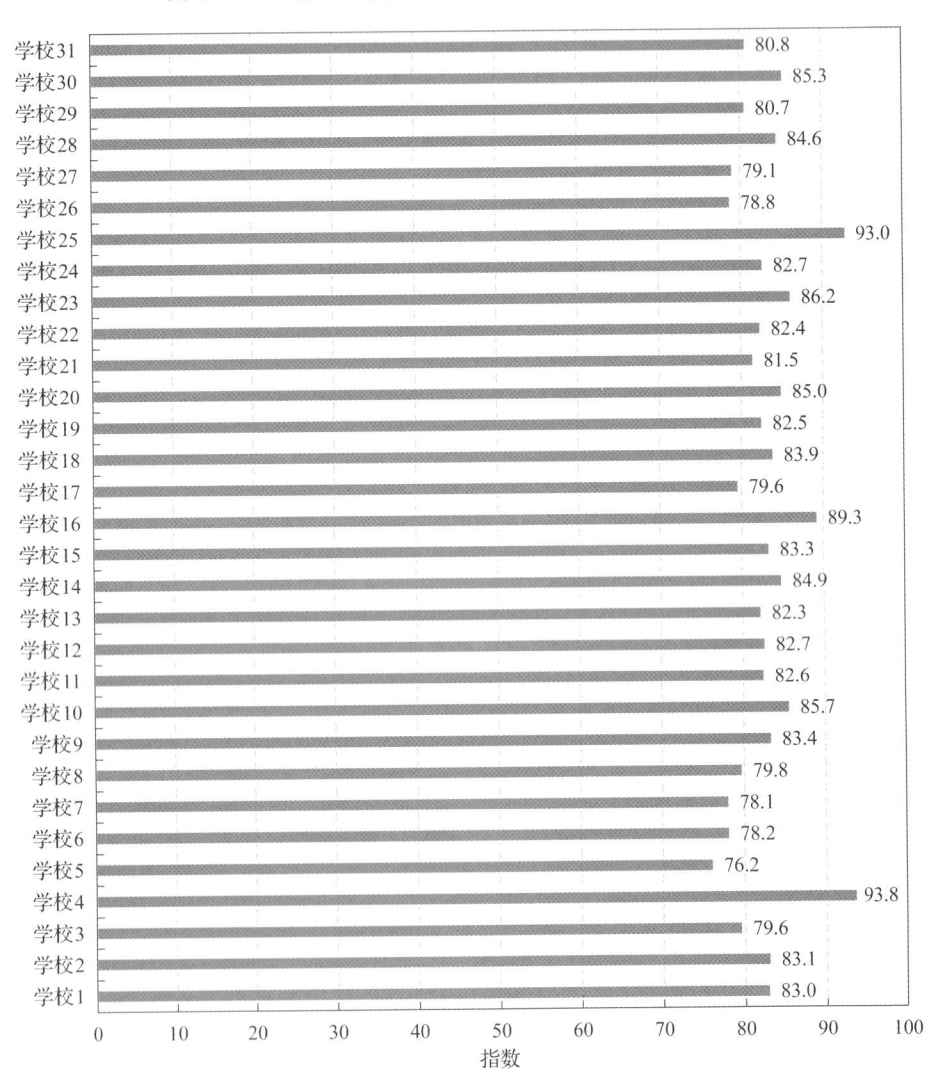

题项	0次	1~3次	4~6次	7~9次	10次及以上
采取措施及时处理学生的矛盾冲突	25.9	51.1	15.4	3.8	3.9
为学生推荐就业	20.1	45.6	19.9	6.5	7.8
为学生提供职业生涯规划、就业创业指导	9.1	51.2	24.4	7	8.2
为学生提供多方面的心理疏导	11.5	58.6	17.4	5.4	7.1

图 3-111 不同学校教师的学生管理能力指数

学校	指数
学校1	83.0
学校2	83.1
学校3	79.6
学校4	93.8
学校5	76.2
学校6	78.2
学校7	78.1
学校8	79.8
学校9	83.4
学校10	85.7
学校11	82.6
学校12	82.7
学校13	82.3
学校14	84.9
学校15	83.3
学校16	89.3
学校17	79.6
学校18	83.9
学校19	82.5
学校20	85.0
学校21	81.5
学校22	82.4
学校23	86.2
学校24	82.7
学校25	93.0
学校26	78.8
学校27	79.1
学校28	84.6
学校29	80.7
学校30	85.3
学校31	80.8

第三，分群体来看，不同性别、不同教龄、不同学历以及不同职称的教师在学生管理能力上没有明显差异。

分学校性质来看，"双高"院校与非"双高"院校、"职教高地"院校与非"职教高地"院校、公办院校和民办院校、不同地区院校的教师在学生管理能力上均不存在显著差异。

(9) 研究能力

总体来看，教师的研究能力还有所欠缺（55.2）。图 3-112 呈现了在过去一段时间内曾开展各项研究活动的教师比例。结果发现，多数教师能积极从事教研科研活动，但在成果转化的相关研究活动上表现不佳。九成以上教师每月能阅读专业文献、每学期能参加教科研活动，七成左右教师最近一年曾发表研究论文或参加教科研课题研究。然而，仅有 30.4% 和 36.7% 的教师在最近一年内曾承担横向委托课题或参编教材，在过去一年内曾承担政府委托课题（23.2%）和出版专著（15.3%）的教师更少。

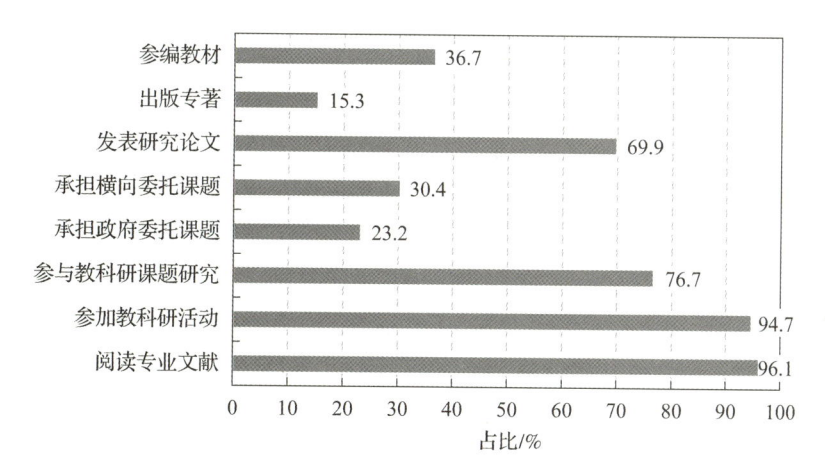

图 3-112 在过去一段时间曾开展各项研究活动的教师比例

第二，不同院校教师的研究能力存在一定差异，ICC 值为 0.068，学校 8 教师研究能力指数最高，为 65.5，而学校 24 教师研究能力指数最低，仅有 43.6（见图 3-113）。

第三，分群体来看，男性教师的研究能力指数（57.9）略高于女性教师（53.4），科恩 d 值为 0.16；职称越高，教师的研究能力越强，η^2 为 0.07；教师学历越高，研究能力越强，η^2 为 0.015；不同教龄教师的研究能力也存在显著差异，η^2 为 0.045。

图 3-114 呈现了男性教师和女性教师中在过去一段时间内曾开展各项科研活动的比例。由图可知，男性教师中在过去一年内曾承担横向课题和政府委托课题的人数比例比女性教师分别高 10.5% 和 8.9%，曾开展其他科研活动的人数比例也略高于女性教师。

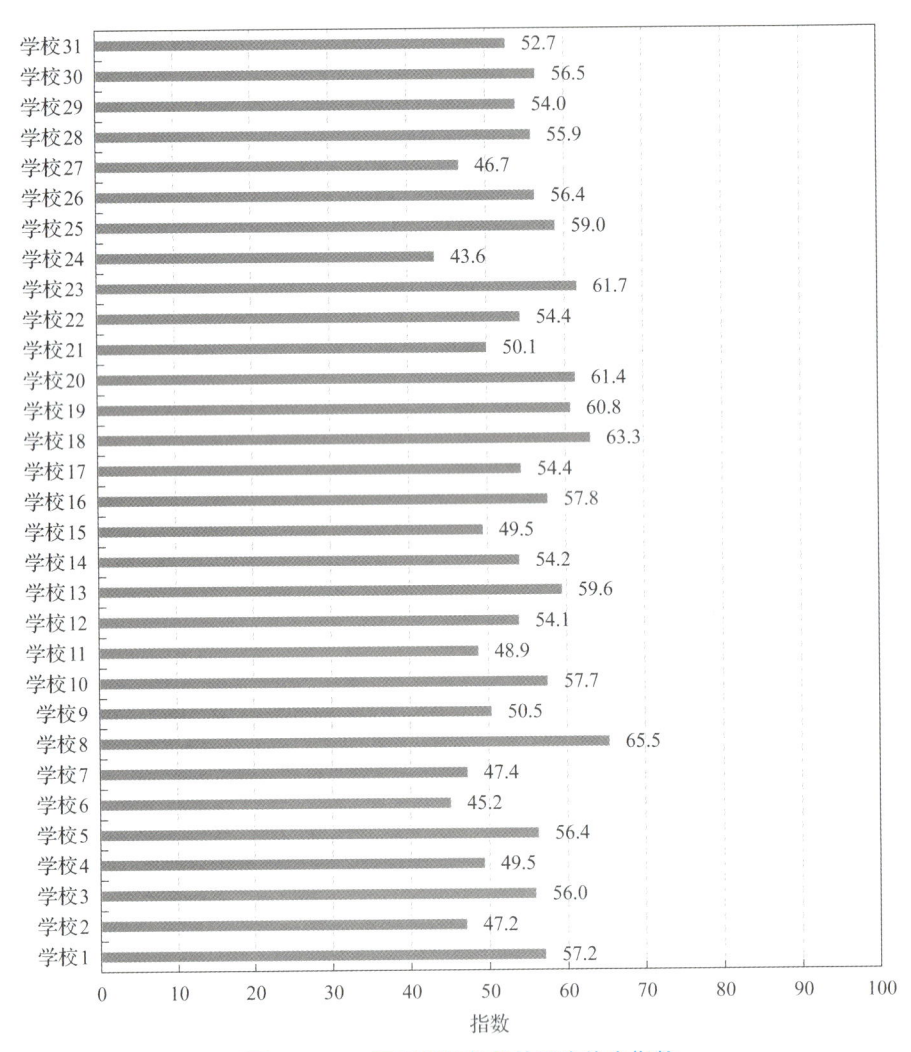

图 3-113　不同学校教师的研究能力指数

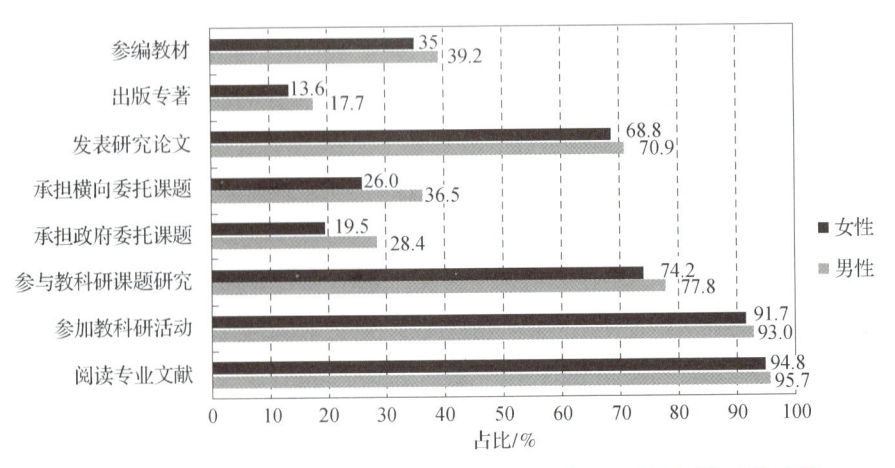

学校	指数
学校 1	57.2
学校 2	47.2
学校 3	56.0
学校 4	49.5
学校 5	56.4
学校 6	45.2
学校 7	47.4
学校 8	65.5
学校 9	50.5
学校 10	57.7
学校 11	48.9
学校 12	54.1
学校 13	59.6
学校 14	54.2
学校 15	49.5
学校 16	57.8
学校 17	54.4
学校 18	63.3
学校 19	60.8
学校 20	61.4
学校 21	50.1
学校 22	54.4
学校 23	61.7
学校 24	43.6
学校 25	59.0
学校 26	56.4
学校 27	46.7
学校 28	55.9
学校 29	54.0
学校 30	56.5
学校 31	52.7

图 3-114　不同性别教师在过去一段时间曾开展各项研究活动的人数比例

活动	女性	男性
阅读专业文献	94.8	95.7
参加教科研活动	91.7	93.0
参与教科研课题研究	74.2	77.8
承担政府委托课题	19.5	28.4
承担横向委托课题	26.0	36.5
发表研究论文	68.8	70.9
出版专著	13.6	17.7
参编教材	35	39.2

图 3－115 呈现了不同职称教师在过去一段时间内曾开展各项科研活动的比例。可以看出，除发表研究论文这一项外，在其他各项研究活动上，职称越高的教师中曾开展这些科研活动的人数比例都明显越高。而在发表研究论文这一项上，中级及以上职称教师的人数比例也明显高于初级及以下教师的人数比例。这说明随着职称的提高，教师研究能力也有所提高。

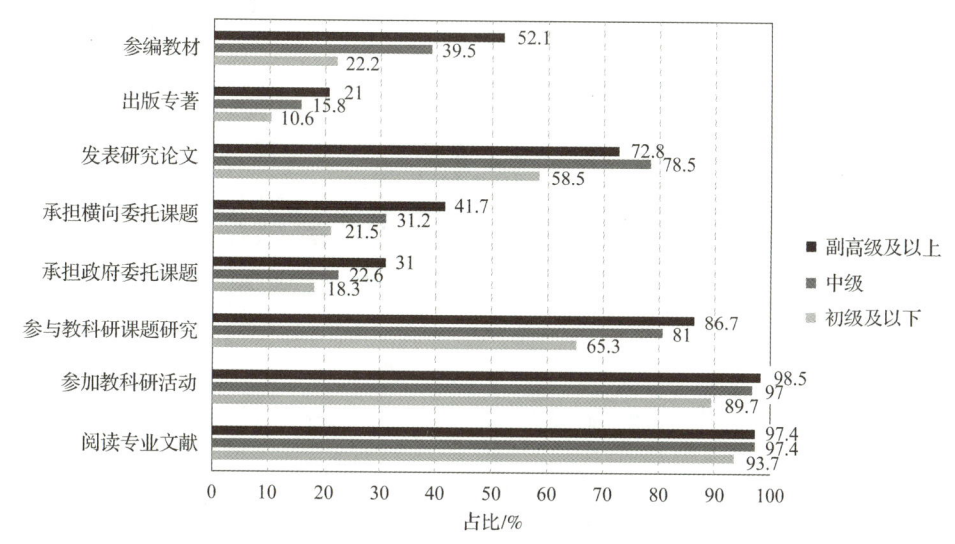

图 3－115　不同职称教师在过去一段时间曾开展各项研究活动的人数比例

图 3－116 呈现了不同学历教师在过去一段时间内曾开展各项科研活动的比例。由图可知，博士学历教师中最近一年曾承担政府委托课题和横向课题的比例比硕士及以下学历教师多 20% 以上，在出版专著、参编教材和参与教科研课题研究方面也多 10% 以上，说明博士学历教师的研究能力明显比硕士学历和本科及以下学历教师高。

图 3－117 呈现了不同教龄教师在过去一段时间内曾开展各项科研活动的比例。调查显示，教龄不超过 5 年的教师研究能力指数最低（50.0），教龄在 6 至 30 年的教师的研究能力指数相对较高（58.8～61.0），而教龄超过 30 年教师的研究能力指数介于二者之间（54.7）。根据图 3－117 可以看出，不同教龄段教师在研究能力上的差异主要体现在参编教材、发表研究论文、参与教科研课题研究和承担横向课题等方面。

分学校性质来看，"双高"院校教师的研究能力（58.2）明显高于非"双高"院校（54.5），科恩 d 值为 0.18；而"职教高地"院校与非"职教高地"院校、公办院校和民办院校、不同地区院校之间教师在研究能力上均不存在显著差异。

图 3－118 呈现了"双高"院校和非"双高"院校教师在过去一段时间内曾开展各项科研活动的比例。可以看到，除了出版专著和承担政府委托课题之外，对于其他各项研究活动，"双高"院校教师曾参与的比例均比非"双高"院校更高，尤其是在教科研课题研究、参编教材方面，"双高"院校中曾参与的教师比例要比非"双高"院校高出约 10%。

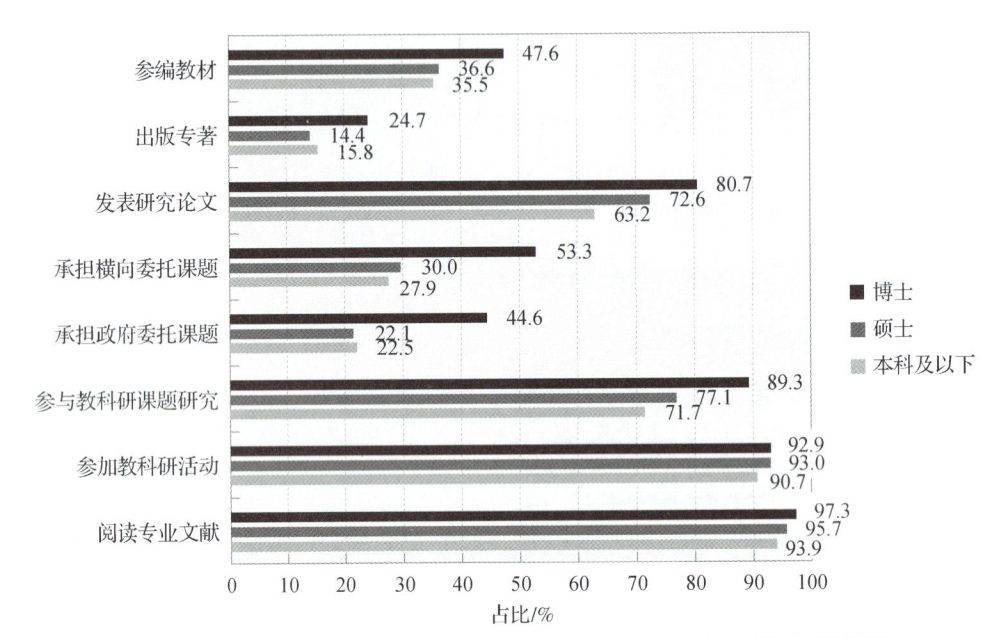

图 3-116 不同学历教师在过去一段时间曾开展各项研究活动的人数比例

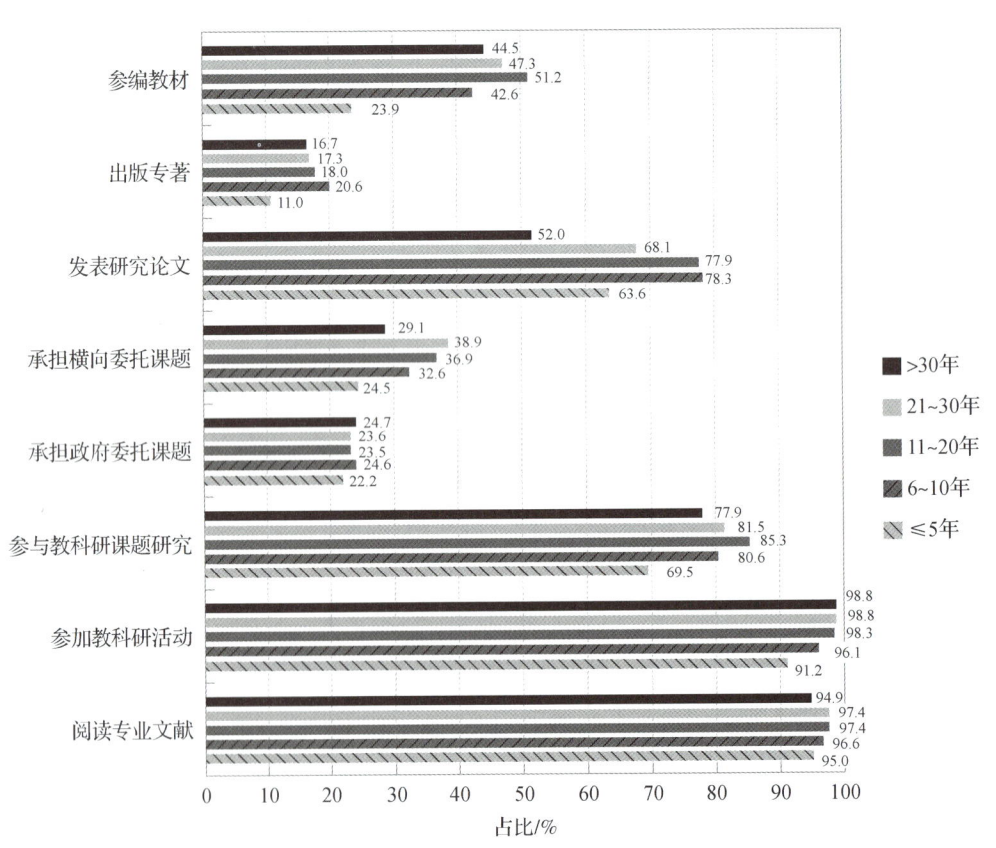

图 3-117 不同教龄教师在过去一段时间曾开展各项研究活动的人数比例

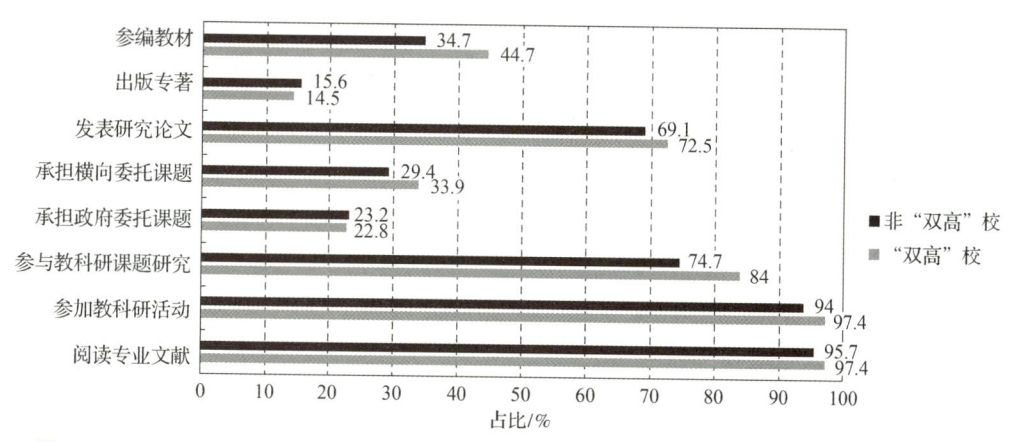

图 3-118 "双高"与非"双高"院校教师在过去一段时间曾开展各项研究活动的人数比例

(10) 社会服务能力

整体来看,教师的社会服务能力水平尚可(66.4),但是在技术研发方面略有不足。图 3-119 展示了在过去一年中参加过各项社会活动的教师人数比例,可以看到,七至八成的教师在过去一年都参加过公益服务、咨询指导和社会培训活动,但仅有不到一半的教师在过去一年曾参与技术研发活动。

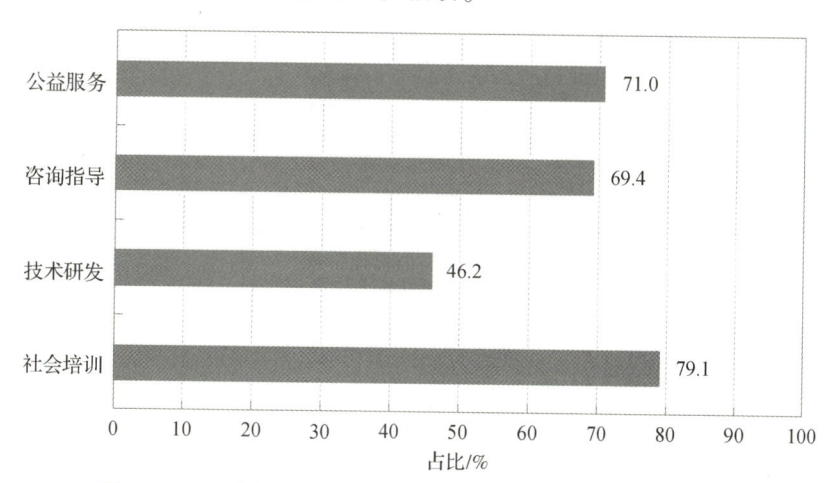

图 3-119 过去一年曾参加各项社会服务活动的教师人数比例

不同院校教师的社会服务能力指数存在一定差异,ICC 值为 0.06,其中学校 25 的教师的社会服务能力指数最高,为 81.5,学校 15 最低,仅 52.7(见图 3-120)。

分群体来看,男性教师的社会服务能力指数(24.6)明显高于女性(20.1),科恩 d 值为 0.27;不同职称的教师在社会服务能力指数上也存在一定差异,η^2 值为 0.007;而不同教龄和不同学历教师的社会服务能力之间没有明显差异。

图 3-121 展示了男性和女性教师在过去一年曾参与各项社会服务活动的人数比例。从图中可以看出,男性教师在各项活动上的参与人数比例都更高,其中曾参与技术研发的人数比例与女性教师差异最大,相差 16.1%。

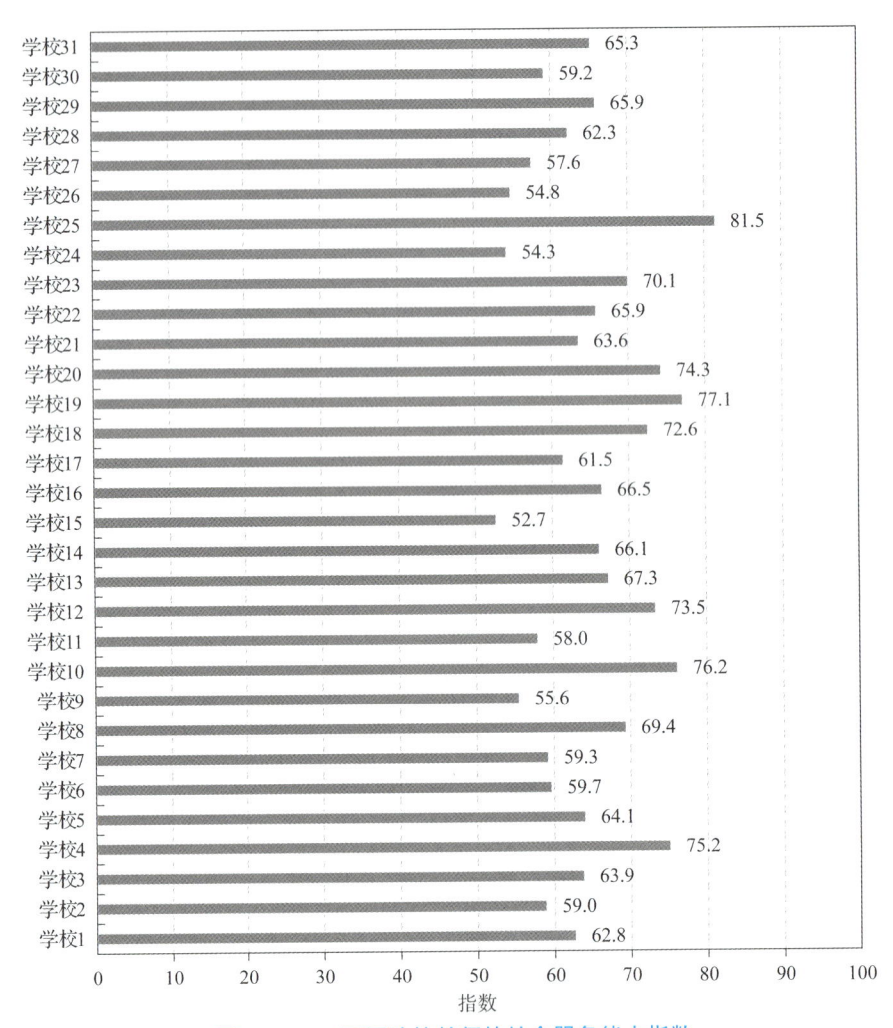

图 3-120　不同院校教师的社会服务能力指数

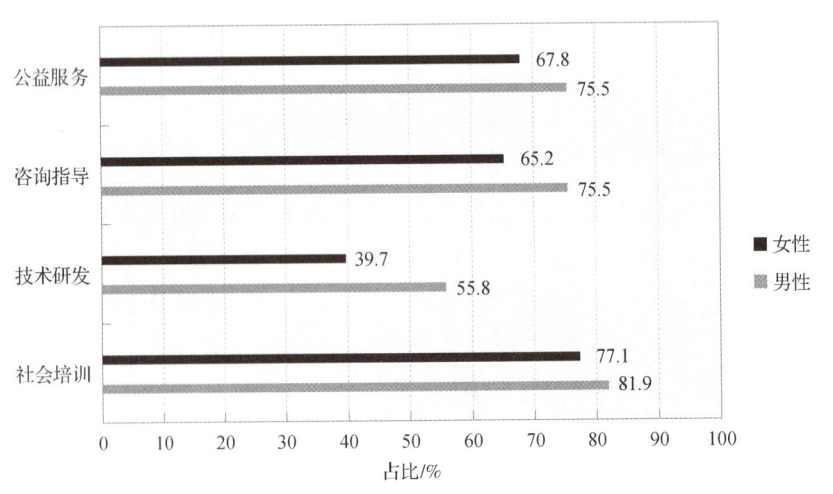

图 3-121　男性和女性教师在过去一年中曾参与各项社会服务活动的人数比例

图 3-122 展示了不同职称的教师在过去一年曾参与各项社会服务活动的人数比例。从图中可以看出，中级教师和初级及以下职称的教师在各项活动上的参与人数比例差异均不大，但副高级及以上职称的教师在除社会培训外的其他各项活动上参与的人数比例均明显更高。

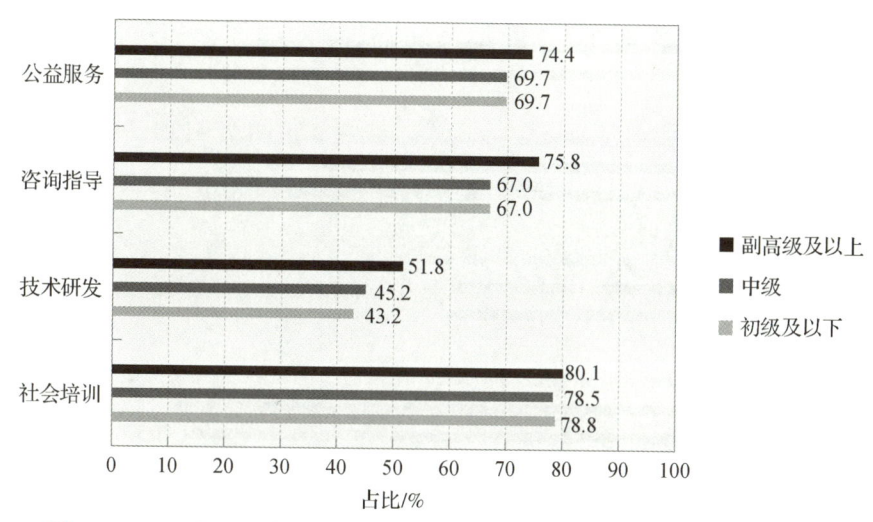

图 3-122 不同职称教师在过去一年中曾参加各项社会服务活动的人数比例

分院校性质来看，民办院校教师的社会服务能力（68.0）要高于公办院校（62.9），科恩 d 值为 0.15；不同地区院校教师在社会服务能力上也存在一定差异，η^2 值为 0.006；非"双高"院校教师的社会服务能力（67.0）略高于"双高"院校（64.2），科恩 d 值为 0.11；"职教高地"院校与非"职教高地"院校之间则没有差异。

图 3-123 呈现了公办院校和民办院校教师在过去一年曾参与各项社会活动的人数比例，可以看到在各项社会活动上，公办院校中曾参与的教师比例均低于民办院校，其中在咨询指导活动上的人数比例差异最大，超过 7%。

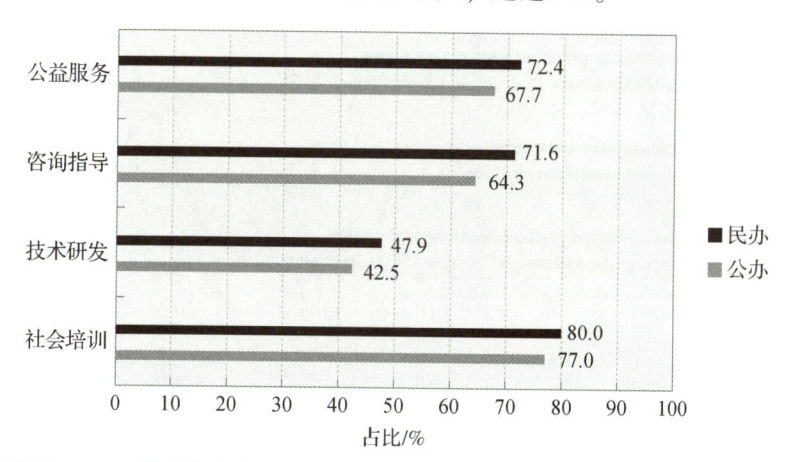

图 3-123 民办和公办院校教师过去一年曾参与各项社会活动的人数比例

图 3-124 呈现了不同地区教师在过去一年曾参加过各项社会活动的比例，可以看到西部地区教师参与过的各项活动的比例均高于东部地区和中部地区，而东部地区和中部地区之间则没有明显的差异。

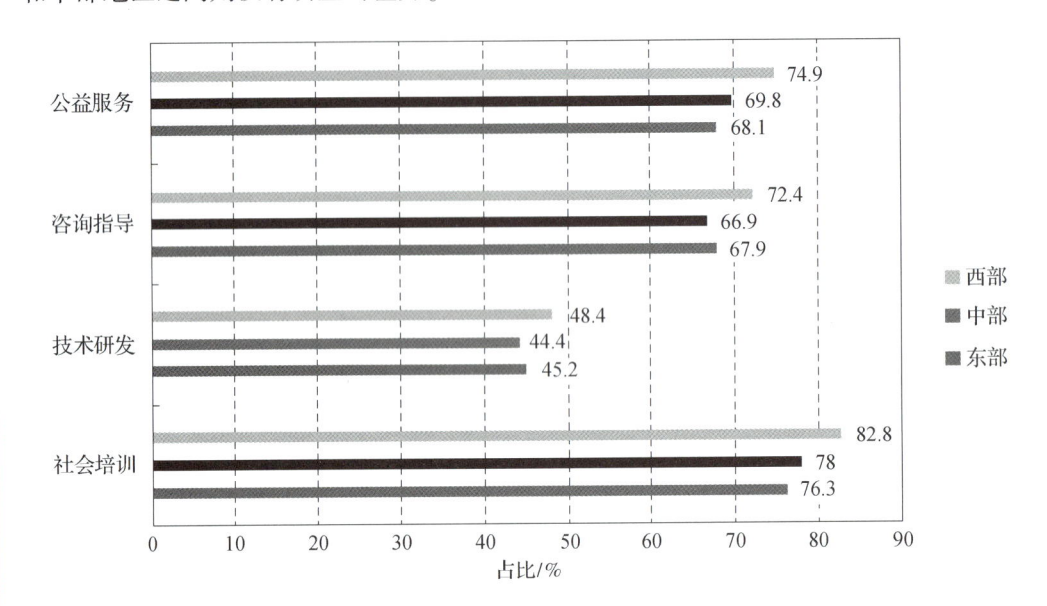

图 3-124　不同地区院校的教师过去一年曾参与各项活动的人数比例

图 3-125 呈现了"双高"院校教师和非"双高"院校教师在过去一年曾参加各项社会活动的人数比例。除了在技术研发活动上两类学校的参与人数比例之间基本没有差异，在其余活动上，非"双高"院校内曾参与的教师人数比例均高于"双高"院校，其中在咨询指导和公益服务活动的人数比例差异均超过4%。

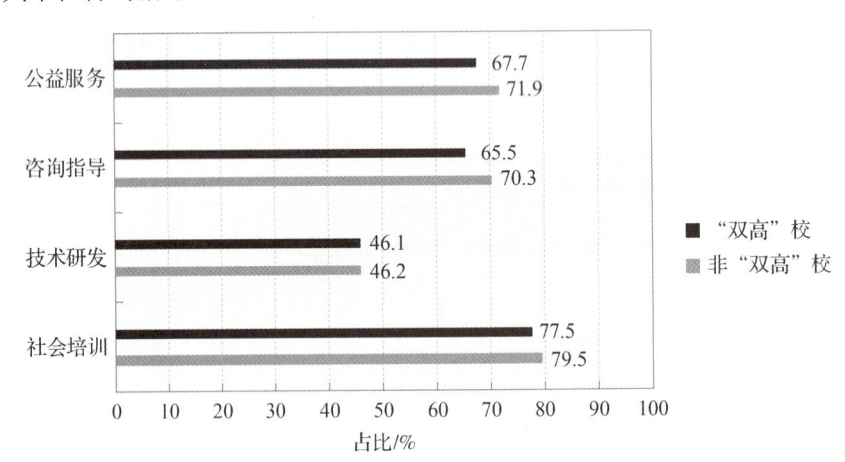

图 3-125　"双高"与非"双高"院校教师过去一年曾参与各项活动的人数比例

（11）专业操作技能

整体来看，教师的专业操作技能水平尚可（70.3）。图 3-126 展示了在专业操作技能维度各方面表示掌握或胜任的教师人数比例，分别有99.2%和94.7%的教师掌握了教学要求的专业技能以及所教专业领域的新技术、新工艺、新规范，但仅有53.8%和63.5%的教师认为自己可以胜任国家级学生技能竞赛的现场裁判或专业操作指导老师。

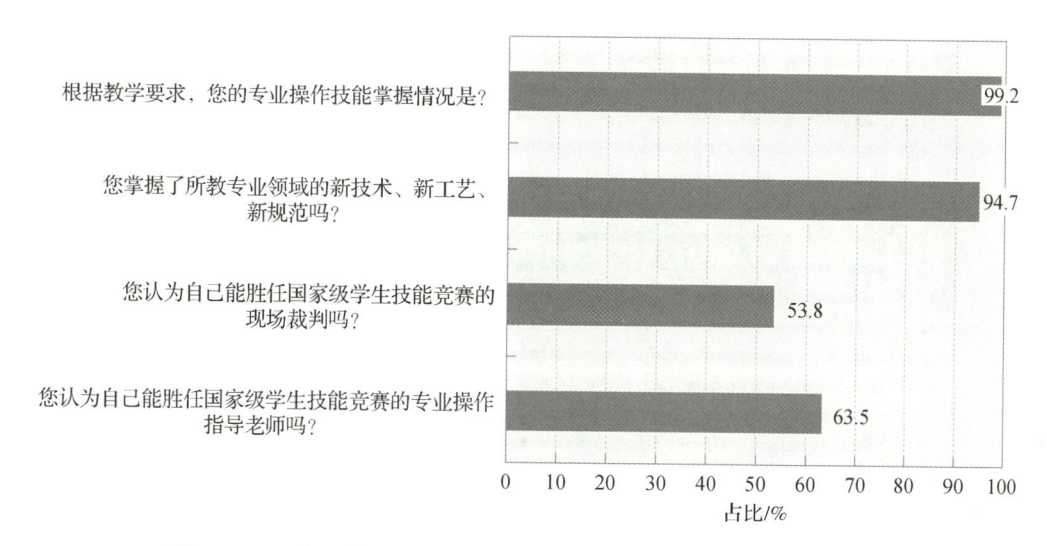

图3-126 专业操作技能维度各问题表示掌握或可以胜任的教师比例

不同院校教师的专业操作技能水平没有明显差异，ICC值为0.028，指数值在64.4到77.1之间，如图3-127所示。

分群体来看，男性教师的专业操作技能指数（73.3）明显高于女性（68.3），科恩d值为0.33；不同教龄教师的专业操作技能指数存在明显差异，η^2值为0.023；不同职称教师的专业操作技能指数也存在明显差异，η^2值为0.032；而不同学历教师的专业操作技能指数之间没有明显差异。

图3-128~图3-130分别展示了不同性别、不同教龄以及不同职称教师在专业操作技能各方面表示掌握或胜任的人数比例。从图中可以看出，不同性别、教龄或职称的教师在专业技能掌握水平方面并无明显差异，主要差别在于对自己胜任国家级学生技能竞赛的现场裁判或专业指导老师的信心水平。其中，男性认为自己能够胜任裁判或指导教师的人数比例比女性教师高出10%~15%；职称越高的教师认为自己能够胜任的人数比例越大；而认为自己能够胜任国家级学生技能竞赛的现场裁判或专业指导老师的教师比例随着其教龄增长呈现倒"U型"趋势，教龄在20~30年之间的教师认为自己能够胜任的人数比例最高。

分学校性质来看，"双高"院校与非"双高"院校、"职教高地"院校与非"职教高地"院校、公办院校和民办院校、不同地区院校的教师在专业操作技能维度上均不存在显著差异。

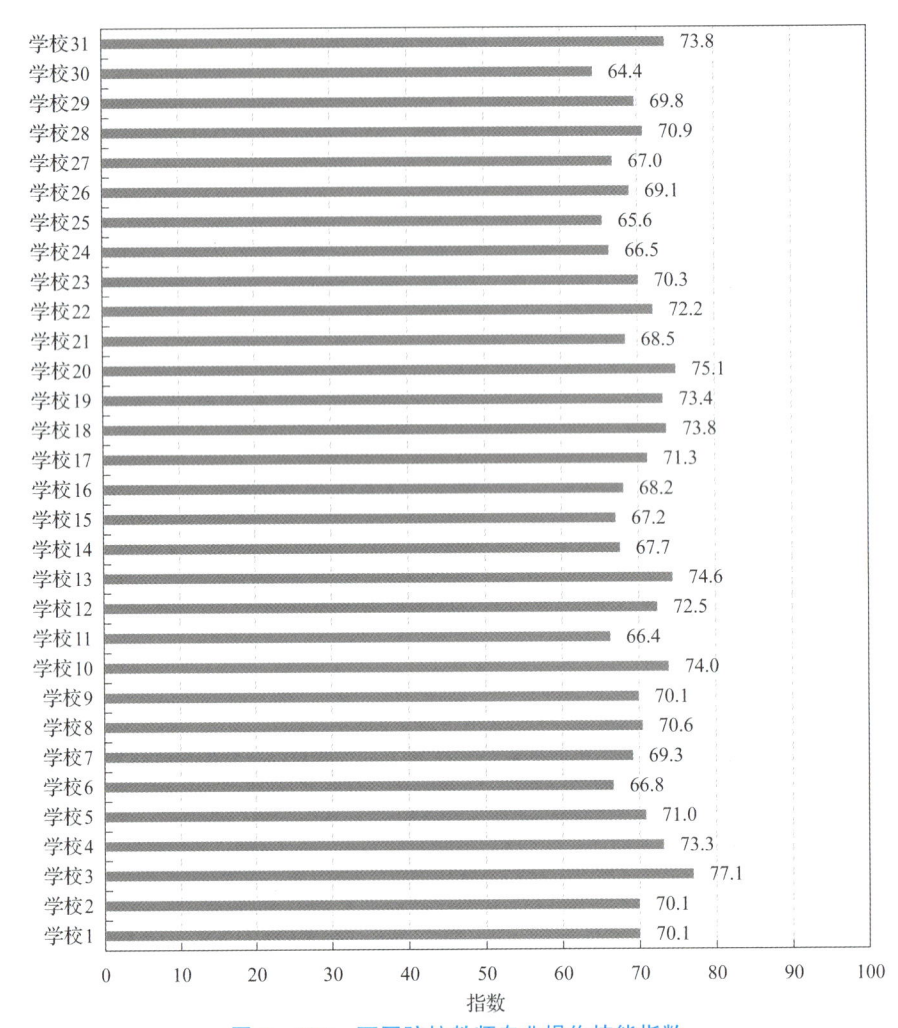

图 3-127 不同院校教师专业操作技能指数

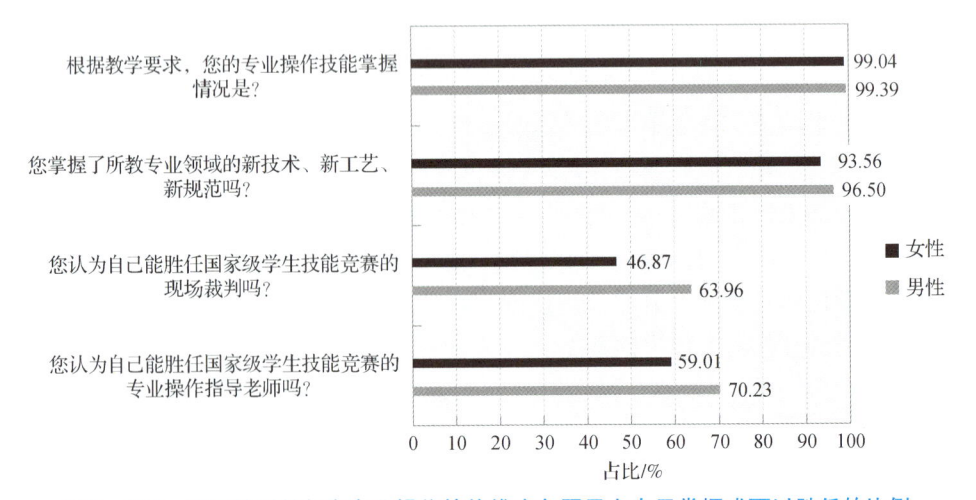

学校	指数
学校31	73.8
学校30	64.4
学校29	69.8
学校28	70.9
学校27	67.0
学校26	69.1
学校25	65.6
学校24	66.5
学校23	70.3
学校22	72.2
学校21	68.5
学校20	75.1
学校19	73.4
学校18	73.8
学校17	71.3
学校16	68.2
学校15	67.2
学校14	67.7
学校13	74.6
学校12	72.5
学校11	66.4
学校10	74.0
学校9	70.1
学校8	70.6
学校7	69.3
学校6	66.8
学校5	71.0
学校4	73.3
学校3	77.1
学校2	70.1
学校1	70.1

图 3-128 不同性别教师在专业操作技能维度各题目上表示掌握或可以胜任的比例

题目	女性	男性
根据教学要求,您的专业操作技能掌握情况是?	99.04	99.39
您掌握了所教专业领域的新技术、新工艺、新规范吗?	93.56	96.50
您认为自己能胜任国家级学生技能竞赛的现场裁判吗?	46.87	63.96
您认为自己能胜任国家级学生技能竞赛的专业操作指导老师吗?	59.01	70.23

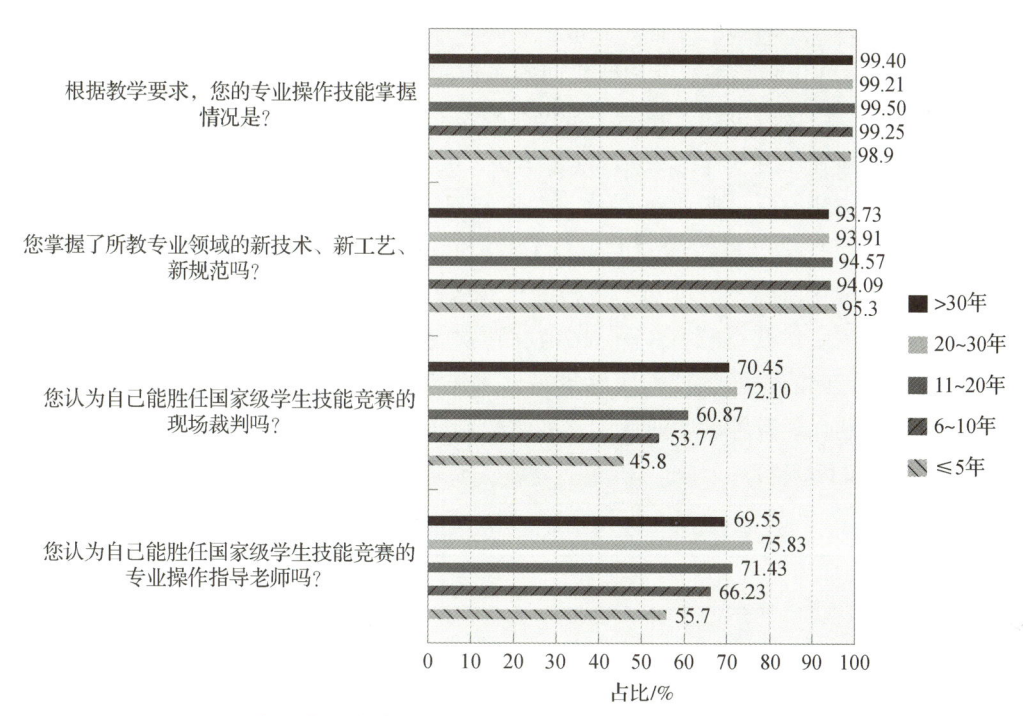

图 3-129 不同教龄教师在专业操作技能维度各题目上表示掌握或可以胜任的比例

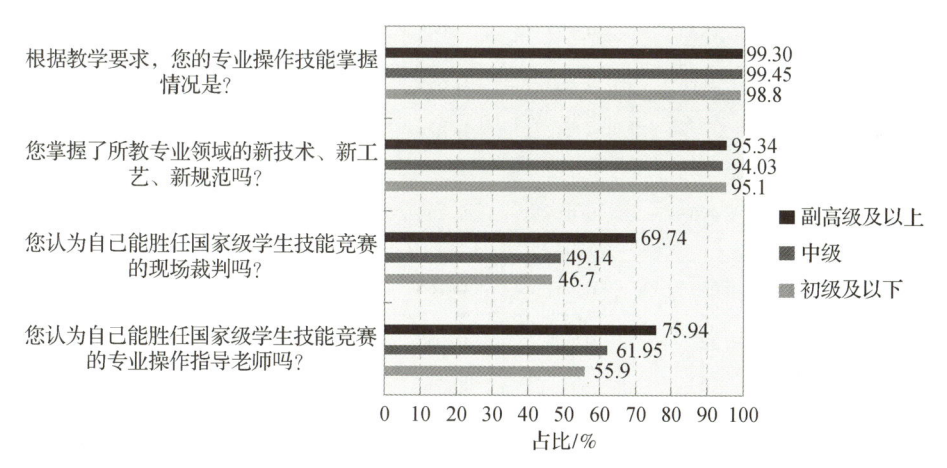

图 3-130 不同职称教师在专业操作技能维度各题目上表示掌握或可以胜任的比例

(12) 教师胜任力的影响因素分析

教师的胜任力可能会受到多种因素的影响。因此采用分层回归的方法，在控制多个背景变量（教师个体及其所在学校的特征，具体包括教师性别、教龄、学历、职称及其所在学校的办学性质、建校基础及是否"职教高地"学校）的前提下，考察教师效能感、工作获得感、职业认同感、学校归属感和职教改革适应度对教师胜任力的影响。

表 3-45 为分层回归的分析。表格中 b 为非标准化回归系数，SE 为回归系数估计标准误，β 为标准化回归系数，标准化回归系数越大，表示该预测变量与结果变量之间的关系越强。由该表可知，在第一步仅在模型中加入控制变量的情况下，所有控制变量解释了教师胜任力变异的 20.7%（$R^2 = 0.207$），第二步在控制变量基础上加入教师效能感、工作获得感、职业认同感、学校归属感和职教改革适应度后，R^2 增加至 0.758，也就是说，这五个变量总共解释了教师胜任力变异的 55.1%（0.758 - 0.207 = 0.551）。由标准化回归系数可知，教师的自我效能感对教师的胜任力影响最大（$\beta = 0.524$），其次为工作获得感（$\beta = 0.161$），再次为职教改革适应度（$\beta = 0.134$），三者的影响都是正向的，即学校归属感越高、工作获得感越强、职教改革适应度越高，教师的胜任力越强。教师的职业认同感和学校归属感对教师胜任力的影响较小（β 分别为 -0.031 和 0.076）。

表 3-45 教师工作感受多个维度和教改适应度对教师胜任力的影响

	变量	第一步			第二步		
		b	SE	β	b	SE	β
控制变量	性别	-2.842***	0.260	-0.122	-1.940***	0.174	-0.083
	教龄	0.022	0.150	0.002	-0.027	0.101	-0.003
	学历硕士	1.137***	0.277	0.048	0.846***	0.186	0.036
	学历博士	3.711***	0.660	0.065	1.644***	0.441	0.029
	职称中级	1.606***	0.324	0.068	1.555***	0.216	0.066
	职称副高级及以上	3.476***	0.436	0.134	2.500***	0.292	0.097
	学校办学性质	4.082***	0.451	0.165	1.875***	0.303	0.076
	是否"双高"校	2.327***	0.505	0.083	0.569	0.340	0.020
	是否为"职教高地"学校	-0.229	0.266	-0.010	-0.453*	0.178	-0.020
自变量	教师效能感				0.448***	0.008	0.524
	工作获得感				0.122***	0.009	0.161
	职业认同感				-0.021***	0.008	-0.031
	学校归属感				0.042***	0.007	0.076
	职教改革适应度				0.106***	0.008	0.134
	R^2	0.207			0.758		

*** $p < 0.001$；* $p < 0.05$.

3. 教师工作感受

教师的工作感受主要包含教师的效能感、工作获得感、职业认同感、学校归属感以及工作满意度5个方面。总体来看，教师具有很强的效能感以及较高的职业认同感和工作获得感，其学校归属感尚可，而教师的工作满意度还有进一步提升空间。

（1）教师效能感

第一，总体来看，教师的效能感很强（83.0）。图3-131显示了教师在效能感维度的各个题目上表示有信心或非常有信心的人数比例，可以看到九成左右及以上的教师都有信心对学生提供必要的帮助和支持。

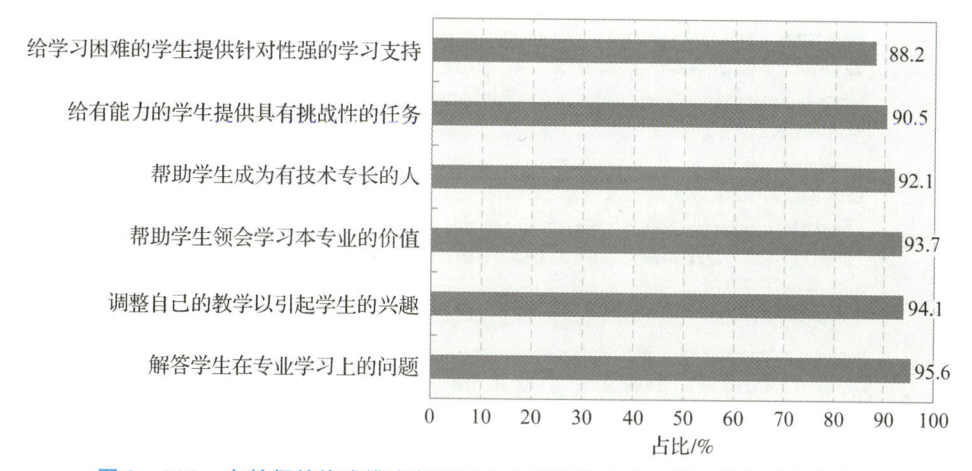

题目	占比/%
给学习困难的学生提供针对性强的学习支持	88.2
给有能力的学生提供具有挑战性的任务	90.5
帮助学生成为有技术专长的人	92.1
帮助学生领会学习本专业的价值	93.7
调整自己的教学以引起学生的兴趣	94.1
解答学生在专业学习上的问题	95.6

图3-131 在教师效能感维度各题目上选择有信心或非常有信心的人数比例

不同院校教师的效能感之间没有明显差异，ICC值为0.026，效能感指数值介于78.3到91.2之间，如图3-132所示。

分群体看，不同性别、不同教龄、不同学历、不同职称的教师在效能感方面均不存在明显差异。

从院校性质来看，"双高"院校与非"双高"院校、"职教高地"院校与非"职教高地"院校、公办院校和民办院校、不同地区院校的教师在效能感水平上也均不存在显著差异。

（2）工作获得感

总体来看，教师具有较强的工作获得感（73.1）。根据图3-133，八成左右及以上的教师认为自己是受到学生尊重的，同事和领导也都认可自己的工作，在工作中受到了公正对待以及自身学历与工作职位相称。但分别只有57.8%和52.7%的教师认同自己的发展机会很多，薪酬与付出和成就相称。

不同院校教师的工作获得感存在一定的差异，ICC值为0.089，学校25的教师工作获得感最高，指数为84.3，而学校27的教师工作获得感最低，指数仅有63.5，如图3-134所示。

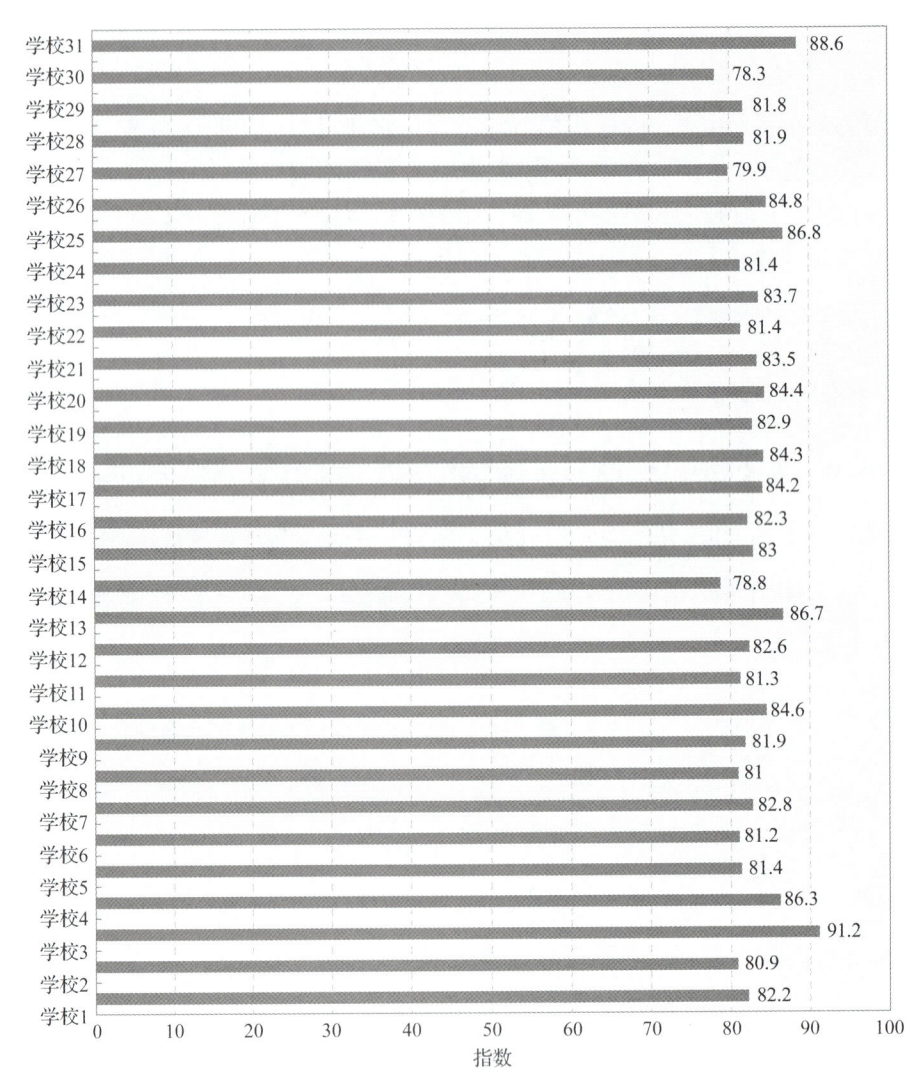

图 3-132 不同院校教师的效能感指数

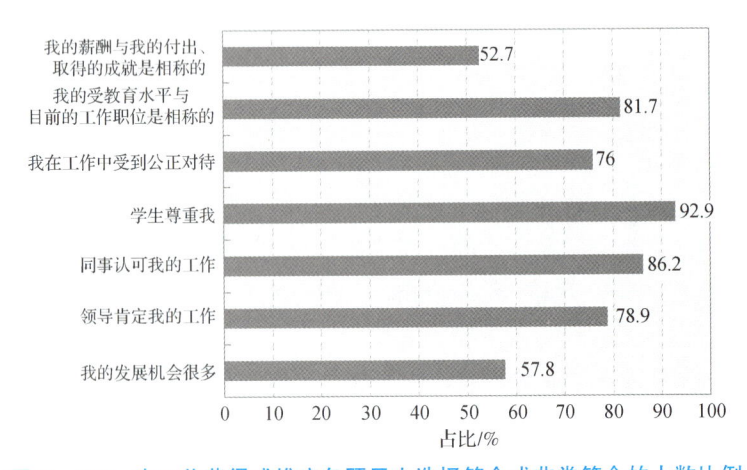

图 3-133 在工作获得感维度各题目上选择符合或非常符合的人数比例

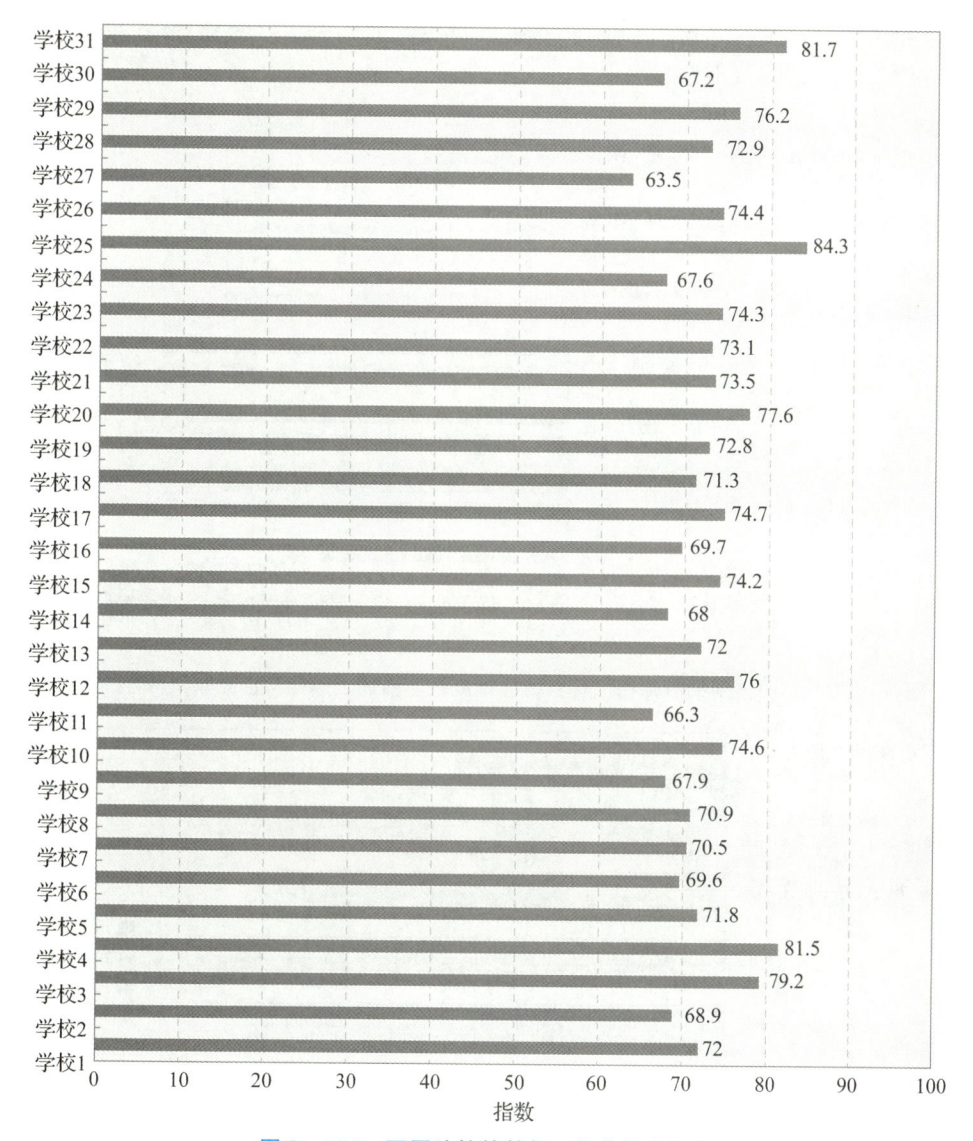

图 3-134　不同院校的教师工作获得感指数

分群体来看，男性的工作获得感（74.0）略微高于女性（72.5），科恩 d 值为 0.10；不同教龄教师的工作获得感也存在一定差异，η^2 值为 0.007；而不同学历和不同职称的教师在工作获得感上没有明显差异。

图 3-135 呈现了男性教师和女性教师在工作获得感维度各项描述上选择符合或非常符合的比例。可以看到，相比于女性教师，男性教师中认为自己的发展机会多、薪酬与付出和成就相匹配的比例更高。在其余问题上男女之间差异不大。

图 3-136 显示了不同教龄的教师在工作获得感维度各项描述上选择符合或非常符合的比例。在"我发展机会很多"这道题上，教龄越短的教师越同意该描述，即认

为自己的发展机会多。而在工作获得感维度的题目上，均是教龄在 30 年以上的教师越同意相关描述，即获得感最高。

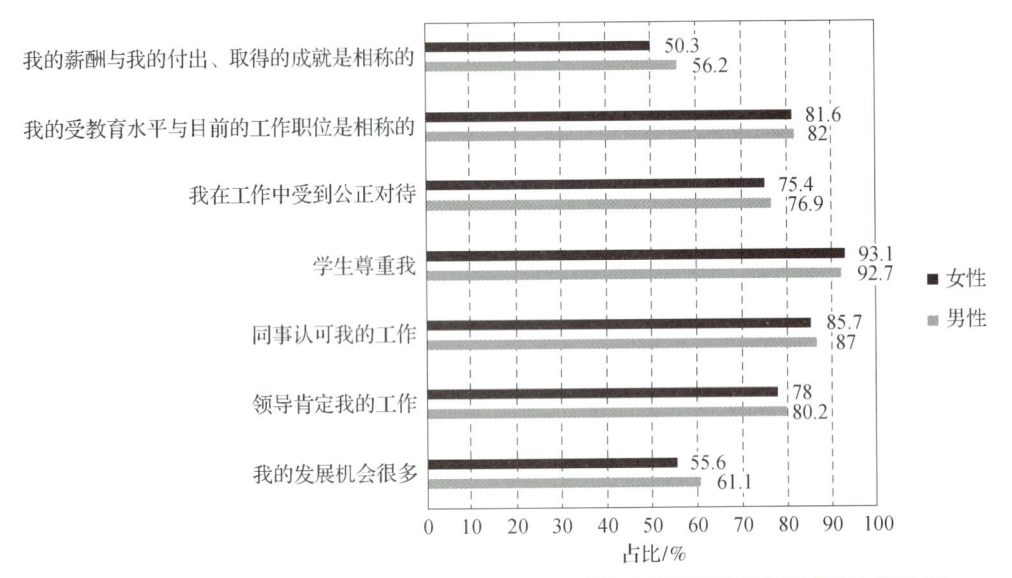

图 3-135　不同性别的教师在工作获得感维度各项描述上选择符合或非常符合的比例

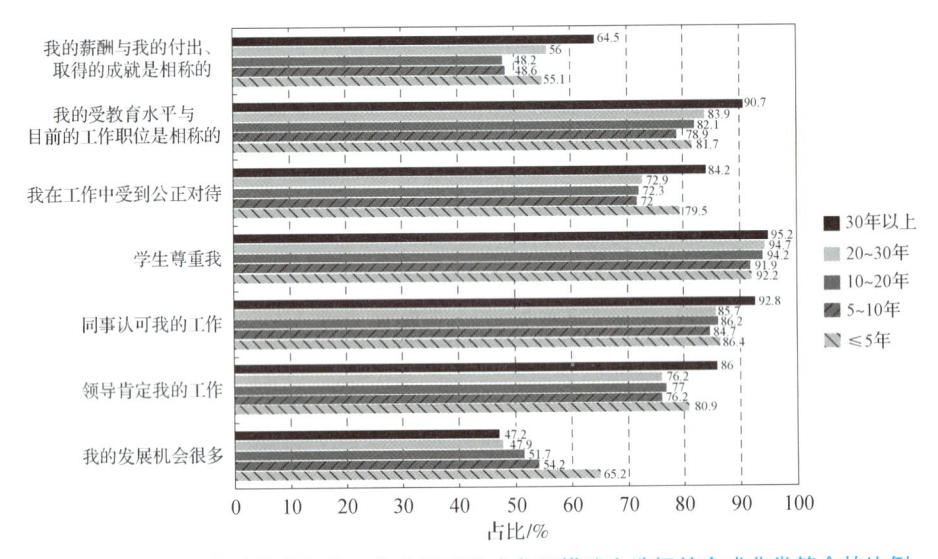

图 3-136　不同教龄的教师在工作获得感维度各项描述上选择符合或非常符合的比例

分院校性质来看，民办院校教师的工作获得感（74.1）要高于公办院校（70.8），科恩 d 值为 0.23；"职教高地"院校教师的工作获得感（74.1）略高于非"职教高地"院校（72.4），科恩 d 值为 0.11；而"双高"院校与非"双高"院校，以及不同地区院校的教师在工作获得感上没有明显差异。

图 3-137 显示了公办和民办院校教师在工作获得感维度各项描述上选择符合或非常符合的人数比例。民办学校中认可"自己发展机会很多"的教师人数比例比公办

院校高出 16.6%，而认为"领导肯定我的工作"以及"我在工作中受到公正对待"的比例也高约 8%。

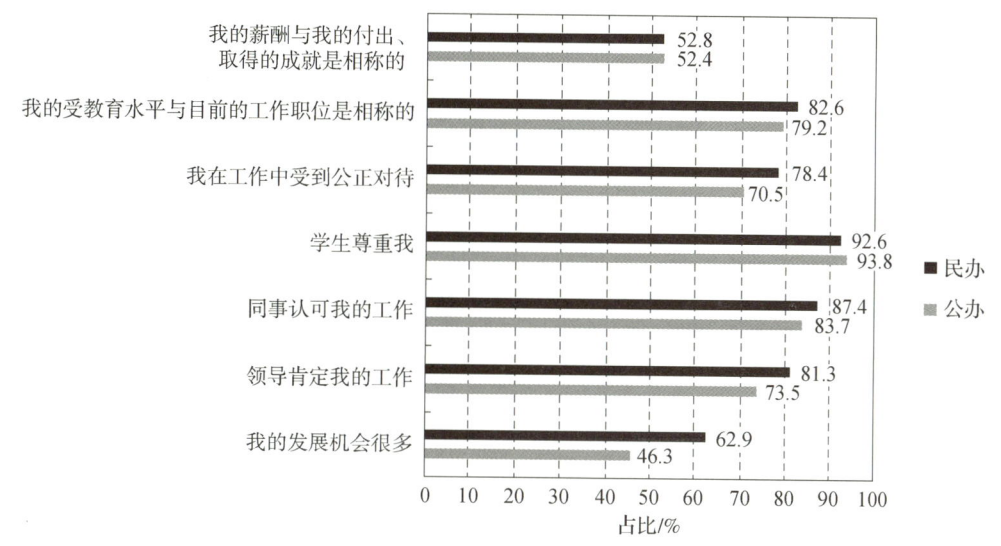

图 3-137 公办院校和民办院校教师在工作获得感各项描述上选择符合或非常符合比例

图 3-138 呈现了"职教高地"和非"职教高地"院校教师在工作获得感维度各项描述上选择符合或非常符合的人数比例。可以看到，在薪酬与付出和成就相匹配、教育水平和工作职称相匹配以及发展机会上，"职教高地"院校要高于非"职教高地"院校不少，其余问题上两类院校之间差异不是很大。

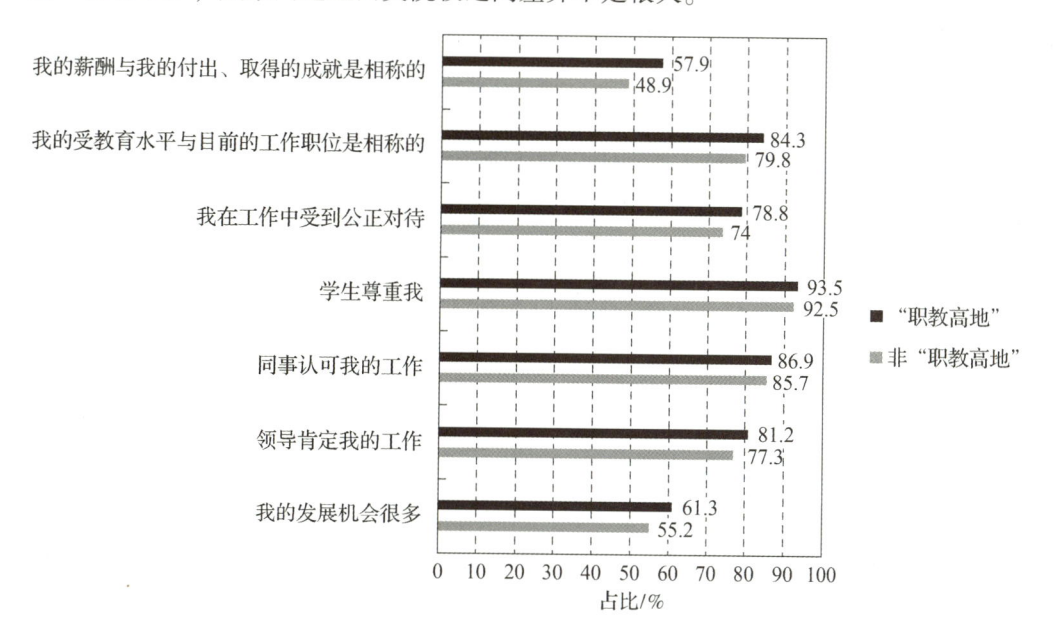

图 3-138 "职教高地"与非"职教高地"院校教师在工作获得感各项描述上选择符合或非常符合比例

(3) 职业认同感

整体来看，教师的职业认同感较高（79.54），根据图 3-139 可以看出，在职业认同感维度各个题目上，均有超过八成的教师表示同意或者非常同意。

题目	占比/%
我对职教教师这个职业的未来充满信心	85.5
如果可以重新选择我仍然会当职教教师	82.3
我听到或看到对职教教师的正面评价时感到自豪	89.9
当职教教师能让我实现人生价值	83.9

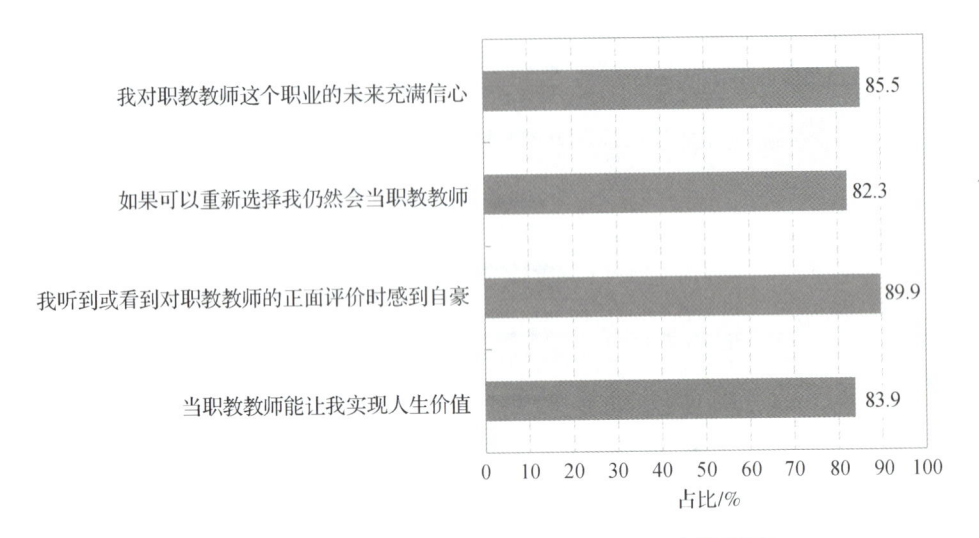

图 3-139 职业认同感各题目同意或非常同意的比例

不同院校间教师的职业认同感存在一定差异，ICC 值为 0.051，学校 31 教师的职业认同感最高，指数为 88.5，而学校 27 教师的职业认同感最低，指数仅有 70.6，如图 3-140 所示。

分群体来看，不同性别、教龄、学历以及职称的教师在职业认同感上均不存在明显差异。

分院校性质来看，民办院校教师的职业认同感（80.1）略高于公办院校（78.3），科恩 d 值为 0.11；"职教高地"院校教师职业认同感（80.8）略高于公办院校（78.6），科恩 d 值为 0.13。而"双高"院校与非"双高"院校，以及不同地区院校之间没有明显差异。

图 3-141 呈现了公办和民办院校教师对职业认同感维度各项描述选择同意或非常同意的人数比例。由图可知，民办院校教师中表示对职教教师职业的未来充满信心、重新选择仍会当职教教师、认为当职教教师能实现人生价值的人数比例都高于公办院校。不过二者在"听到或看到对职教教师的正面评价时感到自豪"这一小题上没有明显差异。

图 3-142 显示了"职教高地"院校和非"职教高地"院校的教师对职业认同感维度各项描述选择同意或非常同意的人数比例。从图中可以看到，"职教高地"院校中对各项描述选择同意或者非常同意的教师人数比例均更高，其中同意或非常同意"对于职教教师职业的未来充满信心"和"当职教教师能让我实现人生价值"两项描述的人数比例比非"职教高地"院校高出 5% 左右。

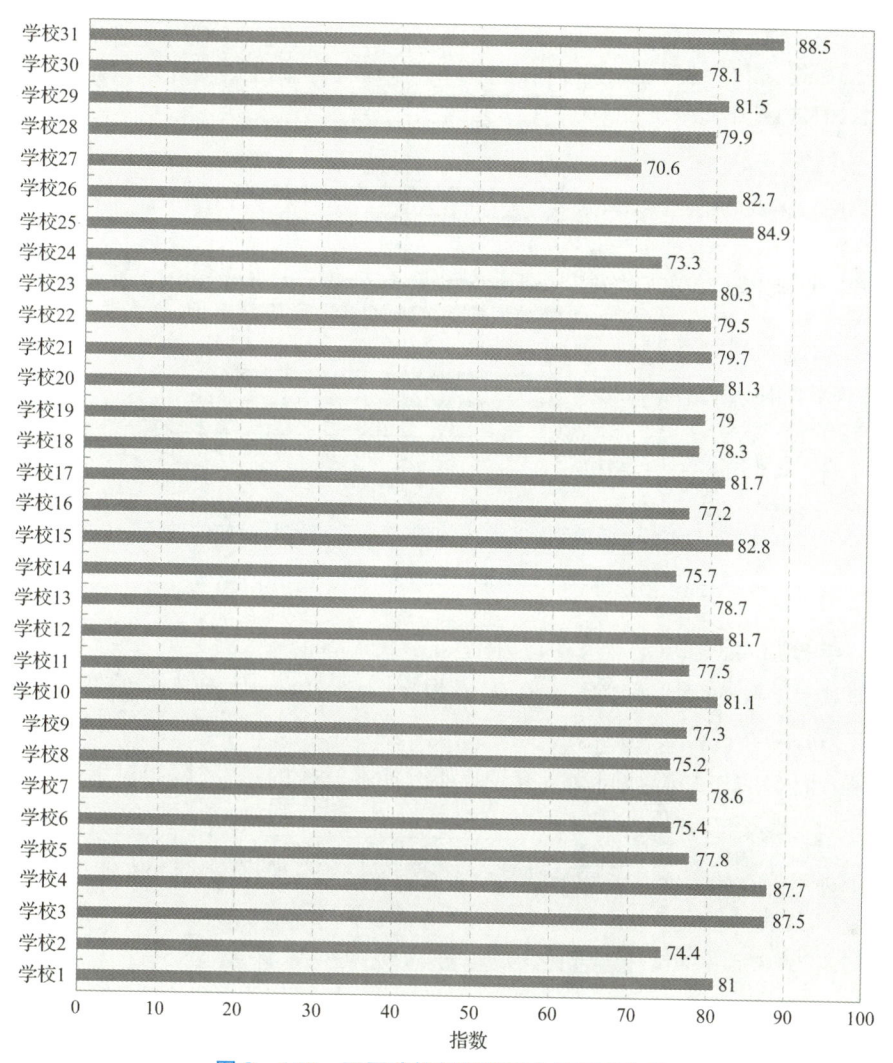

图 3-140　不同院校教师的职业认同感指数

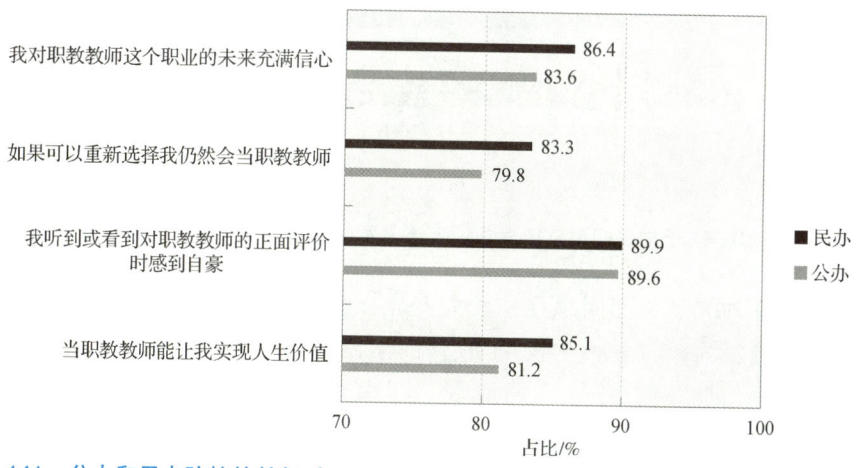

图 3-141　公办和民办院校的教师对职业认同感维度各项描述表示同意或非常同意的人数比例

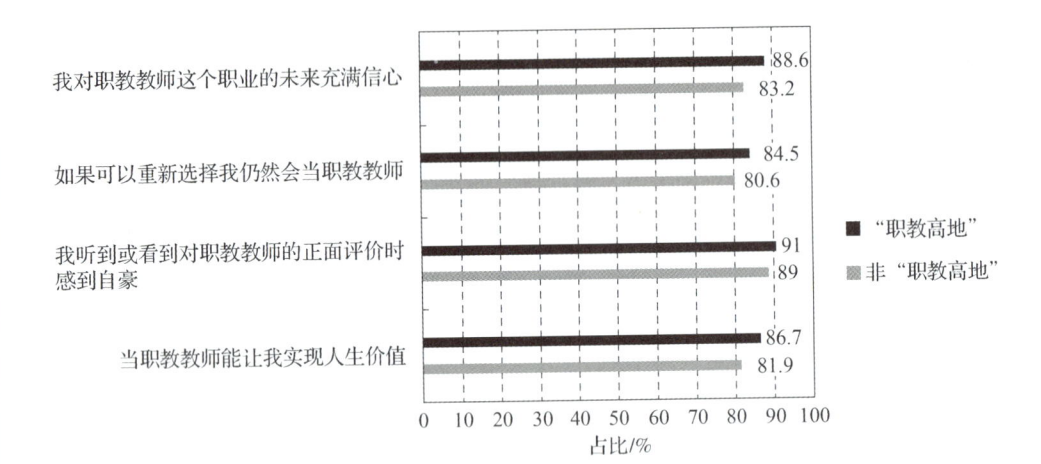

图 3-142 "职教高地"院校和非"职教高地"院校的教师
对职业认同感维度各项描述同意或非常同意的人数比例

（4）学校归属感

教师对于学校的归属感较高（70.9）。根据图 3-143，七成左右的教师感觉得到了学校的悉心培养，喜欢在目前的学校工作，会推荐亲友到本校工作，以是本校教师感到自豪。而 61.3% 的教师同意"有种离不开所在学校的感觉"，相对稍低。

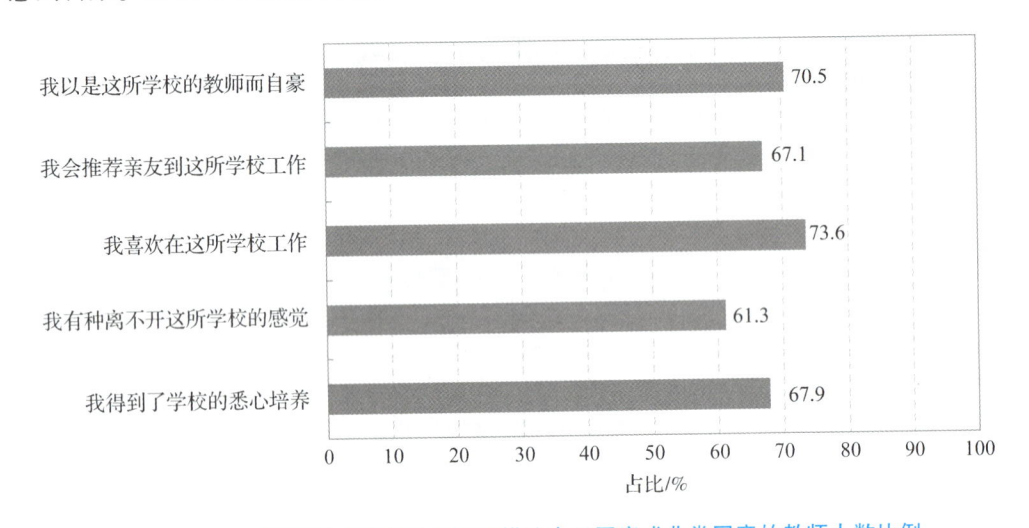

图 3-143 对于学校归属感维度各项描述表示同意或非常同意的教师人数比例

不同院校教师的学校归属感存在较大差异，ICC 值为 0.124，其中学校 4 教师的学校归属感最高，为 85.2，而学校 11 教师的学校归属感最低，仅有 55.4，如图 3-144 所示。

分不同群体看，不同学历的教师在学校归属感上存在一定的差异，η^2 值为 0.006；而不同性别，不同教龄和不同职称的教师在学校归属感上没有明显差异。

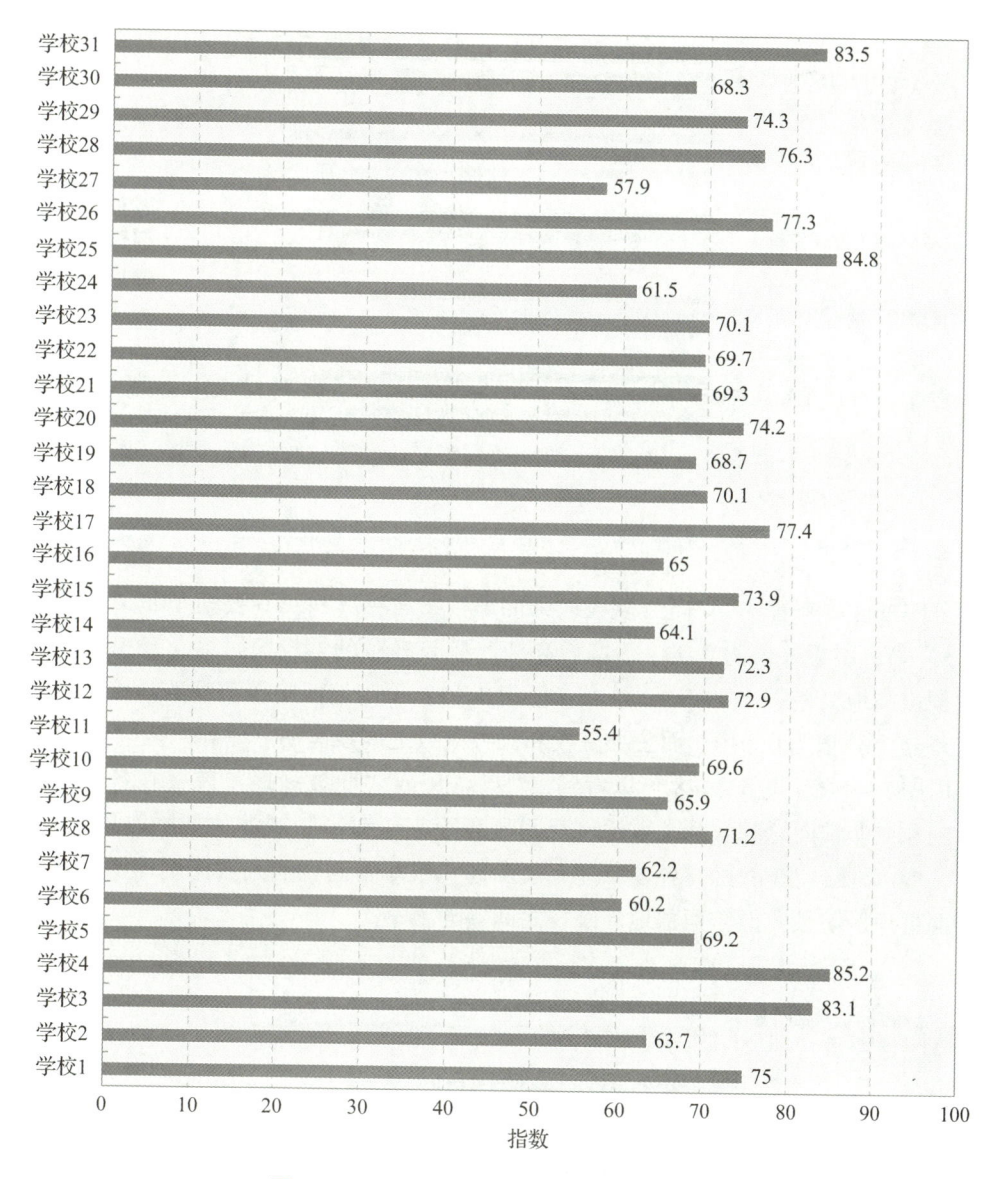

图 3-144　不同院校教师的学校归属感指数

图 3-145 呈现了不同学历教师对于学校归属感维度各项描述选择同意或非常同意的人数比例。由图 3-149 可以看出，学校归属感各项描述上表示同意的人数比例均随着教师学历的提升呈现"U 型"变化，即本科及以下学历以及博士学历教师对学校归属感各项描述表示同意的比例都高于硕士学历教师。另外，博士学历教师对于"我得到了学校的悉心培养"以及"我喜欢在这所学校工作"这两项表示同意的比例明显高于其他学历的教师。

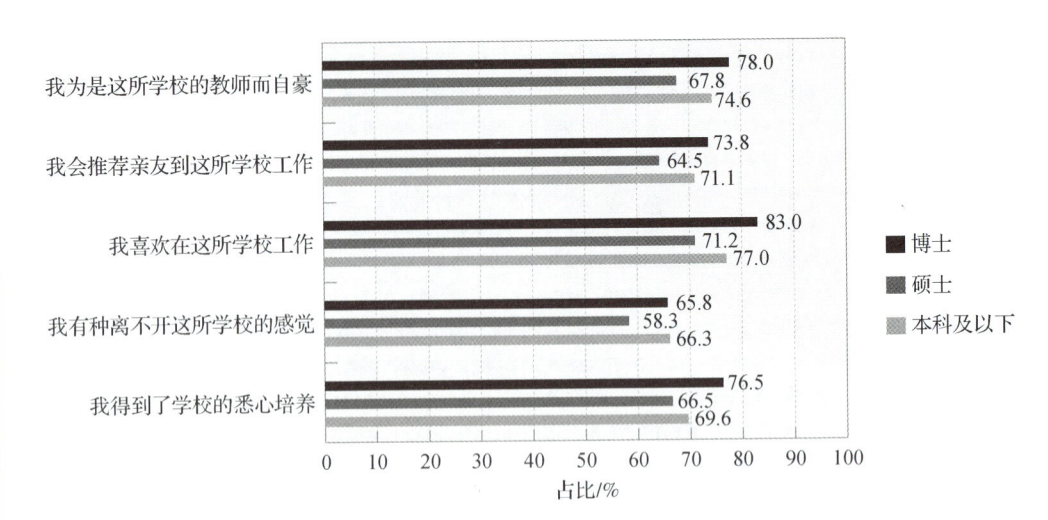

图3-145 不同学历教师对学校归属感各项描述选择同意或非常同意的人数比例

分院校性质来看,"双高"院校教师的学校归属感(74.6)要高于非"双高"院校(69.9),科恩 d 值为0.24;"职教高地"院校教师的学校归属感(72.6)略高于非"职教高地"院校(69.7),科恩 d 值为0.14;不同地区院校教师的学校归属感也存在差异,η^2 值为0.010;而公办院校和民办院校之间没有明显差异。

由图3-146~图3-148可以看到,"双高"或"职教高地"院校在各项描述上表示同意或非常同意的教师人数比例都明显高于非"双高"或非"职教高地"院校。另外,中部地区院校教师在各项描述上表示同意或非常同意的人数比例均明显低于东部和西部地区院校,但东西部地区院校之间差异很小。

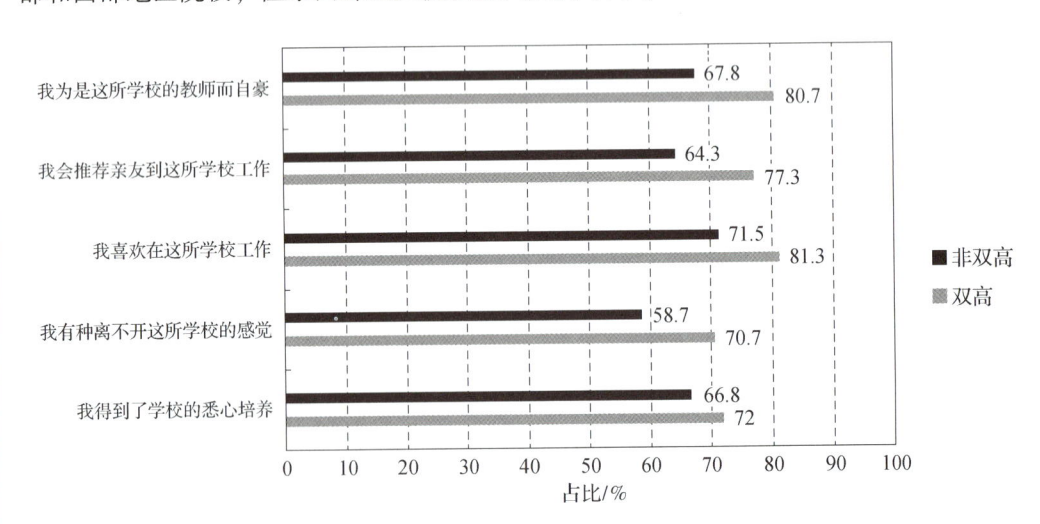

图3-146 "双高"与非"双高"院校教师对学校归属感各项描述表示同意或非常同意的比例

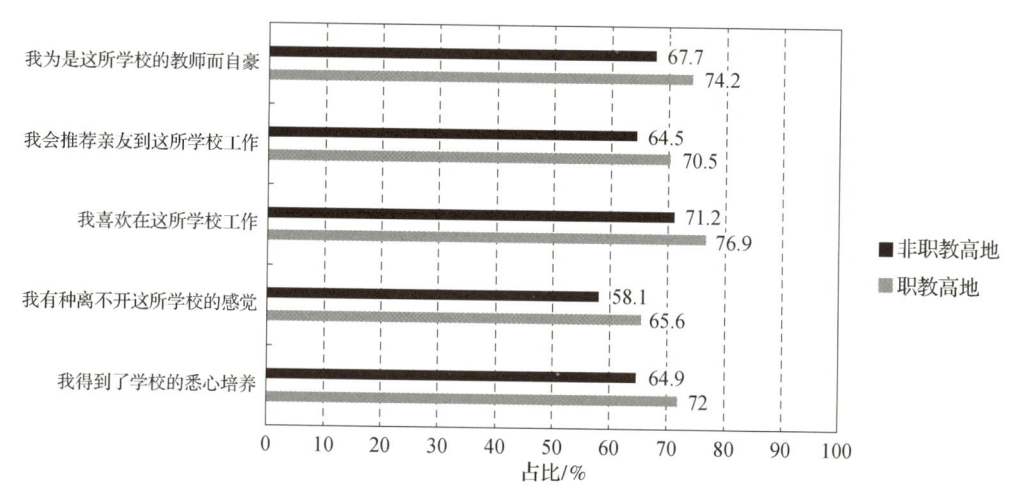

图3-147 "职教高地"与非"职教高地"院校教师
对于学校归属感各项描述表示同意或非常同意的比例

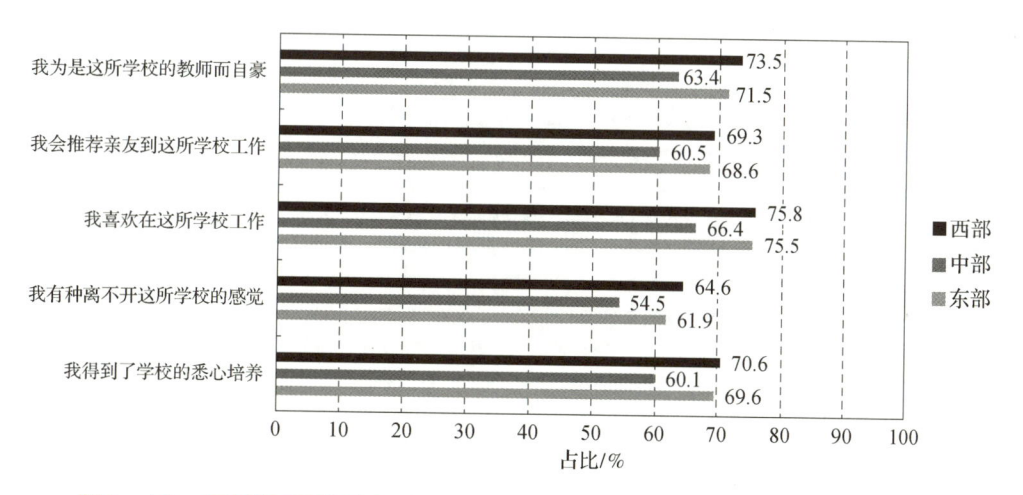

图3-148 不同地区院校教师对于学校归属感各项描述表示同意或非常同意的比例

(5) 工作满意度

教师整体的工作满意度尚可（68.0）。根据图3-149，多数教师（85.3%）满意其同事关系，60%~70%的教师满意学校的领导管理、工作内容、工作环境、学校提供的教师专业发展机会、学校的教师职称评定和职务晋升机制。然而，分别仅有45.6%和55.2%的教师表示对薪酬和工作强度满意。

不同院校教师的工作满意度存在明显差异，ICC值为0.143，其中学校25教师的工作满意度最高，为83.7，而学校27教师的工作满意度最低，仅有52.8，如图3-150所示。

分群体来看，不同教龄的教师在工作满意度上存在显著差异，η^2值为0.011；而不同性别、不同学历以及不同职称的教师在工作满意度上没有明显差异。

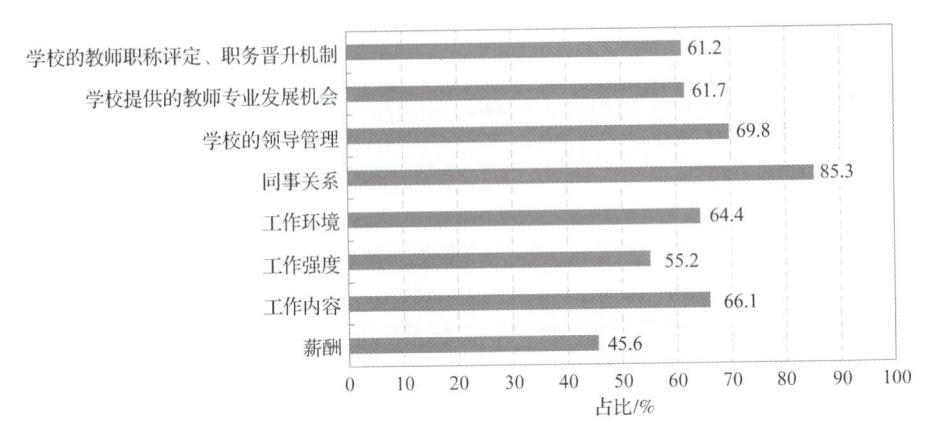

项目	占比/%
学校的教师职称评定、职务晋升机制	61.2
学校提供的教师专业发展机会	61.7
学校的领导管理	69.8
同事关系	85.3
工作环境	64.4
工作强度	55.2
工作内容	66.1
薪酬	45.6

图 3-149 对于工作各方面表示满意或非常满意的教师人数比例

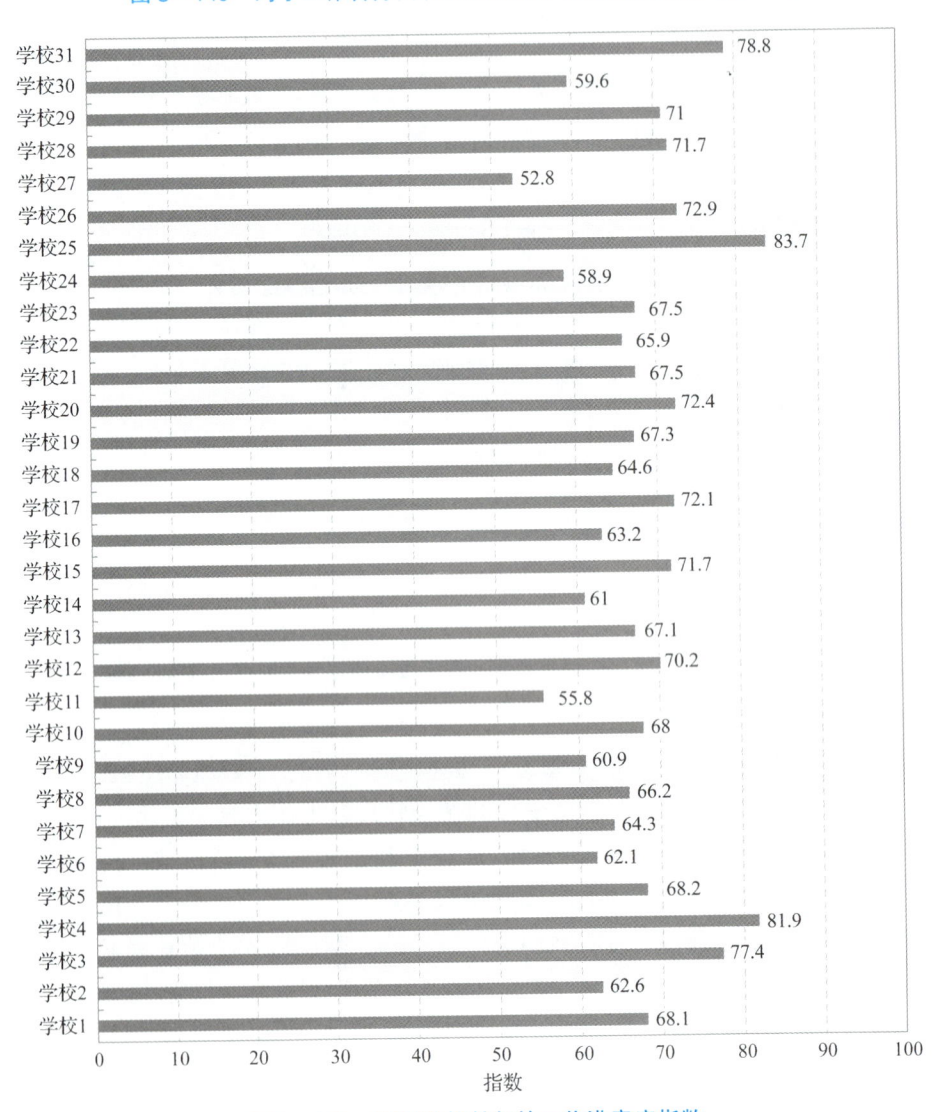

院校	指数
学校31	78.8
学校30	59.6
学校29	71
学校28	71.7
学校27	52.8
学校26	72.9
学校25	83.7
学校24	58.9
学校23	67.5
学校22	65.9
学校21	67.5
学校20	72.4
学校19	67.3
学校18	64.6
学校17	72.1
学校16	63.2
学校15	71.7
学校14	61
学校13	67.1
学校12	70.2
学校11	55.8
学校10	68
学校9	60.9
学校8	66.2
学校7	64.3
学校6	62.1
学校5	68.2
学校4	81.9
学校3	77.4
学校2	62.6
学校1	68.1

图 3-150 不同院校教师的工作满意度指数

图 3-151 呈现了不同教龄段的教师对工作各方面表示满意或非常满意的人数比例。可以看到，对于工作的各方面，教龄和表示满意的人数比例均基本呈现"U 型"关系，即教龄不超过 5 年和教龄超过 30 年的教师对于工作各方面表示满意或非常满意的比例基本都相对更高，而教龄处于中间的教师表示满意的人数比例较低。

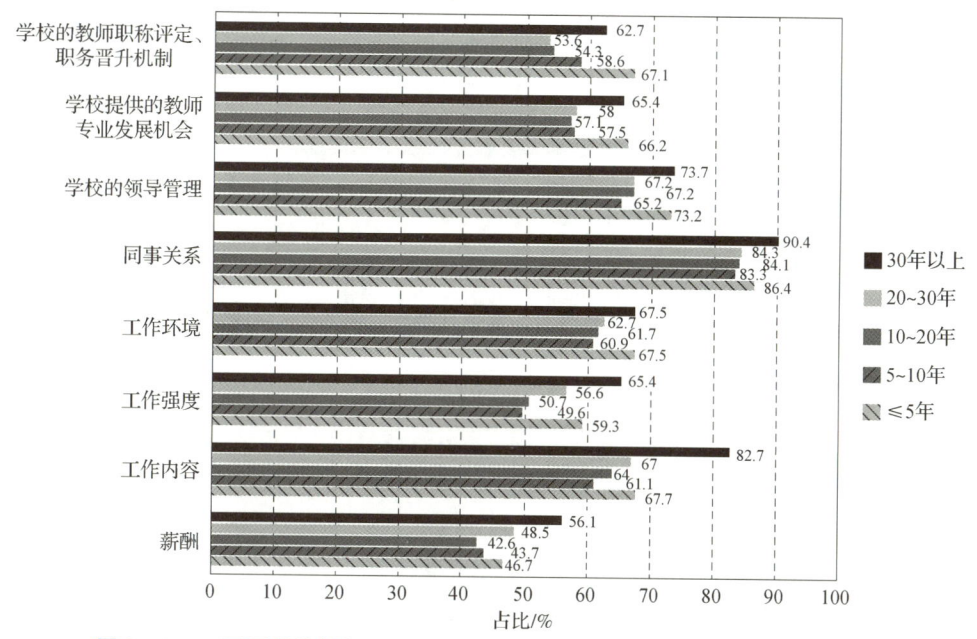

图 3-151　不同教龄教师对于工作各方面表示满意或者非常满意的人数比例

分院校性质来看，民办院校教师的工作满意度（68.90）高于公办院校（65.79），科恩 d 值为 0.17；"职教高地"院校教师的工作满意度（69.52）高于非"职教高地"院校（66.79），科恩 d 值为 0.15；不同地区教师的工作满意度也存在差异，η^2 值为 0.008；而"双高"院校和非"双高"院校教师在工作满意度上没有明显差异。

图 3-152~图 3-154 分别呈现了公办院校和民办院校、"职教高地"和非"职教高地"院校以及不同地区院校的教师对工作各方面表示满意或非常满意的人数比例。其中，两类院校的教师对薪酬和工作内容的满意程度相差很小，但对于工作的其他各方面，民办院校教师都比公办院校教师更加满意，而"职教高地"院校教师对于工作的各个方面都比非"职教高地"院校教师更满意。另外，相比于东部和西部院校，中部地区院校的教师对工作各方面表示满意的人数比例均更低。

（6）教师工作感受影响因素分析

教师工作满意度是一个很重要的能反映教师工作感受的结果变量。在此，采用分层回归的方法，在控制多个背景变量（教师个体及其所在学校的特征）的前提下（教师性别、教龄、学历、职称及其所在学校的办学性质、建校基础及是否为"职教高地"学校），考察教师效能感、工作获得感、职业认同感、学校归属感和职教改革适应度对教师工作满意度的影响。

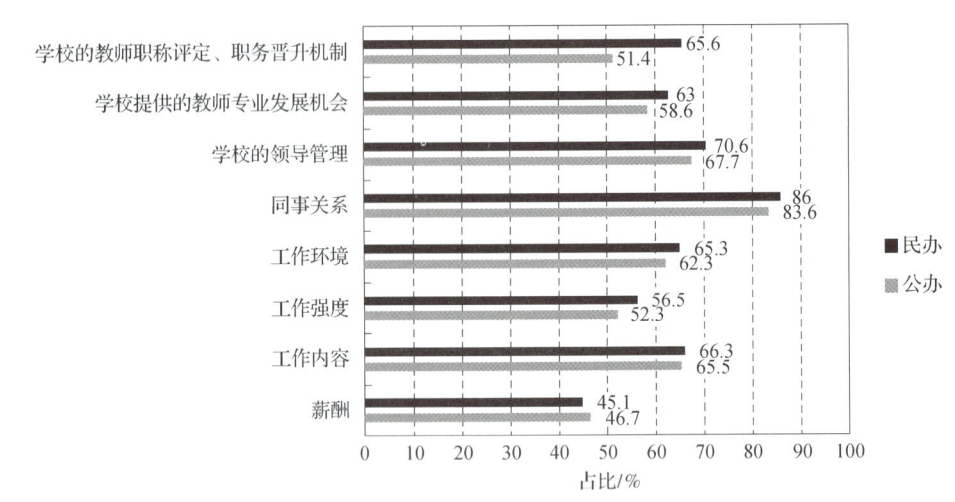

图 3-152 公办与民办院校教师对工作各方面表示满意或非常满意的人数比例

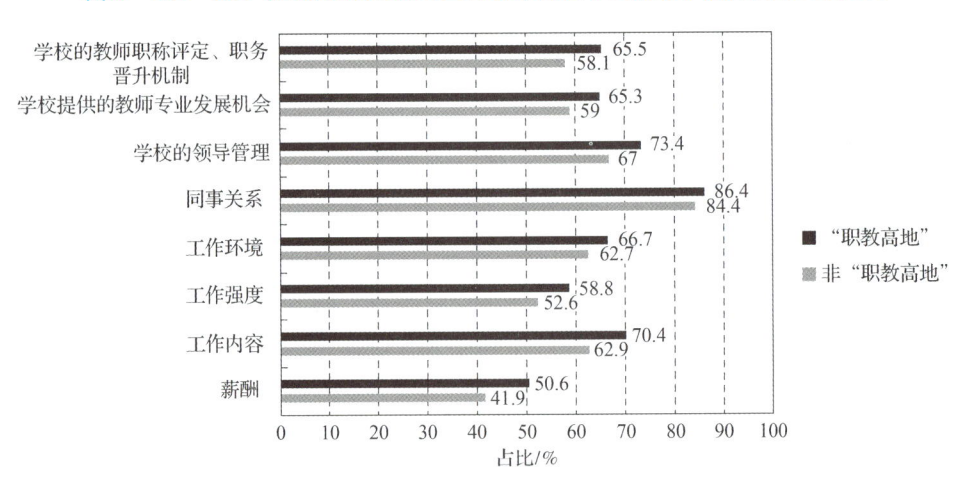

图 3-153 "职教高地"与非"职教高地"院校教师对工作各方面表示满意或非常满意的人数比例

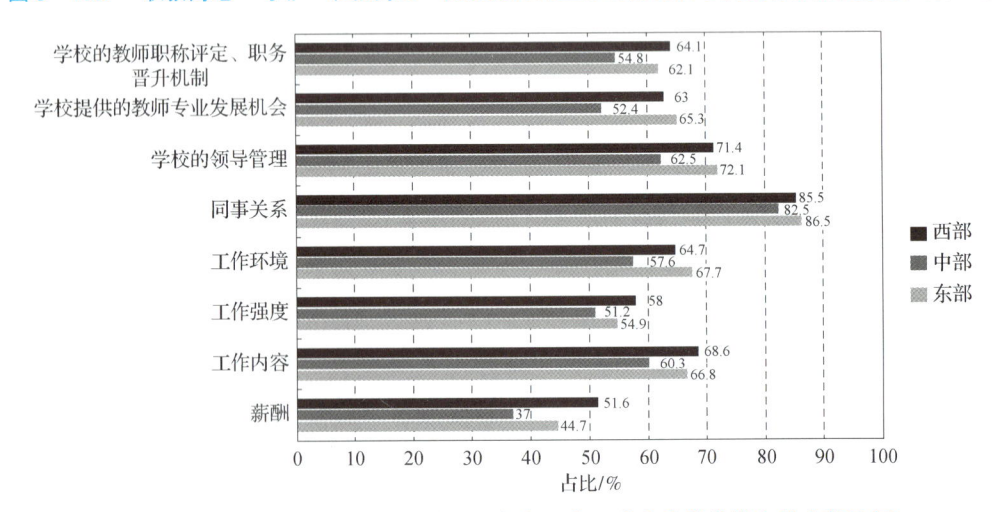

图 3-154 不同地区院校教师对工作各方面表示满意或非常满意的人数比例

表 3-46 为分层回归分析的结果，表格中 b 为非标准化回归系数，SE 为回归系数估计标准误，β 为标准化回归系数，标准化回归系数越大，表示该预测变量与结果变量之间的关系越强。由该表可知，在第一步仅在模型中加入控制变量的情况下，所有控制变量共解释了教师工作满意度变异的 4.1%（$R^2 = 0.041$）。第二步在控制变量基础上加入教师效能感、工作获得感、职业认同感、学校归属感和职教改革适应度后，R^2 增至 0.757，说明这五个变量共解释了教师工作满意度变异的 71.6%（0.757 - 0.041 = 0.716）。由标准化回归系数可知，对教师工作满意度水平影响最大的变量为学校归属感（$\beta = 0.571$），其次为工作获得感（$\beta = 0.293$），再次为职教改革适应度（$\beta = 0.145$），三者的影响都是正向的，即学校归属感越高、工作获得感越强、职教改革适应度越高，教师的工作满意度越高。教师效能感和职业认同感对教师工作满意度的影响很小（β 分别为 -0.049 和 -0.036）。

表 3-46 工作感受其他维度以及教改适应度对工作满意度的影响

变量		第一步			第二步		
		b	SE	β	b	SE	β
控制变量	性别	-0.497	0.411	-0.014	0.265	0.208	0.007
	教龄	-1.183***	0.238	-0.075	-0.540***	0.120	-0.034
	学历硕士	-2.800***	0.438	-0.075	-0.573*	0.222	-0.015
	学历博士	3.169**	1.044	0.035	1.212*	0.527	0.013
	职称中级	-1.084*	0.512	-0.029	-0.874**	0.258	-0.024
	职称副高级及以上	1.444*	0.690	0.035	-0.427	0.348	-0.010
	学校办学性质	8.788***	0.713	0.225	3.556***	0.362	0.091
	是否"双高"校	9.331***	0.799	0.210	2.771***	0.405	0.062
	是否"职教高地"学校	0.821	0.420	0.022	-0.080	0.212	-0.002
自变量	教师效能感				-0.066***	0.009	-0.049
	工作获得感				0.350***	0.011	0.293
	职业认同感				-0.039***	0.009	-0.036
	学校归属感				0.501***	0.008	0.571
	职教改革适应度				0.182***	0.010	0.145
R^2		0.041			0.757		

*** $p < 0.001$；** $p < 0.01$；* $p < 0.05$.

4. 职业教育改革适应度

整体来看，面对新时代提出的教育教学改革新要求，职教教师整体表现出较好的适应状态（77.99）。图 3-155 呈现了教师对于改革的各项要求表示适应或者非常适应的人数比例，可以发现，近九成教师都能适应各项职教改革发展趋势，如培养高素质创新型技术技能人才，实行中本/专本贯通、衔接培养，严把教学标准和毕业学生质量标准两个关口，将新技术、新工艺、新规范及时纳入教学标准和教学内容，不断调整专业目录和教材等。教师对开展"1+X"证书制度试点工作的适应程度相对稍低，表示适应的人数占比例 83.1%。

项目	占比/%
开展 1+X 证书制度试点工作	83.1
专业目录和教材不断调整	85.3
将新技术、新工艺、新规范及时纳入教学标准和教学内容	85.8
严把教学标准和毕业学生质量标准两个关口	87.5
实行中本/专本贯通、衔接培养	85.2
培养高素质创新型技术技能人才	87.3

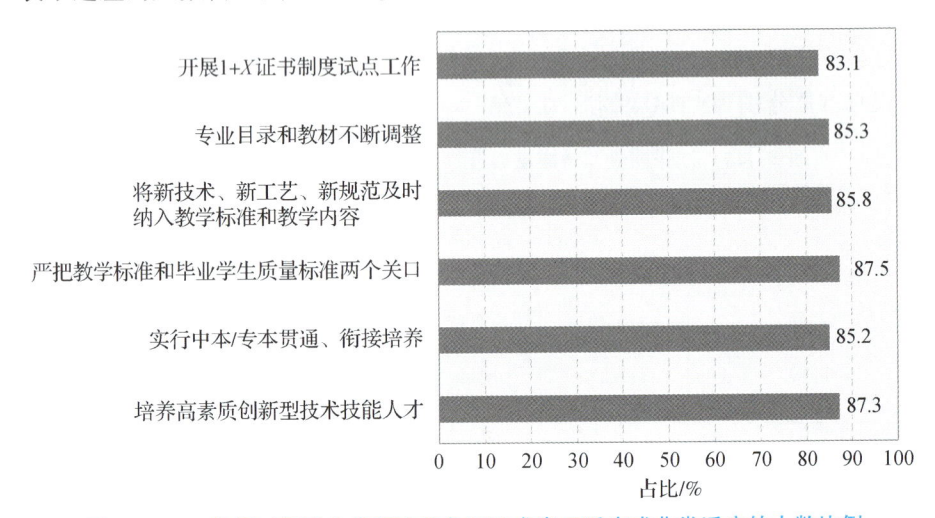

图 3-155　教师对于职业教育改革各项要求表示适应或非常适应的人数比例

不同院校的教师对于职教改革的适应度存在一定的差异，ICC 值为 0.052，其中学校 31 教师的教改适应度最高，为 86.4，而学校 30 教师的教改适应度最低，为 71.7，如图 3-156 所示。

分群体看，不同性别、教龄、学历以及职称的教师在教改适应度上均没有明显差异。

分院校性质来看，公办院校与民办院校、"双高"院校与非"双高"院校、"职教高地"院校与非"职教高地"院校以及不同地区院校教师在教改适应度上均不存在显著差异。

（三）结论与讨论

1. 主要调查发现

（1）教师整体胜任力水平较高

教师胜任力主要包含教师师德以及教师能力两大方面。

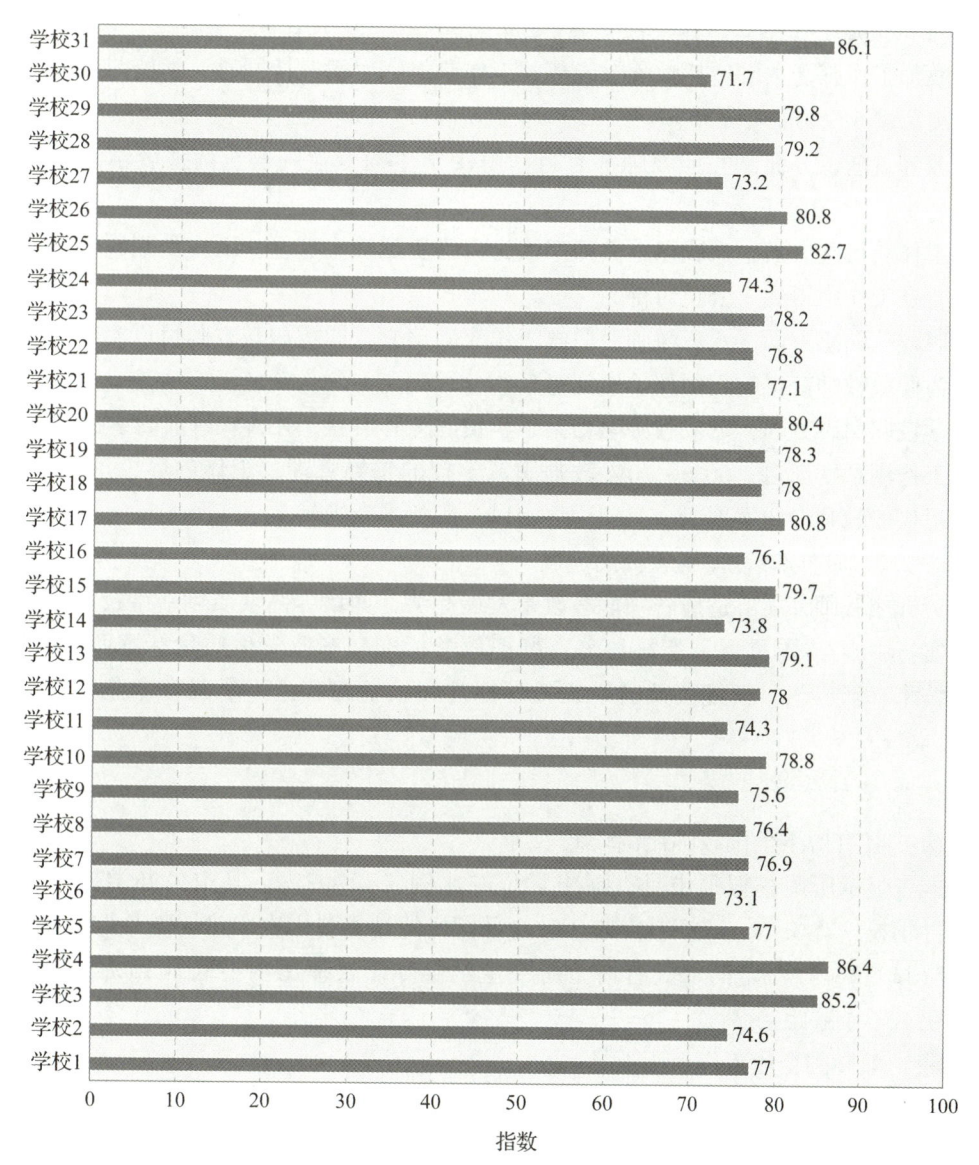

图 3-156 不同院校教师的教改适应度指数

教师师德方面，教师普遍能够做到关爱学生、了解学生。超过八成教师可以对学生一视同仁，认真对待学生的反馈和建议、换位思考理解学生感受。另外超过八成的教师也能够了解学生的知识技能、学习能力以及学习兴趣。

教师能力方面，教师对于专业知识有较好的掌握，超过八成教师熟悉知识体系，了解职业发展状况以及新技术工艺。九成以上教师都可以运用已有知识技能去解决新问题，制订合理的教学计划、项目任务。多数教师能够因材施教，充分调动学生积极性，结合多种手段授课讲解，并不断研究和改进教育教学工作，在工作之余钻研业务。八成以上教师在过去一学期内都为学生提供至少一次就业或心理方面的帮助。

（2）教师工作感受整体较好

教师工作感受主要包括教师效能感、工作获得感、职业认同感、学校归属感以及工作满意度5个方面。

教师效能感方面，九成教师都有自信解决学生的专业问题、调整教学激发学生兴趣。

工作获得感方面，八成以上教师都认为自己受到学生尊重，工作受到同事和领导认可，在工作中得到了公正对待。

职业认同感方面，八成教师对职教工作充满信心，同意职教教师可以实现人生价值，为职教教师获得的正面评价感到自豪。

学校归属感方面，七成教师感受到了学校的悉心培养，并喜欢目前的学校工作。

工作满意度尚可，60%~70%教师满意学校的领导管理、工作内容、工作环境、学校提供的教师专业发展机会、职称评定以及职务晋升机制。

（3）教师对职教改革有较高适应度

近九成教师都能够适应各项职教改革发展趋势，如培养高素质创新型技术技能人才，实行中本/专本贯通、衔接培养，严把教学标准和毕业学生质量标准两个关口，将新技术、新工艺、新规范及时纳入教学标准和教学内容，不断调整专业目录和教材等。

2. 问题与分析

（1）具有博士学位教师比例较低

调查显示所调查教师中具有博士学位的比例仅有4.2%。其中公办学校为6%，而民办学校仅有3.4%。这与2021年教育部印发的《本科层次职业教育专业设置管理办法（试行）》中规定的"具有博士研究生学位专任教师比例不低于15%"要求相比，仍有不小差距。

（2）教师的企业工作经历不足

调查发现，没有企业工作经历的教师占比达到了43.6%，具备3年以上企业工作经历的教师占比仅有25.3%。特别是在公办职业本科学校中，有55.8%的教师没有企业工作的经历。这一现状与2019年教育部出台的《深化新时代职业教育"双师型"教师队伍建设改革实施方案》指出的"职业院校、应用型本科高校相关专业教师原则上从具有3年以上企业工作经历并具有高职以上学历的人员中公开招聘"要求相比，仍存在差距。

（3）教师的研究能力有待提高

调查显示，虽然绝大多数教师都可以积极参与教研科研工作，但在成果转化的相关研究活动上表现不佳。例如仅有30.4%和36.7%的教师在最近一年曾承担横向委托课题或者教材编辑。承担过政府委托课题和出版过专著的教师比例更少，分别仅有23.2%和15.3%。

（4）半数教师对薪酬和工作强度不满

调查显示，分别仅有45.6%和55.2%的教师对薪酬和工作强度满意。教龄和工作满意度主要呈现出"U型"关系，低于5年教龄的教师（69.8）以及超过30年教龄的教师（70.4）工作满意度都明显高于教龄在6~30年的教师（66左右）。

3. 对策与建议

教育质量取决于教师质量，要内外兼治，不仅要提升职业本科院校教师学历层次，更要强化能说会做善研的"双师型"教师队伍建设，从而显著提升职业本科院校的育人质量和吸引力。

（1）加强培养，提升教师队伍学历层次

针对教师具有博士学位比例较低的问题，建议综合考虑职业本科教育发展的需要与现实条件，加快提升职业本科教育教师队伍学历层次。一是实施加大职业技术教育领域博士研究生培养力度，给有资质的培养单位更多政策扶持，吸引更多高水平大学培养高质量高层次职教教师。二是推进各地普通师范院校、职业技术师范院校和高水平大学合作开展在职教师博士学历提升项目，统筹解决教师工学矛盾。

（2）加强双向培训，建设"双师"专业教学团队

针对教师企业工作经历不足的问题，一是要制度化安排文化课教师去企业体验，专业课教师到企业实践，丰富教师的企业经验。通过健全政府、学校、行业企业联合培养教师机制，完善教师定期到企业实践制度，探索多种形式的教师参与企业实践，提升教师专业实践能力。二是要吸引企业人员到职业本科教育院校兼职，接受教学方法的培训，提升教学能力，推进"双师型"专业教学团队建设。

（3）强化科研，增强教师"产教科"融合力

针对教师研究能力不强、成果转化不佳的问题，一是要厘清职业本科科研工作定位，明确科研方向和内容，支持教师围绕技术改造开展应用性研究。二是要增强教师的"产教科"融合力，提高科研转化能力，将应用性技术转化为产品和教学，培养学生解决技术问题、熟练运用技术的能力。

（4）完善机制，促进教师队伍持续发展

针对教师对薪酬、工作强度等不满的现状，建议完善待遇机制，提高职业本科教育教师职业的吸引力。一是要变革制度环境，改革教师职称评定和职务晋升机制，为教师打造公平开放的发展平台，畅通教师职业发展通道。二是要适当提高教师薪酬，探索绩效工资分配制度改革，完善待遇机制，提高职业本科教育教师的经济收入和社会地位，提高职业吸引力。

第四章

职业本科教育专业建设

职业本科教育专业建设是职业教育在新发展阶段增强适应性、提高人才培养质量的关键。基于职业教育的类型特点，职业本科教育专业建设应聚焦人才培养目标，着力加强对接产业需求科学设置专业、编制和实施体现职教类型特色的专业人才培养方案以及践行以服务发展为导向的专业建设质量理念等方面的工作，全面提升专业内涵和办学水平。

一、对接产业需求科学设置专业

专业（major）是指人类在社会科学技术进步、生活生产实践中，长时期从事的具体业务作业规范，也是中等职业学校和高等学校对应划分的学业门类。专业的基本特征：第一，有一套系统的、支持其活动的理论体系；第二，已被社会广泛认可，即社会对这种专门活动是接受的和高度评价的；第三，该种活动具有专业权威，即在这种活动内部已经建立起专业的权威，专业能力成为该领域活动的重要评价标准；第四，职业内部有伦理守则；第五，这一职业群体形成了专业文化。专业是职业教育与产业之间的桥梁，专业建设是职业教育教学的重要内容。职业本科教育专业建设进一步体现了职业教育的类型特色，促进了职业教育体系发展，提高了职业教育的适应性。

（一）紧跟产业升级适时更新专业目录

为贯彻《国家职业教育改革实施方案》，加强职业教育国家教学标准体系建设，落实职业教育专业动态更新要求，推动专业升级和数字化改造，教育部组织对职业教育专业目录进行了全面修（制）订，形成了《职业教育专业目录（2021年）》（以下简称《目录》）。

《目录》按照"十四五"国家经济社会发展和2035年远景目标对职业教育的要求，在科学分析产业、职业、岗位、专业关系基础上，对接现代产业体系，服务产业基础高级化、产业链现代化，统一采用专业大类、专业类、专业三级分类，一体化设计中等职业教育、高等职业教育专科、高等职业教育本科不同层次专业，共设置

19个专业大类、97个专业类、1 349个专业（见图4-1），其中职业本科教育专业247个。

与原目录相比，有以下几方面新的变化：

一是强化类型特征。职业教育中、高、本各层次之间，同类专业之间纵向贯通、横向融通。面向职业岗位群逐层提升，培养目标和规格逐层递进，科学确定不同层次的专业定位，人才定位有机衔接。

图4-1 专业体系

二是统一目录体例框架。依据国民经济行业分类、职业分类，兼顾学科分类，确定《目录》专业大类、专业类划分。以原高职专科专业目录框架为基础，将原中职专业目录由2级调整为3级，统筹职业教育本科专业，形成《目录》框架。新版《目录》19个专业大类数量维持不变，专业大类划分和排序保持基本稳定，名称略有调整。原99个专业类调整为97个，进行了小幅更名、新增、合并、撤销和归属调整。

三是统筹调整设置专业。职业教育本科专业总数由原来的80个增加到247个（见图4-2），其中，保留39个，调整208个（包括新增167个，见图4-3），调整幅度260%。保留的专业主要是符合产业人才需求实际、职业成熟稳定、专业布点较广、就业面向明确、名称科学合理的专业以及特种行业领域专业；调整的专业主要是适应经济社会发展新变化的新增专业，根据产业转型升级更名专业，根据业态或岗位需求变化合并专业，对不符合市场需求的专业予以撤销。

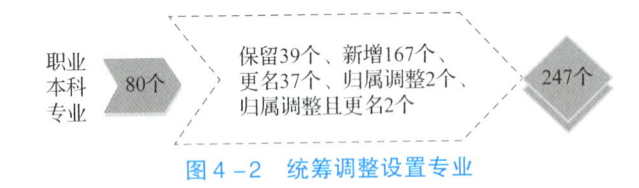

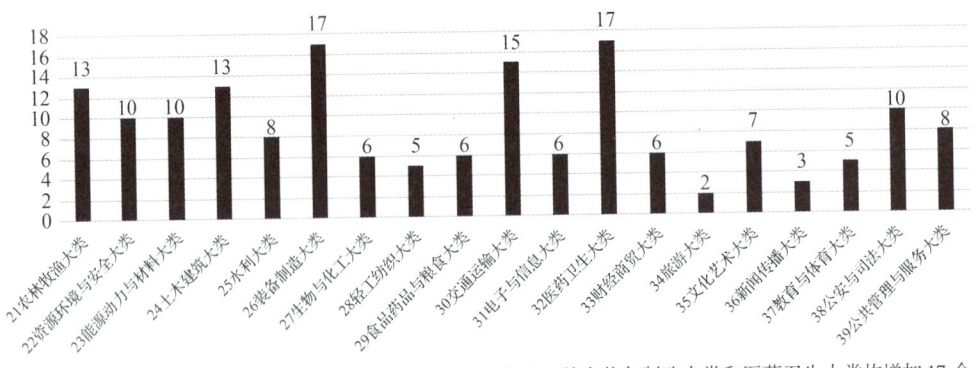

职业本科专业 80个 → 保留39个、新增167个、更名37个、归属调整2个、归属调整且更名2个 → 247个

图4-2 统筹调整设置专业

专业大类	数量
21农林牧渔大类	13
22资源环境与安全大类	10
23能源动力与材料大类	10
24土木建筑大类	13
25水利大类	8
26装备制造大类	17
27生物与化工大类	6
28轻工纺织大类	5
29食品药品与粮食大类	6
30交通运输大类	15
31电子与信息大类	6
32医药卫生大类	17
33财经商贸大类	6
34旅游大类	2
35文化艺术大类	7
36新闻传播大类	3
37教育与体育大类	5
38公安与司法大类	10
39公共管理与服务大类	8

说明：新增职业本科专业涉及19个专业大类，167个专业，其中装备制造大类和医药卫生大类均增加17个。

图4-3 新增职业本科专业汇总

四是系统设计专业代码。根据一体化设计理念，兼顾专业设置管理的稳定便捷，设计专业代码编排规则，统一按 6 位数编排，第 1~2 位数为专业大类顺序码，第 3~4 位数为专业类顺序码，第 5~6 位数为专业顺序码。中职、高职专科、职业教育本科专业大类分别使用衔接的"61~79""41~59""21~39"字段，同一专业类采用同一专业类顺序码，实现了一致化的表达方式，为 3 个层次职业教育专业设置纳入统一信息系统的管理奠定了基础。

面对构建服务全民终身学习的教育体系的要求，迫切需要一体化设计中职、高职专科、职业本科专业目录，推动各层次技术技能人才培养目标更加明晰，教学内容、评价等相互衔接。统计数据显示，2021 年，经各地教育行政部门审核，共收到 29 所学校 546 个（含 2020 年已试点的 266 个专业点）专业设置申请，覆盖 18 个专业大类。

（二）集聚优势资源开设职业本科专业

2021 年 1 月，教育部印发的《本科层次职业教育专业设置管理办法（试行）》，对本科层次职业教育专业设置条件、要求、程序及指导监督等内容做出详细规定。与此前高职（专科）专业设置管理办法相比，重点关注本科层次职业教育专业的具体设置条件，对专业设置条件进行了细化，定性定量相结合设置了具体指标，充分体现类型教育特点。

专业设置基础方面：拟设置的本科层次职业教育专业需与学校办学特色相契合，所依托专业应是省级及以上重点（特色）专业。所依托专业招生计划完成率一般不低于 90%，新生报到率一般不低于 85%。所依托专业应届毕业生就业率不低于本省域内高校平均水平。

师资队伍方面：全校师生比不低于 1∶18；所依托专业专任教师与该专业全日制在校生人数之比不低于 1∶20，具有高级专业技术职务的专任教师人数一般应不低于专任教师总数的 30%，其中具有正高级专业技术职务的专任教师应不少于 30 人，兼职教师占比不低于专任教师总数的 25%，来自行业企业一线的兼职教师占一定比例并有实质性专业教学任务，其所承担的专业课教学任务授课课时一般不少于专业课总课时的 20%，形成由教学名师、高层次技能人才引领的专兼结合师资队伍。本科职业教育师资队伍应该具有数量充足的"双师型"教师和教学团队，专任专业课教师中，具有 3 年以上企业工作经历，或近 5 年累计不低于 6 个月到企业或生产服务一线实践经历的"双师型"教师比例不低于 50%。师资队伍应具有较强的理论教学能力和实践教学能力，教学水平高，胜任高层次技术技能人才培养需求。要有以博士团队为引领的科研团队，具有博士研究生学位的专任教师比例不低于 15%，硕士及以上学位的教师数占专任教师总数的比例应不低于 50%。要服务企业的技术研发和产品升级，解决生产一线技术或工艺实际问题，要具有科技成果、实验成果转化的能力，能够将科研成果和科研项目融入教学。有省级及以上教育行政部门等认定的高水平教师教学（科研）创新团队，或省级及以上教学名师、高层次人才担任专业带头人，或专业教师获省级及以上教学领域有关奖励2项以上。

专业人才培养方案方面：校企共同制定的专业人才培养方案需遵循技术技能人才成长规律，突出知识与技能的高层次，使毕业生能够从事科技成果、实验成果转化，生产加工中高端产品、提供中高端服务，能够解决较复杂问题和进行较复杂操作。实践教学课时占总课时的比例不低于50%，实验实训项目（任务）开出率达到100%。

实践教学条件方面：在实训基地建设上，要体现服务经济社会发展的更高层次需求，突出产学研用多功能性；在实施路径上，要坚持中、专、本一体化设计；在功能定位上，要突出技术技能的高层次，满足基础技能训练、技术技能实训、技术研发与社会培训等功能需要；实验实训设备紧跟产业发展、技术前沿进行同步更新，并充分利用现代信息技术，建设生产性实训基地、虚拟仿真实训基地等，建设工艺先进、设备一流、数量充足的高水平产教融合实训基地。积极在行业优质企业中拓展校外实习实训基地，建设稳定的，集教学、科研、生产、培训为一体的多功能综合性培养培训基地，要有充足的顶岗实习基地。

校企合作方面：应与相关领域产教融合型企业等优质企业建立稳定合作关系，积极探索现代学徒制等培养模式，促进学历证书与职业技能等级证书互通衔接。同时，强化实践性教学，实践教学课时占总课时的比例不低于50%，实验实训项目（任务）开出率达到100%。在职教集团方面，要在政府、行业、企业、学校等集团成员资源共建共享，人才培养，社会服务等紧密联系的基础上，进一步强化与科研院所的联系，提升技术研发与社会服务能力。在中国特色学徒制方面，要巩固现代学徒制的经验，在合作企业的选择上，要与行业龙头企业合作，确保新技术、新工艺、新业态、新规范及时融入教学。在产业学院方面，要与高端装备、新能源与智能网联汽车、新材料、生物医药及高端医疗装备等新兴产业开展多元办学探索，培养创新人才模式和搭建产学研服务平台。在实训基地方面，要与先进制造业、战略性新兴产业和现代服务业等领域的产教融合型企业建立稳定的合作关系，建成高水平产教融合实训基地。

科研与社会服务方面：要求近5年累计立项厅级及以上科研项目20项以上。服务企业的技术研发和产品升级，解决生产一线技术或工艺实际问题，形成技术技能特色优势，近5年横向技术服务与培训年均到账经费1 000万元以上（文科专业为主的学校500万元以上）。有省级及以上技术研发推广平台（工程研究中心、协同创新中心、重点实验室或技术技能大师工作室、实验实训基地等）。能够面向区域、行业企业开展科研、技术研发、社会服务等项目，并产生明显的经济和社会效益。

专业设置规模方面：符合条件的高等职业学校（专科）设置本科层次职业教育专业总数不超过学校专业总数的30%，本科层次职业教育专业学生总数不超过学校在校生总数的30%。

（三）规范专业设置流程

教育部制订并发布本科层次职业教育专业目录，每年动态增补，5 年调整一次，每年集中通过专门信息平台进行管理。高校设置本科层次职业教育专业应以专业目录为基本依据，符合专业设置基本条件。第一，开展行业、企业、就业市场调研，做好人才需求分析和预测；第二，在充分考虑区域产业发展需求的基础上，结合学校办学实际，进行专业设置必要性和可行性论证；第三，提交相关论证材料，包括学校和专业基本情况、拟设置专业论证报告、人才培养方案、专业办学条件、相关教学文件等；第四，专业设置论证材料经学校官网公示后报省级教育行政部门；第五，省级教育行政部门在符合条件的高校范畴内组织论证提出拟设专业，并报教育部，教育部审批、公布相关结果（见图 4-4）。

人才需求分析和预测
- 行业调研
- 企业调研
- 就业市场调研

必要性和可行性论证
- 必要性分析——为什么要办这个专业？
- 国家战略需要
- 区域产业发展需要
- 人才成长需要
- 可行性分析——为什么你能办这个专业？
- 办学条件
- 专业优势
- 本科办学经验

提交相关论证材料
- 基本情况
- 拟设置专业论证报告
- 人才培养方案
- 专业办学条件
- 相关教学条件等

学校官网公示后上报省级教育部门

省级教育行政部门在符合条件的高校范畴内组织论证提出拟设专业，并报备教育部，教育部公布相关结果

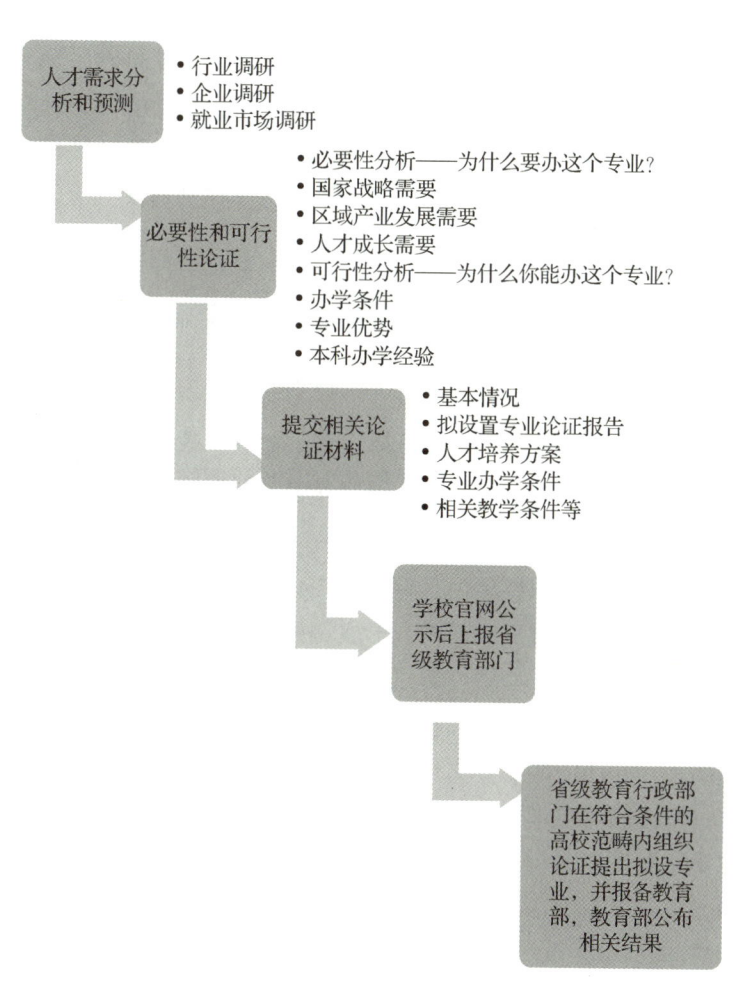

图 4-4　专业设置基本程序

二、编制体现职教类型特色的专业人才培养方案

专业人才培养方案是职业院校落实党和国家关于技术技能人才培养总体要求，是组织开展教学活动、安排教学任务的规范性文件。作为专业教学准确有效实施的基本制度以及实施专业人才培养和开展质量评价的基本依据，专业人才培养方案也是国家职业教育教学标准体系中的重要组成部分，其制定的质量标准将直接影响职业本科专业人才培养的质量，因此，学校应根据《教育部关于职业院校专业人才培养方案制定与实施工作的指导意见》（教职成〔2019〕13号）文件要求，通过统筹规划、专业调研与分析，形成专业人才培养调研报告，在准确定位专业人才培养目标与培养规格的基础上，遵循职业教育国家教学标准，结合省情、市情、校情实际，合理构建课程体系，安排教学进程，明确教学内容、教学方法、教学资源、教学条件保障等要求，制定出各具特色的专业人才培养方案，确保职业教育教学标准落实到位，确使职业本科教育有序、良性、可持续地健康发展。

（一）深入开展专业人才培养方案编制的前期调研

专业人才培养方案编制前期，学校应统筹规划，制定专业人才培养方案编制的具体工作方案，成立由行业企业专家、教科研人员、一线教师和学生（毕业生）代表组成的专业建设委员会，共同做好专业人才培养方案的前期调研与编制工作。

1. 统筹规划做好前期专业调研

在人才培养方案编制具体流程中，首先应强化需求分析，开展企业、市场、毕业生、同类院校等的调研，进行深入分析，形成调研报告，确定人才培养目标。专业建设委员会要统筹规划设定调研群体、调研内容、调研方式、调研方向等主体内容，针对行业企业调研、毕业生跟踪调研和在校生学情调研，分析产业发展趋势和行业企业人才需求，明确本专业面向的职业岗位（群）所需要的知识、能力、素质，最终形成专业人才培养方案编制可参考依据的调研报告。

➤ 确定三类主要调研对象。调研对象主要面向企（事）业单位的主管领导、项目负责人、技术骨干、应用型本科院校的教学管理人员、专业带头人以及调研方本专业优秀毕业生等群体。

➤ 针对不同调研对象设定不同调研内容：

第一，针对事业单位调研群体。主要调研行业国内外发展总体形势以及经济转型

升级、产业结构调整、新技术应用等带来的行业有关职业人才标准的新要求、新变化;专业对应的职业岗位设置情况及行业人才结构现状等。

第二,针对行业企业调研群体。主要调研产业升级发展情况、行业人才结构状况、行业人才需求情况、企业职业岗位设置情况、岗位群工作任务、工艺设备及组织管理等。

第三,针对应用型本科院校调研群体。主要调研专业人才培养目标、课程结构、理论课与实践课时比例、教学方式、实践教学资源建设、从业岗位等。

第四,针对本专业优秀毕业生调研群体。主要调研其对在校学习期间本专业教学效果的评价,对所从事的工作及岗位对本专业素质、知识、能力的实际需求情况的掌握,对本专业人才培养工作,如工作岗位、工作年限、主要工作任务、岗位对应的职业资格要求、对课程设置的评价、对教学内容和教学实施的评价、对职业技能训练过程及效果的评价等方面的意见建议。

➤ 采用多样化方式组织调研。提前制定调研提纲和问卷,组织线上或线下相结合、现场与问卷相结合的调研研讨会,并以在线调研问卷为主、电话访谈为辅的综合方式进行调研,配合互联网、媒体等信息化手段进行国内外先进经验、案例、新趋势、新技术、新方法等的资料搜集整理完成整体调研工作。

➤ 确定多重方向组织调研。将全面调研国家产业发展趋势与重点调研行业领先企业相结合;将行业人才需求、技术发展调研与区域技术技能人才需求调研相结合。

2. 全面分析调研结果

专业调研结果的分析应用在人才培养方案制定过程中起着举足轻重的作用。因此,对于调研结果的分析要注意把握以下几个重点:

第一,要根据调研结果分析得出职业本科专业高层次技术技能人才培养定位,并在专业人才培养方案中体现出对应的新职业、新岗位、新业态;

第二,要根据调研结果分析得出职业本科人才培养机制与应用型本科和高职专科的差异性;

第三,要根据调研结果分析进一步明确服务职业本科的专业教材和课程资源建设的思路、内容以及教学资源的使用等;

第四,要根据调研结果分析进一步明确职业本科对教师能力、实践教学资源建设以及教学方法改革等方面的新需求、新导向。

3. 加强调研结果应用

关于调研结果的应用,应结合调研情况,遵循"坚持职教特色、适度增厚基础、'岗课赛证'综合育人"的职业本科专业人才培养思路,明确行业领域,理清主要职业类别、主要岗位群或技术领域及其对应工作任务、产业发展及升级趋势、职业类证书要求、职业素养、对应典型工作任务、培养规格、课程设置以及典型工作任务与培养规格的对应关系、课程与培养规格的对应关系及主要开始课程的逻辑关系等。撰写调研报告，可以为构建科学合理的课程体系、优化课程内容、制定科学规范的专业人才培养方案打好基础。

如表4-1为地理信息技术专业对毕业生的知识技能要求调研结果，数据以50家企业的走访和调研为基础，确定了本专业33项知识技能的需求，统计分析结果如图4-5所示。

表4-1 地理信息技术专业对毕业生的知识技能要求调研结果

序号	知识技能点	掌握程度/%			
		不需要	了解	熟悉	熟练操作
1	GIS 二次开发	13.55	12.14	40.23	34.08
2	专题地图编制	8.17	14.33	22.18	55.32
3	普通地图编制	7.22	15.65	30.11	47.02
4	移动测量技术	10.48	43.21	32.09	14.22
5	遥感图像处理	9.34	13.21	26.55	50.90
6	无人机摄影测量	8.97	17.95	24.32	48.76
7	无人机驾驶	23.33	43.89	19.46	13.32
8	施工测量	10.45	11.67	45.67	32.21
9	三维实景建模	22.06	12.08	42.95	22.91
10	三维激光扫描	19.92	48.04	13.38	18.66
11	全站仪和RTK大比例尺测图	8.57	14.33	19.65	57.45
12	GIS 空间分析	15.12	12.06	22.77	50.05
13	空间数据库建设	7.40	9.06	30.13	53.41
14	互联网地图服务	20.87	25.93	40.54	12.66
15	摄影测量内外业	10.39	11.25	23.33	55.03
16	移动 GIS 开发	20.94	45.09	19.69	14.28
17	导航与位置服务	10.71	12.56	43.65	33.08
18	测绘仪器操作与维护	2.14	8.90	28.44	60.52
19	测绘项目技术设计	15.21	13.32	23.64	47.83

续表

序号	知识技能点	掌握程度/%			
		不需要	了解	熟悉	熟练操作
20	不动产测绘	15.07	16.79	22.48	45.66
21	GNSS 控制测量	17.70	12.13	23.44	46.73
22	BIM + GIS 集成应用	11.97	42.19	28.09	17.75
23	4D 产品生产	14.19	25.89	43.69	16.23
24	激光雷达数据获取	9.73	14.32	32.05	43.90
25	云计算技术	16.36	41.12	22.19	20.33
26	时空大数据技术	15.98	40.56	17.90	25.56
27	数据挖掘	14.62	43.98	28.33	13.07
28	遥感解译分析	18.45	25.16	45.17	11.22
29	ENVI 二次开发	13.46	44.01	13.32	29.21
30	导线及水准测量	14.78	24.78	43.90	16.54
31	工程制图与识图	2.09	4.62	33.17	60.12
32	GIS 数据生产	7.05	10.23	24.00	58.72
33	测绘项目管理	11.89	12.21	43.36	32.54

由图 4-5 可分析出，在 33 种技能要求中，除无人机驾驶、三维激光扫描、数据挖掘、移动测量技术、移动 GIS 开发、云计算技术、时空大数据技术、互联网地图服务、BIM + GIS 集成应用、ENVI 二次开发等 10 项技能要求偏向于了解，以及施工测量、导线及水准测量、三维实景建模、测绘项目管理、GIS 二次开发、4D 产品生产、导航与位置服务、遥感解译分析等偏向于熟悉外，其余技能要求均偏向于熟练操作和应用，特别是熟练操作比重占 45% 以上的专题地图编制、普通地图编制、遥感图像处理、无人机摄影测量、全站仪和 RTK 大比例尺测图、GIS 空间分析、空间数据库建设、摄影测量内外业、测绘仪器操作与维护、测绘项目技术设计、不动产测绘、GNSS 控制测量、工程制图与识图、GIS 数据生产等 14 项技能要求更高，这与职业教育的重技能、强应用的基本要求是一致的。

通过以上调研结果实例分析，可以准确了解和掌握地理信息技术专业毕业生应该必备的知识、技能要求，从而有助于学校在人才培养方案课程体系的构建中给予指导性意见和建议。

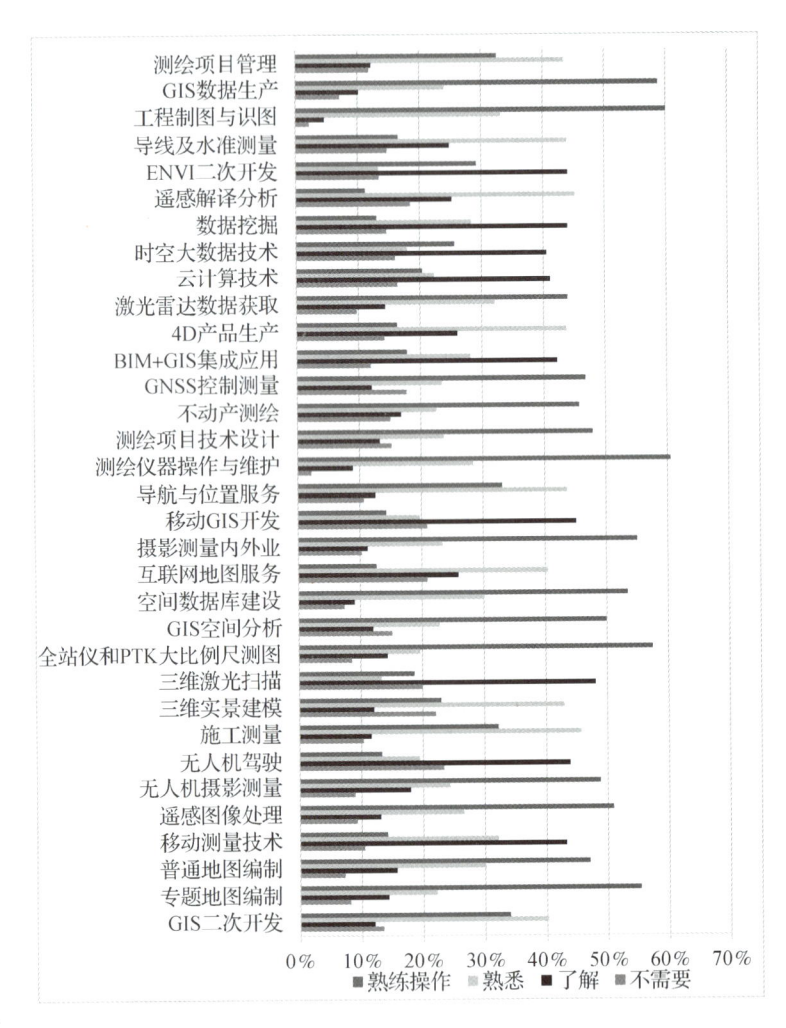

图4-5 地理信息技术技能要求百分比图

(二) 对照专业教学标准编制专业人才培养方案

专业人才培养方案编制的根本遵循是专业教学标准。专业教学标准是人才培养方案的顶层设计,是明确培养目标和规格、组织实施教学、规范教学管理、加强专业建设、开发教材和学习资源的基本依据,是评估教育教学质量的主要标尺,同时也是社会用人单位选用学校毕业生的重要参考。因此,专业人才培养方案的编制应以专业教学标准为基础遵循,坚持职教特色,适度增厚基础,突显"岗课赛证"综合育人。

1. 专业教学标准的编制

首批410个《高等职业学校专业教学标准(试行)》(以下简称《标准》)自2012年发布实施以来,对于高等职业学校准确把握培养目标和规格,科学制定人才培养方案，深化教育教学改革，提高人才培养质量起到了重要的指导作用。随着经济社会快速发展，新职业、新技术、新工艺不断涌现，一些专业的内涵发生了较大变化，特别是2015年教育部印发了新修订的《普通高等学校高等职业学校（专科）专业目录》（以下简称《目录》），对专业划分和专业设置进行了较大调整。

2016年，根据《教育部办公厅关于做好〈高等职业学校专业教学标准〉修（制）订工作的通知》（教职成厅函〔2016〕46号）要求，依据《目录》及专业简介，对现行高等职业学校专业教学标准进行全面修订，研究制定《目录》新增设专业的教学标准。本次《标准》修（制）订工作计划分两批开展，由教育部统一领导，教育部职成司统筹负责，委托教育部行业职业教育教学指导委员会工作办公室（设在国家开放大学，以下简称"行指委工作办"）具体组织实施，成立由行指委工作办组织职业教育领域教学专家、行业专家等组成的综合工作组和各行业职业教育教学指导委员会、专业类教学指导委员会牵头成立的行业工作组，经过筹备启动部署、明确开发批次、调研和文本起草、审议和发布等工作步骤，于2019年7月，完成了首批347项高等职业学校专业教学标准的修（制）订工作，并予以发布。

2. 专业人才培养方案要落实专业教学标准有关要求

专业教学标准是学校进行教学基本建设和专业建设的基本标准，适用于指导制定学校专业人才培养方案、界定主要教学内容、规范课程设置、指导专业建设、开展专业质量评价等，并对课程类型的分类进行了规范，对国家规定的"两课"、创新创业等课程设置和教育教学内容提出了明确的要求，明确列举核心课程教学内容，确保同一专业在课程定位和在主要教学内容上的一致性，以体现出国家标准的规范性和统一性。教育部要求各级教育行政部门和有关高等职业学校，在专业建设和教学改革中，结合本地本校实际情况，组织学习并参照执行，在教学基本建设、教学条件和人才培养质量等方面有大幅提升。

3. 专业教学标准规范专业人才培养方案的主要内容

（1）基本框架

高等职业教育本科专业教学标准包含10部分内容，即适用专业、培养目标、入学要求、基本修业年限、职业面向、培养规格、课程及学时安排、师资队伍、教学条件要求、质量保障和毕业要求。

（2）对应基本框架逐项填写具体内容

➢ "适用专业"，根据《职业教育专业目录（2021年）》填写专业名称（专业代码），例：安全工程技术（220901）。

➢ "培养目标"，面向的行业和职业群均与职业面向中的表述一致，是对该专业毕业后能达到的职业和专业成就的总体描述，同时还应包括学生毕业时的要求，以适应社会经济发展的需要。

➢ 基本修业年限为 4 年，鼓励院校采用学分制等弹性学习制度。

➢ "职业面向"，以表格形式体现，力求体现出专业与行业、专业与职业、专业与岗位的对应关系，具体包含所属专业大类（代码）A、所属专业类（代码）B、对应行业（代码）C、主要职业类别（代码）D、主要岗位群或技术领域举例 E 和职业类证书举例 F。其中 A 和 B 对照《职业教育专业目录（2021 年）》填写，C 参考《国民经济行业分类（2019 修改版）》填写，具体到行业大类或中类；D 参考《中华人民共和国职业分类大典（2015 年版）》及后续发布的新职业，具体到小类；E 依据调研结果，在对接新业态、新技术的基础上，参考行业及企业现行通用岗位群或技术领域表述填写；F 列举相应职业资格证书、职业技能等级证书、执业资格证书，以及行业、企业、社会认可度高的有关证书。其中职业资格证书参照 2021 年 1 月《国家职业资格目录》中专业技术人员职业资格以及 2019 年 1 月《国家职业资格目录》中技能人员职业资格，已取消的职业资格证书严禁纳入，1 + X 试点的职业技能等级证书择优选取。以"生态环境工程技术专业"为示例，见表 4 – 2。

表 4 – 2　生态环境工程技术专业职业面向

所属专业大类（代码）A	资源环境与安全大类（22）
所属专业类（代码）B	环境保护类（2208）
对应行业（代码）C	1. 专业技术服务业（74） 2. 生态保护和环境治理业（77）
主要职业类别（代码）D	1. 环境监测服务人员（4 - 08 - 06） 2. 环境治理服务人员（4 - 09 - 07） 3. 环境保护工程技术人员（2 - 02 - 27）
主要岗位群或技术领域举例 E	1. 环境监测员 2. 污水处理工 3. 危险废物处理工 4. 环境工程工艺设计 5. 环保设备安装调试 6. 环境监测工程技术员 7. 环境污染防治工程技术员 8. 环境影响评价工程技术员 9. 工业固体废物处理处置工 10. 环境工程施工管理与监理

续表

职业类证书举例 F	1. 注册环保工程师 2. 工业废水处理工 3. 工业废气治理工 4. 工业固体废物处理处置工 5. 1+X 污水处理职业技能等级证书（高级） 6. 1+X 水环境监测与治理职业技能等级证书（高级）

➢ "培养规格"，是对学生毕业时所应掌握的素质、知识、能力的具体描述。依据党和国家对职业院校学生的综合素质要求、调研报告中典型工作任务分析结果，关注岗位（群）数字化升级新要求，参考职业分类大典及后续发布的新职业中有关职业能力的表述，参照具体的体例框架和主要内容，结合专业特点和相应职业岗位（群）要求，采用逐条列举式描述。根据要求的程度，用"掌握、熟悉、了解、能够、具有、具备"等表述须达到的要求。

➢ "课程及学时安排"，包括课程设置和学时安排两部分。课程设置的依据是培养目标和培养规格，每门课程的设置都应服务于培养目标和培养规格，并遵照以下几点要求：一是按照专业升级和数字化改革要求，适应结构化、模块化教学组织实施，在重构知识体系、技术和技能体系基础上，优化课程体系；二是按照有关教学基本文件和课程方案，开足开齐有关必修课，开好特色课程、拓展课程；三是各类课程以填表方式理清各门课程课程目标、主要内容模块、具体教学要求等，见表 4-3；四是专业基础课和专业核心课程一般都是 8~10 门，核心课需列出主要教学内容、典型工作任务、竞赛内容以及职业技能等级证书考核内容之间一一对应关系表，每条 200 字以内，将"岗课赛证"对应人才培养规格和新技术、新工艺、新管理方式、新服务方式等反映在核心课主要教学内容中，见表 4-4；五是思政课、实习实训、创新创业教育等方面内容依据国家要求，应有明确规定，确保教学质量和改革要求落到实处。学时安排需在调研情况基础上，根据专业情况确定总学时，但总量要求不少于 3 200 学时，每 16~18 学时折算 1 学分，其中公共基础课总学时一般不少于总学时的 25%；实践性教学学时原则上不少于总学时的 50%，其中认识实习一般不少于 2 周，岗位实习总计一般不少于 28 周；各类选修课学时累计不少于总学时的 10%；军训、社会实践、入学教育、毕业教育等活动以 1 周为 1 学分。

➢ "师资队伍"，队伍结构要明确生师比、双师比、高级职称比例及研究生、博士生比例等数据，并满足如下要求：学生数与本专业专任教师数要求比例不高于 20∶1，"双师型"教师占比不低于 50%，高级职称专任教师的比例不低于 30%，具有研究生学历专任教师比例不低于 50%，具有博士研究生学位专任教师比例原则上不低于 15%，专任教师队伍要综合考虑职称、年龄，形成合理的梯队结构，对专任教师、

表4-3 生态环境工程技术专业公共基础课课程设置列表

序号	课程名称	课程目标	主要内容	教学要求
1	思想道德与法律基础	通过教学，从当代大学生面临和关心的实际问题出发，以正确的人生观、价值观、道德观和法制教育为主线，通过理论学习和实践体验，帮助大学生形成崇高的理想信念、弘扬伟大的爱国主义精神，确立正确的人生观和价值观，牢固树立社会主义核心价值观，培养良好的思想道德素质和法律素质，加强自我修养的能力，为逐渐成为德智体美劳全面发展的中国特色社会主义伟大事业的合格建设者和可靠接班人，打下扎实的思想道德和法律基础	1. 绪论 2. 领悟人生真谛 3. 把握人生方向 4. 追求远大理想 坚定崇高信念 5. 继承优良传统 弘扬中国精神 6. 明确价值要求 践行价值准则 7. 遵守道德规范 锤炼道德品格 8. 学习法治思想 提升法治素养	本课程教学时，应该坚持立德树人，开展教学改革，发挥好思政课的主渠道作用，并贯彻于教学的始终，培养社会主义建设者和接班人。 突出思政课与学生所学专业相融合，课程内容和课程质量要体现服务专业人才培养目标上。 进行教学方法创新。采用体验式、项目驱动、成果导向的教学方法，培养学生自主学习能力
2	中国近现代史纲要	通过教学，使学生对中国近现代史有一个基本的认识，了解资本主义列强对中华民族的入侵及其给中国封建势力相结合给中华民族和中国人民带来的深重苦难，了解中国人民救亡图存的奋斗过程，了解中国人民选择社会主义的进程及其必然性；帮助大学生正确总结历史经验，认识国情，学会全面地分析问题，解决问题；激发爱国热情和民族自豪感、自信心；掌握中国近代以来社会发展的规律，从而增强社会主义信念，能更好地坚定走中国特色社会主义道路	1. 导论 2. 进入近代后中华民族的磨难 3. 不同社会力量对国家出路的早期探索与抗争 4. 辛亥革命与君主专制制度的终结 5. 中国共产党成立和中国革命新局面 6. 中国革命的新道路 7. 中华民族的抗日战争 8. 为建立新中国而奋斗 9. 中华人民共和国的成立与中国社会主义的开创和发展道路的探索 10. 改革开放与中国特色社会主义的开创和发展 11. 中国特色社会主义进入新时代	本课程教学时，应结合中国近现代历史的发展，着力阐明近现代中国历史的发展规律，总结这个时期历史的基本经验。同时，在论述中国近现代历史的基本问题时，注意联系今天上流行的有关思潮，联系大学生经常关注或者感到困惑的重大问题，有针对性地说明有关的历史情况，着重从正面分析，观点和方法要运用马克思主义的立场，注意培养学生分析和解决问题的能力，增强执行党的基本路线和基本纲领的自觉性和坚定性，积极投身中华民族伟大复兴的伟大实践

212

续表

序号	课程名称	课程目标	主要内容	教学要求
3	马克思主义基本原理概论	本课程是大学本科人才培养方案所确定的公共必修课。教学目标如下： 1. 掌握马克思主义基本原理，掌握唯物辩证法与唯物史观，了解资本主义生产方式，对共产主义形成科学的认知。 2. 形成科学的世界观，形成科学的价值观，形成科学的逻辑思维方式。 3. 学生通过学习要掌握马克思主义科学的思想指导，科学的世界观和价值观，进一步坚定四个自信。在马克思主义科学世界观的指导下，形成切实可行的方法论并付诸实践	1. 课程介绍 2. 马克思生平介绍 3. 马克思主义 4. 马克思主义的创立与发展 5. 马克思主义的立论与发展 6. 马克思主义的当代价值 7. 努力学习和自觉运用马克思主义	以教师为主导，学生为主体，启发学生思考，组织学生进行讨论。通过对唯物辩证法的学习，培养学生形成辩证的思维，学会用辩证思维分析问题和解决问题。在马克思主义理论指导下，正确认识和把握共产主义远大理想与中国特色社会主义共同理想的关系，坚定理想信念，学而信、学而思、学而用、学而行，投身新时代中国特色社会主义事业
4	毛泽东思想和中国特色社会主义理论体系概论	本课程是普通高等学校对大学生进行系统思想政治理论教育的一门必修课，是思想政治理论课核心主干课程。 1. 使学生了解近现代中国社会发展的规律。 2. 使学生了解和系统掌握马克思主义中国化的历史进程。帮助学生系统掌握毛泽东思想和中国特色社会主义理论体系的基本原理，准确把握其科学内涵和精神实质。 3. 使学生正确理解我国内政外交基本国策和党的方针政策，坚定中国特色社会主义发展道路的信心和决心	本课程在学校培养目标中，承担着帮助大学生全面了解我国国情，系统掌握毛泽东思想、邓小平理论、"三个代表"重要思想、科学发展观和习近平新时代中国特色社会主义思想的基本原理，坚定建设中国特色社会主义的理想和信念；培养大学生讲实话、办实事、知行统一、脚踏实地、求真务实的精神，提高大学生政治理论素养，坚定走中国特色社会主义道路	本课程从思想政治理论学科体系和学科特点出发，以学生应具备的思想政治理论基础知识、基本能力和基本素养为核心选择教学内容，设计教学方法。强化实践教学，强化学生知识的应用能力、实践能力和创新能力的培养，使学生具备运用马克思主义立场、观点和方法分析、解决问题的能力

213

续表

序号	课程名称	课程目标	主要内容	教学要求
5	心理健康教育	通过本课程教学，使学生在知识、技能和自我认知3个层面达到以下目标： 1. 知识层面：使学生了解心理学的有关理论和基本概念，明确心理健康的标准及意义，掌握自我调适的基本知识。 2. 技能层面：使学生掌握学习发展技能、环境适应技能、压力管理技能、沟通技能、问题解决技能、自我管理技能等。 3. 自我认知层面：正确认识自己、接纳自己，自主意识，正确认识自己、接纳自己，在遇到心理问题时能够进行自我调适或寻求帮助，积极探索适合自己并适应社会的生活状态	1. 大学生心理健康导论 2. 大学生心理咨询 3. 大学生的自我意识与培养 4. 大学生人格发展与心理健康 5. 大学生情绪管理 6. 大学生学习心理 7. 大学生人际交往 8. 大学生性心理及恋爱心理 9. 大学生压力管理与挫折应对 10. 大学生生命教育与心理危机应对 11. 大学期间生涯规划及能力发展	1. 教学要注重理论联系实际，注重培养学生实际应用能力。 2. 充分调动学生参与的积极性，开展课堂互动活动，避免单向的理论灌输和知识传授。 3. 课程要采用理论与体验教学相结合，讲授与训练相结合的教学方法。 4. 要充分运用各种资源，利用相关的图书资料、影视资料、心理测评工具等丰富教学手段
6	形势与政策	本课程是时效性、针对性、综合性都很强的一门高校思想政治理论必修课。通过学习本课程，帮助本科阶段的大学生正确认识新时代国内外最新形势，深刻领会党和国家事业取得的历史性成就和变革，面临的历史性机遇和挑战，帮助学生开阔视野，及时了解和正确对待国内外重大时事，引导大学生准确理解党的基本理论、基本路线、基本方略，牢固树立"四个意识"，坚定"四个自信"，培养担当民族复兴大任的时代新人	1. 政治建设篇 2. 经济发展篇 3. 文化自信篇 4. 社会和谐篇 5. 生态美丽篇	课程要在坚持马克思主义立场、观点和方法，结合大学生思想实际，科学分析当前形势与政策的前提下准确阐释习近平新时代中国特色社会主义思想。 教学过程应采取灵活多样的教学形式，做到课堂教学与课后讨论相结合，线上与线下相结合，从而提升教学效果

续表

序号	课程名称	课程目标	主要内容	教学要求
7	体育与健康	体育与健康课程是大学教育的重要组成部分，是衡量育人质量的重要标准。 认知目标：体验运动乐趣，掌握健康知识与基本运动技能，培养终身锻炼身体的习惯。 技能目标：通过学习掌握两项以上专项运动技能，掌握跑、投、跳等项目的技术动作，通过练习发展学生的速度、力量、耐力、弹跳、协调、灵敏、爆发力等身体素质。 情感目标：通过学习树立群体意识和集体荣誉感，增强体质，增进健康，全面提高学生对环境的适应能力，促进学生身心全面发展	田径：协调性练习，素质训练；短跑、中长跑的各项分解技术及全程练习；田径的相关理论知识。 篮球：篮球基本理论；基本技术；基本战术；规则与裁判法；健康知识。 排球：排球基本理论；基本技术；基本进攻战术、防守战术；排球规则与裁判法；健康知识。 足球：足球基本理论；基本技术；基本进攻战术、防守战术；足球规则与裁判法；健康知识	1. 师资要求：本课程要求熟悉田径、篮球、足球、排球等专业领域的双师型教师各5名。 2. 场地设备要求：本课程需要田径场1块，篮球场8块，足球场2块，排球场4块以及各种器材设备等，满足学生正常上课要求
8	高等数学	1. 使学生系统地获得微积分、向量代数与空间解析几何、无穷级数与常微分方程方面的基本概念、基本理论和基本运算技能。 2. 逐步培养学生的抽象思维能力、逻辑推理能力、空间想象能力和自学能力。 3. 培养学生具有比较熟练的运算能力，以及综合运用所学知识去分析问题和解决问题的能力。 4. 在课程的教学中使学生逐步养成严谨求实的思维习惯，培养学生攻坚克难坚定意志品质和勇于探索未知的创新精神	基础模块 1. 函数与极限 2. 导数和微分 3. 多元函数微分学 4. 不定积分 5. 定积分 6. 重积分 7. 曲线积分 应用模块 1. 导数的应用 2. 多元函数微分法的应用 3. 定积分的应用 4. 曲线积分的应用 提升模块 1. 微分方程 2. 向量代数和空间解析几何 3. 无穷级数	1. 采用启发式讲授、引导发现法、讨论法、目的教学、任务驱动、讲练结合法和实例教学法等。 2. 教师根据不同的教学内容选择不同的教学方法。 3. 教学中应尽量使用现代教学技术和现代信息技术等，提高教学质量和教学效果

215

续表

序号	课程名称	课程目标	主要内容	教学要求
9	线性代数	1. 线性方程组的求解基本技能及其几何意义，矩阵的基本运算、性质及应用，向量空间的理论、矩阵相似对角化的意义及应用、二次型的基本理论。 2. 学习线性代数不只是掌握现成知识，还包括学会获取新知识的本领，提高所学知识的实践能力。 3. 按照学科本身固有的特点和学生的认知规律，自然地渗透数学思想和方法，让学生接受美感熏陶。 4. 培养学生的理性思维，激发学生的潜能	1. 行列式 2. 矩阵及其运算 3. 矩阵的初等变换与线性方程组 4. 向量组的线性相关性 5. 相似矩阵及二次型	1. 本课程的教学，以课堂教学为主，结合现代教育技术手段进行教学。 2. 在教学中，要注重结合本校学生的具体情况，适当降低难度，以基本概念为基础，以实际应用为目的，以必须、够用为原则。 3. 灵活运用启发式、讨论式、研究式等方法组织教学活动，提倡互动式、设疑式等多种教学形式组织教学
10	大学英语	本课程全面贯彻党的教育方针，落实立德树人根本任务，以普通高中的英语课程为基础，旨在培养学生学习英语和应用英语的能力，为学生终身学习和未来发展奠定良好的英语基础	本课程主要由主题类别、语篇类型、语言知识、文化知识、职业英语技能和语言学习策略6个模块组成	1. 在教学活动始终围绕培养学生的基本核心素养为主线来展开。主要是语言基本素养、职场涉外沟通素养、多元文化交流素养、语言思维提升素养、自主学习完善素养。 2. 教学方法多元，要线上线下混合式教学。 3. 坚持以学生为中心的教学，充分发挥学生的自主能动性教师的指导性，利用信息技术进行分层设计，展开个性化教学

续表

序号	课程名称	课程目标	主要内容	教学要求
11	大学语文	1. 通过本课程的学习，培养学生的阅读、欣赏（审美）、理解、评判能力。2. 提高学生的整体文化修养，塑造学生高尚的人格。3. 通过学生感受、领悟语言文字的巨大魅力，引领学生追问生存在的意义和存在的真相。4. 激发学生的想象力与创造力，倡导学生的独立精神与合作意识，培育和滋养其健全的人格、社会关怀意识以及社会责任感	1. 仁者爱人 2. 和而不同 3. 以史为鉴 4. 胸怀天下 5. 故园情深 6. 礼赞爱情 7. 洞明世事 8. 亲和自然 9. 关爱生命 10. 浩然正气 11. 冰雪肝胆 12. 诗意人生	1. 在教学中引导学生全面了解中国古代文学、中国近现代文学和外国文学的发展状况和特点。2. 通过对中外文学名著进行分析与欣赏，培养学生对文学的兴趣与爱好。3. 了解口语表达能力的技巧和艺术，增强学生的表达能力；掌握各种文体的写作特点，提高应用写作的能力。4. 提高分析鉴赏文学作品的能力，培养学生高尚的审美趣味
12	普通物理	1. 通过本课程的学习，要求学生能够根据物理学的内容和方法、概念和物理图像、物理学的工作语言、物理学发展的历史现状和前沿及其对科学发展和社会进步的作用等方面。2. 注重物理学思想学科学研究的方法论和认识论的传授，通过介绍科学研究的方法论和认识论，启迪学生的创造性思维和创新意识，培养学生的科学素质。3. 熟练掌握矢量和积分在物理学中的表示和应用。通过综合运用物理学知识和数学知识解决实际问题的能力，提高发现问题、分析问题的能力	1. 质点的运动及其运动定律 2. 动量守恒定律和能量守恒定律 3. 刚体与流体 4. 机械振动与机械波 5. 气体动理论和热力学 6. 静电场 7. 恒定磁场和电磁感应 8. 光学 9. 近代物理简介	掌握：力学和相对论的基本理论；热力学第一定律和热力学第二定律、刚体和流体、机械振动和机械波、气体分子动理论、静电场、稳恒磁场和交变电磁场的基本理论；振动光学、原子物理和量子力学的基本理论。安排适当的练习题，用来巩固基础知识，让学生熟悉方法，提高安题实践能力。另外，学有余力的学生可以选做有启发性的思考题和一定难度和深度的专业题，理论联系实际，注重培养学生的专业意识，注意吸收相关新成果

217

续表

序号	课程名称	课程目标	主要内容	教学要求
13	信息技术导论	本课程旨在让学生了解新一代信息技术领域的专业知识及应用技术（云计算、物联网、大数据、人工智能、区块链等）对人类生产、生活的重要作用。通过理论知识学习、技能训练综合应用实践，培养学生良好的信息意识、计算思维、数字化创新与发展能力、信息社会责任品格和关键能力	1. 信息技术概述 2. 计算机技术 3. 软件技术 4. 云计算技术 5. 大数据技术 6. 微电子与传感器技术 7. 通信技术 8. 物联网技术 9. 信息检索技术 10. 人工智能技术 11. 区块链技术 12. 自动化与智能控制 13. 智能家居与智能汽车	本课程教学推进信息技术环境下基于学生问题的交互式、合作式、体验式、沉浸式的教学设计。结合每一种信息技术的特点，采用大作业、机试、调研报告、课程设计、微电影、微视频、小论文、散文、科幻小说等形式锻炼学生，以培养学生的信息观、创新能力和解决实际问题的能力。 考核分平时考核和期末考核两个环节，平时考核安排课内实践活动、过程测试、日常作业和探究性学习任务占50%，期末考核占50%

218

表4－4　生态环境工程技术专业核心课岗课赛证对应关系表

序号	课程名称	主要教学内容	典型工作任务	对应竞赛	对应职业技能等级证书
1	水污染控制工程	模块一：水污染控制概述 模块二：污水单元处理工艺 模块三：污水处理厂运行管理 模块四：污废水处理实用技术	工作任务1：城镇污水的物理处理 工作任务2：城镇污水的化学处理 工作任务3：城镇污水的物理化学处理 工作任务4：城镇污水的好氧生物处理 工作任务5：城镇污水的厌氧生物处理	1. 世界技能大赛水处理技术赛项 2. 水环境监测与治理技术赛项（省赛、国赛）	1. 1+X 水环境监测与治理职业技能等级证书 2. 1+X 污水处理职业技能等级证书 3. 注册环保工程师 4. 环境影响评价工程师
2	大气污染控制工程	模块一：大气污染及烟气扩散模式 模块二：颗粒污染物控制技术 模块三：气态污染物控制 模块四：净化装置的选择及设计 模块五：典型行业企业废气的治理	工作任务1：大气污染与燃料燃烧 工作任务2：大气污染的扩散规律 工作任务3：粒状污染物控制 工作任务4：气态污染物控制 工作任务5：汽车尾气的净化 工作任务6：净化装置的选择及设计 工作任务7：典型行业企业废气的治理	大气环境监测与治理技术赛项（省赛、国赛）	1. 注册环保工程师 2. 环境影响评价工程师
3	固体废物处理与资源化	模块一：固体废物的基础知识 模块二：固体废物的预处理技术 模块三：固体废物的处理与处置 模块四：典型固体废物的处理与资源化 模块五：固体废物综合设计	工作任务1：生活垃圾的处理技术 工作任务2：生活垃圾的处置技术 工作任务3：工业固体废物的处理技术 工作任务4：工业固体废物的处置技术 工作任务5：农业固体废物的处理技术 工作任务6：农业固体废物的处置技术 工作任务7：危险废物处理技术 工作任务8：危险废物处置技术 工作任务9：固体废物综合设计	1. 世界技能大赛水处理技术赛项 2. 水环境监测与治理技术赛项（省赛、国赛） 3. 大气环境监测与治理技术赛项（省赛、国赛）	1. 注册环保工程师 2. 环境影响评价工程师 3. 固体废物处理工

续表

序号	课程名称	主要教学内容	典型工作任务	对应竞赛	对应职业技能等级证书
4	环境监测	模块一：环境监测基础知识 模块二：环境监测质量控制体系 模块三：水和污水监测 模块四：空气和废气监测 模块五：土壤污染监测 模块六：固体废物监测 模块七：生物污染监测 模块八：现代环境监测技术	工作任务1：生活污水水质及污染源监测 工作任务2：医院污水水质及污染源监测 工作任务3：工业废水水质及污染源监测 工作任务4：固体废物样品预处理 工作任务5：生活垃圾监测 工作任务6：工业固体废物监测 工作任务7：危险废物监测 工作任务8：粒状污染物监测 工作任务9：气态污染物监测 工作任务10：城市环境噪声监测 工作任务11：工业企业噪声监测 工作任务12：机动车辆噪声监测 工作任务13：机场周飞机噪声监测 工作任务14：城市区域环境振动噪声监测	1. 世界技能大赛水处理技术赛项 2. 水环境监测与治理技术赛项（省赛、国赛） 3. 大气环境监测与治理技术赛项（省赛、国赛）	1. 1+X 水环境监测与治理职业技能等级证书 2. 1+X 污水处理职业技能等级证书 3. 注册环保工程师 4. 环境影响评价工程师
5	土壤污染与防治	模块一：土壤污染 模块二：土壤环境污染监测与评价 模块三：土壤污染修复	工作任务1：土壤污染物 工作任务2：植物修复技术 工作任务3：微生物修复技术 工作任务4：化学修复技术 工作任务5：物理修复技术 工作任务6：综合修复技术		1. 注册环保工程师 2. 环境影响评价工程师

续表

序号	课程名称	主要教学内容	典型工作任务	对应竞赛	对应职业技能等级证书
6	生态恢复与生态工程技术	模块一：生态系统健康与退化 模块二：生态恢复 模块三：生态工程	工作任务1：生态系统的健康 工作任务2：生态系统的退化 工作任务3：生态恢复技术 工作任务4：生态工程技术		1. 注册环保工程师 2. 环境影响评价工程师
7	环保设施运营与管理	模块一：环保设施基础知识 模块二：环保设施的选择、运行与管理 模块三：污水处理设施的设计 模块四：废气处理设施的设计	工作任务1：环保设施 工作任务2：环保设施的选择、运行与管理 工作任务3：水处理设施的设计 工作任务4：废气处理设施的设计	1. 世界技能大赛水处理技术赛项 2. 水环境监测与治理技术赛项（省赛、国赛） 3. 大气环境监测与治理技术赛项（省赛、国赛）	1. 注册环保工程师 2. 环境影响评价工程师
8	物理性污染与防治	模块一：物理性污染的类型 模块二：物理性污染的监测 模块三：物理性污染的防治	工作任务1：噪声的隔声技术 工作任务2：噪声的消声技术 工作任务3：噪声的吸声技术 工作任务4：噪声的减振技术 工作任务5：噪声的隔振技术	1. 水环境监测与治理技术赛项（省赛、国赛） 2. 大气环境监测与治理技术赛项（省赛、国赛）	1. 注册环保工程师 2. 环境影响评价工程师
9	环境工程微生物学	模块一：环境中的微生物 模块二：微生物对环境污染 模块三：环境微生物实验	工作任务1：环境微生物的类型 工作任务2：微生物处理污水中污染物技术 工作任务3：微生物处理固体废物中污染物技术 工作任务4：微生物实验	世界技能大赛水处理技术赛项	1. 1+X 水环境监测与治理职业技能等级证书 2. 1+X 污水处理职业技能等级证书

221

➢ "教学条件要求",对课程教学、实习实训所需专业教室、实验室、实训室和实习实训基地等基本教学设施提出相关要求;对学生专业学习、教师专业教学研究和教学实施需要的教材、图书及数字化资源提出相关要求。

➢ "质量保障和毕业要求",以提高和保障教学质量为目标,通过建立院校两级专业人才培养质量保障机制、完善教学管理机制、建立集中备课制度、建立毕业生跟踪反馈机制及社会评价机制等,确保专业教育质量持续提升。

(三)构建职业本科教育专业课程体系

在前期调研结果的梳理与总结基础上,明确专业人才培养目标和定位,分析汇总专业对应岗位需求,归纳主要岗位群对应工作任务和典型工作任务,提炼人才培养规格,理清培养规格与典型工作任务、课程之间的对应关系等,从而构建科学合理的课程体系。

1. 分析岗位需求,梳理岗位群工作任务

经过前期的调研结果分析,参考《国民经济行业分类(2019修改版)》具体到行业大类或中类,参考行业及企业现行通用岗位群或技术领域表述,参考《中华人民共和国职业分类大典(2015年版)》及后续发布的新职业,明确职业本科专业的职业面向(职业类别),明确行业领域和产业高端的岗位(群)。同时对职业岗位进行分析归纳,确定本科专业的岗位群及岗位需求,全面梳理主要岗位群和技术领域各项工作任务,并列举相应的职业资格证书、职业技能等级证书、执业资格证书,及行业、企业、社会认可度高的有关证书,如表4-5大数据与财务管理专业典型工作任务调研分析(部分)。

2. 归纳典型工作任务,提炼人才培养规格

在分析归纳专业岗位群及岗位需求的基础上,进行岗位工作任务分析,选择出现频次较高,反映岗位群工作本质规律,具有典型性和教育价值,对于完成产品或服务项目起重要作用、具有代表性的工作任务作为典型工作任务。典型工作任务描述时,要说明典型工作任务是什么,主要工作内容是什么,使用的设备工具、软硬件资源是什么等,可结合、参照《中华人民共和国职业分类大典(2015年版)》及2015年之后增补的新职业目录所列职业主要工作任务,表述采取"名词+动词"的短语形式。依据党和国家对职业院校学生的综合素质要求、调研报告中典型工作任务分析结果,参考职业分类大典及后续发布的新职业中有关职业能力的表述,参照《职业教育专业教学标准》体例框架及编写要求(试行)有关要求,逐条列举规格要求。根据要求的程度,起始句可使用"掌握、熟悉、了解、能够、具有、具备"等词,如表4-6大数据与财务管理专业典型工作任务与培养规格对应关系矩阵(部分)。

表 4-5　大数据与财务管理专业典型工作任务调研分析（部分）

对应行业（代码）	主要职业类别（代码）	主要岗位群或技术领域举例	工作任务	产业发展及升级趋势	职业类证书要求	职业素养	对应典型工作任务梳理	典型工作任务归纳
(7241)	(2-06-03)	岗位1：会计核算	任务1：资产的核算 任务2：资产的管理	数据的共享和数据外包业务的崛起	初级会计职称；财务共享服务	诚实守信 爱岗敬业 认真仔细	典型工作任务1：账务处理 典型工作任务2：资产清查	典型工作任务1：凭证－账簿－报表 典型工作任务2：资产清查
(7241)	(2-06-03)	岗位2：税务管理	任务1：税费计算与申报 任务2：税收筹划与管理	数据的共享和数据外包业务的崛起	初级会计职称；智能财税 X 证书	诚实守信 爱岗敬业 认真仔细	典型工作任务1：税费计算与申报 典型工作任务2：税收筹划与管理	典型工作任务1：税费计算与申报 典型工作任务2：税收筹划与管理
(7241)	(2-06-03)	岗位3：成本核算与管理	任务1：成本核算方法 任务2：成本控制与管理	数据的共享和数据外包业务的崛起		诚实守信 爱岗敬业 认真仔细	典型工作任务1：成本核算账务处理 典型工作任务2：成本控制与管理	典型工作任务1：成本核算账务处理 典型工作任务2：成本控制与管理
(7241)	(2-06-03)	岗位4：预算管理	任务1：预算管理 任务2：预算控制与管理	数据的共享和数据外包业务的崛起		诚实守信 爱岗敬业 认真仔细	典型工作任务1：财务预测 典型工作任务2：财务预算	典型工作任务1：财务预测 典型工作任务2：财务预算
(7241)	(2-06-03)	岗位5：数据分析风险控制	任务1：资金预算 任务2：资产的管理	数据的共享和数据外包业务的崛起		诚实守信 爱岗敬业 认真仔细	典型工作任务1：数据分析 典型工作任务2：风险控制	典型工作任务1：数据分析 典型工作任务2：风险控制

表4-6　大数据与财务管理专业典型工作任务与培养规格对应关系矩阵

典型工作任务	培养规格1	培养规格2	培养规格3	培养规格4	培养规格5	培养规格6	培养规格7	培养规格8	培养规格9	培养规格10	培养规格11
会计核算	√	√	√	√	√	√	√				
税务管理	√	√	√	√	√					√	√
成本核算与管理	√	√	√	√	√		√			√	
预算管理	√	√	√	√	√					√	
财务管理	√	√	√	√	√		√			√	√
数据分析风险控制	√	√	√	√	√				√	√	

3. 梳理开设课程，分析课程开设先后的逻辑关系

首先经过对照专业人才培养规格，按照映射关系，填写如表4-7的课程与培养规格对应关系矩阵表，梳理开设课程、教学内容及学时数。其次整理知识点，按照知识学习由浅入深、先易后难的思路，分析课程开设先后的逻辑关系，形成如图4-6示例"大数据与财务管理专业主要课程开设逻辑关系"，从而确定课程开设学期。

表4-7　大数据与财务管理专业课程与培养规格对应关系矩阵

课程类型	课程名称	培养规格1	培养规格2	培养规格3	培养规格4	培养规格5	培养规格6	培养规格7	培养规格8	培养规格9	培养规格10	培养规格11
公共基础课	思想道德与法治	√	√	√	√							
	中国近现代史纲要	√	√									
	马克思主义基本原理概论	√	√									
	毛泽东思想和中国特色社会主义理论体系概论	√	√	√								
	心理健康教育	√										
	形势与政策	√										
	体育与健康	√										
	高等数学	√	√	√	√							
	线性代数	√	√	√	√							
	概率与数理统计	√	√	√	√							

续表

课程类型	课程名称	培养规格1	培养规格2	培养规格3	培养规格4	培养规格5	培养规格6	培养规格7	培养规格8	培养规格9	培养规格10	培养规格11
公共基础课	大学英语	√	√	√	√	√						
	大学语文	√	√	√	√	√						
	信息技术导论	√	√	√	√	√						
专业基础课	大数据导论	√	√	√	√	√	√					
	基础会计		√	√	√	√			√			
	经济学基础	√	√	√	√	√						
	企业管理	√	√	√	√	√						
	会计基础实训	√	√	√	√	√			√			
	财务会计	√	√	√	√	√			√			
	python基础	√	√	√	√	√	√					
	审计基础	√	√	√	√	√						
	经济法	√	√	√	√	√						
专业核心课	管理会计	√	√	√	√	√		√	√			
	高级财务会计	√	√	√	√	√		√	√			
	税务会计与纳税筹划	√	√	√	√	√			√			
	财务管理	√	√	√	√	√		√				
	成本会计	√	√	√	√	√						
	财务共享实训	√	√	√	√	√		√				
	财务大数据	√	√	√	√	√				√		
	大数据与财务风险管控	√	√	√	√	√				√		
	资产评估	√	√	√	√	√						
	智能财税实训	√	√	√	√	√			√	√		
	会计信息系统	√	√	√	√	√			√			
集中实践课	军事技能	√							√	√		
	认识实习	√	√	√	√	√						
	跟岗实习	√	√	√	√	√						
	劳动实践月	√	√	√	√				√	√		

续表

课程类型	课程名称	培养规格1	培养规格2	培养规格3	培养规格4	培养规格5	培养规格6	培养规格7	培养规格8	培养规格9	培养规格10	培养规格11
集中实践课	劳动周	√	√	√	√	√			√	√		
	专业技术综合实践周	√	√	√	√	√			√	√		
	顶岗实习（含毕业设计）	√	√	√	√	√			√	√		
	大学生综合素质测评	√	√	√	√	√			√	√		
专业拓展课	专业英语	√	√	√	√	√			√	√		√
	战略管理与风险管理	√	√	√	√	√			√	√	√	
	高级财务管理	√	√	√	√	√			√	√		
	企业财务决策模拟	√	√	√	√	√			√	√		
	企业财务决策模拟	√	√	√	√	√			√	√		
	Excel在财务中的应用	√	√	√	√	√	√		√	√	√	
选修课	新时代高校劳动教育	√	√	√	√	√			√	√	√	
	艺术鉴赏	√	√	√	√	√			√	√	√	
	大学生国家安全教育	√	√	√	√	√			√	√	√	
	健康与健康能力	√	√	√	√	√			√	√	√	
	四史	√	√	√	√	√			√	√		√

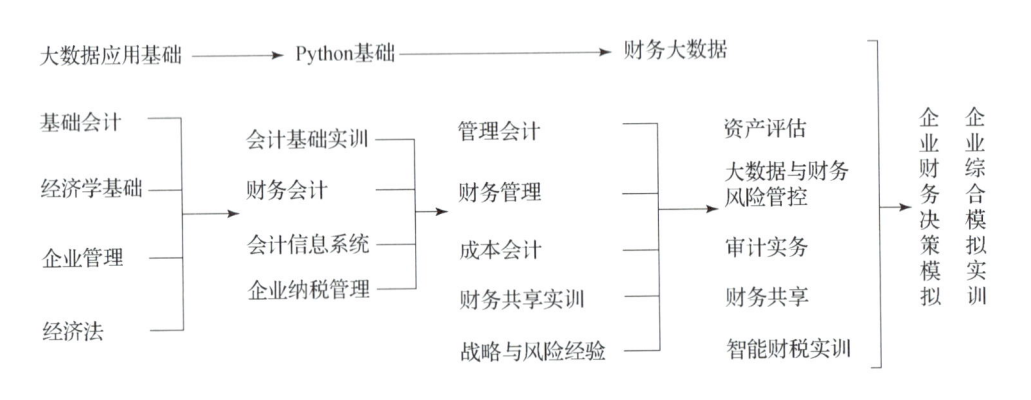

图4-6 大数据与财务管理专业主要课程开设逻辑关系

（四）专业人才培养方案的实施与保障

1. 专业人才培养方案的发布与更新

审定通过的专业人才培养方案，学校按程序发布执行，报上级教育行政部门备案，并通过学校网站等主动向社会公开，接受全社会监督。学校应建立健全专业人才培养方案实施情况的评价、反馈与改进机制，根据经济社会发展需求、技术发展趋势和教育教学改革实际，及时优化调整。

2. 专业人才培养方案的实施保障

人才培养方案应当体现专业教学标准规定的各要素和人才培养的主要环节要求，包括专业名称及代码、入学要求、修业年限、职业面向、培养目标与培养规格、课程设置、学时安排、教学进程总体安排、实施保障、毕业要求等内容，并附教学进程安排表等。在具体实施过程中应满足如下要求：

一是全面加强党的领导。实施本科职业教育必须坚持中国共产党的领导，坚持社会主义办学方向。因此，加强党的领导是做好专业人才培养方案编制与实施工作的根本保证。学校要在地方党委领导下，坚持以习近平新时代中国特色社会主义思想为指导，确立党组织负责人、校长为专业人才培养方案编制与实施的第一责任人，由校级党组织会议、校长办公会、书记、校长及分管教学负责人等定期研究专业人才培养方案编制与实施，切实加强对专业人才培养方案编制与实施工作的领导。

二是强化课程思政。积极构建"思政课程＋课程思政"大格局，推进全员全过程全方位"三全育人"，实现思想政治教育与技术技能培养的有机统一。首先要通过集体研讨、专题培训等方式强化专业课教师课程思政育人意识和能力；其次结合不同专业人才培养目标和专业能力素质要求，梳理每一门课程蕴含的思想政治教育元素，挖掘课程思政教学资源并建成资源库；最后要结合职业本科学生特点，在具体的课堂教学中创新课程思政教学模式，发挥专业课程承载的思想政治教育功能，推动专业课教学与思想政治理论课教学紧密结合、同向同行。

三是组织开发专业课程标准和教案。要根据专业人才培养方案总体要求，制（修）订专业课程标准，明确课程目标，优化课程内容，规范教学过程，及时将新技术、新工艺、新规范纳入课程标准和教学内容。指导教师要准确把握课程教学要求，规范编写、严格执行教案，做好课程总体设计，按程序选用教材，合理运用各类教学资源，做好教学组织实施。

四是深化"三教改革"。教师方面要通过加强教师资源配置、提升"双师"能力、提升信息化教学能力、提升课程思政教学能力、提升技术攻关和创新能力等手段，加强符合项目式、模块化教学需要的教学创新团队的建设，不断优化教师能力结构。教材方面要健全教材选用和开发制度，开发和选用的教材要体现新技术、新工艺、新规范，体现对接职业岗位、人才培养方案、课程标准，要融入课程思政、信息技术、创新创业等方面的内容，要适应职业教育教学方式、专业群发展理念、"岗课赛证"综合育人要求、继续教育需求等。教法方面要总结推广现代学徒制试点经验，普及项目教学、任务驱动教学、案例教学、情境教学、模块化教学等教学方式，广泛运用启发式、探究式、讨论式、参与式等教学方法，推广翻转课堂、混合式教学、理实一体教学等新型教学模式，推动课堂教学革命。加强课堂教学管理，规范教学秩序，打造优质课堂。

五是推进信息技术与教学有机融合。一方面，适应"互联网+职业教育"新要求，积极推动教师角色的转变和教育理念、教学观念、教学内容、教学方法以及教学评价等方面的改革，全面提升教师信息化教学能力，要求教师要关注并熟悉行业转型升级及数字化发展趋势，掌握大数据、人工智能、虚拟现实等现代信息技术在教育教学中的广泛应用，具备熟练应用数字化、信息化设备和手段的教学能力，具备较强的数字教学资源开发的能力和水平。另一方面，加快建设智能化教学支持环境，建设能够满足多样化需求的课程资源，创新服务供给模式，服务学生终身学习。

六是创新人才培养模式，推动"1"与"X"对接融合。"1+X"证书制度试点工作是职业教育教学模式改革和评价模式改革的重要举措，职业本科办学应根据"1+X"证书制度试点工作要求，面向学生开展 X 证书培训，并与"三教改革"有机结合，由学校统筹用好有关资源和项目，结合教学组织实施，重构"1"与"X"对接融合模式，将试点证书一部分内容融入人才培养方案，将 X 证书具体培训与鉴定内容融入相关课程，进行有机衔接，推进证书试点常态化实施。

七是改进学习过程管理与评价。严格落实培养目标和培养规格要求，加大过程考核、实践技能考核成绩在课程总成绩中的比重。严格考试纪律，健全多元化考核评价体系，完善学生学习过程监测、评价与反馈机制，引导学生自我管理、主动学习，提高学习效率。强化实习、实训、毕业设计（论文）等实践性教学环节的全过程管理与考核评价。

三、践行以服务发展为导向的专业建设质量理念

"到 2025 年，职业教育类型特色更加鲜明，现代职业教育体系基本建成，技能型社会建设全面推进，职业本科教育招生规模不低于高等职业教育招生规模的 10%"，这一目标任务明确写入了《关于推动现代职业教育高质量发展的意见》。因此，稳步发展职业本科教育，高质量、高标准建设职业本科学校和专业，既是应对产业转型升

级推动经济高质量发展的迫切需要，也是满足人民群众实现更高质量更充分就业愿望的客观需求；既是加快高等教育结构调整、构建高质量教育体系的内在要求，也是健全中国特色现代职业教育体系的重要环节和重要标志。

（一）树立专业人才高质量培养理念

从教育类别上来看，与职业专科教育相比，职业本科教育不仅面向的是产业，更要对接产业中的高端领域，专业人才培养层次更高，更具创新性和复合性，这是与专科层次及其以下职业教育区别所在，也是体现职业本科"高等性"的必然；与应用型本科相比，职业本科既处于职业教育的顶层，又是本科教育层次的一种，多了技能性要求，带有强烈的就业导向，专业人才培养更具针对性和实用性，具有差异化发展的优势。

从人才分类上来看，职业教育本科专业培养的人才应达到高层次技术人才的基本要求，如工程师；同时应达到高层次技能人才的基本要求，如技师，突破了职业教育的"操作"层面，强化了高新科技含量的"用脑"教育，因此职业本科培养的人才是"理论基础实、操作技能精、创新意识强、信息素养高"的高层次技术技能人才。

1. 注重培养学生就业能力

毕业生就业质量是检验高校人才培养质量、办学育人水平最重要的"试金石"和"晴雨表"，已成为社会关注的热点问题，不仅关系到广大毕业生的切身利益与人生前途，还关系到院校的建设与发展，更关系到社会的和谐稳定与可持续发展。党的十八大报告提出要"推动实现更高质量毕业生就业"，党的十九大报告指出"把人才作为支撑发展的第一资源"，突显了人才培养对于支撑实体经济的重要性。面向"中国制造2025"，提高职业教育人才培养质量、完善人才管理机制是集聚青年人才的重要保障。2020年10月《深化新时代教育评价改革总体方案》提出要重点评价职业学校毕业生就业质量，就业质量的提升是职业本科稳步发展的重要保障。

《国家职业教育改革实施方案》在引导社会向尊重知识、尊重技术、尊重劳动、尊重创新的观念转变，引导教育向培养手脑结合、理实贯通的目标和模式转变，从而促进科技创新和产业升级。因此，本科层次职业教育是培养手脑结合、理实一体，既善于应用高技术理论引领区域行业实际生产，又善于从实际出发，为企业和行业解决实际问题、改进工艺技术、提高效益，促进科技创新和产业升级的高端技术技能型人才。

通过职业本科建设，使职业教育能够坚持需求导向，服务发展，顺应新一轮科技和产业变革，主动服务产业基础高级化、产业链现代化，服务建设现代化经济体系和实现更高质量、更充分就业需要。其就业面向是生产、建设、管理、服务一线；其典型追求是下得去、用得上、留得住的高层次技术技能人才；其价值体现是用人单位欢迎、岗位忠诚度高、学生职业发展好。

(1) 明确职业教育本科人才培养标准

职业本科教育人才培养标准不同于普通本科，重点在于明确满足产业的"职业性"需要的人才培养规格，突出应用性指标，建设和完善其职业性、学术性和培养质量，提高人才培养的适应性和科学性，促进职业本科教育发展质量和规模的不断提升。翟希东（2021）在《职业教育本科的内涵、特征及发展路径》指出，基于行业、企业提供相应职业、岗位的工作内容和要求，根据人才培养的实际状况，由政府部门和职业本科院校共同制定人才培养的职业性标准，重点考察职业本科人才的实践能力、技术技能习得成效；由教育管理部门、职业本科院校以及教育领域的专家学者来共同制定职业本科的学术性标准，明确职业本科人才所应掌握的专业知识和理论；从专业设置、课程体系建设、教学质量评价等方面来制定人才培养质量标准，反映人才培养的质量状况。完善退出机制，引入第三方机构进行评估，建立由人才培养警示、暂停招生、取消培养资格所构成的三级职业本科教育办学退出机制，保证办学水平和人才培养质量符合本科层次职业教育的相关标准和要求。

(2) 建立健全职业本科学士学位授予制度体系

根据联合国教科文组织颁布的2011年版《国际教育标准分类法》，明确提出高等教育和职业教育是两个并存的体系。从国际趋势分析，建立纵向贯通、横向融通的职业教育学位体系，形成本科、研究生和博士生层次的国家资历框架和教育层次，是增强职业教育吸引力和竞争力的基础。2021年年底，国务院学位委员会印发《关于做好本科层次职业学校学士学位授权与授予工作的意见》，明确了职业本科学士学位授权、授予等的政策依据及工作范围，对职业本科学士学位授予权的审批权限和申请基本条件及授予方式、基本程序、授予标准、授予类型、学士学位证书和学位授予信息提出了要求，普通本科和职业本科证书在证书效用方面价值等同，为职业本科证书的"含金量"提供了政策层面的保障。职业本科院校要基于职业本科教育学位授予的标准性文件和授予标准制定个性化的校本标准体系，制定学士学位授予实施细则以及学习成果的认定、积累和转换管理办法，建立灵活的学习机制，有序开展职业本科教育学位证书和职业资格、职业技能等级证书等学习成果的认定、积累和转换。

(3) 加快完善职业本科教育的制度标准和专业评价体系

健全职业本科教育的专业教学标准、课程标准、岗位实习标准、实训教学条件建设标准等标准体系。构建基于专业教学资源、人才培养质量、社会服务等关键要素的专业评价体系，健全多元主体综合评价，运用大数据建立专业建设质量保证体系，提升专业评价的科学性、专业性和客观性。

2. 注重培养学生职业发展潜力

通过本科层次职业教育的建设，促进中等职业教育、专科层次职业教育、本科层次职业教育纵向贯通、有机衔接，促进普职融通，遵循职业教育规律和人才成长规律，适应学生全面可持续发展的需要。

(1) 培养学生就业适应能力

就业能力（employ ability）的概念最早由英国经济学家贝弗里奇（Beveridge）在1909年提出，指个体获得和保持工作的能力，就业力即"可雇用性"。2005年，美国教育与就业委员会再次明确就业力概念，指获得和保持工作的能力。按照国际劳工组织的定义，就业能力是指个体获得和保持工作，在工作中进步及应对工作中出现的变化的能力。由此可见，就业力不仅包括狭义上理解的找到工作的能力，还包括持续完成工作、实现良好职业生涯发展的能力。郑晓明（2002）在其《"就业能力"论》一文中将大学生就业能力描述为学生多种能力的集合，包括学习能力、思想能力、实践能力、应聘能力和适应能力等。张丽华、刘晟楠（2005）在《大学生就业能力结构及发展特点的实验研究》中提出，高校毕业生就业能力由五个维度组成，即思维能力、社会适应能力、自主能力、社会实践能力和应聘能力。考虑到职业本科教育的特点，大学生就业能力的内涵更应体现其职业获取能力、职业胜任能力和组织环境适应能力。

(2) 培养学生环境适应能力

随着毕业生步入就业岗位，此时就需要具备环境适应能力。这里的环境指向团队工作氛围，以及企业文化氛围。而适应的重点在于，使毕业生从观念上迅速从和谐的校园、班级环境中脱离出来，以最短的时间来融入工作中的竞合氛围之中。对毕业生就业行为的跟踪调研发现，部分毕业生缺乏足够的环境适应能力，是他们频繁离职的主要症结。他们期望获得一种新的工作环境让自己从零开始，但在自我心态不做出积极调整的情形下，其结果都将是再次离职。

(3) 培养学生岗位学习能力

当毕业生逐步适应了工作环境，紧接着便是将专业知识与就业岗位需求相融合的问题了。如将课本中关于配送中心管理的知识与实际的配送中心运营联系起来，并结合企业配送标准来完成规定工作项目。可见，以专业知识为分析框架，以企业岗位实际需求为学习方向，应成为毕业生构筑核心就业能力的关键之所在。

3. 注重培养学生创新创业能力

创新是引领发展的第一动力，是建设现代化经济体系的战略支撑。职业本科院校作为科技创新事业的新生力量，肩负着培养和造就满足产业高端和高端产业发展需求的高素质技术技能人才的历史使命。职业本科学生的竞争力不仅在于具有较高层次的技术优势，更在于具备良好的创新意识和创新创业能力。

(1) 重构学生评价标准

将学生的论文论著、毕业设计、发明创造、技能竞赛等创新成果通过学分纳入考核标准，作为学生评价标准重构的重要观测点，促进学生专业能力与职业能力要求相统一，推动学生职业能力评价改革更具科学性与规范性。目前已经有很多职业院校进行了积极有益的探索与尝试，结合专业、课程特点设立创新学分，鼓励学生主动探究，积极参与技术创新，具有较强的操作性。新的评价标准与评价方式要多元化、多样化，保证学生创新创业能力评价的效度与信度，获得行业企业的认同，激励学生在专业知识的学习过程中同步树立创新意识，提升创新能力。

（2）引导学生主动学习

主动学习的动能缺乏是关系到职业本科院校人才培养质量和专业质量的关键问题。授人以鱼不如授人以渔，教师要以学生为中心，营造人人皆可成才、人人尽展其才的学习氛围，在教学过程中起到"穿针引线"的作用，全面了解学生的学习认知投入和成长需求，创设体验式学习情境，为学生主动学习提供支持，引导学生基于各类认知策略主动学习、积极探究、独立思考，激发学生追求进步、完善自我的内在学习动力和发展能量，使学生乐学、善学、学有所用、学有所成，增强职业本科院校学生的归属感、获得感和满意度。

（3）创新创业教育

创新创业教育既是素质教育普适性的选择，也是职业教育实践性的重点，是职业本科院校教育功能的全新定位。学校应以深化创新创业教育改革为主线，深入推进创新创业教育与思想政治教育、专业教育紧密结合，深层次融入、贯穿人才培养全过程。围绕如何提高职业本科学生创新能力，一方面利用高质量创新创业教育师资，打造创新创业教育优质通识课程，重点涵盖创新意识、创新思维、创新品质和创新能力等方面，通过课程帮助创新创业教育落地。另一方面，创新创业教育的落脚点是社会实践性，充分利用现有的国际、国内创新创业竞赛，开发具有区域、院校特色的创新创业活动与竞赛，通过活动类项目的引导与推广机制有效调动学生参与创新创业的积极性，通过竞赛类项目的激励与选拔机制促使各类人才的脱颖而出。

（4）提供实践平台

创业创业教育的基本内涵决定了受教育者要具有较强的实际工作能力和动手操作能力，培养在不确定环境下的适应力和创造力。学生对于创新创业有了一定的认知后还需要相应的实施平台进行实践检验，职业本科院校应加强与政府、行业、企业、专业研究机构的合作，建立实习实践基地，打造社会实践平台，向学生展示更为完整的职场情境和职业生涯。围绕如何提高大学生创新创业能力，完善和安排好认知实践、岗位实习、毕业设计、课程实验等实践教学环节，设计开发多形式、多层次的社会实践活动，鼓励学生利用所学的知识和亲身实践，积极参与校政行企联合的项目研究、技术积累、技术开发与成果转化，为全面发展学生创新实践、培养创新能力提供广阔的实践环境与成长通道。

（5）建立创新基金

职业院校大学生的创新创业需求与日俱增，许多学生因为资金有限、缺乏引导扶持无法将新点子、好创意落地，学校除了拨付专门的创新创业资金以外，还应建立创新基金，争取社会及合作企业的资金支持，重点对与学习成果相结合的，或与区域经济发展要求和行业企业需求相吻合的学生创新项目、创业项目以及技能和学科竞赛等方面进行扶持，鼓励和支持学生尽早地参与科学研究、技术开发和社会实践等创新创业活动，有效精准地帮扶大学生优秀创新创业项目，缓解大学生创新创业资金匮乏的问题。通过创新基金建立市场与大学生创新创业项目的良性互动、循环机制，基金回报可以用于资助更多的创新创业项目，不仅对学生创新创业项目的开发具有良好的示范作用，而且有助于规范创新创业项目管理体系，确保学生创新创业活动的可持续发展。

（二）树立产教融合高质量发展理念

产教融合是职业教育的本质特征，校企合作是职业教育办学的基本模式，同样也是职业本科教育所必须坚持的办学模式和理念。职业本科教育坚持产教融合、校企合作要立足于高层次技术技能人才培养的定位，突出职业本科教育的科技创新和人才集聚优势，提升职业本科教育与产业和企业的契合度和对企业发展的支撑度。因此，校企双方应围绕"德技并修、工学结合"的人才培养模式展开深入合作，协同制定专业人才培养方案，推进师资队伍、课程、教材和产业学院的共同建设，规范人才培养全过程，加快培养高层次技术技能人才，有效促进人力资本提升和技术创新。

1. 推动专业群建设与发展

产业融合是全球经济增长和现代产业发展的重要趋势，与此相应，以专业群建设为着力点和突破点更好地适应产业融合发展的需要已成为当前职业本科院校专业群建设与发展的重要途径。当前，我国经济正处于转变发展方式、优化经济结构、转换增长动力的攻坚期，产业正处于新旧动能转换的关键期，面对新经济、新技术和新产业的快速变化，职业本科院校必须关注新技术带来的业态分化，并将其纳入整个专业链的设计要素中来。而产业发展的新常态已然向数字经济的方向演变，使得以数字技术创新应用为牵引，以数据要素价值转化为核心，以多元化、多样化、个性化为方向的产业形态逐渐发生变化，经产业要素重构融合衍生而形成的商业新形态、业务新环节、产业新组织、价值新链条不断显现。

对接产业链发展的新常态，需要集聚专业资源，构建以职业本科教育专业为主，或者以职业本科教育专业为引领、专科专业为基础的专业群，充分发挥专业群的示范带动和引领作用。

（1）强化专业资源集聚

聚焦国家战略和区域绿色生态产业发展需求，坚持对接产业动态调整专业，以专业群绩效评价为导向，结合专业群发展实际，实施专业动态调整，增设产业急需专业、撤销落后淘汰专业，优化专业群结构。坚持专业群校企合作与推荐就业制度，按专业群汇集企业资源，推荐毕业生就业，拓宽毕业生的就业选择"域"，提升职业院校就业竞争力。

(2) 强化教学资源集聚

持续开发优质数字教学资源既是大势所趋，也是当务之急，在教育部建设职业教育数字化体系下构建校级资源库应用体系，开发优质专业教学资源，以数字化转型驱动教学模式改革和质量管理体系升级。遵循实践教学资源专业群统筹规划、研讨论证、集中建设的思路，建设校内外实践教学基地和生产性实训基地。

(3) 强化技术服务资源集聚

按专业群建设技术积累案例库，每年更新案例，密切跟踪新技术、新模式、新业态，对接未来产业变革和技术进步趋势，及时更新教学内容，将新技术、新工艺、新规范等产业先进元素纳入课程标准和教学内容。整合专业群协同创新资源，依托专业群，与行业领先企业共建协同创新中心，每个应用技术协同创新中心入驻校企协同技术创新团队，开展校企协同创新项目、申报专利以及面向中小微企业进行技术咨询服务。

2. 推动校企协同专业建设

(1) 校企共同制定专业人才培养方案

主动适配产业高端化对人才结构提出的新要求，校企协作根据区域经济社会发展需求、办学特色和学校办学层次和办学定位，遵循"规范课程设置、合理安排学时、强化实践环节、严格毕业要求、促进书证融通、加强分类指导"的原则，科学合理确定专业培养目标，明确学生的知识、能力和素质要求，保证培养规格，协同制定体现专业类别特点的专业人才培养方案，满足产业技术更迭对人才规格与能力上移的需求。

(2) 校企共建专业师资队伍

遵循"体现高层次、坚持'双师型'、坚持校企双向交流、坚持突出科研能力"的基本原则，支持企业深度参与教师能力建设和资源配置，共建学校优秀教师与产业导师相结合的"双师"结构团队，共研教师专业发展标准，共培高层次教师团队。

(3) 校企共同开发专业课程和教材

校企围绕高层次技术技能人才培养目标定位和专业标准，以强化技术技能积累，打造精简、高效、通用的课程模块，与产业发展、岗位技能及跨行业通用能力需求实现高层次的衔接、更宽领域的融合和更加多元的平衡。同时，科学运用现代教育信息技术，创新课堂教学理念和教学模式，及时融入产业提升迭代中呈现的新知识、新内容。

严格执行职业院校教材管理办法，遵循"坚持'两突出'、体现'三对接'、注重'三融入'、突出'四适应'"原则，即突出高层次、突出职业教育特色；对接职业岗位、对接人才培养方案、对接课程标准；融入课程思政、融入信息技术、融入创新创业；适应职业教育教学方式、适应专业群发展理念、适应"岗课赛证"综合育人需求、适应继续教育需求等，校企合作开发科学严谨、深入浅出、图文并茂、形式多样的活页式、工作手册式、融媒体教材。

（4）校企共建实践教学基地

坚持共建、共享、共赢，创新产教融合型实践教学基地建设管理机制，职业本科院校应聚焦产业集群，依托产业龙头或规模以上企业建设共享型实训中心、综合实训中心和产学研示范基地，承接生产任务或工作业务，在满足学生实习实训的同时开展生产性经营，推进学生到校内外实习实训制度化、规范化，提升技能大赛、科研合作、技能鉴定、社会培训能力，形成校企在专业建设和人才培养方面稳定互惠的合作制度。有条件的职业本科院校与"走出去"企业可建立海外教学、实习实训基地，探索内外联动、分段教学、共建共享职业教育合作新模式，探索推动职业技能等级证书与"一带一路"沿线国家互通互认，为"走出去"企业、合作国家（区域）培养国际化技术技能人才。

（5）校企共建产业学院

遵循"供需平衡、样态多元、现代治理、共建共管、契约发展、实体运行"的原则，面向企业紧缺人才储备、企业发展提质增效、行业技术推广应用、重大领域战略发展等需求，校企共建产业学院，推行以"理事会自主运行、人才双向流动、财务独立核算、监事监管监督"为主要内容的"双主体"理事会管理机制，探索融"产、学、研、用"为一体的产业学院实体化运行体系，明确以"专业产业协同发展、协同人才培养、协同技术应用"的三项合作协议为遵循的实体化建设任务。以章程、契约、制度对等约束合作方权责利，实现建设成效和运行收益校企共担，建设红利共享，增强产业学院高质量发展的内生动力和创新活力。

（三）树立服务经济社会高质量发展理念

在社会经济高质量发展和产业快速转型升级的新发展背景下，亟待职业教育的社会服务能力、服务方式和服务水平的全面提升，专业建设应树立服务区域经济社会高质量发展的理念。要实现人才培养与服务经济社会发展的有效衔接，必须引入行业、企业等社会资源参与人才培养全过程。职业本科能否办出特色取决于行业企业的参与程度，人才培养质量的高低取决于产学研结合的紧密程度。不同专业类型的培养规格均需要突出产学结合的实践性，根据知识、能力和素质结构体系采用多元化、多样态的产学结合模式，实现理论与实践的有机结合。学校通过对职业面向、岗位技能、工作任务等进行科学调研、系统分析后，确定知识、能力和素质结构，以此设计、开发课程，合理安排教学目标、课程内容及教学要求，根据模块划分对接"岗课赛证"，把学生培养成理想信念坚定，德、智、体、美、劳全面发展，具有一定的科学文化水平，良好的人文素养，职业道德和创新意识，精益求精的工匠精神，较强的就业能力和可持续发展的能力，掌握专业知识和技术技能的合格人才。

1. 提高服务产业发展主动性

职业本科要突出以类型特色、服务产业需求为导向，转变学校与企业的被动合作，突破人才培养的合作浅层，全面推进与产业的紧密对接，主动谋求高层次的产教融合创新。根据区域产业的结构调整和升级转型的需要，联合管理部门、行业协会、领先企业、科研院所，共建应用技术协同创新中心等产教融合平台，组建知识结构合理、业务能力突出的协同技术创新团队入驻，明确实体化运行机制和建设任务，对等约束利益攸关方权责利，以产业行业需求、技术开发创新等为切入点，开展技术积累，联合申报技术协同创新项目，承接新产品和新技术开发项目。

通过协同创新，在解决产业行业技术瓶颈的同时形成自主知识产权的研究成果，将技术研究成果进行转化、推广、应用，促进新技术进专业、进教材、进课程，融入教学全过程，实现资源共建共享，实现"专业与产业对接、学校与企业对接、课程内容与职业标准对接、教学过程与生产过程对接"，为助推区域产业升级、助力区域经济社会发展提供高素质技术技能人才支撑。

2. 提高服务企业发展针对性

优化专业结构对接区域产业，服务区域企业经济发展。《国家职业教育改革实施方案》明确提出，高职院校要重点服务企业特别是中小微企业的技术研发和产品升级。技术创新能力是高职学校核心竞争力。围绕国家发展战略和区域产业结构调整升级对高素质技能人才的需求，立足学校专业建设优势，适时调整专业结构。鼓励教师组建科研团队参与企业核心科技创新研发，打破制约企业转型发展的技术瓶颈。面向区域支柱产业和新兴产业，以技术技能积累平台为抓手，以企业科技研发为载体，联合相关企业开展技术攻关，切实解决中小微企业生产技术瓶颈、提高产品质量，为中小微企业的发展助力，提升区域产业活力和经济承载能力。要以城市为节点、行业为支点、企业为重点，建设一批产教融合试点城市，打造一批引领产教融合的标杆行业，培育一批行业领先的产教融合型企业。

3. 提高服务全民终身教育普及性

职业教育在终身教育体系中扮演着桥梁的角色，承接着制度化教育和非制度化教育两种类型，在普通教育和继续教育中发挥着衔接作用，既为社会成员提供继续教育和职业培训，给予社会成员接受专科教育的机会，又为学历教育提供了生源，与普通本科教育一道拉动终身教育向前发展。职业教育具有融入终身教育体系的适切性，为全民终身学习提供了重要教育场所，使得人的终身学习成为可能，是沟通人才成长通道的重要桥梁，同时职业教育融入终身教育体系也是现代职业教育自身发展的需要。

第五章

职业本科教育课程开发

职业本科教育兼具职业性和高等性，处理好二者的关系，对于彰显职业本科教育的类型特色至关重要。职业本科教育首先是职业教育，职业性既是其类型属性的基因，也是其与普通本科和应用本科教育共生共存、差异化发展的优势所在。因此，职业本科教育应当在坚守职业性的基础上，体现其本科层次的位阶。这是在进行职业本科教育课程设计时首先要注意的。坚守职业性，意味着课程开发应基于工作体系而不是学术体系，构建基于综合职业能力培养的实践导向课程体系。体现本科层次的位阶，意味着在课程内容方面需要深化技术理论知识学习、技术创新能力培养和研究性实践能力训练。而工作体系的底层逻辑是技术，即技术是工作过程分工（岗位及岗位群）的依据，为此提出"技术牵引、产品载体、理实融通、能力本位"的课程设计理念和框架。

一、突出技术牵引的标准引领

"什么知识最有价值？"是课程开发中的经典问题。长期以来，传统的学科知识是课程内容选择对象的基本领域，职业教育课程也没有从根本上摆脱这一价值取向。随着经济社会的不断发展和职业教育研究的不断深入，人们普遍认识到，传统的学科知识课程体系并不完全符合职业教育人才培养的需要。但是，职业教育课程开发的价值取向和底层逻辑究竟是什么，对此人们尚未达成共识。深入探究这一问题，对于职业本科教育的课程开发尤为重要。

（一）技术与技术知识

首先，什么是技术？学界对"技术"一词的理解有着见仁见智的不同阐述。中华书局出版的《辞海》认为，"技术是人类在争取征服自然力量、争取控制自然力量的斗争中，所积累的全部知识与经验"；于光远等主编的《自然辩证法百科全书》认为，"技术是人类为了满足社会需要而依靠自然规律和自然界的物质、能量和信息，来创造、控制、应用和改进人工自然系统的手段和方法"。此处所论及的手段，既可以是物质手段，也可以是知识手段。尽管人们对技术的概念界定各有不同，但有一点可以明确，就是技术的知识性和多维性。就前者而言，技术与知识是紧密联系的，这不仅在于技术的形成需要知识，而且技术本身就构成知识。就后者而言，技术包括自然技术、身体技术和社会技术三种类别[1]。自然技术即狭义的、传统上与科学相并用的物质生产技术；身体技术多指我们常说的"技能"；社会技术指在社会关系领域应用的管理、协调、合作等方面的手段、方法、技巧和经验。总之，技术是人类改造自然和管理服务社会的手段、方法和技能的总和[2]。

其次，什么是技术知识？有学者指出，"技术不是物体，而是知识，是记载在亿万书籍和储藏在数十亿人头脑中的知识，当然在重要程度上，是凝结在形形色色物质产品中的知识"[3]。可以说，无论是物质还是非物质的技术，其任何一个方面都离不开技术知识。从技术知识的内部构成来看，主要由两部分组成。一是"承载性知识"，比如机器操作、材料加工、器具设计、生产工艺、生产程序、过程控制、质量检测等。二是"元技术性知识"，比如什么是技术，技术如何产生，怎样改进和提升技术，如何更有效地学习技术、掌握技术等。这两个方面的技术知识，既有程序性的，也有陈述性的[4]。外在的技术知识是程序性知识，内在的技术知识是陈述性知识。职业教育以传授技术知识，形成技术技能和培养技术创新能力为目标，既要传授技术本身的"承载性知识"，又要传授关于技术的"元技术性知识"。"从技术知识的表现形态上看，技术知识可分为技术实践知识和技术原理知识。技术原理知识指可以通过编码成为明言性的知识，可以用文字、数字、图像、符号表达，易于以硬性数据、公式、编码程序或普适原理的形式传播和共享；技术实践知识，如技能、诀窍等，由于它们的存在依附于人的大脑或身体操作的技能，通常只能通过操作行动表现出来，难以用符号表达。"[5]

最后，技术知识与科学知识的关系。技术与科学的关系十分复杂，总体上说，技术与科学紧密相连、相伴相生，但是技术也自有其独立性，技术仅仅是科学的简单应用和从属的这一传统观念已逐渐被人们抛弃。由此，技术知识也成为与科学知识并列的一种知识类型。简言之，科学知识是关于"是什么"和"为什么"的知识，旨在发现和解释；技术知识是关于"做什么"和"怎么做"的知识，旨在创造、管理和

---

[1] 吴国盛. 技术哲学讲演录 [M]. 北京：中国人民大学出版社，2009：62.
[2] 唐林伟. 技术知识论视域下的职业教育有效教学研究 [M]. 杭州：浙江大学出版社，2017：72，76.
[3] 谢传兵. 基于培养目标定位的职业教育层次分野 [J]. 中国职业技术教育，2010（12）：34-35.
[4] 从信息加工心理学的观点看，知识可以分为两大类。一类为陈述性知识，另一类为程序性知识。陈述性知识主要是回答"是什么""为什么"的问题，程序性知识主要是回答"怎么办"的问题。
[5] 郭宇峰. 技术知识视野下技术人才的分层及其培养 [J]. 职教论坛，2014（36）：22-26.

控制[①]。但是也应当看到，随着现代科技的发展和科学技术的交叉融合，科学和技术之间的界线也开始模糊。虽然从目的来看，科学注重"发现"，注重"是什么""为什么"的探究；技术注重"发明"，注重"创造"，注重"做什么""怎么做"的思考。但当代技术科学的发展已经使得技术知识不再局限于"做什么""怎么做"的知识范围，而具有了完整的结构，同时涵盖陈述性知识和程序性知识[②]。任何一类技术，要想构建自身完整的体系结构，就必须要同时涵盖"是什么"和"怎么办"两个方面的知识。不过，这两个方面的知识在技术知识体系中的占比却不尽相同。一般而言，在技术传递、技术教育场域，程序性知识的比例相对于陈述性知识要更大一些，占有更主要的地位。但是，陈述性知识又是必不可少的，对于学生掌握程序性知识、物化程序性知识有着重要的引燃、催化作用。

（二）技术知识与职业本科课程

教育是传承知识、保存知识、发展和创新知识的重要手段，而知识构成了教育的重要内容和核心要素。同理，职业教育和技术知识也存在着类似的相关逻辑。倘若失去了与具体职业相对应的技术知识，那么职业教育就会变得空洞发散，职业教育的培养目标就无法达成，人才培养就会无用武之地。现实中，技术知识以特定的方式存在于职业教育的课程体系之中，构成了职业教育的技术样态。因此，进一步厘清技术知识和职业本科教育、职业本科课程之间的逻辑，是开展职业本科课程设计、开发、建设的重要前提。

1. 技术知识以"技术理解"的方式存在于学生的学习过程中

职业教育的学习过程是学生不断提升对技术的理解和掌握，并最终形成对相关技术的实践能力的过程。此处所讲的技术理解，可以概指为学生对技术的认知和理解。现实中，技术是一个内涵极为复杂的概念，美国技术哲学家米切姆认为，技术有不同的形态和含义，包括作为知识的技术、作为物体的技术、作为过程的技术以及作为意志的技术等[③]。延伸到职业教育中来，技术意味着课程（尤指专业课程）中的技术知识，比如技术生产、技术操作、技术精神等。因此，对于学生而言，无论是专业技术知识的习得、技能训练中的工具操作，还是服务类专业中的服务策划和实施、技术文化的积累，在本质上都是学生对客观存在技术的一种主观认知、一种个性化的自我内化、一种基于实践思维和实践能力的训练和养成的过程。并且，个体对技术认知理解的程度，在某种意义上决定了技能的养成效果。

[①] 唐林伟. 技术知识论视域下的职业教育有效教学研究［M］. 杭州：浙江大学出版社，2017：72，76.
[②] 顾建军. 技术知识的特性及其对职业教育的影响［J］. 教育与职业，2004（29）：16-18.
[③] ［美］卡尔·米切姆. 技术哲学概论［M］. 殷登祥，等译. 天津：天津科技出版社，1999：53.

2. 技术知识以"授受传递"的方式呈现于教师的教学过程中

在教学过程中强调学生的主体地位，并不是要否认教师的主导性，甚至更需要突显教师在启发引导中的重要作用。普通教育领域的教学活动，师生之间发生的是科学知识的授受，而职业教育领域的教学活动，师生之间授受传递的内容则变为具体的技术知识。也就是说，在普通教育中，教学活动传递的主要是科学知识。职业教育不同于普通教育，在其教学活动中，技术知识取代了科学知识而成为传递的主要内容。职业教育课程中的技术知识主要呈现为两种形式，即理论形态的技术理论知识和经验形态的技术实践知识。职业教育的课程实施，通过项目教学、范例教学或模拟教学等方式实现技术理论知识、技术实践知识在教师与学生之间的有效传递，从而保证技术经验和技术文化的传承，以及学生的技术体系的构建与技术实践能力的形成[1]。

3. 技术知识以"整合重构"的方式表现于课程中

职业教育的职业性、实践性、开放性特点决定了职业本科课程体系必然是"技术牵引""实践导向"的，要以技术为底层逻辑，对照工作岗位的标准和能力要求来勾勒课程地图、设计课程内容。一般而言，技术知识作为职业教育课程的主要内容呈现为技术理论知识和技术实践知识两种类型[2]。在"高水平""综合型""技术技能人才"的培养定位下，打破传统技术和理论的二元对立，促进技术实践知识和技术理论知识的有机整合，应该是职业本科课程内容体系构建的重要方法论。例如，在传统三段式基础上增加实践类课程的职业教育课程体系中，技术理论知识与技术实践知识之间是一种形式上的、拼接式的整合；在借鉴和改造德国"双元制"的课程体系中，围绕着技术实践能力的培养，特定的技术理论知识被挑选出来与技术实践知识整合在一起，构成了实践课程的主要内容[3]。

4. 技术知识以"趋于高端"的方式表现在职业本科课程中

从职业教育视角看，技术知识属于实践导向性的知识，可分为关于使用的知识、关于设计制造的知识、关于技术理论与方法的知识3种类型，是职业教育专业课程应当主要涉及的知识。具体来说，技术知识分为7个层次：诀窍与技能、操作规则、工艺流程、技术方案、技术工作原理、技术规范、技术理论原理[4]。随着职业教育层次的提升，对技术知识要求的层次也随着提升。相对而言，职业中等教育、职业专科教育重点在技能操作、工艺流程、技术方案等层次，职业本科教育重点在技术方案、技术规范和技术原理等层次。由此也可以理解为，随着人才培养层级的提升，到了职业

---

[1] 徐宏伟，庞学光. 技术内涵转变的职业教育意蕴 [J]. 中国职业技术教育，2015（21）：15-20.
[2] 徐国庆. 职业教育课程论 [M]. 上海：华东师范大学出版社，2008：32, 189.
[3] 徐宏伟，庞学光. 技术内涵转变的职业教育意蕴 [J]. 中国职业技术教育，2015（21）：15-20.
[4] 邓波，贺凯. 论科学知识、技术知识与工程知识 [J]. 自然辩证法研究，2007（10）：44.

本科阶段，其课程内容中所蕴含的技术知识更加高端，且这种高端不仅体现在技术本身的知识复杂性上，也同时表现为知识本身所蕴含的思想性、逻辑性上。即便是"技术教育"也应该注重从纯粹的技术授受，兼顾技术背后原理的授受，使学生既要"知其然"，又要知其"所以然"。这也符合人的全面发展学说，在"工具技术"教育中，更多地融入"理性技术"教育，赋予了学生更多的省思、提升和创造空间，有利于实现人的自觉发展、自我完善。

（三）技术牵引的职业本科教育课程

由上可见，职业本科教育的课程设计，应当从分析职业工作所涉及的技术领域入手，进而分析其中包含的技术知识，以行业、企业的技术标准为牵引，基于职业行动领域的工作过程和技术创新过程来选择和组织课程内容，同时要注意技术知识的宽度和深度达到本科层次，即主要学习技术原理、技术应用、技术实践、技术规范，从而在坚守职业性的同时体现出高等性。

1. 建立与技术知识特性相适应的职业本科课程目标

技术知识的特性是探索职业本科教育规律的切入点之一，它影响着职业本科教育课程目标的制定、内容的构建、评价的导向等，需要在科学的技术知识观指导下，树立与技术知识相契合的职业本科课程目标。职业本科课程的目标取向要突出培养全面发展的人，强调技术养成而不忽视价值塑造。应然性的职业本科课程目标是多元性的，不仅要观照学生的技术技能发展，还要观照学生对技术所蕴含的价值的理解，要突出学生对技术知识，对具体职业的情感、态度、价值观的养成。因此，在建构职业本科课程目标时，不仅要关注学生对程序性知识的掌握，确保学生养成熟练、精湛的技术技能，还要强调学生对陈述性知识的掌握，使学生了解技术技能背后所蕴含的"理性反思"，培养学生自觉的反思能力，促进学生思维能力的发展和方法论智慧的迁移，促进学生的全面、终身、可持续发展；不仅要关注学生对间接经验、理论知识的学习，也要关注学生对直接经验、实践知识的学习，促进学生认识能力和实践能力的协调发展，努力促进两种能力的有机统一；不仅要注意显在的书面性知识的学习，还要突出潜在的隐性知识的学习，引导学生对非语言性、非文字性知识的个性体悟，通过合理的课程内容布局，全面提高学生理性与感性、理论与实践、一般知识与个体知识的协同发展。

2. 安排有利于技术知识转化的职业本科课程顺序

传统上在知识本位价值导向规约下，职业教育呈现出三段式的课程结构，通识课、专业基础课、专业拓展课前后相继地实施。在能力本位价值导向规约下，在一定程度上克服了理论先行、实践随后的课程安排。由于缺少对二者内在逻辑和转化衔续的诠释与说明，导致在具体的实施过程中过于强调技能的训练而忽略了理论与实践知识的转化。现实中，技术理论知识与技术实践知识之间不是非此即彼二元对立的关系，而是彼此构筑成"前理解"，并依赖两类知识的"视域融合"，最终实现螺旋循环转化。因此，职业本科教育的课程安排，就必须根据具体技术知识的特点实现专业理论课与专业实践课的交替安排，为保证技术实践知识与技术理论知识的螺旋转化奠定坚实基础。除此之外，还必须通过行之有效的知识整合建构机制作为实现条件。在职业教育课程整合中，可以汲取项目化课程的成功经验，开发适合技术理论知识与技术实践知识转化的课程载体。同时，为了促进两种知识的转化，还要构建合理的课程组织形式，如构建由行业企业代表、教师、学生、教育管理者等共同组成的实践共同体。

3. 基于技术标准和工作过程构建职业本科课程内容

职业本科课程内容的选择首先要凸显职业性，通过工作任务与职业能力分析，进一步明确课程内容的范围与水平。职业教育课程内容需要与工作岗位要求之间形成适配，以行业、企业的技术标准为牵引，基于职业行动领域的工作过程和技术创新过程来选择和组织课程内容。课程内容不能停留在传统型、系统化的知识授受，而是要与企业真实的生产实践相契合，通过具体的与企业对接的实践项目学习，助力学生缩短就业"调适期"，更快更好地投入企业生产。对于岗位工作而言，完成一项工作任务需要职业能力，而职业能力的形成离不开知识、技能和素养，完成一个岗位工作任务必须是理论知识、专业技能与职业素养的三者协同，不存在任一要素独立作用[①]。一般说来，职业本科课程的内容应该包括3个方面，即知识、技能和素养，理论知识是进行职业工作所需的知识储备，专业技能是完成职业工作所需的运用专门技术的能力，职业素养是工作中表现出的综合素养。在课程内容组织建构、分解课程内容维度时，需要将每一工作任务进行剖析，分析任务包含的内容及要达到的水平，提炼完成该任务所需要的理论知识、专业技能与职业素养，以便后续对学习任务进行设计[②]。除此之外，职业本科课程内容的选择，还应注意技术知识的宽度和深度达到本科层次。

4. 根据技术知识的具体特点采用不同的教学方法

对方法的迷恋，是教学世界中的独特景象。无论哪个时代，对教学方法的改革始终是教学改革的重要组成部分[③]。开展高水平的职业本科课程建设，离不开卓越的教学方法和教学手段。可以说，在课程内容等相关要素既定的情况下，教学方法的甄选

---

① 吴南中，夏海鹰.1+X职业技能等级证书开发的基本流程及其质量保证机制[J].教育与职业，2019(24)：26-32.

② 秦国锋，黄春阳，糜沛纹，等."课证融通"视野下职业教育课程开发路径[J].职业技术教育，2021(23)：39-44.

③ 李政涛.从教学方法到教学方法论——兼论现代教学转型过程中的方法论转换[J].教育理论与实践，2008(31)：32-36.

在很大程度上决定着课程建设的实效。特别是随着科技助力的逐步加强和教学研究的日趋深入，职业教育课程领域对教学方法、教学手段的重视程度与日俱增。职业本科课程建设背景下的教学方法革新，需要深化"AI+职业教育"理念，探索未来教学、未来教育的模式创新。要广泛采用项目化教学法，积极开展基于项目活动的研究性学习，把学生作为教学的主体，教师则是"项目设计师"及"教练"，师生在教学中充分互动，在积极探索、富于想象、热情洋溢的交流中获取新思想和创造力。要全面实施任务驱动教学法，将教学内容设计成一个或多个具体的任务，力求以任务驱动，以某个实例为先导，进而提出问题引导学生思考，让学生通过对每一个"可感知"的知识点的不断再认，激发出自主探索的不竭动力，并在渐进的知识积累中，总结出知识本身的抽象逻辑，进而实现个体成长的升华。要特别突出模块化教学法，按照教学过程的基本环节，根据单元学习成果和目标，以组团的方式对单元内各模块课程的知识点、能力点、教学内容、项目、资源进行重构设计，建立模块化、组合型、进阶式课程体系，把一个复杂、相互交叉的课程结构分成若干个基本课程或教程模块，把相互渗透的教学内容组成系列知识模块。

5. 以技术知识论的视角开展职业本科课程评价

一般而言，职业本科课程评价主要应该包括两个方面，一是"价值性评价"，即对课程学习效果的评价；二是"存在性评价"，即对课程本身的评价。前者主要是考量学生学习完该门课程之后，在知识、技能、情感等方面的进步情况；后者主要是对课程本身的质量或满足需要的程度进行考察。一方面，以表现性评价来考查学生的专业课程学习效果。表现性评价是根据课程目标和教学内容，教师在真实的工作场所中或者接近真实的模拟工作场所下设置一定的任务，学习者在真实的或模拟的工作场所，以行动、表演、展示、操作等方式尝试解决问题完成任务，教师观察其行动表现，对学生完成复杂任务的过程表现或者结果进行价值评判[1]。这种评价改变了传统试卷笔试的单一评价格局，取而代之的是灵活多样的产品制作、项目完成、方案设计、技能展示、故障排除等形式，能够在"多元智能"的理论观照下使用多种度量手段。另一方面，可以采取岗位技术能力本位评价来考察课程本身的质量。这一评价就是基于具体行业企业岗位的技术能力需求和职业标准，以技术能力为标准和依据，运用一定的方法搜集课程信息和资料，对课程做出以技术能力为标准的价值判断。这种"生产一线取向"的评价方式，直接将课程内容、教学过程等各种课程建设要素引入企业生产一线，确保学校教育教学与企业生产之间的无缝衔接。

---

[1] 赵文平. 本科层次职业教育专业课程观探析——基于技术知识论的视角[J]. 职教论坛，2021（3）：50-56.

二、形成产品载体的开发模式

职业教育主要学习技术知识而不是科学知识,当然不应采用学科结构的课程模式。问题在于,职业工作涉及的技术领域所包含的若干技术知识,如何在课程中使之系统化,使学生接受全面系统的学习而不是零散碎片化的知识。考虑到职业本科教育在技术研究或产品研发和技术产品化环节的重要使命,以产品为载体开发课程是比较好的做法。

(一) 职业教育课程开发的主流模式

目前,有较大影响的职业教育课程模式有 4 种:能力本位课程(CBE)、学习领域课程、项目课程和工作过程系统化课程。

在加强教育与行业企业的联系背景下,美国在 20 世纪初推行了关于能力本位的教育改革尝试,直至 20 世纪 90 年代后期,能力本位课程逐渐在加拿大、英国等国家的高等职业教育领域上得到广泛重视和应用,比如加拿大社区学院的 CBE 实践、英国国家职业资格标准、澳大利亚培训包等。能力本位课程是以培养满足企业需求的实际工作能力为目的,根据特定职业岗位提出的具体能力要求进而开发相应的课程,包括分析职业能力、确定能力标准、设计职业课程、采取教学方式和进行能力评估 5 个阶段[1]。能力本位课程是通过对职业岗位的具体分析,在课程开发上将知识点作为理论课程、技能点作为实践课程,更关注具体岗位的技能、知识的获得。

学习领域课程产生于德国"双元制"职业教育改革,德国各州文教部长联席会议在《职业学校职业专业教育框架教学计划编制指南》中提出"学习领域",用"学习领域"课程模式替代了沿用多年的以分科课程为基础的综合课程模式,要求专业的学习目标、内容、学时都要用"学习领域"加以规范。学习领域是一个由学习目标描述的主题学习单元。学习领域课程表现为理论与实践一体化的综合性学习任务,有以下几个特点:一是教学内容以一个职业的典型工作任务为基础;二是课程目标包括对综合职业能力和素质的培养,在发展专业能力的同时,强调学生综合能力的发展;三是学习过程具有完整性,包括明确任务、制订计划、实施检查到评价反馈整个过程[2]。

---

[1] 黄日强,周琪.能力本位职业教育:当代职业教育的发展趋向[J].外国教育研究,1999(2).
[2] 赵志群.职业教育学习领域课程及课程开发[J].徐州建筑职业技术学院学报,2010,10(2).

项目课程从20世纪70年代以来成为国际职业教育课程改革的趋势。项目课程是指"以工作任务为课程设置与内容选择的参照点,以项目为单位组织内容并以项目活动为主要学习方式的课程模式"[1]。工作任务分析是项目课程开发的重要基础,强调工作过程的任务与知识的联系。在课程组织上以工作结构为基本依据,传统的学科体系结构不适合职业教育的发展,课程结构要进行重组。项目课程以项目为单位组织内容,在以项目为载体所设计的职业情境中完成工作任务,按照项目形式进行教学活动。

工作过程系统化课程是在"学习领域"课程提出工作过程导向的实践与理论一体化成果的基础上,根据我国高等职业教育发展的特点提出来的。所谓的工作过程是指个体"为完成一件工作任务并获得工作成果而进行的一个完整的工作程序""是一个综合的、时刻处于运动状态但结构相对固定的系统"[2]。对于每一职业来说,都有其特定且相对稳定的工作过程。工作过程系统化课程是以此作为设计课程的参考系,进行工作任务分析,通过能力整合,将典型工作加以归纳形成行动领域;再根据职业教育的规律将行动领域转化为学习领域,即课程体系的构建;最后再通过多个学习情境的设计实现教学过程[3]。在学习情境的设计中,课程载体是学习情境的具体化,是实现知识技能真正"落地"的载体,实现学生掌握工作过程应掌握的知识、技能和完整思维过程的训练。

这4种课程模式虽然在概念、内涵等方面有一些差异,但其价值取向和核心理念比较一致且有继承和发展,即都遵从工作体系而不是学术体系,都强调实践性、情境性和职业能力培养,并以任务、项目、工艺、产品等作为课程实现形式。

(二) 以产品为载体的职业本科课程开发

以产品为载体的职业本科教育课程开发借鉴了上述4种职业教育课程开发模式的思路,以典型产品作为课程载体,设置理论与实践一体化的综合性学习任务,按照项目形式进行教学活动,具体特征包括:①在培养学生岗位能力、职业素养的基础上,强调学生在职业面向的技术领域构建系统的知识体系和技术能力,以满足未来职业发展的需要。产品载体的选择不再从具体的工作岗位或任务出发,而是从职业面向的技术领域出发选择合适的实体或虚拟产品,作为专业课程的承载。②在选择产品载体设置教学任务、课程内容时,强调知识体系和技术能力的融合,通过目标(任务)导向的项目化教学,引导学生从解决具体技术问题出发完成技术知识体系的构建,重点学习符合产业发展趋势的技术路线和方案,强化学生知识应用能力和知识更新能力的培

---

[1] 徐国庆. 学科课程、任务本位课程与项目课程 [J]. 职教论坛, 2008 (20).
[2] 赵志群. 职业教育与培训新概念 [M]. 北京: 科学出版社, 2003.
[3] 姜大源. 论高等职业教育课程的系统化设计——关于工作过程系统化课程开发的解读 [J]. 中国高教研究, 2009 (4).

养。③在项目化教学的实施过程中，帮助学生学习相关专业领域、技术路线的背景知识，通过细化目标（任务）的功能和性能要求引导学生展开教学项目，原则上不对项目具体实施过程做过多的约束，通过开放式教学和自主式学习，着重培养学生面对工作任务的创新能力和解决具体问题的方法能力。

以产品为载体的职业本科课程，强调培养学生面向目标职业的可持续发展能力，目标职业所要求的职业能力既是课程体系构建的逻辑起点，也是最终专业人才培养的目标。课程构建思路如图5-1所示。

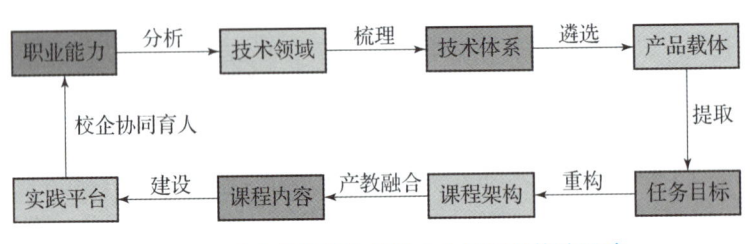

图5-1 以产品为载体的职业本科课程构建思路

首先，对职业面向和职业能力进行分析，根据目标职业相关的岗位任务、工作流程所对应的技术特征，确定目标职业所对应的技术领域；对技术领域所涉及的技术内容进行梳理，采用分类分层的方法，将该技术领域的内容颗粒化、体系化，构建满足职业能力要求和职业可持续发展的技术支撑体系。

根据技术支撑体系精心遴选产品载体，该产品载体要尽可能体现技术体系的知识、技术、工艺等要素。产品载体的概念并不仅仅局限于实体硬件产品，软件、设计、服务等非实体软性产品也涵盖其中。通过对产品载体的实现过程，包括设计、生产、管理等过程和环节进行解析，对所有环节提取输出结果作为产品载体的若干个任务目标。任务目标作为产品载体实现的阶段性成果，必须有明确清晰的功能要求和性能指标。

然后对所有任务目标对应的工作过程进行分解，提取相应的技术要素，以此将技术体系中颗粒化的各种要素串联重组，构成不同的专业核心课程；根据专业核心课程修读所要求的基础理论知识，从学科体系中选择合适的基础理论课程作为基础平台课程；在专业核心课程之上的专业拓展课程，从技术体系的知识能力拓展和目标岗位的职业能力拓展两个维度分别设计技术拓展课程和岗位拓展课程；最后根据技术发展的4个阶段分别设计基础应用实践、综合应用实践、集成创新实践和跨界融合实践等4阶段集中实践课程。基于产品载体的课程架构，不再从知识体系出发以学科角度构建完备的知识体系，而是从产品实现出发以应用角度构建系统的技术体系。

基于产品载体的课程框架基于产品实现过程，任务目标明确，其教学内容的有效性和时效性与完成任务所选择的技术路径、手段密切相关。为保证课程内容能紧跟技术发展潮流、适应职业发展需要，根据课程所在技术领域引入相应的职业技能等级认证标准，在教学任务中融入企业岗位能力标准中的技术方法、流程步骤、考核标准等要素，通过产业标准和教学课程融合的方式，保证课程内容与职业能力要求的匹配。

课程内容需要与之相匹配的实践平台。建设课程实践平台要紧紧围绕产品载体，满足最终产品的功能和性能要求，可重现产品的流程步骤，能完成产品各个流程环节的任务目标，并支持相应的技术路径和技术手段的实现。最后，校企共同探索模块化协作教学模式，深入推进校企协同育人，达到职业能力要求。

总之，开发以产品为载体的职业本科教育课程，一要注意产品选择的典型性，使产品能系统地整合专业学习的主要技术知识，且在行业、企业生产中具有代表性，以保证技术知识学习的完整性；二要进行产品生产或实施过程分析，包括技术或工艺流程、工作任务描述、技术技能要求、产品技术要求等，以保证课程学习的职业工作针对性；三要根据产品过程，在考虑工作任务的联系性、能力的递增性的基础上，重构课程的知识能力体系，并据此设计相关课程或教学单元，形成课程体系或课程方案，以保证技术知识的内在逻辑性和体系化。

（三）案例分析：电子信息工程本科专业

1. 产品载体选择

产品作为专业知识体系的载体应满足以下要求：

①通过产品的设计流程、生产流程或者管理过程，能够构建相对完整的技术知识体系，保证学习的系统性。

②产品所投射的技术知识体系可以支撑本专业培养目标所面向的职业和目标岗位群。

③产品所承载的技术要素需符合行业技术发展的趋势。

电子信息工程本科专业选择的产品载体是数据传输电台（简称"数传电台"）。经过分析，数传电台的主要模块包括电源模块、控制模块、接口模块、显示模块、通信模块，所涉及的技术领域包括电路设计、嵌入式系统开发、数字通信以及计算机组成等，不但可以支撑硬件工程师、嵌入式工程师、FPGA 工程师等产品研发工程师岗位群，还可以兼顾现场应用工程师岗位群和产品销售工程师岗位群的培养需要。

2. 专业核心课程开发

按照数传电台的设计流程，可大致分为电路设计、软件设计和算法设计。算法设计根据产品的功能性能需求，设计产品中模拟和数字信号的实现方法，确保产品设计方案能实现产品的功能性能需求。电路设计负责产品的硬件实体设计，具体工作包括硬件电路需求定义、器件与芯片选型、原理图设计、PCB 设计以及硬件电路调测。软件设计在硬件实体的基础上，针对硬件芯片中的 MCU 或者 MPU 编写程序，实现产品功能。据此，电子信息工程本科专业设置 3 个模块共 11 门专业核心课程（见图 5-2）。

```
                    ┌─ 电子产品制图
              电路 ──┤ 模拟电子技术
                    │ 数字逻辑与可编辑逻辑器件
                    └─ 电子测量技术

                    ┌─ 微机原理与接口
   数传电台 ─┤ 软件 ──┤ 嵌入式操作系统
                    │ 嵌入式微控制器
                    └─ 嵌入式系统开发

                    ┌─ 信息论与编码
              算法 ──┤ 数字信号处理
                    └─ 数字通信技术
```

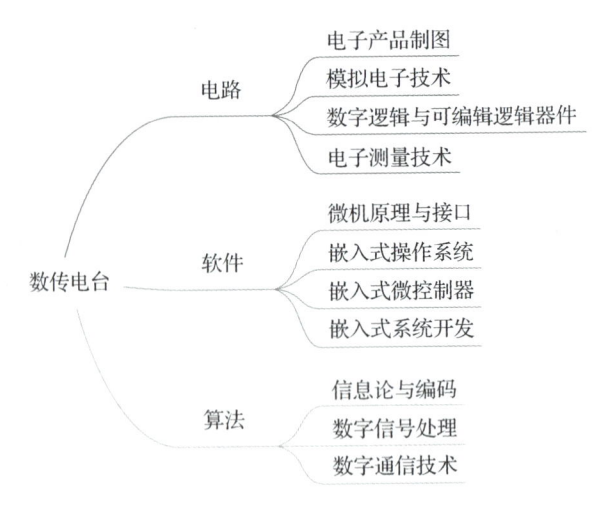

图 5-2　电子信息工程本科专业核心课程

（1）电路设计模块

电路设计过程需要设计模拟电路、数字电路以及模数混合电路。该部分首先要学习电路制图，利用 EDA 工具输出设计文档给电路板制造商，所以需要学习课程"电子产品制图"。其次，具体的模拟和数字电路设计也需要分别开设课程，模拟电路、模数混合电路需要学习课程"模拟电子技术"。目前数字逻辑电路的实现主要基于专用集成电路或者可编程逻辑器件实现，所以不再单独开设课程"数字逻辑电路"，而是开设融合数字逻辑设计理论和逻辑电路应用实现的课程"数字逻辑与可编辑逻辑器件"。在完成模拟、数字电路设计、制图制板后，硬件工程师还需要调测电路板，需要用到各种电子信号测量工具，所以开设课程"电子测量技术"。

（2）软件设计模块

数传电台的软件设计主要围绕嵌入式系统开发，依次开设课程"微机原理与接口""嵌入式操作系统""嵌入式微控制器"和"嵌入式系统开发"。"微机原理与接口"讲授计算机（嵌入式）系统的组成和接口，"嵌入式操作系统"讲授操作系统特别是嵌入式操作系统的功能、原理、框架和应用开发，"嵌入式微控制器"学习嵌入式 MCU 的编程开发。在上述 3 门课的基础上，通过"嵌入式系统开发"课程学习嵌入式系统的完整开发流程。

（3）算法设计模块

数传电台的主要功能是数据无线通信，涉及的信号处理包括信源编码与解码、信道编码与解码、信号调制与解调、信号变频与滤波、数字信号的内插与抽取、接收模块的载波同步与位同步，依次开设课程"信息论与编码""数字信号处理"和"数字通信技术"。

3. 平台基础课程设计

在学习专业核心课程之前，平台基础课程需要为学生构建基础知识支撑体系。对接专业核心课程的三大模块，本专业的平台基础课程开设了信号基础课程"信号与系统"、电路基础课程"电路理论"、软件基础课程"程序设计基础（C 语言）"和"数据结构"。此外，还开设了信息技术基础课程"大学计算机基础"和数理基础课程包，包括"高等数学""大学物理""线性代数"和"概率论与数理统计"（见图 5-3）。

```
高等数学
大学物理       数理基础         电路基础    电路理论
线性代数
概率论与数理统计                            程序设计基础(C语言)
                   平台基础课程  软件基础
                                           数据结构
大学计算机基础  计算机基础
                              算法基础    信号与系统
```

图 5-3　电子信息工程本科专业平台基础课程

4. 专业拓展课程设计

专业拓展课程是专业选修课，分为能力拓展课程组和岗位拓展课程组。能力拓展课程组还是在产品载体——数传电台的基础上，做横向的技术知识拓展，学生选择一组能力拓展课程学习后能进一步完善技术知识体系，针对数传电台的功能和性能进一步优化提升。岗位拓展课程组则是根据本专业的核心目标岗位设计，每组课程对应于一个核心目标岗位，用于有针对性地提升学生的岗位能力（见图 5-4）。

能力拓展课程开设"人工智能"和"通信技术"两个课程组，学生可以在二者之间选择一个。人工智能课程组开设的课程包括"数字图像处理""机器学习基础""数字语音信号处理"和"深度学习"，要求学生逐步掌握人工智能算法在语音和图像信号处理领域的应用，可帮助学生在数传电台常规功能的基础上扩展语音智能监听和图像传输等功能。"通信技术"课程组开设的课程包括"通信电子线路""电磁场与微波技术""锁相环技术""信息通信网络"和"移动通信"，要求学生进一步学习射频电路和通信网络相关知识，可帮助学生进一步改善优化数传电台的设计。

岗位拓展课程开设"硬件工程师""嵌入式系统工程师"和"FPGA 工程师"三个课程组，学生可根据自己的就业倾向选择一个课程组进一步学习。"硬件工程师"课程组针对硬件工程师的岗位要求开设"EMC 设计""模拟电路仿真"和"电子元件封装制作"等 3 门课。"嵌入式系统工程师"课程组针对嵌入式系统工程师的岗位要求开设"Linux 系统移植""Linux 系统驱动开发"和"DSP 应用开发"等 3 门课。FPGA 工程师课程组针对 FPGA 工程师的岗位要求开设"FPGA 接口电路设计""FPGA 与信号处理"和"FPGA 时序设计与分析"等 3 门课。

```
                                                  ┌─ 数字图像处理
                                   ┌─ 人工智能课程组 ─┼─ 机器学习基础
                                   │              ├─ 数字语音信号处理
                                   │              └─ 深度学习
                 ┌─ 技术拓展课程 ──┤
                 │                 │              ┌─ 通信电子线路
                 │                 │              ├─ 电磁场与微波技术
                 │                 └─ 通信技术课程组 ─┼─ 锁相环技术
                 │                                ├─ 信息通信网络
                 │                                └─ 移动通信
专业拓展课程 ──┤
                 │                                  ┌─ EMC设计
                 │                 ┌─ 硬件工程师课程组 ─┼─ 模拟电路仿真
                 │                 │                └─ 电子元件封装制作
                 │                 │
                 └─ 岗位拓展课程 ──┼─ 嵌入式系统工程师课程组 ─┬─ Linux系统移植
                                   │                      ├─ Linux系统驱动开发
                                   │                      └─ DSP应用开发
                                   │
                                   └─ FPGA工程师课程组 ─┬─ FPGA接口电路设计
                                                       ├─ FPGA与信号处理
                                                       └─ FPGA时序设计与分析
```

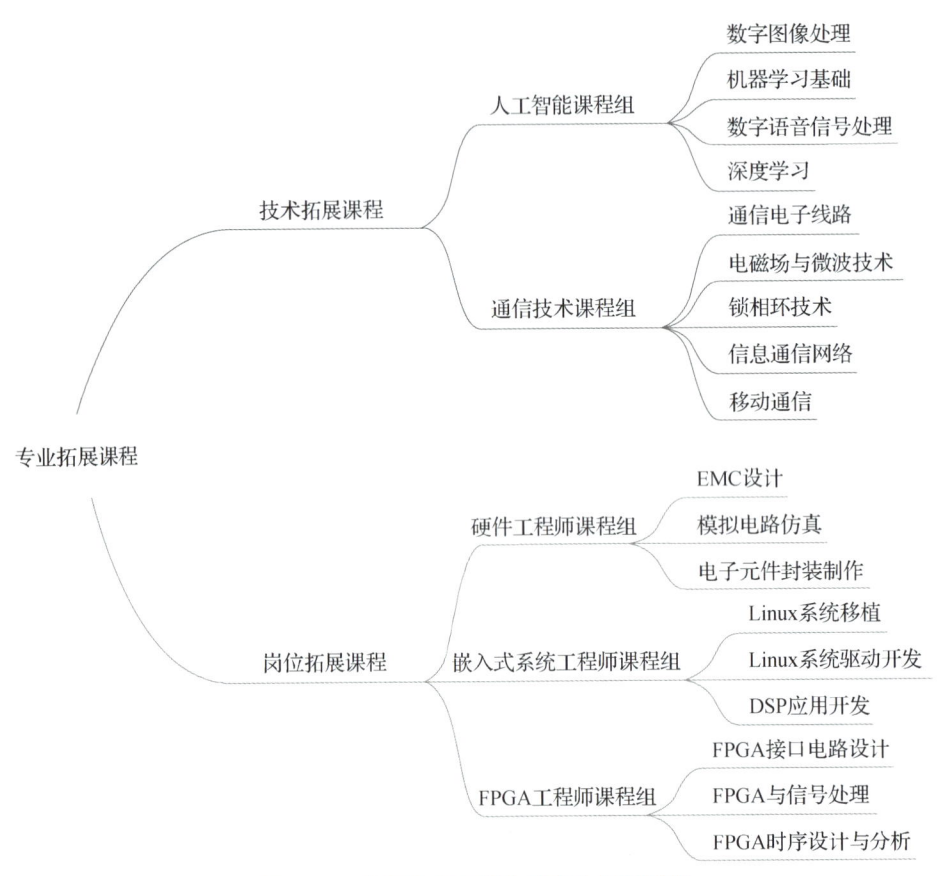

图 5-4　电子信息工程本科专业拓展课程

5. 集中实践课程

在职业本科的前3学年，每学年都设置一个用于安排集中实践课程的小学期（夏季学期，6周），依次开设初级、中级、高级集中实践课程，加上第四学年的顶岗实习（毕业设计），共计有4阶段集中实践课程，分别对应于基础应用实践阶段、综合应用实践阶段、集成创新实践阶段和跨界融合实践阶段。基础应用实践阶段开设的集中实践课程包括"工程实践基础"和"Python科学计算实践"，对应于工程基础实践和数理基础实践。综合应用实践阶段的集中实践课程包括"电源设计实训"和"信号采集器设计实训"，训练学生综合应用一、二学年所学专业知识尝试设计产品模块，为第三学年的高级实践阶段打下基础。集成创新实践阶段开设集中实践课程"数传电台综合开发项目"，要求学生完成专业课程产品载体——数传电台的设计开发，该课程是开放式项目化课程，鼓励引导学生在完成产品基本功能性能要求之外进行自主创新。跨界融合实践阶段对接学生的毕业设计，要求学生依托实习岗位职责或真实企业项目，尝试解决企业实际运转中出现的问题。

综上所述，开发产品载体的职业本科课程体系，需要精心选择能承载技术体系的代表产品，根据产品的设计、生产或管理过程确定专业核心课程，再基于核心课程学习所需要的基础理论知识确定平台基础课程，最后根据目标岗位群的知识能力要求确定专业拓展课。职业本科中的本科体现的是本科层次的宽基础技术知识体系构建，职教体现了符合目标岗位群要求的扎实技术技能功底（见图5–5）。

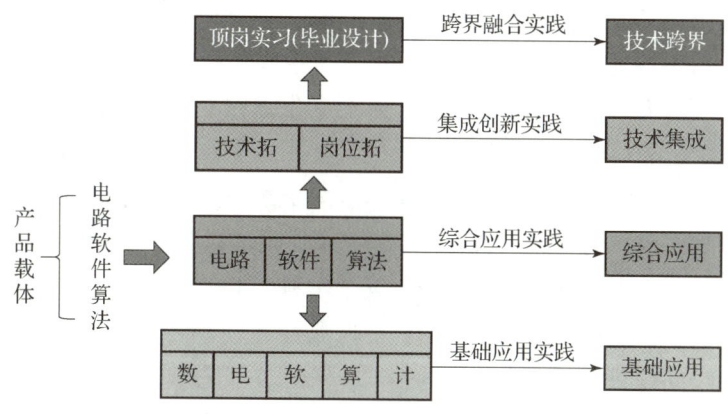

图5–5 电子信息工程本科专业的产品载体课程体系

三、

推动理实融通的教学改革

理实融通是一个具有中国本土特色的概念，是杜威"做中学"教育思想的本土化表达。在此需要强调的是，理实融通并非否定理论学习的重要性，相反，对于职业本科教育，理论学习应当达到相当的宽度和深度；而是强调"做"是"学"的前提，"学"是"做"的结果，即行动导向学习。理实融通课程还实践相对于理论的主体地位，较好地实现了教学目标的结果性和表现性的统一、教学实施的主客体和情境化的统一。

（一）职业教育课程中理论与实践关系的复杂性

职业教育课程需要解决的一个关键问题是理论与实践的关系问题。我国职业教育早期课程改革的重点是加大实践教学学时，力图改变普遍存在的重理论轻实践现象，但总体上仍然是"理论应用于实践"的思路，因而没有摆脱学科课程模式，成为"增删式"学科课程。随着能力本位教育思想和学习领域课程模式引入我国并形成研究与实践热潮，强调理实融通的项目化课程和工作过程系统化课程研究取得重大进展，但在实践中尤其是从课程体系层面看，理论课程和实践课程还属于并存的两个体系，先理论后实践、先基础后专业的问题还没有从根本上解决。对于职业本科教育，应进一步强化实践相对于理论的主体地位的理念，改变学习形态，使学习观念从知识储备观向知识建构观转变，让学生在实践中建构知识。

职业教育课程如何真正做到理实融通，首先要正确认识到理论和实践关系的复杂性。第一，理论和实践之间存在着中间环节。理论观念不能直接作用于和指导实践，只有实践观念才能直接应用于实践[1]。即某一学科或专业的元理论、元认知和基本的逻辑观点是无法解决实际问题的，需要教师或学生把它变成实践观念，比如解决母体问题的方针政策、战略战术、项目蓝图、设计要求、仿真模拟等。第二，理论和实践是复杂的多线程关系。理论和实践的关系是双向交织的一多关系，而不是一个理论主宰或对应一个实践或一切实践的关系[2]。即一个特定的具体实践问题可能需要多个学科专业的理论综合起来才能解释和证明。某个学科专业的理论可以解释和证明多个领域的具体实践问题，这就是理论自身的广泛应用性和重要性。不存在一个理论只解决一个问题或一个问题只需要一个理论的情况。第三，理论应用于实践或联系实践需要具备一定的条件。如统计学中特别强调公式的适用条件和范围，心理学中认为知识是动态建构的，提倡学习时要重视个体与环境的交互作用。语言学习就是一个很好的例证，在国内高强度学习外语效果不好，但只要在所学语言的国家生活半年，语言交流运用能力就会大幅提升，这恰好就是情境认知论和杜威所强调的实用主义教育理论所提倡的教育即生活、学校即社会、"做中学"，体现了环境和条件对于学习的重要作用。

（二）职业本科教育四个学习阶段的课程设计

理实融通即在职业教育本科人才培养中将理论与实践一体化教学。第一，突破以往理论与实践相脱节的现象，教学环节相对集中，倡导小学期、项目化、模块化课程。第二，强调充分发挥教师的主导作用和学生主体作用，教师根据具体教学情境和相关理论设定具体教学任务和具体教学目标，让师生双方边教、边学、边做，全程构建知识素质和技能培养框架，丰富课堂教学和实践教学环节，提高教学质量。第三，在整个人才培养和具体教学过程中，理论和实践交替进行，直观和抽象交错出现，没有固定的先实后理或先理后实的次序，而根据特定的教学目标和环节做到理中有实，实中有理。突出学生动手能力和专业技能的培养，充分调动和激发学生的学习兴趣。职业教育本科人才培养中理论和实践教学没有主次之分，随着四个学年教学的推进，学校人才培养实现与企业需求"零距离"接轨——将"引教入企""引企入教"理念

---

[1] 赵家祥. 理论与实践关系的复杂性思考——兼评唯实践主义倾向[J]. 北京大学学报（哲学社会科学版），2005（1）：5-11.

[2] 徐长福. 重新理解理论与实践的关系[J]. 教学与研究，2005（5）：30-41.

融入职业教育办学实践，发挥企业在职业教育人才培养中的主体作用，让企业深度参与职业教育人才培养的全过程，学生在这个过程中，职业知识、技能和素养螺旋式上升、波浪式前进。

职业本科教育的学习可分4个阶段：基础应用技术阶段、综合应用技术阶段、技术集成创新阶段、技术跨界融合阶段（见图5-6）。在每一阶段，以产品（服务）为载体设置相关专业课程，以工作任务为参照，开发知识、技能和素养相统一的课程内容。设置通识教育课程、学科基础课程、专业核心课程、专业拓展课程4类课程，并在整个学习过程中贯穿综合实践课程。实行三学期制，第一至三年的3个小学期集中安排围绕产品制作的综合实践课程，第四年安排生产实习和毕业设计，三学期制的综合实践项目贯穿学习全过程。同时，随着技术应用的综合性和集成度的提升，课程的深度、难度随之提升，使学生对技术知识的学习、职业能力的提升、职业素养塑造呈螺旋式上升，从而实现学习逻辑从知识积累向能力积累的转变，实现学习与工作的融合，实现理论与实践的整合。

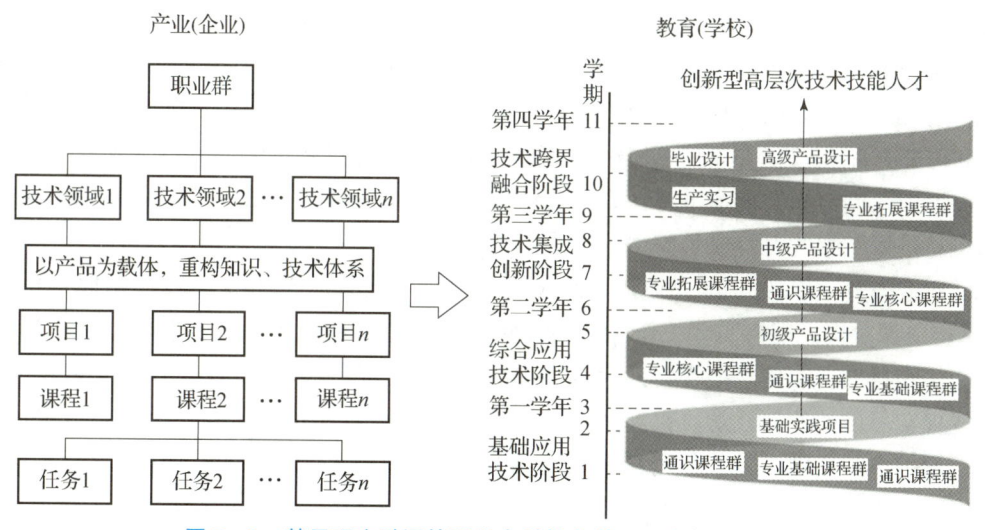

图5-6　基于理实融通的职业本科教育学习四阶段课程设计

（三）"岗课赛证"全面融通

对职业教育而言，"岗"是课程教学的标准，课程设置内容要瞄准岗位需求，对接职业标准和工作过程，吸收行业发展的新知识、新技术、新工艺、新方法；"课"是教学改革的核心，要适应生源多样化特点，完善以学习者为中心的专业和课程教学评价体系；"赛"是课程教学的高端展示，要通过建立健全国家、省、校三级师生比赛机制，提升课程教学水平；"证"是课程学习的行业检验，要通过开发、融通多类职业技能鉴定证书、资格证书和等级证书，将职业活动和个人职业生涯发展所需要的综合能力融入证书，拓展学生就业创业本领①。职业本科教育的课程开发，也应当推行"岗课赛证"全面融通。

1. 基于岗位技术标准设计课程

岗位对应着一组任务，也可以说是岗位职责，即从事这个工作的人应具备相应的知识、技能、态度等。原始时代的技术虽然都蕴含着一定的科学原理，但并不能被人认知，因此这时的技术是经验性操作技术技能，比如世代相传的制作方法和配方等，技术的传承主要通过家传和师傅带徒弟方式（学徒制）进行。随着英国第一次技术革命的来临，蒸汽机的发明和广泛运用导致社会生产工具发生了革命性转变，机器生产代替了手工劳动，技术具备了科学形态，科学日益成为技术的先导，技术与科学开始结合，技术已经形成了由技术原理、技术手段、工艺方法和技术操作等要素组成的一个复杂系统。技术进步使得技术的复杂程度提高，同时社会需要大批能熟练操作机器并且懂得生产的科学原理的技术工人，使得传统的学徒制消亡。由于机器的使用和生产的分工，把原来某一产品的完整生产过程分解为各个逻辑阶段操作，工人不再需要花费七八年时间去掌握工序，只需在短时间内习得参加局部生产的能力就可以了。大工业生产的发展和科学技术的进步产生了现代工艺学。工艺学使得劳动者有可能掌握生产过程的基本原理和基本技能，并为专门的职业教育机构进行广泛的培训提供了便利和可能。职业教育支撑技术传承与创新，技术进步反过来推动职业教育发展。从教育作为人才供给侧的视角来看，职业教育是技术的"人化"过程。受教育者通过技术知识与技术意志的习得成长为"技术人"。

职业教育效率的高低，视学习者受训环境模拟其日后的工作环境的相似程度而定②。岗课对接，即将实际工作岗位情境转换为教学环境，将岗位工作内容、工作流程、工作技能、工作规范等转换为教学内容，设计一门或多门课程，在仿真环境下，开展理实一体的课程教学。以岗定课，即按照工作岗位完成的工作任务定课程体系、定教学内容、定教学方式、定育人的规格和标准，培养学生发展成为"知岗、适岗、熟岗"的专业人才③。美国实用主义教育、建构主义与学徒制有着天然的渊源关系。例如皮亚杰等学者的建构主义理论认为，教师应该在课堂教学中使用真实的任务，建构复杂的能够激发学习者思考的教学环境。职业教育为经济社会发展培养生产、建设、服务、管理一线的技术技能人才，其人才培养目标、教育教学内容、教育教学方式均围绕工作岗位而展开，使学生掌握技能、获取知识、了解规范，完成从自然人到职业人的转变，通过从事专门的职业，在特定的社会生活环境中与其他社会成员相互关联、相互服务，从而实现人的社会化。职业教育的课程开发以典型的职业活动——

---

① 曾天山."岗课赛证融通"培养高技能人才的实践探索. 中国职业技术教育［J］. 2121（8）：9.
② 拜尔·休梅克. 职业技术教育课程设计指南［M］. 北京：劳动人事出版社，1987：56.
③ 金静梅. 高职电子商务专业"课岗对接、分阶段、螺旋递进式"实践课程体系建设研究［J］. 职教通讯，2016，4（24）：1-4.

岗位为核心，教学内容以主流技术、行业认证和相关的职业标准为主体，教学方式强调行动导向，教学环境要求职业情境的真实性。

2. 吸收大赛要点重构课程内容

全国职业院校技能大赛是专业覆盖面最广、参赛选手最多、社会影响最大、联合主办部门最全的国家级职业院校技能赛事。通过"以赛促学、以赛促教"，技能大赛对于促进职教改革、促进高职院校教学模式改革和教学质量提高都具有重要的促进作用。技能大赛的赛项程序设计、比赛内容结构与产业发展紧密相连。为适应区域经济结构转型与战略性新兴产业发展的人才需要，高职院校在参加技能大赛和分析本地区产业领域人才需求的基础上，加强专业人才培养与技能大赛技能评价的契合，提升校企合作的深度、广度与力度[1]。因此，要将竞赛的各环节融入具体课程教学内容中，并将竞赛案例转变为具体的课程资源，为专业教学提供更多的教学素材，推进技能大赛成为教学改革的融合途径[2]。高职院校在大赛的激励下建立更为完善、立体的教学链条，促进学生自主获取知识和技能，提高知识探究能力。同时还要根据竞赛要求购置新的训练设备实施，根据行业对人才的普遍需求购置相应的教学设备，同时倡导各相关行业共同参与到职业教育中来，为教育教学工作拓展更多的资源、集聚更多的力量。通过在学校专业设置、课程体系开发、师资队伍建设、实训基地建设方面适配、技能大赛的项目设置、比赛内容，来提高人才培养与技能大赛的吻合度，形成"德技并修、示范引领、赛教融合"的良性互动之路。

3. 加强证课融通对接行业标准

按照《国家职业教育改革实施方案》的要求，职业院校、应用型本科高校从2019年开始启动"学历证书+若干职业技能等级证书"制度试点，即1+X证书制度试点工作。院校内实施的职业技能等级证书分为初级、中级、高级，是职业技能水平的凭证，反映职业活动和个人职业生涯发展所需要的综合能力。有研究者在透析职业教育1+X的要素及其相互关系时发现，1+X证书制度具有沟通功能、引导功能、保障功能和发展功能，是职业教育生态的整体升级支撑制度[3]。在1+X证书制度引领下，开发职业技能等级标准，职业院校根据职业技能等级标准和专业教学标准要求，将证书培训内容有机融入专业人才培养方案，优化课程设置和教学内容，从而进一步深入推进职业院校深化产教融合、校企合作人才培养模式改革，起到提高人才培养质量的作用。所以职业技能等级证书成为高职院校和社会除学历证书之外对技术技能人

---

[1] 曹洋. 我国高职院校技能大赛的调查研究与思考 [J]. 上海教育评估研究，2018 (5)：31-36.
[2] 关金金，庄彦. 技能大赛与职业教育教学改革推进融合途径的探索 [J]. 科技视界，2021，4 (18)：133-134.
[3] 蒋代波. 职业教育1+X证书制度：时代背景、制度功能与落地策略 [J]. 职业技术教育，2019，40 (12)：13-17.

才实施多元评价的手段和标准，有效地拓宽了多元协同育人渠道。职业技能等级证书可以建立学校和企业的常态联结，使学生随时可以观看行业最新产品、学习行业最新技术、体验最新行业应用、接受行业专家的指导，将行业标准、产业需求与学校教学结合，实现课证融通。

（四）"课证共生共长"案例分析

华为作为行业全球领军企业，其认证覆盖信息通信技术（Information and Communication Technology，ICT）全技术领域，受到行业高度认同，成为企业用人标准。产业高速发展带来了巨大人才缺口，华为迫切希望为其产业链培养认证人才，学生亦期望通过考取华为认证进入华为产业链。学校怎样实现华为认证体系和专业课程体系有机融合？深职院依托重点项目"以职业为导向的通信专业教学、认证体系的研究与实践"和华为合作，研制并形成了"课证共生共长"校企合作人才培养模式（见图5-7）。

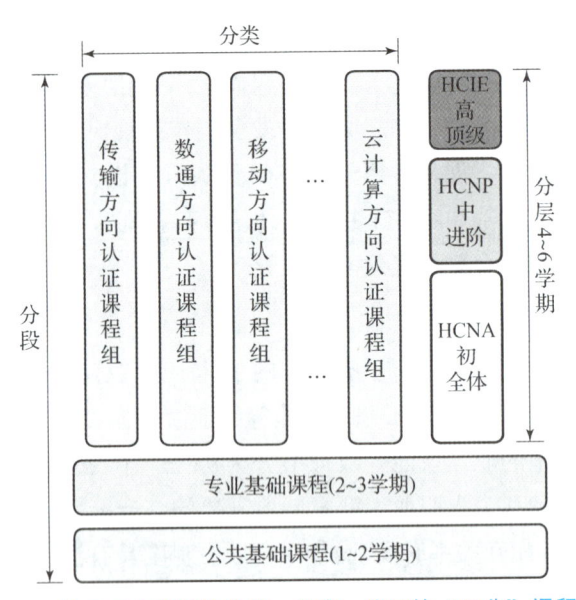

图5-7　基于理实融通的分段、分类、分层的"三分"课程体系

"课证共生共长"模式是深职院与华为协同育人、精准服务ICT产业发展需求的人才培养模式。华为认证是包括先进技术、工程案例、课程资源和企业文化的一种职业标准，它不仅表明持证者的技术应用能力，而且意味着良好的职业素养和职业精神。深职院教师与华为工程师共商共议，共建专业、共建课程、共育人才，成功将企业原本面向在岗工程师的认证融入高职人才培养方案中，构建了适合零基础在校生学习的方案——课程开发与证书标准"互嵌共生"。随着产业技术的进步，华为认证标准不断升级，课程体系亦同步更新并反哺认证体系，同时将成功经验辐射至其他高职院校，达到课程升级和证书升级的"互动共长"。该案例的创新点主要在两个方面：

一是课程开发模式创新。将高职人才培养与国际一流认证标准融合引入行业先进技术和企业优秀文化，创建以"七维"能力培养为目标的课程开发模式，是深化产教融合的具体实践。本案例有机结合ICT专业教育和华为认证工程师标准化培训，有效衔接高职教育和毕业后教育。根据华为认证标准重构课程体系，建立符合行业规范的"专业技能+职业素养"培养体系，实现人才精准培养和精准就业。对学校，实现了专业教育和企业工程师培训的结合，形成了统一规范的教育教学标准；对在校生，帮助其实现学生和企业认证工程师的"双重身份"，毕业后即可进入企业工程技术人员体系；对企业，该模式培养了"来了就能上岗"的员工，节省了大量的培训时间和成本。本案例通过产教结合优势互补，实现了学校、企业及学生的"三赢"，为双证融通贡献了解决方案。

二是课程体系创新。构建了培养ICT技术技能人才的"三分"课程体系，并建立了校企联动的课程动态优化机制。在三分课程体系中，分段体现了认知规律，分类体现了因材施教规律，分层体现了职业成长规律。为解决传统刚性人才培养模式滞后于市场需求的问题，本案例中企业根据技术和产业发展趋势，不断更新认证体系；学校据此及时调整课程类别、课程内容和培养规模，形成"刺激－反应"的动态运行机制，校企紧密合作持续优化配置教学资源，保障培养质量，使人才培养及时对接产业需求。

四、实施能力本位的课程评价

职业活动是职业教育的逻辑起点，因此，培养学生获得特定职业活动所需的职业能力是职业教育课程的核心目标，这已是国内外职业教育界的共识。然而，不同文化背景的国家、不同的视角对"职业能力"内涵的理解却有很大差异，这给职业教育实践带来了困惑甚至混乱。尤其对于职业本科教育，在明确培养目标的基础上，很有必要构建中国特色符合职业本科教育人才培养规格的能力模型，从而为课程设计提供根本遵循。

（一）"职业能力"内涵辨析

从课程开发视角，对职业能力的理解有3种具有代表性的观点：第一种观点，职业能力即职业技能。例如，曾经风靡一时但逐渐被人们淡忘的MES课程（Modules of Employable Skill，就业技能模块化课程），以及以英国为代表的用职业资格证书来表征职业能力。这种职业能力观过分关注技能且是显性化的技能，一般认为更适合职业培训或技工教育而不适合学校职业教育。第二种观点，职业能力即岗位职业能力。例如，CBE课程（Competence–Based Education，能力本位教育课程）明确提出"能力"概念，且除了强调显性能力之外，也强调能力的形成要综合知识、技能、态度等多种心理因素，因而这种能力观有较大影响。但CBE课程在依据岗位进行工作任务分析的同时，过分追求对学习目标的清晰表达（即能力等于"会做什么"），导致一些非常重要的内隐性、深层次目标不易表达出来，且过分对标岗位也不利于课程内容的系统性构建。这对于高层次的职业教育是不利的。第三种观点，从岗位职业能力走向复杂职业能力（或称综合职业能力）。例如德国的学习领域课程，从职业能力内容的角度分为专业能力、方法能力和社会能力，从职业能力性质的角度分为基本职业能力和关键能力。

专业能力是指在专业知识和技能的基础上，以目标为导向，运用合适的方法，恰当并独立完成任务、解决问题、评估结果的能力与意愿。方法能力是指制定策略并以目标为导向完成任务和解决问题的能力与意愿。社会能力是指把握和理解社会关系，察觉和理解关注压力，对自我发展的识别和思辨、价值观的发展与坚守，以及与他人之间基于理性和责任的支持和理解、担负社会责任和相互团结的能力与意愿。"关键能力"由德国社会教育学家梅腾斯首先提出，是一种从事任何职业的劳动者都应具备，能够在变化的环境中重新获得新的职业知识和技能的能力，在未来职业活动中发挥重要作用的内在品质和外在行为方式，更是应对个人生涯中不可预见的各种变化的能力。此项能力是可持续发展的关键。各国类似的概念还有"通用能力""跨专业能力""软能力"等（见表5–1）①。

表5–1 不同国家对"关键能力"的不同内涵定义

国家	内 涵
中国	1. 交流表达能力；2. 数字运算能力；3. 革新创新能力；4. 自我提高能力；5. 与人合作能力；6. 解决问题能力；7. 信息处理能力；8. 外语应用能力
英国	1. 交流的能力；2. 解决问题的能力；3. 个人的能力；4. 计算的能力；5. 运用信息技术的能力；6. 运用现代语言的能力
荷兰	1. 综合性标准；2. 认知标准；3. 性格标准；4. 社交与沟通标准；5. 社会标准；6. 策略标准
德国	1. 专业能力；2. 方法能力；3. 社会能力；4. 自我能力；5. 应用能力；6. 环保能力
美国	1. 运用资源的能力；2. 处理人际关系的能力；3. 使用信息的能力；4. 理解体系的能力；5. 运用技术的能力
澳大利亚	1. 收集、分析和整理思想或信息的能力；2. 交流思想和分享信息的能力；3. 筹划和组织活动的能力；4. 与他人或团队合作的能力；5. 解决实际问题的能力；6. 运用技术手段的能力

---

① 徐朔."关键能力"培养理念在德国的起源和发展[J]. 外国教育研究，2006（6）：67.

德国的职业能力观的独到和深刻之处值得借鉴，事实上在我国职业教育界也受到普遍肯定，"工作过程""系统化""领域""情境"等概念广泛应用于课程研究和实践中。但自 1998 年教育部文件中首次提出"职业能力"以来，我国尚未形成对职业能力的统一定义。例如，有"岗位工作能力""完成特定任务的能力""某类职业共同的基础能力""工作任务的胜任力""个体当前就业和终身发展所需的能力"等对职业能力的多种理解和解释，也有从层次上把职业能力分为职业特定能力、行业通用能力、核心能力三个层次[1]。

（二）职业本科教育的能力模型构建

根据联合国教科文组织的界定，职业教育是"让学习者获得职业或行业特定的知识、技艺和能力的教育"。这一定义指出了职业教育的两个特征：一是其学习内容的特定性，学习范畴是面向职业或行业的职业内容，而不是学科性知识；二是相比于普通教育，职业教育学习的主要目的是"获得"，而非"发展"，这一层意思的解读就是职业教育带有强烈的就业导向[2]。故而"就业技能"及"工作技能"被视为职业教育与培训的关键目标。然而，随着全球化与技术快速迭代大环境的出现，经济、劳动力市场、技术模式不断变化，行业企业、工作领域、商品和服务的本质都在发生变化，政府政策和更广泛的政治愿景同样在变化，这使得人才培养的高移成为自然趋势，当然也需要职业教育做出相应的调整来适应这一形势。联合国教科文组织《职业技术教育与培训战略（2016—2021 年）虚拟会议报告》(*UNESCO TVET Strategy 2016—2021—Report of the UNESCO - UNEVOC Virtual Conference*) 中特别指出，其他技能的发展如"品格教育、动机发展、积极的价值观"，以及"做出明智的选择所需要的良好的意识和能力"同样非常重要。

完成职业教育人才培养的高移，职业本科教育责无旁贷。职业本科教育的基因产生、发展、壮大于职业教育，因此职业本科教育的能力培养必须框定在职业教育范畴内。职业本科教育人才培养规格的能力模型中，职业道德是核心，围绕社会主义核心价值观教育落实立德树人；专业能力是基础，培养学生综合应用知识、技术、技能完成复杂工作的能力；创新能力是优势，培养学生运用技术原理进行技术创新和科技成果转化的能力；组织领导能力是特色，培养学生开展团队工作的沟通、协调和决策能力；方法能力是保障，培养学生获取新知识、学习新技术、独立思考和科学思维的能力；可持续发展能力是根本，培养学生生涯规划、探索创新、自我完善、适应社会的能力。由此构成的职业本科教育的能力模型，既是一种教育价值取向，又是一种综合能力。作为价值取向时，它强调价值观、思想情感、意志品质等综合素养的体现，指

---

[1] 赵志群. 职业能力研究的新进展 [J]. 职业技术教育，2013 (10)：9.
[2] 伍红军. 职业本科是什么？——概念辨正与内涵阐释 [J]. 职教论坛，2021 (2)：22.

向学生外在生活适应和内在学习能力提升,是学生应对未来复杂社会和生活的必备素养;作为综合能力时,它强调跨学科知识、跨领域技能的整合与迁移,以及多种能力的贯通与融合,强调从不同角度、不同层次和不同领域对问题进行分析、解读和处理。

(三) 职业本科教育课程的能力培养内涵

从人才培养适应性而言,职业教育的人才培养要适应产业发展趋势,职业本科教育的人才培养更应匹配产业发展结构;从协同办学态势而言,职业教育强调实施校企合作,主要方式为专业与区域企业点对点密切合作,而职业本科教育更要从校企合作层面拓展到产教融合层面,服务对象由区域经济到行业产业的普适性提升,实现与产业的面到面深度融合;从教学模式改革趋势而言,职业教育要深入加强工学结合,职业本科教育更要从工学结合上升到知行合一,即职业本科教育不仅是停留在技术技能实践操作层面,更强调培养学习者善于在实践中思考,在技术技能运用中发现实际问题、解决实际问题及优化现有方案的创造性层面。

首先,在职业本科教育课程的能力设计中,要体现专业能力培养的"高端性"。不应单单着眼于地方企业的实际需求,而应放大格局,选取在行业企业生产中具有代表性、能进行产业特色研究、对接产业高端领域,能整合和集中产业发展的高端性技术知识的产品包作为载体,以保证职业本科教育培养的高等性特点。

其次,应体现方法能力、创新能力培养的"前瞻性"。职业本科教育的定位带有面向未来的特点。职业本科课程的产品载体选择要融合未来科技,强调高新科技含量,强调创新思维,强调新技术应用和应用技术研发等综合能力。

再次,应体现组织领导能力培养的"团队性"。职业本科教育的能力培养强调培养每根"手指头",即因材施教,个性发展,但同时也培育更有竞争力的一个个"拳头"。产品导向和项目化课程开发,都是基于课程小组的模式开展的,这使得职业教育具有天然的"团队性"。职业本科教育课程能力培养应更注重在课程进展中孵化出更多的项目小组和创业团队,使不同知识结构、不同能力层次、不同素质特点的学习者能够在团队协作中不断磨合而达到成熟稳定,在学习过程中完成自下而上的从"新手散沙"到"专业团队"的技术知识习得路径,从而在就业或创业的竞争中凭借"拳头"的力量脱颖而出。

最后,职业本科教育课程的能力设计更需要重视评价指标体系的"整合性"。在工业经济转向知识经济以及工作性质、劳动力市场发生重大变革的背景下,对技术技能人才的能力需求趋于综合化,技术技能人才能力的培养与需求之间关系的具体表征趋向复杂化,各项能力的匹配差距在不同就业环境中存在一定的分化和结构性差异。职业本科教育的课程能力评估体系应遵从质量评估与资格认证相整合的评估模式。整合后的能力评估系统应由3个层面的因素构成:一是由国家指导出台相对较统一的教育评价标准与框架以及实施资格认定的具体规定；二是由职业本科院校实施内部质量评估，如课堂评价、课程考试、实训报告及鉴定等；三是基于教育输出型评价原则，由行业企业实施资格认定制度，针对行业企业的发展趋势、类型定位和岗位特点，对职业本科教育的课程目标和预期学习效果以能力标准的形式加以规范，综合评价课程体系中包含的知识、技能、素质，实现教育标准与就业标准的有机融合与统一。

此外需要特别注意的是，职业本科教育应更加关注高等教育的一些应有之义，如"理解""思辨""批判""智慧"之类教育核心价值的培养。高等教育应有的这种本真价值属性不应在关注经济社会发展及人力资本价值目的取向之下遭遇"制度化遗忘"。故而在职业本科教育中，通识教育课程与专业教育课程不是对立关系，而应趋向融合。在应对外界所需求的各种技能或素养之外，职业本科教育还应保留对学习者"自我认识""自我反思""自我超越"等作为完整的人的成长的观照。

第六章

职业本科教育实践性教学

发展职业本科教育，是落实国家深化教育领域综合改革的重要战略部署，更是实现职业教育高质量发展的关键一环和撬动国家高质量发展的重要支点①。2019年以来，32所职业技术大学的建立使职业本科教育试点工作由政策文本转向了办学实践。在职业本科院校的内涵式发展进程中，实践性教学扮演着不可或缺的重要角色。实践性教学以实践知识与默会知识为知识架构。实践知识是理论知识的拓展与应用，具有情境性、依附性和链接性，难以直接量化与编码。区别于理论知识关注的概念（"是什么"）与原理（"为什么"），实践知识聚焦于经验（"怎么做"）与策略（"怎么做更好"），而经验与策略难以脱离个体和情境而孤立存在，需依附于工作情境与生产现场。默会知识又称内隐知识，相较于言述知识存在逻辑层面的在先性，厚植于个体行为与实践活动之中，具有涉身性和保密性，只能在生产实践过程中被察觉、被意会，难以大规模积累与传播。因此，职业本科教育实践性教学需要在真实的工作场景中进行，同时也需要教师具备双师素养。教育部关于印发《本科层次职业学校设置标准（试行）》的通知也明确指出，实践性教学课时需占总课时的50%以上。

职业本科教育实践性教学作为职业本科教育教学活动的重要组成部分，是对理论教学的二次深化与实践检验，主要通过实验、实训和实习3种形式，聚焦生产技术的集成与生产工艺的改进，遵循专业性技术技能人才的成长规律，以技术应用为核心，培养能够创造性解决复杂问题与非良构问题的技术师和技术员。时下，职业本科教育试点工作的重心已逐渐从学校外部的框架搭建转移至学校内部的人才培养，而作为彰显职业本科教育类型特征的关键指标，实践性教学的开展就显得越发重要。需要注意的是，在彰显类型教育特征的同时，实践性教学更应坚守职业本科教育的层次性特征，坚持高层次、高起点、高标准，为我国经济社会转型提供强有力的专业性技术技能人才支撑。

---

① 朱德全，杨磊. 职业本科教育服务高质量发展的新格局与新使命[J]. 中国电化教育，2022（1）：50–58.

一、强化实践性教学分量

职业本科教育以特殊交往说为认识论基础，以当代知识观为教学理念，以促进学生全面发展为教学目标，以实践性和互动性为教学方法，具备情境性、创新性、非线性和开放性等实践特征，其理论教学与实践性教学的关系表现为交互性同构，通过实验、实训和实习3种形式来培养能够创造性解决复杂问题与非良构问题的技术师和技术员。

（一）职业本科教育实践性教学的内涵

职业本科教育实践性教学是与理论教学相对应的一种教学模式，主要由实验、实训和实习组成，共同提升学生的综合素养。与职业专科教育和应用型本科相比，"技术适应性"是其重要特征。学生在"获取—反思—内化—实践"中不断掌握、迁移和内化岗位（群）所需的技术与知识。本研究主要从认识论基础、教学理念、教学目标和教学方法4个层面来解读职业本科教育实践性教学的内涵。

1. 以特殊交往说为认识论基础

长期以来，课程论与教学论领域对于"什么是教学"争论不已，在众多流派中，"特殊认识论"对于课堂教学的影响巨大。该理论将教学过程的本质视为一种"认识"，将"训练场"视为课堂教学的理想模式。在这种教学理念下，教学活动被简化为师对生单向的知识传授活动，师生之间是塑造与被塑造的关系，教学过程是封闭、定型的系统。实践性教学通过反思"特殊认识论"的既有不足，结合教学实践的需求，指出教学的本质是促进个体自由生长和不断完善的"特殊交往论"。"交往"一词诠释了实践性教学的本质和特征。其一，在马克思主义的实践观视域下，交往是认识与实践的有机统一，这使交往得以发展为教学。其二，交往体现了教学主体之间的相互交流、沟通和理解。其三，实践性教学最终是为了实现人的自由与全面发展，这一结果通过充满实践精神和整体取向的教学交往得以实现。教学的过程是师生双方共同展示、交流、碰撞，教学相长的过程。在这一过程中，实践是激发、触动、实现师生发展需求的载体。学生只有在开放、互动的交往实践中，才能正确地认识、发展和实现自我，达到身心自由完整的发展。

2. 以当代知识观为教学理念

实践性教学的教学内容和组织方式的变革深受当代知识观的影响。当代知识观认为，知识是人们对客观世界的一种解释，并不代表问题的最终答案，它必将伴随着人们对于事物的深入理解而动态变化，不断出现新的解释。知识并不能绝对精准概括世界法则，面对具体问题需要对原有知识进行加工再造。知识的生成和运用离不开个体的经验建构，不同的学习者对于知识的理解未必相同。知识包含言述知识和默会知识，默会知识在工作场所中普遍存在。与传统知识观相比，当代知识观存在如下突破：其一，知识与个体经验建构密不可分，不能只关注社会化和共识化的知识，还要关注学习者个人的经验知识。其二，知识不具有绝对性和永恒性，要关注知识的与时俱进。其三，默会知识的存在要求教学工作者关注学生个体的实际情况和工作情境。实践性教学秉持当代知识观，实现了对传统"客观主义"知识观的修正和超越，主张学生通过在实践中学习来构建自身异质化的知能结构，进而帮助学生实现个性化发展。

3. 以促进学生全面发展为教学目标

实践性教学作为一种教学模式，"实践"是规约"实践性教学"发展的核心要素，实践观的演进外在表现为不同的教学形式，内在表现为不同的教学价值取向。交往实践观的提出为人们认识社会本质提供新视角的同时，也为教学论的发展提供启发。尤其是哈贝马斯"交往理性"的提出，克服了"目的行为"论下的认识——工具理性的主体单一性和认知单向性的不足，同时也为主体的发展提出了新要求。在交往实践观下，实践性教学追求"技术有用"或者"实践有效"的同时，还关注多主体世界中的道德实践能力以及观照自我实现的自身审美表现能力。因此，交往实践观下的实践性教学有如下三大目标：其一，促进学生获得与客观世界交往的能力，包括习得描述客观自然的事实、概念、公式、命题、定理等公共知识，以及使用相关知识达成目标的操作技能、方法、手段，还有敬畏自然的态度。其二，促进学生获得与社会世界中多主体交往的能力，具体包括对主体行为规范的认知、理解和行动自觉，从而实现交往行为的道德合理化。通过实践情境，帮助学生确立正确的交往态度，包括对于交往对象在知识、能力、人格上差异的理解，以及在交往中学会接纳和尊重、团结协作、及时化解冲突矛盾等。其三，促进学生获得与自我主观世界交往的能力。通过实践性教学，引导学生在与他人、他物交往的过程中，及时反省自我，正确地认识自我既有优势与不足、与他人存在的差异等，从而基于自身的优势与潜能最大化地实现自我价值。总之，实践性教学将学生置于客观自然世界、社会世界和主观自我世界的三重世界中，引导学生学会与他人、他物和自我进行对话交流，从而促进其实现知识、技能、情感态度价值观等多重维度的发展，进而实现个体自由且全面的发展。

4. 以实践性和互动性为教学方法

教学具有交往性，这是"交往实践观"赋予实践性教学的特征，且在师生互动关系中集中体现。然而在现实教学中，还存在教师"一言堂"，学生被动接受教师知识讲解的现象。原本的师生双向互动变为单向授受，教师被奉为"真理的化身"，学生被物化为"知识的填充容器"，学生通过机械背诵和做题的方式来习得知识，忽略了实践能力和情感的发展。相比之下，实践性教学采取多向、互动、探究的方式实施教学，关注教学中师生、生生的互动，旨在促进学生个性和能力的全面发展。交往是实践性教学存在的形式，也是达到实践性教学目标的手段。教学交往特点的揭示为实践性教学工作的开展提出如下新要求：其一，师生通过对话、协商、合作的方式开展教学，以此构建民主、平等的交往关系。其二，教师应当创设积极的教学情境，引导学生积极参与交往互动，凸显学生的主体地位。其三，在教学过程中，既要提升学生的实践操作能力，也要注意提升学生的思维水平。

（二）职业本科教育实践性教学的特征

职业本科教育"实践性教学"的提出旨在突破传统的教学过程中只关注基础理论知识传授而忽略实践操作技能和创新精神培养的困境，其本质特征在于"实践性"。"实践"既是一种教学方法，也是一种教学理念。前者突出在实践中进行教学，后者强调在教学中彰显实践精神。具体而言，"实践性"又表现为情境性、创新性、非线性和开放性。

1. 实践性教学的情境性

职业本科教育实践性教学工作的开展需要学生主动参与实践，并积极进行自我建构，因此，课堂教学要以创设问题情境、激发学生参与为前提。职业教育的教学行动应以情境性原则为主[1]，教育学意义上的情境不只是辅助教学的景和物，它还是激发学生情感和维持学生意志的意和境，更是促进学生反思的契机，对于学生知识、技能、意志、情感、态度、价值观的获得与形成具有重要意义。实践性教学除了关注学生技术技能的习得，还关注他们的意志和情感的发展，因此情境于实践而言不只是某个固定的场所与空间，它还涉及关系与情景。情境的创设需要满足以下要求：首先，它是一种"意义"情境。教学中创设的情境应尽可能还原现实生活或工作场景的复杂性，为学习者展示多元观念的信息源，以及知识、技能在真实工作或生活场景下的运用方式。其次，它是一种"问题"情境。教学中模拟解决的问题要与现实中待解决的真实问题相类似或一致，学生在解决问题的过程中能充分掌握和运用知识，提升综合实践技能。最后，它还是一种"合作"情境。由于"合作"在问题解决场域中必不可少，因此创设的情境应尽可能地体现"合作"元素。具体表现在，需要多主体共同参与实践，为多主体搭建平等协商的平台，提供合作资源等。总之，情境的创设不仅是教学工作开展的前提，也是达成高效教学目标的必要手段。

---

[1] 姜大源. 职业教育专业教学论初探 [J]. 教育研究，2004（5）：49-53.

2. 实践性教学的创新性

在知识经济、信息技术飞速发展和高等教育普及化的时代背景下，职业本科院校面临着学习范式和创新创业范式的内在冲击，实践性教学的发展备受重视。综观当前我国职业教育的教学实践，存在创新性范围小、尚未形成良性的创新文化、生态环境和制度机制缺失等系列问题。教师主导、灌输式教学方式仍然占据主导地位，这对职业本科教育教学质量的提升造成巨大阻碍，同时也为实践性教学的发展留出了巨大的改革空间。因此，职业本科教育实践性教学需要凸显创新性，它应区别于传统教学范式，以专业性技术技能人才的培养为目标，以创新精神和能力为内容载体，改革传统课程教学模式，推崇以学生为中心的多样化教学理念和模式，致力于解决企业生产实践中存在的复杂性和异质性问题，促进学生高阶思维与问题解决能力的发展，引导学生成为课堂教学的探究者和实践者，重构彰显学生主体性和能动性的新型师生互动关系。

3. 实践性教学的非线性

以"交往"的视角来审视职业本科教育实践性教学，多元、开放、自由的教学追求决定了它应以"非线性教学"取代"线性教学"。所谓"线性教学"，是指在"认识论"思维主导下的一种课堂教学运行态势。在教学过程中注重严格的控制，机械化、模式化是线性教学的基本表征，它虽然严谨、规范、易操作和易评定，但是"技术"价值取向鲜明，湮没了"人"在教学中的主体性，限定了学生多样化的发展可能。相比较之下，"非线性教学"将教学过程视作复杂多元的动态系统。在教学目标的设定上，强调开放多元和过程性，不预设单一或终极目标；在教学方式上，注重师生和生生的双向互动；在教学进程上，强调有计划地循序渐进，依据学生的学习情况灵活改变教学进程，而非由起点至终点的直线延展。非线性教学兼顾了教学实践的多维性和复杂性，是实践性教学的必然追求。因此，应当舍弃"认识论"下对教学过程的线性理解，关注师生的参与和体验，而非短期教学目标的达成与否；关注课堂教学情境的动态变化，而非教学预设的严谨与否。

4. 实践性教学的开放性

职业本科教育实践性教学的价值取向决定了教学过程应当充满开放性，以促进学生的个性发展和综合能力提升。所谓"开放性"，不是强调物理教学空间层面的开放，而是打破狭隘固定的教学程式，是对教学认识的一种解蔽。具体而言，教学目标层面，不局限于预设教学目标的完成度，更关注课堂教学生成和学生在学习过程中的个性化表现和个体意义的获得。教学内容层面，打破客观性公共知识的主导地位，关注学生个体知识和默会知识的习得。在教学过程中强调"做中学"，在实践中重新建构知识，习得技能，完善个性发展。教学方法层面，摒弃"单纯理论教学""教师单向输出"的方式，采用更具互动性的方法，包括研讨、交流、合作探究等打破沉寂的教学氛围。更为开放的视野和动态的思维是开展实践性教学的基础保障，开放的教学目标和教学内容是实践性教学的基本内容,而开放的教学方法是实践性教学的重要手段。

(三) 职业本科教育理论教学与实践性教学的关系

若要厘清理论教学与实践教学两者的交互关系,就需要回到最初"理论与实践"的辩证关系上来。一方面,实践是理论的来源与基础,对理论的发展具有决定性作用;另一方面,理论是实践的先导与指南,并随着实践的发展而不断更新。

同时,智能化、信息化的飞速发展导致了规则性体能劳动被非规则性智能劳动所替代,决定了技术技能人才的能力结构必须向深度和广度延伸。职业本科院校要坚持理论教学与实践教学"两条腿走路",在人才培养过程中以掌握技术理论原理、技术规范为主,兼顾技术项目的工作原理、技术方案、工艺流程、操作规则等,大力培养德智体美劳全面发展,适应区域高端产业和产业高端需求,理论知识与实践能力并重、技术能力与工程能力复合,具有审辨式思维能力、解决复杂实际问题能力和创新能力的专业性技术技能人才。故此,理论教学与实践性教学之间的信息交换是对等和映射的,其有效运行源于内部各要素的协调整合,表征为两者的交互性同构。

1. 理论教学与实践性教学交互性同构首先表现为"互动"

职业本科教育教学体系的形成是经济社会和教育教学相互适应的发展结果。在这个发展历程中,职业本科教育理论教学与实践教学的关系集中表现为交互性同构,呈现出意义、权重和规则三对关系。意义关系即培养经济社会发展所需要的专业性技术技能人才,这是理论教学与实践教学的共同目标与价值旨归;权重关系即要科学分配理论教学与实践教学在整个教学过程中的时间配比和资源配比,发挥二者的最大优势;规则关系即需要依据一定的原则条例捋顺理论教学与实践教学的辩证关系,促进二者更好地配合与支持。这3个关系决定了理论教学与实践教学并不是相互割裂的,而是一种互相促进,联合发展的"互动"关系。

2. 理论教学与实践性教学交互性同构还表现为"互补"

理论教学与实践性教学的"互补"关系是由于它们有共同指向、功能部分交叉的性质决定的。理论教学与实践性教学都服务于专业性技术技能人才培养的目标,在达成目标的过程中,两类教学各自发挥功能,且功能的发挥是通过交叉互补的方式实现的。一方面,专业理论知识的习得与获取来源于学生在实践操作过程中的训练与思考,理论教学效用的发挥需要实践教学的有效补充;另一方面,实践教学效用的发挥需要历经"获取—反思—内化—实践"的漫长过程,在这个过程中迫需理论的正确指导,通过对事物"再认识"的方式加快学生独特知能结构的构建。

3. 理论教学与实践性教学交互性同构也表现为"互融"

理论教学与实践教学之间的"互动"与"互补",要求二者需要实现更深层面的"互融"。整体而言,无论是理论教学还是实践教学皆具备自身的内容要素、演化层级和发展进度等基本属性，当某一基本属性产生变化时，理论教学与实践教学也都需要进行一致性转变。如职业本科教育理论教学内容的修订与更新需要企业的实践内容也随之完善和发展，企业生产实践的改变与升级也需要理论教学不断进行理论创新进而与之适切，反之亦然。否则，理论教学缺乏实践性教学的验证和补充，理论知识容易成为脱离实际的"教条"，实践性教学亦是如此。

（四）职业本科教育实践性教学的构成及其相关关系

从专业性技术技能人才的培养过程来看，实践性教学是职业本科教育的基础和核心，在学生4年的学习生涯中，职业本科院校通过深化产教融合、校企合作的模式为学生创造真实的实践情境并提供实际的生产环境，同时通过实验、实训和实习3种形式来培养能够创造性解决复杂问题与非良构问题的技术师和技术员。在实践性教学过程开展过程中，实验、实训、实习不是孤立存在的，而是一个有机的统一体，共同发挥着培养专业性技术技能人才的效用，如图6-1所示。

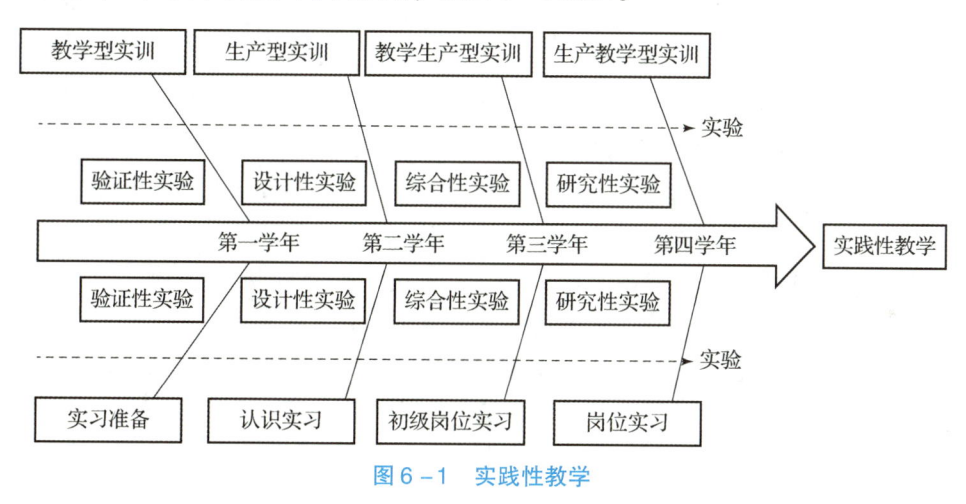

图6-1 实践性教学

学生在职业本科院校的4年学习时间中，实践性教学的体现各有不同。针对学生在高职阶段已有学习基础，职业本科教育实践性教学第一学年开展的是验证性实验，是以定性与定量相结合的方法对某一现象与结果分析的一种实验，培养学生使用理论知识分析实践问题的能力。在此基础上展开教学型实训，关注学生实践操作技能的训练与培训，基本不具备生产性质，主要表现为校内自主建设实训基地，由职业本科院校全权掌控。同时，学生也需要为下一学年的认识实习工作做好充足准备。

职业本科教育实践性教学第二学年开展的是设计性实验，学生需要依据实验目的与要求确定实验方案、安排实验步骤以及选择实验方法，这一过程旨在训练学生系统思维与独立解决问题的能力。在此基础上展开生产型实训，生产型实训的开展过程没有传统意义上显性的教学过程，其实训成果集中体现于产品质量和服务质量，能够在实际生产过程中培养学生的操作技能和创新思维。此后，学生需进行第一轮实习，即认识实习，旨在帮助学生通过了解未来工作生产或服务的过程，获得感性认识，进而为接下来的学习打下基础。认识实习一般在职业本科院校的统一管理下进行，是职业本科教育实践性教学中不可或缺的重要一环，能够提升理论知识与工作实践的契合度。

职业本科教育实践性教学第三学年开展的是综合性实验，与设计性实验相比，综合性实验蕴含跨领域知识、综合性要素且复杂度高，但有助于培养学生综合实践能力。在此基础上展开教学生产型实训，"以教学性为主，生产性为辅"，主要用于提高学生专业理论素养和实践操作技能，旨在同时满足学校的教学实践需求和企业的生产服务需要，在一定程度上规避了教学型实训与企业实践脱节的问题。此后，学生需要进行第二轮实习，即初级岗位实习，学生通过初级岗位实习可以提前熟知企业环境、了解实习规章制度、辅助完成一系列未来实践工作，促使理论知识与专业实践的有机融合，练就基本的岗位技能，为岗位实习打下坚实基础。

职业本科教育实践性教学第四学年开展的是研究性实验，研究性实验涉及问题意识、明确问题、分析问题、探究问题与解决问题一系列流程，这一过程培养的是学生的专研性、探究性态度与习惯，提升学生的创新能力从而能够解决生产实践中的复杂问题。在此基础上展开生产教学型实训，"以生产性为主，教学性为辅"，生产教学型实训的开展严格遵守企业生产实践需要，以盈利为根本宗旨，其价值理念、开展模式、评价标准都与教学生产型存在诸多不同。此后，学生需要进行最后一轮实习，即岗位实习，学生需要直接参与企业实际生产过程，综合应用所学的知识与技能独立承担或完成一定的任务，参与企业管理实践，并逐步形成正确的职业道德。

就学生职业生涯发展而言，实践性教学是为了培养个体职业能力，提升个体生命质量的教学模式。实验是基础，主要影响学生初次就业的岗位适应性；实训是重点，主要影响学生就业后短期内既定岗位的发展后劲和潜力；实习是引领，主要影响学生就业后长期技术迁移能力和长远发展的高度。

（五）职业本科教育实践性教学的现实问题

实践性教学作为保障职业本科教育发展的重要手段，其自身发展仍面临职业本科院校师资队伍质量欠佳、实习实训基地条件亟须提升、企业参与职业本科院校实践性教学动力不足、职业本科院校实践教学评价体系有待完善等现实问题。

1. 职业本科院校师资队伍质量欠佳

结构合理、数量充足、素质优良的师资队伍是全面提升办学内涵和人才培养质量的核心要素[1]。由于职业本科教育在人才培养目标层面的高要求，与专科层次职业教

---

[1] 张莉. 本科层次职业教育试点院校师资队伍建设的困境及优化路径 [J]. 中国职业技术教育，2020 (32)：43-48.

育相比，其对教师的综合素养会有更加严苛的标准。因此，如何通过进一步提升教师的质量来推动职业本科教育行稳致远是我国需要重点解决的一个关键议题。就当前职业本科院校教师队伍而言，主要存在以下两个问题：一是教师实践性教学能力缺乏。教师的实践性教学能力不仅体现在实习实训中所展现的实践指导能力，也包括在基本理论的传授过程中结合企业实际生产流程，综合运用多种教学方法启发学生思维的讲授能力。但就目前职业本科教育师资队伍而言，新进教师多数依然是从学校到学校，往往缺乏企业生产实践经验，对工艺规程、生产过程、企业运营等方面缺乏系统认知，致使技术应用能力与技术创新能力羸弱，与此同时传统老教师也面临知能结构陈旧、信息获取能力下降等实然困顿，阻滞了职业本科教育实践性教学效果的进一步提升。二是兼职教师队伍稳定性较低。兼职教师在职业本科院校专业性技术技能人才的培养过程中扮演着不可或缺的重要角色。职业本科院校的兼职教师多由企业龙头或龙头企业的骨干技术人员和技能大师来担任，他们不仅具有丰富的实践经验和管理经验，更熟知行业的最新发展动态和未来发展趋势，是真正意义上的"双师型"教师。但目前，职业本科院校教师队伍中企业兼职人员不仅数量较少，而且由于兼职教师待遇水平较低、引进机制不健全、管理模式混乱，造成兼职教师流失严重，不仅破坏了整个教师队伍的稳定性，更制约着实践性教学活动的有效开展。

2. 职业本科院校实习实训基地条件亟须提升

实习实训基地是职业本科院校培育专业性技术技能人才的重要场所，也是学生运用专业知识解决生产实践问题、建构自身专业化知能结构、优化生产工艺的核心平台。但目前，无论是公办职业本科院校抑或是民办职业本科院校，其实习实训基地建设无不受到场地、经费、人员等要素的制约，现有实习实训基地还难以适切专业性技术技能人才成才的现实需求。其一，实习实训基地数量与质量堪忧。由于我国职业本科院校构成较为复杂，既有"转型""转设"而来，也有"合作""升格"而成，不同院校办学实力参差错落，很多院校都存在实验、实训、实习基地稀少，设备不足等问题。除此之外，很多院校实习实训基地设备还存在革新速率缓慢、设备陈旧、坏损率高等桎梏，这些设备落后于行业企业的生产实践进程，且设备多以演示、验证功能为主，较少具备设计、研究功能，致使学生所学的前沿理论知识难以在实践过程中实现新的意义建构。其二，实习实训基地管理缺位。高效的管理制度能够促进实习实训基地更好地发挥效用。但是目前多数职业本科院校实习实训基地的管理机制、运行模式仍不完善，仍沿用传统的管理方式，同时一些院校由于实习实训基地设备较为昂贵，便减少学生的操作和使用频次，导致设备利用率低，也削弱了设备应然功能的发挥。同时，多数职业本科院校都会设置专门的基地管理人员，但是由于一些基地管理人员专业水平有限，对于很多现代化、智能化设备的维护、保养、管理方式都较为陌生，这在一定程度上也制约了基地功能的发挥。其三，实习实训基地资金投入不足。实习实训基地作为专业性技术技能人才培养的实践场所，具有高投入性。然而目前全国各职业本科院校得到的资金投入都较低。从职业本科院校经费来源来看，实习实训基地建设的经费主要依靠财政投入，企业资金投入较低，多渠道筹集资金能力孱弱。同时，就地域分布而言，中西部地区职业本科院校与东部地区职业本科院校相比，财政预算经费普遍偏低，职业本科教育经费投入的制度保障体系仍有待健全。

3. 企业参与职业本科院校实践性教学动力不足

企业是职业本科教育所培养的专业性技术技能人才的最终归宿，企业的全方位参与是职业本科院校实践性教学得以开展的现实基础，也是培育专业性技术技能人才综合职业能力的重要条件。然而在办学实践中，企业参与职业本科教育实践性教学的动力始终不足。一方面，企业在肩负社会责任方面意识不足。目前，职业本科教育办学实践尚处于起步阶段，相关制度标准还未建立，现行法律法规、政策条文中也没有强制规定企业参与实践性教学的责任，加之多数企业仍未认识到实践性教学的重要地位，致使其参与意识薄弱，主动性缺失。究其缘由，实践性教学活动多由职业本科院校单方发起，企业往往处于被动的配合地位，由于对实践性教学缺乏深入的了解与认识，在参与过程中难以发挥自身的积极性。同时，当职业本科院校提出联合开展实践性教学时，企业即使不相信实践性教学能为自身带来效益，但出于对企业声誉以及自身利益的多方考虑，依然会选择加入，但是在人才培养上并不会积极主动，而是处于观望位置，较少开展实质性合作。另一方面，企业在职业本科教育实践性教学中主体地位尚未充分彰显。整体而言，各职业本科院校基本已充分认识到实践性教育的重要地位，但是由于职业本科教育仍然处于起步阶段，尚未形成对于实践性教学的系统规划，也未形成高效的运行范式，致使企业在职业本科教育人才培养目标制定、教材开发、专业设置、师资培训、教学改革等方面暂未拥有充足的话语权，主体地位受到遮蔽，利益诉求难以表达，参与实践性教学的意愿受到严重损害。

4. 职业本科院校实践教学评价体系有待完善

科学完善的评价体系是实践性教学工作有效开展的指挥棒，也是助力职业本科教育行稳致远的重要手段，具有鉴定和改进效用。但就实际状况而言，多数职业本科院校仍未建立科学的实践性教学评价体系。虽然有部分职业本科院校出台了相应的评价办法，但在贯彻落实层面却未与之俱进，加之一些教师与学生的不重视，造成实践性教学的质量急剧下降。同时，由于缺乏规范的标准评价体系，职业本科院校实践性教学的开展状况难以得到量化、可视化反映，也难以为后续的持续改进提供适切思路。一方面，校企利益诉求冲突，校企合作仍不深入。职业本科院校与企业联合开展实践性教学主要是为了提升学生专业技能水平，契合产业变化需求与市场用人需求，具有育人的公益性；而企业参与职业本科院校实践性教学目的是为了获取更大的经济效益，但同时又担心由于学生的实践而耽误企业的正常生产和运营活动，接纳学生进行实习实训多是为了树立更加正面的企业社会形象，较少进行专业性的业务指导，具有突出的逐利性。另一方面，院校与企业的双主体管理模式存在评价盲区。职业本科院校对实践性教学的管理基本采用学校定期抽检和实践指导教师轮流带班的方式，但由于实践地点的分散性和教师精力的有限性，实践指导教师无法时刻关照学生的实践状况，也难以发现学生实践过程中存在的问题。同时，加之实习企业的不重视，过程性评价与综合性评价难以实施，学校单方构建的评价体系也难以全面反应学生的实践效果，最终导致实践性教学质量难以提升。

二、注重实验教学组织

职业本科教育实验教学的组织与实施的关键在于明确实验教学的功能定位、厘清实验教学的主要类型，通过确定问题引领式的实验理念、普及多元化实验方法、开发高阶性实验内容，有效推进实验教学的开展，并通过革新实验室建设理念、提升实验室产学研一体化水平、重视实验室师资队伍建设、建立校企合作的长效机制助力实验室建设。

（一）功能定位

实验教学强调理论与实践的结合，利用实验过程验证实验猜想，通过独立观察与小组协作，验证既有理论与方法，同时发现实验中的新问题与新矛盾，通过不断的反思内化，逐步完成技术积累。实验教学作为实践教学的一种重要形式，与其他实践教学相比，更需要优质的物理环境做支撑。在实验过程中，学生实现了"做中学、学中悟"，而实验具有的系统性与逻辑性不仅有助于学生设计思维、系统与动手实践能力的发展，重要的是能帮助学生形成实践与默会知识。所谓实践知识，它是在对理论知识应用过程中所产生的一种新知识，因而体现出情境性与依附性，难以直接量化与编码，与理论知识探究"是什么"与"为什么"的问题逻辑相比，实践知识是基于经验逻辑，探究"怎么做"与"怎么做更好"的问题。但"怎么做"的问题经常以具体问题为核心提供针对性策略，因而实践知识难以脱离具体情境孤立存在。所谓默会知识，也称内隐知识，它厚植于个体行为与实践活动中，体现出涉身性和保密性，只有在实践过程中才能被察觉或意会，不具有大规模积累与传播的途径。

（二）主要类型

从不同维度来看，实验类型多种多样。按实验目的和时间可分为学习理论知识前获取感性认识的实验、学习理论知识后验证性实验及巩固知识的实验，甚至培养实验技能和提高实验能力的实验;按实验方法可分成定性实验、定量实验、模型实验等。职业教育中,实验是作为提升学生职业能力的工具,学校应建立系统化实验教学体系循序渐进培养学生独立操作能力和设计思维。为此,职业本科教育实验教学类型应具备如下几种:

1. 验证性实验

验证性实验是以定性与定量相结合的方法对某一现象与结果分析的一种实验,有助于培养学生使用理论知识分析实践问题的能力。验证性实验关注生产工作中经常出现的例行单项问题解决,主要是在工作中验证已有的知识与经验。

2. 设计性实验

设计性实验是依据实验目的与要求确定实验方案、安排实验步骤以及选择实验方法的一种系统性实践,这一过程旨在训练学生系统思维与独立解决问题的能力。设计性实验关注生产服务中例行线性问题的解决,需要按照既有实验流程科学规划问题的解决步骤。

3. 综合性实验

与设计性实验相比,综合性实验蕴含更多综合性要素,且复杂度高,但有助于培养学生综合实践能力。综合性实验关注生产服务中非线性复杂问题的解决,需要注重与工作实践有关的跨领域、跨专业、跨行业知识与技能的长期积累。

4. 研究性实验

研究性实验涉及问题意识、明确问题、分析问题、探究问题与解决问题一系列流程,这一过程培养的是学生的专研性、探究性态度与习惯,提升创新能力从而解决生产实践中复杂问题的一种实践教学模式。研究性实验关注生产实践中的异质性问题,需要打破传统思维禁锢,不断创新实验流程与实验方案。

(三)实验的开展

实验是一个不断迭代的过程,"研究过程"是实验的重点。实验存在一种逆向研究过程,它从理论结论出发,实验过程由实验研究与结果测试组成。职业本科教育实验教学的开展主要包括确定问题引领式的实验理念、普及多元化实验方法、开发高阶性实验内容、搭建实验网络平台和建立实验考核体系。

1. 确定问题引领式的实验理念

问题引领式实验理念旨在激发学生问题意识,在实验课开始之前为学生提供问题研究的学习空间。如由实验教材提供相关理论知识作为实验开展的基础,并就实验中诸如电路原理、测试方法、操作步骤、现象研判、故障排查等各种实验理论、方法和情境等问题设计成一套内容完整的预习思考题,作为学生开展实验研究的起点。实教材中的每一个实验项目，都涵盖了基于实验条件可开展研究的各部分思考题，形成由量到质的升华。实验项目具有以下三个功能：一是发现问题与增强问题意识；二是有助于学生对实验原理、方法和步骤的掌握；三是基于问题导向，让学生运用理论进行分析判断、做出处理预案，使实验在问题引领下，预先在头脑中进行虚拟演练，充分做好实验准备，做到"未雨绸缪"。这样学生在做实验时，对每一步结果如何具有预判，减少实验失败的风险，并能提供解决问题的方案。整个实验都在理论引领实践下有序进行，体现了运用理论知识分析和解决实际问题的教学理念。

2. 普及多元化实验方法

职业本科教育的实验要注重培养学生的动手能力，以及综合运用所学知识解决复杂问题能力和严谨的科学态度。可采用以下一些方法：

（1）客观实验法

实验的基本要求是要客观准确记录实验现象，而不囿于已有理论、观点，根据实验事实分析得出结论。这种方法旨在培养学生观察、记录、分析各种实验现象的能力。例如牛顿环实验，牛顿虽然发现牛顿环，并做精确定量测定，可以说已经走到光的波动说边缘，但由于过分偏爱他的微粒说，始终无法正确解释这个现象，错失发现光的波动性的机会。直到19世纪初，英国科学家托马斯·杨才用光的波动说圆满解释牛顿环实验。这是一个由于主观偏见导致错失科学发现的典型案例。

（2）问题实验法

实验中适当设置影响实验完成的错漏，赋予学生在实验过程中去发现问题、解决问题的小插曲，培养学生独立思考问题的能力。例如，通过设置电路开关等电器故障等，让学生学会检查电路的基本方法。再通过改变实验条件，放大实验中影响误差的各种因素，让学生更深刻地理解影响实验误差的各因素，学会如何使实验更接近理想状态。

（3）比较实验法

针对相同的实验目的采用不同的实验方法来完成并比较优劣，以此开阔学生视野，打破单一固化思维模式，培养学生大胆创新，拓展问题解决路径。条条大路通罗马，解决问题的方法不止一个。例如，测量重力加速度的实验，可通过单摆法、自由落体法、气垫导轨法等不同实验来测量，然后比较其结果、测量方法之优劣。

（4）现实案例实验法

对具备理论和实验基础的学生来说，可以安排模拟现实发生的案例进行实验，紧跟时代前沿科技发展，将理论与实际结合。例如，企业生产实践方面，通过模拟现实中发生的生产问题来实验，分析问题原因以及可能的解决办法。

（5）观察细节实验法

从细微差异发现问题、获得全新结果是培养学生敏锐洞察力的重要途径。从科学发展史来看，因忽略细节而错失科学发现，因重视细节而获得新的科学发现的例子比比皆是。例如1896年，贝克勒尔发现前几天和铀盐试验装置一起随便放到暗室的抽屉内的用黑纸包着的底片曝光了。对此现象，贝克勒尔没有太在意。但是，居里夫人听说这事以后便对这一现象产生浓厚兴趣，经过系列努力发现了钋元素和镭元素，并获得诺贝尔奖。

（6）趣味实验法

好奇心是人类的天性之一。对于没接触过的东西，我们会保持一份好奇心，想去探究一番。良好的实验条件、新奇的实验内容、巧妙的授课方式等都会激发学生的学习兴趣，从而使学生积极主动地投入实验。

3. 开发高阶性实验内容

（1）实验分级

实验项目的设置应遵循学生的认知规律和技能积累规律，循序渐进，由浅入深。按照实验要求与难易程度大体分为难、中、易三级，但每一级类型多样，可供不同专业、不同兴趣学生灵活自主选择。根据内容性质还可将实验分为：基础性实验、综合性实验、设计性实验、研究性实验等，不同级别的项目标志着不同实验技能和操作水平的培养，越往上设计性、综合性和研究性因素将会越多。

（2）增加设计性和综合性实验

为使实验教学不再是课堂教学内容的机械验证与无效重复，需要增加设计性和综合性实验，以培养和发展学生的思维创新能力和知识应用能力。

（3）传统实验项目的内容重新设计

变革创新传统实验内容使之更注重学生能力的培养。例如，电磁学中的伏安法测电阻实验，可以改造成设计性实验，提出测电阻这一实验目的，让学生自己去设计方案来测量电阻，充分发挥他们所学，培养他们运用所学来解决实际问题的综合能力。

（4）研究性实验

开设研究性实验，培养学生的应用性科研能力。对于职业本科院校，更应该注重偏向应用性的研究实验。例如，由教师提供一些企业在生产过程中出现的具体问题，或者学生自己去观察发现问题。然后，让学生提出研究方案加以解决。

（5）开放实验

允许学生基于自身实际需求来实验室进行实验、学习。开放实验可以分为专门开放实验室和普通开放实验室。专门开放实验室是学校特别设立且允许学生不受时间限制来做实验，实验应具有广度和深度，旨在拓宽和加深学生的实验知识、能力。普通开放实验室主要承担教学任务，在正常教学时间承担开放实验任务，用于学生巩固所学内容。

4. 搭建实验网络平台

（1）网上选课

智能化时代背景下，新技术为教育教学提供强有力支撑。通过开发网上选课系统，一方面有利于学生灵活安排实验时间，另一方面也能够充分利用实验资源，以实现良好教学效果。课程安排以实验室为基本单元。通常每个实验项目由一个实验教师独自负责教授，便于在同一个实验项目中保持统一教学要求和风格，也有利于教师对自己所负责的实验更深入地了解和研究，从而提高教学效果。实验项目可由教师灵活设计，以便让学生体验不同实验教学风格和理念，开阔眼界和思想。由于打破班级系别界限，教师也可以更广泛地接触到不同专业特点的学生，有利于与学生交流、了解、互动。

（2）网上预习

网上预习是实验教学的延伸，通过打破空间、时间限制向学生提供广阔的平台并享受学习乐趣，培养他们自主独立的学习能力。与理论课程相比，实验课的网上预习不仅要有实验目的、仪器、原理、步骤等文字图片内容，还要有相应的实验演示视频，加强学生对实验内容的深入认识。通过仿真系统让学生熟悉实验的每个步骤和细节，并对学生的预习情况做出评判，促使学生知其不足而改进。值得注意的是，仿真系统的模拟并不能完全等同于现实，不能过分依赖，而且仿真实验过程是人为事先设定的，过于刻板生硬，也不利于学生创造力的培养。

5. 建立实验考核体系

实验考核体系是实现实践教学目的的有力支撑。职业本科教育实验教学理念的落实与目标的实现皆离不开一套良好的考核评价体系。实验成绩可由平时成绩与考试成绩两个部分构成，所占比重视情况而定。

（1）平时成绩

可以分为：其一，课堂纪律成绩，保证课堂教学秩序，以便教学顺利进行。其二，预习成绩，对学生预习情况进行打分，确保学生对将要开展的实验具有基本了解，加深对实验内容的理解。其三，实验报告成绩，这是对学生实验能力的基本评定。对于普通实验，设计实验报告可分为目的确定、原理解释、数据分析和现象记录、数据处理、实验结论等几部分。但应加大实验报告中数据处理、实验结论部分在实验报告中的成绩比重，引导学生注重实验数据的处理和结论分析。针对不同等级实验，对实验报告要求应当有所不同。

（2）考试成绩

考试内容可以分为理论和操作两部分。理论方面考查学生数据处理和分析方面能力，操作方面侧重考查学生独立实验的实践能力。

（四）实验室建设

职业本科教育应建设应用型实验室，需要从革新实验室建设理念、提升实验室产学研一体化水平、重视实验室师资队伍建设和建立校企合作的长效机制四个层面全面展开。

1. 革新实验室建设理念

实验室的建设是一项长期的、系统化的工程。对于职业本科院校来说，自诞生之日起，都在竭尽全力使自己成为真正意义上的职业大学。然而，职业本科院校是我国高等教育大众化进程中生成的新生事物，其资源条件较为薄弱，发展现状依然严峻，前进过程仍然充满着未知和变数。因此，在职业本科院校实验室的建设和管理过程中，更要加强定位规划、及时更新理念、务必加强统筹规划、厘清建设思路。

首先要注重技术含量。职业本科院校致力于培养能够适切经济发展和技术革新的专业性技术技能人才，进而对接产业高端与高端产业，故此实验室的建设必须与时代发展需求相契合，在实验室建设过程中要不断提升其技术含量，积极引入新技术、新工艺、新设备和新材料，保障实验室的技术水平，使学生在实验过程中能够亲身接触到自身领域最先进的技术工艺和发展前沿，进而为今后的工作实践打下坚实基础。其次是要彰显普遍性。现阶段，职业本科教育尚处于发展的起步阶段，各职业本科院校基本都面临着经费投入不足、办学场地受限的局面。故此，职业本科教育实验室的建设要综合利用现有各类资源，增强实验室使用的普遍性与通用性，能够满足相近专业进行实验操作的客观需求，同时在学校进行专业设置与课程改革的同时也要思考实验室的建设问题，使得既有实验室能够发挥最大功用。最后是要拓展投资渠道。一方面，要积极吸引社会资金投入。职业本科教育实验室的质量水平很大程度上取决于资金的投入水平，而大量社会资金的投入能够为实验室带来更加优质的实验资源，并为实验室注入新的办学活力。同时，也能够为学校降低设备购买、运行维护等方面的压力，使学校能够更加专注于学生的培养工作。另一方面，要提升接续投资的力度。不管是采取何种投资模式，投资的连续性是职业本科院校实验室建设长期处于良性运转样态的基本保障，接续投资也是推动实验室建设、提升实验室管理水平的重要措施。

2. 提升实验室产学研一体化水平

职业教育的一个重要特征是服务于区域经济产业发展，因此职业本科院校大部分都具有区域性特点。各职业本科院校要加强与各类主体的深度合作，筑牢自身在整个区域创新体系中的重要战略地位。目前，无论是行业企业还是劳动力市场都对职业本科院校的人才质量提出了更为严苛的要求，对各职业本科院校而言，专业性技术技能人才的培养即是自身发展的最根本任务，同时也是一项巨大的挑战。而实验室作为专业性技术技能人才培育的重要介质，决不能囿于基础的验证性实验开展，要积极探索构建产学研用深度融合的实验教学体系，适度增加设计性实验、综合性实验和研究性实验占比，提升实验室产学研一体化水平，加大专业化实验室建设，特别是特色专业实验室建设，全面提升实验室运行效益。需要注意的是，实验设备既要能支持一般性基础实验的开展，还要能满足应用性科研的需求。如电力传动实验室，除了进行电机基本参数测试和一般性调速实验以外，也需要能够胜任新型电机本体特性参数高精度的测试需要。

3. 重视实验室师资队伍建设

师资队伍是实验室建设和管理的重要力量，也是推进实验改革的生力军，师资队伍素质、稳定性也直接关系到实验室建设、管理和实验教学质量。职业本科院校管理人员首先要解放思想，充分肯定实验人员在人才培养、科技创新和提高院校整体实力中的重要作用，大力推进实验室队伍的建设，努力构建高质量实验师资队伍体系。结合各院校实际情况，加强实验室教师队伍建设[1]：一是分批次将原有实验人员送出去"充电"，鼓励实验人员去东部、知名兄弟院校考察学习、短期进修、甚至攻读更高学位，尽其所能为原有实验人员提供有利的学习机会和条件；二是多渠道、多层次地引进高素质实验人员，将先进技术、良好职业素养、创新管理理念引入实验室，促进实验师资队伍的专业化发展；三是对实验室工作的重要性给予充分肯定，切实落实好实验人员工作考核机制和激励政策，待遇福利上要与其他教师一视同仁；四是建立实验教师职称评定标准，降低对于论文或者课题经费的硬性要求，侧重于对敬业精神、工作年限等方面进行考察。

4. 建立校企合作的长效机制

就实验室功能定位而言，其应成为专业性技术技能人才培养和企业亟须应用技术研究的重要场所。但大部分院校实验室与企业互动明显不足，大部分建设经费源于国家或院校自身，未有效利用社会资源服务于人才培养和教学科研，使研究成果不能及时投入市场创造经济效益，此外，由于各种因素限制，企业技术人员也很难真正参与到学校的实践性教学过程中。

故此，鼓励实验室面向行业企业进行开放与共享是职业本科院校提升自身社会服务能力的基本方式。同时，实验室的开放与共享也有利于校企合作双方更加深入地了解对方的现实诉求，进而将实验室真正建设成为新兴技术成果应用与转化的实践场域，助力校企合作破困局、开新局，打通校企人才双向流通渠道，全面提升职业本科院校人才培养质量和"立地式"科研水平。校企合作长效机制的建立需要校企双方的倾力支持，其中相互信赖是合作的基础条件，而校企双赢是合作的最终旨趣。既要满足学校培养人才需要，如企业向院校注入资金，企业专家参与院校的教学科研工作等，也要充分考虑行业需求，全面提升行业企业参与专业性技术技能人才培养的积极性，如搭建基于校企深度合作的人才培养平台，引导学生在就业方面要充分考虑行业企业需求；着力推动科研成果的产业化，让企业收获经济效益等。同时，还需要丰富

---

[1] 葛涛，付双成，刘文明. 创新创业教育背景下高校实验室建设管理研究 [J]. 实验技术与管理，2021 (4)：275-278.

职业本科院校与企业的互动形式，建立互惠互利、权责明晰的合作模式。例如进行科研合作，开展学术交流、人员定期培训、建立校外实习基地、校企专家交互流动等形式，跨越组织边界展开全方位合作。

案例6-1

河北石油职业技术大学实验室建设

学校建有河北省仪器仪表产业技术研究院、河北省仪器仪表工程技术研究中心、流体测控仪表河北省工程实验室、河北省高校工业数据通信与自动化仪表应用技术研发中心等省级科技平台。

学校加强实验实训室建设，夯实了技能型人才培养基地。2020年电气与电子系投入经费812万元建成人工智能实训室、嵌入式系统实训室、电工电子实验室、现代电气控制实训室、现代继电保护实验室和PLC实训室，可开设课程标准规定的所有实验和实训项目，同时满足职业技能大赛和企业员工培训等需求，进一步夯实了技能型人才培养的基础条件。2020年与热河克罗尼仪表有限公司、承德博冠实业集团共建的流体测控仪表河北省工程实验室完成验收，并被授予"河北省工程实验室"称号。学校积极发挥仪器仪表类平台的作用，服务地区仪器仪表行业产业，相继进行了一体式温压补偿二线制金属管浮子流量计、电解铝厂天车无人值守控制系统初步研究，智能型移动测温机器人的研发，某液压驱动机械装置电子控制器技术研发等一系列产品技术开发，为众多仪器仪表企业提供技术支持。依托学校建设的河北省仪器仪表产业技术研究院是河北省科技创新券服务提供机构，借力河北省科技创新券政策，免费为承德中威电子有限公司等企业提供设备共享服务，降低了企业生产成本，采用"双薪双聘"模式，引进人才，积极服务本地企业。

三、突出实训教学实施

职业本科教育实训教学组织与实施的关键在于明确实训教学的功能定位、厘清实训教学的主要类型，通过项目引入、项目实施和项目总结依次推进实训项目的开展，并通过资源开发、产教融合和项目开发等方式全面推进实训基地建设。

（一）功能定位

实训教学是指在真实环境中开展以项目为主的综合性训练，通过项目参与重构知能结构，关注学生自身对技术知识的内化与反思。其中，项目内容始终要源于企业真实生产实践，突出培养学生实际工作环境下独立发现问题、分析问题和解决问题的思维与方法，着重解决产品生产过程中复杂的生产组织、生产实施、质量控制等问题，以此提升学生专业理论知识深度和应用水平以应对日益复杂的问题情境。因此，职业本科教育的实训更注重学生理论知识学习、复杂问题解决能力以及创新思维的培养。

（二）主要类型

职业本科教育实践性教学的实训应具有教学和生产等多重功能。从功能角度来看，实训因其"教学型"和"生产型"的配合方式与所占权重不同而形成不同类别的实训方式。

1. 教学型实训

教学型实训主要是指"凸显教学性，隐藏生产性"的一种实训模式，关注学生实践操作技能的训练与培训，基本不具备生产性质，主要表现为校内自主建设实训基地，由职业本科院校全权掌控。

2. 生产型实训

生产型实训是"凸显生产性，隐藏教学性"的一种实训模式。生产型实训的开展过程没有传统意义上的显性教学过程，其实训成果集中体现于产品质量和服务质量，能够在实际生产过程中培养学生的操作技能和创新思维，为未来工作积累初级技术技能。

3. 教学生产型实训

教学生产型实训是"以教学型为主，生产型为辅"的一种综合实训模式，以此提高学生专业理论素养和实践操作技能，旨在同时满足学校的教学实践需求和企业的生产服务需要，在一定程度上规避了教学型实训与企业实践脱节的问题。

4. 生产教学型实训

生产教学型实训是"以生产型为主，教学型为辅"的另一种综合实训模式。生产教学型实训的开展严格遵守企业生产实践需要，以盈利为根本宗旨，其价值理念、开展模式、评价标准都与教学生产型实训存在诸多不同，旨在培养学生未来工作实践中所需要的专业性技术技能。

（三）实训的开展

学生、教师、教学环境等因素是实训有效开展的重要保障。首先，学生应该具有一定独立学习能力，同时也要具备团队工作意愿和基本经验。因为在实训过程中不仅学生个人的学习动机和学习方式会影响实训效果，学生的团队协作能力和团队的构造也会影响实训的开展。其次，实训指导教师也需要具有深厚的理论基础和专业的教学能力，例如教学项目设计能力和项目学习组织能力。教师应转变教学理念，善于把握自身角色并平衡对学生学习的干预力度。项目学习中由于知识结构的复杂性，对教师的教学能力与项目管理水平提出了更高要求。最后，综合实训需要在设施设备条件完备、师生比合理的情况下才能发挥更大的人才培养效能。传统的班级制教室难以开展以项目为主的综合实训，这里为学生提供的物理空间总是按照"以教师为中心"的逻辑建立的，学生的行动受到很大限制。学习行为会受空间设计影响，而开放式教学环境有利于非正式学习发生。因此，综合实训教学场所应基于工作任务要求建立真实工作环境。学生通过使用专业化工具，与其他同伴合作与沟通工作任务，实现学有所用并获得工作经验。总体而言，实训的开展分为3个阶段，分别是项目引入阶段、项目实施阶段和项目总结阶段。

1. 项目引入

项目引入是职业本科教育实训教学开展的第一步，由实训项目介绍、实训知识储备和实训任务界定三个阶段来依次进行。在实训项目介绍阶段，教师需要告知学生实训项目要实现的最终目标，并挑选优秀项目案例，全面讲解该项目的质量标准和技术要求；学生需要充分理解实训项目的基本内容和操作规范，并依据教师所传递的信息明确自身的学习目标。在实训知识储备阶段，教师需要向学生讲述完成该项目所需的知识基础和整体操作流程；学生需要全面学习有助于推进该项目的基础知识与整体操作流程。在实训任务界定阶段，教师要全方位向学生展示即将进行的实训任务，包括任务内容、操作规范、常见错误、目标要求等，并鼓励学生独立思考、创造性地分析问题和解决问题，归纳学生的共性问题并进行教学反思，确保学生在实训任务的引入过程中较好地进入工作状态；学生要深入实训情境，全面理解教师讲解的任务要求与操作程序，积极思考，尝试创造性地完成实训任务要求，同时总结现存的疑惑与问题，以便及时向教师请教，提升技能水平。

2. 项目实施

在实训项目的实施阶段，教师要整体展示完成实训任务的基本流程，并重点讲解其中的核心环节与重点步骤，并向学生传授一定的技巧与方法，逐个指导学生完成实训任务，在必要时向学生提供一定的帮助，及时发现学生在完成项目过程中所存在的错误，为接下来的教学改进奠定基础。需要指出的是，在实训任务结束之后，教师要依据对不同学生任务完成过程的观察与分析判别学生综合职业能力的现实样态，同时对学生的实训任务成果进行一定的展示与讲解，激发学生的学习积极性，并着重对学生合作精神、创新精神、服务精神等职业素养进行专门化的锻炼与培养。学生要遵守基本的实训要求，理解完成实训任务的方法步骤和质量标准，创造性地运用既有的实训设施和实训工具，以质量为目标导向，认真完成教师所规定的实训任务，形成一定的实训成果并发展自身的关键职业能力。在此基础上，学生还要结合实训任务完成的操作过程，进一步理解和反思有关该任务的基本原理和概念，有意识地发展自身的合作精神、创新精神、服务精神等职业素养，实现德技并修。

3. 项目总结

项目总结是职业本科教育实训教学开展的最后一步，由实训项目评价和实训项目小结协同构成。在实训项目评价阶段，教师要通过小组合作作品展示和个人作品展示全面呈现学生的项目作品并进行专业评价，同时鼓励学生对他人的作品进行评价，进而发现他人作品中存在的缺点和不足，进一步促进学生对项目的理解与反思；学生要依据教学实践需求与个人发展诉求帮助教师完成作品展示工作，并借助评价其他小组和个人作品的机会提高自身对实训项目的认识与理解。在实训项目小结阶段，教师要致力于启发学生基于实训项目成果自我建构自身个性化的知能结构；学生要总结与归纳在该实训项目中的经验与教训，为下一次的项目开展做好充足准备。

案例 6-2

南京工业职业技术大学"三步走"教学法，提升实训课程教学质量

南京工业职业技术大学计算机与软件学院云计算教学部重视实训课堂教学创新，采用了"科学分组、项目实施、答辩考核"三步走策略，不断提升实训课程的教学质量，取得了积极成效。

首先，深入调研学情，科学划分小组。在每一门实训课程开课前一周，教学部都要邀请担任过班级专业课教学的教师召开例行会议，开会分析班级学生情况，为实训课主讲教师提供学生详细情况。主讲教师根据专业课老师提供的材料和自己的调研情况，将全班同学根据专业成绩和动手能力分成 ABCD 4 个档位，然后将不同档位的学生分配到各个实训小组，保证了不同小组的学生总体水平相当，避免了传统按学号分组或者随机分组造成的小组之间实力差别过大的问题，有利于实训课程的开展。其次，贴近生产实际，推进实施项目。为了让实训课程更加贴近生产实际，云计算教学部在实训课程中引入了仿真企业环境，把整个实训课程作为一个大的生产项目来实施，把每节实训课堂安排成一个个子项目来进行，让参与实训课程的同学都明确项目实施在生产中的目的、作用，每个实训小组的组长相当于"项目经理"的角色，组长不但要做好专业技术训练，还要担负起团队管理、团队分工和项目交付的工作。通过这个贴近企业生产实际的实训课程，极大地锻炼了学生的实践能力。最后，严格实训要求，突出答辩考核。相比于传统实训课程的考核，云计算教学部借鉴了"毕业答辩"的方式对实训课程进行考核。除对每个分组组长进行重点考核外，还针对项目中的具体分工，对小组成员进行整体考核和分工专项考核。通过采用答辩考核的办法，让实训小组的所有成员，每个人都有项目任务，每个人都有考核要点，每个人都需要在团体中发挥积极作用，让实训小组不养"懒人"和"闲人"，改变了传统实训课程分组中"有人干，有人看"的现象。

（四）实训基地建设

职业本科教育的实训基地应在传统技能训练的基础上，进一步聚焦综合问题解决能力以及技术转化和创新能力的培养，同时职业本科院校实训基地建设是一项复杂的系统工程，需要政府、企业、职业本科院校等多元主体的共同参与，主要涵盖资源开发、产教融合和项目开发等方面。

1. 资源开发，多元主体共建开放型实训基地

有效的资源开发是开放型实训基地建设的重要内容。开放型实训基地主要包括以产品实验实训基地和技术创新中心为导向的实训基地。职业本科教育院校的实训基地应在传统技能训练的基础上，重点服务综合问题解决能力，以及技术转化和创新能力的培养。可考虑建立以产品实验为目的的实验实训基地，以及以技术创新为目的的工程技术创新中心。其中，产品实验实训基地为学生将技术、方案、材料转化为现实的产品和服务提供场地支持。通过产品实验，职业本科教育的学生能围绕企业的产品或服务形成扎实的技术转化、样品扩大、资源整合等实际生产能力，从而在进入企业后能直接参与企业的生产经营活动。工程技术创新中心则为学生尝试不同类型的技术手段、设计方案等提供智力和资源支持，通过对技术手段、问题思考和解决路径等的创新，培养学生实践创新能力。就实训基地的发展效能来看，职业本科院校要提高对开放型实训基地的管理效率，与多元主体共同协商，完善对实训基地建设的规划、运行、监督、激励、评估、创新等流程的管控，发挥多元主体联合建设的聚合效应，推进实训基地不断发展完善，但与此同时，也应制定相应的制度章程，为多元主体参与

实训基地建设利益的获取提供保障，为实训基地健康发展赋能。

2. 产教融合，寻求多元主体协同的"大数现象"

产教融合是我国职业教育的本质特征，也是职业本科教育行稳致远的关键所在。产教融合的价值旨归是推进职业本科教育人才培养规格与市场人才需求类型相适切，进而实现各类资源的配置优化与多方利益的协同共生。就权责统一的维度来看，为保障产教融合的顺利推进，有必要依据权责一致的原则，系统建立一套权力分配恰当，责任划分清晰的体制机制，帮助不同参与主体依据自身的利益诉求和权责内容与其他参与主体实现高效沟通，互相促进，相互扶持，有效落实自身权责。政府要主动承担规划者角色，全力推进产教融合建设进程；职业本科院校要积极担负起主导者角色，科学制定院校发展战略；企业要承担参与者角色，主动融入产教融合发展进程。就利益博弈的维度来看，产教融合的开展实际上是政府、企业、职业本科院校等利益主体为了实现自身利益而不断寻求利益共同点，最终求同存异，实现多元主体协同的"大数现象"。在这个博弈过程中，职业本科院校和参与企业是两个最为关键的利益主体，虽然存在教育公益性与企业逐利性的现实悖论，但是二者在专业性技术技能人才的培养与需求层面的目标是高度一致的，只有让各方"有利可图"，校企合作才能真正展开[①]。基于此，政府要打好"财政+金融+税收+土地"的组合拳，探索政府购买公共服务的体制机制，积极搭建校企产教融合平台，消解产教融合进程中政策法律方面的阻碍。

3. 项目开发，优化产教融合实训项目的建设过程

产教融合实训项目的优劣是评价职业本科院校实训基地建设效果的重要内容和客观依据。就实训项目的设计理念来看，项目的设计要以职业教育工作过程系统化的范式为基本设计理念，通过对未来工作世界中某类岗位群所需要的综合职业能力进行系统分析，将之转化为实训内容，同时以项目制的设计逻辑序化实训内容，科学培养学生的职业技能。就实训项目的技术适应来看，需以学生学习诉求为根本依据，激发学生学习内驱力，主动契合智能时代的发展趋势，将前沿的 VR/AR/MR 等虚拟仿真技术引入实训基地建设的进程中，利用先进的教学设备和技术手段打造适合学生综合素质提升的虚拟仿真实训教学基地，推进新一代信息技术与实训项目深度融合，创新实训项目的设计模式与编排方式，虚拟复现企业的真实工作情境与生产过程。就实训项目的建设过程来看，无论是行业企业还是职业本科院校都要充分彰显职业本科教育的特色和功能，积极将新理念、新业态、新模式、新技术嵌入实训项目的开发与建设进程中，提升实训内容与工作内容的一致性与连贯性，挣脱"重硬件设备建设"的传统思维束缚，全面提升职业本科院校产教融合实训项目的

---

① 薛虎，王汉江. 职业教育产教融合实训基地建设研究 [J]. 教育与职业，2021 (18)：35-38.

建设水准。

案例6-3

兰州资源环境职业技术大学测绘与地理信息学院的实训开展

兰州资源环境职业技术大学测绘与地理信息学院依据职业面向的主要岗位和不同岗位能力需求，按照企业实际生产项目工作流程，采用重构课程实训内容、企业工程师加入实训指导、规范步骤和严格考核等多种途径，落实做细专业核心课程实训，有效解决了学生操作习惯不佳、自主学习能力不强、职业认同感低等突出问题。主要通过以下3个方面来实现。一是工程技术人员加入实训指导团队。为了保障实训与企业生产同向同行，学院邀请企业工程技术人员到校内全程跟踪指导学生的实训过程，组建融合型、学习型实训指导团队，创新实训教学模式，将校内实训、企业先进技术、实际生产项目引入课程实训，严格按照地理信息数据处理的"七个关键步骤"设计分组任务和轮岗安排，为高质量、高标准培养学生职业特质提供了师资保障。二是职业规范标准渗透实训环节。在实训项目实施过程中，将《基础地理信息数字产品生产技术规程》《地图符号库建立基本规定》《测绘技术设计规定》等相关行业标准分解到各实训项目中，依据技能培养标准设计实训环节，合理化安排实践教学与项目生产，形成"教、学、做一体化"实训模式，大幅提高学生对测绘地理信息数据生产实训的熟练性、稳定性，体现了产教融合、协同育人。三是企业考核标准提升学生职业素养。严格按照测绘地理信息企业对员工的考核要求，规范作业流程，制定职业特质清单和考核标准，推进实训教学标准、学分互认标准、作业量日统计、周汇总等各项考核标准的完善和实施。通过技能分解、操作训练、过程考核、综合评价等方法，解决学生校内实训过程中"不快、不准、不稳"等问题，形成勤学苦练、敢于拼搏、追求卓越的良好氛围。

案例6-4

顺德职业技术学院职业本科教育专业实训基地建设

产品设计专业一方面完善了校内外实验实训基地管理和市场化运行机制，主要包括实训基地制度建设和实训基地环境建设，致力于制定一套实训基地运行机制并进行企业文化的环境改造；另一方面积极建设育训结合的产品设计专业培训基地，主要包括产品设计数字化培训基地、产品设计"1+X"证书共享型机房、产品设计

CMF 新材料实训室，致力于建设数字化产品开发实训室、虚拟现实仿真设计实训室、用户行为数据分析实训室、建设产品设计"1+X"证书共享型机房、建设产品设计 CMF 新材料实训室。

智能制造工程技术专业积极打造面向数字化工厂的智能制造类专业群虚拟仿真实训教学基地，引进 VR、DT 等虚拟仿真技术，解决实训教学中的"三高三难"问题；建设虚拟仿真教学资源，打造数字化教材和网络化课程，打造职本"金课"。

制冷与空调工程专业实训条件优越，校内实训基地建筑面积为 6 500 m²，累计共投入建设资金超过 5 239 万元，教学科研设备总值 3 000 多万，拥有 3 个省级技术技能创新服务平台。同时该专业通过政校企合作、产学研结合，建立起了覆盖制冷空调工程价值链的设计、检测、施工、售后"全流程"的系统性平台，并集教学、科研、生产、培训于一体，形成了"全流程"服务产业高端的服务体系。

四、加强实习教学活动

职业本科教育实习教学的组织与实施的关键在于明确实习教学的功能定位、厘清实习教学的主要类型，通过系统构建实习工作体制机制、科学设计实习期职业能力培养任务、多维构建学生实习信息化管理平台，推进实习教学的高效进行，并通过树立科学观念、加强实习管理和打造双赢机制等方式推进实习基地建设。

（一）功能定位

实习是学生进入企业生产实践现场进行实践，培养专业性技术技能的实践性教学活动。职业本科教育实践性教学的实习需以与龙头企业、行业龙头紧密合作为基本条件，且不同于实验和实训面临的既定性工作内容，实习面向的是实际工作环境，存在更多的不确定性领域和非良构问题。职业本科教育的实习更多在行业企业内完成，旨在培养学生试验、计划、实施、控制的复合型职业能力，包括能进行科研成果/设计的技术配套研发；能进行产品试验研究，并完善产品设计；能进行产品/服务实施方案设计，制订工作计划；能对产品生产/服务提供过程管理，进行质量控制与管理。

（二）主要类型

职业本科教育的实习是提升学生综合素质、发展高阶职业能力的关键环节，依据实习的不同目的，可划分为认识实习与岗位实习两个类型。

1. 认识实习

认识实习指学生由职业学校组织到实习单位参观、观摩和体验，形成对实习单位和相关岗位的初步认识的活动。认识实习一般在职业本科院校的统一管理下进行，是职业本科教育实践性教学中不可或缺的重要一环，能够提升理论知识与工作实践的契合度，为今后的工作实践在认识层面建立基础。

2. 岗位实习

岗位实习指具备一定实践岗位工作能力的学生，在专业人员指导下，辅助或相对独立参与实际工作的活动。在正式开启岗位实习前，学生需要进行初级岗位实习。初级岗位实习是开启岗位实习前的必要环节，一般安排在学生掌握一定的专业知识之后，学生通过初级岗位实习可以提前熟知企业环境、了解实习规章制度、辅助完成一系列实践工作，促使理论知识与专业实践有机融合，练就基本的岗位技能，为岗位实习打下坚实基础。岗位实习的正式开始在学习完大部分的专业基础课、专业核心课和教学实习后，直接参与企业实际生产过程，综合应用所学的知识与技能独立承担或完成一定的生产任务，参与企业管理实践，逐步养成正确的职业素养。

（三）实习的开展

实习是实现职业本科教育专业性技术技能人才培养目标，提升学生综合职业能力的关键之举。2016年教育部等五部门印发的《职业学校学生实习管理规定》明确要求，"规范和加强职业学校学生实习工作，维护学生、学校和实习单位的合法权益，提高技术技能人才培养质量，增强学生社会责任感、创新精神和实践能力，更好服务产业转型升级需要"[1]。作为实践性教学的重要组成部分，实习是巩固职业本科教育类型特色、深化产教融合、校企合作、助力学生可持续发展的核心推力。然而就目前而言，职业本科院校实习管理模式仍未实现有效创新，集中凸显为校企协作机制不健全、管理模式与手段单一、管理效率迟滞不前、学生职业素养培育缺位等。正基于此，职业本科院校要始终坚持以学生为本，加强信息化建设，不断深化产教融合、校企合作，加快构建校企命运共同体，全面培育学生的综合职业能力。

---

[1] 教育部等五部门关于印发《职业学校学生实习管理规定》的通知. [EB/OL]. (2016-04-18) [2021-12-26]. http://www.moe.gov.cn/srcsite/A07/moe_950/201604/t20160426_240252.html.

1. 以实习痛点为依据，系统构建实习工作体制机制

首先要构建系统科学的实习育人体制。各职业本科院校要仔细研读《职业学校学生实习管理规定》，依据院校自身特点和专业建设特色修订现有实习管理的各项规章制度，同时赋予二级学院更多的自主权，使二级学院可以根据自身发展需求和学生特点与相关实习单位共同研发更为适切的《实习指导手册》和《实习工作清单》，在实习单位甄选、实习教师选拔、实习基地建设、实习岗位设置、实习管理安排、学生权益保障、校企协同育人等方面进行系统且详尽的规定，使得实习工作开展有据可查、有规可依。

其次是要构建校企协同的实习工作机制。职业本科院校可依据与合作企业的现实状况，探索建立月度研讨、中期汇报、期末考核三位一体的实习工作机制。职业本科院校可以以实习单位的性质和所在区域为基本依据，为学生实习的开展配备适切的指导教师，指导教师每两周与实习企业共同召开实习情况分析会，分析学生实习状态；二级学院每月召开实习工作质量研讨会，集中商议提升学生实习效果的办法；学校每学期末联合企业、各二级学院、指导教师、实习学生代表共同召开实习工作总结大会，对过去一学期的实习工作做出客观、全面的评价，分析工作中存在的问题与不足，并提出适切的改进策略。

最后是要构建专兼结合的实习管理队伍。职业本科院校要成立专门的实习工作小组，集中负责规划管理学校的学生实习工作，各二级学院也要积极成立实习办公室负责推进各项实习安排，同时构建由专任教师、学生辅导员、企业技术人员、实习生代表共同构成的专兼结合实习管理团队，协同分管学生实习工作中的各项具体事务，从组织架构层面保障学生实习的顺利进行。

2. 以学生能力发展为遵循，科学设计实习期职业能力培养任务

为明确学生实习期间职业能力的培养任务，职业本科院校要积极构建校企协同的培养模式，依据学生所在的不同发展阶段知识架构、技能体系和价值观念的异同，分析当下学生所需要进行的实习类别，到底是进行认识实习、初级岗位实习还是岗位实习。在此过程中，职业本科院校要遴选优秀实习合作企业[①]，主动与实习单位协同开发实习管理标准，明确在不同阶段职业本科院校、企业单位、实习指导教师、实习学生所要完成的任务和所要达到的效果，帮助学生在实习过程中积极进行反思。建构主义认为，一切的学习行为都需要通过学习者的自我建构来完成，进而生成自身独特的解释与经验。职业本科院校构建校企协同的培养模式和依据学生身心发展规律培养学生的职业素养，其本质就是为了培养学生学会反思的能力。反思是为了让学生将在企业实习中积累的经验不断总结凝练为未来工作所需的实践智慧，形成具身认知，这是

---

① 张海平. 基于校企深度合作的职业院校实习管理体系创新实践［J］. 职业技术教育，2021（2）：15-18.

一种在工作世界中独立思考后所采取的理性选择,是思维和行动的高度统一。对于学生而言,在实践中反思能够增强个体对企业生产服务职能的体悟,进而逐步形成自身专业性的知能结构,更高效地解决工作世界的复杂性问题。

3. 以信息技术为依托,多维构建学生实习信息化管理平台

为提升学生实习效能,职业本科院校要充分利用现代信息技术搭建集实习数据收集、实习表现分析、实习困境判别和实习总结评价于一体的学生实习信息化管理平台,进而实现实习信息实时化、实习管理系统化、实习过程透明化、实习评价科学化。学生实习信息化管理平台要能够与专业性技术技能人才的培养目标相协同,在有效助力实习工作开展的同时降低实习管理成本,同时建立集职业本科院校、实习企业、指导教师、技术人员、学生家长于一体的动态管理机制。在此基础上,职业本科院校可积极探索多元主体实习质量满意度评价体系。职业本科院校可将自身与实习学生、实习指导教师、实习单位既视为评价主体又视为评价对象,基于实习信息化管理平台数据构建实习满意度评价模型,将院校发展趋向、学生实习表现、教师专业发展、企业培训收益作为主要评价指标,系统分析各主体间的交互满意度,如实习学生对企业、指导教师、职业本科院校的满意度,企业对职业本科院校、实习学生和实习指导教师的满意度,职业本科院校对实习学生、实习指导教师和实习单位的满意度等,形成职业本科院校、实习学生、实习指导教师与实习单位的管理闭环。

(四)实习基地建设

职业本科院校实习基地建设主要包括树立科学观念、加强实习管理和打造双赢机制等3个层面,在此基础上全面提升校企合作实习基地的稳定性、有效性和持续性。

1. 树立科学观念,确保校企合作实习基地的稳定性

职业本科教育的发展之所以不可或缺、势在必行,是因为职业本科教育所培育的专业性技术技能人才对我国经济社会发展具有重要意义,是我国由制造大国向制造强国转型升级过程中的重要人力资源支撑。在职业本科院校中,实践性教学是教学活动中必不可少的关键构成部分,而校企合作实习基地作为实践性教学活动开展的基本载体,其稳定性直接影响着教学活动的开展成效。为持续推动职业本科教育产教融合、校企合作向纵深发展,需要鼓励各类职业本科院校积极开展混合所有制改革,优化治理结构与发展战略,推进并优化校企合作实习基地建设。整体而言,建立稳定的校企合作实习基地需要从以下两个方面着手:一方面,职业本科院校专业建设要与企业发展方向相协同。职业本科院校要结合自身办学特色与发展规划,基于重点专业与特色专业全面加强校企合作实习基地建设,使得实习基地的实习条件、资源条件、

师资条件等能够充分契合实习学生专业能力培养与实践技能强化的需求,并能够为学生提供有助于高尚职业道德养成与综合职业能力生成的实习岗位。另一方面,职业本科院校的专业群与要与企业的岗位群相耦合。目前而言,我国各个职业本科院校都开设了多个专业,同时,为了提升发展效益,也相继组建了多个专业群。而各个企业也有多个不同岗位,有企业管理人员、技术研发人员、技术操作人员等,如何在实习基地建设过程中同时契合不同专业的多元化实习诉求,就需要逐步提升专业群与岗位群的耦合度。

2. 加强实习管理,确保校企合作实习基地的持续性

实习管理能够利用各种工具与方法,通过计划、组织、控制、协调等方式充分发挥有限资源的最大效益,促使职业本科院校、企业和学生都为共同的目标而奋斗,是保障学生实习效果的重要手段。因此,若要达成既定的实习目标,不仅要解决实习基地的建设问题,更要进一步加强学生实习管理。就目前情况而言,加强职业本科院校实习管理工作,确保学生实习效果,需要重点从以下两个方面入手:其一是建立实习导师负责制度。职业本科院校可借鉴普通本科高校的"导师负责制"人才培养制度,由实习指导教师担任学生的实习导师,与学生共同制订实习计划、开展实习工作、总结实习效果。各职业本科院校可根据实习指导教师的实际情况,向其分配 8~12 名学生,由实习导师全程负责学生的实习工作,全面考查学生在实习过程中的实习态度、理论运用状况、复杂性问题解决方式,适时向学生提供正确的引导与帮助,保证实习工作有序进行。其二是抓好实习指导教师队伍建设。能够胜任专业性技术技能人才培养的实习指导教师应该是既具备扎实专业理论知识,又精通实践操作技能的"双师型"教师。职业本科院校要积极拓展"双师型"教师的培养模式,一方面要坚持自主培育,即选择优秀的理论课教师赴企业进行实践学习,通过承担企业一定的生产实践任务,提升自身实践技能,进而能够担负实习指导教师任务;另一方面也要进行企业招聘,积极招聘行业龙头或龙头企业中具有丰富实践经验的技术骨干和行业大师作为学校实习工作中的兼职实习指导教师,让学生有更多机会学习到具身性、内隐性的专业技术技能。

3. 打造双赢机制,确保校企合作实习基地的有效性

职业本科院校依托行业龙头和龙头企业所建设的校企合作实习基地既要能够满足学生的实习诉求,也要能够助力企业的发展需要,进而实现院校与企业之间的双赢,这也是实习基地能够持续有效运行的根本要求[1]。因此,为确保职业本科院校与实习企业两者之间实现双赢,可以从以下两个方面着手:一方面要构建动力机制。一般而言,职业本科院校的公益属性与企业的逐利属性具有难以调和的冲突,然而实习基

---

[1] 黄琛. 高职院校实习基地建设困境与路径研究 [J]. 中国成人教育,2014 (17):105-107.

地的建设使二者原本的冲突得到了良性化发展。通过参与实习基地建设，职业本科院校的学生实习需要和就业需要得到了满足，学校通过与优质企业的合作也提升了自身的社会声誉和社会认可度；企业在参与实习基地建设的过程也满足了自身高质量技术技能人才的招收需求，降低了工作期间的培训成本，同时也能够树立良好的社会形象，打造企业品牌。是以，在实习基地的建设过程中，职业本科院校与企业都需要贯彻"共同发展、共同进步、共同受益"的发展思想，推进"校中厂、厂中校"实习基地建设，逐步形成共同的"基地文化"，双方联动共建动力机制，确保实习基地的有效性。另一方面要构建约束机制。提升实习基地的有效性，实现校企双赢，不仅需要动力机制的强效推动，也需要约束机制的有效规制，保障一切实习活动合法开展、合规运行、健康发展。政府部门要积极出台校企合作实习基地建设的法律法规、制度条例和意见办法；职业本科院校和企业要进一步加强沟通，联合制定实习管理办法，明确合作过程中的权力与责任，规范双方行为，进而确保实习基地的有效运转。

案例6-5

南京工业职业技术大学实习机制构建

"三位一体"，创新机制成合力。实习工作具有持续时间长，工作环节多、综合性强的特点，从学生实习资格的确认开始到最后向合格学生发放实习证书共有13项任务，涉及二级学院、教学团队、校内指导教师、企业实践导师和学生，通过实施学生顶岗实习、毕业设计（论文）教学与就业"三位一体"的运作机制，可以最大限度地整合学校各方资源，使教学管理部门和学生管理部门形成了合力。学校顶岗实习方案内容包括顶岗实习的目的与要求、企业与岗位的落实、实习的流程与时间安排、组织机构与项目管理、顶岗实习要求与质量管理、实习结果考核与等级评定等。招生就业部门利用多年开展就业指导工作过程中形成的经验制定企业与岗位的落实、实习的流程与时间安排。校内专业指导教师和班主任、辅导员承担顶岗实习要求与质量管理的相关内容；企业实践导师与学校专业指导教师共同制定实习结果考核与等级评定的标准。原先由就业部门负责的就业指导工作，由于有了专业指导教师的参与，与专业结合得更紧密、更有针对性；专业指导教师有了班主任、辅导员和企业实践导师的配合，对实习结果的考核也更加科学客观，最终保证了顶岗实习方案内容的科学全面。

案例6-6

南京工业职业技术大学"三环节"保障学生实习安全

环节一：在校期间逐步开展安全教育。学校按照安全意识—安全行为—安全效果的流程，对全部在校学生分年级、分专业进行安全教育。大一通过安全月专题活动开展安全文化意识普及；大二在专业学习基础上将本专业安全课程纳入培养计划；大三在实习前强化学生赴企业实习安全规范。

环节二：临近实习期间推进强化保险制度。根据规定，实习单位及学校应给实习学生购买保险，但目前顶岗实习单位多存在学生保险购买不到位的状况。为保障学生合法权益，在学生进行顶岗实习前，学校给所有顶岗实习学生购买责任保险，覆盖实习活动的全过程。

环节三：实习期间落实安全责任，切实有效地完善学生到企业后安全保障措施。一是健全实习制度。在成立实习指导小组基础上，明确学生顶岗实习安全责任人，制定学生顶岗实习安全管理规程，健全实习安全规章制度。二是学校加强对学生实习过程安全的全方位监控。要求在外实习学生做到向指导老师提交周记报告，使老师准确掌握在外学生动态，确保实习安全。三是校企双责。由企业对顶岗实习学生进行岗位安全宣讲，学校—企业—学生三方签署安全协议，明确各方安全职责。

第七章

职业本科教育师资队伍建设

我国职业本科教育正由"开展试点"向"学生达到一定规模"过渡。教师队伍是我国发展职业本科教育的关键资源，既是彰显本科职业院校办学水平、影响办学质量的重要主体，也是面向国家职业教育现代化建设，支撑新时代我国经济产业发展和参与全球产业竞争需求的保障。在国务院2018年颁发的《关于全面深化新时代教师队伍建设改革的意见》中，明确强调"全面提高职业院校教师质量"。截至2021年，全国高等职业院校专任教师达59.58万人，其中，本科职业院校专任教师为2.56万人，约占比4.3%；从"双师型"教师在专业课教师中的占比看，本科职业院校为59%，达到了占比过半的要求。有高质量的职教教师，才会有高质量的职业教育。加强师资队伍建设是职业本科教育试点院校高标准完成建设任务的重要抓手和核心支点。提高对教师队伍建设重要性的认识，推动教师素质能力快速提升，优化教师队伍结构，探索职业本科教育师资队伍建设的实施路径，是本科职业院校面临的重要课题。

一、遵循师资队伍建设的实践逻辑

职业教育跨越教育与产业两个系统、学校与企业两类组织、工作与学习两种情境，展现出其独特的内涵和价值，被赋予具有与普通教育平等地位的教育类型。本科职业院校教师作为社会职业分层的一种，也是以一种整体而非单独的方式嵌入社会的各个方面。不管是从职业的本身还是职业应当具备的知识与技能、道德与品质、情感与态度，新时代我国本科职业院校教师都被赋予了更多的内涵与价值。师资队伍建设应当遵循职业教育类型特征、职业本科教育培养目标、职业本科教育课程特色以及职业教育教师文化特质等实践逻辑。

（一）彰显职业教育类型特征

我国高职教育在规模快速增长的起步阶段参照、模仿普通高等教育办学，不仅在人才培养模式上未能体现其自身的独特属性，也造成高职教育被公众视为"次等教育"和普通本科教育的"压缩饼干"。本科层次职业教育要想在实践中取得突破，首先必须触及实践主体长此以往形成的惯习。当前的职业教育改革实践如果不触及实践理念的转变，强大的惯性会使改革回到原来的轨道上，最终使改革失败。与学术性惯习相对的是应用性与职业性思维，本科层次职业教育的实践者必须树立应用性与职业性思维，才能使试点的高职院校在教学理念、管理方式、课程设置、师资结构等方面剔除学术性惯习的影响，走出一条符合职业教育发展规律的道路①。

作为本科层次的职业教育，与普通本科区别明显，其主要有以下3个方面的特征：第一，培养目标的应用性。高层次技术技能人才的成长过程实际上是将习得的科学理论、技术知识应用于实践，不断解决生产领域技术难题的过程。与工程型人才相比，他们的学术能力和学科知识更宽泛而不是更专深，也更加强调在工作场所综合运用知识解决工作现场突发性问题的应变能力和组织协调能力。学生在进入本科职业院校学习的时候，需要同时具备高中阶段的基础知识和一定的职业技术能力。第二，服务对象的区域性。技术水平及产业发展的不平衡状况，决定为其服务的职业教育的区域差异性特征。职业本科教育必须紧紧围绕区域产业发展对人才数量、规格等方面的要求，充分利用自己的区位优势，以当地生源为主，在尽量促进学生可持续发展的基础上培养"适合"的技术型人才，才能获得地方政府和行业企业的支持。融入区域、融入行业，为当地经济社会发展服务是职业本科院校办学定位的基本方向。第三，培养过程的跨界性。产学研合作是技术型人才培养的必由之路。默会知识、良好习惯以及对工作现场突发事件的应变能力等都只能在真实或者高度仿真的工作场所获得。职业本科教育人才培养必须关注工作与学习规律的融合，关注职业成长与教育认知规律的融合，克服单一办学主体的弊端，发挥行业企业在人才培养过程中的主体地位，走合作育人的道路②。

以类型化师资队伍打造为灵魂，在专业教师招聘上加强从企业引进教师的力度，注重教师实践教学能力的培养和兼职教师的引入，建设校企合作的"双师型"教师培养基地与企业实践基地，打造一批专业化、结构化的高水平"双师型"教学创新团队，在师资队伍管理上应根据职业本科教育办学的特点和要求完善岗位设置及职称评审制度，在科研管理上尤其应注重教师应用技术研发和社会服务能力的提升③。因此，遵循类型化师资队伍建设思路，打造一批高水平教学创新团队，凸显教师应用技术研发和社会服务能力的提升，是本科职业院校师资队伍建设的基本实践逻辑。

(二) 对接职业本科培养目标

习近平总书记在全国教育大会上强调，教育的根本问题是培养什么人、怎样培养

---

① 张明广，茹宁，丁凤娟. 本科层次职业教育发展的实践逻辑 [J]. 职业技术教育，2020 (30)：16 – 19.
② 周建松，唐林伟. 本科层次高等职业教育：现状、挑战与方略 [J]. 大学教育科学，2015 (5)：102 – 108.
③ 王亚南. 本科层次职业教育发展的价值审视、学理逻辑及制度建构 [J]. 中国职业技术教育，2020 (22)：59 – 66.

人、为谁培养人。任何类型、层次的教育都要把握这一根本问题,坚持社会主义办学方向,全面贯彻党的教育方针,坚持立德树人根本任务,培养德智体美劳全面发展的社会主义建设者和接班人。对接本科层次人才培养目标与定位,胜任本科层次职业教育立德树人工作依然是教师的根本职责[1]。

人才培养目标是培养什么人的价值主张及具体要求,是人才培养活动得以发生的基本依据。在第四次工业革命进程中,人工智能的作用日益凸显,对传统意义上的知识工人提出了新挑战。新技术大规模应用于工作世界,知识密集型和技术密集型工作岗位迅速增加,这对技术技能人才培养提出了更高的要求[2]。职业本科教育的人才培养目标既要明显区别于应用型本科和专科职业教育,也要与更高层次人才培养衔接。正如《国家职业教育改革实施方案》提出的,"完善职业教育和培训体系,努力让每个人都有人生出彩的机会"。面向智能制造的职业本科教育需要进一步致力于赋能学习者,使其发现自我,助其成为更好的自己,同时具备多样化和适当的知识、技能、能力组合,适应并引领社会发展[3]。因此,应对制造产业的智能化发展,本科职业院校应突出人才培养的岗位适用性、技术复合性、思维创新性,使学生拥有扎实的理论知识、技术技能以及对工作岗位的技术迁移和可持续发展能力。此外,职业本科教育将更加关注创新能力培养,加强专业理论知识与专业技术的系统性融合;就科研能力而言,加大科研能力的培养与提升,注重技术攻关与教学科研的有机结合;就社会服务能力而言,将更加密切对接产业、行业、企业前沿技术,能够创新地解决企业问题。

从个体发展的需求和定位而言,依据我国高等教育法,"本科教育应当使学生比较系统地掌握本学科、专业必需的基础理论、基本知识,掌握本专业必要的基本技能、方法和相关知识,具有从事本专业实际工作和研究工作的初步能力"。由此不难看出,职业本科教育培养的人才要超越专科职业教育培养出来的人才的基本标准,让学生具备更加综合的能力和素养,这对教师的综合素养有了更高要求。

具体而言,职业本科教育人才培养目标应体现3个高层次:一是技术技能的高层次,具备较为扎实的知识基础。随着工作世界中工作任务不断变化,有固定标准操作规范的工作任务逐渐减少,不确定性工作任务日益增多,对工作者创新能力、批判思维、新技术背景下新增的数字技能、复杂问题解决能力、判断决策能力以及人际沟通与合作能力等要求日益提高。二是迁移能力要求的高层次,具备跨岗位、跨职业的迁移能力。快速变化的工作环境打破了工作流程与步骤的稳定性,个体需要创新地设计

---

[1] 钟斌. 本科层次职业教育师资队伍建设的现实挑战、实践逻辑与适然路径[J]. 职业技术教育,2021(16):61-66.
[2] 韩昭良,韩凯辉. 人工智能时代高等职业教育人才培养模式变革:机遇、挑战及路径[J]. 技术经济,2019(9):84-88.
[3] 贺世宇,和震. 面向未来工作的职业教育创新发展策略探究——基于国际劳工组织系列报告解析[J]. 比较教育研究,2020(3):3-10.

工作方法，职业世界环境的变化要求个体系统地熟悉生产过程与业务流程。三是整合能力的高层次，具备多样化知识的整合能力。由于知识运用与工作任务之间关系变得模糊不清，要求个体在技术操作中运用多样化理论知识与工作任务之间整合进而完成工作任务，关注学习者的终身学习能力以及技能持续更新。

（三）服务职业本科课程建设

课程是本科职业教育区别于普通高等教育实现特色发展的关键，也是培养特定人才的重要载体。将理论知识与实践知识以恰当的方式整合到课程中，构建理实一体化课程体系，依然是职业本科教育内容的核心。从原始时代的偶然技术到手工业时代的经验技术直至现代的科学技术，技术形态的变迁历程导致技术知识结构内容的持续演变，即经验知识在技术知识构成中占比逐渐降低，理论知识逐步占据重要地位，且智能制造使得学科理论知识、技术理论知识、技术实践知识等理论知识与实践知识的网络整合显得尤为重要[1]。多样化知识的整合能力要求面向智能制造的职业本科教育开发涵盖基础课程、实践课程、拓展课程等课程体系[2]，满足学生的通识教育和技术创新能力的需求。基础课程主要针对相关岗位群所必需的知识和技能，根据服务于专业和拓展学生素质的要求，立足于学生的可持续发展，包括科学理论知识和技术理论知识的技术学科基础课程；实践课程为实践理论与专业知识服务，致力于培养学生解决工作过程中复杂实践问题能力，同时还应当尊重学生的意愿，避免打包式将学生集中安排到某一家企业进行实习实训的课程；拓展课程则应当关注学生的全面发展，设置一些与专业相关程度低但有利于学生成长或者是学生感兴趣的课程内容，注重培养学生终身学习的意识，自学的能力。因此，本科职业院校在进行课程设计时不仅应当考虑当下的需求，更应该承担行业发展的需求预测性工作，以考虑未来行业发展的需求，使学校所培养的学生能够在各方面都满足企业的要求。

智能时代教育需要更加注重培养人的道德伦理素养、价值判断能力、创造性、社会情感能力、直觉判断能力以及人的独特性[3]。职业本科教育肩负培养高层次技术技能人才的使命，智能制造对技术技能人才的新要求赋予了职业本科教育课程新的特征。首先，课程目标应体现创新性。职业本科教育并不是一次性的就业教育，而是可持续发展的人力资源开发教育，需要帮助受教育者树立终身学习与终身发展的理念。从培养被动适应性"技术人"转向培养主动设计性"技术人"，即需要实现从塑造掌握当前技术被动适应技术发展的人，转向培养面向未来主动参与技术设计与创新的

---

[1] 王亚南. 本科层次职业教育发展的价值审视、学理逻辑及制度建构［J］. 中国职业技术教育，2020（22）：59-66.

[2] 张宝臣，祝成林. 高职本科发展的关键是专业人才培养目标及课程设置［J］. 职业技术教育，2014（6）：50-53.

[3] 赵勇. 智能机器时代的教育：方向与策略［J］. 教育研究，2020（3）：26-35.

人。同时要求"技术人"具备一定的理论创新能力，能够通过在技术实践中对原有知识的反思总结、灵活应用，形成通达的实践性知识与智慧。

其次，课程内容具有应用性。面向智能制造的职业本科教育培养的人才能够从事比较复杂、系统的技术实践活动，需要具备比技能型人才更扎实的理论知识，但是与科学型和工程型人才注重知识的系统性、完整性和学科性不同。这种人才不仅要掌握本专业必要的基本技能、方法和相关知识的规定学业标准，更注重对所掌握技术知识的应用和实践能力的培养，与某特定区域的市场、职业、产业、行业等有着更直接、更密切的关系。因此，职业本科教育依据智能制造企业的人才需求来开发课程，就必须对企业人才需求进行深入研究，以确保课程内容与生产需求的关联度。这需要职业院校与行业企业协同合作，开发、编制课程并及时进行动态修订以适应产业发展需求。

再次，课程实施体现教育的技术与生产的技术同频共振。在人才培养全过程，学校和企业及时进行双向沟通，确保学生在学校所学与在企业工作所用的密切相关性。在工业4.0时代，企业需要不断地更新与升级技术，学校教育应该走在行业发展的前列，及时地了解社会发展的趋势和市场上的人才需求，围绕企业需求开展应用研究。这为学校和企业合作共建产业学院，培养适应产业发展要求的高技能、复合型人才提供了基础。面对快速发展的职业教育，校企共建产业学院，不仅能使人才培养过程中的技术与智能制造企业生产中的技术同频共振，甚至引领企业技术革新和工艺创新，还能解决职业本科教育发展面临的"双师型"教师资源暂时性不足的问题。

最后，课程评价体现以人为本的过程与结果并重。职业本科教育兼顾职业性和高等性双重特征，其人才培养评价既不能模仿普通本科教育的模式，也不能停留在专科职业教育的模式，否则评价的积极功能将难以彰显。对职业本科教育人才培养的评价依然坚持以人为核心，即评价标准应当是其培养的人才是否达到制造产业发展需求，评价要素不仅包括学生综合素质、技术技能水平，还应当考虑学生是否有终身学习的意识、自主学习的能力、可持续发展的潜力、创新性等。这需要构建由政府、行业企业、学校、师生代表等多元评价主体参与的机制。吸纳行业企业、社会等第三方组织参与，行业专家通过对包括产品、模型、服务等在内的技术成果进行鉴定，通过技能竞赛、顶岗实习等多种方式对学生技术知识学习情况进行全面客观的评价。在具体评价形式上，教育评价存在"过程评价"和"结果评价"，前者是对教育开展过程中涉及的教育要素进行评价，考察各要素的基本状况；后者是对受教育者获得的影响进行评价，考察受教育者对知识与技能、情感与行为等方面认知变化。教育是具有延迟性和滞后性的活动，且在劳动力市场上，人力资源转化为一定的经济效益也是需要时间的。人才培养的质量高低并不能即刻通过企业的技术突破、学校的创新性成果以及学生的成就等来进行评价。注重结果评价忽视过程评价也将会降低社会对职业教育改革创新的包容程度。因此，在评价形式上，应结合过程与结果来评价职业本科教育的人才培养。这也能够确保从过程开始监控和评价教育以避免失败。

（四）体现职教教师文化特质

在社会学视野中，文化特质是组成文化的基本要素，是文化中具有意义的最小分类单位，并且每一种文化特质都有其独立性、复杂性、特殊性。在教育学领域，教师文化被理解为教师群体所共享的态度、信念、价值观、习惯以及生活方式等。教师文化属于社会的亚文化，必然受到社会文化的规范与约束，同时也主动地对社会文化进行整合与创造。职业院校教师文化特质是职业院校教师在特定的教育教学、科学研究、社会服务活动过程中，在内化职业文化、专业文化和组织文化的基础上积淀形成并继承传播的，有别于其他职业从业人员以及其他教师群体，稳定表现在多数成员共有的心理倾向与行为方式上的抽象特征。职业院校教师文化特质是职业院校教师文化和学校文化的基本要素。

职业本科教育具有高等教育和职业教育的双重属性，这就决定了职业本科教育教师的跨界特质，也决定了教师文化特质具有自身特征。也就是说，本科职业院校教师文化特质无论是外在形式还是内在结构，既与普通高校、中等职业学校教师文化特质有相似之处，但也存在明显不同。职业本科教育教师文化特质具有以下3个维度：

1. 实践维度上表现为育人与授技的兼顾

教育活动由众多复杂的实践行为构成，在其内部形成了错综复杂的关系，在其外部构成了彼此羁绊的形式多样的联系。教师是教育活动的实践主体，教师文化同样具有实践性。有学者在研究教师文化特质时，基于教育活动的实践性，提出反思与实践这两个要素。在实践活动中，教师职业的实践性在于以"人"去影响"人"，是一种双向度的培养人的行为。因此，实践是教师文化特质范畴的重要内容，并且这种实践与学校课堂教育教学紧密相连，可简述为育人的实践。国内外相关研究也充分佐证了教师文化的育人实践特质，如国外研究者提出教师实践性知识这一概念，倡导让教师教授富有生机的实践性知识，国内研究者也提出教师实践智慧这一命题，期待教育教学充满实践智慧。

本科职业院校教师在教育教学、自我职业成长过程中，更加离不开实践。在教育部印发的《本科层次职业学校设置标准（试行）》（教发〔2021〕1号）中得到明显的体现，如师资队伍方面，"专任专业课教师中，具有3年以上企业工作经历，或近5年累计不低于6个月到企业或生产服务一线实践经历的'双师型'教师比例不低于50%"。总体而言，本科职业院校教师文化特质的实践性，既要体现教师职业共有的学校育人实践，还要体现行业企业的工作实践。后者是为了更好地传授学生技术与技能，帮助学生获得谋生的手段。

2. 反思维度上表现为课堂教学与企业生产的并重

反思是个体心灵通过对自身活动及活动方式的反省，是产生内在经验与知识的重要途径，是一种个体的、以自我为中心的学习过程。美国心理学家波斯纳提出了教师成长的公式，即成长＝经验＋反思，充分表明了反思对教师职业的重要性。唐纳德·舍恩主张包括教师在内的实践者要在实践中反思和探究，树立"反思性实践者"的专业形象，认为行动中反思是实践的核心[①]。我国研究者也提出：从"工匠型教师"转化为"专家型教师"的关键，是学会反思、学会合作[②]。

教师反思通常指教师以提高自身教育教学效能和素养为目的，对教育教学实践中的自我行为表现及其依据进行解析和修正。依据唐纳德·舍恩的观点，教师反思既包括"在行动中反思"，又包括"对行动的反思"。因此，作为职业院校的教师，一方面，要反思课堂，反思行业企业生产活动；另一方面，要反思自身的教育教学实践活动，同时反思自身专业技术在行业企业的实践应用，促进自身专业技能发展，确保专业技术与企业生产技术同步发展，甚至超越企业生产技术发展。

3. 服务维度上表现为学生成长与经济发展的同步

在本科职业院校教育教学过程中，教师不仅仅是教育者、研究者，更隐藏着第三种角色——服务者。首先，作为教育者要为学生成长成才提供服务。一是专业技术技能培养服务，具体包括帮助学生完善专业知识结构，提高专业技术技能，旨在实现学生的智力和实践能力得到充分发展；二是人生成长指导服务。本科职业院校教师应该强化学生的自信心和自尊心，在生活上给予关怀，在学习上给予帮助，对学生未来职业生涯进行指导，帮助学生树立科学的人生观和职业观，促进学生身心健康发展并找到合理的职业发展方向。

其次，作为研究者要为区域经济发展服务。职业教育与经济社会发展关系密切，市场经济体制下的职业教育在本质上具有服务性，社会经济形式的变化是引导职业教育变化的基础。因此，本科职业院校教师要主动服务区域经济发展，积极开展技术研发、新产品设计与开发、技术成果转化、项目策划等"立地式"研发服务，做到两个立足：一是立足区域，为区域经济服务，满足区域的技术创新、技术开发需求；二是立足于应用研究和开发服务，坚持为区域行业企业解决实际难题。当然，作为教育者的服务者和作为研究者的服务者之间并不矛盾，后者是为了更好地服务前者。

本科职业院校教师专业服务有两层含义：一是教师作为专业人员要为学生提供专业的服务，包括课内服务和课外服务；二是教师作为专业技术人员为学校所在区域的行业、企业服务。需要说明的是，本科职业院校教师在服务企业技术发展和产品创新

[①] ［美］唐纳德·舍恩. 反映的实践者：专业工作者如何在行动中思考 [M]. 夏林清，译. 北京：教育科学出版社，2007：39－55.
[②] 钟启泉. 学会反思、学会合作 [N]. 中国教育报，2003－11－06.

的过程中，还要实现教学内容和企业需求的对接、专业教学与企业生产的紧密结合，形成教学实践智慧，提升执教能力。简言之，为行业、企业服务的最终目的是更好地完成为学生服务、更好地促进自身专业成长。

二、明确师资队伍建设的重点任务

职业教育的类型定位和跨界属性决定了本科职业院校师资队伍类型具有多主体结构（见图7-1）。本科职业院校师资数量只是其教师队伍建设的浅层问题，结构是否合理、专业素质是否薄弱，则是深层次问题。明确本科职业院校师资队伍的类型结构及其专业素质要求，是全面探究其师资建设策略的基础性命题。教师结构是指整个教师队伍各要素的比例关系及其结合方式。能够完成规定的教学任务且具有较好的教学效果与质量的各类教师组成称之为具有合理结构[①]。类型结构较能反映出职业学校教师队伍的特色，也是职业教育教师队伍结构优化的关键。专业带头人、技能大师、"双师型"教师共同构成了职业本科教育师资队伍的类型结构。专业带头人承担引领学校专业发展的任务，技能大师体现区别于普通教育的类型特质，"双师型"教师是发展职业本科教育的基础。

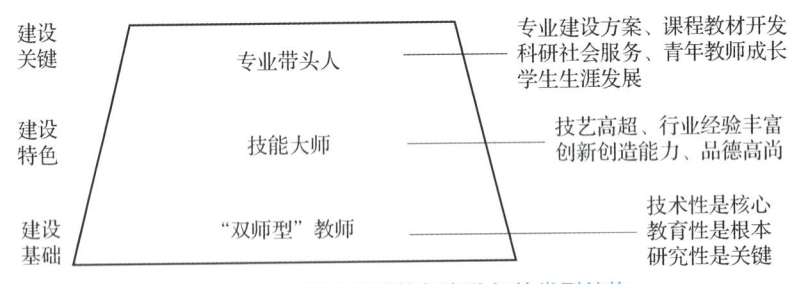

建设关键	专业带头人	专业建设方案、课程教材开发 科研社会服务、青年教师成长 学生生涯发展
建设特色	技能大师	技艺高超、行业经验丰富 创新创造能力、品德高尚
建设基础	"双师型"教师	技术性是核心 教育性是根本 研究性是关键

图7-1 本科职业院校师资队伍的类型结构

（一）专业带头人是本科职业院校师资队伍的关键

1. 专业带头人具有较高的素质和明确的职责

专业建设是职业本科教育区别于普通本科教育的重要标志，培育引进一批行业有权威、国际有影响的专业带头人，是职业本科教育发展的必然要求。专业带头人不仅

[①] 孙琳. 新时代职业教育师资队伍建设改革定位及发展趋势 [J]. 中国职业技术教育，2020（10）：35-40.

仅是一个荣誉称号，对在教学、科研、专业建设等方面取得优异成绩的教师的肯定；更是为专业建设而设立的一种岗位，鼓励具有一定学术造诣、教学成绩突出、能够把握专业发展趋势，且具备一定组织领导能力的教师成为专业建设领导人才。因此，本科职业院校专业带头人具有明确而具体的基本素质和工作职责。

专业带头人的基本素质要求：一是具有家国情怀，热爱教育事业。本科职业院校专业带头人应能够时刻关注党和国家的战略举措和相关政策，具有高尚的道德情操，热爱职业教育事业。二是具有拔尖的业务水平，能够精准把握专业发展方向。专业带头人通常具备广博的知识和扎实的理论基础、善于解决问题的实践能力，取得了显著的经济和社会效益，能够及时掌握专业发展前沿，对专业发展有较强的预见性。三是具有出色的团队精神，能够带领本专业教师共同成长。专业带头人应具备凝聚队伍的团队精神，学术道德和科学态度上严格自律的学者风范，执着追求的事业心和责任感，善于组织和协调本专业教师进行教学研究和科研攻关，带领梯队成员有效地开展专业建设。四是具有负责的教书育人态度，促进学生成长成才。专业带头人对本科生，特别是研究生的知识能力和思想素养的形成和发展有着重要的影响。专业带头人的人格力量来自自身良好的科学道德和严谨的治学态度，能够潜移默化地影响学生的品格、责任心、使命感以及创新意识的形成。

专业带头人的职责任务要求：一是专业带头人应能够制订专业建设计划和专业人才培养方案。专业带头人需要准确地分析行业需求，主动调整专业建设方案以适应区域经济社会发展，并在此基础上编制或修订专业人才培养方案，确保学生习得的技术技能符合工作世界需求。二是专业带头人能够开展课程与教材建设。专业带头人应按照职业本科教育人才培养目标的要求，组织本专业教师开发课程、编写教材，参与实训实习基地的建设，促进学生在产学研有机结合的环境中学习。三是专业带头人能够开展科研和社会服务活动。专业带头人要加强与行业企业以及科研院所的联系，积极参与企业的技术攻关和产品研发，在产学研结合过程中，进一步培养专业团队的技术创新和研发服务的能力。四是专业带头人能够培养和指导青年教师[①]。现代科技发展对多学科的交叉、渗透和协作的要求越来越高，单靠个人的努力难于完成工作任务，也不可能保证科研和教学的稳步发展。专业带头人应根据本专业现状和发展趋势，发现并培养优秀青年骨干教师，努力形成学历、职称和年龄等结构分布合理的专业梯队。五是专业负责人能够引导学生职业生涯发展。具有实践经验的专业教师更有利于引导学生职业生涯发展，并且专业带头人效果更好。专业带头人在完成本科教学任务的同时，要根据培养目标，为学生设计基础理论课和专业课，构建扎实的专业知识结构，以便应对多变的职业环境。

---

① 刘祥柏. 论高职院校专业带头人的培养与管理［J］. 教育科学，2009，25（4）：90-93.

案例 7-1

××职业技术大学专业带头人评选指标体系

一级指标	二级指标	评价内容
1. 基本情况	1.1 师德师风	政治立场坚定，以教书育人为己任；敬业爱岗，以全身心投入为常态；治学严谨，知行统一，师德高尚，为人师表
	1.2 教育及工作背景	具有本专业相关的教育背景或行业企业背景，主要学术及社会兼职聚焦本专业；2 年以上行业企业工作经历，行业影响力大
2. 个人工作业绩	2.1 人才培养情况	2.1.1 教学情况。具有较强的教育教学能力，教学工作业绩突出，近 3 个学年学生评教优秀；形成独特而有效的教学风格，教学效果好，主讲课程在同领域内有较大影响，在校内外起到示范作用
		2.1.2 教学改革情况。在专业建设、课程建设、教材建设、实践基地建设、教学改革研究与实践、指导学生竞赛等方面取得突出成绩，曾主持过省部级及以上课题或项目
	2.2 科研与社会服务情况	面向行业企业实际需求，开展相关培训、生产和技术服务项目，取得良好实际效果，服务收益高；独立或与行业企业合作开展应用技术研究，成果丰富，成效显著
	2.3 教学团队建设情况	领衔高水平教学团队建设，组织本专业教师开展教学改革研究与实践；重视师德教风建设，促进本专业教师职业素质养成，指导本专业骨干教师和青年教师提高教学水平
	2.4 其他奖励及荣誉情况	近 3 个学年，在师德或其他方面获得的奖励及荣誉

续表

一级指标	二级指标	评价内容
3. 所在专业情况	3.1 人才培养质量	所在专业毕业生综合素质高，用人单位欢迎，专业影响力、毕业生就业率和专业对口率在全省同类专业中均排名前10%
	3.2 教学改革	所在专业深入开展教育教学改革，教学改革研究与实践成绩突出，对省内同类专业和校内其他专业建设起到示范和带动作用；获得的省级以上教学改革成果较多
4. 支持与保障	4.1 学院提供的支持与保障	学院对领军人才的培养提供有力的政策、经费、人员方面的支持与保障

——资料来源：××职业技术大学人事处提供

2. 专业带头人培养过程中的三对重要关系

培养与引进的关系。专业带头人是立足于自己培养，还是立足于从外部引进，是每一所本科职业院校都面临的难题。实际上，在世界范围内，绝大多数最优秀人才都是被人们争夺的对象。在我国高校，大量的优秀人才不断地流失，不利于稳住我们自己培养出来的最优秀人才。因此，无论国内哪一层次的高校都不能把拥有专业带头人立足于"引进"上，"引进"是应该努力开拓的一条途径，但立足点还是必须建立在内部"培养"上。需要说明的是，立足于自己"培养"并不排除尽可能创造条件"引进"专业带头人。随着用人制度改革的不断深入，通过"聘用制"的轨道，也可以直接"引进"的方式来拥有所需要的专业带头人。

选拔与培养的关系。专业带头人是在长期的教学科研工作中自然形成的，单纯的培养往往难以造就。专业带头人选拔培养工作的目标是为了造就一支面向未来的教学科研骨干力量，而这支力量可以代表将来学校的学术水平和社会服务能力，并在目前的水平上有一个飞跃。选好培养对象固然重要，但把培养工作落在实处更是本科职业院校亟须探索的重要实践。这需要建立健全专业带头人选拔培养制度，并完善相应的配套措施，努力提高中青年骨干教师的综合素质，为培养对象提供充分施展才华的舞台，促进教师队伍可持续发展。

专家学者与科研管理者的关系。多数专业带头人既是专家学者，又承担一定的管理责任，这就要求正确处理好这两个身份之间的关系。作为专家学者，在科研创新方面需要扮演好先行者角色，善于从国家和社会需求中确定项目或课题，并潜下心来进行攻关创新，产出高水平科研成果。这不仅是自己作为专家学者的基本职责所要求的，而且也是获得管理科研、组织科研的发言权和指挥权的必要途径。作为科研工作管理者，则要求专业带头人不能停留在仅仅当好一位科研人员的层面，而必须思考和做好创新型单位建设、科研与经济社会发展的结合、科研评价体系优化等一系列工作。

(二) 技能大师是本科职业院校师资队伍的特色

1. 技能大师的内涵界定

"大师"是一个既富有传统性又具有现代性的辞藻。在我国传统文化和现代政策文件中，都有对其内涵的丰富解读。

在传统文化对"技能大师"的解读方面，与之紧密相对应的是我国古已有之的"工匠"，有着极为深厚的历史。《诗经》中记载"有匪君子，如切如磋，如琢如磨"。庄子曾用"庖丁解牛"等故事来表现古代以精益求精为核心的工匠及其拥有的极致技艺。《周礼·考工记》记载："智者创物，巧者述之，守之，世谓之工。百工之事，皆圣人之作也。烁金以为刃，凝土以为器，作车以行陆，作舟以行水，此皆圣人之所作也。"[1] 将技术的创制者作为智者，表明当时凡是在技术创造发明和操作方面有卓越贡献的人，都为社会所推崇，并以圣人称之。同时，他们也是官府职业教育中"训练手工业者的师傅"[2]。由于当时职事世传普遍，百工传授子弟技艺，也是百工的职责之一，例如《管子·小匡》记载"教其子弟"[3]。可以看出，当时百工是职业教育的主要承担者。《墨子·鲁问篇》记载了墨子与陶艺工艺者吴虑的对话。吴虑："义耳、义耳，焉用言之哉！"墨子反问："籍设而天下不知耕，教人耕，与不教人耕而独耕者，其功孰多？"[4] 墨子作为职业教育教学实践者，在技术传授过程中重视观察和实际操作，强调让更多的人掌握生产知识和技术以促进社会发展和进步的思想。

在先秦文献中，"百工最显著的文化形象就是进谏者，他们或从所从事的领域而进谏，或以百工的职业方式举例而进谏"[5]。"百工"之所以能谏，在于其所掌握的"艺事"的专业性，由此而获得的话语权力。如《国语·鲁语上》载"庄公丹桓宫之楹，而刻其桷"[6]，匠庆从木匠工作论君德之俭与侈，等等，都是百工"执艺事

---

[1] 郑玄. 周礼注疏 [M]. 上海：上海古籍出版社，2010：1241.
[2] 米靖. 中国职业教育史研究 [M]. 上海：上海教育出版社，2009：20.
[3] 过常宝. 论先秦工匠的文化形象 [J]. 北京师范大学学报（社会科学版），2012 (1)：73-79.
[4] 墨子. 墨子今注今释 [M]. 谭家健，孙中原，译注. 北京：商务印书馆，2009：403.
[5] 过常宝. 论先秦工匠的文化形象 [J]. 北京师范大学学报（社会科学版），2012 (1)：73-79.
[6] 徐元诰. 国语集解 [M]. 王树民，沈长云，点校. 北京：中华书局，2002：146-147.

以谏"的重要典故。由于拥有较强的专业技术实践能力，他们被世人所推崇，具有显赫的社会地位和话语权力，并从自身的专业实践出发建构了代表其身份的进谏文化。

在我国封建社会，虽然技术传承以家传为主，但仍有一些大师通过反思实践、编写教本，作为技术传授的重要教科书，服务于技术传承和技术产品制造。北宋著名建筑工匠喻皓编著《木经》，传授人们木工技艺；杰出的木工机械设计师、制造家薛景石编著《梓人遗制》，教人织机修造技术[1]；明朝著名漆匠黄成撰写《髹饰录》，传授人们油漆工艺[2]；清人雷发达著《工部工程做法则例》，教人建筑工艺[3]；等等。他们不仅在理论上总结技术技艺、形成著作，更是在实践中收徒授业，传授技术技能，成为在生产中有目的、有计划地培养职业人的主要承担者，培育了"兼济天下"的服务文化。

通过以上分析发现，技能大师所展现出来的身份是有着超高技艺的工匠的重要表现。他们身上不仅具备超高的技能与技艺，在生产中占据重要位置，是生产层面上的技术精英，与此同时，他们还具有一定的管理能力，在社会上具有一定话语权，并具有良好的社会形象，可看作是技术性"权威"的一种典型表现。德艺双馨是技能大师必备的基本素质，越是大师级人物，越要重视自身品德修养，艺高为师，身正为范。技能大师要充当"工匠精神"培育的主体，通过言传身教，使学徒可以亲身感受到大师对于工作每一环节的精雕细琢、对每一道工序的严格把关、对每一个步骤的谨慎细致，感受到大师对职业的热情与喜欢，将自己的职业理想、职业态度通过日常点滴传递给学徒，使学徒树立正确的职业观。

现代社会对"技能大师"的界定，根据人力资源和社会保障部、财政部2012年3月颁布的《关于实施2012年国家级技能大师工作室建设项目的通知》，技能大师主要是指"某一行业（领域）技能拔尖、技艺精湛并具有较强创新创造能力和社会影响力的高技能人才，在带徒传技方面经验丰富、身体健康，能够承担技能大师工作室日常工作"。该文件还规定了成为技能大师所需具备的各项条件，要求参评者具有技术能手称号或具有技师以上职业资格，积极开展技术技能革新，取得有一定影响的发明创造，并产生较大的经济效益；具有一定的绝技绝活，并在积极挖掘和传承传统工艺上做出较大贡献。在人力资源和社会保障部办公厅于2013年5月印发的《国家级技能大师工作室建设项目实施管理办法（试行）》文件中也沿用了上述界定，并对技能大师在技术技能、创新创造能力、发挥技能传道作用等方面，做出相应要求。

从国家层面的政策来看，技能大师具有率先垂范作用，能够通过自身的德识才学与卓越工作，起到带头示范与榜样作用，能够培养出品学兼优的人才。成为技能大师

---

[1] 米靖. 中国职业教育史研究 [M]. 上海：上海教育出版社，2009：102.
[2] 俞启定，和震. 中国职业教育发展史 [M]. 北京：高等教育出版社，2012：25.
[3] 路宝利. 中国古代职业教育史 [M]. 北京：经济科学出版社，2011：338-339.

具备的条件：一是技艺水平精湛，在技术上会别人之不会，别人会的则他做得精度更高，能对科学研究与技术开发的成果进行应用、推广，转化为现实生产力；二是行业经验丰富，拥有较深的资历，能对技术难题进行技术诊断、改进，在技术引进和使用上取得突破；三是在专业领域具有较强的创新创造能力，开发出有价值的新产品、新工艺等，能解决生产中的重大工艺难题，对行业发展有突出贡献；四是品德高尚，对自己的知识与技能不故步自封、因循守旧，并且善于挖掘传统工艺，乐于用自己的专长助人、育人，分享自己的技艺，在整个行业内有广泛的知名度与影响力。正如有研究提出，技能大师既要承担专业知识和技能的传授、工艺的研发与创新，又要具有敏锐的感受能力、发明创造的能力，还要身体力行地用自己的理想、信念影响学徒形成正确的职业观[1]。

2. 技能大师的特征分析

拥有扎实的知识与技能。技能大师作为知识型技术人才，具备精湛的技术技艺和丰富的工作场所知识，在"德、技、知"方面形成了独特的能力结构。技能大师具备良好的职业价值观、较高的职业素养和更为稳定的职业态度，这使得他们能够在长期的工作实践中持续地自主探究工作场所中的技术奥秘，并产生追求职业成功的强烈愿望[2]。在技术知识方面，技能大师具有的是"T型"知识结构，在横向层面具有本领域工作场所的广博知识，在纵向层面掌握精深的专门技术知识。在技艺方面，精通本工种的各门作业工艺，并能够达到精准的程度，且掌握相近工种的核心技艺。除了掌握精深的技术知识与技艺外，技能大师群体在长期的岗位锻炼和磨砺中，形成了较强的专业发展能力，这包括学习新知识的能力、系统整合已有知识并进行知识迁移的能力、创新技术与工艺的能力等，这些都为创新性解决技术难题和产出技术成果提供了可能。同时，技能大师除了运用高超技艺满足岗位工作内容要求外，都具备传帮带的能力和较强的基层管理能力。技术学习的特殊性对技术教授者提出了更高的要求，技能大师都是从一线技术工作者逐步成长起来的，因而他们是最好的"双师型"教师，借助完成工作的过程或以指导的形式，通过显在或潜在的途径将职业理念、职业知识、职业技能和良好的职业品质教授给学徒。以技能大师为"带头人"，以技能大师工作室为依托，以师徒形式为纽带，已经成为培养优秀技能人才的有效路径。

具备强烈的终身学习意愿。技能大师乐学好学，具有强烈的求知欲，对工作领域的未知知识和技术充满兴趣，这是其持续学习的原动力。技能大师群体的自我学习主要包括三种类型：一是自我导向型学习，即以专业兴趣为出发点，通过自学或

---

[1] 梁敬蕊. 职业院校技能大师实践性知识的生成机制研究[D]. 天津：天津职业技术师范大学，2020.
[2] 韩永强，彭舒婷. 技能大师养成的关键因素及其启示——基于35位国家级技能大师的样本数据[J]. 中国职业技术教育，2020（9）：42-47.

参加多种形式的岗位学习与培训等方式,学习专业、业务和管理领域的相关理论知识和操作技能。二是问题导向型学习,主要结合生产领域的技术问题或攻关项目,在解决技术难题中获得自我提升。三是学历继续教育,通过脱产学习或业余在职学习,提升学历。在工作中持续学习,是技能大师成功的必由之路。从技能大师群体的学习动机看,技能大师具有强烈的探索未知领域的欲望和解决生产技术问题的意识。扎根现场,练就绝活或绝技,攀登本专业领域的技术高峰是该群体成员的共同诉求。同时,技能大师具有学习自觉性和持之以恒的学习毅力。他们具有终身学习的理念,在工作场所实践中能够主动更新自身的知识和技术储备,并自觉地应用于生产实践。此外,技能大师群体特别注重工作场所知识的学习、创新和传播。技能大师群体既是知识创造者和技术革新者,同时也是组织知识生产和技术创新的推动者。一方面,技能大师通过技术开发、技术改造、技术攻关,在革新和改造技术、工艺、设备或生产工具的过程中不断地产生创新性的知识或技术成果。另一方面,技能大师以工作室为平台,通过编写培训教材、开展培训讲座、指导技术交流与竞赛、师带徒等形式实现创新成果在组织内部的共享与传播,进而推动更多创新成果的产出。

具有独特的心理特质。技能大师群体优秀的心理特质主要包括崇高的职业信念、敢于突破和创新的进取精神以及独特的工匠气质。首先,技能大师具备崇高的职业信念。从职业价值观的视角看,兴趣特长、自我成长与实现、社会需要是驱动技能大师成长的内在动因。正是出于职业兴趣,技能大师们才能够甘于寂寞,在工作岗位上"练就绝技",不断进行技术累积,进而形成高超的技艺并在恰当的条件下产生出重大技术创新。同时,对理想的"矢志不渝"和"孜孜以求",是激励技能大师勇攀技术高峰的内在精神动力,而技能大师对技术的苛求与创新并非是其终极目的,基于技术创新的"奉献"和"报效祖国"才是其不懈的价值追求。其次,技能大师都具有敢于突破和创新的进取精神。当面对相似的工作情境时,人们往往能够依靠原有经验高效、准确地解决问题。然而,当面对新的特殊工作情境时,原有的技能和方法将不足以解决难题。在这种情境下,要求技能人才突破原有技能应用的情境惯性,克服新情境中的知识壁垒、技术障碍。因此,创新精神是技能大师在技术累积的过程中实现突破的重要内驱力,也是成长为优秀技能人才必需的一种内在品质。最后,技能大师都具备独特的工匠气质。在工作和事业方面,敢于担当与作为,具有"爱岗敬业、勇挑重担、苦干实干、责任心强"等良好的工作品质,具有"攻坚克难、精益求精、追求卓越"的有为精神,强调和执行"零误差"工作理念,具有对工作、对他人、对社会的高度责任感。工匠精神是工匠的精髓和品行,技能大师良好的个人修养与工匠特质是实现专业发展的内在基石。

> **拓展阅读**
>
> **江苏省技能大师工作室申报条件**
>
> 获得"中华技能大奖""全国技术能手""国务院特殊津贴""省政府特殊津贴""江苏省有突出贡献技师、高级技师"等优秀高技能人才且具有下列条件之一的可以申报：
>
> （一）在创新创优方面，进行技术革新和技术改造，取得较显著的社会效益和经济效益；利用所掌握的绝技绝活，用于实际生产与经营，取得明显经济效益；开发研制或创作有价值的新产品、新作品、新工艺等。
>
> （二）在技术攻关方面，在科研、生产中攻克技术难关；对技术难题进行技术会诊，提出改进意见和措施，提高生产效率；在新材料、新设备、新工艺的引进和使用上取得突破。
>
> （三）在科技成果转化方面，对科学研究与技术开发所产生的科技成果进行后续试验、开发、应用、推广直至形成新产品、新工艺、新材料，发展新产业等，使科技发明、创新成果转化为现实生产力并有较高的实用价值。
>
> （四）在授艺带徒方面，在培养高技能紧缺人才方面做出突出贡献；举办有一定规模的培训班传授技艺、培养人才，产生辐射效应，取得明显成果；培养的徒弟技艺高超。
>
> （五）在传统工艺传承方面，积极挖掘传统工艺，大力进行传承、宣传等，或在抢救非物质文化遗产方面取得实效。
>
> ——资料来源：江苏省人力资源和社会保障厅 http://jshrss.jiangsu.gov.cn/art/2011/3/29/art_57242_4561.html

（三）"双师型"教师是本科职业院校师资队伍的基础

高素质、专业化、创新型"双师型"教师队伍是职业院校培育高技能人才、支撑新时代我国经济产业发展和参与全球产业竞争需求的保障。在国务院2018年颁发的《关于全面深化新时代教师队伍建设改革的意见》中，明确强调"全面提高职业院校教师质量，建设一支高素质'双师型'的教师队伍"。"双师型"第一次出现在原国家教委颁布的《国家教委关于开展建设示范性职业大学工作的通知》（教职〔1995〕15号）中，要求申请试点建设示范性职业大学"有一支专兼职结合、结构合理、素质较高的师资队伍。专业课教师和实习指导教师具有一定的专业实践能力，其中有1/3以上的'双师型'教师"。自此职教界对此开始高度关注，学者们对此进行了较为持久而深入的研究。"双师型"教师队伍建设是促进职业教育内涵式发展的必备条件，"双师型"教师队伍建设有助于提高职教教师专业化程度，促进教师专业发展。

基于职业院校教师必须对于现代产业发展样态与内部生产情景的熟知、实际生产过程中实践操作技能的具备以及对于技能形成过程与理论知识实践化应用过程的掌握，构成职业教师专业化的第一个阶段，即成为"双师型"教师，扮演职业院校人才培养实践与企业职业实践"联结点"的角色。但这并不是职教教师专业化的终点，职教教师专业化的目标是超越"双师"，既是"双师"，又不是"双师"，需要进一步完成从在企业实践中掌握"如何做"（成为"双师"）上升到在职业院校环境中"如何教"（成为专业化的职教教师）[1]。"双师型"教师专业发展四阶段："双师"素养发展阶段，"双师"资格发展阶段，"双师"熟练发展阶段，专家型"双师"发展阶段[2]。

1. 本科职业院校"双师型"教师的三重特征

本科职业院校"双师型"教师在技术、教育、研究等方面具有自身的特征。首先，具有技术性，即具备技术知识和实践意识。技术性并不是一般意义上的操作能力，而是一种将科学知识转化为技术应用的实践能力。这种特质有助于培养学生技术技能知识和实践能力，能指导、引领相关的技术实践活动，具体表征为教师能将技术知识和技能的过程与方法、情感态度、价值观等融于教育教学与科研实践[3]。其次，具有教育性，即具备教育教学及操作示范的能力。这种特质表征教师掌握专门的教育教学知识与能力，强调教师的职业素养，体现教师的职业教育教学理念，职业教育课程开发、课程实施、课程评价能力以及教育教学活动组织能力等。这也是教师职业区别于其他职业的独有特征。最后，具有研究性，即具备理性思维、学术素养与研究方法知识。这种特质一方面要求教师自身具备一定的研究意识和研究能力，尤其在应用理论研究方面，能够运用掌握的专业理论、研究方法等，创新地解决专业领域的科学问题和教学教法方面的教育问题，提升人才培养科学程度；另一方面要求教师培养学生发现、分析、解决问题的素质，将来能够从事有关专业理论研究工作。技术性是本科职业院校"双师型"教师区别于普通教师的核心特性，教育性是"双师型"教师之所以为"师"的根本特性，研究性是"双师型"教师承担人才培养和社会服务的能力得到社会广泛认可的关键特性。

---

[1] 和震，杨成明，谢珍珍. 高职院校教师专业发展逻辑结构完整性及其支持环境[J]. 现代远程教育研究，2018（5）：32-38.
[2] 郑国富. "双师型"教师的专业发展阶段与成长策略[J]. 中国人力资源开发，2012（4）：40-42.
[3] 孙翠香. 博士层次"双师型"职教师资培养：现代职业教育体系构建的焦点——兼论博士层次"双师型"教师培养的目标定位与课程体系构建[J]. 职教论坛，2014（32）：4-8.

2. 本科职业院校"双师型"教师能力结构

2000年3月，教育部下发的《关于开展高职高专教育师资队伍专题调研工作的通知》（教发〔2000〕3号）中，首次对"双师型"教师的内涵做了说明："工科类具有'双师'素质的专职教师应符合以下两个条件之一：具有2年以上工程实践经历，能指导本专业的各种实践性环节；主持（或主要参与）2项工程项目研究、开发工作，或主持（或主要参与）2项实验室改善项目，有2篇校级以上刊物发表的科技论文。其他科类参照此条件。"该文件使用了"双师"素质教师一词，这个指称从素质构成的视角进一步指出了"双师型"教师的基本内涵，更加强调职教教师的"专业实践能力"，以突出教师的企业实践经历和科技研发能力为外在手段。随后，教育部办公厅2002年5月下发《教育部办公厅关于加强高职（高专）院校师资队伍建设的意见》（教高厅〔2002〕5号），从个体意义上强调教师的"双师素质"，以及从群体意义上强调"专兼职构成"的"双师型"教师队伍，为"双师型"教师的应有之义。研究者对"双师型"教师能力结构进行了系统研究。综合分析已有研究成果，本科职业院校"双师型"教师能力至少包括教学能力、专业建设能力、参与学生和学校管理能力、开展科学研究能力、开展校企合作和服务能力、自身专业发展能力（见表7-1）[①]。

表7-1 本科职业院校"双师型"教师能力结构

能力维度	指标体系
教学能力	• 制订授课计划 • 知识讲解 • 巡回指导 • 分析汇总成绩 • 准备教学设备材料和工具 • 解答学生疑问 • 编写教案 • 了解学生 • 制作电子课件 • 总结课堂 • 反思教学
专业建设能力	• 专业人才需求调研 • 毕业生跟踪调查 • 开发评价工具 • 编写教材 • 制定人才标准 • 维护实训基地 • 听课评课
参与学生和学校管理能力	• 班级日常管理 • 指导学生社团发展 • 与家长沟通 • 参与招生宣传 • 就业指导 • 提出议案和合理化建议 • 民主监督民主决策 • 组织学生活动
科学研究能力	• 申报课题 • 验证研究成果 • 阶段性总结 • 收集分析数据 • 设计研究 • 成果转化 • 撰写研究报告
开展校企合作和服务能力	• 开展企业职工培训 • 面向社会开展培训 • 担任裁判员和考评员 • 提供技术服务

[①] 高山艳，和震. 职业院校教师专业能力结构模型构建及验证［J］. 教师教育研究，2019（6）：47-55.

续表

能力维度	指标体系
自身专业发展能力	• 听课评课　• 网络自主学习　• 参加专业会议和培训 • 阅读专业文献　• 指导新教师

这种本科职业院校"双师型"教师能力结构划分方法将课程开发、实训场所设计等能力包含在"专业建设能力"之中，将学生管理、职业指导等能力包含在"学生发展指导能力"之中，提出了本科职业院校教师"参与学校建设能力"，并将之与"学生发展指导能力"合并为"参与学生及学校管理能力"；同时，将"自身专业发展能力"单独列出，参与学校管理、开展社会服务等能力项方面进一步补充了本科职业院校教师专业能力的内涵。

2018年，国务院颁发的《关于全面深化新时代教师队伍建设改革的意见》明确提出"到2035年，教师综合素质、专业化水平和创新能力大幅提升""不断提升教师专业素质能力"的目标。专业能力是本科职业院校教师作为专门职业的核心能力，是教师质量的核心，也是教师专业化的重要体现。因此，本科职业院校教师通过提升专业知识与能力、专业教学知识与能力、职业教育知识与能力、专业发展能力等，不断完善自身的能力结构，促进自我专业成长。

拓展阅读

北京市职业院校"双师型"教师认定条件

一、基本条件

1. 教师认定对象上一年度师德考核须达到合格及以上档次；
2. 认定对象须取得相应的教师资格证书，作为理论教学能力的必备条件；
3. 认定对象是新入职教师的，试用期满并考核合格。

二、实践教学能力的认定条件

专业课教师满足下列条件之一：

1. 取得与所从事教学专业相关的中级及以上职业技能等级证书或职业资格证书或非教师系列的专业技术职务证书；
2. 有累计3年以上与所从事教学专业相关的行业企业从业经历；
3. 近5年参加省级或国家级职业院校"双师型"教师培养培训基地组织的连续不少于4周的"双师型"教师培训，其中含连续不少于2周的企业实践活动，并取得"双师型"教师培训合格证书；

> 4. 近5年本人参加省级及以上技能大赛并获得省级以上奖项；
> 5. 近5年取得与所从事教学专业相关的省级以上专业技能考评员资格；
> 6. 近5年指导学生参加国家级及以上技能大赛，并获得国家级三等奖及以上奖项；
> 7. 其他相当的、与专业实践能力密切相关的经历或应用于生产领域的专利等成果。
>
> ——资料来源：北京市教育委员会 http://jw.beijing.gov.cn/xxgk/zfxxgkml/zf-gkzcwj/zwgkxzgfxwj/202007/t20200701_1936297.html

三、优化师资队伍建设的路径选择

高素质、专业化、创新型教师队伍是本科职业院校培育高素质技术技能人才、支撑新时代我国经济产业发展和参与全球产业竞争需求的保障。师资来源多样化与素质差异化导致的职业院校教师专业发展需求的个性化，成为我国本科职业院校教师专业发展起点的总体特点。面对新工业革命推进过程中对于高技能人才内在素质要求升级所带来的挑战，应当从扩大师资培养、强化教师培训、加大企业引进、完善制度建设等方面入手，实现本科职业院校教师队伍高质量发展。

（一）扩大高水平职教师资培养

1. 完善职教师资培养体系

根据国家2021年教育事业统计数据结果显示，2021年，共有本科层次职业学校32所，职业本科招生4.14万人，职业本科在校生12.93万人；高职（专科）学校1 486所，高职专科招生552.58万人，高职（专科）在校生1 590.10万人。根据《关于推动现代职业教育高质量发展的意见》，"2025年，职业本科教育招生规模不低于高等职业教育招生规模的10%"，预计2025年，职业本科招生达到55万人左右。按照本科教育生师比不高于18∶1的标准，到2030年，本科职业院校专任教师至少增加10多万人。然而，现有12所职业技术师范院校培养的教师，尚不能满足高等职业教育发展需求，亟须完善职教师范大学为主、综合性大学为辅的职教教师教育体系，构建本科职业院校教师来源高端化和多元化路径。一方面，职业技术师范大学进一步强化职业技术师范教育特色,在专业设置、人才培养、科学研究、社会服务等方面,做强职教师范特色,凸显品牌效应,发挥培养本科职业院校教师的示范引领作用;另一方面,鼓励高水平综合性大学和工科类高校,依托自身优势学科和办学基础,以院系、专业的形式参与高水平本科职教师资培养,积极建设本科职教师资培养示范基地。

2. 创新"双元制"师资培养模式

2019年,教育部等四部门印发的《深化新时代职业教育"双师型"教师队伍建设改革实施方案》,明确提出:除"双师型"职业技术师范专业毕业生外,基本不再从未具备3年以上行业企业工作经历的应届毕业生中招聘。高水平的本科职业院校教师具备行业企业实践经历已成为理论和实践两方面的共识。因此,建议创新职教师资"双元制"培养模式,即大学培养与在职工作、实践经验累积同时进行,按计划分阶段实施,以提升理论和实践双重能力为目标,实现教师实际工作能力有效发展的职业教师培养模式[1]。这种培养模式既要构建实践导向的课程体系,围绕本科职业院校教师的职业工作任务构建理实一体化课程,建设理实一体化互动课程教学平台;也要充分发挥企业在本科职业院校教师资队伍建设中的主体作用,实施"基于产教结合"的企业实践培训模式,使得学生在校学习的同时定时地去企业接受培训。

3. 加大博士层次"双师型"教师培养

本科职业院校快速发展亟须一批集职业性、技术性、师范性、研究性于一体的博士层次"双师型"教师[2]。2013年,天津职业技术师范大学服务国家特殊需求博士人才培养项目"'双师型'职教师资人才培养项目"获得国务院学位委员会批准。这一项目是我国首个"双师型"职教师资博士学位培养项目,经过近10年的发展,为我国高层次职教师资培养积累了重要经验。在职业本科教育实现一定规模发展背景下,有必要加大博士层次"双师型"教师培养,支持职业技术师范大学和高水平综合大学开展类似项目,加强职教师资培养的"双重专业化",要求教师既要是行业专家又要是教学专家,为本科职业院校培养"双师型"领军人才和优秀的专业带头人。

(二)强化职教教师培训

1. 融通师资的职前培养与职后培训

与普通中小学教师专门依靠师范院校培养不同,本科职业院校教师不可能依靠大量举办专门的职业师范院校培养,大部分教师依然需要普通高校培养[3]。国家教育行

---

[1] 汤霓. 英、美、德三国职业教育师资培养的比较研究[D]. 上海:华东师范大学,2016.
[2] 孙翠香. 博士层次"双师型"职教师资培养:现代职业教育体系构建的焦点——兼论博士层次"双师型"教师培养的目标定位与课程体系构建[J]. 职教论坛,2014(32):4-8.
[3] 俞启定. "双师型"教师的定位与培养问题辨析[J]. 教师教育研究,2018(4):30-36.

政部门应该依据专业教学标准，制定职业本科教育师资培养条件的指导性规范，鼓励有条件的高校建立专门的职教师资培养机构，重点面向已有相当专业实践技能而且有教师培养前途的优秀中职毕业生、高职专科毕业生以及招收培养"双师型"师资的专业硕士，配置专职教师队伍承担职业教育原理和专业教学法领域的课程教学，同时与有关院系共享专业课程师资，也可以在专业院系设立职教师资培养的教学机构及相应课程，并组织安排学生赴企业实习实践。本科职业院校教师的职前培养逐步制度化且普遍达到从事职业教育教学的基本条件后，在入职后进一步增加培训进修，从侧重于更新技术技能和提升教学水平，实施更加灵活和多样化的方式，促进本科职业院校教师专业发展。依托校企合作联合设计的教师培训项目，选派专任教师与企业工程师组成团队合作开发项目、技术研发、企业培训、工程实施等，从而形成"双师"结构的实践共同体，推进教师培训可持续发展。

2. 构建分类分层的在职培训体系

在政府层面，需要健全校企合作的制度，完善激励举措，引导本科职业院校与本地具备一定条件的产业园区、科技园区企业合作；在行业企业层面，从长远利益入手，提出技术需求、人才需求等，明确教师为企业解决的具体问题，具备服务产业升级的能力，进而提供企业师资培训基地、企业工作站等；在学校层面，完善教师赴企业专业实践管理制度，提供资金支持，以企业技术人员为重点培养职业教育教师等，支持教师主动参与校企合作，提升专业实践能力。

当前本科职业院校设置了教师发展中心机构，形成了教师培训与服务的专门组织体系。这为构建本科职业院校分类分层的教师在职培训体系奠定了基础。建议依托校内教师发展中心，充分激发二级学院和企业参与教师培训的主动性，建立"自上而下"的分层分类培训组织框架，并结合"自下而上"的培训需求，聚焦1+X证书能力、"三教改革"、"双师型"教师、技能大师、学术带头人培养等，设计分类型、分层次的培训项目[①]。在具体培训内容上，构建涵盖师德为先、分类培育、分类考核等维度的培育机制，满足不同层次的教师专业发展培训需求。联合企业、本科院校等，依托教师培训基地、名师工作室、行业企业技术技能大师师资库等，针对性地提高教师的信息化素养、专业实践能力、国际化视野等。

3. 建设产教融合式师资培育平台

坚持产教融合、校企合作依然是职业本科教育办学模式的基本定位，也是培养师资队伍、促进教师专业成长的有效途径。本科职业院校根据专业群建设实际和专业发展需求，选取具备条件的企业、科研院所作为共建教师培训基地的合作单位，共建教师培训基地。一是制定相关政策制度，规范校企合作主体的有关权责，处理好利益关

---

① 钟斌. 本科层次职业教育师资队伍建设的现实挑战、实践逻辑与适然路径[J]. 职业技术教育，2021(16)：61–66.

系,如共同制定教师团队培养培训计划、参培管理办法、培养培训结业标准等;二是健全校企合作管理制度,改变本科职业院校教师赴企业专业实践管理制度由学校单方起草执行,提倡由利益共同体共同实施。建议本科职业院校邀请企业代表共同修订教师专业实践管理制度,赋予企业培养教师和共同管理教师的权利,并签订学校、企业和教师三方共同培养协议,增加企业对教师的专业实践能力和技术攻关的要求,引导教师为企业解决技术难题。

4. 开展"立地式"科学研究

本科职业院校的办学定位与办学特征决定其与高职专科院校的根本区别在于学科地位有极大提升,与普通高校相比,本科职业院校也有质的差别。本科职业院校教师应在发挥其技术技能优势和实践能力较强的基础上,高度重视科研工作,通过积极搭建科研平台、加大科研奖励的力度、营造崇尚科研的氛围等途径提升科技创新的地位。应立足于产业需求、科技创新和科技服务开展"立地式"科学研究。科研着力解决企业发展中遇到的实践课题,实现与企业发展的无缝对接,融合"应用研究—技术开发—产业化应用—企业孵化"于一体,是教师工程实践能力、技术研发能力的最佳训练场。企业研发人员与学校教师组成混编研发团队,共同进行项目研究。针对产业前沿技术设立专项技术研究所,以项目驱动形式设立博士工作室、教师创新工作室;针对产业发展需求,组成研发团队,与企业共同进行技术和产品研发,要求教师的技术研发或创新与企业技术发展同频共振,倒逼教师不断提升自身科研能力、技术研发能力和社会服务能力。

(三)加大企业教师引进力度

1. 全职引进具有企业经历的人才

将生师比保持在一个较低的水平是实现大学高质量发展的重要举措和特征。这已经被国内外高等教育实践所证明。本科职业院校作为国家职业教育的引领者,拥有一支数量充足、结构合理、功能健全的人才队伍是其根本要求。本科职业院校应根据专业发展、学科建设的需要,注重师资队伍理论与实践并重的知识结构、学术与技术兼备的能力结构,完善教师选聘机制,既引进"学术型"教师,又引进"技能型"教师。在人才引进中,本科职业院校尤其要强化具有企业经历的人才准入标准,坚决落实《国家职业教育改革实施方案》提出的"职业院校、应用型本科高校相关专业教师原则上从具有3年以上企业工作经历并具有高职以上学历的人员中公开招聘"。一方面,学校要根据学科发展和专业发展需要引进博士、教授等高学历、高职称的学术型人才;另一方面,要根据职业院校的办学特色积极引进优秀的高技能人才、企业领军人才、项目经理、技术主管,以及能工巧匠充实到师资队伍中,全力打造由教授、专家和行业领军型专业带头人为骨干,大国工匠、技术技能大师、产业教授加盟的专业结构、学历结构、职称结构、年龄结构合理，数量充足、教学与科研能力兼备的高水平教师队伍[1]。

2. 柔性与项目化引进企业技术人员

拓宽聘用有实践经验技能的人才的途径，专兼职教师有机结合[2]。本科职业院校还需要开辟多种途径，从有实践经验的企业技术人员中选聘教师。目前录用专职教师一般多为企业的转业人员或退休人员，受人事制度的制约加之教师待遇的吸引力有限，学校聘用企业现职的技术人员做专职教师尚有较大难度。"不求所有，但求所用"是人力资源开发的重要原则，因此聘兼职教师是更具可行性的办法。《国家中长期教育改革和发展规划纲要（2010—2020年）》提出，"聘任（聘用）具有实践经验的专业技术人员和高技能人才担任专兼职教师"，对"双师型"教师来源做了提示。2014年《国务院关于加快发展现代职业教育的决定》中提出的目标，包括"专兼结合的'双师型'教师队伍建设进展显著"，也是表明"双师型"教师队伍是专兼结合的。近年来学校与企业共建师资队伍已不乏良好的措施和效果，但教师身份仍然各自分属于学校和企业两个方面，"两张皮"带来的局限性和弊端就难以消除。建议在深化校企合作中尝试建立教师"双元制"，即既是学校教师，同时又是企业技师或技术员。这就需要原属学校的教师能在企业承担工作任务，自然获得良好的实践训练机会。在学校承担教学任务的企业技术人员，通过教育教学方面的培训，合格者也可以获得相应的教师资格，并享有与学校教师平等的相应待遇，这样会大大提高企业技术人员在学校兼职教师的认同感和积极性。

3. 探索构建高层次人才"校企双聘"机制

鼓励本科职业院校和优质企业探索构建"校企双聘"机制，双方共同引进、共同培养、共同使用高层次人才，即高层次人才人事关系挂靠学校，由学校为其解决编制、缴纳社会保险并发放兼职薪酬，企业发放薪酬和员工福利等。高层次人才在学校和企业上班时间为弹性工作时间，工作任务和考核方式由三方以协议的形式确定。总体来看，高层次人才既可以为企业提供技术咨询、技术指导、技术攻关和产学研合作等服务，又可以扎根学校开展"立地式"研究，服务技术技能人才培养。已有实践表明，"校企双聘"机制有效地推动了学校与企业结对，依托技术攻关供需关系，形成校企发展联盟，有利于校企联合建立重点实验室、产业创新服务综合体、技能大师工作室等，有助于高层次人才更好地投入产业研究、人才培养、项目开发、实训基地建设等，同时也能够推动学校和企业之间的知识共享，加快成果转化。

---

[1] 张莉. 本科层次职业教育试点院校师资队伍建设的困境及优化路径[J]. 中国职业技术教育，2020（32）：43-48.
[2] 俞启定. "双师型"教师的定位与培养问题辨析[J]. 教师教育研究，2018（4）：30-36.

（四）完善职教教师制度建设

1. 建立健全教师专业标准

教师专业标准是对合格教师专业素质与活动的基本要求与原则规范。由于职业教育师资构成的复杂性，新时代职业本科教育应明确各级各类专业教师的素质与能力要求，实现教师专业标准与师范类专业认证的衔接，以更好保证具有较大差异性的各级各类教师专业教学活动的顺利开展及教学质量的提高，促进教师专业化发展。本科层次职业教育要从人才培养定位是面向生产、建设、管理和服务一线，能够运用创新方法解决复杂问题的高层次、创新型技术技能型人才这一标准出发，采用合理的衡量尺度，确定教师的评定标准。国家层面要加快本科层次职业教育"双师型"教师专业化标准的研究，明确"双师型"教师能力素养的基本要求。各省（自治区、直辖市）可结合省情以及其他省份的经验，在国家指导文件下制定认定标准。本科职业院校在上级政策的导向下，兼顾认定标准的科学性和可操作性，邀请行业企业专家、职业教育教学名师、企业专家和教师等多方共同参与标准的制定。在完善教师专业标准的基础上，职业院校可实行专业发展分级制度，特别是"双师型"教师的专业水平测定，在提高教师专业发展积极性同时实现对教师质量的监测。在实行这一制度时，必须注意：一是不同类型教师专业发展标准的差别性；二是区分分级制度与教师职称（助教、讲师、副教授、教授）、岗位发展（国家名师、省级名师、校级名师、骨干教师）之间的联系与差异；三是分级的标准如何确定，并能证明其运行的信效度。

2. 形成职教师资资格认证标准

鉴于职业教育的跨界性以及教师的融合性，各职业院校应构建具有职教特色的教师资格认证体系，对教师的师德素养、学历经历、专业知识、技术技能水平等做出统一规定，为职教师资招聘考核等提供依据，推进职教师资朝着专业化、规范化发展。同时，针对不同类型教师，本科职业院校应区别不同情况，有侧重地设计相应具体标准，而"双师型"教师则尝试将教师标准和行业标准互相融合的"双重标准"作为制定"双师型"教师资格认定的基本依据。本科职业院校在教师岗位评定时要适时引导教师综合岗位发展需求、自身能力以及实际成绩，倾向选择科研型和服务型岗位，促进教师队伍结构不断优化。

3. 改进教师资格和聘用制度

"双师型"教师与普通教师的区别在于拥有充分的实践技能，是从事职业教育教学的特长所在，而现行的教师资格及教师聘用对学历的硬性要求往往不利于职业院校招收有实践技能的教师。如果能够从政策上放宽对职业院校专业课教师的学历要求，比如放低到本科学历，甚至是专科学历，就完全能够招聘到足够的具有很强实践能力的教师。本科职业院校可以从加强聘用实习指导教师入手，为实习指导教师提供与其他教师享有同等待遇，同时为他们提供学历、理论水平和教育教学能力提升的机会，使他们能够及时弥补短板，达到"双师型"标准[①]。实习指导教师从具有相关职业中级及以上技能操作水平起步，随职务晋升逐次要求高级技能操作水平、技师至高级技师的技能水平。

4. 实行分类分层多元评价

根据教师胜任职业本科教育的需求，构建分类、分层的多元评价体系。首先，基于分类设计的教师专业化标准构建分类的教师评价指标，根据专业带头人、技能大师、"双师型"教师等不同类型的教师所承担的主要工作职责设计评价内容。其次，根据教师的标志性教学成果、科研贡献、社会服务以及育人成效等进行分层评价。针对以教学为主的专业课教师，建立横向上以文化课、专业课、实习指导课等不同类型课程，纵向上以新入职教师、成熟教师、骨干教师等不同层次的分类分层多元化职称评审体系，引领教师在工作中按照自己的发展速度推进自身专业发展；针对企业兼职教师，增设职称评审机会，根据企业兼职教师参与教学标准制定、人才培养方案编写、实训基地建设以及发明专利等，通过职称评审激发兼职教师参与学校办学积极性。最后，探索建立"双聘教师"制度，通过与不同层次、不同类型的校外兼职教师签订个性化合同，实行项目工资制等措施，提高兼职教师协同育人的使命感和服务学校发展的责任感。

---

① 俞启定. "双师型"教师的定位与培养问题辨析[J]. 教师教育研究，2018（4）：30-36.

第八章

职业本科教育办学质量评价

质量是职业本科教育稳步发展、人民满意的基石。职业本科教育只有在办学质量上令人信服，才能获得政府、行业企业和家长、考生的支持，在社会上把"口碑"立起来。评价具有鲜明的导向作用，能够把办学资源和发展要素引导到评价指标体系所建构的质量指向上来。本书所指的职业本科教育办学质量评价，既不是传统意义上的办学评估，也不是依据有关学校和专业设置标准的准入质量、过程质量，而是以准出为导向的结果质量评价。办学质量不等于办学水平、办学标准，主要指学校办学保障的充分程度和师生对教学需求的满足程度。办学质量可从多个维度进行评价，主要包括学校办的质量、专业办的质量、教师教的质量、学生学的质量。本章内容按照造"势"、求"是"、授"渔"的思路展开，分别阐述办学质量评价的类型定位、评价对象、多元主体、评价指标、评价方式。

一、突出类型定位

职业本科教育是"职业教育的本科层次"和"本科教育的职业类型"的辩证统一，以教育性为本、职业性为底、高等性为质，其办学须遵循教育规律、凸显类型特色、具备本科质量水准。对其办学质量的评价，应坚持将类型定位贯穿始终，以本科质量为基准，来对评价的要素和指标进行设计。

（一）坚持办学方向不变

办学方向是指职业本科教育办学中所坚持的政治方向、人才培养方向和理念价值取向。办学方向问题事关学校前途命运和生存发展，无论对于什么类型的教育、什么样的学校，都是不可回避、不可或缺、不可偏差的头等大事，亦是质量评价首先应该考虑的问题。职业本科教育办学方向的评价，至少应该从以下3个层面予以考虑。

一是坚持社会主义办学方向，这是坚持和发展中国特色社会主义教育的根本原则。2016年12月习近平总书记在全国高校思想政治工作会议上发表重要讲话时，提出"培养什么人、怎样培养人、为谁培养人"的"教育三问",阐述了为党育人、为国育才的本质要求。2018年9月全国教育大会,习近平总书记强调"坚持中国特色社会主义教育发展道路,培养德智体美劳全面发展的社会主义建设者和接班人"。职业本科教育要办出中国特色、世界水平的质量,最重要的是在事关办学方向的问题上站稳立场,坚定不移地落实立德树人根本任务,为党育人、为国育才,为全面建设社会主义现代化国家、实现中华民族伟大复兴的中国梦提供有力的人才和技能支撑。

二是坚持技术技能人才培养方向,这是坚持和发展职业本科教育类型定位的基本原则。不同于普通本科教育,职业教育是培养技术技能人才的教育类型,其本质是实践性的教育,人才培养的逻辑起点是产业一线的职业岗位能力要求。职业本科教育作为职业教育的一个层次,评价其办学质量的一个重要方面,在于是否坚定不移地定位于技术技能人才培养,是否能够培养出契合新技术革命和产业变革需求的高层次技术技能人才。

三是坚持以人为本的价值取向,这是坚持和发展职业本科教育的重要原则。与所有教育类型或层次一样,职业本科教育要赋能于人,挖掘人的潜力,促进人在社会中的可持续发展和价值体现,最终目的是促进人和社会的和谐发展。所以,评价要关注办学是否真正坚持人本理念,以学生为中心设计方案、组合要素和开展教育教学活动,引导学校真正把办学资源和精力放到育人上。

(二) 坚持培养模式不变

按照潘懋元先生的观点,人才培养模式涉及"培养什么样的人"和"如何培养人"这两个根本问题,具体包括培养目标、培养规格、培养内容、培养过程、培养途径、考核评价和保障措施等要素[1]。该观点所指培养模式涉及人才培养的方方面面,可视为广义内涵。此处所讲人才培养模式,主要是指为实现职业本科教育人才培养目标而采取的培养过程与方式,包括教学内容、教学方式和要素组织等,其显著特征是产教融合、校企合作、工学结合。对职业本科教育人才培养模式的评价设计,要鲜明地指向这一显著特征。

一是在教学内容层面,坚持以用定学。不同于普通本科教育的学以致用,根据知识体系的逻辑来组织教学内容,职业本科教育从实践需求出发,根据产业一线复杂实践问题获得解决的内在逻辑,来组织学习内容和知识序列,强调教学内容与应用需求的对接。所以,在评价关注点上,更加注重产教融合型和理实一体课程的建设与配套教材的开发,更加注重活页式教材和工作手册的运用,更加注重将新技术、新工艺、

---

[1] 潘懋元. 应用型人才培养的理论与实践 [M]. 厦门:厦门大学出版社,2011:59.

新规范及典型工程技术案例及时纳入教学内容，更加注重完善"岗课赛证"综合育人机制。

二是在教学方式层面，坚持工学结合。在"如何教"方面，进一步深化和凸显职业教育育人特色，注重开展项目教学、情景教学、模块化教学，将高年级学生放到创新实践平台、融入教师横向项目进行实践训练，支持学生参加竞赛活动和科技创新，提升学生解决复杂问题的实践能力。在"谁来教"方面，以评价引领专业化"双师"队伍建设，更加注重博士教师"双师化"成长、技能性提升，更加强调教科研团队的校企"混编"融合和解决工程技术实践问题的能力，更加注重骨干教师教育科研、应用科研能力的提升，更加注重技术大师、技能大师等领军型人才的培育和打造。

三是在要素组织层面，坚持校企合作。职业本科教育具有与产业发展联系紧密的特性，因此更应坚持开放办学，以技术为纽带建立校企命运共同体，用好校企两种资源、融合校企两支队伍、依托校企两个阵地，丰富办学要素，实现合作共赢。在评价导向上，注重校企合作机制的有效构建，关注产业技术研究院、产业学院、大学科技园等技术技能创新服务平台的打造，注重引导技术成果转化和产品研发领域的合作。

（三）坚持特色发展不变

提高职业本科教育质量，走特色办学之路是必然选择。此处所讲特色发展，主要是指职业本科学校在不断的传承和创新中，既要凸显职业本科教育的特色，又要形成独具一格的自身特色。所以，评价方案设计和指标体系构建，要引导学校的特色发展，在指标的测量上不搞"一刀切"，可以采用典型案例举证的方式，体现各校的特色做法与成效，测量有特色的质量。具体可以按照"五度"原则进行设计。

一是人才培养定位与区域产业需求的契合度。从宏观的国家层面上来讲，职业本科教育定位于培养高层次技术技能人才，但具体到不同区域、不同类型、不同基础的职业本科学校，其人才培养定位关键要与所处区域产业发展实际需求匹配适度，能够满足产业一线对高层次技术技能人才的实际需求。

二是专业人才培养目标的达成度。当专业人才培养目标与规格确定后，应坚持以学生为中心、以结果为导向，在学校、专业、教师、学生等维度上的质量评价，能够引导和促进培养目标的有效达成。如果人才培养目标达成度不高，则其办学质量不具备可信度和有效性。

三是专业结构与区域产业结构的吻合度。紧密对接产业升级和技术变革趋势，围绕区域产业需求设置专业、培养人才，是职业本科学校肩负的使命与责任。所以，要根据区域产业发展规划，重点考察专业布局与区域支柱产业、重点产业和战略性新兴产业的对接情况，以及专业链对接产业链、专业与产业联动发展的配套机制建设情况，引导专业对区域产业支撑度、服务贡献度的提升。

四是相关利益方对质量的满意度。职业本科学校对社会的服务供给主要包括人才供给、技术供给和文化供给。其中人才和技术是显性支撑，文化是隐性影响。所以，要面向举办方和服务对象，包括政府、行业、企业、学生和家长等，进行质量满意度调查，引导举办人民满意和社会认可的教育。

五是专业的影响度。专业是职业本科学校内涵建设的龙头、竞争力的核心。一流的学校、一流的质量必然需要一流的专业来支撑。所以，是否拥有在行业、区域内乃至全国有影响的专业，亦是办学质量评价的重点，需要从专业内涵建设的核心要素，来选取适合的指标来测量影响力和竞争力，引导学校持续提升专业质量、打造优势和特色专业。

（四）注重主体多元化

多元化是指特性不同的对象组合，可以是社会组成多元化、业务发展多元化、学习方式多元化等。主体多元化，主要是从评价谁、谁来评、谁来用的维度，来考虑评价对象的选取、评价要素和指标的设计以及评价方案的运用。

一是质量主体多元化。质量主体主要是指办学质量的评价对象，是质量生成的载体。基于本书所指办学质量评价主要指向办学产出结果质量的考虑，在评价对象的选取上，从职业本科教育内涵式发展的思路切入，选取能够承载结果质量的核心对象，从学校办的质量、专业办的质量、教师教的质量、学生学的质量等四个维度，来综合评价办学质量，让评价更加具有全域视角、更加全面有效。同时，也可以单独对专业、教师和学生质量进行评价。

二是评价主体多元化。评价主体主要是指参与办学质量评价的利益相关方。按照职业本科教育办学的实际情况分析，评价主体主要包含校内评价参与者、校外评价参与者两类。其中，校内评价参与者的选取，既要充分考虑质量生成各方的诉求，又要考虑到各方积极性的调动，应包括但不限于教育管理者、专业与课程带头人、教师和学生；校外评价参与者的选取，既要邀请合作方如行业、企业代表参与进来，又要邀请家长、毕业生甚至不同层面社会公众的积极参与，从而对办学质量进行全面考察。

三是运用主体多元化。运用主体主要是指运用本方案对职业本科学校进行办学质量评价的组织者和使用者，体现了方案适用的多元性。既可以供职业本科学校使用进行自我评价、自我改进和持续提升，又可以供举办组织专家或委托第三方机构用于对某个职业本科学校的评价，还可以供第三方专业组织或机构用于对一批职业本科学校进行质量测评，从而在宏观上把握职业本科教育办学的整体质量状况和水平高低情况。

（五）注重标准特色化

标准特色化是指评价方案在标准的把握、评价要素的设计和评价指标的选取上独具特色。独具特色不是标新立异、偏离职业本科教育的办学规律和办学特色，而是在对已有高等教育、职业教育评价方案有效继承和对国际上同类方案合理借鉴基础上的创新与发展。

一是坚持属性驱动、规律驱动和自我发展驱动。评价方案的整体设计应凸显职业本科教育的职业性特征，遵循本科教育办学的内在规律、内涵式发展规律和人才培养规律，同时注意借鉴诊断与改进理念，根据评价结果的反馈进行持续改进，实现自我发展的螺旋式提升。在宏观层面，要注意能测量职业本科学校总体办学质量的状况或教学水平的提升；在微观层面，要注意能测量某一学校整体办学质量或某个方面的情况。

二是指标设置要抓住核心点、紧扣关键点。职业本科教育办学是一个复杂的系统性工程，质量生成涉及方方面面，如果在指标选取时面面俱到，那么所形成的评价方案将非常复杂，难以落地实施，失去可操作性。所以，评价指标选取要聚焦核心要素和关键指标，将复杂问题简单化，所构建的指标体系重点突出、简明可行、便于操作，既减少对学校工作的干扰，避免造成过重负担，又能提高评价效率。

三是指标要可测、有效、灵敏。鉴于实际办学的复杂性带来的指标多样性，应坚持定量和定性相结合，尽量选取能够测量的指标，将客观指标与主观指标比控制在7∶3左右，指标尽量从职业院校状态数据平台、高等教育基层统计报表、本科职业学校合格评估等现有平台或方案中遴选，并坚持拿来就能用、用了很有效的原则。同时，选取指标注意国际可比较，质量评价结果能够与专业认证等进行一定程度的接轨，与国外同类院校能够进行横向对比分析。

（六）注重方法现代化

方法现代化是指评价指标体系及其实施程序、使用工具等方面，充分融入现代化理念，充分运用新一代信息技术，提高整个评价方案的科学性、可操作性和实施便捷性。实现方法现代化，可以从以下3个方面入手。

一是设计理念现代化。要精确把握办学质量评价的定位，清晰与办学评估的差异。与办学评估侧重于办学条件、办学水平的综合评估及较多采用定性考察不同，本质量评价以办学的产出结果质量为导向设计指标体系和操作方法，较多采用定量测评。充分吸纳工程教育专业认证的成果导向理念（OBE）和职业教育教学诊断与改进的理念与方法，引领评价方案的整体设计。

二是操作规范手册化。根据评价指标体系特点，对操作程序和方法进行全流程设计，明确每个环节的参与者、标准动作、输出成果、检验标准，形成一套评价"工具箱"。针对评价主观指标，开发访谈、问卷等调研，确定评价频次、方法，并使之制度化；针对评价客观指标，确定数据来源的路径和方法。运用IPA分析法进行满意度评析。

三是运用工具信息化。充分运用云计算、人工智能和大数据技术，对操作程序和方法进行流程化设计，开发碎片化的信息化工具进行数据的采集、统计和分析。对于访谈、问卷等，可运用专业问卷调查工具进行数据采集；对于有确定来源的数据，可运用数据报表工具完成采集汇聚与统计分析，实现评价指标的精准测量、自动计算和可视化呈现。

二、明确评价对象

基于职业本科教育办学质量评价是针对职业本科学校准出质量而不是准入质量评价的认识，选择学校、专业、教师、学生为评价对象并构建指标体系。评价贯彻新时代教育评价改革精神，立足一线办学实际，主要测量学校办的质量、专业办的质量、教师教的质量和学生学的质量，坚持产出导向和全面质量管理理念，凸显职业本科教育教育性、职业性和高等性融合统一的特征，突出客观性、实用性和可测量性。

（一）学校评价突出综合评价

学校评价主要是针对学校综合办学能力和办学水平的评价，侧重于对学校办的质量进行整体考察，而不是聚焦某些个体或微观要素。学校评价的重要目的是通过质量评价来稳固职业本科学校办学基础，实现提质升级，进而推动学校高质量改革与发展。学校评价主要抓住以下几点：

一是立德树人。立德树人是一切教育的根本任务，职业本科学校作为高层次职业教育，要避免重"技"轻"德"的倾向。指标体系中，立德树人是重要组成部分，通过评价引导职业本科学校承担起立德树人的职责，并将其融入人才培养的全过程，以德为先，培养德技双优的技术技能人才，以育人成效推动人才培养质量的提升。

二是办学方向。办学方向是立校之本、兴校之源。站在发展职业本科教育的新起点上，只有在评价中坚持党的全面领导，全面贯彻党的职业教育方针，坚持学校建设发展的社会主义办学方向，才能办好职业技术大学，培养更多高素质技术技能人才、能工巧匠、大国工匠。

三是办学定位。职业本科办学定位于培养面向生产、建设、管理和服务一线,能够运用创新方法解决复杂问题的高层次技术技能人才。在评价时,引导学校坚持职业教育类型不变,坚持产教融合、校企合作的培养模式不变,同时具备本科教育水准质量,确保职业本科教育走在高质量发展的正确方向上。

四是学校治理。如果说党的领导是把方向、管大局,那么大学治理就是抓落实、出成绩。职业本科学校加强内部治理改革,持续推进治理体系和治理能力现代化,要在评价中突出治理模式、组织结构、教学结构、育人方式、管理体制创新等,引导学校在把准办学定位的基础上深化教育改革,彰显自身特色,办出高水平。

(二)专业评价突出创造性技能人才培养

专业评价是对专业办的质量进行评价,突出创造性技能人才培养是主线,目标是在专业维度上对质量做出测量,让政府、行业企业、学生和家长了解专业的人才培养水平,从而促进专业质量提升,保障创造性技能人才的培养。专业评价要注意以下几点:

一是产业与专业的适配关系。职业教育是与产业发展联系最为紧密的教育类型,与产业同频共振、共生共长是职业教育的本质属性。职业本科学校不仅要紧密对接产业,更要适应办学层次提升而带来的更高要求,紧盯产业对技术技能人才的需求,结合学校自身优势特色、瞄准两个"高端"打造本科专业,切实提升为企业提供技术服务的能力。专业与产业契合度的高低以及为企业输送人才能力的强弱是评价专业办的质量的重要依据。

二是做好人才培养顶层设计。紧紧围绕企业对一线人才的岗位需求,建立教育链、专业链与产业链、人才链有机衔接的学科专业人才培养体系。评价时注重学校课程与岗位对接、教学过程与生产过程对接,与企业共同编制高质量人才培养方案,从而有效提升职业本科教育办学质量和人才培养质量,确保学校所教就是企业所需。

三是抓好人才培养过程实施。主要包括对教学改革和实践教学的评价。教学改革的评价主要测评教学方法、教学理念的改革思路、做法、成果,引导教学与生产实践融为一体,推动传统课堂发生深刻变革。实践教学是职业教育的"重头戏",职业本科强调基于技术领域的实践教学,强化解决复杂技术工程问题和多学科知识综合应用能力。对它的评价主要关注其系统性、规律性和科学性,兼顾过程性评价与结果性评价。

(三)教师评价明确"双师"特质

教师是教育教学活动的组织者和实施者,是职业教育质量的决定性因素。职业院校手脑并用、做学合一的人才培养方式决定了它的教师队伍必须是"双师型"

的，"双师"是职业院校教师最显著的特质。对教师层面的评价要把握以下几个方面：

一是坚持把师德师风作为第一标准。评价时坚决克服重科研轻教学、重教书轻育人等现象，把师德师风表现作为教师评价的首要要求，严格执行师德考核一票否决制，强化教师思想政治素质考察，推动师德师风建设常态化、长效化；完善师德师风培育内容，将工匠精神、劳动精神、劳模精神以及教师教授专业对应岗位的职业道德、行业规范纳入师德师风建设。

二是建立结构化师资团队。教师资源是职业教育最重要的资源，一支数量充足、结构合理、业务精良的师资队伍是职业教育质量生成的关键，在某种程度上可以说师资水平的高低决定着人才培养质量的高低。评价重点考察学校的"双师型"教师、职称学历结构、专兼职教师结构等师资力量的比例等，引导学校打破师资引进的学历壁垒，拓宽引进人才的渠道。

三是注重考察教师综合能力。健全职业本科"双师型"教师评价标准，突出实践技能水平和专业教学能力，将能力和业绩成果作为教师评价的主要方向。重点评价教师的教育教学能力、技术研发能力、教育研究能力、信息技术运用能力、社会行为能力等，同时注重教师教育教学代表性成果以及应用性研究成果转化推广、社会培训等技术服务贡献。

（四）学生评价突出技能成才、技能报国

学生评价是对学生学的质量进行价值判断。学生学的质量具有抽象性、复杂性等特征，但可以把学习活动产生的结果即学习成果作为评价的对象。对于学生而言，好的质量是成才和成人的统一，因此不仅要关注学生知识和能力的评价，更要关注学生品德修养、理想信念、家国情怀等的评价。职业本科教育不仅要教授学生复合、精深的技术能力，使其具备岗位所需的基本条件，也要培育学生的职业态度和职业精神，突出就业质量，使其在职业教育强国富民的历史使命中找准奋斗方向。学生评价需要注意以下几点：

其一，德技并修是职业本科教育的主线。包括职业岗位所需的专业理论知识、岗位所需技能，同时还包括职业道德、工匠精神等学生需要具备的职业素养。对学生德技并修的评价既要有定性的描述，又要有定量的测量，定性定量相结合，灵活掌握二者的尺度，以便做出相对准确的评价。

其二，综合素质协调发展是职业本科教育的育人使命。重点测量学生德智体美劳全面发展、道德修养等，扭转职业教育重视技能、轻视素质的片面化、功利化倾向，引领职业本科教育以培养"整全的人"为目标导向，把学生成人成才作为衡量职业本科教育人才质量的重要维度。

其三，培养高层次技术技能人才满足产业转型升级的需求是职业本科教育办学的

目的。职业本科教育学生学的质量终归还是取决于能否满足行业企业乃至整个社会的需求，也即实际就业情况。因此，对职业本科教育学生的评价一方面要看是否符合预设的人才培养定位、目标与规格，另一方面要看行业企业等用人单位对职业本科学生的满意程度。所以，用人单位对职业本科学生的满意度是评价学生学的质量的主要参考。

三、实施多元评价

职业教育是面向社会的跨界教育，"跨界"属性决定了职业教育办学主体也是多元的。中共中央办公厅、国务院办公厅印发《关于推动现代职业教育高质量发展的意见》指出，"构建政府统筹管理、行业企业积极举办、社会力量深度参与的多元办学格局"。教育部等九部门印发《职业教育提质培优行动计划（2020—2023年）》提出，"完善政府、行业企业、学校、社会等多方参与的质量监管评价机制"。健全多元办学格局，完善政府、行业企业、学校、社会等多方参与的质量监管评价机制，为职业教育实施多元评价提供了政策依据和制度准备。

我国职业本科教育从2019年开始起步，到目前共有32所职业本科学校，且以民办学校为主，无论是在规模上，还是在质量上，都面临着前所未有的挑战。习近平总书记在全国职业教育大会上对职业教育工作做出指示强调，要"稳步发展职业本科教育"。当前，职业本科教育已经成为职业教育领域的热词、理论和实践研究的热点，但我们必须清醒地认识到，提高质量、提升形象是职业本科教育面临的两大现实任务。提高职业本科的办学质量，提升职业教育的社会形象，建立健全办学质量评价体系是出发点，评价出高质量的结果是落脚点。如果说院校和专业设置标准保证了职业本科的"入口"质量，那么建立多元质量评价体系就是为了保证职业本科的"出口"质量。因此，在吸收借鉴"评估""诊改"等有益经验的基础上，建立起由学校自评、专业机构测评和行业企业参评的多元评价机制十分必要且迫在眉睫。这不仅有利于全面科学系统地评价职业本科教育的总体质量和职业本科学校的办学水准，而且可以调动各类主体的力量大力发展、支持和推动职业本科教育。

（一）学校自评

学校自评是职业本科学校实现主体自治的一种表现。作为最重要的办学主体，职业本科学校具有提高自身办学质量的使命和责任。完善职业本科教育办学质量评价制度，要牢牢把握住人才培养这个核心，把职业道德、职业素养、技术技能水平、就业质量和创业能力作为衡量人才培养质量的重要内容。建立职业本科教育办学质量评价体系，既要在宏观层面能测量职业本科教育总体办学质量的状况或水平，更要在微观层面能测量某一学校整体办学质量或某个方面的状况。探索建立"诊断—改进—再诊断—再改进"的循环制度，通过自我测评找到学校办学质量的优势和劣势，找到影响和制约总体质量的关键变量，帮助学校科学精准地分析办学中存在的问题，找到改进提升的方向。

从学校、专业、教师、学生四个维度设计评价指标体系，重点考察办学校的质量、办专业的质量、教师教的质量和学生学的质量，要充分考虑到学校自身能够做到可比较、可预测、可引导、可咨询。比如说学校质量侧重立德树人、内外部治理和可持续发展等方面；专业质量主要体现专业与产业的适应性、师生比、产业全景图等方面；教师质量主要强调人才培养能力等方面；学生质量重点突出培养目标与毕业要求达成情况、世界500强企业就业情况、"毕业生来了就能干、即刻创造效益"等方面。

（二）专业机构测评

专业机构测评是社会参与职业本科教育办学质量评价的一种重要形式。全面客观评价职业本科教育办学质量，要发挥专业机构独立性、专业性和客观性的优势，从非利益相关方的视角来反映职业本科教育的办学水平和质量。专业机构从一定的维度遴选职业本科教育的内涵质量指标并形成发展指数，有助于社会大众更加全面地了解职业本科学校的办学实力。目前，国内关注职业本科教育办学质量并开展学校分类评价的机构有杭州电子科技大学、中国科教评价研究院、浙江高等教育研究院、武汉大学中国科学评价研究中心联合中国科教评价网开展的金平果职业本科院校综合竞争力排行榜、艾瑞深中国校友会网中国职业技术大学排行榜。由于职业本科教育本身还是个新生事物，专业机构也刚刚关注到这个新的领域，加之职业本科学校总体数量还不多，数据规模比较小，在一定程度上会出现评价指标设计缺乏科学性，评价结果与实际情况有一定差距的情况。由此可见，加强专业机构对办学质量的测评，还有很长的一段路要走。

从学校、专业、教师、学生四个维度对职业本科教育办学质量进行评价，要注重发挥社会力量。通过购买服务等形式引导专业机构有序参与职业教育监督评价，对于进一步扩大职业本科教育的办学自主权，深化管办评分离具有十分重要的作用，能够更加全面客观地反映和透视职业本科学校的办学实际情况。引导或引入专业机构参与职业本科教育办学质量评价，需要充分考察专业机构的资质和水平。因为专业机构的资质和水平，将对评价结果的合法性、公信力产生很大的影响。同时还需要把握好需求与供给的关系。要在全面梳理评价维度指标体系的基础上，明确学校、专业、教师和学生维度中哪些指标可以交由专业机构测评，或者哪些调查可以委托专业机构去实施。

(三) 行业企业参评

行业企业既是职业本科教育重要的办学主体，也是职业本科教育办学质量最直接的检验主体。职业本科教育紧跟产业转型升级的步伐，以就业市场对人才的需求为办学导向，吸引行业企业参与办学，推进校行企协同育人。企业对于职业本科教育培养出来的学生最有发言权，因为它们不仅深度参与人才培养的整个过程，还直接测试人才培养工作的实际成效。职业本科教育能不能培养出满足企业需要的"来了就能干，即刻创造效益"的人才，是行业企业关注的最核心的问题。当前，国家在鼓励行业企业投入职业教育、参与职业教育质量评价等方面做了不少制度性设计，但在职业本科学校层面真正落地的情况还不够理想，特别是行业企业参与办学评价的激励机制还没有完全建立起来。

推动行业企业参与职业本科教育办学评价，首先要明确行业企业参与评价的主体地位，从学校、专业、教师、学生四个维度都要加入行业企业参与评价的内容。在制度设计上，要建立促进行业企业参与评价的激励机制，优先让产教融合型企业、具有长期稳定合作关系的企业参与办学质量评价，采取各种激励措施激发行业企业参与办学评价的积极性、主动性和自觉性。在指标设计上，要充分挖掘行业企业的资源，将行业企业的技术标准、岗位标准、用人标准融进职业本科教育评价目标之中，引入职业本科教育评价实践的重要环节之中，不断提升职业本科教育人才培养质量。

四、构建评价指标

(一) 学校办的质量评价指标

学校办的质量评价指标见表 8-1。

表 8-1 学校办的质量评价指标

要素	指标	观测点	权重/%	指标来源
A1. 党的领导	A1.1. 党的建设	G01. 政治建设	4	本科职校合格评估指标体系
		G02. 党委领导下的校长负责制	5	本科职校合格评估指标体系

续表

要素	指标	观测点	权重/%	指标来源
A2. 大学治理	A2.1. 管理体制	G03. 现代学徒制开展	4	《教育部办公厅关于全面推进现代学徒制工作的通知》
		G04. 产业学院建设	5	《国务院办公厅关于深化产教融合的若干意见》
		G05. 治理结构改革创新	4	本科职校合格评估指标体系
	A2.2. 办学定位	G06. 围绕区域重点产业办专业	5	本科职校合格评估指标体系
		G07. 学校事业发展规划制定的科学性与合理性	4	本科职校合格评估指标体系
		G08. 国家和区域重大战略契合度	4	本科职校合格评估指标体系
	A2.3. 职教特色	G09. 坚持职业教育类型特色	4	本科职校合格评估指标体系
		G10. 坚持高标准、高起点、高质量办学	4	本科职校合格评估指标体系
		G11. 具有校本特征的亮点与特色	4	本科职校合格评估指标体系
A3. 立德树人	A3.1. 思政教育	G12. 思政课程（省级以上重点建设思政课程数）	4	职业教育质量年报指标
		G13. 课程思政（思政课教学满意度）	4	职业教育质量年报指标
	A3.2. 双元育人	G14. 坚持高层次技术技能人才培养定位	4	本科职校合格评估指标体系
		G15. 校企双元育人措施与成效	5	本科职校合格评估指标体系
A4. 可持续发展	A4.1. 社会服务	G16. 横向技术服务到款额	4	职业教育质量年报指标
		G17. 横向技术服务产生的经济效益	4	职业教育质量年报指标
		G18. 纵向科研经费到款额	4	职业教育质量年报指标
		G19. 技术交易到款额	4	职业教育质量年报指标
		G20. 非学历培训到账经费	4	职业教育质量年报指标
	A4.2. 国际影响力	G21. 全日制国（境）外留学生人数	4	职业教育质量年报指标
		G22. 非全日制国（境）外人员培训量	4	职业教育质量年报指标
		G23. 在校生服务"走出去"企业国（境）外实习时间	4	职业教育质量年报指标
		G24. 国（境）外技能大赛获奖数量	4	职业教育质量年报指标

（二）学校办的质量指标观测点内涵诠释

在学校层面，确立了党的领导、大学治理、立德树人、可持续发展等4个要素，主要聚焦职业本科学校办学方向、管理机制、根本任务和发展动力4个方面。职业本科学校要保证办学质量，首先，要通过加强党的全面领导，坚定社会主义办学方向；其次，要构建完善的大学治理体系，形成各部分、各系统并行不悖、运行有序的组织结构；再次，要坚定立德树人根本任务，坚持为党育人、为国育才，深化"三全育人"、实施五育并举，培养大批高层次技术技能人才，成为社会主义事业合格建设者和可靠接班人；最后，要凝聚可持续发展动力，以有为争有位，强化科研与社会服务能力，扩大国际影响。这4个方面是相互支撑、不可分割的整体，系统回答了学校保证办学质量应该为谁干、怎么干、干什么、谁来干等基本问题，全面构建了学校层面质量保证的总体框架。同时，学校层面指标设计亦是高校人才培养、科学研究、社会服务、文化传承创新和国际交流合作等五大职能的具体体现，虽未一一对应，但均有所兼顾。

1. 党的领导

党的领导的内涵比较明确，但外延相对宽泛，可以涉及学校质量保证的方方面面。在指标设置中，仅把党的建设视作关键因素作为二级指标，主要考虑党的领导是否贯彻好，关键是党的建设是否抓得实，重点从对党建这个关键点上的考察，全面评估学校党的领导水平和质量。

党的建设指标包含政治建设和党委领导下的校长负责制2个观测点。党的政治建设是党的思想建设、组织建设、作风建设、纪律建设等各项建设的统领，深入考察党的政治建设可以对党的全面建设做出较为客观的评估。党委领导下的校长负责制是党对国家举办的高等学校领导的根本制度，是高等学校坚持社会主义办学方向的重要保证，是考察高校党的领导水平的关键因素。两个观测点，一个从党的政治建设以点带面考察党的全面建设，一个结合高校特点重点考察党委领导下校长负责制从而全面了解学校决策机制，通过把握以上两个关键环节，可以对职业本科学校党的建设情况进行较为科学合理的评价。

【主要观测点】

政治建设是统领党的其他方面建设的灵魂，深刻体现在政治立场、政治方向、政治原则、政治道路、政治纪律、政治规矩、政治能力、政治文化等各个方面。根据《中共中央关于加强党的政治建设的意见》，政治建设主要考察职业本科学校坚定政治信仰、坚持党的政治领导、提高政治能力、净化政治生态等方面的做法和典型案例。权重占比4%。

党委领导下的校长负责制是指坚持党委的领导核心地位，保证校长依法行使职权，建立健全党委统一领导、党政分工合作、协调运行的工作机制。根据《中共中央办公厅关于坚持和完善普通高等学校党委领导下的校长负责制的实施意见》，主要考察职业本科学校党委统一领导学校工作、校长主持学校行政工作、健全党委与行政议事决策制度、完善协调运行机制等方面的做法和典型案例。权重占比5%。

2. 大学治理

大学治理在学校发展中具有根本性、全局性和长期性的决定性作用。从管理体系到治理体系的转变，实质上是从传统的自上而下的行政管理体系向上下结合、内外协调、全员参与的依法民主治理体系的转变，突出了学术自治、依法治校、民主办学、社会参与、科学管理等现代大学发展的基本规律。在指标体系设计中，大学治理要素包括管理体制、办学定位、职教特色等3个二级指标。管理体制侧重治理全局，重点考察治理体系建设；办学定位侧重治理关键，重点考察学校与国家区域经济社会发展契合程度；职教特色侧重治理亮点，重点考察校本治理特色。该要素是一个既有全面、又有关键、亦有亮点的二级指标组合，整体考察职业本科学校大学治理水平。

（1）管理体制

管理体制包括现代学徒制开展、产业学院建设、治理结构改革创新3个观测点。作为指标的管理体制，不可能全面考察学校管理的方方面面，在观测点选取上，主要考虑职业教育特色的管理体制建设，选取了现代学徒制、产业学院等两个关键点，同时运用被评估学校通过列举治理体系改革创新的其他亮点来佐证管理体制改革成效。

【主要观测点】

现代学徒制开展是职业教育管理体制改革的重点任务，主要以推进产教融合、适应需求、提高质量为目标，以创新招生制度、管理制度和人才培养模式为突破口，以形成校企分工合作、协同育人、共同发展的长效机制为着力点，推进校企协同办学机制改革。根据《教育部关于开展现代学徒制试点工作的意见》《教育部办公厅关于全面推进现学徒制工作的通知》等文件，主要考察职业本科学校招生招工一体化、标准体系建设、双导师团队建设、教学资源建设、培养模式改革、管理机制建设等方面的典型做法和案例。权重占比4%。

产业学院建设是指在特色鲜明、与产业紧密联系的高校建设的若干与地方政府、行业企业等多主体共建共管共享办学平台的建设。根据《中共中央办公厅　国务院办公厅关于推动现代职业教育高质量发展的意见》《教育部办公厅　工业和信息化部办公厅关于印发〈现代产业学院建设指南（试行）〉的通知》，主要考察职业本科学校创新人才培养模式、提升专业建设质量、开发校企合作课程、打造实习实训基地、建设高水平教师队伍、搭建产学研服务平台等方面的做法和典型案例。权重占比5%。

治理结构改革创新是指学校在治理结构改革中的典型做法以及相关制度体系。根据《教育部关于进一步加强高等学校法治工作的意见》，主要考察职业本科学校自选的规章制度体系、法人治理结构等方面的做法和典型案例。权重占比4%。

（2）办学定位

办学定位包括围绕区域重点产业办专业、学校事业发展规划制定的科学性与合理性、国家和区域重大战略契合度3个观测点。办学定位是根据社会政治、经济和文化发展的需要及自身条件和所处的环境，从学校的办学传统与现状出发，对自身在有关系统内部分工和协作关系中所处位置定位与学校的愿景构思。职业教育是定位于面向市场、服务发展、促进就业的教育类型。职业本科教育作为职业教育的本科层次，依然要坚定职业教育类型定位。因此，确定以上3个观测点。一是考察与学校专业与产业发展的吻合程度；二是考察学校自身规划的科学性合理性；三是考察服务国家战略的情况。

【主要观测点】

围绕区域重点产业办专业是职业教育的本质要求，是指职业本科学校专业设置应围绕所在区域重点产业发展的人才需要，培养当地企业留得住、用得上的高层次技术技能人才。根据《中共中央办公厅 国务院办公厅关于推动现代职业教育高质量发展的意见》等文件，主要考察职业本科学校现有专业与省域内重点产业、支柱产业的对接比例和对接度情况。权重占比5%。

学校事业发展规划制定的科学性与合理性是指职业本科学校结合国内外、省内外形势分析和自身发展研判，能够制定符合学校发展实际需要的五年规划或中长期规划。参照《教育部办公厅关于做好直属高校"十四五"规划编制工作的通知》等文件，主要考察职业本科学校五年发展规划与当地产业结构发展、教育体系、人的发展的吻合度，以及相关举措是否能支撑学校办学定位与发展战略等。权重占比4%。

国家和区域重大战略契合度是指职业本科学校自身办学定位、专业布局能够支持区域或国家重大发展战略，或为相关战略实施提供人力资源支撑。参照教育部《中共中央办公厅 国务院办公厅关于推动现代职业教育高质量发展的意见》等文件，主要考察职业本科学校人才培养、科学研究和社会服务对国家和区域发展重大战略的支持程度，围绕国家重大战略，紧密对接产业升级和技术变革趋势的典型案例和具体做法。权重占比4%。

（3）职教特色

职教特色包括坚持职业教育类型特色，坚持高标准、高起点、高质量办学，具有校本特征的亮点与特色3个观测点。设置这个指标重在考察职业本科学校能否坚持"升格不变质"，坚定走职业教育办学道路，能否坚持"三高"要求，培养高层次技术技能人才，是否发展具有校本特点的办学亮点和特色。设置的3个观测点，主要基于当前教育部相关文件对职业本科教育的特色要求。

【主要观测点】

坚持职业教育类型特色是指职业本科教育要坚持立德树人、德技并修，坚持产教融合、校企合作，坚持面向市场、促进就业，坚持面向实践、强化能力，坚持面向人人、因材施教等职业教育类型特征。根据《中共中央办公厅　国务院办公厅关于推动现代职业教育高质量发展的意见》等文件，主要考察职业本科学校的学校规范性文件、具体管理实践、人才培养模式等能否体现职业教育产教融合、校企合作等主要特征。权重占比4%。

坚持高标准、高起点、高质量办学是国家举办职业本科教育的基本定位，是指在稳步发展总体要求下，聚焦关键领域、重点行业、重点区域，以优质高等职业学校为基础，严把质量关，引导职业本科学校坚持职业属性，遵循职业教育规律办学。根据《教育部关于"十四五"时期高等学校设置工作的意见》《本科层次职业学校设置标准（试行）》《本科层次职业教育专业设置管理办法（试行）》等文件，主要考察职业本科学校是否符合设置标准、本科专业是否符合设置管理办法要求，人才培养质量能否达到高质量办学要求等。权重占比4%。

具有校本特征的亮点与特色是指除了指标列举的特色以外，职业本科学校在专业设置、人才培养等方面存在的具有校本特征的特点。参照教育部《中共中央办公厅　国务院办公厅关于推动现代职业教育高质量发展的意见》等文件，主要考察职业本科学校人才培养、科学研究和社会服务等方面突出特点、典型案例和具有鲜明特色的具体做法。权重占比4%。

3. 立德树人

立德树人是教育的根本任务，职业本科教育要坚定不移用习近平新时代中国特色社会主义思想铸魂育人，推进思想政治教育与技术技能培养融合统一，培养学生为国为民的担当精神、精益求精的工匠精神和诚信为本的职业道德。立德树人元素设置思政教育和双元育人2个二级指标，主要从育人和育才两个维度展开。一方面，通过考察思想政治教育实施情况，全面了解学校育人工作；另一方面，通过考察学校校企合作、工学结合"双元"育人情况，深入了解学校技术技能教学全过程。

（1）思政教育

思政教育包括思政课程、课程思政2个观测点。在观测点选取上，主要基于"大思政"育人理念，不能将思政教育仅仅理解为开设一门或几门思想政治理论的知识课，而是考虑职业本科学校两个方面的思政教育情况：一方面，要推动思想政治理论课改革创新，要不断增强思政课的思想性、理论性和亲和力、针对性；另一方面，要挖掘其他课程和教学方式中蕴含的思想政治教育资源，实现全员全程全方位育人。

【主要观测点】

思政课程是指职业本科学校思想政治理论课建设与开设情况，思政课程是落实立德树人根本任务的关键课程，发挥着不可替代的作用。根据《中共中央办公厅 国务院办公厅关于深化新时代学校思想政治理论课改革创新的若干意见》等文件，主要考察省级以上重点建设思政课程数，即获得省级以上立项、重点支持或荣誉的思政课程数量；思政课教学满意度，即学生对于学校开设的思想政治课程的教材、教师、教学等方面表示满意的比例。权重占比4%。

课程思政是指通过深入挖掘各类课程和教学方式中蕴含的思想政治教育资源，让学生通过学习，掌握事物发展规律，通晓天下道理，丰富学识，增长见识，塑造品格，努力成为德智体美劳全面发展的社会主义建设者和接班人。根据《高等学校课程思政建设指导纲要》等文件，主要考察"课程思政"数占总课程数比例，即校级以上立项建设的"课程思政"占学校总课程数量的比例；"课程思政"教学满意度，即指学生对于学校开设的"课程思政"表示满意的比例。权重占比4%。

（2）"双元"育人

"双元"育人包括坚持高层次技术技能人才培养定位、校企"双元"育人措施与成效2个观测点。在观测点选取上，主要围绕技术技能人才培养定位和培养路径两个维度展开。培养定位解决职业本科教育培养的人才类型定位问题，要坚定培养高层次技术技能人才；培养路径解决如何培养人才的问题，要坚持产教融合、校企合作、工学结合的"双元协同"育人举措。

【主要观测点】

坚持高层次技术技能人才培养定位是指学校将培养高层次技术技能人才作为办学的目标与方向，并落实到培养方案和课程体系。根据《本科层次职业教育专业设置管理办法（试行）》等文件，主要考察学校专业人才培养方案、课程体系、专业标准、课程标准等规范性文件中人才培养定位描述，以及教学过程中的案例和具体做法。权重占比4%。

校企"双元"育人措施与成效是指学校坚持职业教育属性和定位，产教融合校企"双元"育人思路清晰、措施有效的案例和具体做法。根据《教育部关于职业院校专业人才培养方案制订与实施工作的指导意见》等文件，主要考察人才培养设计与实施过程中企业的深度参与情况。权重占比5%。

4. 可持续发展

可持续发展主要考察职业本科学校通过提供服务提升自身能力、争取各类社会资源、扩大国内外影响力的能力和水平，主要设置了社会服务、国际影响力等2个二级指标。社会服务主要是聚焦国内，通过开展科研、社会培训、技术交易等获取社会资源支持；国际影响力主要是瞄准国际，通过资源或人员"引进来""走出去"提高职业教育国际知名度和美誉度。

(1) 社会服务

社会服务包括横向技术服务到款额、横向技术服务产生的经济效益、纵向科研经费到款额、技术交易到款额、非学历培训到账经费5个观测点。在观测点选取上，主要参照学校已有的统计数据情况，参考职业教育质量年报指标，选取了横向技术服务、纵向科研、技术交流和非学历培训四个维度，并细化为5个观测点。

【主要观测点】

横向技术服务到款额是指以学校名义与自然人、法人、其他组织签订的技术开发、技术服务、技术咨询、技术转让等技术合同所涉及的经费；国际科技合作项目中与境外企业、个人合作经费及科技捐赠项目经费。权重占比4%。

横向技术服务产生的经济效益是指学校为上述自然人、法人、其他组织提供相关服务以及国际科技合作项目中所产生的经济效益，由企业出具证明，并加盖财务章。统计截止时间以财政年度为准。权重占比4%。

纵向科研经费到款额是指通过承担国家、地方政府常设的计划项目或专项项目取得的科研项目经费。统计截止时间以财政年度为准。权重占比4%。

技术交易到款额是指政府或企业通过技术市场购买院校的专利和技术成果、购买技术转让、委托技术研发等支付到账的费用。统计截止时间以财政年度为准。权重占比4%。

非学历培训到账经费是指为社会进行的非学历培训实际到款额。统计截止时间以财政年度为准。权重占比4%。

(2) 国际影响力

国际影响力包括全日制国（境）外留学生人数、非全日制国（境）外人员培训量、在校生服务"走出去"企业国（境）外实习时间、国（境）外技能大赛获奖数量4个观测点。在观测点选取上，主要参照学校已有的统计数据情况，参考职业教育质量年报指标，以学生为中心，围绕留学生培养、"走出去"实习、国际技能大赛等3个维度展开，重点考查学生国际化能力和水平。

【主要观测点】

全日制国（境）外留学生人数（一年以上）是指学校接收一年以上全日制教育的国（境）外留学生总数。权重占比4%。

非全日制国（境）外人员培训量是指学校对国（境）外人员开展的各类培训项目的人员总量。权重占比4%。

在校生服务"走出去"企业国（境）外实习时间是指在校学生服务中国企业到国（境）外进行专业实践教学的时间。权重占比4%。

国（境）外技能大赛获奖数量是指学校师生在与专业教学相关的国（境）外技

能大赛中获得奖项的总个数,包括在国内举办的国际技能大赛上所获奖项。须在备注中逐一列出,否则数据无效。权重占比4%。

(三) 专业办的质量评价指标

专业办的质量评价指标见表8-2。

表8-2 专业办的质量评价指标

要素	指标	观测点	权重/%	指标来源
B1. 专业与产业	B1.1 输送产业人才	G01. 专业开展"现代学徒制"企业数量	4	数据采集*
		G02. 合作企业订单培养人数占专业毕业人数比例	4	数据采集
		G03. 服务区域企业典型案例	4	
	B1.2 服务产业发展	G04. 专业为企业技术服务年收入(万元)	4	数据采集
		G05. 专业为合作企业培训员工(人·次天/年)	4	数据采集
B2. 人才培养方案	B2.1 方案可行	G06. 培养目标清晰、合适,方案科学规范	4	本科职校合格评估指标体系
		G07. 建立人才培养方案持续改进机制,运行有效	4	
	B2.2 课程架构	G08. 公共课程、专业基础课程、专业课程、专业选修课程学分之比	4	数据采集
		G09. 专业提供的除公共课程外的课程数量与专业需修课程数量之比	4	数据采集
		G10. 课程思政融入专业教学全过程	4	本科职校合格评估指标体系
		G11. 选修学分占专业总学分比例	4	数据采集
B3. 教学改革	B3.1 因材施教	G12. 分类分层教学情况	4	数据采集
		G13. 开展项目式教学课时占开设总课程比例	4	数据采集
	B3.2 校企共育	G14. 校企共同开发课程门数占开设课程比例	4	数据采集
		G15. 专业拥有校企共同开发教材数量	4	数据采集
		G16. 企业兼职教师承担专业课程学时占专业课程总学时比例	4	数据采集
	B3.3 教学成果	G17. 教学改革典型案例	4	数据采集
		G18. 专业获得省级、国家级教学成果奖情况	4	数据采集
		G19. 省级、国家级教材建设奖获奖情况	4	数据采集

347

续表

要素	指标	观测点	权重/%	指标来源
B4.实践教学	B4.1 基本成效	G20. 实践课时占总课时比例	4	数据采集
		G21. 毕业设计（论文）的内容通过实验、实习、工程实践和社会调查等社会实践情况	4	本科职校合格评估指标体系
		G22. 获取"职业类证书"占专业学生比例	4	高基报表
		G23. 获取"职业技能等级证书"占专业学生比例	4	高基报表
	B4.2 突出成果	G24. 学生取得省部级及以上技能大赛获奖数	4	数据采集
		G25. 学生取得省部级及以上科技文化作品获奖数	4	数据采集

* 数据采集是指高等职业院校人才培养状态数据平台。

（四）专业办的质量评价指标观测点内涵诠释

在专业层面，确立了专业与产业、人才培养方案、教学改革、实践教学等4个要素，主要聚焦专业的产出性成果，即专业对产业的贡献、人才培养方案落实培养目标的情况，适合职业教育特色的教学改革及实践教学等方面。首先，职业教育是为行业企业和区域经济发展培养实用型人才的教育类型，满足行业企业的需求是职业教育的第一要务。其次，在明晰职业教育服务域的前提下，设计合理科学可行的人才培养方案是职业教育培养专业人才的根本保证。再次，在人才培养方案指导下，根据职业教育办学规律，加强产教融合、校企合作共同育人；面对不同生源，开展适合的分层分类教学等教学改革与实践是职业教育高质量发展的有效路径。最后，必须坚持职业教育特色，分别开展实践教学，是职业教育内在的要求也是保证教学质量的基础。

1. 专业与产业

产教融合是我国职业教育改革发展的基本战略，职业教育的行业性、产业性、区域性等特征，使职业教育专业与产业之间的匹配度成为专业对产业贡献度的重要指标之一。专业对产业的首要贡献是培养行业企业所需要的合格人才；其次是职业学校直接服务行业企业生产经营活动。在指标设计中，专业与产业包括输送产业人才和服务产业发展2个二级指标。

（1）输送产业人才

输送产业人才包括专业开展"现代学徒制"企业数量、订单学生数量和服务区域企业典型案例3个观测点。主要从点面结合的角度考察专业校企合作程度及服务企业的实际情况及亮点。

【主要观测点】

专业开展"现代学徒制"企业数量是指当年专业与行业企业开展现代学徒制培养的企业数量,应该签订有正式的三方协议,企业深度参与人才培养全过程。权重占比4%。

合作企业订单培养人数占专业毕业人数比例是指当年专业与合作企业签订正式订单培养的毕业学生数量与本专业总的毕业生数量的比值。权重占比4%。

服务区域企业典型案例是指专业以与行业、区域头部企业合作为背景协同开展人才培养、社会服务等方面的典型案例。此观测点需专业提供一个观点清晰、图文并茂的案例文档,评估专家根据案例的典型性、切合性等打分。权重占比4%。

(2)服务产业发展

服务产业发展包含专业为企业技术服务年收入和为企业培训员工2个观测点。为达到职业教育与产业的多方面深层次合作,职业教育除提供人力资源外,直接服务行业企业的生产经营活动和企业员工的职业培训是重要领域。

【主要观测点】

专业为企业技术服务年收入(万元)是指在一个自然年度内,除政府购买服务项目以外,专业科研技术服务的实际到账总收入,包括纵向科研、横向技术服务、培训服务、技术交易等经费。权重占比4%。

专业为合作企业培训员工(人·次天/年)是指在一个自然年度内,专业为行业企业提供的技术培训,其数量单位是接受技术培训的"人天"。权重占比4%。

2. 人才培养方案

人才培养是落实专业人才培养目标的基础性文件,是专业教学总体要求,在专业教学中具有统领性作用。人才培养方案的可行性是实现人才培养的前提,课程体系是人才培养方案的落实。

(1)方案可行性

方案可行性包含培养方案总体评价和培养方案持续改进机制方面的2个观测点。根据人才培养方案,结合专业及专业人才培养特点,评价其培养目标是否清晰、合适,方案是否科学规范,以及知识、能力、素质等要求。为适应技术进步和社会发展,专业对人才培养方案应有明确的持续改进机制。

【主要观测点】

培养目标清晰、合适,方案科学规范是指专业培养目标符合职业本科的层次和类型要求,目标高低适宜,具有职业本科特色,相应的知识、能力、素养等具体要求符合专业培养目标和专业教学要求。权重占比4%。

建立人才培养方案持续改进机制,运行有效是指专业为适应技术进步和社会发展,人才培养方案需有明确的持续改进机制,改进机制应有合适的改进周期、程序及审核等机制。权重占比4%。

(2) 课程架构

课程架构包含课程思政融入专业教学、课程的丰富性、选修学分的比例及各类课程学分之比等4个观测点。课程思政元素有机融入专业教育教学全过程,落实教书育人目标;专业提供非必修课程数量越丰富,学生学习选择面就越广,更能满足个性化学习的需求,另一方面也体现专业及专业教师的学术水平、教学实力;合适的选修学分占专业学分的比例及专业各类课程的比例,一方面体现专业基础教学的要求,另一方面也体现专业适应专业细分人才培养的能力,提高专业人才的适应性。

【主要观测点】

公共课程、专业基础课程、专业课程、专业选修课程学分之比是指根据人才培养方案载明的上述四类课程学分的比例关系。权重占比4%。

专业提供的除公共课程外的课程数量与专业需修课程数量之比是指专业提供的除公共课程以外的课程数量占人才培养方案要求专业所修读课程数量的比值。权重占比4%。

课程思政融入专业教学全过程是指思政元素有机融入专业课程,专业教学全过程做到教书育人并重。权重占比4%。

选修学分占专业总学分比例是指专业提供的选修课程学分占专业总学分的比值,比值越大,学生的选择自主性越大,更能满足学生个性化学习。权重占比4%。

3. 教学改革

职业本科人才培养要遵循职业教育和本科教学的规律,同时面对多样化不同层次的学生,加强校企合作共同育人,扎实开展因材施教,产出标志性教学成果。

(1) 因材施教

因材施教包含分类分层教学情况和开展项目式教学课时占开设总课程比例2个指标。职业本科学校生源具有多样性,学生的学业基础、基础技术技能等相差较大,需要开展分类分层教学,以达到较好的教学效果。

【主要观测点】

分类分层教学情况是指专业面对不同生源和学生的学业基础,切实开展分类分层教学,达成培养目标。权重占比4%。

开展项目式教学课时占开设总课程比例是指专业结合自身特色,开展项目式教学的课程或课程的部分内容的课时总数与人才培养方案总学时的比值。权重占比4%。

（2）校企共育

校企共育包含校企共同开发课程比例、校企共同开发教材数量及企业兼职教师承担专业课程比例等3个观测点。产教融合、校企合作是职业教育人才培养的有效路径，校企应共同开发专业人才培养方案，共同开发课程、教材，企业兼职教师承担一定比例的专业课程教学。

【主要观测点】

校企共同开发课程门数占开设课程比例是指专业使用校企合作共同开发的课程与人才培养方案规定需修课程总数的比值。权重占比4%。

专业拥有校企共同开发教材数量是指专业使用校企合作共同开发的教材与人才培养方案规定需修课程教材总数的比值。权重占比4%。

企业兼职教师承担专业课程学时占专业课程总学时比例是指专业一个培养周期内，专门聘请的校外企业一线管理、技术人员、能工巧匠等承担学校课程教学的课时与专业课程总学时的比值，专业课程指专业基础课程、专业核心课程。权重占比4%。

（3）教学成果

教学成果包含教学改革典型案例，省级、国家级教学成果奖和教材建设奖3个观测点。教学成果是反映专业办的质量的综合性指标，适合专业的典型教学改革是专业教学的重要基础，典型案例体现专业的水平和示范效果；省级、国家级教学成果及教材奖是反映专业综合实力的最主要的两个奖项。

【主要观测点】

教学改革典型案例是指专业开展教育教学改革的典型案例，案例内容应紧扣专业发展、人才培养、实践条件建设、教育教学改革、师资队伍建设、社会服务等方面，提供案例需观点明晰、图文并茂。权重占比4%。

专业获得省级、国家级教学成果奖情况是指专业教师参与的教育教学改革项目在近一届省级、国家级教学成果奖评比中的获奖等级及数量。权重占比4%。

省级、国家级教材建设奖获奖情况是指专业教师参与编写的教材在省级、国家级教育主管部门组织的优秀教材评比中的获奖情况。权重占比4%。

4. 实践教学

职业教育的属性决定了实践教学在职业教育专业教学中的重要地位，实践教学既要有时长的要求也需要质量的要求，职业本科教育更应注重实践教学，实践教学的内容应该面向产业高端、高端产业或高端服务。

（1）基本成效

基本成效包含实践课时占比、毕业设计（论文）来自实践的情况、学生获得"职业类证书"和获得"职业技能等级证书"4个观测点。实践课时占总课时比例是基本要求，是职业教育内在要求；毕业设计（论文）内容来自社会实践是本科层次职业教育人才培养定位的要求，即培养解决实际工程、技术、服务问题的人才；学生获得职业类、技能类证书是职业类人才的特色和必备条件。

【主要观测点】

实践课时占总课时比例是指人才培养方案中规定的理实一体化课程、实验、实训、实习等课程涉及的实践教学课时与专业总学时的比值。权重占比4%。

毕业设计（论文）的内容通过实验、实习、工程实践和社会调查等社会实践情况是指专业的毕业设计（论文）的内容结合岗位实习、工程实践、社会调研等社会实践的情况。权重占比4%。

获取"职业类证书"的学生占专业学生比例是指在一个自然年度内，获得的与专业相关职业类证书的学生数与本专业所有学生总数的比值。职业类证书包括职业资格证书、职业技能等级证书（X证书）、执业资格证书，以及教育部颁布的专业教学标准中列举的其他职业类证书。权重占比4%。

获取"职业技能等级证书"是指在一个自然年度内，专业学生获得的符合专业人才培养方案的职业技能等级证书，即"1+X"证书中的X证书总量。权重占比4%。

（2）突出成果

突出成果包含学生取得省部级及以上技能竞赛数、科技文化作品获奖数2个观测点。这两个观测点反映专业学生在技能竞赛、科技创新、文化作品创作等方面的突出成果，是专业的显性成果。

【主要观测点】

学生取得省部级及以上技能大赛获奖数是指在一个自然年度内，专业学生获得国家级、省级职业技能竞赛获奖数量。权重占比4%。

学生取得省部级及以上科技文化作品获奖数是指在一个自然年度内，专业学生在国家级、省级各类科技竞赛、文化作品的获奖数量。权重占比4%。

（五）教师教的质量评价指标

教师教的质量评价指标见表8-3。

表8-3 教师教的质量评价指标

要素	指标	观测点	权重/%	指标来源
C1. 师德师风	C1.1. 师德师风建设	G01. 师德师风教育	4	本科教育教学审核评估指标
	C1.2. 师德师风典型	G02. 省级以上师德典型数量	4	本科教育教学审核评估指标

续表

要素	指标	观测点	权重/%	指标来源
C2. 师资结构	C2.1. "双师型"教师	G03. "双师型"教师数量	4	本科职校合格评估指标体系
		G04. "双师型"教师培养基地数量	4	职业教育提质培优行动计划
	C2.2. "高层次"团队	G05. 国家级团队数量	4	职业教育提质培优行动计划
		G06. 省级团队数量	4	本科职校合格评估指标体系
	C2.3. "高层次"人才	G07. 国家级人才数量	4	本科职校合格评估指标体系
		G08. 省级人才数量	4	本科职校合格评估指标体系
		G09. 博士数量	4	本科职校合格评估指标体系
		G10. 产业教授数量	4	江苏省高水平高职院校高质量考核指标
		G11. "技能大师工作室"数量	4	职业教育提质培优行动计划/江苏省高水平高职院校高质量考核指标
C3. 教学能力	C3.1. 教学成果	G12. 国家级、省级以上教学成果奖的数量	4	职业教育质量年报指标
		G13. 国家级、省级教材奖的数量	4	职业教育质量年报指标
		G14. 国家级、省级课程思政示范课程和职业教育精品课程获奖的数量	4	职业教育质量年报指标
	C3.2. 教学大赛	G15. 教师国家级、省级教学能力大赛获奖的数量	4	职业教育质量年报指标
		G16. 教师国家级、省级技能大赛获奖的数量	4	职业教育质量年报指标
		G17. 教师指导学生国家级、省级技能大赛获奖的数量	4	职业教育质量年报指标
		G18. 教师指导学生在中国"互联网+""挑战杯"国家级、省级比赛获奖的数量	4	职业教育质量年报指标

续表

要素	指标	观测点	权重/%	指标来源
C4. 教科研能力	C4.1. 教研能力	G19. 国家级、省级教改课题立项的数量	4	职业教育质量年报指标
		G20. 国家级、省级规划课题立项的数量	4	职业教育质量年报指标
		G21. 国家级、省级教育科学研究成果奖的数量	4	职业教育质量年报指标
	C4.2. 科研能力	G22. 国家级、省级科研项目立项的数量	4	职业教育质量年报指标
		G23. 国家级、省级科技进步奖获奖的数量	4	职业教育质量年报指标
		G24. 国家级、省级哲学社会科学奖获奖的数量	4	职业教育质量年报指标
	C4.3. 社会影响力	G25. 教师在全国行指委、教指委担任委员的数量	4	职业教育质量年报指标

（六）教师教的质量评价指标观测点内涵诠释

人才培养，关键在教师。师资队伍是彰显办学水平、影响办学质量的重要主体，是人才培养的核心资源，更是学校提升竞争力和美誉度的重要凭借。在教师层面，确立了师德师风、师资结构、教学能力、教科研能力等 4 个要素，以造就一支师德高尚、素质优良、技艺精湛、结构合理、专兼结合的高素质专业化"双师型"教师队伍为总体目标，主要聚焦教师的师德素养、双师素质、团队建设与个人发展能力、教学成果、教学大赛、教研能力、科研能力和社会影响力等方面。师德师风是教师队伍建设的生命线，要提升职业本科学校教师的素质，首先，要加强师德师风建设，积极倡导对教师的师德师风教育与思想政治引领。其次，"双师型"教师是职业院校教师队伍建设的特色和重点，是核心竞争力的重要指标，要注重"双师型"教师的培养和打造高水平的领军团队和人才。再次，加强职业教育教师教学能力是提高职业教育办学质量的关键，教师教学能力水平的高低，在很大程度上决定着学校教育的质量。要引导教师在教学成果、教材建设、课程建设、教学能力大赛、指导学生参加职业技能大赛等方面下功夫。最后，职业本科教育应是学术性和职业性兼具的教育，要求教师必须具备开展科学研究的能力，要在教育教学研究、技术研究、科技开发与成果转化能力、社会影响力上不断提升。教师是职业本科教育的基础性资源，推动教师素质能力快速提升，优化教师队伍结构，探索本科职业教育师资队伍建设的路径，是开展本科职业教育的重要使命。以上指标涵盖了师资队伍考察的关键要素，构建了评价教师教的质量的总体框架。

1. 师德师风

师德师风是评价教师队伍的第一标准。职业本科学校要以习近平总书记关于师德师风建设的重要思想为指导，深刻认识加强师德师风建设的重要性、紧迫性，把落实《新时代高校教师职业行为十项准则》作为师德师风建设首要任务抓紧抓好。在指标设计中，师德师风包括师德师风建设和师德师风典型2个二级指标。

（1）师德师风建设

师德师风建设设置师德师风教育观测点。主要考察学校开展师德师风建设的情况：一是方向要正确坚定，要加强教师理想信念教育，引导教师带头践行社会主义核心价值观。二是制度要细化管用，把师德师风要求融入教师管理的各环节。三是防线要关口前移，严格教师录用中的品德考察，开展师德问题预警监测和筛查。四是要对师德失范行为，以零容忍的态度，依法依规严肃惩处。

【主要观测点】

师德师风教育是推进师德师风建设的主要形式，是师德师风建设取得实效的重要保障。主要考察开展岗前培训、任职培训、高级职称专题研修、青年教师职业生涯发展培训等多种师德师风培训形式的情况，成立教师工作部作为专门开展师德师风教育的机构及其人员的配备情况，《师德师风负面清单以及违纪行为处理办法》《教师师德师风考核办法》的出台情况，全年常态化开展正面引导教育和典型案例教育情况。权重占比4%。

（2）师德师风典型

师德师风典型设置省级以上师德典型数量观测点。师德师风典型主要考察大力树立和宣传优秀教师先进典型，建立师德师风表彰激励机制，弘扬高尚师德，引导教师潜心教书育人，创新工作机制和有效载体，形成支持优秀人才长期从教、终身从教的良好局面等情况。

【主要观测点】

省级以上师德典型数量是指获得国家级、省部级师德表彰的教师数，如国家名师、教书育人楷模、劳动模范等。权重占比4%。

2. 师资结构

师资队伍结构合理与否是衡量师资队伍建设质量的重要标志，更是建设好高水平大学师资队伍的关键。实现师资队伍结构优化，建设一支素质高、结构合理的师资队伍是职业本科学校发展的紧迫任务。在指标设计中，师资结构要素包括"双师型"教师、高层次团队和高层次人才等3个二级指标。

（1）"双师型"教师

"双师型"教师包括"双师型"教师数量和"双师型"教师培养基地数量2个观测点。在观测点选取上，主要围绕职业本科学校"双师型"教师培养及相关激励制度展开。

【主要观测点】

"双师型"教师数量是指具有教师资格证书，且有3年以上企业工作经历的教师或者5年之内有6个月企业实践经历的教师数量。权重占比4%。

"双师型"教师培养基地数量是指与学校签订"双师型"教师企业实践协议并且接收教师到企业实践的国家级、省级、校级企业基地的数量。权重占比4%。

（2）"高层次"团队

"高层次"团队包括国家级团队数量和省级团队数量2个观测点。"高层次"团队是职业本科学校开展专业建设、教学科研等活动的基础力量。高水平团队不仅决定职业本科学校教学科研等方面的最高水平，而且事关能否为我国更高层次技术技能人才培养提供队伍支撑。该指标主要是围绕国家和省两级情况进行综合评价。

【主要观测点】

国家级团队数量是指全国高校黄大年式团队、国家职业教育教师教学创新团队等的数量。权重占比4%。

省级团队数量是指省级教学、科研等相关团队的数量。权重占比4%。

（3）"高层次"人才

"高层次"人才包括国家级人才数量、省级人才数量、博士数量、产业教授数量和"技能大师工作室"数量5个观测点。高层次人才队伍是职业本科学校教育质量和学术水平的决定性因素。一流的人才大师就是学校实力、地位和声望的象征。该指标主要通过各级各类代表性人才类型的数量来综合体现。

【主要观测点】

国家级人才数量是指"万人计划"教学名师、国家百千万人才、中华技能大奖、"国家级技能大师工作室"领衔人、全国技术能手等国家级人才的数量。权重占比4%。

省级人才数量是指省教学名师、省工匠、省技术能手、省级人才培养（如江苏省333人才、省"青蓝工程"、省"双创"计划、省"社科优青"）等省级人才的数量。权重占比4%。

博士数量是指教职工具有博士学位的人数。权重占比4%。

产业教授数量是指参与学校教育教学活动的、由省主管部门选聘的来自行业企业的产业教授的数量。权重占比4%。

"技能大师工作室"数量是指在学校设立的、由知名技能大师领衔的"技能大师工作室"的数量。权重占比4%。

3. 教学能力

教师教学能力水平的高低，在很大程度上决定着学校教育的质量。教师教学能力是提高职业本科教育办学质量的关键所在。考察职业本科学校教师教学能力主要关注教师的实践性。在指标设计中，教学能力包括教学成果、教学大赛等2个二级指标。

（1）教学成果

教学成果包括国家级、省级以上教学成果奖的数量，国家级、省级教材奖的数量，国家级、省级课程思政示范课程和职业教育精品课程获奖的数量3个观测点。在观测点选取上，主要考虑到职业本科学校教师的教学成果较为集中地反映了产教融合、校企合作、工学结合、教材建设、课程建设等一系列教育教学理念在实践中的应用及其成效，彰显了教育理念对实践的指导意义，是职业教育实践工作者在具体的实践中不断探索的集中展示。该指标主要通过教学、教材和课程3个维度来体现。

【主要观测点】

国家级、省级以上教学成果奖的数量是指由教育部、各省组织评审的教学成果奖获奖数量。权重占比4%。

国家级、省级教材奖的数量是指国家首届教材建设奖（包括国家级优秀教材、教材建设先进集体和先进个人），省级教材建设奖（包括省级优秀培育教材、全国教材建设先进集体省推荐对象和全国教材建设先进个人省推荐对象）的获奖数量。权重占比4%。

国家级、省级课程思政示范课程和职业教育精品课程获奖的数量是指教育部、教育厅评审的课程思政示范课程（含教学研究示范中心）和职业教育精品课程（含精品线上课程和精品混合课程）数量。权重占比4%。

（2）教学大赛

教学大赛包括教师国家级、省级教学能力大赛获奖的数量，教师国家级、省级技能大赛获奖的数量，教师指导学生国家级、省级技能大赛获奖的数量，教师指导学生在中国"互联网+""挑战杯"国家级、省级比赛获奖的数量4个观测点。在观测点选取上，主要考虑教学大赛是推进教师、教材、教法改革的重要抓手，具有"以赛促教、以赛促学、以赛促改、以赛促建"，促进教师综合素质、专业化水平和创新能力全面提升的重要意义。该指标主要围绕教师参加大赛和指导学生参加大赛获奖的情况来展开。

【主要观测点】

教师国家级、省级教学能力大赛获奖的数量是指教师在全国职业院校教学能力大赛、省职业院校教学能力大赛中的获奖数量。权重占比4%。

教师国家级、省级技能大赛获奖的数量是指教师在人社部、人社厅组织的教师组职业技能大赛中的获奖数量。权重占比4%。

教师指导学生国家级、省级技能大赛获奖的数量是指教师指导学生参加全国职业院校技能大赛常规赛赛项、世界技能大赛全国选拔赛赛项、省职业院校技能大赛常规赛赛项、世界技能大赛省选拔赛赛项的获奖数量。权重占比4%。

教师指导学生在中国"互联网+""挑战杯"国家级、省级比赛获奖的数量是指教师指导学生参加中国"互联网+"大学生创新创业大赛全国总决赛主赛道、"青年红色筑梦之旅"赛道、国际赛道、职教赛道所有项目和"挑战杯"全国大学生课外学术科技作品竞赛和创业计划大赛省选拔赛的获奖数量。权重占比4%。

4. 教科研能力

职业本科学校要实现为地方社会经济服务、为产业结构调整和升级服务的目标，其教师不仅要具备教学能力、实践能力，还必须具有教学研究能力，解决企业实际难题进而开展科学研究的能力，还需要教师在所从事的行业、专业内具有一定的社会影响力。在指标设计中，教科研能力包括教研能力、科研能力和社会影响力3个二级指标。

（1）教研能力

教研能力包括国家级、省级教改课题立项的数量，国家级、省级规划课题立项的数量，国家级、省级教育科学研究成果奖获奖的数量3个观测点。教研能力主要考察教师把教学与教研结合起来，通过总结自己的教学经验，对教改中遇到的问题进行理论研究，提出自己的见解，进而探索和发现新的教学规律、教学方法和模式的能力。

【主要观测点】

国家级、省级教改课题立项的数量是指国家级以及省级的教育教学改革类课题的立项数量。权重占比4%。

国家级、省级规划课题立项的数量是指国家级以及省级的教育科学规划课题的立项数量。权重占比4%。

国家级、省级教育科学研究成果奖获奖的数量是指全国教育科学研究优秀成果奖以及省级教育科学研究成果奖获奖的数量。权重占比4%。

（2）科研能力

科研能力包括国家级、省级科研项目立项的数量，国家级、省级科技进步奖获奖的数量，国家级、省级哲学社会科学奖获奖的数量3个观测点。科研能力是教师必须具备的能力，对推动职业教育事业改革发展具有先导性意义和基础性作用。科研能力主要考察教师在服务决策、探索规律、指导实践及引导舆论等方面的作用。

【主要观测点】

国家级、省级科研项目立项的数量是指国家自然科学基金、国家社会科学基金、省自然科学基金、省社会科学基金、教育部人文社科类项目的立项数量。权重占比4%。

国家级、省级科技进步奖获奖的数量是指获得国家科技进步奖、省科技进步奖的数量。权重占比4%。

国家级、省级哲学社会科学奖获奖的数量是指获得国家哲学社会科学奖、省哲学社会科学奖的数量。权重占比4%。

（3）社会影响力

社会影响力设置教师在全国行指委、教指委担任委员的数量1个观测点。主要考察教师教学能力和学术造诣。

【主要观测点】

教师在全国行指委、教指委担任委员的数量是指教育部公布的全国行业职业教育教学指导委员会（2021—2025 年）、教育部职业院校教学（教育）指导委员会（2021—2025 年）的人员名单上榜数量。权重占比4%。

（七）学生学的质量评价指标

学生学的质量评价指标见表 8-4。

表 8-4 学生学的质量评价指标

要素	指标	观测点	权重/%	指标来源
D1. 素质能力	D1.1. 综合素质	G01. 学生获得省级以上综合表彰数	4	全国高校教学基本状态数据库
		G02. 本科生党员数	4	高基报表
		G03. 典型学生案例	4	
	D1.2. 学习成效	G04. 本科生发表论文情况	4	全国高校教学基本状态数据库
		G05. 学生获准专利（著作权）数	4	全国高校教学基本状态数据库
		G06. 英语四级考试累计通过率	4	全国高校教学基本状态数据库
		G07. 学位论文质量	4	本科职校合格评估指标体系
	D1.3. 创新创业	G08. 参与大创项目的本科生数	4	全国高校教学基本状态数据库
		G09. 在校本科生创业项目数	4	就业质量报告
		G10. 学科竞赛获奖	4	全国高校教学基本状态数据库

续表

要素	指标	观测点	权重/%	指标来源
D2. 生活质量	D2.1. 在校体验	G11. 上一学年体质合格率	2	高基报表
		G12. 学校专职辅导员数、心理咨询师数、就业指导师数	2	本科职校合格评估指标体系
		G13. 学生服务机构及学生社团数量	3	本科职校合格评估指标体系
		G14. 本科生文艺、体育竞赛获奖情况	3	全国高校教学基本状态数据库
		G15. 全年各类奖学金总额	3	全国高校教学基本状态数据库
D3. 就业状况	D3.1. 升学率	G16. 当年本科生境内升学率	2	全国高校教学基本状态数据库
		G17. 当年本科生境外升学率	4	全国高校教学基本状态数据库
	D3.2. 就业质量	G18. 本科生毕业去向落实率	3	职业教育质量年报指标
		G19. 本科生半年后平均薪资	4	职业教育质量年报指标
		G20. 本科生3年职位晋升比例	4	职业教育质量年报指标
		G21. 本科生就业吻合度	4	本科职校合格评估指标体系
	D3.3. 就业流向	G22. 本科生500强企业就业情况	4	职业教育质量年报指标
		G23. 本科生服务产业高端和高端产业情况	4	本科职校合格评估指标体系
		G24. 本科生省内就业情况	3	本科职校合格评估指标体系
	D3.4. 满意度	G25. 毕业生对工作的总体满意度	3	本科职校合格评估指标体系
		G26. 毕业生对学校人才培养的满意度	4	就业质量报告
		G27. 用人单位对学生综合素质满意度	4	职业教育质量年报指标
		G28. 用人单位对学校人才培养满意度	4	就业质量报告

（八）学生学的质量评价指标观测点内涵诠释

在学生层面，确立了素质能力、生活质量、就业状况3个要素，主要聚焦学生综合素质能力培养，在校生活体验和学生就业质量3个方面。首先，职业本科学校的学生培养质量要体现到培养德智体美劳全面发展的社会主义建设者和接班人上，德技并修是职业教育立德树人的评价旨归，是职业教育学生评价的根本价值导向。其次，职业教育是面向就业的教育，学生就业质量的高低直接体现学校学生培养质量的高低。最后，在适龄教育人口逐渐减少，职业教育生源多样化背景下，学生和家长已成为教育选择的决策者，在职业教育中的主体地位越来越受到重视。学生、家长在职业教育评价中的诉求更多体现在教育质量、教育公平、教育成本上。因此学生的能力发展、教育获得、在校感受、生活质量等期望和诉求都应进入评价范畴。

1. 素质能力

素质能力主要观测学生的综合素质能力发展，从培养什么人角度出发，构建职业教育学生综合素质评价体系，促进学生德智体美劳全面发展。在指标设计上，素质能力包括学生综合素质、学习成效、创新创业3个二级指标。

（1）综合素质

综合素质包括学生获得省级以上综合表彰数、本科生党员数和典型学生案例3个观测点。该指标主要考察优秀学生的质量和水平。

【主要观测点】

学生获得省级以上综合表彰数是指学生获得全国、全省最美大学生、大学生年度人物（含提名或入围）、全国大学生自强之星、全国优秀共青团员、省三好学生、省优秀学生干部等省级及以上综合表彰的人次。权重占比4%。

本科生党员数是指学生中正式加入中国共产党组织的学生人数，不包括预备党员。权重占比4%。

典型学生案例是指学生成功培养经历，在校成功经验及各类优秀学生案例。权重占比4%。

（2）学习成效

学习成效包括学生发表论文情况、获准专利（著作权）数、英语四级考试累计通过率和学位论文质量4个观测点。该指标主要考察学生的学习质量和培养质量。

【主要观测点】

学生发表论文情况是指学生在各类学术期刊以第一作者发表论文的数量。权重占比4%。

学生获准专利（著作权）数是指在校学生申请获准的发明、实用新型、外观专利的数量。权重占比4%。

英语四级考试累计通过率是指近一届毕业生中全国大学生英语四级考试425分以上（含425分）成绩的学生人数与毕业生总人数的百分比。权重占比4%。

学位论文质量是指学生省级优秀毕业论文获奖数量。权重占比4%。

（3）创新创业

创新创业包括参加大创项目的本科生数、在校本科生创业项目数、学科竞赛获奖3个观测点。该指标是综合素质能力的重要体现，主要考查学生创新能力和创业意识的培养水平。

【主要观测点】

参加大创项目的本科生数是指参加省级以上大学生创新创业训练计划的学生数量。权重占比4%。

在校本科生创业项目数是指在校学生担任法人、创办企业的数量。权重占比4%。

学科竞赛获奖是指学生在国家级学科竞赛中的获奖。包括由教育部高教司或各学科专业教学指导委员会发起或组织，统计范围为中国高等教育学会"高校学生竞赛与教师教学发展平台"发布的全国普通高校学科竞赛排行榜中确认的竞赛项目。权重占比4%。

2. 生活质量

生活质量是指学生在校期间的获得感和学习生活保障情况，主要考查学生在校是否能获得身心健康的良好保障，学校的各项管理服务是否符合国家相应的配置要求。在指标设计上，生活质量设置学生在校体验1个二级指标。

在校体验包括体质合格率、学校专职辅导员数、心理咨询师数、就业指导师数、学生服务机构及学生社团数量、学生文艺、体育竞赛获奖情况和全年各类奖学金总额5个观测点。主要考查学生整体体质达标情况，接受体育和美育教育情况，学生获得相应管理服务情况以及是否受到良好资助的情况。

【主要观测点】

体质合格率是指近一届毕业生按《国家学生体质健康标准》测试合格的学生占当年毕业生总数的百分比。权重占比2%。

学校专职辅导员数、心理咨询师数、就业指导师数是指一线专职辅导员数、心理咨询师数和就业指导师数符合国家相应师生比例要求。权重占比2%。

学生服务机构及学生社团数量是指校级学生一站式服务中心、资助中心、就业创业指导中心、职业生涯规划指导中心、心理咨询服务中心等校级服务机构和校级大学生社团的数量。权重占比3%。

本科生文艺、体育竞赛获奖情况是指本科生在国内外及省部级等文艺、体育竞赛中获得的奖项数。权重占比3%。

全年各类奖学金总额是指全年学生获得国家奖学金、国家励志奖学金及各类政府奖学金、社会企业奖学金、学校奖学金的总额。权重占比3%。

3. 就业状况

就业状况是职业本科学校就业质量的重要体现。在指标设计上，就业状况包括升学率、就业质量、就业流向、满意度4个二级指标。

（1）升学率

升学率包括境内和境外升学率，主要考察被录取为硕士研究生的学生占全体毕业生的比率。

【主要观测点】

当年本科生境内升学率是指统计当年被录取为国内高校硕士研究生的学生占全体毕业生的比率。权重占比3%。

当年本科生境外升学率是指统计当年被各类境（国）外高校录取的学生占全体毕业生的比率。权重占比2%。

（2）就业质量

就业质量包括学生毕业去向落实率、半年后平均薪资、3年内升职情况、就业吻合度4个观测点，主要考查学生能否找到工作，工作是否专业对口，工作的薪资水平高低以及3年内是否能够得到职业发展4个方面。

【主要观测点】

学生毕业去向落实率，根据教育部发布的《教育部办公厅关于进一步做好普通高校毕业生就业统计与核查工作的通知》，高校毕业生的毕业去向落实率＝协议和合同就业率＋创业率＋灵活就业率＋升学率。其中，协议和合同就业包括签就业协议形式就业、签劳动合同形式就业、应征义务兵、科研助理/管理助理、国家基层项目和地方基层项目；灵活就业包括其他录用形式就业和自由职业；升学包括升学和出国、出境；未就业包括不就业拟升学、其他暂不就业和待就业。权重占比4%。

本科生半年后平均薪资是指统计当年的应届毕业生12月时的平均薪资水平。权重占比4%。

本科生3年内升职情况是指3年内本科毕业生升职的平均次数。权重占比4%。

本科生就业吻合度是指本科毕业生从事与所学专业相关行业职业的人数比例。权重占比4%。

（3）就业流向

就业流向包括本科生500强企业就业情况、本科生服务产业高端和高端产业情况、本科生省内就业情况3个观测点。主要考察毕业生就业质量和服务当地的情况。

【主要观测点】

本科生500强企业就业情况是指被世界500强企业、中国500强企业、民营500强企业录用的人数。权重占比4%。

本科生服务产业高端和高端产业情况是指毕业生在产业高端和高端产业就业的情况。权重占比4%。

本科生省内就业情况是指毕业生服务当地，在学校所在省内就业的比率。权重占比3%。

（4）满意度

满意度包括毕业生对工作的总体满意度、毕业生对学校人才培养的满意度、用人单位对学生综合素质满意度、用人单位对学校人才培养满意度4个观测点。主要从毕业生和用人单位两个角度考察学校人才培养和就业情况的满意度指标。

【主要观测点】

毕业生对工作的总体满意度是指毕业生对目前工作的总体满意程度。权重占比3%。

毕业生对学校人才培养的满意度是指学生毕业之后对学校人才培养的满意程度。权重占比4%。

用人单位对学生综合素质满意度是指用人单位对毕业生能力素质水平能够胜任目前工作岗位的要求的满意程度。权重占比4%。

用人单位对学校人才培养满意度是指用人单位对学校人才培养工作的满意程度。权重占比4%。

五、增强评价效用

办学质量评价的最终目的是促进职业院校办学质量的自我改进，同时向利益相关方提供评价反馈信息，帮助其做出正确的选择和决策，能够对本科层次职业教育领域管、办、评各方主体及全方位工作起到重要的鉴定和导向作用。

（一）方法

按照"依托行业、学校自愿、多方参与、服务社会"的总体思路，有序推进职业本科教育办学质量评价方案的组织实施。

1. 评价工具

我国普通本科高校教学工作评估，经过近40年的探索实践，初步形成了具有中国特色的普通本科高校教学工作评估制度体系。但职业本科学校在办学方向、办学定位、办学内涵等方面不同于普通本科高校，现有普通本科高校的评估方案不适应职业本科学校发展的实际需要，亟须制订一套针对性强、特色鲜明的新"工具"，更好地引导学校明确办学方向，抓好办学规范，充实办学内涵，实现特色发展。

在设计和开发评价工具和方法时，针对被评价对象多层面和多元化的特点，按类型把"尺子"做精做细，采取柔性分类方法，提供不同"评价套餐"，采取灵活多样的评估方式，包括定性和定量相结合、硬件和软件相结合、学校自评与专家测评相结合、线上与线下相结合、问卷和访谈相结合、观测和文本分析相结合，以体现以人为本的现代评估理念，坚持工具理性和价值理性的统一。充分发挥互联网、移动设备等手段提高评估的效率，在进行信息处理时，由专业的工作人员对采集到的信息进行科学合理的筛选、分类和归纳，提高信息的信度和效度。探索运用 IPA 分析法（重要度-绩效分析法）对职业本科教育在校生、毕业生和用人单位分别进行满意度评价。

2. 程序

办学质量评价程序力求简化，充分利用网络数据平台开展评估，重点突出，简明扼要，便于操作，提高工作效率。

不同层面的质量评价流程其侧重点应有所不同，应强调分类施策差异化评价。一切从学校实际出发，分阶段实施学校、专业、教师和学生层面的评估工作，有计划地开展自评。学校结合本科层次技术技能人才培养工作思路、重点举措、改革成效，特别是在保持职业教育的类型特色、服务区域经济的发展、培养高层次技术技能人才等方面的典型案例，查找教学中存在的问题。充分发挥行业组织、第三方评估机构等社会中介组织在评估方面的作用。

在通常情况下，质量评价工作的基本流程包括参评确认、学校自评、填报数据并提交自评报告、材料核查与公示、现场勘察和验证、专家评价、结果审定公布等。

不同层面的质量评价应建立不同类型的专家库，扩展具有丰富实践经验的专家资源，制定专家评价标准和指南；采用基于定量数据、证据的专家"融合评价"，提高专家评议质量。

3. 数据

职业院校应开发与校内质量保障体系相匹配的信息化常态监测平台，建立信息跟踪调查、统计分析及定期发布制度。采取多样化的信息收集渠道与方式，加强校内教学基本状态数据库建设，形成包括基础性数据、条件性数据、过程性数据、结果性数据和相关信息的大数据信息平台，实施基础评估、数据挖掘、系统分析、综合评价，构建高水平的教育督导评估信息管理应用系统，强化教育督导评估的数据支持、信息支撑、管理保障与服务决策能力，提升教育评估监测的信息化水平。

采取定量与定性相结合的综合评价方式，以对数据的定量分析为主，以专家的定性判断为辅，定量分析注重对专业现时状态的客观评价，定性判断突出对专业发展潜力的主观评价，注重通用性和专业性结合，充分考虑专业差异。

4. 报告

办学质量评价专家通过分析数据、重点考察、查阅资料和深度访谈等方式，对关键评价要素的思路、措施等给予评价，并在民主讨论的基础上，确定其是否达到评价要求。专家组在关键评价要素的基础上，形成主要评价指标的评价意见，并作为考察、评价、反馈意见的依据。办学质量评价报告撰写时要把握客观性、导向性、针对性和发展性等原则，在与受评学校充分交流和沟通的基础上，对相关数据进行核实和确认。将评价结论及专家组考察评价意见及时反馈给学校相关人员。

(二) 使用

办学质量评价必须强化评价监测结果的使用效能，通过诊断分析和纵横向对比分析，直视短板，正视问题，更好地引导学校明确办学方向，切实改进结果评价，强化过程评价，探索增值评价，健全综合评价。

1. 诊断分析

提高办学质量评价使用效能的关键在于结果公开、评用结合、奖惩挂钩和社会监督，基础是高质量的评价监测成果；要健全完善评价监测结果发布的相关制度，坚持"谁组织、谁发布、谁负责"原则，实现教育评价监测结果分级发布，接受社会公众监督。

办学质量评价结果的使用以学校的发展和为学生创造需要、适合的教育为目的，通过诊断分析，揭示办学过程中存在的问题，反馈有关信息，促进办学水平和教育教学质量的提高。

办学质量评价的诊断分析主要包括以下几个方面：

①点线面体结合分析。以"点—线—面—体"的逻辑思维方式，全面分析学校、专业、教师和学生质量评价的逻辑关系，全面评价和重点评价相结合，抓住重点，体现特色，对一些重要的评估指标要予以特殊重视和控制。

②动静结合分析。动态评价和静态评价相结合，既重视学校的现实状态，更要重视其与时俱进的创新工作状况，重视其发展过程的进步程度与今后的改革发展趋势等。

③纵横比较分析。同类型常模比较长短，职业院校可以自主选择不同类型的常模数据做比较分析，从而进一步找准所处坐标和发展方向。从历史维度和同行维度学会"瞻前顾后""左顾右盼"。宏观层面，能测量职业本科学校总体办学质量的状况或教学水平的提升；微观层面，能测量某一学校整体办学质量或某个方面的状况。

④坚持学校自评与专业评价相结合的分析方法。以学校自评为基础，专业评价相配合，评价与引导相结合，平等交流、共同分析，既要对人才培养质量状态做出判断和评估，也要帮助学校诊断问题所在，为学校的改革和发展提出建设性思路和办法，促进学校的建设和发展。

⑤国际国内比较分析。我国的教育教学质量评价制度，与国际比较完善的质量评价制度相比，无论在评价理论和理念上还是在评价体制和运行机制上，无论在质量评价专业队伍建设和培养上还是在评价理论与模式的与时俱进上都存在着很大差别。要建立中国特色的职业本科质量评价制度，还有很长的路要走。从国际维度来看，要学习借鉴国际视野的生活质量指标、国际通行的工程教育质量保障制度，SA8000（Social Accountability 8000，社会责任管理体系）认证体系等。只有不断学习借鉴国际

先进的评价经验，才能逐步建立自己的评估评价理论体系。

2. 持续改进

为更好发挥质量评价的作用，应按需为各相关单位提供分析服务报告，对不同层面的薄弱环节和存在问题，提出针对性持续改进举措，促进职业本科教育教学质量不断提升。

职业院校通过各个层面的质量评价努力实现更大程度的学校自主发展、自主创新、自主管理，努力提升学校开放办学、统筹利用社会资源、持续改进学校改革发展的能力水平。

通过质量评价推动建立"本轮评价—整改方案—中期自查—整改报告—督导复查—持续改进—下轮评价"的改进提升机制。坚持内涵式发展不动摇，坚持职业教育办学特色不动摇，探索出一条坚定方向、遵循规律、遵守规范、特色发展的高层次技术技能人才培养之路。

第九章

职业本科教育主要发达国家及地区经验

职业本科教育早在德国、日本、美国、英国、澳大利亚、中国台湾等职业教育发达国家及地区已有发展，且形成了较为丰富、各具特色的办学经验。对这些国家和地区职业本科教育发展的背景与动因、发展现状、特色举措、未来走向等进行全面剖析，并在此基础上，归纳、总结、提炼这些国家和地区职业本科教育的典型模式，客观分析其优势、不足及在我国的适用范围，取长去短，将对我国职业本科教育立足实际的长效发展提供有益启示和战略建议。

一、剖析主要发达国家及地区职业本科教育发展概况

德国、日本、美国、英国、澳大利亚、中国台湾等国家及地区的经济体制、社会文化各不相同，在职业教育发展过程中也相应形成了各具本国、本地区特色的职业教育体系。剖析这些国家和地区职业本科教育发展概况，对于廓清职业本科教育内涵与外延，科学把握职业本科教育的发展逻辑等具有重要现实意义。

（一）德国双元制大学教育发展概况

德国各类本科院校颁发的学位是一样的，不能依据其颁发的学位类型区分其高等教育的类型，但可以依据其是否采用了双元制人才培养模式来判断某类高等教育是否属于职业本科教育。根据这一判断准则，德国实施职业本科教育的典型代表是双元制大学和职业学院，如巴登－符腾堡州双元制大学（DHBW），普通大学和应用技术大学则提供一些双元制课程。

1. 发展背景与动因

巴登－符腾堡州双元制大学成立于2009年3月1日，是德国第一所以"双元制"命名的大学，其前身是有超过40年办学历史的巴登－符腾堡州职业学院。20世纪70年代，出于对专业人才缺口及素质的担忧，坐落于巴登－符腾堡州的戴姆勒－奔驰股份有限公司、博世有限公司、洛伦茨标准电力股份有限公司等3家著名企业联合向州

政府建议，把"大学学业和职业教育培训"结合起来以吸引高中毕业生。其组织模式借鉴了美国州立大学，形成了总部和分校两层组织结构，这种组织模式在德国大学中是独一无二的。

2. 发展现状

巴登－符腾堡州双元制大学总部坐落在斯图加特，下辖12所分校，分布在巴登－符腾堡州的12个城市，与约9 000家企业及机构合作，包括西门子、奔驰、保时捷、SAP软件、IBM、大众汽车、巴斯夫、汉莎航空、德意志银行、德国邮政、德国铁路、德累斯顿银行等众多著名大型企业和外向型的中小企业。在经济、技术、社会福利及健康方面提供国内和国际认可的本科教育及研究生教育，是德国最主要的双元制大学课程提供者。据统计，至2017年1月，全德1 592个双元制大学课程中，巴登－符腾堡州双元制大学占到211个，占总数的13.3%。学校目前拥有34 000名在校学生，以及160 000名校友，是巴登－符腾堡州规模最大的高校。除本科层次外，自2011年开始，巴登－符腾堡州双元制大学开创了硕士层次的双元制学习项目。

目前，巴登－符腾堡州双元制大学提供29个学士学位的课程，涉及卫生、社会工作、社会经济、建筑工程、化工技术、电子技术、计算机技术、木材技术、航空航天技术、机械制造、机电一体化、造纸技术、经济工程、安全技术等100多个领域。研究生专业有财税、财务、商务管理、市场营销、物流管理、媒体营销、人事管理、经济信息学、电子技术、计算机技术、集成工程、机械制造、经济工程、政府社会工作、社会规划等，门类非常广泛。双元制大学根据专业不同颁发文学、理学和工学学士或硕士文凭。

除了双元制大学和职业学院以外，普通大学和应用技术大学也和企业合作提供双元制课程。由于德国各州文化自治，所以实施情况不完全相同，但是总体来说，申请者需要具备高中毕业考试成绩，具备申请普通大学或应用技术大学的资格，且向企业递交进入双元制课程的申请。学制通常为4~4.5年，前2年时间完成职业教育培训，参加与传统双元制相同的认证考试，并获得商会专业技工资格证书。在这2年期间，学员承担与传统双元制职业教育学徒相同的工作任务，并获得相应待遇，只是比传统职业教育培训学徒进度要快。学生毕业后，同样根据专业不同颁发文学、理学和工学学士文凭。

3. 特色举措

（1）双元制课程学习方案

巴登－符腾堡州双元制大学的核心特征是双元制课程学习方案，大学生以企业员工和学生的双元身份，通过理论与实践交替进行，以学生在企业培训为主，有效地把学生们在企业中、实践中所学到的技能与学校里所学的理论紧密结合，达到学术知识向职业能力转化的目的。学校每年会把9 000多家企业和社会机构的双元制岗位供需情况发布在网站上,学生自主选择企业和社会机构。学生可以向学校的合作企业申请,如果符合在学校学习的一般入学要求,那么合作企业将决定哪个申请人获得学习名额,并与学生签订3年的学习合同。双元制大学的课程模式是每隔3个月进行理论与实践交替,以机械工程专业为例(见表9-1),学生在3年内要获得210个学分,完成后将获得工程学士学位。因此,巴登-符腾堡州双元制大学的学习是高强度的。学校每年约有85%的学生在学习结束前就会与企业签订永久性就业合同,从而直接进入职业世界。同时,由于在学习过程中获得的专业知识和现有的专业实践经验,学生有最佳的职业发展机会。

表9-1 巴登-符腾堡州双元制大学机械工程专业双元制课程学习方案

学年	学习任务
第一学年	从3个月的实践阶段开始,学生了解他们的合作公司,双重合作伙伴,并学习实践基本知识。在两个相连的理论阶段(6个月),学生将学习一些基础科目,如数学、工程力学等,在理论阶段结束时,通过分级和/或未分级考试来检验学习是否成功。在第二个实践阶段,学生根据合作企业开展的项目首次编写项目报告
第二学年	从两个相连的理论阶段(6个月)开始,除了继续学习基础科目外,学生必须与大学和企业协调选择自己的学习领域,选择设计开发或生产技术作为深入学习的领域。接着是两个相连的实践阶段(6个月),在此期间,学生在合作公司着手进行一个实践项目,该项目与前4个理论阶段的知识水平相适应
第三学年	从理论阶段开始,理论和实践阶段交替。在理论阶段,学生获得与其所选择的学习领域相符的深入专业知识,并从更广泛的领域学习选修课。在最后的实践阶段,他们会从事工程任务,并完成学士论文。陪同他们的有公司的一名主管和大学的一名主管

(2)双元制大学课程模式

德国联邦职业教育研究所(BIBB)2016年对双元制大学课程模式的最新定义是:双元制大学课程是一种大学课程与职业教育相整合的课程模式,以在企业中的实践环节为显著特征,大学与实践伙伴联合培养学生,理论学习在大学进行,职业实践能力从企业获得,是一种理实一体的人才培养模式。按照德国科学委员会(Wissenschaftsrat 2013)的分类,德国双元制大学课程一共有3种不同形式,对初次职业教育者(应届普通高中毕业生)来说有职业教育整合型(ausbildungsintegrierend)和企业实践整合型(praxisintegrierend),对继续教育阶段(在职人员)来说有企业实践整合型(praxisintegrierend)及职业整合型(berufsintegrierend)。2016年12月,德国联邦职业教育研究所主要委员会向认证委员会提交了修订"双元制大学课程模式和分类认证规则"(BIBB 2016)的建议,对每一种类型的特征做出了具体描述。其中职业教育整合型仅适用于初次接受职业教育的普通高中毕业生,在大学课程中双元制职业教育被整合进学习过程中,其课程的一个显著特征是学生必须和企业签署国家统一的职业培训合同,这一点与双元制职业教育的要求是一致的。企业实践整合型适用于初次接受职业教育的应届高中毕业生和继续教育的企业员工,这种模式中企业实践的部分相比传统大学课程模式要更长,内容更多,并且都是必修环节。职业整合型仅适用于继续教育的企业员工,这种模式是可以兼职学习也可以全日制学习的双元制大学课程模式,针对继续教育阶段,主要学习与自己工作相关的职业方向。

这些不同的双元制大学课程分类的区别在于是否与企业签订了全国统一培训合同及实践环节占总学习环节的比重。除此之外,双元制大学课程的一个显著特征是至少在两个地点开展学习,即大学和企业。

4. 未来走向

由于巴登-符腾堡州双元制大学取得了巨大成功,未来德国将会有越来越多以"双元制大学"命名的高等教育机构诞生。2016年图林根州成立格拉-埃森纳赫双元制大学,这是继巴登-符腾堡州双元制大学之后德国第二所源自职业学院的双元制大学机构。格拉-埃森纳赫双元制大学采用与巴登-符腾堡州双元制大学类似的模式,即理论和企业实践每隔3个月交替进行的模式,这种双元制大学将是未来德国双元制大学课程的最主要提供者。

(二) 日本职业本科教育发展概况

职业技术教育在日本的教育体系中占有极其重要的地位,是日本经济发展的重要推动力量,历来深受国家、社会和企业的高度重视。学校的职业技术教育是个庞大的系统,主要在初中以后实施,包括职业高中和综合高中的职业科、高等专门学校、短期大学、专修学校和各种学校等。20世纪60年代,日本经济高速发展促进了职业技术教育的发展,并形成了今天的格局。

1. 发展背景与动因

1948年,日本开始进行高等教育改革,部分战前的传统大学改制为4年制新制大学,另外一些不具备改制条件要求的高校则称为短期大学。短期大学是在高中教育的基础上,对学生进行高深的专门知识教育及以培养职业和实际生活所必需的能力为目的的高等教育机构,学制为2年或3年。短期大学设立时提出的培养目标是在高中教育的基础上实施2年(或3年)侧重于实际的、实施"半专业职业"(semiprofessional)的大学教育,所谓的"半专业职业"是指居于大学专业教育和高中程度的职业教育中间的专门职业。此后,有关短期大学建设的一系列专门法令,如《短期大学设置基准》(1949年)、《短期大学函授教育基准》(1950年)、《关于短期大学的教育内容》(1951年)、《短期大学教育课程标准》(1954年)、《短期大学校舍设备标准》(1956年)等对短期大学的目的、性质、组织机构、师资队伍、课程设置等都做了具体要求。20世纪50年代初，在《产业振兴法》（1951）要求扩充职业教育办学经费的背景下，日本开始探索发展各类层次的职业教育。

1951年，日本政令改革委员会发表《关于教育制度改革的咨询报告》，提出建设中学后的专修学校教育。1954年，《关于改革当前的教育制度》的报告又提出建设职业高中与短期大学一体化的5年制职业专修大学。20世纪70年代，日本开始探索技术大学建设。1976年10月，继筑波大学后，在长冈和丰桥创立了两所新型的技术科学大学，学制4年，1978年4月开始同时招收一年级及三年级新生，采取本硕贯通的人才培养模式。区别于一般大学，技术科学大学尤其注重实践性技术的教学和研究，强调提早实施专门教育，其目的是为各类接受职业教育的毕业生提供升学途径。而且，随着第三产业的迅速发展，劳动力多样化需求的增加，由各类专门学校改建而来的高等专门学校得到快速发展，为不能升入正规大学的青年实施就业前的准备教育。由此，日本逐步形成了由短期大学、高等专门学校、专修学校和技术科学大学组成的职业教育体系[①]。

2. 发展现状

20世纪90年代以来日本职业教育高等化和高等教育职业化进程推动了专业技术教育体系的建立，从而形成了双轨制教育格局。日本实施本科层次专业技术教育的学校（机构）主要有：高等专门学校（现有国立51所、公立3所、私立3所）内设的专攻科，由专门学校升格而来的专门职大学，与学术取向不同的专门职短期大学、技术科学大学，在普通本科大学内设立专门职学部或学科。下面重点阐述高等专门学校内设的专攻科、专门职大学和专门职短期大学以及技术科学大学的情况。

①高等专门学校内设专攻科（5年+2年）。1991年日本通过学校教育法修订，开始在高等专门学校内设立专攻科（2年制）。专攻科与高专的区别在于，高专重视培养学生具有深入的专业技艺，成为掌握职业所需要能力的中坚技术者，重视在自由教育环境中实施贯通长学制的知识与实验、实习、实践技能教育。专攻科教育是在实施初中后专业教育的基础上实施的教育，在特定专业领域培养学生具有更高层次的专业知识和素养，通过高水平的问题设计和解决问题能力的训练，培养学生成为能够应对复合型岗位领域的创造性技术人员。1991年日本修订学位章程，建立国家学位授予机构，规定专攻科毕业生在获得相当于4年制大学毕业证书的同时，可获得机构授予的学士学位。专攻科还接受日本技术者教育认定机构（JABEE）的认定，具有认定资格的学校和专业（主要为机械、电气电子专业）已经覆盖到46个高专和72个专业，通过认定的学生，可获得技术士资格考试初试的面试资格。

②专门职大学和专门职短期大学。为了适应第四次产业革命、企业内教育规模

[①] 魏明. 世界高等职业技术教育发展的历史阶段、模式与经验 [J]. 职教论坛, 2021, 37 (5): 166 - 176.

的缩小、专业性职业需求的扩大、大学教育的普及化以及培养新兴领域（旅游、农业、信息）对职业人才的需求，日本于2017年通过法案修订，设立专门职大学和专门职短期大学。这些学校2019年开始招生，专业领域主要包括医疗、时尚、营销、护理、信息等。作为实施实践型职业教育的新型高等教育机构，其目标是培养具有高度实践能力和丰富创造力的高层次人才，这不同于已有大学和短期大学重视综合素养，基于学术研究成果的知识理论及其应用的教育；也不同于针对特定职业种类的工作实践进行必要知识与技能的教育。其教师中具有实践经验者占40%，招生对象包括社会人士、职业高中毕业生等，来源多样化。学制为4年，毕业生授予文部科学大臣认定的学士（专门职）学位[1]。专门职大学和专门职短期大学的设计理念，是使学生能够同时掌握特定职业专业化所需的知识理论和实践技能，其课程由产业界、当地社会以及学校共同制定，课程不仅仅包括课堂学习，还包括了校内与校外丰富的实习环节。毕业后，毕业生作为拥有"上岗即战"能力的专业人士，能够在工作现场的最前线发挥领军人物的作用。同时，通过与专业技术相关领域的相互学习与合作，带动创新，领导产业界与职业的变革。此外，专门职大学和专门职短期大学也是职业高中毕业生继续进修的出路之一。目前，日本开设的专门职大学和专门职短期大学共有11所。

③技术科学大学。技术科学大学是日本科学技术进步与发展的产物。1967年，日本国立高等专门学校协会专攻科特别委员会开始就"基于新理念的技术大学"展开研讨，这是技术科学大学构想的开端。1976年，日本政府正式设立专门培养应用型人才的4年制大学——丰桥技术科学大学和长冈技术科学大学。招生对象以高等专门学校毕业生为主。这类大学介于普通高等教育和职业高等教育之间，只开设工科类专业，扮演着"高专后"技术教育的角色，承担着将高等专门学校毕业生培养成更高层次、更高水平的技术人才的职责和使命。编入技术科学大学对口专业攻读学士学位的学生，之后还可以升入研究生学院攻读硕士学位、博士学位。

3. 特色举措

（1）开展长学制高等职业教育

日本技术科学大学的办学重点是研究生教育，其从建校至今都采取"本科—硕士"一贯制的人才培养模式，这在很大程度上满足了高等专门学校毕业生及其他从事技术行业的学生接受更高层次教育的需要。1986年，丰桥技术科学大学和长冈技术科学大学在大学院内成功开设博士课程，并招收第一批博士研究生。在专门职大学培养中，尽管文部科学省将2年制与4年制学校均列入实践型高等职业教育机构，但从政策文本以及开设的数量来看，4年制的专门职大学是本次日本职教体系转型的重点建

---

[1] 徐国庆，陆素菊，匡瑛，等．职业本科教育的内涵、国际状况与发展策略[J]．机械职业教育，2020(3)：1-6，24．

设与发展对象,这意味着开展长学制的高等职业教育是日本职教体系转型的关键内容之一。

(2) 成立"专门职大学联盟"

以私立为主导的专门职大学与专门职短期大学,日本教育行政部门对其干预力度将十分有限,教育质量难以得到保障。针对教育质量缺乏行政干预保障的问题,2020年9月,由日本文部科学省发起,东京保健医疗专门职大学和情报经营创新专门职大学作为秘书处牵头成立了"专门职大学联盟"。联盟的主要作用是每年组织召开1~2次成员大会,各联盟成员之间共享建设经验与成果以及在教育、研究、实习等领域开展合作。日本专门职短期大学如图9-1所示。

图9-1 日本专门职短期大学

(3) 培养跨领域复合型人才

专门职大学和专门职短期大学与原有的高等教育机构相比有五大基本特征:其一,1/3以上的课程是实习课程,能够使学生通过丰富的实习锻炼,掌握对将来就业有用的实践能力。其二,理论学习与实践锻炼的平衡,学生同时接受精通研究的学者与各业界现场经验丰富的实务家的指导课程,原则上课程人数少于40人。其三,能够体验超长期的企业内实习现场,学生在校外企业、诊疗所等的实习时间将超过600小时(4年制)。在实习现场学习知识与技术,培养解决问题的思考能力(校外实习时间安排为一天8小时,每周5天,3~4个月,约为15周)。其四,学习专业相关的其他领域知识与技能,掌握职业应用能力,通过不止一个专业的学习,使学生成为能够产生新想法的人才,领导行业与职业变革。其五,能够获得学士学位,毕业生将被授予"学士(专门职)"和"短期大学士(专门职)"学位,并且能够作为大学毕业生参加就业、升入研究生院以及海外留学①。

4. 未来走向

日本教育行政部门期待用"联盟"的形式来干预和保障专门职大学的教育质量，但"联盟"毕竟是松散的组织形式，对于成员的约束力以及成员间的黏性相对有限。因此，专门职大学的教育质量与日本职教体系转型的成效还有待后续的检验与研究。

（三）美国技术学院教育发展概况

在发达国家中，美国职业教育体系是比较薄弱的。薄弱的原因在于它没有独立和完善的职业教育体系，也没有建立这一体系的计划，它的职业教育是融合在各类教育中的，是一种融合型职业教育。因此，研究美国职业教育，要到各种教育机构中去寻找哪里存在职业教育。比如它的中等职业教育存在于综合高中，职业专科教育存在于社区学院，而职业本科教育存在于大学，有的甚至是办学水平很高的大学，如普渡大学。美国的这种职业教育体系与其对职业教育的功能定位有关，即其发展职业教育的主要目的不是为产业发展系统培养技能型和技术型人才，而是满足不同学习水平与兴趣的学生的需要，即生涯教育。这种职业教育模式对其产业发展的影响比较明显，使得在制造业领域美国一直无法与德国、日本比肩，但它也有个优势，即由于对职业教育持开放态度，使得高水平大学也可能接受和实施职业教育。美国普渡大学技术学院院长 Gary Bertoline 教授在 2013 年美国自动化大会上指出，在全美顶级排名前 108 位高水平大学中，仅有 5 所大学实际上实施"应用工程技术教育"，即普渡大学、亚里桑那州立大学、得克萨斯州 A&M 大学、辛辛那提大学和休斯敦大学。这 5 所大学的共同特点是除设置"工程学院"外，学校还专门设置了"技术学院"，培养更加侧重于实用工程技术的"技术师"（technologist）。下面以普渡大学技术学院为例，介绍美国技术学院教育的发展概况。

1. 发展背景与动因

1862 年《莫雷尔法案》颁布，促进了美国农业和工程职业技术教育的发展。传统的学徒式的职业训练方法，受到越来越多的挑战，人们倾向于通过正规或业余学校进行职业技术教育的培训。20 世纪以后，由于美国急需大批有文化和懂技术的熟练工人，美国的职业教育越来越受到重视。普渡大学设有两个学院，即工程学院（College of Engineering）与技术学院（College of Technology）。工程学院是这所大学最早成立的学院（1876 年成立），是该校实力最强的学院，在多个大学排行榜中都位于全美工程

---

① 纪梦超，孙俊华. 日本现代职业教育体系的新兴力量：专门职大学和专门职短期大学［J］. 中国职业技术教育，2021（21）：44-52.

学院的前十。随着社会经济与科技的发展，社会对工程技术人才的需求开始产生分化，单纯依靠工程学院已经无法完全满足社会对工程技术人才的需求，于是1964年该大学成立了技术学院。虽然其技术学院比工程学院成立的时间要晚很多，但普渡大学的技术教育概念自19世纪70年代末以来就一直存在。在普渡大学第三任校长艾默生·怀特（1876—1883）的领导下，该大学根据美国国会1862年颁布的《莫雷尔法案》的章程，进一步强调了机械艺术和科学课程。普渡大学技术学院是美国"二战"以后实施职业本科教育较早的大学之一。

2. 发展现状

普渡大学技术学院目前设有航空工程技术、工业工程技术、机械工程技术、电气工程技术、机电一体化工程技术、能源工程技术等13个工程技术专业。技术学院和工程学院在人才培养目标上有清晰的区分，工程学院培养的是工程师，技术学院培养的是技术师。以电气专业为例，工程学院电气专业的名称是电气工程（Electrical Engineering），技术学院电气专业的名称是电气工程技术（Electrical Engineering Technology），其对人才培养目标的不同定位见表9-2。工程学院电气专业授予"电气工程学士学位"，而技术学院电气专业授予"电气工程技术学士学位"。

表9-2 普渡大学电气工程专业和电气工程技术专业人才培养目标

电气工程专业	电气工程技术专业
使毕业生能够在更高层次教育中继续学习，能够取得专业成果，如出版物、报告、专利、发明、奖项等；能参与企业活动；能参与国际性交流活动，如参与国际会议、开展国际研究等	具备技术和专业技能，毕业后能够即刻从事电气或电子工程相关领域的工作，而且在工作以后能在短时间内为其所在公司创造价值

2014年，美国建立了"注册学徒制与院校联盟（Registered Apprenticeship - college Consortium）"，通过第三方机构评定，学徒可以获得大学学分乃至学士学位。

3. 特色举措

美国的技术学院普遍重视实际训练，把培养实践技能放在首位。美国技术学院的课程十分强调"实践"，要求学生尽可能多地获得从事解决工程技术实际问题的经验，尤其是要多参与一些设计、制造等实践活动。例如，普渡大学和亚利桑那州立大学都在第七或第八学期开出了"顶点课程"（Capstone Course）。罗伯特·杜雷尔将顶点课程定义为："本科阶段最后开设的课程，具有顶点性或体验性特点，目标是把大学阶段学到的零碎的知识整合为统一的整体，目的是为学生提供成功的体验和值得憧憬的未来。顶点课程的设计一方面要有利于整合学生过去的学习经验；另一方面要便于学生在真实的职场中运用所学的知识和技能。几乎所有的顶点课程都是由项目组与企业共同参与的，企业对项目实施给予赞助并与项目组保持密切联系，共同指导并开展评价。

美国近年普遍开展学校同工商业合作进行的职业教育。普渡大学技术学院为其本科生提供一种"合作实习项目"（CO-OP Education Program）。加入CO-OP项目的学生可以交替进行全职工作和全日制学习，一方面可以将课堂理论应用于工作中的生产项目，另一方面在企业的实践会使学校学习的理论知识更具意义。在通常情况下，学生在大学第一年学业结束后，就可以根据用人单位的需求和个人意愿，进入合作实习项目。在完成第四个工作学期后，学生可以拿到一份大学颁发的合作实习项目证书，并且工作学期可以折算成一定的学分。这种方式既可为学生学以致用创造条件，又便于企业了解学生，择优录取。灵活的学制、与企业间密切的合作，为技术学院学生的实践与创新提供了充分的舞台和良好的保障。

4. 未来走向

美国职业教育的宗旨在于把教学与科学原理、技巧和技术训练结合在一起，帮助青年人或成年人找到工作或做好他们现有的工作，同时给予受教育者以普通教育，使之成为了解经济的、能社交的、热情的、体质好的、文明的公民，还应对受教育者从事相应工作的能力、态度、习惯和判断能力进行培养和锻炼。但近年来，随着美国经济社会发展，技能人才危机成为美国制造业当下及未来亟待解决的问题，也成为重要社会热点问题之一。美国对制造业的重新重视，或将推动其进一步加大职业本科人才培养的力度，在职业教育学制、模式等方面做出相应变革。

（四）英国科技大学教育发展概况

18、19世纪欧洲各国工业化进程加快，英国出现新兴城市大学，如谢菲尔德的费思学院（1874年）、诺丁汉的大学学院（1881年）等。与传统大学不同，城市大学主要开设科学与技术课程，面向地方工商业培养实用人才，不过就社会声望与学术地位而言，城市大学和技术学院远不及大学，"传统大学—城市大学—技术学院"的高等教育内部分层初显端倪[1]。

1. 发展背景与动因

"二战"后，英国为恢复经济发展以及婴儿潮接受高等教育需求叠加，人力资源开发成为英国关注重点。20世纪50年代英国拉开了大学变革和扩张的序幕，形成了以1963年《罗宾斯报告》（The Robbins Report）为典型代表的一系列推进改革的新思潮：实施以技术为中心的产业发展战略，大规模发展技术领域的高等教育以投资未来。这些思潮中形成的大量改革建议被英国政府接受并转化为"福利国家"建设的政策措施。在新政的推动下，英国建设了两类高校：一是自治的新大学（即后来所说的

---

[1] 关晶. 本科层次职业教育的国际经验与我国思考[J]. 教育发展研究，2021，41（3）：52-59.

"平板玻璃大学",包括高等技术学院升格的技术大学、新设立的普通大学);二是公共部门高等教育机构(包括多科技术学院、教育学院等),这类新型高校是英国高等教育改革的重大创新。从这类新型高校的由来和国家赋予的职责使命来看,多科技术学院一直从事的是职业本科教育,是国家财政拨款、地方教育部门主导办学的公共机构,以"公立"为主要特征。1966 年,英国发布了《关于多科技术学院与其他学院的计划》(*A Plan for Polytechnics and Other Colleges*)白皮书,计划把英国继续教育机构中的 90 多所高水平的区域学院(Regional Colleges)、地方学院(Area Colleges)和社区学院(Local Colleges)按地区进行调整、合并成综合性的新型高校——多科技术学院。1969 年后的 4 年内,英国成立了 30 所多科技术学院,后来又成立 4 所,实现了《罗宾斯报告》中建议的每个郡都有 1 所以上职业本科高校的目标,形成了英国职业本科教育体系。

2. 发展现状

英国本科层次职业教育主要由多科技术学院升格而成的科技大学承担,旨在为地方生产、建设、管理和服务一线培养应用型专门人才。20 世纪 70—80 年代,英国陷入了经济大衰退,教育是政府削减拨款减轻负担的优先领域。到 20 世纪 90 年代,英国政府的人均教育经费资助下降了 40%。同时,各地产业条件的巨大差异也使不同地区多科技术学院的发展与国家政策目标偏差越来越大,英国政府决定直接拨款资助这些学校的建设,将其管辖权从地方政府收归中央。在 1987 年《高等教育:迎接挑战》(*Higher Education:Meeting the Challenge*)白皮书的推动下,1988 年英国发布教育改革法案——《1988 年教育改革法》,启动了多科技术学院脱离地方教育部门管辖并取得与大学同等法人地位的进程。该法废除了已实施 20 余年之久的高等教育"二元制",使其高等教育由二元制回归到一元制体系。根据新规定,包括多科技术学院和其他学院在内的高等院校将脱离地方教育当局的管辖,而成为"独立"机构,并获得与大学同等的法人地位。同时成立"多科技术学院基金委员会"(PCFC),负责多科技术学院的发展规划和拨款事务。1992 年,英国国会审议并通过了《继续和高等教育法》,该法案决定重新塑造多科技术学院,赋予了多科技术学院改制大学的权力,并赋予其独立的教学和研究职能以及独立授予学位的权力。于是,1993 年 9 月,34 所多科技术学院迅速改名升格为"科技大学"并不断提升学位授予层次,且它们的性质也在一定程度上发生了改变,一部分科技大学在其发展过程中出现了"学术漂移"现象,逐步向学术研究型大学靠拢,学术性课程比重以及科研比重均在上升,而另一部分科技大学仍然保持着原有的办学定位和思路,继续保持职业教育方面的特色和优势,以"面向企业"为主,主要提供职业性课程和应用性研究,其主要职能是发展职业本科教育,但其与传统大学在学术影响、社会认可等方面的差异依然存在。因此,后者才是我们所界定的职业本科教育。图 9-2 为英国哈特菲尔德技术学院。

图 9-2　英国哈特菲尔德技术学院

3. 特色举措

在英国，科技大学定位的关键是课程。英国已将职业证书教育纳入本科教育之中，本科层次职业教育与 NVQ（国家职业资格证书制度）第五等级所代表的教育层次相当，且提供本科层次职业教育的主体有很多，如学校中的专门课程、相关行业之中的培训机构等。因此，英国职业本科教育的开展并不是以机构为纽带的，而是以课程为纽带的。换言之，科技大学是英国本科层次职业教育的教学实施机构，它们按照考试与资格证书授予机构的课程和原则性要求组织教学，学生的资格证书由后者授予。

多科技术学院起初并不享有学位授予权，学位的获取需要通过全国学位授予委员会完成，其课程审批和学位授予依据是学术型大学的标准，但其改制为大学后，享有与其他大学同等的地位和学位授予权，而且，其具有自己独特的课程审批和学位授予依据，所授予的学位名称也与研究型大学所授予的学位名称不同。据英国教育部网站 2013 年 4 月 22 日报道，英国政府宣布设立技术学士学位，以此强调高质量职业教育的重要性。英国学校管理与技能大臣马修·汉考克说："技术学士学位有助于提高英国学生的全球竞争力，使他们具备雇主所要求的技能。对于年轻人来说，获得技术学士学位是他们在数学、文学及职业课程这三个关键领域上学业成功的标志。这项改革将刺激优质课程的发展，同时也将鼓励学校给年轻人提供他们所需要的课程。希望所有想成为熟练技工或者学徒的优秀学生都能获得技术学士学位。"而且，科技大学学制比较灵活，学生在完成学业后可获得相应的学习证明，如学习长期课程的 4 年制，可获得学士学位，也可继续攻读硕士或博士学位；学习短期课程的 2 年制，可获得高级技术员证书[①]。

4. 未来走向

英国多科技术学院的发展历程是英国政府在大学高度自治的高等教育体系内，逐渐实现中央集权的政治意图的体现。虽然改革初衷是实现学校地位的平等，使英国高等教育出现了与传统大学"平起平坐，共同竞争"的"双重制"，但多年的办学实践与发展历程中，却存在实际的分层，导致无论是学校还是学生、教师，都存在强烈的向传统大学"漂移"的倾向，这使得多科技术学院几近"消亡"。尽管曾有部分英国工党议员再度提议建立类似多科技术学院的机构，但多科技术学院曾经创造的奇迹与典范，似乎很难再现，学术漂移致使多科技术学院的没落与消亡，值得深刻反思。

（五）澳大利亚 TAFE 学院教育发展概况

澳大利亚职业本科教育的主要实施机构是 TAFE 学院（技术与继续教育学院）。TAFE 学院中，多数专业只有大专层次，但也有些专业既有大专层次，也有本科层次。主要强调技能的专业只有大专层次，这个层次的课程是与职业资格证书结合在一起的，把相应等级职业资格证书的模块内容直接作为课程内容。其职业资格证书课程只到Ⅳ级，高于这个级别的课程称为文凭课程。对于突出技能的同时还对理论知识有较高要求的专业，则会根据各专业的办学实力考虑发展到本科层次。

1. 发展背景与动因

澳大利亚在 TAFE 学院中开设高等教育学位课程，学生经过 TAFE 学院学习后拿到与大学学位等值的学位是在 2008 年全球金融危机、失业率上升的直接刺激下产生的。它的实施主要基于 3 个方面的考虑：

（1）提升技能水平，满足产业升级需求

新世纪以来，由于澳大利亚经济结构的调整，很多企业面临技能人才严重短缺的困境，政府报告显示在未来几年的工人缺口中高技能人才缺口比重较大。为解决这一问题，澳大利亚联邦政府在 2006 年 10 月宣布了一揽子技能决议——"面向未来的技能"（Skills for the Future），提出："在此后 5 年，国家将投入 8.37 亿澳元进一步提高澳大利亚成人劳动力的技能，为澳大利亚公民持续地更新技能提供机会，鼓励更多的澳大利亚人获得技术技能学历和高级资格证书。"2010 年，澳大利亚技能署发布《澳大利亚未来劳动力：国家劳动力开发战略》，强调"通过提高劳动力技能及减轻未来劳动力人才短缺问题促进经济增长"。具体目标包括：到 2025 年，澳大利亚 40% 的

---

① 徐国庆，陆素菊，匡瑛，等. 职业本科教育的内涵、国际状况与发展策略 [J]. 机械职业教育，2020 (3): 1-6, 24.

25~34岁的年轻人获得学士以上证书。这就要求澳大利亚政府采取措施让更多人接受高等教育，同时提高技能水平，澳大利亚政府认为通过TAFE学院提供高等教育学位证书来提高年轻人证书水平是既节省费用，又能提高效率的途径。

（2）满足学生需求，加强社会包容

在终身教育和终身学习的背景下，学生的学习愿望也越来越强烈，很多TAFE学院学生希望接受更高层次的教育、获得更高水平的证书来提高自身的就业竞争力；还有的学生在高中毕业时基于经济、就业等因素的考虑，没有做出适合自己的选择，因此他们在高中教育后希望进一步深造。一项调查显示有超过32%的已获得文凭或者高级文凭的毕业生希望能够继续学习；而金融或会计专业，有超过50%的毕业生正在进行本科证书的学习。在这种情形下，传统的大学入学渠道就无法满足学生的学习愿望。通过他们在读的TAFE学院提供高等教育学位证书，给予学生更为灵活的学习途径和更多的学习机会，为其终身学习奠定更为牢固的基础，成为较好的选择。

尤其是对于弱势群体的学生来说，TAFE学院提供的高等教育学位课程增加了他们接受高等教育的机会。澳大利亚国家职业教育研究中心（NCVER）所做的一项调查发现，社会经济地位低的学生一般只拥有三级及以下水平的证书，导致他们在劳动力市场的竞争中处于更加不利的地位。政府亟须提高弱势群体学生的证书水平和技能水平，而通过这些学生所在的TAFE学院开设高等教育课程的形式提高他们的证书水平，更加能满足学生的需求。2008年布莱德利在《澳大利亚高等教育评估报告》中指出，当前的高等教育无法迎合各类弱势群体（包括土著人、社会经济地位较低的个体和生活在偏远地区的人群）的需求，并暗示"技能型的继续高等教育"将有助于使他们接近预期的受教育目标。

（3）拓宽国际留学生市场

澳大利亚的国际高等教育产业在世界上享有盛名。2006年，澳大利亚国际学生注册人数已达到38万人次，2007年，澳大利亚的外国留学生共有45万人，增长率为11%。目前澳大利亚几乎所有高等教育机构都有留学生，留学生的层次从大学预科扩展到博士后教育，专业覆盖了澳洲高等教育的所有专业。为维持其高等教育中留学生的入学率，招收更多的国际学生，澳大利亚政府主动出击，积极吸纳海外留学生，通过TAFE学院提供高等教育学位，为国际高等职业技术学校的学生提供新的入学方式和灵活的教学机制。

2. 发展现状

从2006年开始澳大利亚5个州有10所TAFE学院已经完成注册，开设高等教育学位课程，共有1 600名学生选择了这类课程。至2009年5月，这些学院共有68个高等教育证书获得认可，其中主要是副学士学位和学士学位的证书，见表9-3。

表 9-3　澳大利亚 TAFE 学院高等教育证书认可情况

学校名称	高等教育文凭	副学士学位	学士学位	高等教育研究所文凭	总数
博士山 TAFE 学院（维多利亚州）		8	5		13
堪培拉技术学院			3	1	4
挑战者 TAFE 学院（西澳大利亚州）		5			5
戈登 TAFE 学院（维多利亚州）			1		1
霍姆斯格兰 TAFE 学院（维多利亚州）	1	3	9		13
墨尔本北部 TAFE 学院（维多利亚州）		7	9		16
南岸技术学院	1	1			2
斯万 TAFE 学院（西澳大利亚州）		5			5
南澳大利亚 TAFE 学院		1	6		7
威廉姆·安格力斯 TAFE 学院（维多利亚州）			2		2
总数	2	30	35	1	68

这些 TAFE 学院中所开设的高等教育学位课程包括创造、表演和视觉艺术，设计/多媒体/IT，商业（包括贸易、会计和管理），护理/娱乐，工程（包括建筑环境），环境科学（包括刑事技术），人类服务（包括护士、幼儿教育和法官）。为了与大学所提供的职业导向的课程区分开来，这些 TAFE 学院所选择的高等教育课程更加关注具体的职业领域，更加注重应用性和针对性，以维多利亚州博士山学院（Box Hill Institute）为例，博士山学院是一所澳大利亚办学质量比较高的 TAFE 学院，该学院多数专业只有大专层次，如会计、金融、汽车维修、美容、商务、牙医助理等，但该校的音乐应用商务（音乐经济人）、生物安全科学、学前教育等专业则实施本科教育。本科教育的专业名称与专科教育有所区别，本科教育课程是在专科教育课程基础上延伸而成的，即本科前 3 年的课程即为专科教育课程。这是一种本专科套办模式。这种课程模式在美国、加拿大社区学院中广泛存在。从博士山学院本科专业的人才培养目标描述可以看出其职业本科教育的办学定位，以其音乐应用商务专业和学前教育专业为例，见表 9-4。从培养目标与课程设置看，其本科专业的课程内容与专科专业相比，理论性和综合性明显强。

表9-4　博士山学院音乐应用商务专业和学前教育专业人才培养目标

音乐应用商务专业	学前教育专业
音乐应用商务学士学位是专门为培养新兴音乐专业人士而设计的，希望在音乐商业和娱乐事业中获得职业生涯，就业领域有出版公司、唱片公司、旅游公司、订票机构，以及社会媒体公司	把学生培养成为有效的幼儿教师和领导者。学习内容包括幼儿教育的哲学、原则和实践，以及语言和识字、数学、艺术、科学、健康和福利等学科领域的知识。在掌握幼儿教育学的基础上，学生要具备良好的适应能力和批判思维能力

3. 特色举措

澳大利亚 TAFE 本科教育实施过程中，在学位证书的注册与认定、内部管理制度以及教师资格与专业发展等3个方面颇具特色。

①学位证书的注册与认定。澳大利亚各州高等教育的认定程序遵循澳大利亚教育、就业、培训和青年事务内阁委员会（MCEETYA）所制定的《国家高等教育批准程序法规》，从而保证澳大利亚各州一致的标准和规格。TAFE 学院中高等教育学位证书的注册与认定也必须遵照该法案要求。法案规定，对于非自我鉴定院校（non self-accrediting institution）（包括 TAFE 学院）提供高等教育课程须具备的条件有：符合澳大利亚资格证书框架中关于高等教育学位证书的名称及描述，达到澳大利亚资格证书框架对学位证书学习结果的要求；达到澳大利亚大学同级课程的水平；能够在试行时成功实施；提供者必须有充足经费和其他保障课程实施成功的计划，必须有合格和适合人士去承担对课程的责任。

TAFE 学院申请开设高等教育课程，提供高等教育证书的批准程序一般需要6个月，主要包括：联系政府认证机构；准备及提交申请材料和缴费；初步审查，在这一环节，如果申请者在3个月内无法提供完整的申请信息，其申请表将被退回；专家小组评估、认定及商议；专家提交报告；报告递交决策者；最后由决策者根据专家报告综合评估给出最终意见，包括批准提供5年高等教育资格、批准一定条件下的5年高等教育资格、申请不通过3种情况。

②内部管理制度。在内部管理方面，通常会出现两种情况：一是建立独立的高等教育委员会或学术董事会，独立管理 TAFE 学院高等教育课程及证书方面的事务，但必须定期向学校的管理委员会或咨询委员会报告。高等教育委员会成员一般要求具有相关高等教育管理经验。高等教育委员会下设课程咨询委员会和教师委员会。课程咨询委员会由来自大学或企业的专家组成，负责高等教育课程；教师委员会负责监控教师教学质量。这些委员会由高等教育学术董事会统一管理，定期召开会议并向高等教育学术董事会汇报。二是建立学术董事会，既管理 TAFE 学院中的职业教育事务，也管理高等教育事务，这种做法有点类似于澳大利亚当前的一些"双部门"大学，下设

职业教育学院，由大学学术董事会统一管理。但是这种管理形式占少数，10所学校只有1所这样做。

③教师资格与教师专业发展。在TAFE学院中教授高等教育学位课程的教师一般为TAFE学院本校教师，有时也会邀请大学教授及企业专家来学院担任教师。TAFE学院中高等教育学位课程教师的资格遵照澳大利亚职业教育教师准入制度的要求，TAFE学院的教师必须具备以下条件：具有相关专业大专以上文凭和教师资格证书；具有教师认证体系中的四级资格证书（包括对教师授课能力和对学生成绩评价的具体要求）；至关重要的是必须具备6~7年的行业工作经历。教师招聘由教职员工的评估小组进行，该小组一般由行业专家、行政管理人员、专业教师3类人员组成，但要接受主管部门严格的审查。

为了适应学位证书课程的教授需要，TAFE学院为教师制订了相应的专业发展计划。主要包括以下几种：其一，成立高等教育教师讨论小组，一年召开3次会议，会议中邀请大学或企业有经验的专家帮助教师解决他们所遇到的问题；其二，制订专业发展规划，TAFE学院要求这些教师在每学期开始都确定好他们本学期的专业发展路径，以及考虑好他们本学期有可能遇到和需要注意的问题；其三，建立教师专业发展项目，包括要求教师以小组的形式学习硕士课程以及相关证书或者更高水平的证书，包括硕士和博士；④建立高等教育实践研究室，一些实力较强的TAFE学院为了促进教师的发展，在校内建立起高等教育实践的研究室，便于及时解决教师在教授高等教育学位课程时所遇到的问题。

4. 未来走向

进入21世纪，澳大利亚TAFE学院始终稳步发展并不断完善，联邦政府根据不同时期社会对于职业教育与培训的需要，出台了一系列国家战略及政策，TAFE学院已经发展成为政府引导、行业主导、市场导向、能力本位的教育与培训体系，其灵活开放的办学方式满足了不同学习者的学习需要，最大限度地服务经济社会的发展。目前，TAFE学院呈现出学员年龄范围大、专业种类多、上课时间不固定等特点和趋势。为了适应社会各类群体不同的教育与培训需求，TAFE学院也在探索"一校多制"的办学路线。即未来一所TAFE学院内，既有职前教育，也有职后教育；既有正规的学历教育，也有非正规的短期培训；既有短学制的基础性职业教育，也有长学制的高等职业教育；既可以全日制学习，也可以半日制或利用业余时间完成学业。

（六）中国台湾地区职业本科教育发展概况

中国台湾地区将职业教育称为"技术与职业教育"，简称"技职教育"。技职教育在经历了70多年的发展后，逐步构建了"中专—大专—本科—硕士研究生—博士研究生"相互衔接的一贯制职教体系，涵盖了高级职业学校、专科技职院校、科技大学等多元并存的教育形式，畅通了从副学士学位到博士的一贯制技能人才培养路径，实现了对社会初级、中级和高级技能型人才的供给，为台湾地区在不同历史时期的产业和社会发展提供了人力的支撑。

1. 发展背景与动因

中国台湾职业本科教育诞生于20世纪70年代，1974年台湾工业技术学院成立，成为台湾地区第一所本科技术学院。自1997年以来，台湾地区众多绩优专科学校升格为本科，本科层次的科技大学和技术学院快速发展，成为高等技职教育的主体，覆盖了本科、硕士、博士各个学位阶段，形成了与普通高等教育体系平行、地位平等的职业教育体系。1997—2006年，台湾地区的科技大学由原有的0所增至32所，技术学院由原来的7所增至46所，专科学校则由74所减至16所。截至2015年，台湾地区有技术学院及科技大学75所、专科学校16所、高级职业学校155所，共计246所。其中，公立技术学院和科技大学16所，在校生10.061 1万人，占技术学院和科技大学总人数的23.15%；私立技术学院和科技大学59所，在校生33.397 8万人，占76.85%。科技大学和技术学院是台湾地区高等技职教育的主要组成部分，其务实致用、专业教学、产学合作、强调学生实作的办学特色享誉世界[1]。

2. 发展现状

20世纪90年代以来，伴随企业对高端技能人才的需求日增，我国台湾地区的技职教育整体向高层次迁移。自1995年起，技职教育领域全面启动专科院校的升级改制，本科层次的科技大学和技术学院数量和办学规模日益扩大，硕士班和博士班的开办也进一步放开，逐步形成了以高等技职教育为主线的一贯制技职体系，相应的政策扶持和资源配比也开始向高等技职教育倾斜，而中等技职教育的受关注度和影响力日渐减弱，中等技职教育地位也随之日渐弱化。台湾本科层次科技大学和技术学院的蓬勃发展，培养了一大批产业急需的应用型、技术技能型人才，被称为我国台湾地区经济腾飞的秘诀。台湾地区的科技大学以"培养实用人才和全人教育于一体"为教育目标，通过分级精准定位人才培养目标。学校根据法律层面规定的培养职业道德与文化素养兼具的应用全人目标，以及教育主管部门确定的类群层面目标，结合地方经济社会需求和自身校情，依法确定本校的人才培养目标，并具体落实到专业层面，提出专业人才培养活动面向实际应用的具体培养目标，体现出专业设置的应用性、行业性和特色性。例如，台湾科技大学（见图9-3）以培养高级工程技术及管理人才为目标；明新科技大学的定位为"秉持创校理念，在中国传统人文精神基础上，将明新建立为一所兼具国际视野与区域发展特色，教学与创新应用并重之科技大学"，教育使命为"培养务实致用与全人学习的专业人才"。

---

[1] 阙明坤，史秋衡. 台湾科技大学及技术学院发展经验对地方本科高校转型的启示[J]. 社会科学家，2017（7）：34-38.

图9-3 台湾科技大学

3. 特色举措

（1）实施教学卓越计划，突出教学中心地位

台湾地区教育部门2004年启动实施"奖励大学教学卓越计划"，旨在提升大学教学质量和竞争力。2006年，该计划扩至科技大学及技术学院。这一计划主要强化高校对"教学核心价值的"认知，提高大学教学经费资助额度，提升大学教师教学专业能力，进一步完善课程规划、教学评价制度，强化学生的学习意愿。2009年，台湾地区教育当局为匡正科技大学及技术学院重研究、轻教学之倾向，营造优质的教学环境，发展教学卓越技职院校典范，制定《奖励科技大学及技术学院教学卓越计划要点》。申请院校所提交的计划应为全校性教学特色发展计划，审核基准主要有：一是共同性审核指标，包括提升教师教学质量，改善课程学程规划，强化学生学习成效，强化专业课程与实务、产业及社会发展趋势联结的具体措施。二是特色审核指标，学校应客观评估其系所特性、教学设备、教师结构、学生素质等，以及提升教师教学质量的举措；凸显学校特色以及具创新性之主题项目；学校还要就提升教师教学质量措施的创新性及与学校特色的关联进行说明。该计划实施以来，促进了科技大学、技术学院形成重视教学的风气，提升了对教学核心价值的认同，获得经费补助的院校均积极进行教学改革。

（2）深入开展产学合作，落实务实致用特色

我国台湾地区非常重视科技大学及技术学院与行业、企业、产业的合作。由于台湾地区97%以上为中小企业，研发能力有限，在加入世贸组织后产业面临冲击。在此背景下，台湾地区从2002年起整合技职院校资源，在北、中、南成立6个区域产学合作中心，各校依据自身发展条件和区域产业特色需求，整合资源与技术，进行专项

发展，推动各技职院校跨校合作，为产业界提供统一的服务和联系的窗口，帮助产业突破困境。

(3) 组织实施评鉴，加强质量监控

为确保技职院校升格后的办学质量，教育主管机关于2005年起委托台湾地区评鉴协会对科技大学、技术学院、专科学校实施综合评鉴计划，以院校为单位，同时针对校内的个别系所表现和整体校务发展进行评鉴，以确保教学质量。评鉴项目包括"行政类"和"专业类"，其中，行政类主要包括综合校务、教务行政、学务行政、行政支持四类；专业类再细分"学院"和"系所"两个层次。台湾地区高等技职教育评鉴前一、二周期（2005—2008年、2009—2013年）采用等第制，是以CIPP评鉴模式，亦即背景评鉴、输入评鉴、过程评鉴、结果评鉴，希冀能协助各校自我检视并彼此进行竞争与比较，第三周期（2014年至今）则采用认可制，以学校发展特色为依归。台湾地区高等技职教育评鉴重点更强调师生的实务技术（专题）的研发成果，侧重于教师的实务研究及学术研究成果，毕业生进入相关职场的比例，毕业生就业率、证照取得率及升学率情形，以及企业主对于毕业生的评价。

(4) 实施典范科技大学计划，打造办学特色

为引导科技大学进行产业创新研发，带动产学合作人才培养、智慧财产（知识产权）加值的效益，2012年台湾地区颁布了《发展典范科技大学计划补助要点》，以发展具有下列特质的典范科技大学：具备与普通大学明显不同的实务特色；人才培育、研发技术转移均与产业有紧密的联系。补助对象是公私立科技大学。补助是分年度补助，最长4年。申请补助的学校须同时符合下列两个条件：一是在最近一次科技大学评鉴中专业类评鉴结果为一等，系所超过全部受评系所80%。二是企业资助产学合作经费以及学校智慧财产衍生运用收益，其合计金额近3年平均值超过新台币2 000万元。申请计划书主要包括：其一，发展现况与办学绩效及特色：具体包括专利及技术转移绩效、毕业生就业情况、协助产业创新及提升产品附加价值等。其二，产业环境及学校定位分析：通过SWOT分析，阐明学校对相关产业人才培育、技术发展的自身特色定位。其三，发展目标：应就学校特色选定拟推动之技术创新领域，并聚焦特定产业应用技术及人才需求，整合区域内之教学、智能财产及产业资源，营造亲产学之环境，进行长期的产学共同培育人才、成果推广、研发布局，促进人力及智慧财产增值。

(5) 实施技职再造计划，回归技职教育本质

随着台湾地区技职学校"升格潮"，许多学校呈现学术化、大学化、理论化发展倾向，导致学生学用落差较大，就业竞争力不强。2009年，台湾地区行政当局通过《技职教育再造方案》，用3年时间重新打造岛内技职教育体系，涵盖5个方面：制度创新、师资改造、课程与教学改革、资源建设、品质管理。2013年，台湾地区教育部门颁布为期5年的"第二期技职教育再造计划"，作为经济动能推升方案的重要政策

之一，总经费202亿台币，包括"制度调整、课程活化、就业促进"3个面向[①]。

4. 未来走向

中国台湾地区技职教育已完成一贯制体系的构建，且能与普通高等教育体系相互沟通。然而，近年来，中国台湾地区在经济低迷、升学主义泛滥等诸多因素的影响下，技职教育的发展受到了来自社会、学校、生源、教师、企业等多个层面的冲击与挑战，在教育体系内部发展上，也面临着经费投入不足的挑战。与此同时，随着中职教育地位逐渐弱化，技职教育整体向高层次迁移。然而，台湾地区持续下降的人口出生率的负面影响也逐渐波及中高等教育层面，技职院校生源缺失的现象愈加严重。为应对当前发展面临的诸多挑战与瓶颈，台湾地区也在探索技职教育多元入学和考招分离的改革策略。

二、提炼主要发达国家及地区职业本科教育典型办学模式

分析德国、日本、美国、英国、澳大利亚、中国台湾等国家和地区职业本科教育的发展背景与动因、发展现状、特色举措、未来走向，可从两个维度提炼出主要发达国家及地区职业本科教育的典型办学模式。

（一）职业本科教育机构设置

纵观各国及地区职业本科教育与学术高等教育实施机构的设置情况，主要有两种模式，即融合式与分列式。

1. 融合式

所谓融合式，即职业本科教育实施机构与学术高等教育的实施机构是一体的，或者说是职业本科教育是在学术性高等教育机构或综合性大学中来实施的。比如，美国、英国等国家采用的就是这种形式。美国的职业本科教育是在综合性甚至是研究型大学的技术学院来实施；英国实施职业本科教育的多科技术学院后期也全部升格为多科技术大学，走向学术教育，但同时保留一部分实施职业本科教育。职普融合式的教育机构设置，其最大的特征在于职普融通，其优势在于职业本科课程、师资等均可以快速、便捷、有效地与学术高等教育的课程、师资等融合，甚至交叉、共享。然而，

---

① 阙明坤，史秋衡.台湾科技大学及技术学院发展经验对地方本科高校转型的启示[J].社会科学家，2017（7）：34-38.

这种模式的缺陷也非常明显，那就是在办职业本科教育过程中，很容易受到学术教育的影响和牵引，甚至出现"学术漂移"的现象，导致职业教育定位不明确、特色不明显。如英国多科技术学院升格为大学后，相当部分大学都出现了这种"学术漂移"。职普融合式的教育机构设置适用于单轨制教育体系，或者是职业教育自身发展已然非常成熟、特色非常显著、办学规律已经固化的情况下，可采用融合式发展模式。

2. 分列式

所谓分列式，即职业本科教育实施机构与学术高等教育的实施机构是各自独立分列的。分列式的职业本科教育，其最大的特征为：在管理上，有自己独立的体制机制；在课程内容上，有自身完整的体系；在教学模式和方法上，也有自己的话语体系。这就使分列式职业本科教育的优势非常明显，即不受学术高等教育的影响，在师资、课程、教学模式、人才培养过程等方面充分彰显职业教育特色、遵循职业教育规律，也更容易建立起从低到高、纵向一贯制的职业教育体系。分列式职业本科教育的不足在于会在一定程度上导致高等教育资源的分散、不聚集。为此，分列式职业本科教育适用于建有专门的职业本科教育管理体制和机制的教育体系，也就是职业教育与普通教育采用"双轨制"管理的教育体系。如德国、日本、澳大利亚、中国台湾等国家和地区，均实施了分列式职业本科教育，其职业本科教育由专门独立的高等职业学校或相当于高等职业学校的大学机构实施。其中，德国是专门的双元制大学，日本是其"职教轨"的高等专门学校内设的专攻科、专门职大学和专门职短期大学以及单独的技术科学大学，澳大利亚主要是TAFE学院，中国台湾地区专门实施职业本科教育的机构是科技大学和技术学院。分列式职业本科教育机构的设置，也是这些国家和地区职业教育取得成功的关键。

（二）职业本科教育办学类型

各国和各地区职业本科教育根据课程模式（尤其是德国双元制大学的课程模式）的不同，其办学类型可分为职业教育整合型、企业实践整合型、职业整合型。

1. 职业教育整合型（ausbildungsintegrierend）

职业教育整合型是指职业本科教育的课程设计、课程内容、课程实施等以学校教育为主导，总体集中整合在学校的教育教学过程中。因而这种类型的课程模式仅适用于初次接受职业教育的普通高中毕业生。当然，这种模式也吸纳合作企业的深度参与，课程也要求体现实践性和理实一体，课程教学要工学交替，学校和企业共同育人，形成共同体。我国目前职业本科教育的办学类型主要就是职业教育整合型，只是我国未实施德国职业教育整合型中要求的学生与企业必须签署国家统一的职业培训合同，这是德国双元制职业教育的统一要求。

2. 企业实践整合型（praxisintegrierend）

企业实践整合型是指职业本科教育的课程设计、课程内容、课程实施的主导、主体是企业，具体整合于企业的实践环节。这种类型既适用于初次接受职业教育的应届高中毕业生，同时也适用于接受继续教育的企业员工。企业实践整合型的突出特点是其系统化的企业实践在整个总学习环节中占据相当大的比重。但同时，企业实践并不是完全由企业实施，而是企业和大学构成育人共同体，通过相互合作实施，甚至还会有职业专科学校参与其中。在德国，几乎一半的双元制大学课程属于企业实践整合型，这种模式在德国不需要签订培训合同。在我国，职业本科教育尚处于探索发展期，目前还没有由企业主导实施的企业实践整合型。

3. 职业整合型（berufsintegrierend）

职业整合型是指职业本科教育课程设计、课程内容、课程实施等是依据具体的某一职业为导向指引的。这种类型仅适用于接受继续教育的企业员工，即已经参加工作的人员，根据自己工作需要，继续接受的一种课程学习，员工既可以全日制学习，也可以兼职学习，具体学习内容同样兼顾理论与实践相结合，既要有在企业里的学习，也要有在学校里的学习。企业员工参与这一类型的学习，需要得到企业（雇主）的允许和同意，也主要是由企业主导来实施。这一类型也在德国实施得较多，我国目前尚无此类型。

三、总结主要发达国家及地区职业本科教育经验

随着我国产业和技术变革的不断深入，我国职业本科教育从无到有，经过前期初步的试点探索，到现在强调稳步发展，国家对职业本科教育的重视程度之高前所未有，发展职业本科教育已然成为历史必然，也是职业教育科学发展的必需。然而，当前国内对职业本科本质内涵、发展道路的认识和观念还存在局限与差异，在这种情况下，借鉴德国、日本、美国、英国、澳大利亚及中国台湾等主要发达国家和地区职业本科教育的典型经验，对我国科学发展职业本科教育具有重要意义。从以上各国及地区职业本科教育发展情况来看，有以下4个方面的经验与启示。

（一）职业本科教育机构应由长期从事高质量职业教育的学校或相关机构升格而来

职业本科教育是职业教育的高层次，具有"高等性"和"职业性"双重属性。

因而，职业本科教育机构的设置，必须保障其能够同时兼顾"高等性""职业性"。做到"高等性"，即职业本科教育机构应具有本科层次学历文凭或学位授予权，使其与学术本科具有对等的学历颁发、学位授予资格。做到"职业性"，就要求职业本科教育机构应具有"职业"基因，也就是应该要从长期高质量从事职业教育的学校、机构升格而来，或者从长期提供高质量的职业教育课程资源、职业资格证书等的学校或机构升格或转设而来。比如日本高等专门学校内设的专攻科，就是在长期具备专科层次职业教育的高等专门学校内发展而来，设立专攻科，提供更高级的、高专业的职业教育课程，相当于本科程度，一般修业年限为2年，修完课程且学习合格者经过大学评价和学位授予机构审核，可获得学士学位，同时具备研究生院入学资格。目前，日本高等专门学校中有近六成专业设有专攻科，2019年，日本有17%的高等专门学校毕业生升入专攻科继续学习。这就启示我们，我国"双高计划"建设学校是发展、设置职业本科教育机构的重要资源。

我国"双高计划"学校是高职专科教育质量、条件、规模均处于领先位置的高等职业学校，在"双高计划"学校基础上，升格打造职业本科学校，是我国发展职业本科教育的最佳选择。与此同时，在我国应用型本科学校，甚至一些学术本科学校中，也有长期从事相关专业领域高端技术技能人才培养的课程设置，这些也是发展职业本科教育的重要基础。此外，还要为职业本科教育机构设立相应的职业本科文凭与学位制度。如英国的技术学位，日本的学士（专门职）学位，法国的大学技术文凭、专业学士文凭，德国根据专业不同颁发的文学、理学和工学学士文凭。我国已明确为职业本科教育毕业生颁发与普通本科教育同等的学士学位，下一步对于学位授予权的审核与发放、学历证书的颁发还需在实践探索中进一步优化机制，完善工作方法。

（二）职业本科教育的专业设置应基于市场对高端技术技能人才的实际需求

2021年3月，教育部印发了《职业教育专业目录（2021年）》，一体化设计中等职业教育、高等职业教育专科、高等职业教育本科不同层次专业，其中中职专业358个、高职专科专业744个、职业本科专业247个。中高本一体化目录体系的建设无疑是一种进步，不仅能为学生提供明晰的学习生涯路径，也有助于职业教育体系化发展。但随之而来的问题是：职业本科应该设置哪些专业？中高职已有专业是否都需在本科阶段设置？

职业本科是职业教育延伸到本科层次的结果，是完全按照传统职业教育办学模式举办的本科教育，这种教育的本质是实践性的，是扎根于职业实践、围绕职业岗位变化需要进行人才培养的教育。因此，它产生于职业发展中，逻辑起点是职业/岗位群发展，遵循着工作体系逻辑，指向岗位工作中劳动复杂程度的发展，重点是要能及时面对和处理更加复杂高深的工作问题。然而，在现实工作世界中，并不是所有的职业/岗位都涉及复杂高深的工作问题，也就是说并不是所有的职业/岗位都需要职业本科教育的人才培养。这就要求我们的职业本科教育专业设置不能全覆盖，而是要基于市场、基于职业岗位对高端技术技能人才的实际需求。

梳理发达国家职业本科教育的发展经验发现，不同的国家在设置职业本科专业时均是基于本国现实需要，有重点地开设。比如，德国的职业本科专业领域包括建筑工程、化工技术、电子技术、计算机技术、木材技术、航空航天技术、机械制造、机电一体化、造纸技术、经济工程、安全技术等；澳大利亚的职业本科专业领域主要包括音乐应用商务（音乐经济人）、音乐表演、生物安全、学前教育等；日本的职业本科专业领域主要包括医疗、时尚、营销、护理、信息技术等。从古今中外的历史发展来看，我国职业教育层次延伸主要基于以下几个方面的需求：一是经济方面，随着工业革命导致产业形态和结构升级，人才需求发生实质性变化，这需要我们针对具体需求，培养具有不可替代性的人才。二是社会方面，职业教育有助于维持社会稳定，确保人们获得一技之长，可以发挥教育助力人们安居乐业的功能，这要求我们扩大特定层次职业教育的规模。三是教育方面，教育本身发展到一定程度，人们对接受更优教育的期待越来越迫切，这要求我们提升教育质量、增加教育选择的机会。四是就业方面，随着青年失业率居高不下，要求我们推迟初次就业时间。

结合国际经验和国内现实需求，我国职业本科教育在专业设置上，要审慎科学，而非"一哄而上"。一方面，要充分调研，细分市场，确定符合需求、成熟、稳定的专业；要科学预测人才需求远景，及时淘汰过时陈旧的内容，注意现代产业发展趋势，适度超前规划一批新专业。另一方面，要防"换汤不换药"，建议参照我国台湾地区的做法，在一段时间内，职业本科教育机构可以既办职业本科专业，同时也保留专科专业比例，便于对比反思、区分本科和专科的区别。与此同时，也要吸取台湾地区技职高移导致中等技职教育地位弱化、高等技职教育生源不足及素养偏低的经验教训，合理规划职业本科教育的专业设置及布点规模，确保职业本科致力于培养不可替代的人才，而不是打造推迟初次就业时间的劳动力。

（三）职业本科教育要践行"产""教""科"深度融合的培养模式

职业本科在人才培养的逻辑和面向上与其他本科存在本质差别。职业本科人才培养遵循的是工作实践中职业能力的要求，采取针对职业能力体系的行动导向（项目驱动、任务导向）的培养模式。此外，职业本科教育体现为技术创新和技能迭代，其背后的学术支撑为基于技术应用与研发的应用学术，重在面向应用和市场需求的产教融合以及工作导向的技术技能创新，不断推动技术创新和技能迭代。作为新生事物，职业本科教育在人才培养模式重构过程中，要着重推进"产""教""科"的深度融合。

一方面，要坚持校企合作，"双主体"育人是职业教育各层次人才培养的典型特征，这是由职业教育的类型特征和职业属性所决定的，要培养满足企业需求的技术技能人才，企业就应该成为育人的主体，参与人才培养的全过程，这是确保人才培养质量的前提条件。不论是德国的双元制大学，还是日本、澳大利亚等国家的职业本科教育，在人才培养过程中企业都有非常强的主体作用。英国的学位学徒制，也是我国发展职业本科教育应着重参考借鉴的人才培养模式，我国应加快推进高层次学徒制。职业本科学校要积极与企业开展多种形式的合作，实现共同育人，比如邀请企业参与人才培养方案、课程标准的制定，将企业的需求融入专业教学标准之中；鼓励教师与企业工程技术人员共同开发专业课教材，将企业的典型工作任务转化为学习性任务，加强教材内容与工作世界的联系；校企建立产业学院，通过"引企入校""引校驻企"以及多种形式的校企合作，支持引导企业参与职业本科教育人才培养的过程。建立校企中间服务机构，明确双元育人的主体权责。此外，也可借鉴英国的做法，搭建国家或区域层面的双元育人服务机构，加强与产教融合性企业合作创建产业学院，通过校企合作协议，明确校企双方在专业建设、人才培养、教师团队建设等方面的责任与义务，强化企业的育人责任。

另一方面，要充分发挥产教融合对职业本科教育人才培养、技术研发、技术服务等多重功能与作用。促进产教供需双向对接，鼓励职业本科学校教师在产教融合过程中参与产品的研发和工艺流程的改进。通过提供专业化服务，构建校企利益共同体，形成稳定互惠的合作机制，促进学校和企业、教育与产业紧密联结。

（四）职业本科教育人才培养要注重专业理论知识、专业技术技能以及人文素养相结合

从职业教育类型特征来看，职业教育是为了职业的教育，也是通过职业的教育。所以，职业本科教育首先要坚守职业教育的本质属性，坚持按职业教育的规律开发职业本科课程，延续和突显"职业性"特征。这一点，要坚决吸取英国多科技术学院升格为大学后出现"学术漂移"的经验教训，要尽快建立职业本科评估指标体系，引领职业本科教育坚持职业教育类型特色，培养专业技术技能人才。

但与此同时，职业本科教育与其他本科教育都是属于同一层次不同类型的高等教育范畴，虽然在本质上有着类型属性的区别，但"高等性"是其永远一致的根本特性。无论是职业本科教育还是学术高等教育，都应十分重视学生本科层次的学习力（以学习能力为核心的多种能力的总和）的培养，只是培养的载体和方式有别。这就要求我们的职业本科教育要创新，要发展职业教育的教育特征，探索高端层次的办学模式、高端技术技能人才的培养模式。其中，对必要的专业理论知识的学习，以及对人文素养的学习是必不可少的。在产业革命浪潮下，技术技能人才不仅要掌握扎实的专业知识和精湛的操作技能，还必须具备创新素质，能通过吸收、改进现有的技术和

工艺，将在生产一线的实践探索和经验转化为实体产品或服务于实际应用，最终实现工艺创新、产品创造和服务升级。此外，应对日益复杂的工作情境和各种突发问题，本科层次技术技能人才需要具备包括判断整合能力、分析决策能力、统筹管理能力、协作和沟通能力、多维迁移能力、跨界思考能力等的高阶能力。因而，职业本科的专业建设与课程改革的重心是要从工作过程导向转向工作过程及改进创新导向，要将专业理论知识、专业技术技能以及人文素养的培养结合起来，培养高层次、高水平的技术技能人才。

第十章

职业本科教育稳步发展的路径及保障

我国职业本科教育萌芽于21世纪初技术快速发展对高水平技术人才的需求，酝酿于职业教育的快速规模化发展时期，形成于新一轮产业革命和我国产业技术转型的特殊时期，经历了4年制高职、高等职业院校与普通本科学院合办职业本科专业、高职院校尝试举办职业本科专业及正式建立职业本科院校等办学形式。2019年1月，国务院印发《国家职业教育改革实施方案》，明确指出要"开展本科层次职业教育试点"。同年，教育部正式批准了首批15所本科职业教育试点高校更名结果，它们由"职业学院"正式更名为"职业大学"，同时升格为本科院校。自此，职业本科教育正式成为我国职业教育类型中的重要层次，拉开了职业教育本科层次办学的序幕，具有重要的时代意义和独特价值。处于新发展阶段，有序发展职业本科教育是我国教育事业贯彻新发展理念、构建新发展格局的重大创新，是构建"纵向贯通，横向融通"现代中国特色职业教育体系的关键一环，也是我国职业教育服务高层次技术技能人才培养和技能型社会构建的重要体现。

一、探索有序发展的多元路径

　　"发展即事物在规模、结构、程度、性质等方面发生由低级到高级、由旧质到新质的前进运动变化过程"[1]，是一种向前的、积极向上的运行状态。依据耗散结构理论，有序发展是指系统不同时空点在有差别的情况下通过内外系统和系统内部诸要素之间有规则的联系转化而形成的结构[2]。任何事物的发展都需要通过内外系统和子系统的高度有序协同方可实现。没有这种有序性，事物的发展就无法维持。有序发展是实现职业本科教育可持续发展和高质量发展的重要前提。作为完善我国现代职业教育制度体系的重大突破，职业本科教育有序发展的过程必然是一个解构、重构与创新相统一，是一个由无序向有序发展的过程。在职业本科教育有序发展的过程中需要重点

---

[1] 金炳华. 马克思主义哲学大辞典 [M]. 上海：上海辞书出版社，2003：242.
[2] 颜泽贤. 耗散结构与系统演化 [M]. 北京：中国展望出版社，1987：65-66.

处理好发展的进度、均衡度、适应度、差异度、广度及深度等问题，要避免专科层次职业教育空心化、职业本科教育过度过速发展或发展不足、发展不公平、学术漂移化、同质化发展等问题。

（一）稳步发展

稳步发展是指职业本科教育的发展进度是一种平稳渐进的状态，是与职业本科教育的发展阶段、发展使命、国家政策要求相匹配的一种发展路径。

1. 职业本科教育稳步发展的依据

首先，稳步发展与职业本科教育所处的发展阶段紧密相关。从我国职业教育的发展历史看，职业本科教育属于职业教育体系中的新生事物，尚处于试点探索阶段，应避免盲目冒进，需要稳中求进。尽管自2002年开始，以深圳职业技术学院为首的高等职业院校便开始构想尝试举办4年制高职[1]，随后，湖北[2]、江苏[3]、天津[4]等地高等职业院校的学者、管理人员和教师纷纷呼吁要发展本科层次的高职教育。但是2004年教育部等七部门印发的《关于进一步加强职业教育工作的若干意见》明确规定："要巩固和加强现有职业教育资源，促进职业院校办出特色，提高质量，中等职业学校不再升格为高等职业院校或并入高等学校，专科层次的职业院校不再升格为本科院校，教育部暂不再受理与上述意见相悖的职业院校升格的审批和备案。"[5] 受文件精神影响，高等职业院校举办职业本科教育"升格"方案遇冷。随后，天津市于2012年以6所高职院校与6所市属本科院校"一对一"的方式，正式启动试点4年制本科专业人才培养[6]，其他省份高职院校也尝试探索在高职院校内独立举办4年制本科专业，如浙江机电职业技术学院[7]。尽管我国高职院校一直在尝试探索举办职业本科教育专业和培养与职业本科教育相匹配的高层次技术技能型人才，但是从国家层面开始探索举办职业本科教育则始于2019年首批的15所职业本科院校。之后2年，我国职业本科院校陆续增加了17所，已达到32所。由于尚处于试点探索阶段，我国职业本科教育办学尚未形成有效的经验和做法，难以为大规模举办职业本科教育提供经验支持。坚持职业本科教育稳中求进、平稳发展才是职业本科教育有序发展的状态，才可与职

---

[1] 陈宝华. 关于试办4年制高职教育的思考 [J]. 广东教育学院学报, 2002 (1): 15-18.
[2] 彭振宇. 发展4年制本科高等职业教育初探 [J]. 职教论坛, 2003 (7): 26-28.
[3] 陆小峰, 魏荣春. 发展南通本科层次高职教育研究 [J]. 南通职业大学学报（综合版）, 2005 (1): 41-44.
[4] 钱伟荣, 高均玉, 张师允, 等. 尽快实施国家四年制高职本科教育制度——兼论提升结构性就业水平的一个制度途径 [J]. 天津市财贸管理干部学院学报, 2012, 14 (1): 6-11.
[5] 中华人民共和国教育部. 教育部等七部门关于进一步加强职业教育工作的若干意见. [EB/OL]. http://www.moe.gov.cn/srcsite/A07/moe_737/s3876_qt/200409/t20040914_181883.html.
[6] 天津市职业教育改革取得新进展6所高职试点四年制本科 [J]. 职业教育研究, 2012 (7): 178.
[7] 陈锦. 浙江省四年制高职本科人才培养模式探究——以浙江机电职业技术学院为例 [J]. 教育教学论坛, 2016 (28): 250-253.

业本科教育的发展目标相契合。

其次,稳步发展与职业本科教育的发展使命相契合。增强职业教育吸引力和社会认可度,强化职业教育的类型定位是当前职业教育发展急需解决的重要问题,也是国家大力发展职业本科教育的目的之一。作为现代职业教育改革创新的重要成果,职业本科教育自产生起便肩负着职业教育发展走出困境和窘境的使命与责任,其途径主要有两条:一是形成中等专科层次职业教育—高等专科层次职业教育—本科层次职业教育相贯通、相衔接、层次鲜明的现代职业教育类型体系,结束职业教育是"断头"教育的时代,改变社会公众对职业教育的传统看法和固有认知,为社会公众提供多元的教育选择。二是通过举办高水平本科层次职业教育,培养高度契合行业企业需求的高层次技术技能型人才,提供推进企业技术改造和转型升级的人力支持和技术支持,发挥职业本科教育在服务高端产业和产业高端技术创新、工艺创新、流程创新和管理创新中的作用,重新树立职业教育在人才培养、教育教学、技术研发和服务社会中的新形象——职业教育的毕业生也可以"好就业,就好业",职业院校的教师能够"上得讲台,下得车间,带得了团队,搞得了研发",职业院校的研究成果也"能转化,能管用,能推广"。这两条路径都需以"质量"为核心进行规划建设。在当前职业教育整体资源供给不足的情况下,如若加速职业本科教育的建设步伐,势必会影响职业本科教育的质量,影响社会公众对职业教育的信心和期待。因此,职业本科教育走稳步发展路径,注重办学质量和社会各界对自身发展的诉求与期待,是增强职业教育吸引力和社会认可度,强化职业教育的类型定位,实现有序发展的必然选择。

最后,稳步发展是国家意志和系列政策文件对职业本科教育发展的明确规定。职业本科教育是我国的新生事物,政策文件精神是举办职业本科教育的重要纲领和指南。在职业本科教育的发展进度和路径上,2021年3月正式印发的《中华人民共和国国民经济和社会发展第十四个五年规划和2035年远景目标纲要》明确指出要"实施现代职业技术教育质量提升计划,建设一批高水平职业技术院校和专业,稳步发展职业本科教育",将提升质量作为现代各级职业教育发展的核心任务,明确了职业本科教育要稳步发展,质量优先的基调。4月份召开的全国职业教育大会传达了习近平总书记对职业教育工作做出的重要指示,习近平总书记指出,要"深入推进育人方式、办学模式、管理体制、保障机制改革,稳步发展职业本科教育",明确了职业教育的改革内容,重申了职业本科教育稳步发展的路径。为贯彻落实全国职业教育大会精神,推动现代职业教育高质量发展,10月,中办、国办联合印发的《关于推动现代职业教育高质量发展的意见》指出,"职业本科招生规模不低于高等职业教育招生规模的10%,职业教育的吸引力和培养质量显著提高","稳步发展职业本科教育,高标准建设职业本科学校和专业,保持职业教育办学方向不变,培养模式不变,特色发展不变",再次强调职业本科教育稳步发展的进度,指明了职业本科教育的招生规模、办学方向、发展任务和要求。从习近平总书记的重要指示和以上政策文件来看,稳步发展是当前职业本科教育有序发展的首要路径选择。

2. 职业本科教育稳步发展的实施路径

新时期，稳步发展职业本科教育已成为职业教育体系建设和高质量发展的关键环节和重要增长点。在高质量发展理念的指引下，职业本科教育稳步发展是以质量建设为核心，注重过程和效果的发展，需要中央政府、地方政府和职业本科院校等多方齐心协力，共同推进。

首先，中央政府要加强对职业本科教育发展的顶层设计和指导。"顶层设计主要解决两个问题：一是指方向，向东还是向西，方向不能走偏；二是划底线，什么事情不能做，什么局面要避免。"[1] 指导则是理念上的指导和帮助。职业本科教育的发展和建设事关我国未来劳动力的供给质量和结构，事关我国未来经济社会的走向，事关我国国民教育体系的公平和效率问题，属于我国社会发展中的重大事项。基于此，中共中央办公厅、国务院办公厅及教育部几次发文指导职业本科教育的建设和发展。作为职业教育类型的新层次，职业本科教育在发展建设过程中不仅需要考虑职业教育体系内部的关系，更要充分考虑与行业企业、地方政府及社会公众诉求等之间的关系；不仅需要考虑学生来源的问题，也需要考虑学生毕业的问题；不仅需要考虑办学经费来源的问题，也需要考虑如何高效合理使用经费的问题；不仅需要发展方向的问题，也需要考虑落实目标的问题等。这些问题都需要"指方向""划底线"和"给支持"。唯有在中央政府高瞻远瞩的规划和指导下，职业本科教育才能明确发展方向和道路，避免走向"同质化""异化"等错误路径，平稳有序地走向高质量发展之路。

其次，地方政府要统筹各方资源支持职业本科院校和专业建设。地方政府是中央政府提出的顶层设计及各项政策、制度和体制机制等的重要执行机构和试验机构。"何种体制机制政策符合实际、管用有效，要靠基层试验，靠地方政府、企业、社会组织和个人去试，通过试错找到正确的道路和方向。"[2] 作为职业本科教育发展的主要执行机构、管理机构和资源协调机构，地方政府是影响职业本科教育发展方向和发展质量的关键因素。好的政策和制度重在落实和执行。由于职业本科教育尚在试点探索阶段，发展过程必然会遇到新问题和新情况，甚至可能会走向偏离职业教育类型定位的轨道。这些都需要地方政府在深入学习中央政府文件精神和指导意见的基础上，通过地方性政策、制度、意见等方式统筹各方资源，对职业本科院校的办学定位、运行体制机制、功能定位、招生人数、专业建设及师资队伍建设等给予支持，确保职业本科教育的稳步发展和可持续发展。

最后，职业本科学校要提高改革创新意识和治理能力。从现代职业教育体系看，职业本科教育是专科层次职业教育的延伸。但职业本科教育并非是专科层次职业教育

---

[1] 刘世锦．"摸着石头过河"的改革方法论仍未过时[J]．审计观察，2021（5）：6-11．
[2] 刘世锦．"摸着石头过河"的改革方法论仍未过时[J]．审计观察，2021（5）：6-11．

的内容增加和学习年限延长,而是发展目标的重新定位、发展关系的重新构建、发展结构的重新调整和发展元素的重新配置与优化。比如在校企合作关系的调整上,职业本科教育在与企业合作的过程中,合作目标逐渐由育人和资源共享转向育人、技术研发、资源共建和发展共同体构建等方面。所以,无论是升格、转型还是转制的职业本科院校要实现稳步发展都需要结合职业本科教育的时代使命和定位,在中央政府和地方政府的指导和支持下,以治理理念、改革创新意识和开拓精神对自身内外部资源进行盘点、梳理和分析,准确对标国家和社会需求和期待,从转变发展理念和教育教学理念、优化学校的教学和管理体制机制、改革教育教学工具和方法、丰富实践教学场所和方法,加强课程建设和课堂管理,明确科研定位等进行系统性治理和改革,确保职业本科教育在类型教育的轨道上平稳发展。

(二) 优质均衡发展

作为一种新型发展观,优质均衡发展是解决教育公平与效率问题的重要理念,是突出质量、特色和优势基础上的公平发展。职业本科教育优质均衡发展是指国家在发展职业本科教育的过程中注重各类优质资源的科学合理配置,在全面加大各类优质要素投入的基础上注重缩小区域间、不同来源职业本科院校间的资源支持差距。

1. 职业本科教育优质均衡发展的依据

首先,职业本科教育优质均衡发展与新时代经济社会发展的基本要求相契合。中国特色社会主义进入新时代,我国社会主要矛盾已经转化为人民日益增长的美好生活需要和不平衡不充分的发展之间的矛盾。化解各类资源供给不平衡不充分的矛盾成为新时代开展各项工作的核心内容和基本要求。作为国民经济和社会发展的重要内容,优质教育资源的平衡和充分供给影响重大,意义深远。《中华人民共和国国民经济和社会发展第十四个五年规划和2035年远景目标纲要》提出:"把新发展理念完整、准确、全面贯穿发展全过程和各领域……实现更高质量、更有效率、更加公平、更可持续、更为安全的发展。"处于新的发展阶段,公平和质量、效率同等重要,都直接影响着我国经济社会高质量发展。作为职业教育类型中的新层次,职业本科教育有序发展必然需要遵循教育质量和教育均衡发展的规律和要求。"教育均衡绝不是要求绝对的平均和平等,它只能是一个相对的概念"[1],"优质均衡发展在强调均衡和公平的同时也注重提高教育质量,目的是发展公平而有质量的教育"[2],优质均衡有利于破解"均衡不优质"的不良状况,满足人民群众对优质教育的需求,保证优质教育需求与优质教育供给的相对平衡。优质均衡发展理念更加强调在保障全国职业本科教育发展

---

[1] 于建福. 教育均衡发展:一种有待普遍确立的教育理念 [J]. 教育研究,2002 (2):10-13.
[2] 杨清溪,柳海民. 优质均衡:中国义务教育高质量发展的时代路向 [J]. 东北师大学报(哲学社会科学版),2020 (6):89-96.

最低标准基础上，通过教育资源的供给均衡来推动职业本科教育的优质发展和特色发展。这有利于最大限度满足社会公众对优质教育资源的需要和期待，丰富公众的优质教育资源选择权，与新时代高质量发展理念相契合。

其次，优质均衡发展为职业本科教育发展指明方向。"做好优质教育的引领示范，做好弱势教育的雪中送炭，最终实现高质量的均衡发展"[①] 是职业本科教育优质均衡发展路径的重要思路。"优质均衡发展"的运行逻辑是"弱势补偿＋强势培优＋均衡供给"，通过弱势补偿来解决发展不充分的问题，通过强势培优来凸显质量和特色，通过均衡供给来解决发展不平衡不均衡的问题，通过调节资源的供给方向和供给数量来优化优质资源供给和配置，以整体提升资源配置效率和公平性，最大限度满足公众对优质教育资源的需求。2019年5月首批职业本科院校获批，2020年开始招生，接下来审批的17所职业本科院校也将陆续开始招生。从当前已经获批的32所职业本科教育发展现有状况看，各院校的举办主体、区域分布、专业布局相异较大，发展历史、发展基础及现有资源等参差不齐。比如，我国当前职业本科院校大多是民办高等职业教育升格而来，公办高等职业院校升格的较少，我国当前东南部职业本科院校的现有资源水平明显高于西北部职业本科院校的资源水平等。在职业本科教育有序发展的过程中，优质均衡发展可为中央政府和地方政府的资源配置提供指引，在全面提升职业本科教育质量的基础上，突出各职业本科院校的特色和优势，综合提升职业本科教育的吸引力和影响力。

最后，职业本科教育优质均衡发展契合办人民满意的教育的宗旨。"办人民满意的教育"是新时期办教育的重要指南，旗帜鲜明地确立了人民满意是办教育的根本评价标准和目的。"教育是国之大计、党之大计。为人民办教育、办人民满意的教育，是党的初心和使命的重要体现。"[②] 职业本科教育制度的建立完善了职业教育体系，丰富了高等教育的类型，提供了职业教育和普通教育平等对话的机会和可能，在一定程度上满足了人民对高层次教育资源的期待。但是如果职业本科教育资源质量整体不优或者局部不优，那么依旧难以达到人民群众的满意。职业本科教育优质均衡发展，最大限度满足最广大人民群众的教育诉求和期待是办人民满意的职业本科教育的题中之义，也是我国职业本科教育发展过程中务必重视和必须解决的问题。

2. 职业本科教育优质均衡发展的实施路径

优质均衡发展理念是引领职业本科教育有序发展的重要思想向导。在探索优质均衡的过程中，职业本科教育会遇到诸多新情况和新问题，甚至可能误入"均衡主义"或"效率主义"的陷阱。因此，在职业本科教育实施的过程中需要着重解决3个方面

---

① 王湝. 抓两头带中间：中国教育高质量发展的动力机制［J］. 东北师大学报（哲学社会科学版），2020（6）：105－112.

② 汪洋主持政协十三届常委会第八次会议闭幕会并讲话［EB/OL］. http://www.xinhuanet.com/mrdx/2019－08/29/c_1210261369.htm.

的发展问题。

首先,要处理好各类职业本科院校的优势均衡发展问题。截至 2021 年 6 月,教育部已批准设置了 32 所本科层次职业院校,其中民办院校 22 所,全部由民办高职院校单独升格而成;公办院校 10 所,其中 9 所是由独立学院与高职院校合并转设,1 所由公办"双高计划"高职学校单独升格。基于此,目前我国职业本科院校已形成了民办高职院校为主,独立院校与高职院校合并转设次之,少数高等职业院校单独升格的发展格局。从我国高等职业院校的分布看,全国共有高职院校 1 486 所,国家示范院校和国家骨干院校共 200 所,有国家优质高职校 200 所,有"双高计划"建设院校 197 所,其中绝大多数是办学水平受到社会认可的公办高职院校,而允许升格的民办学校并不是高职中的佼佼者,不代表高职办学的最高水平,批准一所国家示范院校升格也仅仅是破例[1]。从培养高水平技术技能型人才的教育目标和实现职业本科教育有序发展的宗旨出发,"双高计划"中的高水平学校在产教融合、校企合作、专业建设、课程教材和教学资源建设、师资队伍和实习实训基地建设、社会服务等方面都有良好的基础和经验。根据地域、办职业本科教育经验和发展特色选择优异者作为职业本科教育的排头兵,发挥示范引领作用,将对优化职业本科教育机构、实现职业本科教育优质均衡发展有着重要的意义和作用。

其次,要处理好职业本科院校区域数量分布均衡问题。职业本科院校属于职业教育体系中的高层次教育资源,对培养符合地区经济社会发展需求的高层次技术技能型人才,推动区域行业企业技术转型升级,强化区域职业教育影响力发挥着举足轻重的作用。因此,对区域经济水平提升和职业教育发展壮大而言,优质职业本科院校数量的均衡分布意义重大。从当前 32 所职业本科院校的区域数量分布看,位于西部地区的职业本科院校数量较少,大部分位于中东部地区。的确,在中东部大力发展职业教育具有良好的产业基础和教育基础,能够对中东部地区经济社会发展带来更多的经济效益和社会效益。但是若仅以效率优先,则中、东、西地区之间的教育差距和经济社会差距将会更大。从西部地区教育发展现状看,西部地区整体的优质教育资源供给严重不足,职业教育对西部地区人口素质和技能整体提升、促进产业现代化等方面有着重要作用。如果在职业本科教育这一高层次职业教育的供给上仍然不足,西部地区产业转型升级和人民教育诉求将受到一定影响。所以,进入中国特色社会主义新时代,处理好职业本科院校的区域数量分布均衡问题极为重要。

最后,要处理好职业本科院校区域资源投入的优质均衡问题。区域资源投入比例是直接反映效率和公平问题的重要指标。我国中、东、西部经济基础和各级各类教育基础差异较大。要实现职业本科优质均衡发展最重要的是为中东部"优质校"提供平台和政策,鼓励其探索试验职业本科教育的新模式、新方法和新思路,充分发挥其示

---

[1] 胡辉平. 发展本科层次职业教育的政策路径与现实选择 [N]. 人民政协报,2021-09-15.

范引领作用;同时为西部"弱势"职业本科院校提供"一揽子"补偿资助计划,激发西部地区职业本科院校改革发展的积极性和主动性,从资金、政策和制度支持等方面逐渐向"自我造血""自我发展"的方向转变,不断提高西部职业本科院校的教育教学质量和社会服务能力。在探索职业本科教育优质均衡发展路径的过程中,对不同区域职业本科院校的资源投入需根据职业本科院校所处地区、发展基础和教育需求,提供不同的资源投入方案和计划,保证供其所需,真正促进职业本科院校的有序特色发展。

(三) 多元发展

职业本科教育多元发展是提高职业教育适应性,丰富职业教育发展路径,增进不同类型职业本科院校深度合作的重要方式。多元发展不仅能够扩大职业教育和高等教育的入学机会,促进社会流动,而且有利于形成促进职业本科教育发展的良好生态。"多样化的特征主要是因为变革动力来源的多样性产生的"[1],职业本科教育多元化发展是我国在国际政治经济形势剧烈变化背景下的制度创新,也是国内产业结构变化和教育制度改革创新的必然选择。从我国职业本科教育的发展现状看,职业本科教育多元发展主要体现在办学主体和办学路径的多元化,主要由民办高职直接升格为职业本科学校。我国职业本科院校的多元发展格局将会给职业本科教育的有序发展增添更多动力、活力和影响力。

1. 职业本科教育多元发展的动力

首先,国际政治经济形势剧烈变化是职业本科多元发展的推力。当今世界正面临百年未有之大变局,新一轮产业革命交织新冠肺炎疫情加剧了"逆全球化"的影响,中美贸易摩擦尚未缓和,"卡脖子"技术尚未攻克,急需大量高水平学术创新型人才和技术技能创新型人才服务我国高端产业和产业高端的升级和智能化改造,服务构建"双循环"新发展格局。在技术创新和高水平学术(技术)创新人才培养方面,我国屡有突破,但是在高层次技术技能型创新人才培养方面,我国高层次技术技能型人才的比例与发达国家的差距依旧较大。职业本科教育定位于培养高层次技术技能型人才,与我国高端产业和产业高端的人才需求相匹配。拓展职业本科教育发展路径,丰富职业本科教育举办主体,实现职业本科教育多元发展,培养大批高质量高层次技术技能型人才成为我国应对国际政治经济形势变化的重要手段。

其次,产教深度融合是职业本科教育多元发展的拉力。在智能制造、5G、区块链技术、"互联网+"等现代信息技术的推动下,我国产业内部分工精细化、产业运行信息化、产业间交叉融合的趋势不断增强,持续推动着我国产业结构的变化革新。随

---

[1] 陶东梅,杨东平. 应用技术大学的多样化:欧洲对中国的启示 [J]. 江苏高教,2015 (6): 28 – 32.

着教育由社会发展边缘走向社会发展中心,产教深度融合成为产业转型升级和教育改革创新的重要路径选择,"教育链－人才链－产业链－创新链"联通互动成为国民教育体系和制度改革创新的重要影响因素。职业本科层次教育完善了职业教育体系中的本科层次,培养了高水平的技术技能型创新人才,丰富了创新链,满足了产业链中高端的人才需求,促进了"教育链－人才链－产业链－创新链"更加紧密的融合互动,现实意义重大。由于职业本科层次教育的长期缺失,要充分发挥职业本科教育在"教育链－人才链－产业链－创新链"中的基础和桥梁作用,必然需要通过多元发展路径予以强化和完善。

最后,增强职业本科教育适应性和活力是职业本科教育多元发展的内驱力。《中华人民共和国国民经济和社会发展第十四个五年规划和2035年远景目标纲要》中明确提出要"增强职业技术教育适应性",这是新时期职业教育发展的重要任务。作为职业教育的新层次,职业本科教育要增强自身的适应性,最重要的是实现多元发展。一方面是因为职业本科院校生源的多样性。职业本科院校的生源不仅有通过高考升入的普通高中毕业生和中等职业院校毕业生、从高等职业院校升入的专升本生源、通过职业技能大赛保送的高水平技术人才,还有一些社会转业士官等。职业本科教育生源的多样化决定着单一的职业本科教育办学模式难以满足大多数生源的学习和发展需求。多元化发展路径能够为学生提供更适切匹配的教育,充分发挥每个学生的潜能。另一方面是因为职业本科教育多元发展有利于探索出更丰富多样的校企合作模式、教育教学模式、课程开发模式等,激发职业本科教育的发展活力和影响力。单一的职业本科教育模式或举办主体容易导致职业本科教育的同质化和单一化,难以形成学习互鉴的发展氛围和教育生态,难以适应社会的多元需求和期待。职业本科教育通过多元发展路径可为社会提供多元的教育资源和服务,更容易适应不同群体和组织的需求,营造更有活力的教育生态,实现有序发展。

2. 职业本科教育多元发展的实施路径

无论是国际政治经济形势的变化,国内产教深度融合的趋势,还是提升职业本科教育适应性的要求,职业本科教育多元化发展都应是职业本科教育实现有序发展目标的重要路径。在推进职业本科教育多元化发展的过程中要注重处理好以下几个方面的问题。

首先,统一人才培养目标和创新发展方式相结合。人才培养目标是对培养人才的类型、素质、规格等的规定,对知识、能力、态度和价值观等的要求,是对人才培养过程和培养结果的一种约束和预期。在职业本科教育多元化发展的过程中,首先应明确的是无论何种类型的职业本科教育都应以培养高层次技术技能人才为依据进行办学模式改革、教育教学方式创新,也即要保持人才培养目标的统一性,同时也要推进职业本科教育各要素的创新与发展。统一职业本科教育人才培养目标为各职业本科院校的办学活动和教育教学活动提供了方向,有利于各类型职业本科院校的人才培养结果达到预期；创新发展方式则有利于激发各类职业本科院校的办学积极性和教育教学改革创新的主动性，充分利用自身资源和办学优势探索更多样丰富的办学模式、教学模式和育人模式，全面提升各类职业本科院校的发展质量和活力。因此，在职业本科教育多元发展路径的实施过程中，应明确职业本科教育培养高层次技术技能人才的目标，同时要鼓励各类型职业本科院校的创新性发展和开拓性创新，保持职业本科院校多元发展的持续性和创新性。

其次，明确职业本科教育的类型定位和层次定位。无论是当前的民办职业本科教育还是公办职业本科教育都属于职业教育体系中的本科层次。这是职业本科教育办学和设置专业的重要依据和基础，也是职业本科教育多元发展的重要基础。2021年10月，中办、国办联合印发《关于推动现代职业教育高质量发展的意见》，明确指出要"稳步发展职业本科教育，高标准建设职业本科学校和专业，保持职业教育办学方向不变、培养模式不变、特色发展不变……鼓励应用型本科学校开展职业本科教育。按照专业大致对口原则，指导应用型本科学校、职业本科学校吸引更多中高职毕业生报考"[①]。从文件内容可以看出，国家鼓励应用型本科学校开展职业本科教育，多元化发展职业本科教育，但其前提是要始终保持职业教育办学方向不变、培养模式不变、特色发展不变，保持职业本科教育的类型定位和层次定位。在此过程中，需要明确应用型本科教育和职业本科教育发展定位的差异性和互补性。应用型本科教育是普通教育体系中偏应用的教育类型，强调知识学习的学科化和系统化、专业设置的区域化和产业化、课程组织的多元化和研究成果的转化应用，具有理论和实践相统一的特点，主要培养复合型创新型的技术应用和研发人才。因此，可以利用应用本科院校的教育教学资源吸引高职院校学生报考，为高端产业和产业高端培养高层次技术技能型人才，打破普通教育和职业教育的藩篱，建立起两种类型教育的桥梁，丰富职业本科教育的发展方式和路径，提高职业本科教育的适应性和活力。

再次，坚持政府指导和市场融入相结合。处于新发展阶段，贯彻新发展理念、构建新发展格局的关键时期，职业本科教育多元发展是形势所趋。作为"四链"联通互动的重要桥梁，职业本科教育的多元发展需要政府给予指导和支持，同时也需要根据发展目标和发展阶段积极吸收行业企业加入职业本科教育的办学和教育教学过程中，包括发展理念、人员和资金等，为职业本科教育的多元发展提供资源支持和创新动力。尤其是在当前政、产、科、教深度融合的时代背景下，产业要素和科学因素是推进职业教育多元化发展和创新性发展的重要支撑。职业本科教育的办学格局要由"供给导向型"向新型"需求导向型"转变，充分发挥企业的办学主体作用。政府要"在法律政策层面明确政府、学校、企业和社会各方面对职业教育办学体制、成本分

---

① 中共中央办公厅 国务院办公厅印发《关于推动现代职业教育高质量发展的意见》[EB/OL]. https://edu.sina.com.cn/l/2021-10-13/doc-iktzscyx9347757.shtml.

担的责任"①，推动职业本科教育的多元化发展。

（四）特色发展

"特色决定生命力。进一步强化职业教育类型特色，巩固职业教育类型定位，对于激发职业学校发展动力、增强职业教育的认可度和吸引力至关重要。"②《关于推动现代职业教育高质量发展的意见》明确指出，要"强化职业教育类型特色"。作为职业教育体系中的新层次，职业本科教育的特色发展必然是在院校发展和教育教学过程中始终围绕"类型教育"的特征，紧密依托企业，服务就业，面向产业，形成纵向贯通、横向融通的一种发展样态和路径。

1. 职业本科教育特色发展的动力

一方面，职业本科教育特色发展是强化职业教育类型定位的关键。受中国传统文化"学而优则仕""重道轻器"等观念及"职业教育层次观"的影响，职业教育被视为低等教育，在我国国民教育体系长期处于弱势。职业教育的生源多为普通教育筛选后的学生，严重影响着职业教育的持续健康发展。我国政府为提高职业教育的社会认可度和影响力，自2005年后紧锣密鼓地颁发了一系列政策文件，实行了"示范校"建设、"骨干校"建设、全国职业技能大赛、职业教育活动周、"双高校"建设等国家级评选项目、赛事和宣传活动，实施了提升专升本比例、扩大职业院校招生名额、确立职业教育为类型教育等创新性举措和方案。这些举动对提升职业教育的社会声望和影响力，确立职业教育的类型定位大有益处，但是并未在根本上改变职业教育成为"其次选择"的命运。唐智斌、石伟平③，王湘蓉、孙诚④等学者通过研究认为构建"纵向贯通，横向融通"的现代职业教育体系和普职融通机制是增强职业教育吸引力，强化职业教育特色的重要手段。随着我国开始举办职业本科教育，中等职业教育、高等专科层次职业教育和高等本科层次职业教育已经形成层次鲜明的类型教育体系。职业本科教育唯有坚持职业教育特色，延续职业教育的实践性和合作性，方可强化职业教育的类型特征和定位。

另一方面，职业本科教育特色发展是构建技能型社会的重要保障。《关于推动现代职业教育高质量发展的意见》对技能型社会的发展进行了规划，即"到2025年，职业教育类型特色更加鲜明，现代职业教育体系基本建成，技能型社会建设全面推进……到2035年，职业教育整体水平进入世界前列，技能型社会基本建成"⑤。按照

---

① 张力. 重新思考职业教育定位 [N]. 光明日报，2016-03-10.
② 赵婀娜. 打造现代化职业教育体系 [N]. 人民日报，2021-11-02 (5).
③ 唐智彬，石伟平. 国际比较视野中的职业教育吸引力问题 [J]. 教育科学，2009，25 (6)：62-67.
④ 王湘蓉，孙诚，石伟平，等. 职业教育十大难题求解 [J]. 教育家，2021 (33)：5.
⑤ 中共中央办公厅 国务院办公厅印发《关于推动现代职业教育高质量发展的意见》[EB/OL]. https://edu.sina.com.cn/l/2021-10-13/doc-iktzscyx9347757.shtml.

英国社会学家吉登斯的社会类型划分标准,"技能型社会实际上并非是一种独立的社会形态,而是一种以技能促发展的新型社会发展理念,它既适用于不同的社会形态,也适用于不同的社会制度"①。"技能型社会是以人人拥有技能为目标,以人人学习技能为路径,以社会崇尚技能与国家重视技能为典型特征的新型社会形态。"② 技能型社会的核心要素是技能性文化、技能型人才和技能型人才培养体系,其形成的重点在于技能和技能型人才受尊重,技能型人才有信念,人们对技能型人才的未来发展有信心,其根本在于高水平、高层次的技术技能人才培养体系能够满足技能型人才自身发展和社会公众的期待。技术技能人才培养体系的优劣则在于其完整性、融通性和发展性。职业本科教育完善了职业教育体系和技术技能型人才的培养体系,打通了职业教育和普通教育平等沟通的路径,为技术技能型人才发展带来了巨大信心和机会,有利于公众改变对职业教育和技术技能型人才的传统看法,愿意将职业教育作为自己的教育选择,愿意成为社会发展所需的高水平技术技能型人才。

2. 职业本科教育特色发展的实施路径

职业本科教育特色发展的根本是坚持职业教育的类型定位。在此过程中,需"高标准建设职业本科学校和专业,保持职业教育办学方向不变、培养模式不变、特色发展不变",始终将职业本科教育的类型定位和层次定位作为发展规划的重要前提和基础。

第一,坚持面向市场、促进就业的办学宗旨不变,不断提高服务质量和就业质量。与普通教育不同,职业教育自产生起便与市场和就业紧密相连。无论是古代学徒制,还是现代职业教育制度;无论是传统作坊式的技术传授,还是当前专门化、专业化的职业院校和企业职业教育,办学的目的都在于满足市场需求和产业技术发展的需要,学习者学习知识、技能及其他核心(关键)能力的目的都在于实现充分高质量就业。"职业教育是从职业出发的教育,职业是逻辑起点,就业是最终目标。"③ 作为职业教育体系的本科层次,职业本科院校与中高等专科层次职业教育的区别在于所传授的知识体系和技能体系的广度和深度不同,所对应的产业链、人才链、创新链和价值链中的位置不同,所面向的技术复杂程度和创新程度不同。但面向市场、促进就业的办学宗旨不能变。因此,各类职业本科院校在办学模式、专业建设、人才培养方案制定、课程设置、教师遴选方面都应积极面向产业、融入产业要素和资源、加强与行业企业的沟通合作,使职业本科院校的"高层次"体现在服务产业水平高、技术技能人才培养质量高、学生就业层次高和质量高等方面。

第二,坚持工学结合的育人模式不动摇,不断拓展和创新校企合作内容和方式。

---

① [英]安东尼·吉登斯. 社会的构成:结构化理论大纲[M]. 李康,译. 北京:生活·读书·新知三联书店,1998:142.
② 张元宝. 技能型社会建设的教育支持研究[J]. 职业技术教育,2021,42(25):54-60.
③ 孙善学. 完善职教高考制度的思考与建议[J]. 中国高教研究,2020(3):92-97.

职业本科教育面向产业和服务就业的定位决定着校企合作是最有效和最具竞争力的育人模式。"作为一所职业本科学校,在校企合作中要与更好的、更大的、更优秀的企业进行合作,也就是我们常说的头部企业,这样学生可以在合作中学习到行业最先进的技术、工艺、设备;同时,教师也可以进入这些企业跟岗实践,了解行业企业发展现状,为未来制定和更新人才培养方案、搭建高水平双师团队、建设专业化实训平台等打下良好基础。"[1] 一方面,要拓展职业本科院校与企业合作范围和内容。按照《关于推动现代职业教育高质量发展的意见》的精神,职业本科院校要主动吸纳行业龙头企业深度参与职业教育专业规划、课程设置、教材开发、教学设计、教学实施,合作共建新专业,开发新课程,开展订单培养,使企业在参与职业本科院校教育教学的过程中,增进校企之间的沟通和信任;使学校在与企业合作沟通的过程中更加了解企业的需求和期待,为校企深度合作奠定基础。另一方面,职业本科院校在校企合作过程中要勇于创新和探索,建立校企持久合作机制和平台,积极与优质企业开展双边多边技术协作,共建技术技能创新平台、专业化技术转移机构和大学科技园、科技企业孵化器、众创空间及校企共建共管产业学院、企业学院等,高质量推动职业本科院校与企业的合作共建共赢。

第三,持续增强实践应用能力,并贯穿人才培养全过程。实践应用是职业本科教育区别于普通本科教育的重要属性。职业本科教育的育人过程是以技术实践和技术应用为核心开展的,即通过理论指导下的反复技术学习和实践,达到在模拟或实际工作场景中开展技术应用的目的,旨在以所学技术解决工作场景中的复杂技术难题。因此,在开展职业本科教育的过程中要注重实践性课程的开设和学分的设置,要注重校内外实践教学场所的建设和功能拓展,要注重增加学生所学技术技能实际应用的平台和机会,使职业本科院校技术实践和应用的特色属性贯穿教育教学的全过程。以日本的专门职大学为例,为增强学校的实践应用特色,"与普通本科的总学分一样,专门职大学的总学分要求同为124学分,但与普通本科不同的是要求学生进行实验、实习或者实际技能学习的学分大于40学分。关于授课科目要求设定基础科目、职业专业科目、拓展科目、综合科目4个科目。"[2] 因此,在职业本科教育的实施过程中,只有坚持实践教育的特色,方可为职业本科院校争取发展空间,增强职业教育的类型特色。

(五) 内涵式发展

内涵和外延是构成事物概念最基本的逻辑特征。内涵指向概念中对象的本质属

---

[1] 张云,耿建扩,陈元秋. 高水平职业技术大学如何办 [N]. 光明日报,2021-11-02 (7).
[2] 陆素菊. 试行本科层次职业教育是完善我国职业教育制度体系的重要举措 [J]. 教育发展研究,2019,39 (7): 35-41.

性，是概念的质的方面。外延是指一个概念所概括的思维对象的数量或范围[①]。外延式发展强调事物规模化扩张式发展，内涵式发展则强调事物本质的、最基本要素的增值与发展。作为职业教育制度的重要创新和突破，职业本科教育的内涵式发展主要是指职业本科教育立足"职业/技术"发展规律和现状，遵循"本科层次"的职业教育的教育教学规律和核心任务，坚持"立德树人"的根本原则及技术育人、实践育人和情景育人的一种发展方式，实现个体全面发展和全面服务社会相统一的发展路径。

1. 职业本科教育内涵式发展的推力

首先，高水平技术技能人才严重不足推动职业本科教育加强内涵式发展。当前，我国拥有1.13万所职业学校、3 088万在校生，已建成世界规模最大的职业教育体系，职业教育实现历史性跨越[②]。但是，与之不相称的是符合社会需求的高水平技术技能型人才严重不足。人社部发布的《2021年第二季度百城市公共就业服务机构市场供求状况分析报告》显示："市场对具有技术等级和专业技术职称劳动者的用人需求较大，40.7%的市场用人需求对技术等级或职称有要求，高级技师、技师需求缺口较大，求人倍率（岗位空缺与求职人数比率）较高，分别为3.11、2.68"。[③] 从两者对比的数据可以看出，我国职业院校培养了大批技术技能型人才，但是这些人才的质量并不能完全满足市场对中高层次技术技能型人才的需求，这也变相造成了我国就业市场上低端劳动力供过于求，中高端劳动力供给不足的"结构性就业矛盾"。作为培养高层次技术技能型人才的重要机构，"职业本科学校试点，对学校的考验关键在三点：一是学校管理机制的升级；二是人才培养标准的提高；三是师资队伍水平的适配。无论职业院校是否升格，都应在'升级'上下功夫，在深化内涵建设上下功夫，在狠抓办学关键要素的质量提升上下功夫"[④]。因此，职业本科教育在自身内涵的建设过程中，要注重职业本科教育最基本要素的成长、发展和创新，包括学生、教师、课程、教材和教育教学管理等，通过多种要素质量的综合提升，切实提高职业本科教育人才培养质量，满足就业市场对技术技能人才数量和规格等方面的需求，以提升职业本科教育的社会贡献力和影响力。

其次，提高全要素生产率的发展目标迫切需求职业本科教育的内涵式发展。"全要素生产率，是指在各种生产要素的投入水平既定的条件下，所达到的额外生产效率。"[⑤] "全要素生产率的增长将会成为中国经济增长最重要的动能。到2035年，我国

[①] 汪馥郁，郎好成. 实用逻辑学词典 [M]. 北京：冶金工业出版社，1990：15 - 16.
[②] 赵婀娜. 打造现代化职业教育体系 [N]. 人民日报，2021 - 11 - 02 (5).
[③] 李丹青. 技术劳动者需求缺口较大 [N]. 工人日报，2021 - 08 - 23 (6).
[④] 邢晖，郭静. 职业本科教育的政策演变、实践探索与路径策略 [J]. 国家教育行政学院学报，2021 (5)：33 - 41，86.
[⑤] 蔡昉. 全要素生产率是新常态经济增长动力 [N]. 北京日报，2015 - 11 - 23 (17).

经济总量或人均 GDP 要实现翻一番,关键在于全要素生产率的提高。"① 与单要素生产率相比,全要素生产率概括了各要素的综合生产效率,重点关注了经济增长中不能够被资本、劳动等要素投入所解释的部分,强调各级各类人力资源配置和技术创新。"如果生产部门对人才更有吸引力,那么人力资本会通过改善生产效率并推动技术创新促进经济增长。但如果人才更多进入财富的再分配部门,而不参与直接的生产过程,那么对经济增长的贡献度将非常有限。也就是说,人才配置越是倾向于实体行业的生产和创新,经济绩效就越好。"② 人才的行业分布和规格分布是影响全要素生产率提升的重要因素。"经济发展水平越高,实现经济增长越要依靠提高全要素生产率。"③ 在中国经济"脱实向虚"、进入新常态的时代背景下,职业本科教育的实践性、技术性、应用性和创新性等属性决定着职业本科教育将成为支撑中国高端制造业和制造业高端发展的重要教育类型和层次。在全要素生产率提高目标的引导下,大规模培养高水平技术创新和技术技能型人才是我国制造业全要素生产率提升的重要手段,职业本科教育也应承担起孕育高水平技术创新和培养高层次技术技能型人才的教育使命。这便需要职业本科教育更加关注学生专业能力和综合能力的提升,更加关注师生技术创新能力的激发,更加关心职业本科院校专业设置与国家实体经济发展之间的关联性和适应性,提高职业本科教育服务国家全要素生产率提升发展目标的能力。

最后,全面发展要求职业本科教育内涵式发展。进入新时代,全面发展成为教育高质量发展的重要内容之一。在 2018 年的全国教育大会上,习近平总书记强调:"坚持社会主义办学方向,立足基本国情,遵循教育规律,坚持改革创新,以凝聚人心、完善人格、开发人力、培育人才、造福人民为工作目标,培养德智体美劳全面发展的社会主义建设者和接班人,加快推进教育现代化、建设教育强国、办好人民满意的教育"④。全面发展不仅要求职业本科教育的学习者具有较强的专业能力、方法能力和社会能力,同时具有正确的价值观、高尚的道德情操和健全的人格。尤其是在当前数字技术和智能技术渗透于各行各业发展的各个环节,应对智能机器挑战的教育策略应该是培养"人"的特点,增强"人"的属性,拉大人与机器的差距,而不是让人更机器化。需要更多地注重培养人的道德伦理素养、价值判断能力、创造性、社会情感能力以及直觉判断能力⑤。"人"要更有"人性"则需要使人在教育和实践劳作过程中得到充分的爱与尊重,有丰满充盈的精神世界和高尚的情感品格。职业本科教育的受教育者是服务我国高端产业和产业高端发展的重要人才力量,其个体的发展状况不仅影响着我国产业发展水平,而且直接影响自身的生活质量和幸福指数;不仅需要社会

---

① 任焱.刘俏:从四方面提高全要素生产率 [N].中国财经报,2021-01-05 (7).
② 王启超,王兵.优化人才配置 提升全要素生产率 [N].中国社会科学报,2020-11-10 (3).
③ 王广生.三大着力点提高全要素生产率 [N].中国经济时报,2020-11-02 (4).
④ 习近平:培养德智体美劳全面发展的社会主义建设者和接班人 [N].人民日报海外版,2018-09-11.
⑤ 赵勇.智能机器时代的教育:方向与策略 [J].教育研究,2020 (3).

给予职业本科教育学生更多的尊重和关心，更需要职业本科教育注重学生心理和精神上的发展，为学生营造友爱、平等、和谐的教育教学环境，建立促进个体自我个性发展和人格发展的教育教学机制。因此，职业本科教育也必然应回应个体发展需求和社会发展需求，进一步加强内涵式建设。

2. 职业本科教育内涵式发展的实施路径

第一，加强对"职业"和"技术"的理论和规律研究，丰富职业本科教育的理论和学科积淀。作为职业教育的高级层次，职业本科教育的发展需要坚守和延循职业教育特色和办学方向，但是要实现与普通教育体系的贯通融合，更高水平契合产业界的需求，则需加强"职业"理论知识和"技术"哲学理论和发展规律的研究分析。"缺乏学科支撑的专业建设，常常陷入就事论事的境地，水平很难提高"①"学科缺失是高职教育专业内涵发展的'短板'"②"职业科学的学科弱势导致了职业教育教学改革与人才培养质量提升举步维艰"③ "高职院校在内涵建设方面的突破口就是'研究'"④ 等观点从不同角度肯定了加强"职业"学科理论研究的价值和重要性。"职业技能型高校发展尤其是高质量发展需要进行学科建设，职业学科本身又是具有内在严密逻辑结构的科学的学科体系，因而在职业技能型高校进行职业学科建设，就成了不二选择。"⑤ 除职业学科之外，技术作为职业本科教育教学的重要内容和载体，是职业本科教育提高人才培养质量和社会服务贡献力的重要基础，从哲学、经济学等角度加强对"技术"的深入研究和分析成为职业本科教育内涵式发展的重要依据和基础。若缺乏对职业本科教育发展的基础理论、发展方向等问题的研究，职业本科教育发展则容易陷入盲目、无序和低效盘桓的发展状态。

第二，关注基础要素和深层次发展，推进职业本科教育基本要素的增值与创新。内涵建设的核心在促进职业本科教育基本要素的可持续发展、专业化发展、深层次发展、创新性发展和增值性发展。基础要素是构成职业本科教育最核心、最重要的资源，是影响育人质量的根本性要素。当前，职业本科教育的内涵式发展需要走出以往宏观式、浅层面的发展模式，逐渐走向微观的、深层次的发展模式。职业本科教育内涵式发展需要重点关注的问题便是"赋能基础要素"，推进职业本科教育基本要素的增值与创新。一方面要充分利用"互联网+"技术和大数据技术，建立产业和专业间的新联系，建立课程与岗位需求之间的映射关系，打造智慧化、多元化的校园环境，形成教师专业化持续提升机制，形成学校与企业的深层次合作与交流模式，推进职业

---

① 姜大源. 职业科学辨析 [J]. 高等工程教育研究，2015（5）：149-156.
② 游明伦. 学科缺失：高职教育专业内涵发展之"短板" [J]. 职教论坛，2018（9）：6-14.
③ 谢莉花，陈慧梅. "职业科学"作为职教教师教育的"专业科学"：现状与挑战 [J]. 中国职业技术教育，2019（19）：21-28.
④ 徐国庆. "研究型"是建设高水平高职的突破口 [N]. 中国青年报，2019-01-14.
⑤ 侯长林. 职业学科的内在逻辑审视 [J]. 教育发展研究，2021，41（Z1）：32-38.

本科院校内部各机构的优化与重新定位等，确保职业本科院校各机构和各环节能更高质高效运行。另一方面，充分利用行业企业资源和文化丰富职业本科教育的内涵。行业企业的工作场所、高水平技术人员和长久形成的企业文化等对职业本科教育内涵的丰富和建设有积极的作用，主动利用企业资源和文化赋能职业本科教育的教师、课程、专业和实践场所，对教育教学活动和育人工作有重要意义。

第三，坚持"引进来"与"走出去"的发展理念，提升职业本科教育影响力。作为职业教育的新层次，职业本科教育延续了职业教育的跨界性和融合性。职业本科教育的内涵建设并非是减少与外界的沟通和联系。相反，加强与外界的沟通和联系是加快职业本科教育内涵建设的重要途径，其根本原因在于通过与外界的沟通交流，有利于高效利用校内外、国内外优质资源，提升职业本科院校的国内外影响力和贡献力。职业本科教育应主动融入国内外行业企业、同类高校和科研机构等，引进优质教育资源和先进的教育理念，加速教育和研究等领域实质性合作进程；积极参与行业企业标准、国际标准、国际规则等的制定；参加行业企业赛事、国际赛事和学术交流活动等，批判性吸收发达国家职业本科教育的先进教育教学经验；积极吸收行业企业标准进教学，不断以创新性理念和做法推进职业本科教育发展各要素和关系的完善、优化、重构和创新。同时，职业本科院校也应主动探索，积极作为，向国内外行业企业提供职业本科教育的中国案例、中国方案，发出职业本科教育的中国声音。

第四，关注学生的可持续发展，回归职业本科教育的育人初衷。"教育的本质是人与人的主体间灵魂交流，是人与人的精神相契。"① 学生是教育教学活动开展的主体和目的。学生的培养质量是衡量教育教学活动效果的重要标准，也是职业本科教育内涵式发展的根本指标。习近平在全国教育大会上指出："要努力构建德智体美劳全面培养的教育体系，形成更高水平的人才培养体系。要把立德树人融入思想道德教育、文化知识教育、社会实践教育各环节，贯穿基础教育、职业教育、高等教育各领域，学科体系、教学体系、教材体系、管理体系要围绕这个目标来设计，教师要围绕这个目标来教，学生要围绕这个目标来学。凡是不利于实现这个目标的做法都要坚决改过来。"② 这为职业本科教育的发展提供了方向和指南。也就是说，职业本科教育在推进内涵式发展的过程中要心中有"人"，将"立德"和"树人"相结合。进入新时代，学生质量观发生了巨大变化，就业质量仅是学生质量评价的指标之一，更重要的评价标准是学生全面发展的水平和可持续发展的能力。这也意味着职业本科教育的发展过程要始终贯彻以学生发展为中心的理念，要彻底消除各种影响学生全面、自由、可持续发展的制度性障碍，切实加强对学生精神世界和心理世界的关照。在职业本科教育内涵式发展过程中始终树立"以人为本"的理念，关心和尊重每一个学生，始终关注

---

① ［德］雅斯贝尔斯. 什么是教育［M］. 北京：生活·读书·新知三联书店，1991：2-3.
② 习近平：培养德智体美劳全面发展的社会主义建设者和接班人［N］. 人民日报海外版，2018-09-11.

学生精神世界构建和综合素质提升，使学生拥有健康的心理状态和自信的精神状态。此外，要同行业企业等用人单位共建质量文化、技术文化、绿色文化，提升学生质量意识、工匠精神和绿色意识，使学生获得适应劳动力市场所需的核心素养和能力。

二、健全有序发展的保障体系

职业本科教育有序发展不仅取决于发展路径选择的科学合理性和路径实施方案的创新性和可操作性，也取决于保障体系的完善性、系统性及保障要素的科学性、全面性和时代性。在推动职业本科教育有序发展的过程中，需要以新的质量观、发展观和评价观为依托，形成以完善科学的标准体系为引领、创新有序的体制机制为载体、协同有效的政策体系为推力、充足多元经费为支撑的职业本科教育有序发展的保障体系。

（一）完善科学的职业本科教育标准体系

"教育标准是为实施国家教育法律法规和有关教育方针政策，为在教育活动领域内获得最佳秩序，在教育教学实践与理论研究的基础上，对各级各类教育活动事项制定的各类教育规范与技术规定。它既是指导和规范教育实践活动的基本准则，同时也是衡量教育质量高低的评价依据"[①]，"促进教育治理体系与治理能力现代化，国家教育标准体系建设是重要的基础性工作"[②]。教育标准体系是为落实某项教育工作而对教育工作中的重要内容和环节进行指导和规范的文件体系，以保障教育工作开展有据可依，工作完成质量有据可评。职业本科教育的标准体系是完善职业教育标准体系、贯通不同层次职业教育标准体系的重要环节，为职业本科教育教学实践活动及其相关支撑体系的设计、开展和评估提供了方向指南和全方位指导规范，是职业本科教育有序发展的重要保障。

1. 职业本科教育标准体系的现状

作为职业教育的重要层次，职业本科教育的发展方向、教育教学活动及其支撑体系亟待指导和规范，职业本科教育的标准体系急需完善。2021年1月，为规范本科层次职业学校设置工作，完善现代职业教育体系，进一步规范和完善本科层次职业教育

---

① 国家教育标准体系研究课题组. 国家教育标准体系的发展与完善［J］. 教育研究，2015，36（12）：4-11.
② 国家教育标准体系研究课题组. 教育标准体系建设的国际视野［N］. 中国教育报，2015-06-24（7）.

专业设置管理,引导高校依法依规设置专业,根据相关法律法规,教育部印发《本科层次职业学校设置标准(试行)》和《本科层次职业教育专业设置管理办法(试行)》,对本科层次职业学校设置标准,专业设置的教师队伍标准,专业人才培养方案标准,合作企业、经费、校舍、仪器设备、实习实训场所等办学条件标准、技术研发与社会服务标准、专业设置标准等进行规范,对指导职业本科院校发展和专业建设提供了指导,保障了职业本科教育的健康有序发展。

依据职业教育国家标准体系的 7 个类型,即"国家职业标准、办学标准、教学标准、毕业生质量标准、职业技能等级标准、生均或公用经费标准和学生补助标准"[①],我国职业本科教育的标准体系尚不完善,教学标准、毕业生质量标准等尚处于缺位状态。从已建立的职业教育标准体系看,我国"先后发布了包括专业目录、专业教学标准、公共基础课程标准、顶岗实习标准、专业仪器设备装备规范等在内的职业教育国家教学标准,与中等职业学校设置标准、教师专业标准、校长专业标准,高等职业学校设置标准等共同组成了较为完善的国家职业教育标准系,涵盖学校设置、专业教学、教师队伍、学生实习等各个方面"[②]。但是由于职业本科教育尚处于试点探索阶段,专业教学标准、公共基础课程标准、顶岗实习标准、专业仪器设备装备规范、校长专业标准等都尚未建立,难以与中等职业教育和高等专科职业教育的标准体系相衔接沟通,有待进一步完善。从已经印发的职业本科教育标准来看,主要存在的问题有二:一是教育质量标准缺位,更多关注数量方面的标准设计和制定,如"有 3 个以上专业群,原则上每个专业群含 3~5 个专业,建有专业随产业发展动态调整机制,专业(群)结构总体合理",并未对专业群的组群逻辑和质量等进行指导和规范,容易造成专业间连接不紧密、逻辑性差等问题,影响标准功能的发挥。二是职业本科教育标准的制定偏向宏观笼统,科学性和可测量度不够,如"培养方案应校企共同制定,需遵循技术技能人才成长规律,突出知识与技能的高层次"等表述难以有较强的指导和规范作用。

2. 完善科学职业本科教育标准体系的措施

基于职业本科教育标准体系的重要性和我国职业本科教育标准体系的现状,构建完善科学的职业本科教育标准体系迫在眉睫。首先,尽快完善职业本科教育标准体系,实现职业本科教育标准体系的全面性。一是根据职业教育标准体系的内容和环节,尽快完善教学标准体系、课程标准体系、实验实训设备和场地标准体系、毕业生质量标准体系等,保证职业本科教育教学活动开展的各个环节都有标准的指导和引领。二是根据已有中等职业教育标准体系和高等职业教育标准体系及普通本科教育体

---

① 杨公安,米靖,周俊利. 新时代职业教育国家标准体系建构的背景及路径[J]. 中国职业技术教育,2020(25):36-41.
② 王继平. 职业教育国家教学标准体系建设有关情况[J]. 中国职业技术教育,2017(25):5-9.

系等,以沟通衔接为目的,构建纵向贯通、横向融通的职业教育标准体系。三是根据新业态、新模式、新技术、新职业等对技术和技术技能人才培养的新需求,主动融入现代信息技术和数字技术等,完善适应现代数字经济发展的职业本科教育的专业目标、教学标准体系及人才培养质量标准体系、技术与社会服务标准体系等。四是对接国际标准,加快推进标准互认。

其次,建立动态的职业本科教育标准体系,提高标准体系的发展性和适应性。标准具有基础性、战略性、引领性,职业本科教育标准体系对引导教育理论与实践发展,引领带动职业本科教育健康有序整体发展具有重要意义。一方面,充分考虑各方需求的发展性。职业本科教育标准体系是职业本科教育发展理念、发展思想和发展要求的载体,更是职业本科教育适应外界需求变动的集中体现。职业教育是与经济社会发展和公众诉求联系最紧密的教育类型,专业设置、课程体系、教学内容、培养标准都要随着产业变化而变化。因此,职业本科教育标准体系的制定过程要充分考虑国家战略的需求、行业企业发展需求、职业院校特色发展的需要、技术技能人才成长需要。只有充分考虑多方需求的变动性,及时调整标准内容和标准尺度,不断提升标准的有效性、适用性,使职业本科教育标准体系建设成为一个动态的、持续的循环改进过程。另一方面,要结合职业本科教育标准体系实施的实际情况,尤其是存在的问题和不足,进行及时修正完善。"标准体系的精髓是运用 PDCA 方法进行管理、遵守规则和持续改善。遵守规则和持续改善,是体系运行的目的。标准体系运行过程,要提升绩效,必须靠改善。"① 因此,要注重建立动态的职业本科教育标准体系,持续改善职业本科教育标准体系。

最后,吸引多方力量参与职业本科教育标准体系制定,提高标准体系制定的科学性。职业本科教育标准体系是教育活动与产业深度融合的集中体现。作为职业本科教育教学开展的重要模式,产教融合、校企合作是保持职业本科教育特色和类型定位的重要因素。因此,职业本科教育标准体系的研制工作需要教育行政部门与行业、企业、学校等各方联动,将新技术、新工艺引入教学内容要求,将职业能力要求转换为人才培养目标要求,使职业本科教育的标准体系体现政府主导、行业指导、学校主体、企业参与和科研机构论证创新等多元力量和智慧。"56 个行业职业教育教学指导委员会,深度参与教学标准体系建设。高职专业目录修订工作共有 59 个行业专家组参与,直接参与的行业、企业、院校等方面专家达 2 800 多人。中职专业教学标准调研覆盖 12 600 多家企业,1 700 位来自行业企业的专家参与。顶岗实习标准有 3 000 余家学生实习企业参与。"② 在中高等职业教育标准体系的制定过程中,行业企业和职业院校都发挥了重要作用。但是职业本科教育除了具有职业教育的行业企业属性外,

---

① 李建国. ISO 标准体系的精髓[N]. 中国远洋报,2015 – 12 – 11.
② 王继平. 职业教育国家教学标准体系建设有关情况[J]. 中国职业技术教育,2017(25):5 – 9.

还具有一般本科教育的创新性和知识性。因此，职业本科教育标准体系的制定除了积极吸收政府、行业企业、学校等主体外，还要积极吸收科研机构力量的加入，切实提高标准体系制定的科学性和有效性。

（二）创新有序的职业本科教育体制机制

体制机制是影响个体和组织活力和创新力的重要因素，是全要素生产率提升的重要方式和策略。体制从宏观层面规定了机构的组织方式、组织结构、组织制度和各项规则，机制则强调机构内部各要素之间的结构关系和运行方式。"体制机制是管根本、管长远的"[①]，单位或机构的体制机制直接影响着工作质量和效率。职业本科教育的诞生本身就是我国在探索职业教育高质量发展道路上体制机制创新的成果，从体制上打通了中职—高职—职业本科层次教育贯通的渠道，搭建了职业教育与普通教育沟通衔接的桥梁；从机制上创新了各办学主体间的关系，重构了各类教育资源和制度的运行方式，打破了传统普通本科教育和职业教育的办学模式和方式。职业本科教育要实现有序发展必然面临资源重组和制度重构的重任，必须走机制创新的道路。

1. 职业本科教育体制机制的现状

从当前职业本科教育发展的体制机制看，主要表现出滞后、缓慢、不健全等问题。首先，职业本科教育的体制机制建设滞后于其实践发展状况。作为新生事物，职业本科教育的有序发展必然面临许多新问题和新要求。职业本科教育的招生问题是亟待解决的问题之一。职业本科教育主要的招生来源是中等职业学院学生，还是普通高中的学生，还是专升本的学生？职业本科院校招生的方式是通过传统的高考，还是创新性的"职业高等教育招生全国考试"，还是折中方式"传统高考＋技能测试"？从职业本科院校已有的招生情况看，职业本科院校依旧是采用传统的招生方式和招生理念，依旧没有改变"被普通教育筛选过"的生源基础。在生源质量不高的情况下，职业本科院校要培养高质量的、符合产业发展需求的高层次技术技能型人才，实现自身有序发展，实际上是一个极具挑战的任务。所以，职业本科教育体制机制的滞后性严重制约着职业本科教育有序发展和预期目标的实现。

其次，职业本科教育的体制机制建设较为缓慢。职业本科教育的发展仅靠职业本科院校和职业教育系统内部的改革创新是远远不够的，亦须更多从整个教育系统、经济系统和社会系统进行通盘考虑和把握。但是我国当前职业本科教育的建设缺乏与普通教育和其他教育层次之间的沟通联系，缺乏与产业、行业企业的深度广泛合作和沟通，缺乏对社会公众需求的深切观照，缺乏系统的、高屋建瓴的体制机制引领，导致职业本科教育的发展停留在自说自话式的混沌无序发展状态，比如师资队伍培养与建

---

① 本报评论员. 深化人才发展体制机制改革 [N]. 解放军报，2021-09-30 (1).

设、专业课程建设等都尚处于高职教育路径依赖或盲目摸索的状态，直接影响着职业本科教育的健康可持续发展。

最后，职业本科教育发展体制机制不健全问题突出。健全有序的体制机制建设是职业本科教育有序发展的重要制度支撑和依据。职业本科教育的类型定位清晰和本科层次明确，但是与之相匹配的体制机制保障则严重不足，最突出地表现在两个方面。一是职业本科教育与政府之间的关系。中央政府与地方政府促进职业本科教育发展的政策、制度、经费、人员等支持尚不完善，影响职业本科教育的发展方向。二是职业本科教育与企业和社会公众的关系。企业和社会公众参与职业本科教育发展的渠道和方式尚不明确，企业和社会公众支持职业本科教育发展的体制尚未建立，支持参与的机制尚不完善，影响职业本科教育社会服务功能的最大限度发挥和社会影响力的提升。

2. 创新有序的职业本科教育体制机制构建策略

首先，立足职业本科教育的属性，加强体制机制创新性。职业本科教育是我国职业教育的重大制度创新，具有新的属性，肩负新的时代任务，需要创新性的体制机制巩固职业本科教育的类型定位，培养大批高层次技术技能型人才。要以职业本科教育的发展目标和人才培养目标为引领，明确阻碍职业本科院校发展的各要素和各环节。中央政府和地方政府要齐心协力消除不利于职业本科教育发展的影响因素，协同建立促进职业本科教育健康可持续发展的新体制和新机制。体制机制创新根本上是理念重构、要素重组和过程重置的过程。因此，要树立职业本科教育发展的新理念，消除阻碍职业本科教育发展的因素并积极吸收有利因素，改革优化职业本科教育发展的过程，使所构建的体制机制有利于职业本科教育目标的实现。

其次，注重构建职业本科教育的生态系统，增强体制机制的有序性。作为新的职业教育层次，职业本科教育的生态系统复杂多元。教育系统是职业本科教育赖以存在的基础，处理好教育系统内部各类型各层次教育的关系，是职业本科教育确立地位和增强吸引力的重要前提。如若职业本科教育的建立并未起到沟通协调、衔接互进的作用，那么其存在的价值和意义便需重新论证。经济系统是职业本科教育创新强大的重要依据。职业本科教育传承了职业教育面向产业、服务就业的重要特征，只有根据经济需求开展职业本科教育的专业和课程，根据企业用人需求进行人才培养模式的设置与创新，职业本科教育才有强大的活力和生命力，才能获得经济系统各单位及机构的认可和支持。社会系统是职业本科教育可持续发展的重要环境。社会资源供给为职业本科教育发展提供了重要的物质和人力支持，提高了职业本科教育的发展活力和创新力，社会公众支持为职业本科教育发展提供了良好的舆论环境和声望，有利于形成职业本科教育的良好形象，提高社会影响力。所以，教育系统、经济系统和社会系统都对职业本科教育的健康发展发挥着重要的作用，在构建体制机制的过程中需要以系统论的理念为支撑，统筹谋划职业本科教育的发展路径，为有序发展提供保障。

最后,加强职业本科教育的治理,健全体制机制。职业本科教育虽发展时间短,但治理工作不可松懈,要充分发挥利益相关者的积极性,明确利益相关者的权责利关系和边界。一是正确处理好职业本科教育与政府之间的关系,充分利用中央政府和地方政府的资源合力,协同推进职业本科教育的有序发展。二是要正确处理好职业本科教育与企业和社会公众的关系,通过搭建政府和民间参与平台,建立健全企业和社会公众参与和支持职业本科教育发展的体制机制,不断提升职业本科教育的社会服务能力和社会影响力。三是处理好职业本科教育内部各要素之间的关系,以新的发展观、质量观和学生观创新职业本科教育发展过程中师生、学生与企业、教师与企业、企业员工与学校等关系,推进职业本科教育体制机制的构建和完善。

(三) 协同有效的职业本科教育政策体系

政策是政府解决复杂问题的重要方式,政策协同有效是保障事物高质量发展的重要工具选择。"政策协同是指政策制定过程中跨界问题的治理,所谓跨界问题是超越既有政策领域边界的问题,这些问题常常无法与单个部门的制度性责任相对应"[①],这不仅体现为不同部门机构之间的政策合作和协同,也表现为同一机构部门不同科室之间的政策整合和协同。这一方面体现了政策制定过程的复杂性和严谨性,另一方面也体现了政策协同在政策功能有效发挥方面的重要作用。"政策协同的作用机制是避免政策间的'外部性'、降低政策运行成本和有效利用有限的政策资源。"[②] 职业教育融合了教育属性、经济属性、社会属性。作为职业教育的新层次,职业本科教育的政策制定过程也急需跨界合作性和协同性。唯有在政策制定过程中充分考虑政府的办学定位与目标、行业企业的技术与人才需求、社会公众的现实期待及职业本科院校的办学优势和困难才能准确把握政策协同的精髓和实质,才能形成有实际效用的政策体系。

1. 职业本科教育政策体系的现状

从已印发的有关职业本科教育政策演变来看,2014 年,国务院印发《关于加快发展现代职业教育的决定》(国发〔2014〕19 号),明确了举办本科层次职业教育的学校类型主要为本科高等学校的独立学院,高等职业院校原则上不升格为本科学校。同年 6 月,教育部、国家发展改革委、财政部、人力资源社会保障部、农业部和国务院扶贫办联合颁发《现代职业教育体系建设规划(2014—2020 年)》,延续了之前文件对举办本科层次职业教育的发展规划,包括举办本科层次职业教育的学校类型和办学

---

① MEIJERS E, STEAD D. Policy integration: what does it mean and how can it be achieved? a multi – disciplinary review [Z]. paper presented at the 2004 Berlin Conference on the Human Dimensions of Global Environmental Change: Greening of Policies Interlinkages and Policy Integration, Berlin, 2004.

② 朱光喜. 政策协同:功能、类型与途径——基于文献的分析 [J]. 广东行政学院学报,2015,27 (4):20 – 26.

定位，但同时提出"鼓励本科高等学校与示范性高等职业学校通过合作办学、联合培养等方式培养高层次应用技术人才"，拓展了举办职业本科院校的学校范围。2018年教育部办公厅发布《关于做好2018年度高等学校设置工作的通知》，明确规定高等职业学校不可以升入普通本科学校，但是可以纳入职业本科教育试点。2019年国务院印发的《国家职业教育改革实施方案的通知》（即"职教20条"）对普通本科高校向应用型转变提出了要求，但是对职业本科教育的举办方向、模式等并未提出具体要求和规划。2021年，职业本科教育政策接续叠加出台，对职业本科教育的发展产生了极大的推动作用。1月初，教育部职业教育与成人教育司制定、教育部办公厅印发了《本科层次职业教育专业设置管理办法（试行）》《本科层次职业学校设置标准（试行）》；10月中共中央办公厅和国务院办公厅联合印发《关于推动现代职业教育高质量发展的意见》对职业本科教育的未来发展规模、方向和举办模式等给予顶层设计和指导。12月，由国务院学位委员会办公室印发的《关于做好本科层次职业学校学士学位授权与授予工作的意见》为申报本科层次职业教育学士学位授权提出了方向和意见。

职业本科教育政策具有由关注职业本科教育总体战略向关注职业本科教育的基础要素发展要求和标准转变的趋势。但是在职业本科教育有效协同方面依旧存在不足。一是职业本科教育政策的制定主体呈现高端性和单一性并存的特征，高端性是指当前关于职业本科教育的相关政策多为国务院制定的政策，其政策力度较大，但是多个部门联合制定政策的情况较少，教育部单主体发文占绝大多数。二是职业本科教育的政策工具主要以需求型政策工具为主，供给型政策和环境型政策则远远不够；限制性政策数量远多于激励性政策。这也导致现代职业本科教育的发展呈现出"各院校自主探索"的现状。三是职业本科教育的政策目标分散性较大，有的聚焦于职业本科教育试点推进，有的聚焦于高水平技术技能型人才培养，有的聚焦于职业本科教育举办主体的限制和要求，有的则聚焦于职业本科院校发展等，导致难以形成强有力的政策合力，高质量推动职业本科教育的健康可持续发展的效果不佳。

2. 协同有效的职业本科教育政策体系构建路径

政策协同的目标是"寻求一致性、连贯性、综合性以及和谐兼容的政策产出"①。基于政策协同的作用机制、职业本科教育的属性和重要性，及职业本科教育政策的颁发和运行情况，建立协同有效的政策体系成为提高职业本科教育政策效力和有序发展的重要基础和保障。首先，丰富职业本科教育政策的制定主体。处于构建技能型社会的关键阶段，职业本科教育的稳步发展、优质均衡发展、多元化发展、特色发展及内涵式发展等将面临诸多新问题、新情况和新挑战，急需系统完善、协同有效的政策做支撑和保障。职业本科教育发展面临的"产教融合、校企合作"等难题，需要中央和

---

① L. CHALLIS S, FULLER M, HENWOOD R, KLEIN W, PLOWDEN A, WEBB P, WHITTINGHAM G, Wistow. Approaches to social policy: rationality and practice [M]. Cambridge: Cambridge University Press, 1988: 25 – 29.

地方政府、教育主管部门、其他部门等协同规划、紧密合作,在充分考虑多方利益诉求的基础上共同出台系列激励性政策和文件,通过创新合作方式、提供优惠条件等激励企业参与职业本科院校教育教学的全过程;推进职业本科院校教育教学改革,以更强的适应性和高质量发展增进校企之间的信任和可持续合作。职业本科教育发展中的经费不足问题,需要国家和地方政府财政相关部门参与政策的制定和印发,以增加政策制定的科学性和实施过程的协同性,破解职业本科教育发展过程中的障碍和阻力。"相互协同的混合政策要优于单一政策,并且有效的政策组合可以实现更大程度的绩效和创造更多的福利。"[①] 可以说,丰富的职业本科教育政策制定主体是实现政策体系协同有效的重要措施。

其次,提高职业本科教育政策工具的协同性。按照 Rothwell 和 Zegvold 的政策工具划分方法,政策工具主要包括供给型、需求型和环境型 3 种类型。供给型政策工具主要强调政策对职业本科教育发展的推动力,是政府为了促进职业本科教育发展利用各种要素,采用各种手段给予支持和帮助,可涵盖职业本科教育发展指导、基础设施建设等。需求型政策工具主要表现为政策对职业本科教育发展的拉动力,是政府为促进职业本科教育有序发展,结合职业本科院校的发展需求制定的相关政策,更多体现为导向性和指导性政策,包括各类标准制定,各项条件规划和约束等。环境型政策工具主要体现为政府为了促进职业本科教育有序发展而营造良好的社会环境和经济环境,包括增加经费支持和优惠措施、扩大职业本科教育正面宣传等方式。实现职业本科教育的高质量、可持续发展需要加强政策工具间的相互配合,发挥协同效应。一方面,需要不断加强政策指导、基础设施建设、标准制定、经费支持等不同政策工具之间的协同,综合运用多种手段,实现对职业本科教育事业发展的推动、拉动与渗透影响。另一方面,明确现阶段职业本科教育发展的目标和困难,加强三类政策工具的组合运用,更大程度上利用各种资源,共同推进目标的实现,弥补职业本科教育政策体系的空白与不足。

最后,聚焦职业本科教育的政策目标。事物的发展阶段不同,其制定政策的依据和目标必然存在差异。当前职业本科教育尚处于探索试点阶段,其政策制定的主要目标应聚焦于两个方面:一是建章立制,为职业本科教育的平稳发展提供依据和指导,确保现有职业本科院校发展的稳定有序发展;二是推动职业本科教育的稳步优质均衡发展,注重优质职业本科院校和专业的遴选与发展。现阶段职业本科教育的政策目标需聚焦于职业本科教育发展模式的探索创新、发展内涵的深化与拓展,发展特色的凝练和类型定位的巩固,并在此基础上有序增加职业本科院校的数量和专业。因此,在职业本科教育发展的初期,需聚焦职业本科教育政策的顶层设计和宏观规划,针对现

---

① 张国兴,高秀林,汪应,等.政策协同:节能减排政策研究的新视角[J].系统工程理论与实践,2014(3).

阶段职业本科教育的发展目标，实现协同有效的政策供给。

（四）多元充足的资金支持

教育资金是支持职业本科教育有序发展的重要条件，是教育教学和人才培养工作各个环节顺利开展的重要基础。近日，教育部、国家统计局、财政部发布的《2020年全国教育经费执行情况统计公告》显示，2020年全国教育经费总投入约为5.30万亿元，其中，国家财政性教育经费约为4.29万亿元，占GDP比例为4.22%[①]。充足的教育经费投入是我国教育事业持续发展，各项功能充分发挥的重要推动力。

1. 职业本科教育资金的现状

由于职业本科教育建立的时间较短且建校基础多元，目前尚未有专门的职业本科教育经费统计数据。但是从民办高等教育、高等职业教育和独立学院等职业本科院校前身的教育资金数据来源，仍可对职业本科教育经费和资金情况有一个概览，即职业本科教育资金整体不足且资金来源单一。民办普通高等教育（含独立学院）的教育资金主要包括举办者筹措资金和学费收入，学费成为民办高等教育经费的主要来源。高等职业教育经费不足一直是影响其发展的瓶颈。例如，2019年江苏省普通高等教育经费收入是803.07亿，高等职业教育经费收入是194.53亿，两种类型教育的经费收入差异巨大[②]。高等职业教育的教育经费收入远低于普通高等教育，而职业教育发展由于需要实践设备和场所，教育经费支出却较大。受高等职业教育人才培养类型和就业层次、社会声望及社会资源占有率低等的影响，高等职业教育获得社会捐赠的资金数量十分有限。从2019年全国高等职业院校获得社会捐赠的资金数量看，江苏省高等职业院校获得社会捐赠金额为4 351万，在全国位于首位；黑龙江省高等职业院校获得社会捐赠金额为30.6万元，在全国位于末尾[③]。从以上分析和统计数据可以发现，职业本科教育的教育经费和资金整体不足现象较为明显，资金来源单一情况突出，是高等职业教育改革创新的掣肘因素，直接影响着未来职业本科教育的健康可持续发展。

2. 充足多元的职业本科教育资金支持策略

首先，政府应进一步健全投入机制。无论是升格、转型还是合并转设，无论是民办或是公办，职业本科院校自成立起便须担负职业本科教育的时代责任和使命，坚持高质量发展的理念和路径。根据现行的教育管理机制，对于公办的职业本科院校，地方政府在贯彻落实国家政策方针的基础上应建立与职业本科教育办学规模、培养成本、办学质量等相适应的财政投入制度，地方政府要按规定制定并落实职业本科院校生均经费标准或公用经费标准。对于民办职业本科院校，政府可根据民办职业本科院

[①] 陈鹏. 连续9年"不低于4%"，本轮教育经费投入有何不同[N]. 光明日报，2021-12-03（8）.
[②] 根据eps数据库数据分析整理，网址为https://www.epsnet.com.cn/index.html#/Index.
[③] 根据eps数据库数据分析整理，网址为https://www.epsnet.com.cn/index.html#/Index.

校的教育经费缺口和实际办学效果，以奖励金或支持金等方式有针对性地提供经费支持，保证职业本科院校教育教学工作稳定有序开展。

其次，政府应搭建融资平台和机制。增强职业本科院校的"自我造血"和"自我发展"能力是解决职业本科院校资金不足的根本渠道。一方面，政府应积极与行业企业合作，通过搭建系列技术服务平台、技术研发平台及技术转化平台等，支持引导职业本科院校积极参与各类平台项目，增进与行业企业之间的紧密联系，逐步增强职业本科院校师生的技术服务能力、技术研发能力和技术转化能力，以增加行业企业对职业本科院校的资金支持和科研项目投入。另一方面，政府应建立完善企业参与职业本科院校办学的机制，通过土地优惠政策、税收优惠政策及奖励政策等激励企业主动参与职业本科教育的建设和发展，以实现校企资源共建共享，丰富职业本科院校资金来源的多样性。

最后，职业本科院校要进一步拓展教育资金来源渠道。"未来教育经费投入要在多渠道上进行优化，发挥财政资金引领带动社会资本、民间资本等支持教育事业发展，形成教育经费投入上的政府与社会合力。"[①] 教育资金来源的多样化是职业本科教育稳定有序发展的重要保障。职业本科教育发展现代化要求加大社会力量捐资、出资兴办职业本科教育力度，不断拓展办学的筹资渠道。同时，职业本科院校要根据优势专业和市场需求打造有核心竞争力的教育培训品牌和技术服务品牌，吸引更多企业购买各级职业院校的教育资源和技术服务，增加职业本科院校的社会声望和教育资金收入。

---

① 陈鹏. 连续9年"不低于4%"，本轮教育经费投入有何不同 [N]. 光明日报，2021-12-03（8）.

附 录

本科层次职业学校名单

（本科层次职业学校截至2022年3月2日共32所，按照批复时间排序）

序号	学校名称	办学性质	批复批次	批复时间
1	泉州职业技术大学	民办	第一批	2019年5月27日
2	南昌职业大学	民办	第一批	2019年5月27日
3	江西软件职业技术大学	民办	第一批	2019年5月27日
4	山东外国语职业技术大学	民办	第一批	2019年5月27日
5	山东工程职业技术大学	民办	第一批	2019年5月27日
6	山东外事职业大学	民办	第一批	2019年5月27日
7	河南科技职业大学	民办	第一批	2019年5月27日
8	广东工商职业技术大学	民办	第一批	2019年5月27日
9	广州科技职业技术大学	民办	第一批	2019年5月27日
10	广西城市职业大学	民办	第一批	2019年5月27日
11	海南科技职业大学	民办	第一批	2019年5月27日
12	重庆机电职业技术大学	民办	第一批	2019年5月27日
13	成都艺术职业大学	民办	第一批	2019年5月27日
14	西安信息职业大学	民办	第一批	2019年5月28日
15	西安汽车职业大学	民办	第一批	2019年5月28日
16	辽宁理工职业大学	民办	第二批	2020年6月10日
17	运城职业技术大学	民办	第二批	2020年6月10日
18	浙江广厦建设职业技术大学	民办	第二批	2020年6月10日
19	南京工业职业技术大学	公办	第二批	2020年6月10日
20	新疆天山职业技术大学	民办	第二批	2020年6月10日
21	上海中侨职业技术大学	民办	第二批	2020年6月10日
22	湖南软件职业技术大学	民办	第二批	2020年6月29日

续表

序号	学校名称	办学性质	批复批次	批复时间
23	景德镇艺术职业大学	民办	第三批	2020 年 12 月 18 日
24	山西工程科技职业大学	公办	第三批	2020 年 12 月 18 日
25	河北工业职业技术大学	公办	第四批	2021 年 1 月 26 日
26	河北科技工程职业技术大学	公办	第四批	2021 年 1 月 25 日
27	河北石油职业技术大学	公办	第四批	2021 年 1 月 28 日
28	贵阳康养职业大学	公办	第五批	
29	广西农业职业技术大学	公办	第五批	
30	兰州资源环境职业技术大学	公办	第五批	2021 年 5 月 30 日
31	兰州石化职业技术大学	公办	第五批	2021 年 5 月 30 日
32	浙江药科职业大学	公办	第五批	

后 记

职业本科教育作为职业教育的本科层次的教育类型，是当前亟须探索的重大理论和实践课题。职业本科教育能满足经济社会发展对高层次技术技能人才的需要，回应广大人民群众对就业和教育的诉求，顺应世界职业教育和高等教育发展趋势，因此发展职业本科势在必行，在全国职业教育大会主文件《推动现代职业教育高质量发展的意见》和新修订的《中华人民共和国职业教育法》中都有了明确的地位和定位，规划了到2025年职业本科教育招生规模不低于高等职业教育招生规模的10%的发展目标。职业本科教育是新生事物，历史短暂，"始生之物，其形必丑"，需要等待，允许试错。当前对职业本科教育的认识还存在一定偏颇甚至是误解，亟须清楚认识到职业本科教育的不可替代性，即与普通本科教育在底层逻辑、社会功能、职业面向、教育类型、育人模式、学术属性等方面存在的根本差异。

此本非普本，升本毋忘本。编写本书的创意来自与多单位、跨院校同行之间的沟通交流。经过政策研究、理论研究和实地调研的淬炼，造就了国内一支颇具权威的职业本科教育研究队伍。其间，按照部领导指示，受教育部职成司委托，在南京工业职业技术大学召开了"职业本科办学质量提升"研讨会，并分别在南京工业职业技术大学和兰州资源环境职业技术大学等职业本科院校开展专题调研，就培养定位、专业设置、办学模式、育人方式、技术研究、社会服务等方面进行了深入研讨。本书作者先后汇聚了教育部职业教育发展中心、天津大学、北京师范大学、华东师范大学、北京外国语大学、南京信息工程大学、江苏理工学院和南京工业职业技术大学、深圳职业技术学院、兰州资源环境职业技术大学、泉州职业技术大学等单位的专家学者校领导，在政策、理论和实践之间行走，历经了多年的思想砥砺，把政策要点、理论观点落地到了职业本科院校实践。

本书是集体智慧的结晶，是在稳步发展职业本科教育期间"继往开来、砥砺前行"团结协作的成果。曾天山负责全书的组织策划、提纲拟订和审稿工作，并撰写前言。汤霓博士负责了全书的联络、协调和统稿工作。全书各章节的撰写人分别为：第一章，曾天山（教育部职业教育发展中心）、陆宇正（天津大学）；第二章，庄西真（江苏理工学院）；第三章第一节，吴滨如（泉州职业技术大学），第二、三节，汤霓、王泽荣（教育部职业教育发展中心）；第四章，郑绍忠、宋元文、冯永斌（兰州资源环境职业技术大学）；第五章，许建领、卿中全、江涛、何健标、覃晓燕、王茂莉（深圳职业技术学院）；第六章，潘海生、林旭（天津大学）；第七章，和震（北京师范大学）、祝成林（南京信息工程大学）；第八章总体框架设计与各节统筹马成荣，第一节为李建国，第二节为代伟，第三节为陈青，第四节为王博、王红军、张莉、吴佳男、周玉泉（南京工业职业技术大学）；第九章，匡瑛、朱正茹、刘周伟、李欣泽（华东师范大学）；第十章，张宇、孙善学（北京外国语大学）。

本书编写工作得到了多方面的支持。在此衷心感谢教育部职成司领导的有力指导；感谢教学与质量处黄辉处长和职业院校发展处任占营处长的全力支持；感谢北京理工大学出版社丛磊社长和刘铁副总编的大力支持，感谢高芳编辑的艰苦付出。本书在研究过程中得到国家社会科学基金资助，在此感谢全国教育科学规划领导小组办公室崔保师主任、张彩云常务副主任的大力支持。

由于职业本科教育在类型上区分于普通本科和应用型本科，因此在人才培养过程中必须突出类型特征，不断推进人才培养模式创新，避免简单的复制移植。通过理论与实践的结合，历史与实践的融合，可推进职业本科人才培养模式创新，优化职业本科专业设置与目录管理，促进职业本科课程建设与改革。未来，职业本科教育要适应新时代产业发展需求，适应新时代人民群众期盼，适应新时代职教体系构建，增强人才培养的承继性，强化产教融合育人机制，多元主体共建产学研合作的创新联合体，为现代职业教育体系的高质量构建奠定良好的研究基础。

本书是国内首部关于职业本科教育的理论著作，希望本书的出版，能够为教育行政部门提供参考，为职业本科教育办学者提供理论指导，为职业教育研究者提供实践经验，进而促进职业本科教育高质量发展。限于主客观条件，我们对职业本科教育的认识水平和研究能力有限，有不当之处，敬请读者指正。

作 者

2022 年 9 月